Christian Tapp

An den Grenzen des Endlichen

Das Hilbertprogramm im Kontext von Formalismus und Finitismus

Christian Tapp
Ruhr-Universität Bochum
Bochum, Deutschland

ISSN 2191-074X ISSN 2191-0758 (electronic)
ISBN 978-3-642-29653-6 ISBN 978-3-642-29654-3 (eBook)
DOI 10.1007/978-3-642-29654-3

Mathematics Subject Classification (2010): 00A30, 00A35, 00A07, 01-02, 01A60, 01A72, 03-02, 03-03, 03A05, 03F03, 03F05, 03F07, 03F25, 03F40, 03F55

Die Deutsche Nationalbibliothek verzeichnet diese Publikation in der Deutschen Nationalbibliografie; detaillierte bibliografische Daten sind im Internet über http://dnb.d-nb.de abrufbar.

Springer Spektrum
© Springer-Verlag Berlin Heidelberg 2013
Dieses Werk einschließlich aller seiner Teile ist urheberrechtlich geschützt. Jede Verwertung, die nicht ausdrücklich vom Urheberrechtsgesetz zugelassen ist, bedarf der vorherigen Zustimmung des Verlags. Das gilt insbesondere für Vervielfältigungen, Bearbeitungen, Übersetzungen, Mikroverfilmungen und die Einspeicherung und Verarbeitung in elektronischen Systemen.

Die Wiedergabe von Gebrauchsnamen, Handelsnamen, Warenbezeichnungen usw. in diesem Werk berechtigt auch ohne besondere Kennzeichnung nicht zu der Annahme, dass solche Namen im Sinne der Warenzeichen- und Markenschutz-Gesetzgebung als frei zu betrachten wären und daher von jedermann benutzt werden dürften.

Einbandentwurf: deblik

Gedruckt auf säurefreiem und chlorfrei gebleichtem Papier.

Springer Spektrum ist eine Marke von Springer DE.
Springer DE ist Teil der Fachverlagsgruppe Springer Science+Business Media
www.springer.com

Für Marcus und Johannes

Vorwort

David Hilbert (1862–1943) entwickelte Anfang des 20. Jahrhunderts die Beweistheorie, um die Grundlagenprobleme von Mathematik und Logik „ein für allemal" zu lösen. Sein „Hilbertprogramm" war als ein Forschungsprogramm mit eminent philosophischen Absichten konzipiert: Ausgehend von ganz grundlegenden Prinzipien sollte der Erkenntnisanspruch der Mathematik gerechtfertigt und die Mathematik als Wissenschaft auf ein festes Fundament gestellt werden. Dazu sollten die Grundlagenfragen der philosophischen Diskussion entzogen und mit den präzisen Mitteln von Mathematik und Logik „ein für allemal" beantwortet werden.

Nach landläufiger Meinung hat sich mit den Gödelschen Unvollständigkeitssätzen herausgestellt, daß diese Ziele nicht erreichbar sind. Hilberts formalistische Philosophie der Mathematik besitzt überhaupt kaum Tragfähigkeit und das eigentliche Hilbertprogramm ist so tot wie sein Entwickler. Die Beweistheorie konnte ihre großen Erfolge nur dadurch erwirtschaften, daß sie sich von den fruchtlosen philosophischen Auseinandersetzungen ihrer „Gründerzeit" verabschiedet und zu einer rein mathematischen Disziplin entwickelt hat.

In dieser Sichtweise sind Wahrheit und Irrtum so miteinander vermischt, daß es kaum möglich scheint, ihr kurz und bündig eine Alternative entgegenzusetzen. Die vorliegende Arbeit will daher insgesamt ein Ansatz zu einer solchen Alternative sein. Sie will die philosophische Suche nach einem tieferen Verständnis von Hilberts Programm, seiner Konzeption von Axiomatik, seinem Formalismus und seinem Finitismus einen Schritt voranbringen. Daß diese Suche nicht nur in Bezug auf Hilberts Standpunkt, sondern auch auf die Grundlagen der Mathematik überhaupt bis heute sehr lebendig ist, zeigt, daß auf diesem Terrain noch lange nicht alle philosophischen Fragen „ein für allemal" erledigt sind.

Im Gegenteil hat gerade das Hilbertprogramm selbst eine ganze Reihe neuer Fragen aufgeworfen. Welche Implikationen haben denn genau die Gödelsätze für das Hilbertprogramm? Wie sind die Grenzen des Finitismus abzustecken? Verlangt ein solches Programm, eine formalistische Philosophie der Mathematik zu vertreten? Hat Hilbert wider bessere Einsicht an seinem Programm geklammert oder ist seine Position rational doch tragfähiger, als seine Gegner und auch manche seiner Freunde zugestehen wollen?

Das vorliegende Buch will zu diesem Fragenkreis eine eigene Perspektive anbieten, die nicht nur in sich möglichst kohärent sein soll, sondern zugleich auch den Leistungen

Hilberts und seiner Schüler angemessen, und das kann nur heißen: ihren philosophisch-grundlagentheoretischen Standpunkten gegenüber so adäquat wie möglich und so kritisch wie nötig. Die erkenntnistheoretischen und wissenschaftsphilosophischen Fragenstränge werden daher verwoben mit dem Versuch einer sorgfältigen Interpretation der historischen Quellen. Bei der Auseinandersetzung mit Problemen und Positionen, die nicht nur *ad hoc* erdacht, sondern auch tatsächlich vertreten wurden, ist eine gewisse problemgeschichtliche Perspektive unabdingbar. Wer historische Angemessenheit bei philosophischem Arbeiten für überflüssig oder gar störend hält, der wird bei komplexeren Zusammenhängen kaum der Gefahr entgehen, seine Fragen nur deshalb so elegant, so „rein sachlich" und so „rein systematisch" beantworten zu können, weil er sie passend konstruiert hat. Will man sich hingegen tatsächlich mit „großen Gedanken" auseinandersetzen, sich von ihnen anregen und herausfordern lassen, muß die erste Devise sein, diese Gedanken so gut wie möglich zu begreifen. Schließlich gilt auch in der Wissenschaftsphilosophie, was Martin Heidegger im Kontext der Metaphysik einmal allgemein so formuliert hat:

> Die Erledigung der philosophiehistorischen Aufgaben „wird der rein philosophischen Ausdeutung die lebendige besondere Gestaltung und Fülle geben, die nun einmal aus der tiefer gefaßten Geschichte immer entspringt."
> HEIDEGGER, *Duns Scotus* [1916], 16

Die sachliche Auseinandersetzung mit einem historisch gewachsenen Problemkreis weiß sich unter mehr Ansprüche gestellt als Arbeiten, die sich einzig der sachlichen und fachinternen Auseinandersetzung mit einem Problem stellen. Sie ist der Gefahr ausgesetzt, daß der Kritiker das *Principle of Charity* vergißt und in der disziplinübergreifenden Breite logischer, erkenntnistheoretischer, wissenschaftsphilosophischer und -historischer Fragen reichlich Angriffsfläche findet. Aus einer ähnlichen Diagnose zog der Philosoph, Logiker und Mathematiker Gottlob Frege schon 1893 in seinen *Grundgesetzen der Arithmetik* in gewohnter Deutlichkeit und Schärfe den Schluß:

> Es „müssen alle Mathematiker aufgegeben werden, die beim Aufstossen von logischen Ausdrücken, wie ‚Begriff', ‚Beziehung', ‚Urteil' denken: *metaphysica sunt, non leguntur!* und ebenso die Philosophen, die beim Anblicke einer Formel ausrufen: *mathematica sunt, non leguntur!*"
> FREGE, *Grundgesetze* [1893], xii

Dem bleiben nur noch diejenigen hinzuzufügen, die zu Studien über verstorbene Denker sagen: *historica sunt, non leguntur!*

Dank gebührt entsprechend allen, die diese Arbeit trotzdem lesen. Er galt in erster Linie den Professoren Carlos Ulises Moulines, Godehard Link und Karl-Georg Niebergall, die die Mühe der Begutachtung auf sich genommen haben. Außerdem vielen Freunden und Kollegen für ihre freundschaftliche Unterstützung und für bereichernde Diskussionen. Besonders erwähnen möchte ich von meinen akademischen Lehrern Justus Diller, Godehard Link, Karl-Georg Niebergall, Wolfram Pohlers, Rosemarie Rheinwald (†) und Wilfried Sieg. Viel von ihren Anregungen ist in diese Arbeit eingeflossen. Meine Forschungsarbeiten wurden finanziert u. a. durch eine Stelle im Rahmen eines DFG-Projekts zur Geschichte der Beweistheorie (Dank an Menso Folkerts und Godehard Link) und durch ein Forschungsstipendium der Fritz-Thyssen-Stiftung. Zu danken habe ich auch meiner Ehefrau Stephanie für Vieles, das hier weder aufgezählt werden kann noch soll.

Die Fakultät für Philosophie, Wissenschaftstheorie und Religionswissenschaft der LMU München hat die Arbeit im Wintersemester 2006/2007 als Dissertation angenommen. Sie wurde in der damaligen Fassung online publiziert.

Wenn sie nun in überarbeiteter Form als Buch einer breiteren wissenschaftlichen Öffentlichkeit zugänglich gemacht wird, verdankt sich dies dem Zuspruch einer Reihe von Freunden und Kollegen, besonders von Matthias Wille. Das Erscheinen wurde erheblich erleichtert durch die freundliche Aufnahme in die Reihe „Mathematik im Kontext" des Springer-Verlags, wofür ich dem Verlag, v. a. dem Programmleiter Clemens Heine, sowie den beiden Reihenherausgebern Klaus Volkert und David E. Rowe sehr verbunden bin. Aufgrund meiner derzeitigen Arbeitsbelastung mußte ich auf neuerliche Literaturrecherchen verzichten. Der Stand der Dinge ist inhaltlich daher im Wesentlichen derjenige von Ende 2006, als das Manuskript abgeschlossen wurde. Ich hoffe, daß das Buch auch so für den am Hilbertprogramm interessierten Leser gewinnbringend genug sein wird.

Ein besonderer Dank gilt Sebastian Paasch, Helmut Pulte und ganz besonders Wolfram Pohlers für die Durchsicht der Endfassung und eine Reihe hilfreicher Kommentare. Für etwaige Fehler und Ungenauigkeiten bleibe ich allein selbst verantwortlich.

Diese Arbeit ist und bleibt meinen beiden Brüdern, Marcus und Johannes, gewidmet, ohne deren kontinuierliche Ermutigung vor vielen Jahren sie nicht entstanden wäre.

Bochum, im September 2012   Christian Tapp

Inhaltsverzeichnis

1	Einleitung		1
	1.1	Warum die Mathematik für die Philosophie interessant ist	1
	1.2	Hilbert, Mathematik und Philosophie	10
	1.3	Ausgangspunkte, Ziele und Programm der Arbeit	22
	1.4	Methodische Bemerkungen	25

Teil I Zur Konzeption des Hilbertprogramms

2	Das Hilbertprogramm und seine Ziele		33
3	Wurzeln: Axiomatik		39
	3.1	Geometrie als Paradigma der traditionellen Axiomatik	40
	3.2	Hilberts neue Axiomatik und die Grundlagen der Geometrie	47
	3.3	Axiome als implizite Definitionen	53
	3.4	Axiomatik als Metawissenschaft?	56
	3.5	Kriteriologie für Axiome	60
	3.6	Ziele und denkerische Verortung der Axiomatik	72
	3.7	Zusammenfassung	74
4	Kontext: Logizismus und Intuitionismus		75
	4.1	Logizismus	76
	4.2	Intuitionismus	101
	4.3	Zusammenfassung	112
5	Formalismus		115
	5.1	Formelspiel vs. methodische Einstellung	116
	5.2	Alternative Formalismusbegriffe	120
	5.3	Hilberts Formalismus	122
	5.4	Widerspruchsfreiheit, Wahrheit und Existenz	126
	5.5	Zusammenfassung	133

6	**Finitismus**		135
	6.1	Erste begrifflich-inhaltliche Abgrenzungen	136
	6.2	Finite Zahlentheorie	139
	6.3	Finite Metamathematik	145
	6.4	Formale Abgrenzung	149
	6.5	Zusammenfassung	153
7	**Die Methode der idealen Elemente**		155
	7.1	Ideale Elemente in der Mathematik des 19. Jahrhunderts	156
	7.2	Analogiemißbrauch	160
	7.3	Hilberts ideale Elemente	162
	7.4	Zusammenfassung	166
8	**Instrumentalismus**		169
	8.1	Der Instrumentalismus und die instrumentalistische Auffassung des Hilbertprogramms	169
	8.2	Kritik der instrumentalistischen Interpretation von Hilberts Programm	171
	8.3	Zusammenfassung	180

Teil II Zur Durchführung des Hilbertprogramms

9	**Hilberts Widerspruchsfreiheitsbeweise**		183
	9.1	Hilbert und Bernays	183
	9.2	Reduktion durch Angabe eines Modells	184
	9.3	Erste syntaktische Überlegungen: Heidelberg 1904	190
	9.4	Wiederaufnahme und Weiterentwicklung: Vorlesungen 1917–1920	194
	9.5	Übergänge und neue Techniken	198
	9.6	Hilbertsche Beweistheorie	207
	9.7	Zusammenfassung	222
10	**Hilbertschule I: Wilhelm Ackermann**		225
	10.1	Ackermanns Ziele	226
	10.2	Das formale System	228
	10.3	Analyse des Beweises	233
	10.4	Deutung, Diskussion und Kritik	245
	10.5	Zusammenfassung	248
11	**Intuitionistische und Klassische Zahlentheorie: HA und PA**		251
	11.1	Das Resultat	251
	11.2	Die Deutung	252

Inhaltsverzeichnis

12 Hilbertschule II: Gerhard Gentzen 255
    12.1 Logische Kalküle, Hauptsatz und Widerspruchsfreiheit der induktionsfreien Zahlentheorie 256
    12.2 Der erste, nicht veröffentlichte Widerspruchsfreiheitsbeweis für die Zahlentheorie 265
    12.3 Der erste veröffentlichte Widerspruchsfreiheitsbeweis für die Zahlentheorie 277
    12.4 Beweisbarkeit der transfiniten Induktion und Ordinalzahlanalyse 280
    12.5 Zusammenfassung 282

Teil III Zur Reflexion des Hilbertprogramms

13 Der Problemkreis „Poincaré" 285
    13.1 Das *Petitio-principii*-Problem mit der Induktion 286
    13.2 Das *Circulus-vitiosus*-Problem mit den imprädikativen Definitionen ... 298
    13.3 Zusammenfassung 304

14 Der Problemkreis „Gödel" 307
    14.1 Meinungsvielfalt 308
    14.2 Die Reichweite der Gödelschen Sätze 313
    14.3 HP gegen Gödel, oder: das Formalisierbarkeitsproblem 317
    14.4 Gödel-2 gegen HP 321
    14.5 Gödel-1 gegen HP 326
    14.6 Das HP als Konservativitätsprogramm? 328
    14.7 Zusammenfassung 337

15 Der Problemkreis „Kreisel" 339
    15.1 Was Ordinalzahlen sind 339
    15.2 Wofür Ordinalzahlen in der Beweistheorie verwendet werden 346
    15.3 Zusammenfassung 352

16 Resümee 353
    16.1 Hilberts Ziele und Strategien 353
    16.2 Aufklärung über das Unendliche 354
    16.3 Reduktionismus 357
    16.4 Ist Hilberts Programm denn nun gescheitert? – Versuch einer Antwort .. 359

Literatur 363

Einleitung

1.1 Warum die Mathematik für die Philosophie interessant ist

> Οὐδεὶς ἀγεομέτρετος εἴσετο.
> Niemand trete ein, der der Mathematik nicht kundig ist.
> PLATON[1]

Die Philosophie hatte immer schon ein besonderes Interesse an der Mathematik. Wer die platonische Akademie betrat, sollte sich seiner mathematischen Kenntnisse sicher sein. Der epistemische Zugang zu mathematischen Objekten bildete für Platon das Vorbild, nach dem er sein Bild von Erkenntnis überhaupt strukturierte: Ideen leben in einem Reich reiner Formen und ihr Vergleich mit den Erfahrungen der Welt liefert bei Übereinstimmung wahre Erkenntnis.

Für die Philosophen des Rationalismus war es mehr als eine bloße Vorliebe, ihre philosophischen Lehrsätze *„more geometrico demonstrata"* zu präsentieren. Sie wollten die philosophische Erkenntnis auf wenige grundlegende Definitionen und Axiome begründen und ansonsten nur die streng logische Beweisführung gelten lassen, wie sie seit dem Altertum als das Idealbild der Geometrie gelehrt wurde. (Die *Elemente* des Euklid konnten dieses Ideal zu einem sehr großen Teil realisieren, aber nicht vollständig.) Das Streben nach argumentativer Gewißheit wie in der Mathematik ist ein Charakteristikum rationalistischer Philosophie.

Die empiristischen Gegner der Rationalisten forderten, die Sinneswahrnehmung und die Erkenntnisse der letztlich auf der Sinneswahrnehmung basierenden Naturwissenschaf-

---

[1] Dieser Spruch soll über dem Eingang der platonischen Akademie angebracht gewesen sein. Vgl. z. B. die Überlieferung bei JOHANNES PHILOPONUS, *De Anima Kommentar* [1897], 117 (26–27), der allerdings wörtlich „ἀγεομέτρος μὴ εἰσίτο" hat. Die Übersetzung von „γεομέτρετος" als „Mathematiker" und nicht als „Geometer" ist gerechtfertigt, weil Mathematik damals im Wesentlichen aus Geometrie bestand und umgekehrt der Ausdruck „μαθηματική" eher allgemein das Gewußte und weniger das spezifisch Mathematische meinte.

ten zum Vorbild jeder Erkenntnis zu nehmen. Und da die modernen Naturwissenschaften ohne Mathematik nicht auskommen können, kommt ihr auch in der empiristischen Erkenntnistheorie eine besondere Stellung zu. Allerdings ist sie nicht immer so sehr im Vordergrund der Diskussionen zu sehen wie bei David Hume, für den die mathematische Erkenntnis zum regelrechten Problem wird. Denn wo soll man sie einordnen, unter die rein empirischen „*matters of fact*" oder unter die rein denkerischen „*relations of ideas*"? Keine der beiden Antworten kann befriedigen, da schon die Möglichkeit, Mathematik in den Naturwissenschaften erfolgreich anzuwenden, eine Art Zwischenstellung und die Möglichkeit zu einer Art „Verknotung" geistiger und empirischer Anteile fordert.

Immanuel Kant wachte bekanntlich auf, als er diesen Knoten bemerkte, und machte sich daran, ihn gar nicht auf eine der Seiten aufzulösen, sondern regelrecht zu durchschlagen. Er trennte die Unterscheidungen analytisch/synthetisch und a priori/a posteriori von einander und eröffnete dadurch die Möglichkeit apriorisch-sicherer Erkenntnis, die dennoch nicht analytisch-trivial ist. Für ihn gibt es synthetische Sätze in der Mathematik, doch lassen sie sich a priori wissen. Sie gehören also in die Abteilung synthetischer Apriois, in die nach seiner Auffassung auch die wesentlichen Sätze der Metaphysik gehören. Aber gibt es überhaupt sinnvolle metaphysische Sätze? Kants Parallelisierung zwischen mathematischer und metaphysischer Erkenntnis bringt dafür einen regelrechten Plausibilitätsschub: Während die Metaphysik immer unter dem Verdacht steht, gar nicht zu existieren (weil es keine sinnvollen metaphysischen Sätze gebe oder man über solche nichts wissen könne), wird das über die mathematische Erkenntnis niemand ernsthaft behaupten. Also ist die Menge der synthetisch wahren und a priori wißbaren Sätze nicht leer. Und das macht mehr als plausibel, daß es auch noch andersartige synthetische Apriroitäten geben kann, beispielsweise die metaphysischen (vgl. *KrV* B4).

Und schließlich arbeitet sich auch ein Martin Heidegger noch an der Mathematik ab, wenn er das eigentliche Denken von einer uneigentlichen Form unterscheidet, die sich unseres technikdurchwirkten Alltags fast vollständig bemächtigt hat, und diese uneigentliche Form das „rechnende" Denken nennt. Lassen wir dahingestellt, in welch negatives Licht die Mathematik hier getaucht wird, und lassen wir auch dahingestellt, ob es sich hier überhaupt um eine adäquate Sichtweise der Mathematik handelt. Es bleibt, daß auch für einen Heidegger die Mathematik, oder zumindest das, was er unter „rechnendem Denken" versteht, eine philosophische Herausforderung ersten Ranges ist.

Die Mathematik spielte also für fast alle Epochen und Strömungen der Philosophiegeschichte eine irgendwie besondere Rolle – und dabei haben wir gerade vor allem Strömungen und Epochen aufgerufen, die man kaum in einem modernen Handbuch über „Philosophie der Mathematik" antreffen würde. Aber was ist es eigentlich neben dem synthetischen Apriori, was die Mathematik philosophisch so interessant macht?

Der erste und wichtigste Aspekt ist die *Sicherheit* mathematischer Erkenntnisse. Kaum eine andere Wissenschaft kann problemlos davon sprechen, die eigenen Lehrsätze „bewiesen" zu haben. Selbst in René Descartes' radikalem Zweifel bleibt es – wie die sorgfältige Analyse der Meditationen zeigt – letztlich in einer vielsagenden Schwebe, ob er die erwähnten mathematischen Sätze auch für zweifelhaft erklärt oder nicht. Kann Descartes wirklich

1.1 Warum die Mathematik für die Philosophie interessant ist

daran zweifeln, daß 2 + 2 = 4 ist, oder gar daran, daß ein Quadrat vier Seiten hat? Was sollte der täuschende Dämon uns stattdessen glauben machen? Sollen wir eine Vorstellung, ein Trugbild haben, in dem ein Quadrat fünf Seiten hat? Gibt es irgendeinen ganz schwachen Sinn von „möglich", sozusagen „traumbild-möglich", unter den auch ein fünfseitiges Quadrat fällt, dessen Begriff ja einen *logischen* Widerspruch beinhaltet? Wie auch immer man Descartes hier genau verstehen will, die Überzeugung einer besonderen Sicherheit der mathematischen Erkenntnis hat er jedenfalls sicher geteilt. Diese Überzeugung ist auch heute so weit verbreitet, daß der Mathematiker nicht selten von außerhalb der Zunft mit der Frage konfrontiert wird, was es denn in der Mathematik überhaupt noch zu forschen gebe. Die Sicherheit der verfügbaren Erkenntnisse läßt sich eben leicht mit der Verfügbarkeit der sicheren Erkenntnisse verwechseln! Jedenfalls ist die Mathematik immer schon *das* Beispiel für die Sicherheit von Erkenntnissen gewesen, und die Philosophie bringt schon deshalb der Mathematik ein besonderes Interesse entgegen, weil es ihr ganz allgemein um Erkenntnis, um das Verhältnis von Meinen und Wissen, um den Wahrheitsbegriff und die Frage der Rechtfertigung von Wissensansprüchen geht.

Die Sicherheit mathematischer Erkenntnisse verdankt sich zu einem Gutteil dem streng deduktiven Aufbau der mathematischen Theorien. Dies führt zu einem zweiten Aspekt, warum Mathematik philosophisch interessant ist. Sie ist eine *deduktive Wissenschaft*, die durch ihr Bestreben, Argumentationen durch rein logische Schlüsse zu führen, eng an die Logik gebunden ist. Dabei ist hier nicht die Rede davon, auf welchen Wegen die Mathematiker faktisch zu neuen Vermutungen und Theorien gelangen. Diese Wege sind sicher häufig induktiv oder sogar experimentell. Manchmal gewinnt der Mathematiker einen neuen Kandidaten für ein Theorem (nicht nur, aber auch) durch Betrachtung einzelner Beispiele, die alle eine bestimmte Eigenschaft haben, und er fragt sich, wie allgemein man Bedingungen an eine Klasse solcher Objekte formulieren kann, damit alle Objekte in dieser Klasse jene Eigenschaft haben. Mit einem solchen „Ergebnis" wird sich der Mathematiker aber erst zufriedengeben, wenn er es im Rahmen einer akzeptablen Theorie *bewiesen* hat.[2] Die Betonung liegt hier mehr auf dem Beweisen als auf der akzeptablen Theorie. Denn die Mathematik hat auch kein Problem damit, hypothetische Erkenntnisse als solche zuzulassen, d. h. daß ein bestimmter Satz nur unter Zusatzannahmen gilt, deren Wahrheit keineswegs allgemein anerkannt ist. Dann lautet die mathematische Erkenntnis eben nicht, *daß p*, sondern, *daß p, falls die Zusatzannahmen z gelten*. In jedem Fall wird der Mathematiker für eine wirkliche mathematische Erkenntnis auf einem Beweis beharren und „Wissen" und „Bewiesen-sein" geradezu gleichsetzen. Nimmt man diese Orientierung am Paradigma des Beweises ernst, so wird man die Mathematik tatsächlich in erster Linie als rein deduktive Wissenschaft beschreiben müssen, ja man könnte fast sagen: Wenn es überhaupt erfolgreiche deduktive Wissenschaft gibt, dann die Mathematik. Theorien gelten in ihr erst dann als ausgereift, wenn sie in axiomatische Form gebracht werden können, d. h. wenn bestimmte Grundbegriffe und Grundannahmen festgelegt sind, aus denen sich die weiteren Sätze

---

[2] Zu der hier starkgemachten Trennung zwischen Gewinnung einer neuen mathematischen Erkenntnis und ihrer Begründung vgl. auch Frege, *Begriffsschrift* [1879], III.

der Theorie durch geschickte begriffliche Definitionen und bloße logische Deduktionen ergeben. Die „Strenge der Beweisführung" verbürgt, daß die Behauptungen tatsächlich mit Gewißheit aus den Axiomen folgen, sie macht die fraglichen Beweise nachprüfbar und ermöglicht schließlich auch Untersuchungen über die zugrundegelegten Axiomensysteme. So hängt der deduktive Aspekt mit dem Sicherheitsaspekt zusammen. Erkenntnistheoretisch betrachtet ist es an der Mathematik eben bestechend, daß sie ein „lebendiges" Beispiel systematisch geordneten Wissens bietet, das in bestimmter Hinsicht erfahrungsunabhängig und dennoch nicht analytisch-trivial ist.

Den offensichtlichen Vorteilen der deduktiven Wissenschaft steht allerdings ein Problem gegenüber, das viel philosophisches Kopfzerbrechen verursacht: Die *Anwendbarkeit* der Mathematik in den Wissenschaften, die sich mit der empirischen Wirklichkeit befassen und die seit Beginn der Neuzeit in Theorie und technischer Praxis enorme Erfolge feiern können. Die Mathematik kommt dabei gleich mehrfach ins Spiel, ob als Hilfsmittel für die naturwissenschaftlichen Theoriebildungen, als Instrument für Computersimulationen oder als Bindeglied zwischen naturwissenschaftlichen Theorien und technischen Anwendungen. Hier ist nicht der Ort, diesen Problemen weiter nachzugehen. Es bleibt nur festzuhalten, daß eine derart *universal anwendbare* Wissenschaft das philosophische Interesse an Wissen und Wissenschaft besonders hervorlocken muß und es vor die enorme Herausforderung stellt, die sachliche Wahrheit bzw. Adäquatheit rein apriorischer „Deduktionsprodukte" zu erklären.

In einer gewissen Spannung zum Phänomen der Anwendbarkeit steht ein anderer Aspekt der Frage nach der mathematischen Wahrheit, nämlich der *objektive Geltungsanspruch* mathematischer Sätze. Die Resultate der Mathematik gelten nicht nur unter gewissen Bedingungen[3] oder in bestimmten Hinsichten. Man muß (jedenfalls dem Anspruch der Mathematik nach) nicht erst eine besondere methodische Grundhaltung einnehmen, um mathematische Resultate als wahr erkennen zu können. Ihre Wahrheit will unabhängig von persönlichen Überzeugungen, überhaupt vom einzelnen Subjekt und seinen räumlich-zeitlichen Bestimmungen sein. Mathematik „gilt" sozusagen für alle Menschen immer und überall, sie gilt „objektiv".

Die *Objektivität* mathematischer Erkenntnis kann man in zwei Perspektiven betrachten. In der einen Perspektive erscheinen die mathematischen Wahrheiten als *notwendig wahr* in dem Sinne, daß sie auch dann gültig bleiben, wenn ganz andere Naturgesetze unsere Welt regieren würden. Ja, sogar wenn man überhaupt keine Naturgesetze feststellen könnte, sollte das die Gültigkeit mathematischer Sätze nicht tangieren. Wie kann es sein, daß Sätze, die auch dann gültig bleiben sollen, wenn die Welt der Naturgesetze auf dem Kopf steht, so universell in den Naturwissenschaften anwendbar sind? Diese Spannung, die man vielleicht „*metaphysische Objektivität*" der Mathematik nennen könnte, läßt sich

---

[3] Damit sind hier natürlich nicht explizite Voraussetzungen innerhalb einer mathematischen Behauptung gemeint, sondern den mathematischen Erkenntnissen äußerliche Bedingungen, die – in traditioneller philosophischer Terminologie gesprochen – mathematische Erkenntnisse als „bedingte Erkenntnisse" qualifizieren würden.

möglicherweise auflösen mit Hilfe der Konzeption einer besonderen Allgemeinheit oder Generalität der mathematischen Sätze, die der Allgemeinheit der logischen Sätze zumindest *ähnlich* ist. Auch dies kann hier nur Andeutung bleiben.

Den anderen Aspekt der Objektivität mathematischer Erkenntnis kann man als „*intersubjektive Objektivität*" beschreiben. Während das Streiten geradezu zur Wissenschafts*kultur* vieler Geisteswissenschaften gehört und während es selbst in der Physik bisweilen zu deutlichen Meinungsverschiedenheiten über zentrale Theorien kommt (man denke nur an Einsteins Verhältnis zur Quantentheorie), herrscht in der Mathematik auf der sachlichen Ebene fast pure Einigkeit. Zwar gibt es auch hier persönliche Präferenzen und den Effekt, daß sich im Laufe der Zeit die Meinungsverteilung darüber, was als „interessant" gilt, verschiebt. Aber das ist gar nichts im Vergleich zur sog. „Streitkultur" anderer Fächer. Dieses Phänomen hat sicher mit gewissen kulturgeschichtlichen Zufällen zu tun, und es wird mitbestimmt durch Verstärkungseffekte wie den, daß Fächer mit bestimmten Eigenschaften auch eher eine bestimmte Klientel anziehen. Aber es läßt sich nicht auf diese Faktoren reduzieren. Um den berühmten „Mann auf der Straße" anzurufen: Wenn man ihn an ein paar physikalische Grundlagen aus der Schulzeit erinnert, wird er zumindest ansatzweise ein Verständnis für wissenschaftsphilosophische Grundfragen der Physik aufbringen. Auch wenn er nicht versteht, was Quarks eigentlich sind, wird er vielleicht zugestehen, daß die Frage, was Quarks eigentlich sind, eine ernsthafte wissenschaftliche *Frage* ist. Anders bei manchen Grundfragen der Philosophie der Mathematik. Unser Mann auf der Straße wird kaum die Frage verstehen, woher wir eigentlich wissen, daß 1 + 1 = 2 ist. Bevor er dies begeistert als ernsthafte wissenschaftliche Frage aufnimmt, wird er uns eher für verrückt halten. Für dieses Phänomen sind die genannten Faktoren sicher *mit*entscheidend. Aber es bleibt hier ein Residuum, das ich eben *intersubjektive Objektivität* der Mathematik nennen würde. Bei der Auswahl von Gegenständen und Methoden für die eigene Arbeit gibt auch die Mathematik dem Einzelnen viel Spielraum für subjektive Präferenzen. Aber es gibt so gut wie nie den Vorwurf an den Fachkollegen, das, was dieser da betreibe, sei doch keine Mathematik. Die wenigen Ausnahmen (Gordans Kritik an Hilbert, Kroneckers Kritik an Cantor, die Beargwöhnung der Mathematischen Logik u. ä.) kennt man wahrscheinlich deshalb so gut, weil es Ausnahmen sind. Und auch die Betrachtung der Alltagswelt zeigt, daß für viele die Mathematik geradezu das Maß des Objektiven ist. Wenn man etwas ausgerechnet hat (und man sich nicht verrechnet hat), dann muß es stimmen, und wenn man eine Einschätzung möglichst unangreifbar belegen will, dann legt man am besten „Zahlenmaterial" vor. Was die Objektivität der Mathematik ausmacht, kann hier mehr angedeutet denn beschrieben werden. Die wissenschaftsphilosophische Beschäftigung mit der Mathematik geht mit der Frage nach ihrer Objektivität einem interessanten wissenschaftlichen Phänomen nach, für das es keine so unmittelbare Erklärung gibt wie im Falle der Naturwissenschaften. Die Naturwissenschaften haben es (nicht nur, aber auch und m. E. sogar in erster Linie) mit Gegenständen zu tun, die wir alle kennen, die wir sehen oder anfassen, hören oder riechen können. Wie diese Gegenstände sich im Experiment verhalten, macht die unverrückbaren Grunddaten der Naturwissenschaften aus. Dies liefert zumindest einen Erklärungsansatz für deren Objektivität. Bei der Mathematik ist nichts Ähnliches in Sicht. „Experimente" erscheinen typischerweise geradezu als Gegensatz zu Mathematik und die Objekte dieser Wissenschaft hat niemand je gesehen.

So wird man von der Objektivitätsproblematik zu einem weiteren Punkt geführt, der das philosophische Interesse an der Mathematik begründet: die vertrackte Frage nach der *Ontologie mathematischer Gegenstände* oder – in sprachphilosophischem Gewand – die Frage nach der Referenz mathematischer Terme. Die Dinge, von denen die Mathematik redet, sind das Paradebeispiel für abstrakte Objekte. Mit Zahlen beispielsweise haben wir jeden Tag in unserem alltäglichen Leben zu tun. Aber die Fragen, was Zahlen eigentlich sind und inwiefern sie existieren, markieren möglicherweise wirklich eine Feynmansche „Allee von Fragen, von der niemand bisher gesund zurückgekehrt ist". Deflationäre Ansätze haben hier, wie so oft, den Schein der Bescheidenheit und Zurückhaltung für sich. Statt die Existenz verdächtig scheinender Entitäten zu fordern oder auch nur eine sinnvolle Debatte darüber für möglich zu halten, verweisen sie kurzerhand auf unsere mathematische und alltägliche Praxis mit den Zahlen und behaupten (zu Recht), daß die Bedeutung des Ausdrucks „Zahl" darauf beruht, daß wir ihn in bestimmter Weise verwenden. Sie meinen aber darüber hinaus (zu Unrecht), daß damit alles gesagt sei und die ontologischen Schwierigkeiten sich in Luft aufgelöst hätten. Die Frage nach der Existenz von Zahlen für unsinnig oder uninteressant zu erklären, ist nichts weiter als eine dogmatistische Festsetzung. Niemand möchte doch ernsthaft behaupten, daß Zahlen nicht existierten. Also wird man – *tertium non datur* – an der natürlichen Sprechweise festhalten, daß es Zahlen „gibt". Und damit bleibt es eine unabweisbare philosophische Aufgabe zu fragen, was es eigentlich bedeutet, wenn man von Zahlen spricht und sagt, daß sie existieren. Die ontologischen Fragen, die in der analytischen Philosophie lange Zeit einfach für tot *erklärt* wurden, erfreuen sich in eben dieser analytischen Tradition heute eines gesteigerten Interesses.

Mit diesen ontologischen Fragen hängt es zusammen, daß die Mathematik noch eine weitere wissenschaftsphilosophische Besonderheit aufweist. Zwar ist es auch in der Mathematik so, daß die meisten der „*working mathematicians*" sich nicht sonderlich um philosophische Grundlegungsfragen ihrer Wissenschaft kümmern. Dennoch haben die meisten von ihnen gewisse Vorstellungen in dieser Richtung, und zwar solche, die man gemeinhin als „*platonistische*" bezeichnet.[4] Dies ist ein Phänomen, das man ernstnehmen und erklären muß. Das Attraktive an der platonistischen Position ist die Konzeption eines vom einzelnen Forschungssubjekt unabhängigen „Reichs" mathematischer Wahrheiten. Diese Konzeption etabliert einen starken Objektivitätsbegriff, sowohl in der eben „metaphysisch" genannten Perspektive, als auch in der „intersubjektiven". Es scheint, daß sich dieses Phänomen am einfachsten mit einem platonischen, von uns erkennenden Subjekten unabhängigen Reich mathematischer Tatsachen erklären läßt.

---

[4] An diesem Phänomen ändert es auch nichts, daß der Platonismus unter den Mathematik*philosophen* dauerhaft (nicht nur zur Zeit) schlechte Konjunktur hat; vgl. LINK, *Reductionism* [2000], 178.

Der Platonismus führt aber eine Reihe von Problemen mit sich,[5] unter denen die erkenntnistheoretischen die dringendsten sind. Wenn es eine von der physischen Welt verschiedene Realität mathematischer Wahrheiten gibt, welchen Zugang könnten wir dann zu ihr haben? Was verbürgt eigentlich, daß es sich bei den mathematischen Sätzen nicht um bloße Meinungen, sondern um Wissen handelt? Die epistemische Rechtfertigung mathematischer Sätze ist für den Platonismus ein ernsthaftes Problem. Allein daß man den epistemischen Zugang zum platonischen Universum als „Intuition" ausbuchstabiert, ändert daran noch nichts. Das Auftreten von Widersprüchen als Folge angeblich „intuitiv gerechtfertigter" Axiome zeigt, daß eine solche Erkenntnis durch Intuition jedenfalls nicht infallibel sein kann. Sonst würde die Entdeckung von Widersprüchen als Folgen infallibler Erkenntnisse tatsächlich die Fundamente der Mathematik ins Wanken bringen und mathematische Wissensansprüche überhaupt fragwürdig erscheinen lassen. Wie aber kann man Irrtum bei der Erkenntnis eines eigenen mathematischen Universums erklären? Der antiplatonische Skeptiker, der die Existenz eines solchen Universums für Einbildung hält, wird solchen Irrtum als Bestätigung seiner Position ansehen. Es scheint, daß man diese Probleme nur überwinden kann, wenn man neben einem eigenen mathematischen Universum auch einen quasi-sinnlichen Zugang zu diesem Universum postuliert, der die Möglichkeit zur Täuschung einschließt. Man könnte diese Konzeption in Richtung einer Analogie zwischen Mathematik und Physik weiter ausbauen. Auch in der Physik kann man Axiome postulieren, bis sie experimentell falsifiziert werden, wodurch dann Modifikationen dieser Axiome notwendig werden. So könnte man auch die Tätigkeit des Mathematikers als testweises Aufstellen von Axiomen ansehen, deren Falsifikation jedoch nur in der Entdeckung von internen Widersprüchen bestehen kann. Was aber entspricht den fixen Beobachtungsdaten der Physik in dieser Analogie? Entweder nichts – und mathematische Axiome müssen nur „intern" widerspruchsfrei sein – oder eben „Beobachtungsdaten" aus dem platonischen Universum. Sollte man diese postulieren? Welchen intersubjektiven Verbindlichkeitsgrad können sie beanspruchen? Ist er demjenigen der Ablesung von Messgeräten ähnlich? Kann man im Zweifel jemanden „nachschauen" lassen, welcher Wert der richtige war? – Wie dem auch sei, es bleiben immer noch zwei skeptische Fragerichtungen, nämlich *erstens*: Warum haben anscheinend nur so wenige Menschen diesen quasi-sinnlichen Zugang zur mathematischen Welt, ganz anders als bei der üblichen Sinneswahrnehmung, der sich, bis auf ganz wenige Ausnahmen, alle Menschen bedienen können? Und, *zweitens*, wie läßt sich die Anwendbarkeit der Mathematik in der physischen Welt erklären? Warum sollte das eine Universum etwas mit dem anderen zu tun haben? Muss man dazu starke metaphysische Annahmen machen wie die einer Art „prästabilierten Harmonie" zwischen beiden Universen?

---

[5] Es soll hier nicht der Eindruck erweckt werden, daß nicht-platonische Positionen keine Probleme mit sich brächten. Neben inhaltlichen Problemen gibt es auch argumentative Schwächen, wie wenn bspw. behauptet wird, aus der Notwendigkeit eines kognitiven Aktes zur Bedeutungserschließung folge schon die Unmöglichkeit von geist-unabhängiger Existenz; so z. B. PECKHAUS, *Impliziert* [2005b], 15.

Diese Probleme hängen jedoch nicht an einer vollentwickelten Version des Platonismus, die ein ontologisches „drittes Reich" (neben der physischen Welt und der gedanklichen Welt) postuliert. Obwohl wir mit mathematischen Entitäten nicht kausal interagieren können und sie mit unseren gewöhnlichen Sinnen nicht wahrnehmen können, wird auch der Nicht-Platoniker ihre Existenz, wie gesagt, zumindest in einem ganz basalen Sinne von „Existenz", nicht leugnen. Jedenfalls gibt es Mathematik in unserer Welt und Menschen, die Mathematik betreiben. Diese Menschen halten gewisse Sätze für wahr, die sie „mathematische Sätze" nennen. Es gibt also mathematische Überzeugungen. Diese kann man nicht aus der Welt hinausdiskutieren, sondern die philosophische Aufgabe muß lauten, wie man sie verstehen und treffend beschreiben kann. Wie kann man erklären, daß wir Meinungen haben über Dinge, die es in unserer „realen Welt" nicht gibt? (Daß es sich nicht wirklich um „Dinge" handelt, ist dann nur *eine* unter vielen Positionen.) Wie kann es sein, daß wir diese Meinungen nicht nur für so sicher halten, daß wir sie als „Wissen" bezeichnen, sondern daß wir dieses Wissen sogar als ein Musterbeispiel wissenschaftlich gesicherten Wissens ansehen? Und wie kann es sein, daß wir solche Ansprüche bei Wissen erheben, das gerade nicht auf die Sinneserfahrung zurückgeht?

So sind wir vom ontologischen Fragenkreis wieder zum erkenntnistheoretischen zurückgelangt. Die sechs aufgerufenen Punkte – Sicherheit, Deduktivität, Anwendbarkeit, Allgemeinheit, Objektivität und Ontologie – zeigen an, wie vielfältig die philosophischen Fragen und Herausforderungen sind, die mit der Mathematik verknüpft sind, und aus welchen Gründen die Mathematik für die philosophische Tradition immer eine besondere Rolle gespielt hat. Es sollte angedeutet werden, wie tiefgreifend die erkenntnistheoretischen, wissenschaftsphilosophischen und ontologischen Fragen sind, die sich im Zusammenhang mit der Mathematik stellen – und die manche Philosophen tatsächlich gern in ein randständiges Spezialgebiet für Logikinteressierte verbannt sehen würden.

Für Philosophen wie Immanuel Kant hingegen stand die Mathematik im Zentrum des philosophischen Interesses an den Naturwissenschaften. In seiner Abhandlung über *Metaphysische Anfangsgründe der Naturwissenschaft* gab er sogar die Devise aus,

> daß in jeder besonderen Naturlehre nur so viel *eigentliche* Wissenschaft angetroffen werden könne, als darin *Mathematik* anzutreffen ist.
>
> KANT, *Metaphysische Anfangsgründe* [1786], 550

Und ein moderner deutscher analytischer Philosoph meinte:

> Der heutige Erkenntnistheoretiker kann an den Resultaten der logischen und mathematischen Grundlagenforschung nicht mehr vorbeigehen. Insbesondere sind viele der innerhalb der Metamathematik gewonnenen Ergebnisse von einer so außerordentlichen theoretischen Bedeutung und Tragweite, daß deren genaues Studium für jeden, der erkenntnistheoretische Untersuchungen betreiben will, welche auf der Höhe der Zeit stehen, ganz unerläßlich ist.
>
> STEGMÜLLER, *Metamathematische Resultate* [1959], 1

1.1 Warum die Mathematik für die Philosophie interessant ist

Hier darf man den Bogen wohl nicht überspannen: Die Erkenntnistheorie hängt als Ganze sicher nicht von den Ergebnissen mathematischer Grundlagenforschungen ab und die Naturwissenschaften haben auch unabhängig von der Existenz einer mathematischen Wissenschaft ihre Daseinsberechtigung. Was aber bleibt, ist die Unverzichtbarkeit von Mathematik für moderne Naturwissenschaften und das philosophisch-erkenntnistheoretische Interesse an ihr.

Die Mathematik ist also in verschiedenen Hinsichten für die Philosophie interessant. Etwas Anderes ist es, daß es eine *Philosophie der Mathematik* gibt. Bei aller Verbindung mit den „großen" Themen handelt es sich hierbei um einen Bereich philosophischen Fragens und Denkens, der eine gewisse Eigenständigkeit entwickelt hat und als solcher ein besonderer Teilbereich der modernen Philosophie ist. Dies liegt vor allem an der schieren Menge der speziellen philosophischen Fragen und Probleme, die mit der Mathematik zu tun haben. Es gibt aber auch andere pragmatische Gründe für diese Eigenständigkeit. Sie reichen von den Erfordernissen einer besonderen Qualifikation über die Arbeitsteilung bis hin zur Gestaltung wissenschaftlicher Kommunikations- und Kooperationsformen. Diese Gründe sind aber nun nicht mathematikspezifisch, sondern gelten ganz allgemein für jede Art wissenschaftsphilosophischen Arbeitens.

Man sollte hervorheben, daß es bei den mathematikphilosophischen Fragen um ein Gespräch geht, das nicht einseitig geführt werden sollte. Die konkreten Fragen können sowohl solche sein, die von der Philosophie an die Mathematik gestellt werden, als auch solche, die von der Mathematik an die Philosophie gestellt werden.[6] Dieses Gespräch setzt immer die mathematische Praxis voraus und ist schon deshalb darauf angewiesen, nicht nur im Allgemeinen zu bleiben und *grosso modo* zu argumentieren, sondern an konkreten und speziellen Problemen zu arbeiten. Deshalb ist an dieser Stelle ein *Caveat* anzubringen: Nicht jeder mathematikphilosophischen Überlegung ist auf den ersten Blick anzusehen, wie sie mit den großen Fragen der philosophischen Tradition zusammenhängt. Sicher *gibt* es solche Zusammenhänge, aber es ist etwas Anderes, ob man sie auch explizit thematisiert. Häufig kann dies schon aus arbeitsökonomischen Gründen nicht geschehen. Wenn man bestimmten Fragen nachgehen will und dabei auch etwas herauskommen soll, kann man nicht bei jeder Frage gewissermaßen bei Adam und Eva anfangen. Und so wird nach dem Ende dieses einleitenden Abschnitts auch in dieser Abhandlung nur noch selten unmittelbar von der klassischen Tradition der Philosophie die Rede sein.

---

[6] So betonen auch GEORGE/VELLEMAN, *Philosophies* [2002], vi–vii, im Bezug auf Logizismus, Intuitionismus und Formalismus.

1.2 Hilbert, Mathematik und Philosophie

> Bemerkenswert ist aber, daß wir bei der Erörterung der Methode der Physik durch die vorgefundenen Paradoxien auf das allgemeine philosophische Problem geführt werden, ob und wie es möglich ist, unser Denken durch das Denken selbst zu begreifen und es von jeglichen Paradoxien zu befreien. Es ist dies dieselbe Frage, welche auch unseren Bemühungen im Gebiete der mathematischen Logik zugrunde liegt.
>
> HILBERT[7]

David Hilbert (1862–1943) ist in erster Linie als großer Mathematiker bekannt, der auch in der Physik Bedeutendes geleistet hat. Schon unmittelbar nach seinem Tod 1943 vermerkte die berühmte Wissenschaftszeitschrift *Nature*, daß es kaum einen zeitgenössischen Mathematiker gebe, dessen Arbeiten nicht in irgendeiner Weise von den Arbeiten Hilberts abhingen.[8] Wenn es in dieser Arbeit aber um philosophische Fragen gehen soll, welchen Beitrag eines Mathematikers wird man dazu erwarten können? Beschränkt sich Hilberts Beitrag nicht bekanntermaßen auf sein rein technisch-mathematisches Programm formaler Konsistenzbeweise?

Diese Frage ist sozusagen der Stachel im Fleisch dieser Arbeit. Sie wird konkret wirksam in Form des Imperativs, nach der Erörterung der philosophischen Grundlagen des Hilbertprogramms nicht bei dessen technischen Entwicklungen und ihrer Analyse stehenzubleiben, sondern diese an die konzeptionellen Zielsetzungen zurückzubinden und so philosophisch einzuholen.

Denn philosophisch-grundlagentheoretisch war die Motivation für die Beweistheorie von Anfang an. Der Mathematiker Hilbert wurde von eminent philosophischen Fragen umgetrieben, die in seiner wissenschaftlichen Arbeit ganz konkreten Niederschlag fanden. Die eingangs dieses Abschnitts zitierte Passage gibt davon einen starken Eindruck, wenn von der Beschäftigung mit Problemen der Physik und der Mathematischen Logik aus gleich bis zu dem allgemeinen Bedürfnis des Denkens nach Vergewisserung der eigenen inneren Konsistenz und bis zum Begreifen des Phänomens des reinen Denkens überhaupt ausgeholt wird. Hilbert sah tatsächlich gewisse Teile seiner fachwissenschaftlichen Arbeit als Beitrag zu dem philosophischen Problem an, „das Denken durch das Denken selbst zu begreifen und es von jeglichen Paradoxien zu befreien". Von der Beweistheorie sagt er, sie ermögliche die „erkenntnistheoretisch wichtige Einsicht in die Bedeutung und das Wesen der Negation".[9]

---

[7] HILBERT, *Herbstsemester 19* [1919*], 117.
[8] Vgl. REID, *Hilbert* [1970], 216.
[9] Vgl. HILBERT, *Neubegründung* [1922], 173. – Hier ist aber darauf hinzuweisen, daß Hilbert dies in Bezug auf die damals noch konstruktive, und das heißt insbesondere: negationsfreie Objekttheorie sagt und damit im Zusammenhang einer Ansicht, die er kurze Zeit später aufgegeben hat zugunsten einer Objekttheorie mit voller klassischer Logik; vgl. auch HILBERT, *Die logischen Grundlagen* [1923], 152, bes. Fn. 3.

1.2 Hilbert, Mathematik und Philosophie

Und durch die axiomatische Methode mit ihrer Tendenz „zu immer tieferliegenden Schichten von Axiomen" vorzudringen

> gewinnen wir auch in das Wesen des wissenschaftlichen Denkens selbst immer tiefere Einblicke und werden uns der Einheit unseres Wissens immer mehr bewußt.
>
> HILBERT, *Axiomatisches Denken* [1918], 156

Die Forschungen der letzten 20 Jahre bestätigen dieses breitere Bild. Dies ist nicht zuletzt der Herausarbeitung der Zusammenhänge zu verdanken, die zwischen Hilberts Werk und den grundlagentheoretischen Arbeiten des 19. Jahrhunderts einerseits, und zwischen ihm und den späteren reduktionistischen Projekten andererseits bestehen.[10] Darüber hinaus ist Hilberts Werk aber auch „intern" besser verstanden, wozu die Verbreiterung der Datenbasis durch Berücksichtigung von Hilberts unveröffentlichten Vorlesungen beigetragen hat, aber auch die historische Erschließung der Entwicklung seiner wissenschaftlichen Ideen. Dies gilt besonders für den Kernbereich seiner mathematisch-logischen Arbeiten, die Grundlegung der Arithmetik. Auch die Analyse der hier festzustellenden Entwicklungen zeigt, nach Wilfried Sieg, ein „überraschendes internes dialektisches Fortschreiten (beim Versuch, umfassendere philosophische Probleme anzugehen)" und eine „Tiefe philosophischer Reflexion, die bemerkenswert ist".[11]

Allerdings wird man auch hier nicht über das Ziel hinausschießen dürfen, denn Hilbert war und blieb in erster Linie Mathematiker. Seine Beheimatung im mathematischen Denken war tief und ohne Zögern sah er die Mathematik als sicherste und führende Wissenschaft an. Die Vorstellungen von systematischer Philosophie, die sich in seinem institutionellen Engagement widerspiegeln, orientieren sich vor allem an den philosophischen Aufgaben, die im Umkreis der Mathematik und der Naturwissenschaften auftreten.[12] Seine eigenen Äußerungen zur Philosophie sind immer in diesem Licht zu betrachten und im Zweifelsfall zugunsten des Nicht-Fachphilosophen abzuschwächen.

In dieser Arbeit geht es um die philosophische Auseinandersetzung mit einer Reihe von speziellen und z. T. auch technischen Fragen im Umkreis des Hilbertprogramms. Diese Auseinandersetzung erlaubt, wie eben erläutert, nicht immer, die Zusammenhänge mit der philosophischen Tradition unmittelbar zu sehen. Daher mag es sinnvoll sein, zuvor mit einem etwas weiteren Fokus einige Ausschnitte der Fragenlandschaft zu betrachten, die sich auftut, wenn man grundsätzlich fragt: Was macht neben dem im vorangegangenen Abschnitt beschriebenen generellen Interesse der Philosophie an der Mathematik nun speziell den Hilbertschen Finitismus für die Philosophie interessant?

---

[10] So auch SIEG, *Hilbert's Programs* [1999], 2.
[11] Die Zitate lauten im englischen Original: „*Surprising internal dialectic progression (in an attempt to address broad philosophical issues)*", SIEG, *Hilbert's Programs* [1999], 2; „*a depth [...] of philosophical reflection that is remarkable*", SIEG, *Hilbert's Programs* [1999], 3.
[12] Zu diesem Engagement siehe vor allem PECKHAUS, *Hilbertprogramm* [1990], 196–224.

1.2.1 Erkenntnisskeptizismus oder -optimismus? – Das *Ignorabimus*-Problem

Eine affirmative Antwort auf die Frage, ob jedes mathematische Problem prinzipiell lösbar ist, stellt für jeden Mathematiker sicher eine große Versuchung dar. Wie schön wäre es, einen ungebrochenen Erkenntnisoptimismus allen konkreten Arbeiten an wissenschaftlichen Problemen zugrundelegen zu können.

Auch David Hilbert scheint dieser Versuchung erlegen zu sein. Immer wieder spricht er sich deutlich dafür aus, daß das mathematische Erkenntnisinteresse seine Befriedigung immer wird finden können und daß es ein prinzipielles *Ignorabimus* in der Mathematik nicht gibt.

Mit dem *Ignorabimus*-Problem ist eine Kontroverse markiert, in der es Ende des 19. und Anfang des 20. Jahrhunderts um eine scharfe Alternative zwischen wissenschaftlichem Erkenntnisskeptizismus und -optimismus ging. Emil du Bois-Reymond hatte die negative Sicht propagiert: Man müsse sich damit abfinden, daß es Probleme gibt, die der Mensch niemals wird lösen können. Nicht nur „*ignoramus*", sondern „*ignorabimus*": Wir wissen es nicht nur nicht, wir werden es auch nicht wissen.[13]

Damit konnte Hilbert sich, zumindest im Bezug auf die Mathematik, nicht abfinden. „In der Mathematik", sagte er, „giebt es kein Ignorabimus".[14] Der mathematische Erkenntnisoptimismus, der sich in seinem beherzten Non-Ignorabimus ausdrückt, zieht sich wie ein roter Faden durch Hilberts wissenschaftliches Leben. Hilbert ist nicht einfach einer „Versuchung" erlegen und ihm ging es auch nicht darum, mit dem Non-Ignorabimus bloß seine persönliche Meinung zu äußern. Er wollte seine positive Grundüberzeugung vom „Wir müssen wissen – wir werden wissen!"[15] rechtfertigen und Gründe nennen – ein philosophisches Geschäft.

Zunächst sprechen in Hilberts Augen ganz pragmatische Gründe für einen Erkenntnisoptimismus. Er sei ein „kräftiger Ansporn während der Arbeit".[16] Suggestiv schildert Hilbert in seinem berühmten Vortrag auf dem Internationalen Mathematikerkongreß 1900, wie der Mathematiker in sich selbst den steten Zuruf hört: „Da ist das Problem, suche die Lösung. Du kannst sie durch reines Denken finden!"[17] Es geht um die motivationale Kraft und Energie, die der Glaube an die Lösbarkeit seiner Aufgaben im tätigen Mathematiker freisetzen kann. Sie allein wäre aber wohl nur ein schwaches, eben pragmatisches Argument, das ja in ähnlicher Weise für die Annahme jeder beliebigen, wenn nur nützlichen Illusion sprechen würde.

---

[13] Zur großen Bedeutung von Emil du Bois-Reymond für die Debatte um die Grenzen der Naturwissenschaften im 19. Jahrhundert und zu seinem Einfluß auf Hilbert vgl. McCarty, *Problems and Riddles* [2005].
[14] Hilbert, *Mathematische Probleme* [1900a], 262.
[15] Vgl. das pointierte Ende von Hilberts 1930er Radioansprache, Reid, *Hilbert* [1970], Kap. 22; Rescher, *Grenzen* [1985], Kap. 8, S. 201ff.; Vinnikov, *We Shall Know* [1999]; außerdem Hilberts gleichlautende Grabinschrift.
[16] Hilbert, *Mathematische Probleme* [1900a], 262.
[17] Hilbert, *Mathematische Probleme* [1900a], 262.

1.2 Hilbert, Mathematik und Philosophie

Hilbert bleibt bei diesen pragmatischen Überlegungen nicht stehen, sondern wendet sich der Frage nach einer tiefliegenderen Begründung des Erkenntnisoptimismus zu. Herausfordernd fragt er sein Publikum:

> Ist es vielleicht ein allgemeines dem inneren Wesen unseres Verstandes anhaftendes Gesetz, daß alle Fragen, die er stellt, auch durch ihn einer Beantwortung fähig sind?
> HILBERT, *Mathematische Probleme* [1900a], 262

und sucht die positive Antwort plausibel zu machen durch einen Blick auf die Erfolgsgeschichte wissenschaftlichen Denkens.

Mit der Lösung eines Problems ist dabei nicht unbedingt eine positiv- oder negativ-affirmative Antwort auf eine gestellte Frage gemeint. Hilbert hatte durchaus die Möglichkeit negativer metatheoretischer Antworten im Auge, d. h. er sah Unmöglichkeitsbeweise als genuine Lösung eines Problems an. Längst vor der Entwicklung der Metamathematik bezeichnete er es im Schlußwort der *Grundlagen der Geometrie* als seinen Grundsatz, zu prüfen, ob die Beantwortung einer Frage

> auf einem vorgeschriebenen Wege mit gewissen eingeschränkten Hilfsmitteln möglich ist. [...] in der Tat wird, wenn wir bei unseren mathematischen Betrachtungen einem Probleme begegnen oder einen Satz vermuten, unser Erkenntnistrieb erst dann befriedigt, wenn uns entweder die völlige Lösung jenes Problems und der strenge Beweis dieses Satzes gelingt oder wenn der Grund für die Unmöglichkeit des Gelingens und damit zugleich die Notwendigkeit des Mißlingens von uns klar erkannt worden ist.
> HILBERT, *Grundlagen Geometrie* [1899], 124–125

Der Nachweis also, daß sich eine bestimmte Frage mit einem abgegrenzten methodischen Instrumentarium weder positiv noch negativ beantworten läßt, gilt ebenfalls als Lösung des gestellten Problems.[18]

In diesem Sinne wollte Hilbert nun seinen Optimismus hieb- und stichfest begründen. In einer Logik-Vorlesung des Jahres 1905 betonte er sogar, daß seine grundlagentheoretischen Untersuchungen von dem Problem ausgehen, ob jeder mathematische Satz in einer endlichen Zahl von Schritten bewiesen werden kann:

> Und die Lösung dieses Problems im allgemeinsten Fall, der Beweis, daß es kein Ignorabimus in der Mathematik geben kann, muß das letzte Ziel bleiben.
> EWALD/SIEG, *Lectures* [2013], 20, Eig. Übers.[19]

---

[18] In Hilberts Sinne ist demnach Gödels Beweis, daß die Negation der Kontinuumshypothese in *ZFC* nicht beweisbar ist, eine *Lösung* des Kontinuumsproblems, oder genauer: *eines bestimmten* Kontinuumsproblems. Ein anderes Kontinuumsproblem löste Cohen mit seinem Beweis, daß auch die Kontinuumshypothese selbst nicht in *ZFC* beweisbar ist. – Da der „vorgeschriebene Weg" und die „eingeschränkten Hilfsmittel" mit zur Definition eines Problems gehören, umfaßt das, was man üblicherweise „das Kontinuumsproblem" nennt, eigentlich eine ganze Palette verschiedener Probleme.

[19] Das Zitat lautet im englischen Original: „*and the solution of this problem in the most general case, the proof that there can be no ignorabimus in mathematics, must also remain the final goal.*"

Die These von der Lösbarkeit jedes mathematischen Problems generell zu erhärten, sie gar zu beweisen oder zumindest zu zeigen, daß man sie annehmen kann, ohne sich in Widersprüche zu verwickeln,[20] war eine der Hauptmotivationen für die Entwicklung von Hilberts Programm einer Beweistheorie.

1.2.2 Das Unendliche

Das Unendliche ist ein zentraler Begriff der philosophischen Tradition und es ist aus den modernen Wissenschaften nicht wegzudenken. Dennoch sind viele Fragen im Zusammenhang mit dem Unendlichen bis heute nicht geklärt. Die Mathematik des 19. Jahrhundert erlebte im Bezug auf das Unendliche gleich zwei wichtige Umbrüche.

Der erste Umbruch betraf die Analysis, die durch die Arbeiten von Cauchy, Weierstraß, Dedekind und Cantor eine grundlegende Reform erfuhr. Die unklare und teils widersprüchliche Verwendung von Ausdrücken wie „unendlich klein" und „unendlich groß" war verabschiedet worden. Ihre tragende Funktion im Begriffsgerüst der Analysis wurde durch den ungleich präziseren Begriff des Grenzwerts problemlos übernommen. Durch diese Reform wurde die Analysis von Grund auf neu aufgebaut und die Paradoxien, die aus der Handhabung von infinitesimalen Größen hervorgegangen waren, wurden eliminiert.

Und dennoch war das Unendliche keineswegs aus der Mathematik verschwunden. In den Grundlagen der Analysis blieb es in zweierlei Hinsicht vorhanden. *Erstens* darin, daß die reellen Zahlen wie die natürlichen Zahlen eine unendliche Gesamtheit bilden. Dies hat entscheidende Auswirkungen auf die Rechtfertigung des Operierens mit den logischen Quantoren, jedenfalls nach Meinung vieler Mathematiker und Mathematikphilosophen, und speziell auch nach der Meinung Hilberts.[21] Der *zweite* Punkt betrifft den qualitativen Unterschied zwischen einer reellen und einer natürlichen Zahl. Wie auch immer man die reellen Zahlen definiert, ob als Cauchyfolgen, als Cantorsche Fundamentalreihen, als unendliche Dezimalbrüche oder als Dedekindsche Schnitte, sie sind jeweils als unendliche Objekte definiert. Weil sie die Unendlichkeit der natürlichen Zahlen gewissermaßen schon „in sich" tragen, gibt es überabzählbar viele reelle Zahlen, das heißt mehr, als sich prinzipiell mit Hilfe der natürlichen Zahlen nummerieren lassen. Hierin unterscheidet sich der Begriff der reellen Zahl völlig von den genetisch vorangehenden Begriffen der natürlichen, ganzen und rationalen Zahlen.

Der quantitative Unterschied zwischen der Unendlichkeit der Menge der natürlichen Zahlen und der Unendlichkeit der Menge der reellen Zahlen, der aus dem qualitativen Unterschied zwischen natürlichen und reellen Zahlen hervorgeht, war ein wichtiger Ausgangspunkt für den zweiten wichtigen Umbruch im Bezug auf das Unendliche: Cantors Entwicklung der Mengenlehre. Mit den Ordinal- und Kardinalzahlen führte er das quan-

---

[20] HILBERT, *Über das Unendliche* [1926], 180.
[21] Hilbert äußert sich so besonders in HILBERT, *Über das Unendliche* [1926], 161–162.

1.2 Hilbert, Mathematik und Philosophie

titative Unendliche als Untersuchungsobjekt in die Mathematik ein. So erhielt das Fragen nach dem Unendlichen im letzten Viertel des 19. Jahrhunderts einen neuen Schub, und in der Folgezeit wurde die Cantor-Dedekindsche Mengenlehre zu einem unverzichtbaren Basisbestand der Mathematik.

Hilbert sah seine grundlagentheoretischen Bemühungen in Kontinuität mit beiden Entwicklungen: mit der Reform der Analysis wie mit der Einführung der Mengenlehre. Die Aufklärung über das Wesen des Unendlichen, die Hilbert immer wieder fordert, ist ein Ziel, das weit über fachwissenschaftliche Interessen der Mathematik hinausgeht. Er nennt es in etwas pathetischer Sprechweise geradezu eine Notwendigkeit „zur Ehre des menschlichen Verstandes".[22]

Hilbert interpretierte die naturwissenschaftlichen Erkenntnisse seiner Zeit so, daß man aus ihnen keine Hinweise für eine Unendlichkeit der Welt entnehmen konnte. Im Gegenteil waren in den Naturwissenschaften gerade überkommene Vorstellungen von Unendlichkeit verabschiedet worden. Sowohl Elektrizität als auch Energie, beide einstmals Paradebeispiele eines kontinuierlichen „Fluidums", hatten sich als nur begrenzt teilbar herausgestellt: Elektronen und Energiequanten schienen jetzt letzte Barrieren zu sein. Und im makroskopischen Bereich zeigte gerade die elliptische Geometrie Möglichkeiten, wie unbegrenzter Raum noch lange nicht unendlicher Raum sein muß. Hilbert zog daraus die Schlußfolgerung, daß sich in der Naturwissenschaft keine Notwendigkeit zeige, Unendlichkeit anzunehmen, und die Naturwissenschaften vielmehr das Bild einer endlichen Wirklichkeit nahelegen.[23]

Ganz anders war die Situation in der Mathematik, wo durch eine einzige Formel eine Aussage über unendlich viele Zahlen getroffen wird, wo in der Geometrie unendlich ferne Punkte das Zusammenspiel der Verknüpfungsgesetze erheblich vereinfachen, wo die Analysis geradezu eine „Symphonie des Unendlichen" ist und wo man in der Mengenlehre mit Cantors transfiniten Zahlen zu tun hat, die „die bewundertswertheste Blüte mathematischen Geistes und überhaupt eine der höchsten Leistungen rein verstandesmäßiger menschlicher Tätigkeit" sei.[24]

Im Kontext der Mengenlehre traten jedoch bald Antinomien auf, Argumente, die von unbedenklich scheinenden Ausgangspunkten aus zu widersprüchlichen Schlußfolgerungen führten. Während Cantor selbst diese Argumente als Widerlegung (einer) ihrer Prämissen ansah, und damit als schlichte Reductio-ad-absurdum-Argumente,[25] konnten oder

---

[22] HILBERT, *Über das Unendliche* [1926], 163.
[23] HILBERT, *Über das Unendliche* [1926], 164–165.
[24] HILBERT, *Über das Unendliche* [1926], 167.
[25] Cantor hat sich von den angeblichen Antinomien nicht beunruhigen lassen. In seinen Augen führten sie die Annahme *ad absurdum*, daß alle Totalitäten oder „Vielheiten" auch Mengen sind. Wenn der Versuch, die Objekte einer Vielheit zu einer Einheit, einer neuen Menge zusammenzufassen, einen Widerspruch impliziert, so ist die Zusammenfassung eben nicht möglich und die Vielheit heißt *inkonsistent*. Nur wenn „das gleichzeitige Da-sein" der Elemente „denkmöglich" also widerspruchsfrei ist, heißt die Klasse *konsistente Vielheit* oder *Menge*. Cantors Sichtweise läßt sich problemlos mit der heutigen Terminologie von „echten Klassen" vs. „Mengen" rekonstruieren, in der die „Paradoxien"

wollten andere ihm nicht folgen, sondern sortierten diese Argumente in die Kategorie der Paradoxien ein. Dadurch bekamen die „Vertreter" des Unendlichen eine alte Herausforderung neu gestellt: Das Unendliche schien für Widersprüche verantwortlich zu sein und mußte, wenn diese Widersprüche nicht zu seiner Ablehnung Anlaß geben sollten, irgendwie gerechtfertigt werden.

Hilbert hat seine Beweistheorie als Beitrag zu diesem Projekt verstanden. Auch wenn er keinen Zweifel daran gelassen hat, wie hoch er Cantors Schöpfung einschätzte, war der sorglose Umgang mit dem Unendlichen in Hilberts Augen eine der Hauptursachen für die Paradoxienproblematik. In der Auseinandersetzung mit dem Intuitionismus und den Zirkularitätsvorwürfen Poincarés wird immer wieder die Ansicht virulent, daß die Verwendung logischer Quantoren, die über unendliche Gesamtheiten laufen sollen, besonderer Vorsichtsmaßnahmen bedürfe. Und dies ist letztlich auch der sachliche Grund dafür, daß Hilbert (und Bernays) die methodische Einstellung der von Hilbert propagierten Neu-Begründung der Mathematik „finit" und die entsprechende Lehre oder Theorie „Finitismus" genannt haben – in Entgegensetzung zu einem für problematisch gehaltenen Unendlichen.

Für die Mathematik wurde die Frage nach dem Wesen des Unendlichen von den Paradoxien her noch drängender und verlangte nach prinzipieller Aufklärung. Erst diese würde, so Hilbert, die Weierstraßsche Reform der Analysis zum Abschluß bringen und „die definitive Sicherheit der mathematischen Methode" rehabilitieren.[26] Die sog. „Antinomien der Mengenlehre", wie die Ableitbarkeit von Widersprüchen aus dem Begriff der „Menge aller Mengen", der „Menge aller Ordinalzahlen" oder der „Menge aller Kardinalzahlen", wurden auf diese Weise zu einem wichtigen Movens im Hintergrund von Hilberts Beweistheorie und ihrem Ziel, die *Sicherheit* der mathematischen Methoden *sicherzustellen*.

Dabei suggeriert die gängige Formulierung von „den Antinomien der Mengenlehre" fälschlicherweise, daß die damit bezeichneten Widersprüche ein Proprium der abstrakten Mengenlehre wären. Dies ist nicht korrekt, denn schon in einer mathematischen Theorie, die natürliche Zahlen, Mengen von natürlichen Zahlen, Mengen von solchen Mengen von natürlichen Zahlen usw. zuläßt, lassen sich ähnliche Widersprüche ableiten. Dafür ist nur nötig, daß man das Komprehensionsprinzip uneingeschränkt verwenden kann, also beliebige Klassen von Objekten zu einem Mengen-Objekt zusammenfassen kann.[27]

---

zu relativ unspektakulären Beweisen dafür werden, daß die betrachteten Klassen, wie diejenigen aller Mengen, aller Kardinalzahlen oder aller Ordinalzahlen, *echte Klassen* sind.
[26] HILBERT, *Über das Unendliche* [1926], 162.
[27] Für die Ableitung eines solchen Widerspruchs vgl. etwa GENTZEN, *Widerspruchsfreiheit* [1936a], 1–3, der allerdings für die Komprehensionsproblematik nicht sensibel genug ist und stattdessen eine platonistische „An-sich-Auffassung der Mengen" für die Widersprüche verantwortlich macht. Dies ist unbegründet, weil Gentzens Argument davon abhängt, daß ein Ausdruck wie „die Menge aller Mengen" eine Menge definiert, dies aber nicht durch die „An-sich-Auffassung" abgedeckt wird. Die „An-sich-Auffassung" verbürgt nur, daß sämtliche Mengen schon „erklärt" oder „festgelegt" sind, aber nicht, daß mit jedem Ausdruck auch eine Menge definiert wird.

1.2.3 Paradoxien und der Umgang mit ihnen

Hilbert hat eine ganze Reihe von Paradoxien analysiert und diese Analysen in seinen Vorlesungen vorgetragen. In vielen Fällen kam er dabei zu dem Schluß, daß sich das Paradoxon leicht auflösen und letzten Endes auf Mißverständnisse oder fehlerhafte Argumentationen zurückführen läßt. Andere Paradoxien zeigen seiner Meinung nach jedoch tiefliegende Probleme an. Unter diesen unterscheidet er zwei Arten von Paradoxien, nämlich solche, die die Notwendigkeit zeigen, mit dem Unendlichen vorsichtig umzugehen (s. o.), und solche, die zeigen, daß die Sprache präzisierungsbedürftig ist (z. B. die Definierbarkeitsparadoxie).[28] Beide Arten von Paradoxien sind für Hilberts grundlagentheoretische Position von Bedeutung, wobei in beiden Fällen nach seiner Analyse nicht das „inhaltliche logische Schließen" das Problem ist. Dieses sei „unentbehrlich" und habe nie getäuscht. Es sei höchstens seine falsche Anwendung verantwortlich zu machen, wenn nämlich „notwendige Vorbedingungen" nicht berücksichtigt und „beliebige abstrakte Begriffsbildungen" zugelassen würden.[29]

Das Auftreten der Paradoxien in der Mathematik ist beunruhigend, für Hilbert sogar „unerträglich".[30] Die naheliegendste Reaktion auf die widersprüchlichen Argumente wäre, die zu ihrer Herleitung verwendeten Prinzipien kritisch zu prüfen und sich derjenigen Prinzipien zu enthalten, über deren Zuverlässigkeit man sich nicht sicher sein kann. Diese Schlußfolgerung würde dazu führen, gewisse Methoden in der Mathematik zu verbieten – eine Position, die Hilbert als „Verbotsdiktatur" diskreditiert, da sie abstrakte Gründe willkürlich für zwingend erklärt und die Freiheit der Mathematik einschränkt.

Die wichtigsten solchen Versuche zu Hilberts Zeiten stammten von Leopold Kronecker und Luizen E. J. Brouwer, später kamen auch andere Mathematiker wie Hermann Weyl dazu. Er und Brouwer wandelten in Hilberts Augen „die einstigen Pfade von Kronecker" und „suchen die Mathematik dadurch zu begründen, daß sie alles ihnen unbequem Erscheinende über Bord werfen und eine Verbotsdiktatur a la Kronecker errichten".[31] Die Schlüsse, die die „Verbotsdiktatoren" aus den Paradoxien zogen, waren weitreichend. Das Tertium non datur sollte nicht mehr für nichtkonstruktive Existenzbeweise in Anspruch genommen werden können, überhaupt sollten die logischen Schlußregeln nur noch eingeschränkte Gültigkeit besitzen und unendliche Gesamtheiten nur noch als potentielle Schatten ihrer selbst zugänglich sein.[32]

---

[28] Vgl. etwa den Beginn von Hilberts Vorlesung aus dem Wintersemester 1922/23; HILBERT, *Wintersemester 22/23 (Bernays)* [1923a*].
[29] HILBERT, *Über das Unendliche* [1926], 170. – Daß die „beliebigen abstrakten Begriffsbildungen" das Problem sind, ähnelt Cantors Analyse von der Unmöglichkeit, gewisse Vielheiten zu Einheiten zusammenzufassen (vgl. Anm. 25), sowie der hier Gentzen gegenüber vertretenen Analyse, das Problem in einem uneingeschränkten Komprehensionsprinzip zu sehen (vgl. Anm. 27).
[30] HILBERT, *Über das Unendliche* [1926], 170.
[31] HILBERT, *Neubegründung* [1922], 159–160, sic.
[32] HILBERT, *Die logischen Grundlagen* [1923], 151.

Eine derartige Einschränkung mathematischer Methoden war für Hilbert untragbar. Er hielt sie für eine „ungestüme" Überreaktion auf die Paradoxien,[33] die einer „Verstümmelung" der Mathematik gleichkomme[34] und „Verrat an unserer Wissenschaft" begehe.[35]

Dabei teilte er mit seinen Gegnern voll und ganz das Bedürfnis nach einer sicheren Begründung der Mathematik.[36] Er forderte aber statt der Einschränkung der mathematisch zulässigen Methoden „Verteidigungsstrategien" und „Abwehrmaßregeln", die kräftig, einheitlich und an der richtigen Stelle angesetzt werden sollten[37] und deren Ziel die volle Erhaltung des Besitzstandes der Mathematik sein müßte:[38]

> Fruchtbaren Begriffsbildungen und Schlußweisen wollen wir, wo immer nur die geringste Aussicht sich bietet, sorgfältig nachspüren und sie pflegen, stützen und gebrauchsfähig machen. Aus dem Paradies, das Cantor uns geschaffen, soll uns niemand vertreiben können.
> HILBERT, *Über das Unendliche* [1926], 170

Dieses „nachspüren", „pflegen" und „stützen" bedeutet wohl im Klartext: Die logischen Zusammenhänge zwischen verschiedenen Prinzipien, Voraussetzungen, Definitionen und Lehrsätzen mathematischer Theorien gründlich zu studieren, eine begründete Auswahl von Axiomen und Schlußregeln zu treffen und schließlich die „Sicherheit" der so ausgewählten Axiome und Schlußregeln nachzuweisen.

> Es ist nötig, durchweg dieselbe Sicherheit des Schließens herzustellen, wie sie in der gewöhnlichen niederen Zahlentheorie vorhanden ist, an der niemand zweifelt.
> HILBERT, *Über das Unendliche* [1926], 170

Zu diesem Zweck hat Hilbert sein Programm entwickelt, um das es in dieser Arbeit geht. Es schöpft seine Motivation aus zwei wichtigen Quellen: Dem Interesse an der Aufklärung über die Verwendung des Unendlichen in der Mathematik und dem Interesse an der Absicherung der Mathematik vor Paradoxien und Widersprüchen.

1.2.4 Semantische und syntaktische Beweise der Widerspruchsfreiheit

> Die Einstellung der meisten Mathematiker ist auch heute noch, daß, weil die Axiome wahr sind und Herleitungen die Wahrheit bewahren, die Konsistenz offensichtlich ist.
> SMORYNSKI, *Hilbert's Programme* [1988], IV.8, Eig. Übers.[39]

---

[33] HILBERT, *Über das Unendliche* [1926], 169.
[34] HILBERT, *Neubegründung* [1922], 160.
[35] HILBERT, *Über das Unendliche* [1926], 170.
[36] HILBERT, *Neubegründung* [1922], 160; HILBERT, *Die logischen Grundlagen* [1923], 151.
[37] HILBERT, *Über das Unendliche* [1926], 169.
[38] HILBERT, *Neubegründung* [1922], 160.
[39] Das Zitat lautet im englischen Original: „*The attitude of most mathematicians, even today, is that, since the axioms are true and derivations preserve truth, consistency is obvious.*"

1.2 Hilbert, Mathematik und Philosophie

Die Einstellung, die C. Smorynski hier beschreibt, war im Wesentlichen auch die Einstellung Gottlob Freges (1848–1925), wie er sie in der Korrespondenz mit Hilbert vertreten hat. Was will man mehr oder anderes als den Nachweis der Widerspruchsfreiheit eines Axiomensystems durch Angabe eines Modells? Was also mehr als eine Struktur aufzuweisen, in der die Axiome wahr sind und daher keine widersprüchlichen Folgerungen haben *können*?

Hilbert wollte mehr und anderes, nicht aus Interesse an der Abwechslung oder der Neuerung, sondern aus verschiedenen sachlichen Gründen. Im Hintergrund seiner anti-Fregeschen Haltung steht die bahnbrechende Lösung des euklidischen Parallelenproblems im 19. Jahrhundert. Mit den sog. nichteuklidischen Geometrien wurden nicht nur Alternativen zum Parallelenaxiom angegeben, sondern schließlich auch Modelle für die Alternativtheorien entwickelt, die zeigen, daß die Alternativen (mindestens) genausogut mit dem Rest der euklidischen Axiome verträglich sind wie das Parallelenaxiom selbst. Das ursprüngliche Problem des Parallelenaxioms war gelöst, die Konsistenz der alternativen Axiomensysteme war durch die arithmetischen Modelle gesichert. Von da aus konnte man zunächst gar nicht mehr wollen als das, was Hilbert als neue Art, Geometrie zu betreiben, in seinem epochemachenden Buch *Grundlagen der Geometrie* 1899 vorlegte. Der neue axiomatische Standpunkt bereicherte die geometrische „Tätigkeit" des deduktiven Theorieaufbaus durch metageometrische Fragestellungen, die etwa die Unabhängigkeit, die Vollständigkeit oder die Einfachheit der geometrischen Axiome betreffen. Warum die noch weitergehende Forderung nach Konsistenz?

In seinen frühen Schriften legte Hilbert ausführlich dar, daß und warum er einen Schritt weiter gehen mußte. Es waren drei Gründe ausschlaggebend: *Erstens* war die Konsistenz der geometrischen Axiome zwar auf die Arithmetik zurückgeführt, aber was war mit der Konsistenz der Arithmetik selbst? *Zweitens* konnte auch die Angabe oder „Konstruktion" eines Modells für die Arithmetik die tiefschürfendsten Zweifel nicht beruhigen, da sie auf eine aktual unendliche Menge festgelegt war. Und *drittens* schied eine weitere Zurückführung der Arithmetik auf eine noch basalere Theorie für Hilbert aus. Der erstgenannte Punkt verweist auf die Grundlagenkrise und das Problem der Antinomien, die auch in Freges sorgfältiger arithmetischer Theorie aufgetreten waren. Der zweite Punkt betrifft die durch Kronecker und später durch alle Arten von Konstruktivisten und Intuitionisten abgelehnte Annahme der Existenz aktual unendlicher Mengen. Der dritte und letzte Punkt schließlich bezieht sich auf die Grundthese des Logizismus. Dedekind, Frege und Russell waren (ursprünglich) der Ansicht, die Arithmetik könne auf die Logik zurückgeführt und dadurch auf eine solide Grundlage gestellt werden. Hilbert hat zwar immer große Sympathien für die logizistischen Ansätze gehegt, hielt sie nach der Entdeckung der Paradoxien, nach Poincarés Kritik und schließlich nach genauerem Studium des Reduzibilitätsaxioms für gescheitert. Er sprach davon, daß man Logik und Arithmetik auf befriedigende Weise nur gleichzeitig aufbauen könne.

Mit den genannten drei Punkten war klar: Die Arithmetik bedurfte eines Konsistenznachweises, die Angabe eines Modells schied dafür aus und auch eine Rückführung auf die Logik als basalere Theorie kam nicht in Frage.

Hilbert suchte daher nach einem direkten Weg, um von bestimmten Schlußweisen und Axiomen zu zeigen, daß sie widerspruchsfrei sind. Die Grundidee war schlicht, daß man den verwendeten Methoden irgendwie unmittelbar „ansehen" müßte, daß sie nicht auf Widersprüche führen können. Schon 1904 legte er eine erste Skizze vor, wie eine sehr bescheidene, anschauliche mathematische Theorie aufgebaut werden kann, die von nichts Anderem handelt als von zunächst unbestimmten einfachen „Gedankendingen" und Kombinationen dieser Dinge.[40] Diesen Dingen und ihren Kombinationen entsprechen Symbole und Kombinationen von Symbolen. Weitere Symbole stehen für aussagenlogische Junktoren. Die „Theorie" besteht aus einigen wenigen Axiomen. An ihnen kann man fast unmittelbar „ablesen", daß sie nicht auf Widersprüche führen können.

Dieses „Ablesen" entspricht einer Aussage auf der Metaebene der betrachteten Theorie, und derartige „metamathematische" Aussagen waren durch Hilberts Arbeiten über die logischen Relationen zwischen den Lehrsätzen der Geometrie und damit durch seine neuartige Konzeption von Axiomatik bestens vorbereitet. Da dieses „Ablesen" bei umfangreicheren Axiomensystemen mehr kombinatorischen Aufwand verursacht, lag es nahe, diesen Schritt mit den kombinatorischen Mitteln der Mathematik durchzuführen. Dafür war es jedoch erforderlich, daß die Objekttheorien selbst durch ihre Formalisierung mathematischer Methodik zugänglich gemacht wurden.

Dies ist *in nuce* die Grundanlage von Hilberts Programm.

1.2.5 Wissenschaftstheoretische Besonderheiten und Reduktionismus

Im ersten Abschnitt dieser Einleitung wurden schon eine Reihe von wissenschaftstheoretischen Besonderheiten besprochen, die die Mathematik allgemein auszeichnen. Es gibt allerdings noch andere Besonderheiten, die enger mit dem Hilbertprogramm verknüpft sind.

Eine erste Besonderheit hängt mit der Entstehung der Beweistheorie zusammen. Diese neue wissenschaftliche Disziplin hat sich im Laufe der Zeit zu einer eigenen mathematischen Disziplin entwickelt. Die Initialzündung dafür war im Kontext von Hilberts grundlagentheoretischen Zielen und seinen philosophischen Motivationen erfolgt. Das macht tatsächlich eine wissenschaftstheoretische Besonderheit aus, denn:

> Erstmals seit der Antike scheint philosophische Besinnung wieder in den Entwicklungsgang der Mathematik selbst einzugreifen, indem sie [in] neu entstehende Grundlagendisziplinen der Mathematik integriert wird und von da aus kritisch andere Teile der Mathematik beeinflußt; daneben aber stellt eine veränderte Mathematik die philosophische Betrachtung vor neue Fragen.   THIEL, *Philosophie* [1995], 1

An dieser Entwicklung läßt sich verfolgen, wie sich *genuin philosophisch-grundlagentheoretische Motive* mit dem pragmatischen Interesse verbanden, die etablierte eigene Wis-

---

[40] Später bezeichnete Hilbert diese „Gedankendinge" als „gewisse außerlogische, konkrete Objekte".

1.2 Hilbert, Mathematik und Philosophie

senschaft weiter betreiben zu können, und wie aus dieser Verbindung eine neue wissenschaftliche Teildisziplin entstand. Dies wirft neues Licht auf die Frage, wie Wissenschaften entstehen können, und auf die althergebrachte Vorstellung, daß die Philosophie als „Mutter aller Wissenschaften" diese hervorbringt und aus sich entläßt.

Eine zweite Besonderheit hängt mit Hilberts „reduktionistischen" Absichten zusammen. Sein Grundlagensicherungsprojekt kann man als „*bootstrapping*-Versuch" einer Wissenschaft ansehen. Das große reduktionistische Projekt Hilberts war es, alle Mathematik in formale Systeme zu übersetzen, diese dann auf möglichst grundlegende Systeme zurückzuführen (etwa die formalisierte Arithmetik) und jene schließlich durch finite Widerspruchsfreiheitsbeweise abzusichern. Da diese Widerspruchsfreiheitsbeweise selbst mit Methoden operieren und entsprechende Voraussetzungen machen, kann man auch diesen letzten Schritt als Reduktion ansehen, diesmal auf die informelle, konstruktive Metatheorie. Die Metatheorie bildet so eine Art Residuum, das außermathematisch gerechtfertigt werden muß. Dies versucht Hilbert mit seinem Finitismus, der durch radikale Beschränkung der „finit zulässigen" Beweismittel erreichen will, daß deren Zuverlässigkeit unbezweifelbar ist. Sie sollen so grundlegend sein, daß sie in gewisser Weise „unhintergehbar" werden: theoretische Instrumente, die jedes wissenschaftliche Denken voraussetzen muß. Konkret soll die einzige Basis zunächst in gewissen einfach strukturierten, überblickbaren und anschaulich-konkret manipulierbaren Objekten bestehen. Die Manipulation konkreter Strichfolgen und einfache Aussagen über sie bilden den Kern dieser Doktrin. Sie sind als nicht-logisches Minimum auch für jede logische Theorie noch vorauszusetzen. Das gigantische Reduktionsprojekt Hilberts geht also letztlich darauf, die Mathematik durch ein ganzes Heer von Zwischenstufen auf diese simple Theorie konkreter Objekte zu gründen. Dies ist ein außergewöhnlicher Anspruch, der in den anderen Wissenschaften wohl kaum Parallelen hat. Bis auf dieses kleine Residuum würde sich, falls das Projekt erfolgreich durchgeführt werden könnte, die Mathematik gewissermaßen an ihren eigenen Haaren aus dem Sumpf der Unsicherheiten und Paradoxien herausziehen.

Aber auch wenn die Beweistheorie sich von den philosophischen Absichten ihres Begründers schließlich emanzipiert und zu einer rein mathematischen Disziplin entwickelt hat, bleiben ihre Resultate für wissenschaftstheoretische Fragestellungen von großem Interesse. Die beweistheoretischen Reduktionen verschiedener mathematischer Theorien auf andere ermöglichen auch unabhängig von Grundlegungsprogrammen Einsichten in die theoretischen Ressourcen, die von den Theorien vorausgesetzt werden. Sogar Theorien mit ganz unvergleichbar scheinenden Objektbereichen können zueinander in Verhältnisse gesetzt und mit Hilfe eines linearen Maßes verglichen werden. So hat sich aus den Konsistenzbeweisen des Hilbertprogramms die Methode der Ordinalzahlanalyse herausgebildet. Die sich dabei ergebenden Ordinalzahlen werden bisweilen als ein Maß für die „Stärke" der analysierten Theorien angesehen. Die mit dieser Deutung verbundenen intuitiven Annahmen sind jedoch alles andere als unproblematisch. Einerseits gibt es verschiedene Definitionen von „die beweistheoretische Ordinalzahl einer Theorie sein", was jedenfalls die Frage dringlich werden läßt, wie diese Definitionen sich zueinander verhalten – will man nicht die Uniformität des Messens aufgeben. Andererseits ist auch aus anderen Gründen fraglich, ob bzw. inwiefern eine beweistheoretische Ordinalzahl etwas über die „Stärke" einer Theorie aussagen kann. So werden beweistheoretische Resultate und Techniken zum Anlaß, wissenschaftstheoretische Fragestellungen, die den Vergleich verschiedener Theorien betreffen, zu präzisieren und fachwissenschaftliche Üblichkeiten philosophisch zu hinterfragen.

Überhaupt läßt sich die „Technik" wissenschaftlicher Reduktionen an den Beispielen der Mathematik besonders gut studieren, da die Theorien hier besonders klar umrissen und „rein" sind. Sie setzen keine Erfahrungsdaten voraus und bieten dementsprechend einen sehr großen Gestaltungsspielraum, um die Theorien den konkreten Erfordernissen eines bestimmten Reduktionsprojekts oder eines bestimmten Reduktionsmechanismus anzupassen.

Mit der Reduktionsproblematik ist aber auch das erkenntnistheoretische Problem des *foundationalism* verknüpft. Denn was bedeutet es für ein Wissensgebiet, daß man seine Sätze auf die Sätze eines anderen Wissensgebietes zurückführen kann? Wie wirkt sich dies auf die ontologischen *commitments* einer Wissenschaft aus, die man durch das Operieren mit abstrakten Objekten eingeht?

Konkret wird diese Frage beispielsweise im Zusammenhang mit der sog. „Methode der idealen Elemente", in deren Umfeld oft behauptet wird, die Ausdrücke für ideale Objekte seien nichtreferentiell. Für solche Ausdrücke gehe man entsprechend keine ontologischen Verpflichtungen ein. Dies klingt verheißungsvoll: Man kann mit diesen Ausdrücken weiterhin erfolgreich operieren, kann also ihren Nutzen einfahren, ohne daß man jedoch die Kosten in Form ontologischer Fragen nach dem Status abstrakter Objekte, ihrer Existenz, ihrer Zugänglichkeit usw. zahlen müßte.

Was folgte also aus Hilberts Reduktionsprojekt, insofern es gelingt? Sind die Zahlen die letzte Basis der Mathematik oder lassen auch sie sich noch durch etwas Tiefliegenderes begründen? Wie genau sollte dieses Begründende aussehen? Sind nicht alle Versuche, die Zahlen auf etwas noch Basaleres zurückzuführen, letztlich „müßig", weil sie etwas völlig Vertrautes auf etwas weniger Vertrautes zurückführen würden? Dies sind fundamentale Fragen an den Finitismus. Aber selbst bei einer positiven Antwort auf diese Fragen könnte man nicht stehenbleiben, weil sie theoretisch zu unbestimmt wäre: Es würde noch offenbleiben, „was man denn als das Wesentliche an der Zahl betrachtet".[41] Was ist also dann „wesentlich" für die finitistische Basis, auf die man nach dem Hilbertprogramm die Mathematik gründen will?

1.3 Ausgangspunkte, Ziele und Programm der Arbeit

Die vorliegende Untersuchung hat das generelle Ziel, sich mit den philosophischen Intentionen von Hilberts Programm eingehend auseinanderzusetzen. Sie geht zwar von der historischen Beobachtung aus, daß die mathematikphilosophische Zielsetzung einer si-

---

[41] BERNAYS, *Philosophie der Mathematik* [1930], 19.

1.3 Ausgangspunkte, Ziele und Programm der Arbeit

cheren Begründung in der nach-Hilbertschen Beweistheorie aus den Augen verloren bzw. zugunsten anderer Erkenntnisinteressen hintangestellt wurde. Sie hält aber daran fest, daß *erstens* in Form der Beweistheorie eine ganz besondere Art von Mathematik vorliegt, deren Resultate und Methoden philosophisches Interesse verdienen. Die Objekte der Beweistheorie sind nicht die „klassischen" Objekte der Mathematik, wie Zahlen oder Mengen, sondern die Mathematik selbst wird zum Objekt gemacht in Form von Axiomensystemen, die die genuinen Forschungsgegenstände der Beweistheorie bilden.[42] So steht diese Wissenschaft gegenüber der Mathematik im Verhältnis einer Metatheorie und ihre mathematischen Aussagen *über* die Mathematik verlangen nach kritischer Deutung und nach Einbeziehung in den breiteren Kontext fundamentaler wissenschaftsphilosophischer Fragen. Diesen Aufgaben muß sich die Wissenschaftsphilosophie zuwenden, wenn sie nicht leichtfertig auf ihren meta-wissenschaftlichen Anspruch verzichten will, kritische Begleiterin der Wissenschaften und Forum für die allgemeinen Fragen der Vernunft an die Wissenschaften zu sein.

Zweitens ist die Beweistheorie aus Hilberts Programm einer Grundlagensicherung für die Mathematik hervorgegangen. Von den großen erkenntnistheoretischen, wissenschaftstheoretischen und logischen Absichten dieses Programms sollte der vorausgehende Abschn. 1.2 einen ersten Eindruck vermitteln. Wenn landläufig behauptet wird, daß die Gödelsätze diesen Absichten endgültig den Garaus gemacht hätten, wird man eine solche Behauptung kritisch prüfen müssen. Und zumindest diese Prüfung verlangt nach dem sauberen philosophischen Argument und der verständigen Abwägung von Gründen und Gegengründen. Überhaupt bleiben aus der philosophisch geprägten Entstehungsphase der Beweistheorie Frageüberhänge, die für die heutige beweistheoretische Forschungsarbeit zwar nicht mehr so leitend sind wie zu Hilberts Zeiten, die man aber für die Deutung beweistheoretischer Ergebnisse wie für die Entwicklung mathematikphilosophischer Konzepte nicht übergehen kann.

Die konkreten Ziele dieser Abhandlung gliedern sich in drei Gruppen, denen die drei Teile des Buches entsprechen.

Im ersten Teil soll es um ein vertieftes Verständnis des Hilbertprogramms (HP) von seiner *konzeptionellen* Seite her gehen. Es wird also die Frage zu klären sein, was genau das Hilbertprogramm ist. Welche Ziele wollte Hilbert damit erreichen? Welche philosophische Sicht der Mathematik führte ihn zu seinem Programm? Und wie verhält es sich zu anderen, konkurrierenden Philosophien der Mathematik? Zu diesem vertieften Verständnis des HP gehört auch, die mit dem HP assoziierten Doktrinen des Formalismus und des Finitismus zu klären und sie in Beziehung zu setzen zu den Grundlegungskonzeptionen des Intuitionismus und des Logizismus. Was das HP will, erschließt sich nur durch die kontrastierende

---

[42] In der nach-Gödelschen Beweistheorie werden diese Axiomensysteme durch Kodierung jedoch selbst wieder zu „klassischen" mathematischen Objekten. So wird etwa die Menge aller Beweise eines bestimmten Systems zu einer Menge von natürlichen Zahlen, die solche Beweise kodieren. Dies ist aber a) noch nicht die Sichtweise Hilberts und es sollte b) nicht zu schnell mit der eigentlichen Konzeption der Beweistheorie gleichgesetzt werden, für die der Status einer Metatheorie gegenüber den mathematischen Objekttheorien entscheidend ist.

Betrachtung dieser beiden Seiten: Der „Negativfolie" aus Gegenpositionen und Alternativen und der „Positivfolie" aus angestrebten Zielen und Abgrenzung der Methoden.

Der zweite Teil beschäftigt sich vor diesem Hintergrund mit Werken, in denen das Programm tatsächlich *durchgeführt* worden ist. Die Analyse ausgewählter Arbeiten von Hilbert, Ackermann und Gentzen soll zeigen, was die theoretischen Konzeptionen *in praxi* bedeuteten. Es wird herauskommen, daß es eine ganze Reihe von Entwicklungen gegeben hat, und zwar nicht nur Entwicklungen mathematisch-technischer Art, sondern auch Entwicklungen im Bezug auf die philosophischen Absichten und Motivationen. Die Analyse der Quellentexte ist hier besonders interessant, da im Falle der Beweistheorie die seltene Konstellation vorliegt, daß die an Wissenschaft interessierte Philosophie nicht nur die fertigen Entwicklungen einer Wissenschaft rezeptiv aufnehmen, analysieren und kritisch befragen kann, sondern daß sie schon deren Entstehung beeinflußt und mitbestimmt hat.[43]

Im dritten Teil soll diese mehr analytisch, technisch und historisch ausgerichtete Perspektive noch einmal begrifflich-methodologisch eingeholt werden. Die *Reflexionen* konfrontieren das HP mit drei kritischen Fragekreisen. Mit Henri Poincaré wird zu fragen sein, ob nicht alle Versuche, Mathematik durch etwas Nicht-Mathematisches zu begründen, scheitern müssen und Versuche, Mathematik durch Mathematik zu begründen, letztlich zirkulär sind. Konkret wird es dabei um die Probleme der Induktion und der imprädikativen Definitionen gehen. Der zweite Fragenkreis betrifft die in der allgemeinen Wahrnehmung wohl stärkste Herausforderung des HP überhaupt, nämlich die Gödelschen Unvollständigkeitssätze. Die landläufige Meinung ist, daß Gödel bewiesen habe, daß die Ziele des HP prinzipiell unerreichbar sind. Manchmal ist sogar die Rede davon, daß das Programm „tot" sei. Hat Gödel das HP zu Fall gebracht? Die kritische und genaue Analyse zeigt, daß eine Antwort auf diese Frage nicht leicht zu haben ist, besonders nicht auf dem Weg einer hemdsärmeligen Argumentation wie: „Hilbert wollte mit mathematischen Mitteln die Widerspruchsfreiheit der Mathematik beweisen, Gödel hat gezeigt, daß die Mathematik ihre eigene Widerspruchsfreiheit nicht beweisen kann, ergo sind Hilberts Ziele unerreichbar." Eine vertretbare Antwort auf die Frage nach den Implikationen der Gödelsätze für das HP setzt eine ganze Reihe von Differenzierungen voraus, und tragfähige Argumente, die von Gödel zu Hilbert führen sollen, sind weniger leicht zu finden, als es scheint. Dadurch wird implizit auch der Vorwurf zurückgewiesen, daß die divergierenden Einschätzungen in dieser Frage sich ausschließlich auf Vagheiten in Hilberts Formulierung seines Programms zurückführen lassen und dieses sich daher im Bedarfsfall gummiartig uminterpretieren und dadurch „retten" ließe. Der dritte Problemkreis, der hier ehrenhalber mit dem Namen Georg Kreisels bezeichnet wird, beschäftigt sich schließlich mit dem auf den ersten Blick rätselhaften Phänomen, wie eine finitistische Position Methoden für zulässig erklären kann, in denen *expressis verbis* transfinite Ordinalzahlen eine Rolle spielen. Die Relevanz dieser Frage wird aber sicher erst vor dem Hintergrund der konkreten technischen Resultate sichtbar, die im zweiten Teil des Buches analysiert werden.

---

[43] So auch Mostowski, *Thirty Years* [1966], 8.

Ein *Resümee* am Ende des dritten Teils will schließlich einige der gezeichneten Linien noch einmal zusammenbinden. Es wird versucht, auf die Frage nach dem Scheitern des HP eine differenzierte Antwort zu geben. Der wunde Punkt solcher Antwortversuche ist, wie man sich dazu stellt, daß sich die Motivationen für die Beweistheorie von philosophisch-grundlagentheoretischen zu rein mathematisch-logischen verschoben haben. Deshalb wird unabhängig von dieser Antwort auch dafür argumentiert, daß die Ergebnisse der reduktiven Beweistheorie erkenntnistheoretisch und wissenschaftsphilosophisch von Interesse sind, da sie unser mathematisches Wissen strukturieren, verwendete theoretische Ressourcen offenlegen und durch das Studium der Eigenschaften ganzer Theoriespektren selbst Erkenntnisse generieren, die als „Wahrheiten über mögliche Beziehungen" bestens Hilberts Konzeption von Axiomatik entsprechen.

Am Beginn jedes Teils informieren kurze Übersichten über die Strukturierung des Gedankengangs in Form der einzelnen Kapitel. Diese wiederum werden, insofern sie eine gewisse „kritische Masse" überschreiten, jeweils durch kurze Zusammenfassungen abgeschlossen.

1.4 Methodische Bemerkungen

> Aber bei dem Reize, den das Spinnen der Gedanken hat, ist mir die unbefangenere Überzeugung von der Wahrheit der Sache vorzugsweise aus dem Einvernehmen mit dem geschichtlichen Gange des Problems gewachsen. HERMANN COHEN[44]

1.4.1 Zwischen Systematik und Geschichte

Der geschichtliche Gang eines Problems mag für sich genommen von Interesse sein, aber was trägt er zu der philosophischen Absicht einer Auseinandersetzung bei, der es um Fragen der Gültigkeit, Wahrheit, Tragfähigkeit oder auch nur der genaueren begrifflichen Bestimmung geht?

Die Wissenschaftsphilosophie muß eine Gratwanderung vollführen. Auf der einen Seite droht der Absturz in die Welt rein theoretischer Konstrukte, in eine Welt irrelevanter Fragen, die sich „vom gemütlichen Lehnstuhl aus" leicht beantworten lassen, weil man sie selbst erfunden hat. Auf der anderen Seite droht der Absturz in die Welt reiner Rekonstruktion, die kaum einen eigenen Gedanken beinhaltet und daher von radikal philosophischer Warte aus – um eine schmackhafte Formulierung aus der wissenschaftlichen Jugendzeit von Papst Benedikt XVI. zu probieren – „nur mühsam eine völlige geistige Leere verdeckt".[45] Es geht also darum, zwischen diesen beiden Extremen auszubalancieren, d. h., an die Quellen interessante Fragen zu stellen, Rekonstruktionen nicht sklavisch an den über-

---

[44] COHEN, *Das Prinzip* [1883], 41.
[45] RATZINGER, *Einführung Christentum* [1968], 8.

kommenen Bezeichnungsweisen, sondern durchaus am eigenen Verständnis der Sache zu orientieren, dabei die Fragen in die Gedankenwelt der vergangenen Zeit einzupassen, zu berücksichtigen, daß im Lauf der Zeit Begriffe sich verändern können, auch wenn die Worte dieselben bleiben, und schließlich Wahrheitsansprüche darzustellen *und* sie kritisch zu prüfen.

Hier wird also die Auffassung vertreten, daß eine adäquate Auseinandersetzung mit einem historisch gewachsenen Problemkreis auch ein Bewußtsein für geschichtliche Entwicklungen voraussetzt. Der wichtigste Grund für diese Auffassung ist, daß die Sache selbst aus dem Blick gerät, wenn man die historischen Quellen nicht ausreichend oder nicht in rechter Weise würdigt. Diese Gefahr ist kein bloß theoretisches Konstrukt, wie zwei Beispiele im Bereich der Forschungen zum Hilbertprogramm belegen.

Das erste Beispiel betrifft die Negationsfähigkeit genereller finiter Aussagen und die Frage, wie die folgende wichtige Stelle in Hilberts *Über das Unendliche* zu interpretieren ist.

> So ist z. B. die Aussage, daß, wenn $\mathfrak{a}$ ein Zahlzeichen ist, stets
>
> $$\mathfrak{a} + 1 = 1 + \mathfrak{a}$$
>
> sein muß, vom finiten Standpunkt *nicht negationsfähig*. Dies können wir uns klar machen, indem wir bedenken, daß diese Aussage nicht als eine Verbindung unendlich vieler Zahlengleichungen durch ‚und' gedeutet werden darf, sondern nur als ein hypothetisches Urteil, welches etwas behauptet für den Fall, daß ein Zahlzeichen vorliegt.
>
> HILBERT, *Über das Unendliche* [1926], 173

Analysiert man diesen Textabschnitt sorgfältig und vor dem Hintergrund der übrigen Äußerungen Hilberts zu diesem Thema, so gelangt man zu folgender Interpretation: Hilberts Begründung für die Negationsunfähigkeit ist, daß es sich bei Aussagen wie „$\mathfrak{a} + 1 = 1 + \mathfrak{a}$ für ein beliebiges Zahlzeichen $\mathfrak{a}$" um hypothetische Urteile handelt. Würden sie sich als unendliche Konjunktionen, etwa als

$$0 + 1 = 1 + 0 \land 1 + 1 = 1 + 1 \land 2 + 1 = 1 + 2 \land \ldots$$

auffassen lassen, dann wären sie auch negationsfähig, die Negation wäre z. B.:

$$0 + 1 \neq 1 + 0 \lor 1 + 1 \neq 1 + 1 \lor 2 + 1 \neq 1 + 2 \lor \ldots$$

Sie lassen sich jedoch nicht als unendliche Konjunktionen auffassen, sondern sind hypothetische Urteile in dem Sinne, daß nur etwas behauptet wird, wenn ein Zahlzeichen vorliegt. C. Smorynski hingegen interpretierte diese Stelle so, als wäre es nach Hilbert ein Kriterium für die Negationsfähigkeit finiter Aussagen, daß ihre (möglichen) Negate sich als unendliche Konjunktionen auffassen lassen müßten:[46] Wenn man die Negationsfähigkeit einer finiten Aussage prüfen will, müßte man sozusagen den Kandidaten für die Negation bilden und dann sehen, ob sich dieser Kandidat als unendliche Konjunktion auffassen läßt. Wenn

---

[46] Vgl. SMORYNSKI, *Hilbert's Programme* [1988].

1.4 Methodische Bemerkungen

ja, ist die finite Aussage negationsfähig, wenn nein, dann nicht. Diese Interpretation paßt bei genauerer Betrachtung überhaupt nicht zu Hilberts Text und ist vor dem Hintergrund von Hilberts übrigen Äußerungen zu diesem Thema geradezu abwegig.[47] Aus der Tatsache, daß ein solcher Fehlgriff selbst einem Experten in der Hilbert-Forschung passieren kann, sollte man den Schluß ziehen, daß die Auseinandersetzung mit den Originaltexten bei diesen sachlich anspruchsvollen Themen auch für die philosophisch orientierte Beschäftigung unerläßlich ist.

Das zweite Beispiel ist etwas weniger speziell und spricht sozusagen „handfest" für den systematischen und begrifflichen Fortschritt, der durch historische Informiertheit ermöglicht, von zu dünner Quellenkenntnis hingegen verstellt werden kann. 1979 legte Warren Goldfarb die verdienstvolle Arbeit *Logic in the Twenties – the nature of the quantifier* vor, in der er u. a. das Verständnis der logischen Quantoren analysierte, das in der Hilbertschule der frühen 1920er Jahre verbreitet war. Goldfarb geht davon aus, daß erst das Lehrbuch *Hilbert-Ackermann* 1928 eine befriedigende Quantorentheorie bietet und dies ein Kulminationspunkt der logischen Forschungen der Hilbertschule sei.[48] Diese historische Annahme leitet im Hintergrund seine Analyse der Hilbertschen Texte aus der Zeit um 1922/23. Sie führt zum Ausschluß gewisser Interpretationshypothesen und wird dadurch systematisch wirksam: Da Hilbert zu dieser Zeit ja noch nicht über das „klassische" Verständnis der Quantoren verfügt habe (historische Voraussetzung), könnten die Quantoren in den frühen Schriften nicht klassisch interpretiert werden, sondern nur konstruktivistisch (Ausschluß der Alternativinterpretation). – Goldfarbs Schlußfolgerung hat sich wie seine Voraussetzung über das Hilbert-Ackermann-Buch im Laufe der Zeit als unhaltbar herausgestellt. Die im *Hilbert-Ackermann* präsentierte Darstellung der formalen Logik geht dem Inhalt, teilweise sogar den Formulierungen nach auf die Ausarbeitungen zurück, die Paul Bernays ab 1917 von Vorlesungen Hilberts gemacht hat. In den Vorlesungen der frühen 1920er Jahre war schon der gesamte inhaltliche Stoff des *Hilbert-Ackermann* verfügbar.[49]

---

[47] Auf beide Kritikpunkte hat in aller Deutlichkeit DETLEFSEN, *Alleged Refutation* [1990] hingewiesen. Detlefsen konnte Smorynskis Interpretationsfehler sogar auf einen Punkt kondensieren, nämlich auf die Frage, worauf sich das „diese Aussage" im zweiten Satz bezieht. Vom Text her legt sich nahe, es auf die im ersten Satz genannte Aussage zu beziehen, daß $a + 1 = 1 + a$ ist, falls a ein Zahlzeichen ist. Smorynski hingegen hat es auf die mögliche oder hypothetische Negation dieser Aussage bezogen, die von Hilbert gerade abgelehnt wird. – Der Fairneß halber sollte man jedoch bemerken, daß es eine sehr frühe Stelle in Hilberts Publikationen gibt, die zumindest einen Anhaltspunkt für Smorynskis Position bieten könnte. In Hilberts Heidelberger Vortrag *Über die Grundlagen der Logik und der Arithmetik* von 1904 heißt es an einer Stelle, daß eine Allaussage $\forall x\, A(x)$, die Hilbert dort als $A(x^{(u)})$ schreibt, eine abkürzende Schreibweise sei für die unendliche Konjunktion A_1 u. A_2 u. $A_3, \ldots$, vgl. HILBERT, *Grundlagen Logik* [1905], 252. Diese Stelle steht jedoch im Kontext von Hilberts „Bau der logischen Grundlagen des mathematischen Denkens", der höchstens eine Vorstufe zum später entwickelten Konzept des Finitismus oder der ideal/real-Unterscheidung ist.

[48] Vgl. GOLDFARB, *Logic in the Twenties* [1979]; HILBERT/ACKERMANN, *Theoretische Logik* [1928].

[49] Das ist auch gegen Peckhaus' Einschätzung zu sagen, daß Hilbert erst 1928 mit der Ausarbeitung des *Hilbert-Ackermann* „die logische Grundlage seines metamathematischen Programms gelegt" habe; vgl. PECKHAUS, *Logik, Mathesis* [1997], 3.

Ackermanns Beitrag zu diesem Lehrbuch scheint auf das beschränkt gewesen zu sein, was Hilbert im Vorwort erwähnt: die „Gliederung und definitive Darstellung des Gesamtstoffes". Der „Gesamtstoff" selbst hat schon Jahre vor dem Erscheinen des *Hilbert-Ackermann* vorgelegen. So weit dieses deutliche Beispiel dafür, wie konkret bestimmte historische Einschätzungen das sachliche Verständnis von Positionen beeinflussen.[50]

Diese zwei Beispiele sollten wie gesagt zeigen, daß eine tatsächliche Gefahr besteht, die sachlichen Probleme zu verfehlen, wenn man historisch nicht sauber genug arbeitet oder sich um die geschichtlichen Fakten nicht schert. Und dies wiederum ist ein wichtiger Grund für die hier vertretene Auffassung, daß eine adäquate Auseinandersetzung mit der Sache nur historisch informiert erfolgen kann.

Bei der Beschäftigung mit dem Hilbertprogramm kommt noch ein zweiter Grund hinzu. Er hängt mit der gedanklichen Komplexität der modernen Mathematik zusammen. So hat Solomon Feferman, selbst namhafter Beweistheoretiker, einmal festgestellt:

> Unglücklicherweise haben wir keine Theorie, die uns genau sagt, was wir machen, wenn wir die Ordinalzahl eines formalen Systems erhalten, doch es ist klar, daß wir etwas Interessantes machen.
> FEFERMAN, *Highlights* [2000], 18, Eig. Übers.[51]

Wenn es also selbst dem „*working mathematician*" passieren kann, nicht mehr genau zu wissen, was er tut, so ist es besonders angezeigt zu versuchen, sich ein eigenes Bild der Sache zu machen. So bestätigt sich noch einmal, daß die Beschäftigung mit den Quellen nicht nur dem systematischen Interesse dieser Arbeit nicht widerspricht, sondern von ihm sogar verlangt wird.

Sicher gab es in Hilberts Denken eine Entwicklung bezüglich des Programms seiner Beweistheorie.[52] In dieser Arbeit soll es aber weniger um die diachrone Fragerichtung gehen, wie und in welchen Stufen diese Entwicklung sich genau vollzog. Vielmehr sollen Fragen behandelt werden, die zu den historisch-diachronen in einem eigentümlichen Wechselverhältnis stehen. Will man beispielsweise historisch erforschen, ob es in Hilberts Denken eine Entwicklung gab, die vor dem eigentlichen HP stehenblieb (das dann erst seine Schüler entwickelt hätten), bis zum HP führte oder sich sogar über spätere Modifikationen eines ersten Programms erstreckte, so muß man dafür im Voraus festlegen, was man genau unter dem HP verstehen will. Ob man etwa unter dem Begriff „HP" ein ganzes Konglomerat von (möglicherweise nicht miteinander verträglichen) Teilprogrammen

---

[50] Zu dieser Beeinflussung sachlicher Einschätzungen durch historische Fehleinschätzungen bei Goldfarb vgl. auch SIEG, *Hilbert's Programs* [1999], 12–13.

[51] Das Zitat lautet im englischen Original: „*Unfortunately, we do not have a theory that tells us exactly what we are doing when we obtain the ordinal of a formal system, though it is clear that we are doing something of interest.*"

[52] Diese Entwicklung bemerkten schon die Herausgeber von Hilberts *Gesammelten Abhandlungen*, die in Bezug auf den Aufsatz *Neubegründung* (im Original 1922 publiziert) vermerken, daß er einen Übergang aus einem früheren Stadium der Beweistheorie widerspiegeln würde; vgl. HILBERT, *Gesammelte Abhandlungen* [1932], Bd. III, S. 168, Fn. 2. Eine solche Entwicklung gibt Hilbert selbst unumwunden zu; vgl. HILBERT, *Grundlagen Mathematik* [1928], 12.

versteht oder ein einheitliches Programm, beeinflußt entscheidend die Ergebnisse einer Untersuchung zur Frage, ob „das" HP in irgendeinem Sinne „erfolgreich" war oder „gescheitert" ist. Die ersteren sind keine historisch beantwortbaren Fragen, sondern solche, die von der historischen Forschung schon vorausgesetzt werden. Erst wenn ein zumindest vorläufiger Begriff des HP feststeht, kann eine vernünftige historische Untersuchung nach seiner Genese einsetzen. Umgekehrt setzt die systematische Analyse eines historisch derartig komplexen Phänomens wie des HP Ergebnisse historischer Forschungsarbeit stets voraus, schon allein um nicht der Gefahr zu erliegen, bloß eine Chimäre zu verfolgen.

Auf diesen notwendigen hermeneutischen Zirkel von systematischer Frage, die die historische Arbeit voraussetzt, und historischer Arbeit, die die systematische Konzeption voraussetzt, muß sich auch eine eher systematisch-normativ interessierte Forschung einlassen. Erst das mehrmalige Durchlaufen dieses Zirkels kann überhaupt eine Gewähr für ein annähernd adäquates Austarieren der systematischen und der historischen Komponenten bieten. Was von dieser Tätigkeit an der Oberfläche einer Abhandlung sichtbar wird und werden sollte, steht jedoch auf einem anderen Blatt.

1.4.2 Zwischen Rekonstruktion und Kritik

Bei den vorausgehenden methodischen Überlegungen wurde so getan, als ob man problemlos zwischen der Rekonstruktion von Gedanken Anderer und der Auseinandersetzung mit ihnen unterscheiden könnte. Während dies normalerweise zumindest in gewissen Grenzen gelingen kann, stellte sich beim Thema dieser Arbeit heraus, daß oftmals selbst über ganz grundlegende Begriffe und selbst unter den „Freunden" einer bestimmten Position keine Einigkeit besteht. Als Beispiele sei nur das Problem genannt, was die Begriffe „Logizismus", „Intuitionismus" und „Formalismus" eigentlich bedeuten sollen, was also diese Philosophien der Mathematik genau ausmacht. Vielleicht wäre es mit entsprechendem Aufwand möglich, durchgängig die verschiedenen Optionen erst objektiv darzustellen und daran anschließend für oder gegen die eine oder andere Option zu argumentieren. Der Umfang dieser Abhandlung, die Komplexität des Themas und die gesetzten Ziele erlauben dies jedoch nicht. Rekonstruktion und Kritik sind daher oft vermischt anzutreffen und das ist bei der philosophisch-sachlichen Zielsetzung dieser Arbeit wohl auch gerechtfertigt. Man wird daher auch in dieser Arbeit mehr oder weniger bewußte Vorentscheidungen und tendenziöse Darstellungen antreffen.

Dennoch liegt diesen Forschungen die erwähnte Maxime zugrunde, historisch wohlinformiert zu arbeiten. Rekonstruktionen von Gedanken Anderer sollen so angemessen wie möglich sein, ja in vielen Fällen sogar bewußt angemessen*er* als in den bisher üblichen Standarddarstellungen.[53] Der Umfang des bearbeiteten Stoffes läßt jedoch keinen Anspruch auf Vollständigkeit zu, was die Darstellung aller möglichen Interpretationswei-

---

[53] Dagegen geben etwa GEORGE/VELLEMAN, *Philosophies* [2002], vii-viii, zu, daß sie nicht einmal durchgängig versucht haben, die von ihnen dargestellten Ideen historisch getreu darzustellen.

sen oder gar aller Entscheidungsprozesse im Detail betrifft. Dies ist ein Kompromiß, den man eingehen muß, wenn man an dem breiten Fokus interessiert ist, den es bedeutet, das Hilbertprogramm mitsamt seinen Wurzeln und seinem Kontext darzustellen, auf die Analyse seiner positiven Durchführung nicht zu verzichten und schließlich die argumentative Auseinandersetzung mit seinen Herausforderern ein Stück weit zu führen.

Das Literaturverzeichnis am Ende dieses Buches dokumentiert noch einmal die Breite, die die mathematisch-logischen, die wissenschaftsphilosophischen und -historischen Auseinandersetzungen mit dem Hilbertprogramm und seiner „Umgebung" mittlerweile angenommen haben – obwohl hier nicht nach bibliographischer Vollständigkeit gestrebt wurde.

Die eigentlich historischen Ansprüche der folgenden Darstellung bleiben insgesamt eher bescheiden. Den philosophischen Absichten dieses Buches gemäß geht es vor allem um den Aufriß des ideengeschichtlichen Kontextes, in dem das Hilbertprogramm entstanden ist. Wissenschaftsexterne Faktoren, die wie immer die faktische Entstehung auch dieses Programms beeinflußt haben, werden dementsprechend kaum eine Rolle spielen. Es geht darum, ein inhaltliches Verständnis des HP zu gewinnen, das in gewissen Grenzen beanspruchen kann, historisch adäquat zu sein, ohne zu seiner Gewinnung die Abklärung sämtlicher historischer Details zu beanspruchen. Ergo muß simplifiziert werden, und falls die Kompliziertheit historischer Entwicklungen der systematischen Prägnanz entgegenläuft, erhält die letztere den Vorzug.

Maßstab der Kritik soll schließlich ein κρίνειν im besten Wortsinne sein – ein Unterscheiden von mehr oder weniger Zustimmungswürdigem, zwischen wahren und falschen Aspekten. Es wird weniger darum gehen, eine These zu „verteidigen", andere Positionen bzw. Autoren „anzugreifen" oder vermeintliche „Siege" einzufahren. Diese kriegerische Metaphorik drückt eine Haltung aus, die dieser Arbeit nicht zugrundeliegt. Wenn doch einmal polemische Spitzen nicht vermieden werden, so möge der Leser dies einerseits als Versagen eines Autors sehen, der angesichts der Vertracktheit mancher wiederholter Mißverständnisse gelegentlich schlicht genervt ist; andererseits aber – und hoffentlich hauptsächlich – als unterhaltsame Überzeichnung innerhalb eines sonst vielleicht allzu trockenen Sachgebiets.

Alle methodischen Erwägungen können nicht über den Mixtur-Charakter[54] dieser Arbeit hinwegtäuschen. Michael Hallett hat einen solchen einmal als Anspruch formuliert:

Arbeiten zu Entwicklung und Wesen der Mathematik sollten eine reiche Mischung sein aus Geschichte, Philosophie und technischem Verstehen.
HALLETT, *Cantorian Set Theory* [1984], xviii, Eig. Übers.[55]

Dieser Anspruch gilt.

---

[54] Daß wissenschaftsphilosophische Arbeiten vielleicht generell *Mischgebilde* sind, formuliert auch CHARPA, *Grundprobleme* [1996], 33, allerdings speziell im Hinblick auf das Verhältnis normativer und deskriptiver Anteile.
[55] Das Zitat lautet im englischen Original: „*Works on the development and nature of mathematics should be a rich mixture of history, philosophy, and technical understanding.*"

Teil I
Zur Konzeption des Hilbertprogramms

Im ersten Teil dieses Buches soll die konzeptionell-begriffliche Seite des Hilbertprogramms (HP) erörtert werden. Es wird darum gehen, was die Ziele dieses Forschungsprogramms sind und in welchen Schritten es vorgehen will, um diese Ziele zu erreichen. Welche philosophische Sicht der Mathematik führte Hilbert zu seinem Programm? Welche konkurrierenden Sichtweisen wollte er zurückdrängen? Welche mathematischen, logischen und philosophischen Ressourcen nimmt das Programm in Anspruch?

Der nachfolgend präsentierte Zugang ist im Wesentlichen aus meiner kritischen Beschäftigung mit Hilberts eigenen Schriften hervorgegangen. Es wird bewußt keine vorgefertigte philosophische Rahmentheorie zugrundegelegt, sondern versucht, eine möglichst unvoreingenommene Auseinandersetzung zu führen. Methodisch wird dabei der Ansatz verfolgt, die Behauptungen der Protagonisten des HP solange stark zu machen, bis wirklich keine stützenden Erklärungen mehr in Sicht sind. Es ist erstaunlich, wie weit man damit kommen kann.

Das erste Kapitel beginnt mit einer grundsätzlichen Bestimmung dessen, was hier unter dem „Hilbertprogramm" verstanden wird, und bietet eine erste Bestimmung seiner Ziele (Kap. 2). Seine wichtigste sachliche Voraussetzung wird im zweiten Kapitel behandelt: die Axiomatik. Hilberts Auseinandersetzungen mit Frege lassen hervortreten, was das konzeptionell Neue an Hilberts Verständnis von Axiomatik ist. Eine Diskussion von Kriterien für Axiome hebt dann besonders auf den zentralen Begriff der Widerspruchsfreiheit ab (Kap. 3).

In der klassischen Trias mathematikphilosophischer Positionen – „Logizismus, Intuitionismus, Formalismus" – gilt der Formalismus gemeinhin als die Position Hilberts. Da man mit von Neumann festhalten muß, daß es für das Verständnis der Hilbertschen Position unerläßlich ist, die beiden anderen Positionen zu kennen, werden zunächst Logizismus und Intuitionismus als Kontext des HP behandelt (Kap. 4). Es zeigt sich, daß die Vorstellung, es handle sich bei ihnen um ausschließende Alternativen zu Hilberts Formalismus, genau so fragwürdig ist wie die undifferenzierte Etikettierung seiner Position als „formalistisch" (Kap. 5).

Schließlich wird es in dem Kapitel zum Finitismus um das eigentliche Proprium der Hilbertschen Theorie gehen: die finit begründeten metamathematischen Methoden (Kap. 6). Ihre Behandlung bildet die Voraussetzung für die im zweiten Teil des Buches angesetzte Analyse von Widerspruchsfreiheitsbeweisen der Hilbertschule.

Die vorliegende Darstellung weicht in zwei Punkten bewußt von den aus der Literatur geläufigen Darstellungen ab. Die *erste Abweichung* betrifft die ideal/real-Unterscheidung. In der Literatur wird das Hilbertprogramm meistens im Ausgang von dieser Unterscheidung dargestellt. Oft wird nicht darauf geachtet, daß es sich dabei um eine Analogie handelt, die Hilbert nur ins Spiel gebracht hat, um gewisse Züge seiner Konzeption zu verdeutlichen. Nimmt man diese Analogie als Aufhänger der Gesamtkonzeption, so droht die Gefahr der Überbeanspruchung: Man nimmt wörtlich, was nicht wörtlich gemeint war, und hat keinen Blick mehr für die Grenzen der Analogie. So ergeben sich teilweise gravierende Mißverständnisse. Hier wird die ideal/real-Unterscheidung daher zunächst ausgeblendet, um dann, in einem eigenen Kapitel nach den konzeptionellen Erörterungen, eine Klärung zu versuchen, was mit der Analogie ausgesagt werden kann und wo ihre Grenzen liegen (Kap. 7).

Die *zweite Abweichung* besteht gegenüber der Darstellung in Michael Detlefsens einschlägiger Monographie *Hilbert's Program* (DETLEFSEN, *Hilbert's Program* [1986]). Sie betrifft den Instrumentalismus, in dessen Rahmen Detlefsen das Hilbertprogramm darstellt. Da die instrumentalistische Lesart des HP nicht überzeugend ist, werden die betreffenden Punkte zunächst ausgespart und dann in einem eigenen Kapitel am Ende des ersten Teils behandelt (Kap. 8).

2 Das Hilbertprogramm und seine Ziele

Das Hilbertprogramm (auch „Hilbertsches Programm", „Hilbert-Programm", „Hilberts Programm" o. ä.; im Englischen „Hilbert's Program" oder „Hilbert's Programme"; im Folgenden kurz: „HP") ist ein Forschungsprogramm für eine neue mathematische Disziplin, die *Beweistheorie*, wie sie von David Hilbert Anfang des 20. Jahrhunderts entworfen wurde. Die ersten Ansätze stammen aus den ersten Jahren des 20. Jahrhunderts, die eigentliche Konzeption des Programms, die Formulierung der Ziele und die Entwicklung der ersten Methoden aber aus den 1920er Jahren. 1917/18 hatte Hilbert gemeinsam mit Paul Bernays die Arbeit an seinen früheren Ideen wieder aufgenommen.[1]

Es gibt verschiedene Verwendungsweisen des Ausdrucks „Hilbertprogramm". In dieser Arbeit soll dieser Ausdruck so verstanden werden, wie die Beweistheorie selbst ihn versteht, wenn sie sich auf ihre geschichtlichen Wurzeln besinnt.[2] Es wird also erstens die inhaltliche Seite des Programms im Vordergrund stehen und weniger die äußeren Faktoren, die die Durchführung eines wissenschaftlichen Programms immer auch voraussetzt (Finanzmittel, Publikationsorgane, Nachwuchsförderung etc.). Zweitens wird unter dem „Hilbertprogramm" das spezifische Programm der Beweistheorie verstanden und nicht ein allgemeines Axiomatisierungsprogramm.[3] Was die Beweistheorie, die sich auf das Hilbertprogramm beruft, selbst darunter versteht, ist in einer Hinsicht weiter, in einer anderen Hinsicht enger als Axiomatisierung. Dazu wird später noch Näheres zu sagen sein.

Hilbert verfolgte mit der Beweistheorie grundlagentheoretische Ziele. Es ging ihm, so hielt er im Vorwort zum ersten Band des *Hilbert-Bernays* fest, darum,

---

[1] Nach SIEG, *Hilbert's Programs* [1999], 27, werden die heute als charakteristisch geltenden Ausdrücke „finite Mathematik" und „Hilbertsche Beweistheorie" zum ersten Mal in der von Hilbert gehaltenen und von Paul Bernays ausgearbeiteten Vorlesung vom Wintersemester 1921/22 verwendet; vgl. HILBERT, *Wintersemester 21/22 (Bernays)* [1922a*]. Kurz darauf treten sie auch in den Publikationen auf, bspw. „Beweistheorie" in HILBERT, *Die logischen Grundlagen* [1923], 151.
[2] Vgl. bspw. POHLERS, *Proof Theory* [1989].
[3] So anscheinend in PECKHAUS, *Hilbertprogramm* [1990].

unsere üblichen Methoden der Mathematik samt und sonders als widerspruchsfrei zu erkennen.
HILBERT/BERNAYS, *Grundlagen I* [1934], V

Das Erkennen der Widerspruchsfreiheit sollte die Grundlagen der Mathematik absichern. Das Typische an Hilberts Vorgehen ist nun, daß diese Sicherung selbst mit mathematischen Methoden erfolgen soll. Durch Methoden, die selbst die Unbezweifelbarkeit mathematischer Resultate besitzen, sollte die Unbezweifelbarkeit mathematischer Resultate wiederhergestellt werden. Dies klingt auf den ersten Blick zirkulär, und dieser Eindruck ist auch nicht vollkommen falsch, denn die Idee, die Mathematik mit mathematischen Methoden zu untersuchen und sie sich so selbst zum Objekt zu machen, beinhaltet ja zumindest ein „reflexives Moment". Dies kommt auch zum Ausdruck, wenn Hilbert die Beweistheorie mit der Vernunftkritik des Philosophen und der Untersuchung des eigenen Standorts in der Astronomie vergleicht.[4] Um den Zirkularitätsverdacht entkräften zu können, ist zunächst zu fragen, was es genau heißen soll, die Mathematik mittels mathematischer Methoden abzusichern.

Hilberts klassische Formulierung seines Programms entstammt dem Aufsatz *Neubegründung der Mathematik* von 1922, der auf Vorträge von 1921 in Göttingen, Kopenhagen und Hamburg zurückgeht. Hilbert unterscheidet darin zwei Schritte:[5]

(HP1) „Alles, was bisher die eigentliche Mathematik ausmacht, wird nunmehr streng formalisiert, so daß *die eigentliche Mathematik* oder die Mathematik in engerem Sinne zu einem Bestande an beweisbaren Formeln wird."

(HP2) „Zu dieser eigentlichen Mathematik kommt eine gewissermaßen neue Mathematik, eine *Metamathematik*, hinzu, die zur Sicherung jener dient [...]. In dieser Metamathematik kommt – im Gegensatz zu den rein formalen Schlußweisen der eigentlichen Mathematik – das inhaltliche Schließen zur Anwendung, und zwar zum Nachweis der Widerspruchsfreiheit der Axiome."

Ähnliche Formulierungen hat Hilbert auch 1922 in seinem Leipziger Vortrag *Die logischen Grundlagen der Mathematik*,[6] sowie 1930 in seinem dritten Hamburger Vortrag *Die Grundlegung der elementaren Zahlenlehre* angegeben. Sie decken sich im Wesentlichen mit der ersten publizierten Fassung aus *Neubegründung*.[7] Der einzige Unterschied, den es

---
[4] HILBERT, *Neubegründung* [1922], 169–170.
[5] Vgl. HILBERT, *Neubegründung* [1922], 174.
[6] HILBERT, *Die logischen Grundlagen* [1923], 152–153.
[7] Vgl. HILBERT, *Grundlegung Zahlenlehre* [1931], 192. Die Formulierung aus dem Vortrag von 1930 lautet:

(HP1*) Alle bisherige Mathematik soll formalisiert werden, „so daß die eigentliche Mathematik oder die Mathematik im engeren Sinne zu einem Bestande an Formeln wird."

(HP2*) „Zu der eigentlichen so formalisierten Mathematik kommt eine gewissermaßen neue Mathematik, eine Metamathematik, die zur Sicherung jener notwendig ist, in der – im Gegensatz zu den rein formalen Schlußweisen der eigentlichen Mathematik – das inhaltliche Schließen

sich hervorzuheben lohnt, ist die nur in der mittleren Fassung aus dem Leipziger Vortrag eingefügte nähere Erläuterung zu (HP2):

> In dieser Metamathematik wird mit den Beweisen der eigentlichen Mathematik operiert und diese letzteren bilden selbst den Gegenstand der inhaltlichen Untersuchung.
> HILBERT, *Die logischen Grundlagen* [1923], 153

Möglicherweise ist dieser Passus in der späteren Fassung trotz seines erläuternden Charakters weggefallen, da der Ausdruck „mit den Beweisen der eigentlichen Mathematik" mißverständlich ist. Gemeint ist, daß man mit den formalen Abbildern der eigentlichen mathematischen Beweise operiert.[8]

Es geht also darum, aus der Mathematik[9] formale Systeme zu machen, deren Widerspruchsfreiheit mit Hilfe einer Metamathematik gezeigt werden soll. Die Metamathematik selbst soll nicht formalisiert werden (bzw. sein), sondern ist inhaltlich konzipierte Mathematik.[10] Die Frage, wie sie genau konzipiert ist, spielt in der Diskussion des Hilbertprogramms und für die Frage seiner Durchführbarkeit eine wichtige Rolle und beeinflußt ihrerseits die Frage nach der Möglichkeit oder Unmöglichkeit der entsprechenden Widerspruchsfreiheitsbeweise. Deshalb ist es sachgerecht, in (HP2) die Abgrenzung der metamathematisch zulässigen Beweismittel von der Forderung nach den mit diesen Mitteln zu führenden Widerspruchsfreiheitsbeweisen zu unterscheiden.[11] Man erhält dann folgende Formulierung des Hilbertprogramms:

(HP1)   „Alles, was bisher die eigentliche Mathematik ausmacht, wird nunmehr streng formalisiert, so daß *die eigentliche Mathematik* oder die Mathematik in engerem Sinne zu einem Bestande an beweisbaren Formeln wird."

---

zur Anwendung kommt, aber lediglich zum Nachweis der Widerspruchsfreiheit der Axiome."

Die beiden feinen Unterschiede, daß in (HP1*) die Mathematik zu einem Formelbestand wird, während sie in (HP1) noch „beweisbarer" Formelbestand genannt wurde, und daß in (HP2*) die Metamathematik zur eigentlichen, gemäß (HP1*) *formalisierten* Mathematik hinzutritt, während in (HP2) nur von der eigentlichen Mathematik die Rede ist, sind bloß leichte Präzisierungen.

[8] In HILBERT, *Die logischen Grundlagen* [1923], 153, sowie in HILBERT, *Grundlegung Zahlenlehre* [1931], 192, ist an dieser Stelle dann auch von „Abbildern" (allerdings der „mathematischen Gedanken") die Rede.

[9] Hilberts Äußerungen beziehen sich „de dicto" auf die gesamte Mathematik. Tatsächlich stellt er aber im weiteren Verlauf seiner beiden Vorträge nur auf die Zahlentheorie ab, ohne diese Einschränkung auch nur zu erwähnen. Der erweiterte Anspruch entspricht allerdings genau Hilberts Vortragstitel und seiner andernorts ausdrücklichen Intention, die Zahlentheorie nur als erstes, weil besonders fundamentales Beispiel zu behandeln.

[10] Daß es sich bei der Metamathematik auch um Mathematik handelt, wird in (HP2) *expressis verbis* gesagt. Dies ist anderslautenden Darstellungen entgegenzuhalten, bspw. PECKHAUS, *Impliziert* [2005b], 17: „aber Metamathematik ist keine Mathematik".

[11] Dieser Vorschlag stammt von Stephen G. Simpson, vgl. SIMPSON, *Partial Realizations* [1988], 350–351.

(HP2a) Zu dieser eigentlichen Mathematik kommt eine gewissermaßen neue Mathematik, eine Metamathematik, hinzu, in der – im Gegensatz zu den rein formalen Schlußweisen der eigentlichen Mathematik – das inhaltliche Schließen zur Anwendung kommt.

(HP2b) Mit Hilfe der Metamathematik ist die Widerspruchsfreiheit der Axiome der formalisierten eigentlichen Mathematik zu beweisen und dadurch die formalisierte eigentliche Mathematik zu sichern.

Auf den zweiten Blick ist das HP nun schon weniger zirkulär, denn die abzusichernde Mathematik und die absichernde Mathematik sind verschieden konzipiert. Es gibt vor allen Dingen keinen Grund für die Annahme, daß sie umfangsgleich sein müßten. Und damit ist Hilberts Vorgehen auf den zweiten Blick schon nicht mehr im engeren Sinne zirkulär. Mit der Reduktion bestimmter Teile der Mathematik auf andere Teile der Mathematik ist außerdem noch nichts über die Rechtfertigung der absichernden Mathematik selbst gesagt. Hilbert wollte die absichernde Mathematik wiederum absichern, allerdings auf andere Art und Weise. Das Stichwort hier ist der Finitismus. Mit einer solchen andersartigen Absicherung wäre das HP auf den dritten Blick nicht einmal mehr im weiteren Sinne zirkulär.

Die Beweistheorie zielt auf Widerspruchsfreiheitsbeweise für die Mathematik ab. Da „Widerspruchsfreiheit" bedeutet, daß es keinen Beweis eines Widerspruchs gibt oder daß *alle* Beweise nicht auf einen Widerspruch führen, kann man eine vernünftige Aussage über Widerspruchsfreiheit nur treffen, wenn genau abgegrenzt ist, welche Schritte und Methoden in einem Beweis zulässig sind und welche nicht. Dies kann man nur durch die Axiomatisierung der betreffenden Theorien erreichen („Axiomatisierung" dabei im nicht-technischen Sinne verstanden). Als Voraussetzung für die Formalisierung gehört Axiomatisierung zum ersten Schritt des Hilbertprogramms. Ein vertieftes Verständnis von (HP1) verlangt, die *axiomatische Methode* genauer zu beschreiben (Kap. 3). Die Transformation der Mathematik in rein formale Systeme hat eine ganze Reihe von Fragen und Mißverständnissen nach sich gezogen. Diese werden im entsprechenden Kapitel über den *Formalismus* (Kap. 5) zu behandeln sein. Da der Hilbertsche Formalismus in der Regel in einem Atemzug mit Logizismus und Intuitionismus genannt wird (und mit diesen Ansätzen auch viel zu tun hat), werden diese Ansätze zunächst in einem eigenen Kapitel diskutiert (Kap. 4).

Liegt die „eigentliche Mathematik" als formales System vor, so soll nach (HP2) ihre Widerspruchsfreiheit bewiesen werden. Die dazu nötigen Beweisprinzipien und Begriffsbildungen bilden die Metamathematik. Was genau dazugehört, hängt eng mit der Frage nach dem Finitismus zusammen. Die Metamathematik des Hilbertprogramms befindet sich in einem Dilemma. Einerseits muß sie „stark genug" konzipiert sein, um die Widerspruchsfreiheit der formalisierten Mathematik beweisen zu können (HP2b). Andererseits muß sie „schwach genug" sein, um selbst finit gerechtfertigt werden zu können. Der Frage nach den finiten Rechtfertigungsmöglichkeiten für die Metamathematik wird im Kapitel über den Finitismus nachgegangen (Kap. 6).

Das Hilbertprogramm und seine Ziele

Zur Konzeption des Hilbertprogramms gehört schließlich noch, zwei Themenbereiche zu behandeln, die aufgrund der vielen Mißverständnisse, für die sie mitverantwortlich sind, aus den vorigen Erörterungen herausgehalten werden. Die Rede ist von der Analogie zur Methode der idealen Elemente (Kap. 7), sowie vom Instrumentalismus (Kap. 8). Die Klärung, wie sich das hier entwickelte Bild des Hilbertprogramms zu diesen beiden Themen verhält, wird die konzeptionelle Diskussion im ersten Teil dieses Buches zunächst abschließen. Dieser Abschluß ist vorläufig, da das Bild im zweiten und dritten Teil wesentlich ergänzt werden wird, in denen es um die konkrete Durchführung des HP und drei wichtige sachliche Herausforderungen geht. Besonders letztere sind bedeutsam, denn gerade die Diskussion von Einwänden verlangt nach einer schärferen Konturierung der gesamten Konzeption.

Bevor nun die angerissenen Fragen angegangen werden, ist es sinnvoll, zunächst noch einen Schritt zurückzutreten und zu fragen, warum dieser ganze Aufwand überhaupt betrieben wird. Woher kommt das Interesse an einer Metamathematik eigentlich und warum beschäftigt man sich mit Widerspruchsfreiheitsbeweisen? Warum soll man den lebendigen Organismus der Mathematik in ein formales Korsett zwingen? Warum kann man die angerissenen Fragen nicht einfach mit einem Hinweis auf die erfolgreiche mathematische Praxis abtun? – Eine Antwort auf diese Fragen wird im folgenden Kapitel dadurch gesucht, daß Hilberts Gedanken zur Axiomatik diskutiert werden. Sie können als Wurzeln betrachtet werden, aus denen das Hilbertprogramm gewachsen ist.

Wurzeln: Axiomatik 3

Das Hilbertprogramm war motiviert durch das Bedürfnis, die mathematischen Grundlagen gegen das Auftreten von Widersprüchen abzusichern, ohne bestimmte Schlußweisen, die in der Mathematik üblich geworden sind, einfach zu verbieten. Bestimmte Fortschritte bei der Erforschung der Grundlagen der Mathematik zeigten, daß es sinnvoll war, dieses Bedürfnis auch im grundlagentheoretischen Bereich aufrechtzuerhalten. Die Rede ist von Fortschritten bei der Axiomatisierung der Mathematik. Darunter ist kurz gesprochen zu verstehen, daß ein Wissensgebiet (oder eine Theorie[1]) so umgestaltet wird, daß bestimmte Sätze der Theorie als Axiome festgelegt werden, aus denen sich die übrigen Sätze der Theorie als rein logische Folgerungen ableiten lassen. Das so entstandene deduktive System kann dann typischerweise auf logische Eigenschaften untersucht werden wie beispielsweise auf Konsistenz, Vollständigkeit und Unabhängigkeit.[2]

Die Konzeption mathematischer Axiomatik steht in engem Zusammenhang mit dem Formalismus, ja es läßt sich sogar zeigen, daß neben einem rein auf das methodische Vorgehen beschränkten Formalismusbegriff einzig ein axiomatischer es erlaubt, der traditionellen Zuordnung Hilberts zum Formalismus einen Sinn abzugewinnen. Bevor dies im Kapitel über den Formalismus geschieht (vgl. Kap. 5), soll schon hier die erste Auseinandersetzung mit Hilberts Axiomatikkonzeption erfolgen. Denn sie liegt nicht nur zeitlich

---

[1] Im Folgenden wird „Theorie" immer im informellen Sinne aufgefaßt, also insbesondere nicht im logischen Sinne einer Menge von Sätzen, die bspw. in einem Modell gelten o. ä. Vielmehr ist damit ein Wissensgebiet gemeint, d. h. eine Menge von Sätzen, die einerseits in gewisser Weise abgegrenzt erscheint gegenüber anderen Wissensgebieten und andererseits eine gewisse innere Kohärenz aufweist. Dies kann und soll hier nicht näher präzisiert werden.

[2] Eine sehr instruktive Darstellung der axiomatischen Methode aus Hilberts Feder ist sein Vortrag *Axiomatisches Denken* (Zürich, September 1917), der unter demselben Titel 1918 veröffentlicht wurde: HILBERT, *Axiomatisches Denken* [1918].

vor jeglicher Beweistheorie und bildet insofern eine ihrer Wurzeln, sondern sie ist auch unabhängig von ihr von Interesse.[3]

3.1 Geometrie als Paradigma der traditionellen Axiomatik

Das Paradigma für einen axiomatischen Aufbau war von Alters her die Geometrie. Ihre systematische Darstellungsweise und argumentative Durchsichtigkeit, realisiert (zumindest dem Anspruch nach) durch die klare Trennung von Voraussetzungen und Beweisschritten, hatte das *„more geometrico demonstratum"* in der philosophischen Tradition zu einem regelrechten Gütesiegel werden lassen. Traditionell wurde unter dem axiomatischen Aufbau einer Theorie etwa Folgendes verstanden. Am Anfang stehen Definitionen, die die Grundbegriffe abgrenzen, und Axiome, die Grundwahrheiten ausdrücken sollen. Aus diesen Definitionen und Axiomen werden dann die Lehrsätze der betreffenden Theorie logisch deduziert, gegebenenfalls unter Zuhilfenahme weiterer Definitionen, die letztlich nur Abkürzungen einführen.

Gewisse Entwicklungen in den Naturwissenschaften und in der Mathematik, interessanterweise gerade im Bereich der Geometrie, machten im 19. Jahrhundert eine Reform der traditionellen Axiomatik unausweichlich. Hilberts erste große grundlagentheoretische Leistung war genau diese Reform. Man muß die traditionelle Axiomatik vielleicht nicht gerade mit ihm als „naiv" bezeichnen.[4] Sie stellte sich aber in mehreren Punkten als unzureichend heraus. Die wichtigsten dieser Punkte sollen im Folgenden näher diskutiert werden.

3.1.1 Wahrheit der Axiome

Es scheint eine verbreitete Praxis in der Physik und gelegentlich auch in der Mathematik gewesen zu sein, daß man Axiome im Laufe der deduktiven Entwicklung einer Theorie gewissermaßen „nachforderte".[5] Nachdem man die Grundbegriffe definiert und die eigentlichen Axiome längst festgelegt hatte, konnte es beim Ableiten der Lehrsätze geschehen, daß für den Beweis eines Satzes die Grundwahrheiten und die schon bewiesenen Lehrsätze nicht ausreichen. Eine „billige" Methode war dann, kurzerhand weitere Axiome hinzuzufügen. Diese Praxis war für Hilbert wie für Frege gleichermaßen nicht tolerabel.[6] Die

---

[3] Eine strikte Trennung von Formalismus und Beweistheorie fordert auch PECKHAUS, *Impliziert* [2005b], 3, wobei er mit dem Ausdruck „Formalismus", soweit ich ihn verstehe, genau das meint, was hier „Axiomatisierung" oder „Axiomatik" genannt wird.
[4] HILBERT, *Über das Unendliche* [1926], 177.
[5] Vgl. FREGE, *Briefwechsel* [1976], 67.
[6] Frege teilte Hilberts Meinung, daß die nachträgliche Einführung von Axiomen ein Übel sei, das man vermeiden müsse. Denn, so sieht es auch Frege, durch die Hinzufügung eines Axioms wird an den Begriffen etwas verändert. Dies sieht man einerseits an seinem Hauptkritikpunkt an der geneti-

Menge der Grundannahmen ist so kaum noch kontrollierbar. Welche Gewähr hat man dafür, daß ein solches Verfahren nicht zu Zirkeln, Trivialitäten, Widersprüchen oder Sinnlosigkeiten führt?

Die Standardstrategie zur Rechtfertigung der Einführung neuer Axiome war die Berufung auf deren Wahrheit.[7] Die Wahrheit der Axiome sollte ihre Verträglichkeit miteinander sichern. Wenn die ursprünglichen Axiome Wahrheiten waren und die Definitionen *„per definitionem"* zu Wahrheiten wurden, konnte die Hinzufügung weiterer Wahrheiten zu diesem System doch kein Problem darstellen. Wahrheiten können schließlich nicht anderen Wahrheiten widersprechen. Dies ergibt sich schon aus Aristoteles' *Satz des Nicht-Widerspruchs*. Denn wie auch immer der Wahrheitsbegriff in diesem Zusammenhang ausbuchstabiert wird, er enthält immer irgendeine Komponente der Bindung an einen Bereich außerhalb der sprachlich gefaßten Axiome, ob dies nun die empirische Welt ist, ein Reich mathematischer Ideen oder unsere räumliche Anschauung. Jedenfalls war die Rede von der Wahrheit der Axiome traditionell an einen Bereich gekoppelt, in dem gilt, was die Axiome aussagen. Und da in solchen Bereichen nicht vom gleichen Objekt zur gleichen Zeit und in gleicher Hinsicht ein Prädikat und sein Gegenteil gelten können, scheinen Widersprüche gar nicht auftreten zu können.

Diese Strategie verliert den Boden unter den Füßen, wenn die Axiome von der unmittelbaren Anforderung, Wahrheiten zu sein, gelöst werden. Zu dieser Ablösung drängten Ende des 19. Jahrhunderts zunächst zwei Gründe, zu denen etwas später ein dritter Grund hinzutrat.

3.1.1.1 Die Etablierung der nichteuklidischen Geometrien

Der erste Grund hängt mit einer „Altlast" der euklidischen Geometrie zusammen: dem ungeklärten Status des Parallelenaxioms. Auch tiefschürfende Untersuchungsansätze zur räumlichen Anschauung vermochten es nicht in befriedigender Weise als „Grundwahrheit" auszuweisen. Kann man es dann einfach als Axiom postulieren?

Die Notwendigkeit, dieses alte Problem zu entscheiden, ergab sich durch die Entdeckung der nichteuklidischen Geometrien. Im 19. Jahrhundert stellte sich heraus, daß sie keine bloß hypothetische Möglichkeit waren, Geometrie zu betreiben, sondern wirklich anwendungsfähige Theorien. Durch Konstruktion von Modellen für die nichteuklidischen Axiomensysteme in euklidischen Systemen war zudem ihre relative Widerspruchsfreiheit gesichert: Wenn die euklidische Geometrie widerspruchsfrei ist, dann sind es nichteuklidischen Geometrien auch. Damit sind sie nach mathematischen Maßstäben mindestens genauso gut wie die euklidische.

---

schen Methode, daß nämlich dort die Begriffe schon benutzt würden, obwohl sie noch nicht fertig seien; vgl. FREGE, *Briefwechsel* [1976], 72. Anderseits daran, daß er Hilbert vorhält, eigentlich nicht von „dem" Parallelenaxiom sprechen zu dürfen, da es sich in jeder Geometrie um einen anderen Gedanken handle, der nur mit denselben Worten ausgedrückt werde; vgl. FREGE, *Briefwechsel* [1976], 75.

[7] Vgl. FREGE, *Briefwechsel* [1976], 67.

Daraus ergeben sich gravierende Konsequenzen für die herkömmliche Rechtfertigungsstrategie für die Axiome. Denn euklidische und nichteuklidische Geometrien widersprechen sich. Während die euklidische behauptet, zu einer Gerade und einem nicht auf der Gerade liegenden Punkt gäbe es genau eine Parallele zu dieser Gerade durch den Punkt, behauptet eine der nichteuklidischen Geometrien beispielsweise, daß es zu der Gerade und dem Punkt unendlich viele Parallelen gebe. Das Parallelenaxiom und sein nichteuklidisches Gegenstück widersprechen sich also und können ergo nicht beide wahr sein. Damit fiel die Grundlage weg für die traditionelle Rechtfertigung der Axiome durch Berufung auf ihre unmittelbar einleuchtende Wahrheit.

3.1.1.2 Die Multiapplikabilität der Mathematik

Der zweite wichtige Grund für die Abkoppelung der Mathematik von einer direkten Bindung an einen Wirklichkeitsbereich ist ihre „Multiapplikabilität". Dieser Neologismus soll heißen, daß ein und dieselbe mathematische Theorie in ganz verschiedenen naturwissenschaftlichen – und später dann auch in gesellschaftswissenschaftlichen und psychologischen – Theorien *angewandt* werden kann. Versteht man „angewandt" hier in dem Sinne, in dem sich seit dem 19. Jahrhundert eine „angewandte Mathematik" entwickelt hat, so geht dieser Anwendbarkeitsbegriff sowohl in seiner Komplexität als auch in seiner prinzipiellen Reichweite über die schon seit Alters her gesehene Abstraktheit der Mathematik hinaus.

Die Mathematik verdankt einen Gutteil ihrer Anwendungsfähigkeit einer gewissen Deutungsoffenheit. Diese zeigt sich beispielsweise dann, wenn für eine spezielle Anwendung in der Physik eine elaborierte mathematische Theorie entworfen wird, von der sich später herausstellt, daß sie sich noch in ganz anderen physikalischen Theorien anwenden läßt. Gerade in der traditionellen Beziehung zwischen Mathematik und Physik kann der Erfolg der Anwendung mathematischer Theorien nur erklärt werden, wenn man diese „Deutungsoffenheit" oder „Interpretierbarkeit" berücksichtigt. Ein und dieselbe mathematische Theorie kann auf völlig beliebige Arten von Objekten angewendet werden, wenn diese nur in Beziehungen stehen, die als Interpretationen der theorieinternen Beziehungen fungieren können.

Gerade für einen Mathematiker wie Hilbert, der diese Multiapplikabilität aus dem Forschungsalltag in der theoretischen Physik kannte, war es geradezu eine Notwendigkeit, eine Auffassung von Mathematik zu haben, die dieser Anwendbarkeit Rechnung trägt. Das hieß konkret: Die Mathematik muß so aufgefaßt werden, daß sie nicht gewissermaßen statisch auf die Anwendbarkeit in einem einzelnen Wirklichkeitsbereich festgelegt ist.

Im Umkehrschluß war das nichts Anderes als ein von der Anwendungsseite herstammendes und damit extrinsisches Argument für eine Verabschiedung des Anspruchs von Axiomen, unmittelbar Wahrheiten eines bestimmten Wirklichkeitsbereichs auszudrücken bzw. im eben beschriebenen Sinne gültig zu sein, kurz: für das, was Hilbert „Abkoppelung von der Frage der sachlichen Wahrheit" genannt hat. Dieses Argument kam zu dem mathematik-intrinsischen Grund hinzu, den die nichteuklidischen Geometrien lieferten. Beide Gründe zusammen sprechen für eine konzeptionelle Modifikation der axiomatischen Geometrie und damit für eine Umgestaltung der axiomatischen Methode überhaupt.[8] Beide haben Hilberts Arbeiten nachweislich auch historisch beeinflußt.[9] Bei einem dritten sachlichen Grund ist nicht mit letzter Sicherheit klar, ob er in gleicher Weise historisch wirksam war.

3.1.1.3 Die Paradoxienproblematik

Dieser dritte Grund ist die Paradoxienproblematik. Die Rede ist von paradoxalen Argumenten, ja handfesten Widersprüchen, die sich in gewissen mathematischen Argumenten einstellen konnten. Während sich nach Meinung Hilberts viele der klassischen philosophischen Paradoxien, und auch viele ihrer moderneren Varianten wie das sog. „Richardsche Paradoxon", leicht auflösen lassen, ist dies bei anderen Paradoxien nicht der Fall. Sie galten Hilbert als Indiz für einen ernsthaften Mißstand in den Grundlagen der Mathematik. In seinen Vorlesungen ist er dementsprechend immer wieder auf die Paradoxienproblematik zurückgekommen.

Das Auftreten von Paradoxien und Widersprüchen birgt nämlich ein weiteres Problem für die traditionelle Auffassung von Axiomen als Grundwahrheiten. Wie kann es sein, daß sich aus diesen Wahrheiten widersprüchliche, also falsche Folgerungen ergeben? Nach den eben dargelegten Argumenten hätte dies eigentlich nicht passieren dürfen. Die Schlußfolgerung müßte sein, daß man bei der Aufstellung des Axioms einen Irrtum begangen hat. So einfach ist es aber nicht, wenn die Inkonsistenz aus einem nicht leicht zu durchschauenden Zusammenspiel verschiedener Axiome hervorgeht.[10]

Wenn nun die Axiome Wahrheiten sein sollen, wenn aus diesen angeblichen „Wahrheiten" widersprüchliche Konsequenzen ableitbar sind, wenn man schließlich noch nicht einmal einen Irrtum bei der Aufstellung der Axiome dingfest machen kann – dann ist die nächstliegende Reaktion eine grundlegende Skepsis gegenüber dem Wahrheitsanspruch von Axiomen. Wie zuverlässig sind eigentlich die Erkenntnisquellen, aus denen man die Einsicht in die Wahrheit der Axiome schöpft? Wie kann man angesichts der Paradoxien überhaupt noch von „Evidenz" der Axiome sprechen?

Diese skeptischen Rückfragen werden durch das Ideal der strengen Beweisführung noch verschärft, das Frege und Hilbert mit vielen anderen bedeutenden Mathematikern

---

[8] Es soll hier nicht behauptet werden, daß Hilbert der „Erfinder" dieser neuartigen Konzeption von Axiomatik gewesen wäre. Es gibt starke Anzeichen dafür, daß man etwa die Arbeiten Richard Dedekinds zur Theorie der natürlichen Zahlen als Vorläufer dieser konzeptionellen Umwälzung ansehen kann. Vgl. auch die Ausführungen zu Dedekind im Kapitel über den Logizismus (4.1.2).
[9] So ist die Entstehung der *Grundlagen der Geometrie* von Hilberts Beschäftigung mit der axiomatischen Physik mitgeprägt worden. Besonders die 1894 posthum veröffentlichten *Prinzipien der Mechanik* von Heinrich Hertz und die Arbeiten Carl Neumanns zur Galilei-Newtonschen Mechanik sind hier zu nennen. Über die naturwissenschaftlichen Einflüsse auf die Entstehung der *Grundlagen der Geometrie* berichtet CORRY, *Empiricist Roots* [2000]; allgemeiner auch TOEPELL, *On the origins* [1986].
[10] Vgl. dazu die Diskussion um Freges „Axiom V" in Kap. 4.1.1, besonders Fußnote 26.

teilten. Denn der Anspruch, rein logische Deduktionen vorzunehmen, erhöht auch die Anfälligkeit für „typisch logische" Probleme. Ein Widerspruch irgendwo zwischen Axiomen oder in den Definitionen versteckt, und direkt werden alle beliebigen Sätze ableitbar. Beweise in einer solchen widersprüchlichen Theorie sind nahezu wertlos, da sie im Letzten möglicherweise nur aus einem Ex-falso-quodlibet-Argument bestehen. Und: die Wahrheit der deduktiven Konklusionen wird – Korrektheit der logischen Schlüsse ja gerade vorausgesetzt – zu 100% der Wahrheit der Axiome aufgebürdet. So bedeutet der größte Vorteil dieser Konzeption auf der Nutzenseite geradezu die größte Belastung auf der Kostenseite. Es kommt für die „Güte" der Resultate im Wesentlichen nur noch auf die Güte der Voraussetzungen, d. h. vor allem der Axiome an. Wenn deren Wahrheit nun aber zweifelhaft wird, weil sich die Evidenzbehauptungen als unwahr herausgestellt haben, ist die Stabilität des auf den Axiomen errichteten Gebäudes bedroht.

Es wurde schon angedeutet, daß dieser sachliche Grund nicht zwingend auch ein historisch wirksamer Grund gewesen sein muß. Nach traditioneller Darstellung war es ja erst Russell, der 1902, also *nach* Hilberts *Grundlagen der Geometrie*, Frege in einem berühmten Brief die Ableitbarkeit eines Widerspruchs aus dessen Axiomensystem mitteilte, die sogenannte „Russellsche Paradoxie".

Die letzten Jahrzehnte mathematik- und logikhistorischer Forschung haben hier ein anderes Bild entstehen lassen. Um es in aller Kürze zu skizzieren: Cantor waren die Argumente, die von der Annahme einer Menge aller Kardinalzahlen bzw. von der Menge aller Mengen auf einen Widerspruch führen, wohl schon viel früher bekannt (ungefähr Mitte der 1870er Jahre bzw. Anfang der 1890er Jahre), als die ersten Publikationen hier Widersprüchliche oder Paradoxien bemerkt haben wollten. Er hat sie als unproblematische „Reduktio"-Beweise interpretiert, die zeigen, daß die Annahme, die betreffenden Vielheiten seien Mengen, falsch ist. Davon hat er nicht nur Dedekind und Hilbert in den späten 1890er Jahren briefliche Mitteilung gemacht, es fügt sich auch bestens in die Entwicklungslinien seines Denkens ein.[11] Hilbert wiederum reagierte auf Freges Vermerk der Inkonsistenz im zweiten Teil der *Grundgesetze* dann auch nur mit der unaufgeregten, fast schon lapidaren Mitteilung, derartige Argumente seien ihm schon seit mehreren Jahren bekannt.[12] Jedenfalls hat Hilbert zur Zeit der Abfassung der *Grundlagen der Geometrie* nach dem heutigen Stand der Forschung die Paradoxienproblematik schon gekannt.

Diese Kurzdarstellung macht zumindest plausibel, daß der dritte Grund, die Paradoxienproblematik, nicht nur ein sachlicher, sondern auch ein historisch wirksamer Grund dafür war, sich bei der Frage nach der Rechtfertigung von axiomatischen Annahmen nicht auf deren vermeintliche „Wahrheit" zu verlassen.

Insgesamt sind damit drei Gründe betrachtet worden, die gegenüber der traditionellen Axiomatik für das Aufgeben des Wahrheitsanspruchs der Axiome sprechen. Dieses Aufgeben bringt eigene Probleme mit sich, die uns in der Auseinandersetzung mit Hilberts

---

[11] Vgl. PURKERT, *Georg Cantor* [1986], 151–152; TAPP, *Kardinalität* [2005], 54–57.
[12] Vgl. FREGE, *Briefwechsel* [1976], 79–80.

"reformierter Axiomatik" noch beschäftigen werden: Wenn die Axiome vom Wahrheitsanspruch „entlastet" werden, wer oder was garantiert dann noch die Wahrheit der mathematischen Resultate? Dieses Problem schlägt noch einmal auf die Anwendungsseite zurück: Wer oder was verbürgt, daß die Anwendung einer mathematischen Theorie innerhalb einer physikalischen Theorie auf richtige Ergebnisse führt? – Bevor die Auseinandersetzung mit diesen Problemkreisen im Anschluß an Hilberts Axiomatik erfolgt, sei noch ein weiterer Punkt aufgerufen, der für eine Reform der klassischen Axiomatik spricht.

3.1.2 Strenge der Beweisführung

Bei dem Problem der Strenge der Beweisführung geht es weniger um eine grundlegende Änderung in der Konzeption von Axiomatik, wie es das eben diskutierte Aufgeben des Wahrheitsanspruchs der Axiome ist. Im Zentrum steht hier vielmehr die Forderung, mit einem Anspruch ernst zu machen, der in der Konzeption von Axiomatik eigentlich immer schon vorhanden war. Dieser Anspruch besteht darin, beim Beweisen kein anderes Wissen zu verwenden als das, was sich aus den Axiomen und Definitionen ergibt.

Diesem Anspruch wurde die axiomatische Praxis nicht immer gerecht. So wurde im Rahmen der Diskussion über die Wahrheit der Axiome schon auf die früher verbreitete Praxis hingewiesen, in Beweisen nachträglich Axiome einzuführen. Selbst Euklid, der ansonsten das Musterbeispiel der Axiomatik abgab, hatte in seinen Beweisen Eigenschaften geometrischer Objekte benutzt, die durch seine Definitionen und Axiome nicht gedeckt waren. Ist aber ein Resultat wirklich *bewiesen*, wenn in dem „Beweis" zusätzliche Axiome gefordert wurden?

Der Anspruch der axiomatischen Methode und der Mathematik generell verlangen hier strengere Maßstäbe. Hilberts Forderung war daher, die zulässigen Beweisschritte ausgehend von den Axiomen ausschließlich auf logische Schlüsse zu beschränken. Es geht also um eine konsequente Durchführung derjenigen Aufteilung, nach der inhaltliche Annahmen allein in den Axiomen zu erfolgen haben, während die Schlußfolgerungen ohne weitere inhaltliche Annahmen, rein logisch, und das heißt: allgemeingültig, zu ziehen sind. Dies ist der Grund, warum Hilbert zu der Position gelangt, daß die Bedeutungen der Begriffe in den mathematischen Beweisen keine Rolle spielen dürfen: Bei der Deduktion aus den Axiomen sind nur diejenigen Schlüsse erlaubt, deren Gültigkeit unabhängig vom Inhalt der entsprechenden Aussagen ist. Diese Unabhängigkeit kann man als eine Art Formalismus beschreiben (vgl. dazu Kap. 5).

Für eine radikalere, konsequentere Durchführung der Trennung von inhaltlichen Annahmen und rein formalen Schlüssen spricht auch noch ein anderes Argument, bei dem die Präzisierung des Beweisbegriffs von entscheidender Bedeutung ist. Denn was ist mit dem Fall, daß ein Satz *nicht* bewiesen werden kann? Den ersten notwendigen Schritt zu einem überzeugenden Umgang mit der Unbeweisbarkeit von Sätzen tat schon die klassische Axiomatik durch die Relativierung des Beweisbegriffs auf ein konkretes Axiomensystem. Erst so können Unbeweisbarkeitsresultate überhaupt Sinn machen.[13] Solange jedoch nicht präzise abgegrenzt ist, was genau als Beweismittel zulässig ist, kann man nie wissen, ob ein unbeweisbar scheinender Satz nicht doch irgendwie bewiesen werden kann. Hält man innerhalb ein und derselben Theorie die Möglichkeit offen, nachträglich noch Axiome hinzuzufügen, haben Sätze wie der von der Nichtbeweisbarkeit des euklidischen Parallelenpostulats aus den übrigen geometrischen Axiomen letztlich keinen Sinn. Nur wenn die Ausgangspunkte einer Theorie fixiert sind, kann man präzise Angaben darüber machen, wohin man mit der betreffenden Theorie *nicht* gelangen kann. Will man Unbeweisbarkeitsresultate als mathematische Resultate eigenen Rechts gelten lassen, so setzt dies einen präzisierten und fixierten Beweisbegriff voraus.

So steht auch für Hilbert seine Forderung nach Beweisstrenge im allgemeinen Kontext der Frage, was überhaupt als ein mathematisches Problem und was als Lösung eines solchen Problems gelten kann. Im Schlußwort der *Grundlagen der Geometrie* plädiert er für den Grundsatz:

> eine jede sich darbietende Frage in der Weise zu erörtern, daß [...] zugleich [geprüft wird], ob ihre Beantwortung auf einem vorgeschriebenen Wege mit gewissen eingeschränkten Hilfsmitteln möglich ist. HILBERT, *Grundlagen Geometrie* [1899], 124

Nur wenn die Wege vorgeschrieben und die Hilfsmittel klar beschränkt sind, wenn also die zulässigen Beweismittel eindeutig bestimmt sind, kann eine Aussicht darauf bestehen, solche Fragen klar zu entscheiden, sei es positiv oder negativ. Beides gilt Hilbert als *Lösung* eines Problems und (wohlgestellte) mathematische Probleme sollen nach Hilberts tiefer optimistischer Überzeugung ja stets lösbar sein – es gibt kein „Ignorabimus" in der Mathematik. Das setzt aber voraus, daß bei einem mathematischen Problem, wo es um den Beweis eines Satzes oder die Unmöglichkeit eines Beweises geht, die erlaubten Beweismittel genau spezifiziert werden. Und dies ist für Hilbert letztlich nichts Anderes als das Problem in die Frage zu transformieren, ob der entsprechende Satz in einem bestimmten Axiomensystem beweisbar ist. Der „Glaube" an die Lösbarkeit aller mathematischen Probleme verlangt somit die Akzeptanz auch von Unbeweisbarkeitsresultaten als echte Lösung mathematischer

---

[13] So etwa GÖDEL, *Vollständigkeit des Logikkalküls* [1929], 62. – Beweisbarkeit ohne Relativierung auf ein Axiomensystem ist ein trivialer Begriff, denn ohne Einschränkung der zulässigen Prämissen wäre schlicht jede Aussage beweisbar: Zu einer beliebigen Aussage ϕ nehme man einfach ϕ selbst als Axiom, um ϕ zu beweisen; oder, wenn dies zu trivial erscheint, eine beliebige Aussage ψ und das Konditional $\psi \to \phi$, sodaß mit einer Anwendung des Modus ponens wirklich auf ϕ geschlossen werden kann. Erst relativ zu einem Axiomensystem wird Beweisbarkeit ein interessanter Begriff. Die „absolute" Frage, ob man 1 = 1 beweisen kann, macht wenig Sinn. Ob man jedoch 1 = 1 aus einem Axiomensystem ableiten kann, das ein Axiom $a = a$ und eine Substitutionsschlußregel umfaßt und dessen Sprache aus der Konstante 1, der freien Variable a und dem =-Zeichen besteht, ist klar zu bejahen. Ob man hingegen 1 = 1 aus einem Axiomensystem ableiten kann, das nur die Axiome $a + 0 = a$ und 0 = 0 enthält und in dessen Sprache die Zeichen 0, a, 1 und = vorkommen, kann ebenso klar verneint werden (denn alle in diesem System ableitbaren Aussagen enthalten mindestens einmal das Zeichen 0; 1 = 1 enthält jedoch keine 0). – Vgl. hierzu das Kapitel über Hilberts frühe Beweistheorie (zweiter Teil, Kap. 9).

Probleme. Und um einen präzisen Sinn zu haben, verlangen diese wiederum, den Anspruch strenger Beweisführung durchzuhalten.

Hieran schließt sich ein definitionstheoretisches Argument für die strenge Beweisführung an. Hilbert hat darauf hingewiesen, daß die nachträgliche Hinzufügung von Axiomen die Bedeutung der Begriffe einer Theorie verändert. Denn wenn ein Satz ϕ, der von Objekten der Art F handelt, aus den zuvor vorliegenden Definitionen und Axiomen nicht beweisbar ist, dann geht diejenige Eigenschaft von F, die durch ϕ zum Ausdruck gebracht wird, anscheinend über das hinaus, was von den Definitionen und Axiomen über F festgeschrieben wird. Dabei hilft es auch nichts zu sagen, alle F's hätten doch die Eigenschaft ϕ „in Wirklichkeit", dies sei nur nicht in den Grundsätzen der Theorie festgeschrieben gewesen. Zu „wirklichen" F's fügt man so sicher nichts hinzu, aber innerhalb der Theorie war bis dahin anscheinend von den F's weniger festgelegt als nun, nach Einführung des zusätzlichen Axioms. Um ein Beispiel zu bemühen: Wenn man die Axiome für eine Gruppe aufgestellt hat und fordert später noch die Kommutativität der Gruppenverknüpfung, dann verändert man den axiomatisierten Begriff. Es ist dann kein allgemeines Axiomensystem für eine Gruppe mehr, sondern ein Axiomensystem für spezielle Gruppen, nämlich die abelschen. Will man also ein Axiomensystem als ein Axiomensystem-für-etwas, zum Beispiel ein Axiomensystem für die Gruppentheorie, so muß man diese Hinzufügungen vermeiden und rein logische Beweisführungen verlangen.

Die vorgetragenen Argumente gingen von verschiedenen Ausgangspunkten aus: eines vom internen Anspruch des mathematischen Beweisbegriffs, ein anderes vom Erkenntnischarakter der Unbeweisbarkeitsresultate, ein drittes von den generellen Anforderungen an präzise Problemstellungen und ein letztes schließlich von der definitionstheoretischen Einsicht in die Beeinflussung der Grundbegriffe durch die Einführung zusätzlicher Axiome. Sie unterstützen jedoch alle die gleiche Forderung nach strenger Beweisführung. Das große Bedürfnis danach hat auch Hilbert und seine Zeitgenossen umgetrieben.[14] Sie fanden es in der Mathematik ihrer Zeit nicht ausreichend verwirklicht, obgleich die Axiomatik die richtigen Ansätze aufwies. Sie mußte ihren eigenen Ansprüchen entsprechend konsequenter durchgeführt werden, um diesem Bedürfnis zu entsprechen. Dann bot sie aber auch eine grundlagentheoretische Perspektive, die nicht auf die Geometrie beschränkt bleiben mußte. Im folgenden Abschnitt wird es um Hilberts konkrete Ausgestaltung dieses neuen Standpunktes gehen – zunächst in den *Grundlagen der Geometrie*, und dann auch darüber hinaus.

3.2 Hilberts neue Axiomatik und die Grundlagen der Geometrie

Die erwähnten Probleme mit dem traditionellen Standpunkt und den traditionellen Begründungsstrategien der Geometrie führten Hilbert zu einem grundlegenden Neuansatz der geometrischen Axiomatik.

---

[14] Z. B. Frege, vgl. FREGE, *Briefwechsel* [1976], 62.

3.2.1 Die Grundlagen der Geometrie

Die Abhandlung *Grundlagen der Geometrie* war epochemachend. Sie ist aus Hilberts Vorlesungen hervorgegangen, erschien zunächst als Teil einer Festschrift zur Enthüllung des Gauß-Weber-Denkmals in Göttingen 1899[15] und durchlief später als selbständige Schrift eine lange Reihe von Auflagen.[16] Sie war Hilberts erste Veröffentlichung einer systematischen axiomatischen Untersuchung und gilt bis heute als ein Paradebeispiel.

Die Zielsetzung seiner Untersuchung beschreibt Hilbert in der Einleitung:

> Die Aufstellung der Axiome der Geometrie und die Erforschung ihres Zusammenhanges ist eine Aufgabe, die seit Euklid in zahlreichen vortrefflichen Abhandlungen der mathematischen Literatur sich erörtert findet. [...] Die vorliegende Untersuchung ist ein neuer Versuch, für die Geometrie ein vollständiges und möglichst einfaches System von Axiomen aufzustellen und aus denselben die wichtigsten geometrischen Sätze in der Weise abzuleiten, daß dabei die Bedeutung der verschiedenen Axiomengruppen und die Tragweite der aus den einzelnen Axiomen zu ziehenden Folgerungen klar zutage tritt.
> HILBERT, *Grundlagen Geometrie* [1899], 1

Hilbert sieht seine Arbeit also in Kontinuität zu den *Elementen* des Euklid, einem axiomatischen Traktat über Geometrie, der durch das Mittelalter und die Neuzeit hindurch bis zu Hilberts Zeiten das maßgebliche Lehrbuch der Geometrie war.[17] Allerdings will Hilbert einen „neuen" Versuch präsentieren, geometrische Grundsätze aufzustellen, in ihrem Zusammenhang zu untersuchen und aus ihnen die geometrischen Lehrsätze abzuleiten. Das Zitat zeigt auch, wie sehr es ihm um den systematischen Aufbau der Geometrie und um die logischen Zusammenhänge zwischen den einzelnen Axiomen und Lehrsätzen geht.

Die systematische Darstellung beginnt mit Hilberts berühmter „Erklärung", man denke sich drei Systeme von Dingen mit entsprechenden Bezeichnungen (Punkte $A, B, C, \ldots$, Geraden $a, b, c, \ldots$, Ebenen $\alpha, \beta, \gamma, \ldots$) und Beziehungen zwischen diesen Dingen mit entsprechenden Bezeichnungen („liegen", „zwischen", „kongruent", ...). Das Wichtige ist dann:

> die genaue und für mathematische Zwecke vollständige Beschreibung dieser Beziehungen erfolgt durch die Axiome der Geometrie.
> HILBERT, *Grundlagen Geometrie* [1899], 2

---

[15] Vgl. auch die Neuedition von HILBERT, *Grundlagen Geometrie* [1899] in HALLETT, *Hilbert's Lectures* [2004].

[16] Während sich das Werk selbst im Laufe der Auflagen wenig veränderte, sind die ihm beigefügten Anhänge (durch Hilbert) und Supplemente (durch Bernays) publikationsgeschichtlich interessant. Die siebte Auflage, die 1930 als letzte zu Hilberts Lebzeiten erschien, enthielt insgesamt 10 Anhänge. In die späteren Auflagen wurden davon nur die Anhänge 1–5 übernommen. Der Anhang 8 der siebten Auflage war beispielsweise eine empfindlich gekürzte Fassung des Aufsatzes *Über das Unendliche*, der damit in drei verschiedenen von Hilbert autorisierten Fassungen vorliegt.

[17] Zur Bedeutung der Elemente des Euklid für die mittelalterliche Wissenschaft siehe FOLKERTS, *Euclid* [1989]; zur Bedeutung für die mittelalterliche islamische Mathematik FOLKERTS, *Arabische Mathematik* [1993].

3.2 Hilberts neue Axiomatik und die Grundlagen der Geometrie

Dies ist der Kernsatz von Hilberts Verständnis von Axiomatik. Diese Methode

> der Entwicklung einer mathematischen Disziplin als Lehre von einem System von Dingen mit bestimmten Verknüpfungen, deren Eigenschaften den Inhalt der Axiome bilden,
> BERNAYS, *Philosophie der Mathematik* [1930], 17

hat Paul Bernays später als „existentiale Axiomatik" bezeichnet. Sie ist im Wesentlichen schon die Vorgehensweise von Richard Dedekind in seinem wichtigen Buch *Was sind und was sollen die Zahlen?*.[18]

Diese Vorgehensweise erfüllt die eben diskutierten Anforderungen an eine Reform der Axiomatik. Hilbert hält im Verlauf seines Werkes das Prinzip der „rein logischen" Beweisführungen durch. „Inhaltliche" Voraussetzungen werden nur in den Axiomen gemacht. Die Geometrie wird auf diese Weise als deduktives System konzipiert, das Axiome nur als Ausgangspunkte zuläßt. Daher heißen die Axiome bei Hilbert gelegentlich auch „Prinzipien" der Geometrie.[19]

Hilbert verzichtet auf jegliche Rechtfertigung der Axiome durch sachliche Wahrheit. Die vollzogene „Abkoppelung" wird in den *Grundlagen der Geometrie* vielmehr deutlich sichtbar, wenn er Modelle angibt, in denen beispielsweise das Vollständigkeitsaxiom nicht gilt. Umso bedeutsamer wird dann natürlich die Frage der Widerspruchsfreiheit.

Die Widerspruchsfreiheit der nichteuklidischen Geometrie führt Hilbert in den *Grundlagen der Geometrie* semantisch auf die Widerspruchsfreiheit der euklidischen Geometrie zurück, die der euklidischen Geometrie ihrerseits auf die Widerspruchsfreiheit der höheren Arithmetik. Diese Reduktionen werden im zweiten Teil dieser Arbeit noch genauer analysiert werden, wenn es um die (technische) Durchführung des Hilbertprogramms geht. Die Konzeption von Arithmetik, die Hilbert hier zugrundelegt und die gewissermaßen die gesamte grundlagentheoretische (Beweis-)Last tragen soll, verdient allerdings noch einige Aufmerksamkeit, denn auch hier vertritt Hilbert konsequent den axiomatischen Standpunkt.

3.2.2 Axiomatische Arithmetik

Von einer mehr konzeptionell-methodologischen Seite her hat Hilbert sein Verständnis von Axiomatik in dem Aufsatz *Über den Zahlbegriff* näher erläutert, der aus derselben Zeit stammt wie die *Grundlagen der Geometrie*.[20] Dessen wesentliche Stoßrichtung ist die

---

[18] DEDEKIND, *Was sind* [1888].
[19] Vgl. das Schlußwort zu HILBERT, *Grundlagen Geometrie* [1899]. Ähnlich ist auch in HILBERT, *Mathematische Probleme* [1900a], 293, im Bezug auf die Arithmetik die Rede von „Prinzipien", die mathematischen Begriffen zugrundeliegen und die die Mathematik „durch ein einfacheres und vollständiges System von Axiomen" festzulegen hat.
[20] Hilbert hielt *Über den Zahlbegriff* zunächst am 19. September 1899 auf der Tagung der Deutschen Mathematiker-Vereinigung in München und publizierte ihn mit Datum vom 12. Oktober 1899 in den Jahresberichten der DMV; vgl. HILBERT, *Zahlbegriff* [1900b].

Infragestellung der traditionellen methodischen Differenz zwischen einer axiomatisch vorgehenden Geometrie und einer „genetisch" vorgehenden Arithmetik. „Genetisch" bezieht sich dabei auf die sukzessive Erweiterung des Zahlbegriffs von den natürlichen über die ganzen und die rationalen bis zu den reellen Zahlen durch Schritte wie die „Forderung" nach der unbeschränkten Ausführbarkeit von Subtraktion oder Division. Er regt dagegen an, auch in der Arithmetik und sogar in der theoretischen Physik die Axiomatik anzuwenden.

Hilbert baut das Axiomensystem für die Arithmetik ganz analog auf zu dem für die Geometrie in den *Grundlagen*. Er folgt demselben Ordnungsschema – Einteilung in Axiomengruppen, sogar gleiche Nummerierung durch römische und arabische Ziffern – und beginnt ebenfalls mit dem charakteristischen Satz der existenzialen Axiomatik: „Wir denken ein System von Dingen".[21]

In den *Grundlagen der Geometrie* war die Widerspruchsfreiheit nichteuklidischer Geometrien auf die Widerspruchsfreiheit der euklidischen zurückgeführt worden und die Widerspruchsfreiheit der euklidischen Geometrie auf die der höheren Arithmetik, d. h. der Analysis. Was damit als scheinbar „letzte" Frage noch offen blieb, war die Widerspruchsfreiheit der Arithmetik selbst.

Konsequenterweise nahm Hilbert diese Frage in seinen berühmten Katalog 23 ungelöster mathematischer Probleme auf, den er auf dem Internationalen Mathematikerkongreß 1900 in Paris vorstellte. Hilbert blieb auch später bei dieser Position, wenn er in *Neubegründung* 1921 feststellt, daß die Widerspruchsfreiheit nachzuweisen ein schwieriges erkenntnistheoretisches Problem sei, daß ihr Nachweis gleichwohl in vielen Fällen gelinge (er nennt als Beispiele die Geometrie, die Thermodynamik, die Strahlungstheorie und andere physikalische Theorien) und zwar durch Zurückführung auf die Widerspruchsfreiheit der höheren Arithmetik.[22]

Welche Möglichkeiten bieten sich nun grundsätzlich, die Widerspruchsfreiheit der Arithmetik zu beweisen? Zunächst war es der naheliegendste Gedanke, die Kette der Reduktionen von Theorien fortzusetzen. Doch auf welches noch basalere System soll man die Arithmetik ihrerseits zurückführen? Welche Theorie könnte überhaupt den Status haben, noch allgemeiner und noch grundlegender als die Arithmetik zu sein? Der einzige ernsthafte Kandidat ist die reine Logik. Damit ist man genau bei der Zielsetzung der Logizisten angelangt, die im nächsten Kapitel diskutiert werden soll (Kap. 4).

Gibt es Alternativen dazu, die reduktionistische Kette bis zur Logik fortzusetzen? Es scheint naheliegend, das im 19. Jahrhundert gängigste Vorgehen zu probieren, wenn man die Widerspruchsfreiheit einer Theorie absichern will, nämlich ein Modell anzugeben oder, in Freges Terminologie, einen Gegenstand aufzuweisen, der die in der axiomatischen Theorie geforderten Eigenschaften besitzt.[23] Dieses Modell muß natürlich irgendwie noch allgemeiner und sicherer sein als die Arithmetik selbst. Auch hier scheint nur die Logik zu

---

[21] Hilbert, *Zahlbegriff* [1900b], 181.
[22] Hilbert, *Neubegründung* [1922], 161.
[23] Frege, *Briefwechsel* [1976], 71.

bleiben, d. h. es geht um die Konstruktion eines „logischen Modells" für die Arithmetik. Dies war der Ansatz Richard Dedekinds. Er hat ein rein mengentheoretisches Modell der Arithmetik konstruiert und die mengentheoretischen Methoden als logische angesehen. Insofern gehört auch sein Ansatz zum Logizismus und wird im nächsten Kapitel thematisiert. Schon hier sei jedoch darauf hingewiesen, daß Dedekind zum Beweis der Existenz seines Modells mit dem Begriff der Menge aller Dinge, die Gegenstand meines Denkens sein können, arbeitete. Cantor hatte bemerkt, daß dieser Begriff in sich widersprüchlich ist, und hatte dies Mitte der 1890er Jahre auch Hilbert mitgeteilt. Für Hilbert war damit zu dieser Zeit schon klar, daß Dedekinds Weg keine befriedigende Absicherung der Arithmetik versprach.

Gibt es nicht noch „direktere" Möglichkeiten, sich von der Widerspruchsfreiheit der Arithmetik zu überzeugen? Möglichkeiten, die keine andere Theorie oder wiederum anders abzusichernde Modellkonstruktionen voraussetzen? Kann man es der axiomatisierten Arithmetik nicht irgendwie „direkt ansehen", daß sie nicht auf Widersprüche führen kann? Daß ein solcher „direkter Weg" die einzige verbleibende Alternative war, war auch Frege klar, obgleich er keinerlei Vorstellung davon hatte, wie dieser Weg aussehen könnte, ja, ihn eigentlich für unmöglich hielt.[24] Hilbert schwebte anscheinend eine Idee für einen solchen „direkten Weg" vor. Seine Bemerkungen dazu bleiben jedoch zunächst schwer verständlich. Er sagt, man müsse „die bekannten Schlußmethoden in der Theorie der Irrationalzahlen im Hinblick auf das bezeichnete Ziel genau durcharbeit[en] und in geeigneter Weise modifizier[en]".[25] 1905 publizierte er dann seinen ersten Versuch, wirklich einen „direkten Weg" in der Weise zu gehen, daß man rein syntaktisch an einem Axiomensystem seine Widerspruchsfreiheit ablesen will. Die dabei entwickelten Methoden werden im zweiten Teil dieser Arbeit genauer analysiert (vgl. Abschn. 9.3).

3.2.3 Neues und Kritisches

Hilberts Konzeption von Axiomatik war in einigen Punkten ein Fortschritt. Er war die Probleme mit der traditionellen Konzeption erfolgreich angegangen, hat die Axiome von der Anbindung an unmittelbare sachliche Wahrheit gelöst, keine zusätzlichen Annahmen neben den Axiomen verwendet und so das Gebot der strengen Beweisführung durchgehalten.[26] Aber auch hier gilt wohl der allgemeine Satz „kein Nutzen ohne Kosten" und so beinhaltet die Neukonzeption auch einige Punkte, die andere Mathematiker-Philosophen kritisch bemängelt haben.

Der Rest dieses Kapitels ist diesen Kritiken gewidmet. Dabei soll es nicht in erster Linie um eine Verteidigung der Hilbertschen Position gehen, sondern viel mehr darum, daß die

---

[24] FREGE, *Briefwechsel* [1976], 71.
[25] Vgl. HILBERT, *Zahlbegriff* [1900b], III, 300.
[26] Smorynski sieht hierin den deutlichsten Unterschied zwischen Euklid und Hilbert. Er qualifiziert Hilberts Axiomatik entsprechend als „streng durchgeführt" und „vollständig"; vgl. SMORYNSKI, *Hilbert's Programme* [1988].

Charakteristika von Hilberts Konzeption im Medium dieser Kritik und ihrer sorgfältigen Abwägung deutlicher hervortreten.

Die folgende Diskussion orientiert sich an Kritikpunkten, die Gottlob Frege in einem Briefwechsel mit Hilbert vorgebracht hat.[27] Der Briefwechsel aus der Zeit von 1895 bis 1903 ist in der Literatur breit diskutiert worden, allerdings gelegentlich mit zweifelhaftem Erfolg. Um dies zu illustrieren, sei an eine Postkarte erinnert, mit der Hilbert Frege folgende Erläuterungen übermittelt hat:

> Meine Meinung ist eben die, daß ein Begriff [gemeint ist ein Grundbegriff einer Theorie, C. T.] nur durch seine Beziehungen zu anderen Begriffen logisch festgelegt werden kann. Diese Beziehungen, in bestimmten Aussagen formulirt, nenne ich Axiome und komme so dazu, daß die Axiome (ev. mit Hinzunahme der Namengebungen für die Begriffe) die Definitionen der Begriffe sind.   Hilbert an Frege, 22.9.1900, zit. nach FREGE, Briefwechsel [1976], 79

Der Herausgeber des Briefwechsels, F. Kambartel, bewertete diese Postkarte lapidar:

> Hilberts kurze Antwort [beharrt] nur dogmatisch auf den bereits vorher geäußerten logisch unhaltbaren definitionstheoretischen Meinungen.   FREGE, Briefwechsel [1976], 56

Eine solche Bewertung ist weder sachlich noch vom Kommunikationsverlauf her gerechtfertigt. Wenn Hilbert seinen Standpunkt als „Definition durch Beziehungen" verdeutlicht, greift er damit einen Punkt auf, den Frege in seinem vorangegangenen Brief neu ins Spiel gebracht hatte (übrigens nachdem Frege zunächst „dogmatisch" festgesetzt hatte, daß Beziehungen zwischen Begriffen nur bestehen könnten, nachdem die Definition der Begriffe bereits abgeschlossen sei). Das Eingehen auf die Gesichtspunkte, die der Gesprächspartner ins Spiel bringt, und die Erläuterung des eigenen Standpunktes anhand dieser Gesichtspunkte, ist wohl kaum ein „dogmatisches Beharren".

Dieses Beispiel zeigt, wie wichtig es ist, den Briefwechsel selbst zugrundezulegen und nicht seine Bewertungen in der Sekundärliteratur. Von Bewertungen obiger Art soll im Folgenden überhaupt Abstand genommen werden, der Briefwechsel soll keine Gesamtbeurteilung erhalten und die in ihm vorgebrachten Argumente sollen nicht ausdiskutiert werden. Die Auseinandersetzung hat, wie gesagt, das Ziel die Charakteristika der Hilbertschen Position besser hervortreten zu lassen.

Gewiß wird man eine gewisse Unversöhnlichkeit von Frege und Hilbert in diesem Briefwechsel nicht abstreiten können und sie bei der Interpretation „im Hinterkopf" behalten. Aber man muß nicht unbedingt wie Adolf Fraenkel in Bezug auf den Briefwechsel Cantor-Frege resignierend feststellen, daß sich hier zwei große mathematische Geister nicht ausreichend gegenseitig verstanden haben. Es läßt sich, wie die folgenden Ausführungen zeigen, Einiges an klärendem Potential aus dem kritischen Gespräch zwischen Hilbert und Frege gewinnen.

Freges Kritik richtet sich vor allem gegen drei Punkte in Hilberts Konzeption: 1.) Die Auffassung von Axiomensystemen als impliziten Definitionen der Grundbegriffe der Theo-

---

[27] Die erhaltenen Teile dieses Briefwechsels sind veröffentlicht in FREGE, Briefwechsel [1976], 58–80.

rie, 2.) den Wechsel auf die metatheoretische Ebene und 3.) die scheinbare Willkürlichkeit der Axiome. Entsprechend werden sich die folgenden Abschnitte 1.) mit der Lehre von den Axiomen als impliziten Definitionen (Abschn. 3.3), 2.) mit der Frage, ob Axiomatik eine Metawissenschaft ist, (Abschn. 3.4) und 3.) mit Hilberts Kriteriologie für Axiome beschäftigen, die Freiheit ohne Willkürlichkeit realisieren will (Abschn. 3.5).

3.3 Axiome als implizite Definitionen

Im oben zitierten Kernsatz von Hilberts Verständnis von Axiomatik heißt es, daß die Axiome der Geometrie eine für mathematische Zwecke *vollständige* Beschreibung der Beziehungen zwischen den geometrischen Grundbegriffen geben. Demnach sind die Axiome keine Grundwahrheiten, die zu den definitorischen Festlegungen der Grundbegriffe hinzukommen, sondern sie legen die Bedeutung der Grundbegriffe einer Theorie fest.[28] Dabei bedeutet „vollständig" offenbar, daß im deduktiven Aufbau der betreffenden Wissenschaft keine anderen Annahmen über die Bedeutung der Grundbegriffe gemacht werden als die in den Axiomen niedergelegten.

Freges erste und umfangreichste Kritik richtet sich genau dagegen, wenn er schreibt:

> Bedenklich sind mir die Sätze (§ 1), daß die genaue und vollständige Beschreibung von Beziehungen durch die Axiome der Geometrie erfolge, und daß (§ 3) Axiome den Begriff ‚zwischen' definieren. Damit wird etwas den Axiomen aufgebürdet, was Sache der Definitionen ist.
> FREGE, *Briefwechsel* [1976], 61

Hat Hilbert den Unterschied zwischen Definitionen und Axiomen grundsätzlich verwischt?

Zunächst ist hier klarzustellen, daß es nicht um *alle* Definitionen überhaupt geht, sondern nur um Definitionen der *Grundbegriffe* einer Theorie. Für weitere Begriffe, die sich mittels der Grundbegriffe der Theorie definieren lassen, besteht zwischen Hilbert und Frege keine Meinungsverschiedenheit. Hilbert würde hier Freges Beschreibung von Definitionen zustimmen:

> Jede Definition enthält ein Zeichen (einen Ausdruck, ein Wort), das vorher noch keine Bedeutung hatte, dem erst durch die Definition eine Bedeutung gegeben wird. Nachdem dies geschehen ist, kann man aus der Definition einen selbstverständlichen Satz machen, der wie ein Axiom zu gebrauchen ist.
> FREGE, *Briefwechsel* [1976], 62

Eine Definition eines Begriffs besteht in einem formalen System darin, ein neues Prädikatszeichen F für den Begriff einzuführen, dessen Bedeutung durch eine Äquivalenz der

---

[28] Dies gilt sowohl für die relationalen Begriffe (die Axiome legen bspw. fest, wann ein A zwischen B und C liegt), als auch für die Begriffe, die überhaupt erst die betrachteten Objekte bestimmen (die Axiome legen bspw. auch fest, was Punkte im Verhältnis zu Geraden, Geraden im Verhältnis zu Ebenen usw. sind, resp.: welche Sätze ein „System von Dingen" erfüllen muß, um als ein System von Punkten, Geraden und Ebenen zu gelten).

Form $Fx \leftrightarrow \phi(x)$ gegeben wird, wobei ϕ eine Formel der bisherigen Sprache ist, d. h. ohne das Zeichen F, aber ggf. mit Zeichen für andere, zuvor definierte Begriffe oder für Grundbegriffe.

Die Meinungsverschiedenheit bezieht sich auf die Grundbegriffe einer Theorie. Freges Position ist hier nicht einheitlich. Denn einerseits hält er daran fest, daß auch Grundbegriffe einer (geschlossenen) Definition bedürfen, wenn er sagt, daß nur durch Definitionen Begriffsbedeutungen festgesetzt würden,[29] und wenn außerdem gilt:

> die andern Sätze (Axiome, Grundgesetze, Lehrsätze) dürfen kein Wort enthalten und kein Zeichen, dessen Sinn und Bedeutung [...] nicht bereits völlig feststände.
> FREGE, *Briefwechsel* [1976], 62

Andererseits sagt er, daß er das Eingeständnis nicht scheuen würde, den Begriff des Punktes, einen Grundbegriff der Geometrie, nicht eigentlich definieren zu können,[30] und daß man bei einer „logisch einfachen" Bedeutung keine „eigentliche Definition" geben kann.[31] Kann und muß man nun die Grundbegriffe definieren oder nicht? Da es hier wie gesagt nicht darum geht, eine konsistente Frege-Interpretation zu liefern, sei dies bloß zum Anlaß genommen, danach zu fragen, wie es denn nun um die Festlegung der Grundbegriffe der Theorie bestellt ist.

Will man mit Hilbert eine axiomatische Theorie als eine in sich stehende, abgeschlossene Theorie konzipieren, so verlangt der Grundsatz der strengen Beweisführung, daß keine Voraussetzungen außerhalb der Theorie gemacht werden dürfen. Das Einfließen zusätzlicher Annahmen in Beweise ist also generell zu verhindern und damit auch das Einfließen von Folgerungen aus der Bedeutung von Begriffen, insofern diese Bedeutungen nicht innerhalb der Theorie axiomatisch vorausgesetzt werden. Es ist also überhaupt das Voraussetzen von theorieexternen Begriffsbedeutungen zu vermeiden. Wie lassen sich aber dann die Grundbegriffe der Theorie festlegen? Jede Definition eines nichtlogischen Begriffs wird ja im Definiens nichtlogisches Vokabular verwenden müssen. Wie aber kann dann die Bedeutung derjenigen Begriffe festgelegt sein, die im Definiens der Grundbegriffe vorkommen? Nach dieser definitorischen Konzeption scheint eine abgeschlossene Theoriebildung überhaupt unmöglich zu sein, da jede Definition die Bedeutung eines Terminus dadurch festlegt, daß sie im Definiens auf schon Festliegendes rekurriert. Eine Kette von immer weiter zurückreichenden Definitionen muß, wenn sie denn endlich bleiben will, irgendwann abbrechen oder zirkulär werden. Im ersten Fall hat man dann in der letzten Definition undefinierte Begriffe zu verwenden, d. h. die Theorie wäre nicht abgeschlossen, im zweiten Fall wäre letztlich nichts definiert.[32] Wie kann dann aber überhaupt eine abgeschlossene

---

[29] Die Festsetzung der Bedeutung der Begriffe sei „Sache der Definitionen"; vgl. FREGE, *Briefwechsel* [1976], 61.
[30] FREGE, *Briefwechsel* [1976], 72.
[31] FREGE, *Briefwechsel* [1976], 63.
[32] So hat es jedenfalls die klassische Definitionstheorie gesehen. Man kann eine solche Form zirkulärer Definitionen aber möglicherweise im Sinne eines Axiomensystems lesen und ihr so dennoch einen Sinn abgewinnen.

3.3 Axiome als implizite Definitionen

Theorie aufgestellt werden, wie kann man Grundbegriffe einer Theorie überhaupt festlegen?

Hilberts Vorschlag ist, daß die Grundbegriffe einer Theorie genau dadurch und genau insoweit festgelegt werden, wie ihre Beziehungen durch die Axiome festgeschrieben sind.[33] Man kann dies als eine Art „implizite Definition" der Grundbegriffe auffassen. Hilbert schreibt entsprechend in seinem Pariser Vortrag 1900:

> Die aufgestellten Axiome sind zugleich die Definitionen jener elementaren Begriffe.
> HILBERT, *Mathematische Probleme* [1900a], 299–300

Allerdings ist zu beachten, daß durch eine solche Art von „Definition" die Grundbegriffe im Allgemeinen nicht bis ins Letzte festgelegt werden. Die Hinzufügung weiterer Axiome kann die Festlegungen enger machen. Aber selbst in dem auf diese Weise „engstmöglichen" Fall wird man noch eine Interpretationsoffenheit haben, da die Theorie ihre Modelle modern gesprochen nur bis auf Isomorphie festlegt. Von hier aus erklärt sich auch Hilberts gleichermaßen berühmtes wie beim ersten Hören irritierendes Diktum, daß es möglich sein müsse, statt „Punkte", „Geraden", „Ebenen" immer „Tische", „Stühle", „Bierseidel" zu sagen. Etwas präziser schreibt er im Frege-Briefwechsel, daß die Grundelemente einer Theorie (modern gesprochen: die Trägermengen von Modellen) „in ganz beliebiger Weise gedacht werden" können und die axiomatische Theorie als „Fachwerk oder Schema von Begriffen nebst ihren nothwendigen Beziehungen zu einander" die Begriffe nicht eindeutig festlege. Es sei vielmehr immer möglich, den Gegenstandsbereich ein-eindeutig auf einen anderen Gegenstandsbereich abzubilden.[34] Alle beliebigen Begriffe können als „Punkte" interpretiert werden, wenn sie nur unter dieser Interpretation in den von den Axiomen vorgeschriebenen Beziehungen stehen.

Frege hat Hilbert vorgehalten, es könnte sich nicht um Definitionen handeln, da Definitionen die Angabe von Merkmalen beinhalten müßten.[35] Dies hat Hilbert dazu veranlaßt, eine dieser Lehrmeinung entsprechende Lesart seiner Axiome anzugeben. Für seine Redeweise in den *Grundlagen der Geometrie*, daß die Anordnungsaxiome II 1–II 5 den Begriff „zwischen" definieren würden,[36] bietet er folgende Lesart an:

> Wenn man [...] das Wort Definition genau im hergebrachten Sinne nehmen will, so hat man zu sagen: ‚zwischen' ist eine Beziehung für die Punkte einer Geraden, die folgende Merkmale hat: II 1 ... II 5.
> FREGE, *Briefwechsel* [1976], 65

Frege suchte diese Sprechweise mit Beispielen zu torpedieren, die vor allem die Unterbestimmtheit deutlich machen, die Definitionen dieser Art eigen ist.[37] Diese Unterbestimmt-

---

[33] HILBERT, *Über das Unendliche* [1926], 177.
[34] FREGE, *Briefwechsel* [1976], 67.
[35] FREGE, *Briefwechsel* [1976], 61.
[36] Hilbert spricht *expressis verbis* davon, daß die Axiome der Anordnung den Begriff „zwischen" und die Axiome der Kongruenz den Begriff der Kongruenz *definieren*; vgl. HILBERT, *Grundlagen Geometrie* [1899], 4+11.
[37] FREGE, *Briefwechsel* [1976], 72–75.

heit kann man aber gerade als Vorteil dieser Sprechweise auffassen. Wenn Frege dann weiter fragt, ob man hier von „Definitionen", von „Erklärungen" oder von etwas Anderem sprechen sollte, so betrifft dies in Hilberts Augen eben auch nur unterschiedliche Redeweisen. Bei ihnen ist Hilbert nur wichtig, ob sie mit dem Sprachgebrauch der Wissenschaftler übereinstimmen; ansonsten signalisierte er Frege, nichts gegen eine andere Terminologie zu haben.[38] Hilbert selbst begnügt sich bei dem Ausdruck „Definition" damit, darunter eine bedeutungsmäßige Festlegung von Begriffen zu verstehen.

Hilberts Konzeption der impliziten Definition von Grundbegriffen durch die Axiome ist für seine eigenen späteren Arbeiten[39] und für die moderne Logik überhaupt zu einem unverzichtbaren Standard geworden. Man täte Frege Unrecht, wenn man behaupten würde, daß er diese Konzeption schlichtweg nicht richtig verstanden hätte. Einerseits haben die vorstehenden Überlegungen gezeigt, wie er durch seinen Briefwechsel mit Hilbert durchaus zu einer deutlicheren Fassung dieser Konzeption beigetragen hat. Andererseits zeigt besonders seine zweite Anfrage sein – sicher auch im Lauf des Briefwechsels gewachsenes – Verständnis für Hilberts Absichten. Es soll nun um diese zweite Anfrage gehen: Geht Hilberts Axiomatik von einer Theorie zu einer Metatheorie über?

3.4 Axiomatik als Metawissenschaft?

Eine „implizite Definition" durch Axiome, wie sie im vorigen Abschnitt betrachtet worden ist, kann man in gewissem Sinne als eine Definition höherer Stufe auffassen. Der so definierte Begriff wird nicht innerhalb der Theorie und mit den sprachlichen Mitteln der Theorie definiert, sondern durch die Theorie als Ganze. Man kann Hilberts Ansatz so auffassen, daß er eigentlich nicht die geometrischen Begriffe wie „Punkt" selbst definiert, sondern sozusagen wann ein Begriff ein Punktbegriff ist oder genauer: wann er als Interpretation des Punktbegriffs dieser Theorie dienen kann. Durch ein geometrisches Axiomensystem wird, wenn man es so ausdrücken will, der Begriff „ein Punktbegriff sein" definiert. Dies ist jedenfalls ein Begriff höherer Stufe. Ist nun die Hilbertsche Axiomatik überhaupt ein Übergang von der Ebene einer Theorie auf eine höhere Stufe, auf die Ebene einer Metatheorie?

3.4.1 Interesse an metatheoretischen Fragestellungen

Unbestreitbar ist es eine Besonderheit an Hilberts Standpunkt, daß er durch ein starkes Interesse an metatheoretischen Fragestellungen geleitet wird. Die Unabhängigkeit des Parallelenaxioms von den übrigen Axiomen der Geometrie hat in dieser Hinsicht sein Denken

---

[38] FREGE, *Briefwechsel* [1976], 66.
[39] In der Vorlesung vom Wintersemester 1920 sagt Hilbert von der Eliminationsregel für den Allquantor, daß durch sie „gewissermaßen der Sinn des Allzeichens bestimmt" wird; vgl. HILBERT, *Wintersemester 20* [1920*], 41.

3.4 Axiomatik als Metawissenschaft?

über Geometrie und damit auch sein Denken über Axiomatik überhaupt entscheidend beeinflußt. Für Hilbert war die axiomatische Fassung einer Theorie ein Mittel, um die logischen Abhängigkeiten zwischen verschiedenen Sätzen der Theorie ans Licht zu bringen. Folgt ein Satz rein logisch aus einer bestimmten Menge von Axiomen oder ist er von ihr *unabhängig*? Kann man den Satz zu den Axiomen hinzunehmen, ohne Gefahr zu laufen, dadurch Widersprüche zu erhalten, ist der Satz also relativ zu den Axiomen *widerspruchsfrei*? Ist man so schließlich zu einer Menge von Axiomen gelangt, aus denen sich alle wesentlichen Sätze des Wissensgebietes rein logisch ableiten lassen, ist die Axiomatisierung des Wissengebietes also *vollständig*?[40] Die Behandlung solcher Fragen ist Gegenstand einer höheren, metageometrischen gedanklichen Ebene. Es geht nicht mehr um den Beweis eigentlicher geometrischer Sätze, sondern um den Beweis von Sätzen *über* die in der Geometrie (oder genauer: in verschiedenen Geometrien) beweisbaren Sätze, d. h. um Aussagen über die *Möglichkeit oder Unmöglichkeit* von solchen Ableitungen aus bestimmten Axiomensystemen. Frege gegenüber beschreibt Hilbert die Ziele des axiomatischen Vorgehens in den *Grundlagen der Geometrie* dann auch wie folgt:

> [I]ch wollte die Möglichkeit zum Verständnis derjenigen geometrischen [sic!] Sätze geben, die ich für die wichtigsten Ergebnisse der geometrischen Forschungen halte: daß das Parallelenaxiom keine Folge der übrigen Axiome ist, ebenso das Archimedische etc. Ich wollte die Frage beantworten, ob der Satz [...] bewiesen werden kann, oder vielmehr wie bei Euklid ein neues Postulat ist.
> FREGE, *Briefwechsel* [1976], 65

Frege bemerkt in seinem anschließenden Brief treffend, daß Hilbert sich so „auf einen höheren Standpunkt stell[t]" und von dort die Geometrie betrachtet.[41] Wenn Hilbert dieses Vorgehen dennoch als „geometrisches" bezeichnet, so muß damit nicht unbedingt ein Wandel im Verständnis von Geometrie markiert sein. Nur wenn man festsetzte, daß Geometrie mit bestimmten Axiomensystemen bzw. der Menge von deren Folgerungen identisch sei, würde es ein Problem darstellen, metageometrische Fragen als „geometrische" zu bezeichnen. Eine kohärentere Hilbert-Interpretation erhält man, wenn man „Geometrie" in erster Linie als Bezeichnung für eine wissenschaftliche Disziplin liest. In dieser Disziplin können dann durchaus auch metatheoretische Fragen zu bestimmten axiomatischen Theorien ihren Platz haben.

Frege hat ebenfalls Recht, wenn er darauf hinweist, daß nach Hilberts Standpunkt Punkte nicht mehr in einer Weise definiert werden, daß ich anschließend leicht feststellen könn-

---

[40] Unter „Vollständigkeit" wurden im Lauf der Entwicklung der Mathematischen Logik sehr verschiedene Konzepte verstanden: Die Ableitbarkeit aller allgemeingültigen Sätze, die Nicht-Erweiterbarkeit der Axiomenmenge, die Ableitbarkeit aller in einer Struktur gültigen Sätze, die Ableitbarkeit aller Sätze eines vorgegebenen Systems und die vollständige Erfassung eines Wissensgebietes. Hier, in Hilberts *Grundlagen der Geometrie,* ist wohl letzteres gemeint.

[41] Frege hat in seinen Briefen Hilbert in diesem Punkt weniger kritisiert, als vielmehr sein Verständnis dafür geäußert, daß man, um axiomatische Fragen wie die nach der Unabhängigkeit verschiedener Axiome behandeln zu können, sich geradezu „auf einen höheren Standpunkt stellen" *müsse*; vgl. FREGE, *Briefwechsel* [1976], 64, auch 71.

te, ob meine Taschenuhr ein Punkt ist oder nicht.[42] Ein Punkt ist sozusagen eine funktionale Stelle in einem System von Axiomen. Jedes Objekt, das diese funktionale Stelle ausfüllen kann, kann „ein Punkt" genannt werden. Hilbert definiert nicht im klassischen Sinne, was ein Punkt ist, sondern er „definiert", welche Eigenschaften Objekte haben müssen, um als Punkte interpretiert werden zu können. Gewissermaßen ist dies eine Definition zweiter Stufe: Es wird, wie schon erwähnt, der Begriff „ein Punktbegriff sein" definiert. Um Freges Frage zu entscheiden, ob denn nun meine Taschenuhr ein Punkt im Sinne dieses Axiomensystems sei, müßte man eben antworten: Wenn es möglich ist, aus meiner Taschenuhr und einer Unzahl weiterer Gegenstände ein Modell für eine geometrische Theorie zu bauen, bei der die Taschenuhr gerade zu dem Bereich von Gegenständen gehört, der den „Punkten" des Axiomensystems entspricht, so könnte man in dieser Hinsicht sagen, daß die Taschenuhr ein Punkt sei. Aber „ein Punkt sein" ist dabei eben eine Formulierung, die auf die Funktion eines Gegenstandes im Rahmen eines Modells bzw. einer Theorie abhebt.

Man wird Frege zustimmen können, daß von dieser Warte aus kein Weg zur klassischen Wahrheit oder zu klassischen Existenzbehauptungen führt. Hilbert hatte die Verständigungsprobleme mit Frege über die Rede von „Wahrheit" und „Existenz" darauf zurückgeführt, daß er den Ausdruck „wahr" anders verwende als Frege.[43] Frege ist darauf nicht eingegangen und hat an seinem Verständnis der Ausdrücke „Wahrheit" und „Existenz" festgehalten. Dieser „klassische" Wahrheitsbegriff und das Festhalten am Anspruch, daß Axiome Grundwahrheiten sein müssen, erschienen Frege als der „schroffste" Gegensatz zu Hilbert[44] und machten es ihm unmöglich, die Entwicklung der modernen mathematischen Axiomatik mitzuvollziehen. Er hat es nicht für möglich gehalten, daß es mehrere sich widersprechende Axiomensysteme geben kann.[45]

Hilbert hat ein nachhaltiges Interesse an metatheoretischen Fragestellungen gehabt. Dabei war er sich durchaus bewußt, daß seine Konzeption von Axiomatik die Fragestellungen von den eigentlichen Fragen einer Wissenschaft weg auf eine höhere, eine Meta-Ebene verlagert. Dies ist Teil der axiomatischen Methode.

3.4.2 Axiomatik als Methode

Die Axiomatik wird von Hilbert zwar gelegentlich auch als „Standpunkt" bezeichnet, in erster Linie aber als „Methode". Sie gilt ihm als eine „Untersuchungsmethode" für Wissenschaften,[46] eine Methode, „ein Teilgebiet einer Wissenschaft zu erforschen".[47] Sie soll die grundlegenden logischen Beziehungen zwischen den Sätzen einer Wissenschaft heraus-

---

[42] Vgl. FREGE, *Briefwechsel* [1976], 73.
[43] Vgl. FREGE, *Briefwechsel* [1976], 66.
[44] Vgl. FREGE, *Briefwechsel* [1976], 74.
[45] Vgl. besonders seine Einschätzung, es könne im Bereich der euklidischen Geometrie keine Widersprüche geben, denn die Axiome seien ja wahr; FREGE, *Briefwechsel* [1976], 71.
[46] Vgl. HILBERT, *Zahlbegriff* [1900b].
[47] HILBERT, *Neubegründung* [1922], 160.

3.4 Axiomatik als Metawissenschaft?

bringen. Der Gegenstand dieser Methode ist also die betreffende Wissenschaft selbst bzw. das betreffende wissenschaftliche Teilgebiet, und die Fragen, die mit dieser Methode beantwortet werden sollen, sind metatheoretische Fragen. Die Wissenschaft, die man erforschen will, geht der Anwendung der Axiomatik schon voraus. Mit der Axiomatik erforscht man nicht eigentlich das Sachgebiet, von dem eine Wissenschaft handelt, sondern man erforscht die Wissenschaft selbst.

Die axiomatische Untersuchung besteht aus zwei Schritten, die sich zwar gedanklich trennen lassen, die jedoch in der axiomatischen Praxis immer in einem sich gegenseitig bedingenden Wechselspiel ausgeführt werden. Im ersten Schritt wird eine Wissenschaft bzw. ein wissenschaftliches Teilgebiet in eine axiomatische Form gebracht, d. h., die wichtigsten Beziehungen zwischen den Objekten des Sachbereichs werden als Axiome aufgestellt, sodaß sich möglichst alle übrigen Beziehungen mittels bloßer logischer Schlußfolgerungen aus diesen Axiomen ergeben. Im zweiten Schritt können an dem so erhaltenen Axiomensystem dann typisch axiomatische Fragestellungen untersucht werden wie z. B. Unabhängigkeit und Widerspruchsfreiheit. Die Beweisbarkeit einzelner Sätze gehört als Spezialfall zu diesen metatheoretischen Fragestellungen. Beide Schritte vollziehen sich im konkreten Fall jedoch, wie gesagt, als Wechselspiel und nicht als einmalige Hintereinanderfolge.

Die axiomatische Methode dient nach Hilbert

> zur endgültigen Darstellung und völligen logischen Sicherung des Inhaltes unserer Erkenntnis.
> HILBERT, *Zahlbegriff* [1900b], 181

Eines der Ziele der Axiomatik soll demnach die Sicherung eines schon vorgängigen Erkenntnisinhaltes sein. So ist auch die Redeweise zu verstehen, daß es sich bei einem Axiomensystem um ein Axiomensystem *für die Geometrie* handeln soll. Diese marginale sprachliche Beobachtung stützt noch einmal die These, daß ein Wissensgebiet seiner Axiomatisierung vorausgeht. Dies ist kaum verträglich mit Sichtweisen, die ein Wissensgebiet oder eine wissenschaftliche Disziplin mit seiner axiomatisierten Form identifizieren bzw. die axiomatisierte Form zur eigentlichen Gestalt der Wissenschaft erklären wollen. Hieraus ergeben sich einerseits Probleme für einen radikalen Formalismus, denn er kann kein Formalismus *für* eine bestimmte Wissenschaft sein, weil er dann dieser Wissenschaft genau die Selbständigkeit zugestehen müßte, die er als Formalismus bestreitet (vgl. Kap. 5). Andererseits ist es auch für die Frage nach der Willkürlichkeit der Axiome von Bedeutung (siehe auch Abschn. 3.5.2).

Es geht bei der Axiomatisierung einer vorhandenen mathematischen Theorie also darum, die Theorie klarer darzustellen (sodaß beispielsweise die logischen Abhängigkeiten zwischen Sätzen der Theorie deutlich zum Vorschein kommen) und sie abzusichern. Dieses „Absichern" kann man interpretieren als Gewinnung derjenigen Sicherheit, die aus klaren, widerspruchsfreien Axiomen auf der einen Seite und der Strenge des mathematischen Schließens auf der anderen hervorgeht.[48] Damit dieser Punkt durch die Axiomatisierung

---

[48] Zu dieser Identifikation von Strenge und logischem Schließen vgl. auch HILBERT, *Mathematische Probleme* [1900a], 257.

erfüllt werden kann, ist ihre ontologische Neutralität wichtig. Durch die Transformation eines Wissensgebietes in axiomatische Gestalt soll sich eigentlich nichts an der Ontologie der betreffenden mathematischen Objekte oder am inhaltlichen Bestand der Mathematik ändern. Wie sich dieser Anspruch zum axiomatischen Existenz- und Wahrheitsbegriff verhält, wird noch zu erörtern sein.

In früheren Zeiten der Mathematikgeschichte konnte es somit *ernsthafte Streitigkeiten* geben, ob ein vorgelegter Beweis akzeptabel ist oder nicht, denn dies hing davon ab, wie man sich zur Akzeptabilität der Axiome stellte. Durch eine Meta-Perspektive wie die Hilbertsche können solche Streitigkeiten ausgeschlossen werden bzw. können vom konkret vorliegenden Beweis gelöst und auf die allgemeinere Ebene der Fragen nach der Zweckmäßigkeit, der begrifflichen Adäquatheit, dem Sinn oder gar der Wahrheit des Axiomensystems verschoben werden. Ob ein vorgelegter Beweis eines Satzes in einem Axiomensystem *Ax* ein *Ax*-Beweis ist, sollte hingegen durch einfache und für jeden nachvollziehbare Kriterien entscheidbar sein, die in der (im zugehörigen Beweisbegriff konkretisierten) Zugehörigkeit jeder Voraussetzung und jedes Beweisschrittes zu den Axiomen bzw. den Schlußregeln bestehen. Diese Einsicht in den konstruktiven Charakter des Aufbaus mathematischer Beweise wird für den Finitismus von entscheidender Bedeutung sein (vgl. Kap. 6).

3.5 Kriteriologie für Axiome

Das Neue an seinem Werk gegenüber der herkömmlichen Axiomatik ist für Hilbert seine besondere Rücksichtnahme auf die *Vollständigkeit* des Axiomensystems, dessen *möglichste Einfachheit* und die *Durchsichtigkeit* des Zusammenhangs von Axiomen und Folgerungen. Damit nennt Hilbert letztlich *Kriterien* für die Auswahl von Axiomen.

Diese Kriterien sollen in diesem Abschnitt genauer analysiert werden. Dem sind einige Bemerkungen vorauszuschicken zum limitativen Charakter dieser Kriterien gegenüber einer grundsätzlich freiheitlichen Konzeption von Mathematik.

3.5.1 Kriterien als Beschränkungen der Freiheit

Cantors Ausspruch, das Wesen der Mathematik liege in ihrer Freiheit, hat bei vielen Mathematikern und ganz besonders bei Hilbert begeisterte Zustimmung gefunden. Die Axiomatik realisiert in Hilberts Augen diese regulierte Freiheit. Sie erst entspreche dem Bedürfnis der Mathematiker nach Freiheit der Begriffsbildungen und Methoden und gewährleiste „der Forschung die vollste Bewegungsfreiheit".[49] Die Bedeutung dieses Bedürfnisses darf daher bei der Frage nach Status und Rechtfertigung von Axiomen nicht vernachlässigt werden.

Ein „zu freier" Gebrauch von Schlüssen mit dem Unendlichen ist nach Hilbert jedoch für das Auftreten der Paradoxien verantwortlich. Deshalb ist ein Regulativ nötig, das auf

---

[49] Vgl. HILBERT, *Neubegründung* [1922], 161.

3.5 Kriteriologie für Axiome

der einen Seite möglichst viel Gestaltungsspielraum läßt und auf der anderen Seite klare Grenzen beachtet, um abgesichert zu sein.

Die „freiheitliche Konzeption" von Mathematik ist auch für die Hintergründe von Hilberts beweistheoretischem Ansatz von entscheidender Bedeutung. Positionen, die einer Bedrohung der Sicherheit der Mathematik durch Restriktionen der zulässigen Begriffsbildungen und Methoden wehren wollten (wie diejenigen Kroneckers, Brouwers oder Weyls), hat Hilbert als „Verbotsdiktaturen" diffamiert, weil die individuellen Freiheiten in ihnen zu stark eingeschränkt wurden. Hilberts Ansatz ist dagegen ein Versuch, den Konstruktivisten und Intuitionisten soweit Recht zu geben, wie es nach ihrem eigenen Ziel, der sicheren Begründung der Mathematik, notwendig ist, ohne jedoch dadurch die in der Mathematik selbst zulässigen Begriffsbildungen und Schlußweisen nennenswert zu beschränken. Sein Rezept hieß vielmehr: Rechtfertigung der formal aufgefaßten vollen Mathematik mit unverdächtigen Mitteln.

Wenn Hilbert so die Freiheit der Mathematik immer wieder betont, zieht er sich schnell den Vorwurf zu, daß seine Axiomatik völlig beliebige Axiome zulasse[50] und dadurch in die theoretische Beliebigkeit abrutsche. Ist diese große Freiheit nicht letztlich reine Beliebigkeit? Sind die Axiome nicht beliebige Festsetzungen?

An dieser Frage nach der Willkürlichkeit der Axiome lassen sich einige Teilaspekte unterscheiden. Da ist zum einen die Frage nach dem Verhältnis von Axiomen und Wahrheit. Wenn die Axiome nach Hilberts „neuer Axiomatik" nun nicht mehr Grundwahrheiten sein müssen, sind sie dann überhaupt noch an irgendeine Form von „Wahrheit" oder „Richtigkeit" gebunden oder können „falsche" Sätze genauso Axiome sein? Auf der Ebene des Objektbezugs stellt sich eine ähnliche Frage: Wenn die Begriffe innerhalb der axiomatischen Theorie so behandelt werden sollen, als hätten sie keine Bedeutung, sind dann die Axiome nicht von jedem Bezug auf wirkliche Entitäten abgelöst? Können Axiome noch anders aufgefaßt werden denn als Festsetzungen über völlig beliebige, weil unterbestimmte Entitäten? Schließlich könnten Axiome auch noch willkürlich sein im Bezug auf ihre konkrete Auswahl. Wie soll zwischen zwei „Axiomkandidaten" ausgewählt werden, die vor dem Hintergrund der übrigen Axiome genau die gleichen Folgerungen nach sich ziehen würden?

Auf diese Fragen antworten die Kriterien, die Hilbert für die Auswahl von Axiomensystemen thematisiert. Bei diesen Kriterien handelt es sich um Bedingungen, denen die einzelnen Axiome oder die gesamten Axiomensysteme genügen sollen. Sie haben insofern den Charakter von Beschränkungen gegenüber einer grundsätzlich uneingeschränkten Freiheit der mathematischen Theoriebildung.

Auf der einen Seite plädiert Hilbert also geradezu leidenschaftlich für die Freiheit der Mathematik und sieht diese Freiheit in der Axiomatik und ihrer Ablösung von der unmittelbaren Bindung der Axiome an die sachliche Wahrheit realisiert. Auf der anderen Seite ist die Aufstellung von Axiomen und die Untersuchung ihres Zusammenhanges kein Selbst-

---

[50] So spricht z. B. MOSTOWSKI, *Thirty Years* [1966], 7, von der „*inevitable arbitrariness of the axioms*" in Hilberts Ansatz.

zweck, sondern dient der besseren Ordnung und damit der Orientierung innerhalb der betrachteten Theorie, wie es unter dem Stichpunkt „Axiomatik als Methode" schon behandelt wurde.[51] Die Auswahl der Axiome erfolgt daher keineswegs beliebig, aber doch mit einer gewissen Wahlfreiheit.[52]

Der methodische Charakter der Axiomatik hängt dabei mit verschiedenen anderen Zielvorgaben zusammen, die durch einen programmatischen oder sonstigen wissenschaftlichen Kontext vorgezeichnet sein können.[53] So kann eine bestimmte Theorie nach Hilbert durchaus auf verschiedene Weisen axiomatisiert werden. Es mag Sätze geben, die „man" für besonders grundlegend hält und die daher „natürliche" Kandidaten für Axiome sind. Man ist aber weder daran gebunden, noch haben diese Sätze „an sich" einen ausgezeichneten Status. Hilbert hält es ausdrücklich für eine natürliche Vorgehensweise in der Mathematik, daß einmal gewählte Axiome ein anderes Mal mit vollem Recht auf tiefliegendere andere Axiome zurückgeführt werden. Die Hilbertsche Axiomatik ist also auch gekennzeichnet von einer *theorieinternen reduktiven Komponente*.

Das Umgekehrte, nämlich die Hinzufügung neuer Axiome, ist für Hilbert ebenfalls typisch für die Entwicklung der Mathematik.[54] Beide Prozesse geschehen nun zwar immer mit einer gewissen Willkür,[55] aber innerhalb von kriteriellen Grenzen, die Hilbert zumindest teilweise auch explizit macht. Sie sind daher nicht in einem starken Sinne willkürlich.

Bei den Kriterien könnte man nun meinen, daß sich systematisch Kriterien für Axiomensysteme und Kriterien für einzelne Axiome unterscheiden lassen würden. Beide lassen sich jedoch nicht sinnvoll voneinander trennen. Dies liegt vor allem daran, daß die Bedeutung der in den Axiomen auftretenden Grundbegriffe sich nach Hilberts Verständnis mit der Hinzufügung neuer Axiome verändert (die hatten wir schon im Abschn. 3.3, zur impliziten Definition durch Axiome, gesehen).

Die Kriterien lassen sich zur besseren Orientierung in syntaktische, semantische und pragmatische unterscheiden. Als syntaktisches Kriterium soll die Widerspruchsfreiheit, als semantisches Kriterium die Vollständigkeit und als pragmatische Kriterien Einfachheit und Unabhängigkeit betrachtet werden. Es wird sich zeigen, daß diese Einteilung einem absteigenden Verbindlichkeitsgrad der Kriterien entspricht.

3.5.2 Vollständigkeit oder: Woher kommen die Axiome?

Den modernen Leser müßte es eigentlich irritieren, wenn in der Überschrift die Frage nach Vollständigkeit und die Frage nach dem Woher der Axiome in eins gesetzt werden. In der modernen Logik gibt es verschiedene Vollständigkeitsbegriffe, etwa die semantische

---

[51] Vgl. Abschn. 3.4.2.
[52] Vgl. auch Hilberts Formulierung vom „freien Schalten" im Frege-Briefwechsel; FREGE, *Briefwechsel* [1976], 66.
[53] Vgl. HILBERT, *Über das Unendliche* [1926], 177.
[54] HILBERT, *Neubegründung* [1922], 175.
[55] HILBERT, *Über das Unendliche* [1926], 177.

3.5 Kriteriologie für Axiome

Vollständigkeit (Ableitbarkeit aller semantischen Folgerungen aus den Axiomen, d. h. aller Formeln, die in allen Strukturen gelten, in denen die Axiome gelten) und die syntaktische oder Post-Vollständigkeit (Hinzufügung nicht ableitbarer Formeln führt zu Inkonsistenz). Die Frage, woher die Axiome kommen oder wie man zu neuen Axiomen gelangt, scheint demgegenüber eine ganz andere Frage zu sein. In Hilberts Sprachgebrauch trifft man jedoch auf einen Vollständigkeitsbegriff, der sich offenbar von denen der modernen Logik unterscheidet und mehr mit der genannten Frage zu tun hat.

3.5.2.1 Bezug auf ein vorgängiges Wissensgebiet

Hilbert nennt eine Axiomatisierung nämlich gelegentlich „vollständig" in Bezug auf ein Wissensgebiet, das gerade axiomatisiert werden soll. Das resultierende Axiomensystem heißt also „vollständig" in dem Sinne, daß es das Wissensgebiet *vollständig axiomatisiert*, d. h., daß es alle (oder zumindest: alle wesentlichen) Lehrsätze dieses Wissensgebietes abzuleiten gestattet. Dies ist diejenige Vollständigkeit, die Hilbert vor allem in seinen frühen Schriften immer wieder fordert. Wie die Konzeption von Axiomatik als metatheoretischer Untersuchungsmethode setzt sie eine Wissenschaft voraus, deren Wissensbestände axiomatisiert werden sollen. Durch Axiomatisierung erschafft man keine Wissenschaft, sondern strukturiert Vorhandenes um. Darauf zielt der erwähnte Vollständigkeitsbegriff ab. Wenn eine Axiomatisierung in diesem Sinne vollständig ist, hat man mit ihr sozusagen die Aussagen des Wissensgebiets eingefangen, d. h. nichts verloren, sondern nur eine besonders übersichtliche Darstellung ihrer inneren Struktur gewonnen. *Weil* die zu axiomatisierende Wissenschaft ihrer Axiomatisierung vorausgeht, ist die Aufstellung von Axiomensystemen in Hilberts Augen keine Sache von Beliebigkeit. Sie ist für ihn derart an die Vorgaben der Wissenschaft gebunden, daß er das Aufstellen von Axiomen nicht als ein Erfinden, Ausdenken oder bloßes Setzen beschreibt, sondern als ein „Sammeln" und „Aufstellen".[56]

Die Axiomatik hat den Vorteil, auch mit der Situation umgehen zu können, daß in einer Wissenschaft mehrere miteinander unverträgliche Prinzipien vorkommen. Die nichteuklidische Geometrie ist hier noch einmal ein gutes Beispiel. Das Parallelenaxiom und die verschiedenen Alternativen zu ihm werden hier einfach zu Bestandteilen verschiedener Axiomensysteme, die nebeneinanderstehen und nebeneinander erforscht werden können. Beide entstammen jedoch der Geometrie als vorher bestehender wissenschaftlicher Disziplin.

Der Zusammenhang zwischen axiomatisierter und nichtaxiomatisierter Theorie gestaltet sich dabei in etwa wie folgt. Es gibt die informelle Wissenschaft mit ihren herkömmlichen Begriffen, die wiederum ihre herkömmliche Bedeutung haben usw. Auf der anderen Seite gibt es die Axiome des axiomatischen Systems, die gewissermaßen die Abbilder der „wirklichen Sätze" sind. Mit ihnen wird innerhalb des axiomatischen Rahmens rein logisch operiert. Dies sichert die „Strenge der Beweisführung". Die so formal abgeleiteten Sätze bzw. Formeln sind dann wieder mittels der Abbildungsrelation in den Bereich der eigentlichen Wissenschaft zurückzuprojizieren. Die Begriffe der Theorie werden so von ihrer

---
[56] Hilbert, *Neubegründung* [1922], 160.

gewöhnlichen Bedeutung entkoppelt, in die formal-logische Maschinerie gesteckt und deren Ergebnisse werden schließlich wieder inhaltlich interpretiert. Auf der Zwischenstrecke werden die Begriffe so behandelt, als hätten sie keine Bedeutung. Sie werden völlig interpretationsoffen gehalten. Dadurch werden die Worte gewissermaßen aus ihrem semantischen Netz herausgelöst und in ein neues, weniger bestimmtes solches Netz gestellt. Die (zeitweise) Abkoppelung der Grundbegriffe einer Theorie von ihrer herkömmlichen Bedeutung ist *eine* Keimzelle für den späteren methodischen Formalismus.

Das semantische Netz innerhalb der axiomatischen Theorie, das *allein* durch die Axiome der Theorie bestimmt wird, ist nach dieser Abbildungskonzeption nicht unabhängig von der ursprünglichen Bedeutung der Worte.[57] Es werden nicht völlig beliebige Sätze zu Axiomen erklärt, wie man gerade deshalb betonen muß, weil Hilbert später so häufig unterschiedslos als „Formalist" gekennzeichnet wurde. Aber die Axiomatik hat den Vorteil, mit verschiedenen sich widersprechenden Axiomen umgehen zu können. Woher stammen aber dann die konkreten Axiome? Die traditionelle Antwort war im Fall der Geometrie: aus der räumlichen Anschauung.

3.5.2.2 Axiome und Anschauung

Hilbert hält in den *Grundlagen der Geometrie* daran fest, daß die Aufgabe aus der geometrischen Axiomatik auf „die logische Analyse unserer räumlichen Anschauung" hinauslaufe.[58] Angesichts der nichteuklidischen Geometrien wäre einer solchen, an Kant orientierten Auffassung jedoch die Frage zu stellen, wie ein und dieselbe Anschauung zu miteinander unverträglichen Axiomen führen kann. Entsprechend hat sich Frege darüber gewundert, daß man noch an einer Bindung zwischen Axiomen und Anschauung festhalten kann, wenn man eine Konzeption von Axiomatik vertritt wie die Hilbertsche. Er war zu der Überzeugung gelangt, daß Hilbert

> die Geometrie von der Raumanschauung ganz loslösen und zu einer rein logischen Wissenschaft gleich der Arithmetik machen
> FREGE, *Briefwechsel* [1976], 70

wolle. Ja, er entwirft sogar ein genaueres Bild, wenn er über Hilberts Konzeption schreibt:

> Die Axiome, die sonst wohl als durch die Raumanschauung verbürgt, dem ganzen Baue zu Grunde gelegt werden, sollen, wenn ich Sie recht verstehe als Bedingungen in jedem Lehrsatz mitgeführt werden, zwar nicht im vollen Wortlaute ausgesprochen, aber als in den Wörtern ‚Punkt', ‚Gerade', u.s.w. eingeschlossen.
> FREGE, *Briefwechsel* [1976], 70

---

[57] So auch PECKHAUS, *Impliziert* [2005b], 13: „Das axiomatische Verfahren beginnt inmitten der bestehenden, nicht-axiomatisierten Mathematik. […] Die Axiomatisierung kann somit als die Rekonstruktion eines Teils gegebener Mathematik angesehen werden und ist daher auch nicht vollkommen frei von dieser gegebenen Mathematik."

[58] Vgl. HILBERT, *Grundlagen Geometrie* [1899], 1. – Mit dieser Formulierung verweist Hilbert natürlich auf Kant. Und so ist der Einleitung auch als Epigramm ein Zitat aus der *Kritik der reinen Vernunft* vorangestellt:

> So fängt denn alle menschliche Erkenntnis mit Anschauungen an, geht von da zu Begriffen und endigt mit Ideen.
> (KrV, Elementarlehre, T. 2, Abt. 2)

3.5 Kriteriologie für Axiome

Genau dies scheint mir der Kern von Hilberts Lehre von der Definition der Grundbegriffe durch die Axiome zu sein. Und wenn Hilbert selbst feststellt, daß ein Punkt in verschiedenen Geometrien etwas Verschiedenes ist,[59] so scheint er wohl die Anbindung an eine anschauliche Vorstellung von Punkten aufgegeben zu haben.

Man kann also zunächst festhalten, daß von der Anlage von Hilberts Axiomatikkonzeption und vom Wortlaut seiner Einlassungen her vieles dafür spricht, daß sein Festhalten an der räumlichen Anschauung in den *Grundlagen* nicht mehr als eine Reverenz an die traditionelle Philosophie der Geometrie ist. Ohne daß dies hier im Einzelnen entfaltet werden kann, wären allerdings noch zwei andere Punkte zu prüfen. *Erstens* wäre auch nach Hilbert noch ein Zusammenhang zwischen räumlicher Anschauung und geometrischer Theorie denkbar, wenn eine interpretative Zwischenstufe offen gehalten würde. Die „räumliche Anschauung" müßte sich beispielsweise nicht nur auf den euklidischen Raum, oder sagen wir noch allgemeiner: irgendeinen Gesamtraum beziehen, sondern könnte auch Axiome für Teilräume liefern. So sind die Axiome, die sich aus der Analyse der Anschauung des gesamten (euklidischen) Raumes ergeben, natürlich andere als diejenigen, die sich aus der Analyse von im euklidischen Raum eingebetteten Objekten ergeben. Letztere können nichteuklidische Geometrien modellieren. Und daher lassen sich umgekehrt die nichteuklidischen Geometrien als Axiomensysteme für diese Teile des euklidischen Raumes auffassen. Der *zweite* Punkt klingt in Hilberts Aussage an, daß ein Punkt in verschiedenen Geometrien etwas Verschiedenes sei.[60] Geht man diesem Gedanken radikal nach, so könnte man noch argumentieren, daß es eben verschiedene Arten von Raumanschauungen gibt, eine Anschauungsart für euklidische Punkte und Geraden und eine andere für hyperbolische Punkte und Geraden usw. Auch so, durch die Annahme mehrerer, voneinander verschiedener Anschauungsarten, könnte man die Kopplung zwischen Geometrie und Anschauung zu retten versuchen.

Ohne diese beiden Punkte berücksichtigt zu haben, kann man wohl kein abschließendes Urteil über die Frage fällen, ob Hilbert nicht doch an einer Verbindung zwischen Axiomen und Anschauung festgehalten hat, die sich eben nur von der traditionellen 1-zu-1-Anbindung unterscheidet.

3.5.2.3 Vollständigkeit im technischen Sinne

Es kann als gesichert gelten, daß Hilbert die Syntax/Semantik-Unterscheidung schon früh klar war. Dennoch hat er beide Ebenen häufig nicht klar getrennt, sondern einen Kalkül verwoben mit dessen semantischer Motivation und intendierter Interpretation präsentiert, wie etwa in den Vorlesungen von 1920.[61] Zumindest im Bezug auf die Aussagenlogik ist mit der (zweiten, Göttinger) Habilitationsschrift von Bernays schon 1918 ein klarer Standard gesetzt worden. Bernays trennt die semantische und die syntaktische Ebene sauber voneinander und stellt mit Vollständigkeits- und Korrektheitsbeweisen die präzisen Zu-

---

[59] So im Briefwechsel mit Frege; FREGE, *Briefwechsel* [1976], 67.
[60] Vgl. FREGE, *Briefwechsel* [1976], 67.
[61] Vgl. EWALD/SIEG, *Lectures* [2013], 251.

sammenhänge her. Hilbert hingegen erlaubt sich in seiner Vorlesung vom Wintersemester 1920, den Ausdruck „Richtigkeit" sowohl für einen syntaktischen als auch für einen semantischen Begriff zu verwenden. Sein informeller Vollständigkeitsbeweis rechtfertigt diese scheinbare Äquivozität.[62]

Im modernen, technischen Sinne hat Hilbert die Vollständigkeitsfrage erst später gestellt. Die früheste wirklich öffentliche Erörterung dieses Problems hat er wohl erst in seinem Vortrag auf dem Mathematikerkongreß in Bologna 1928 gegeben.[63] Dies war aber nicht die erste Äußerung Hilberts zu diesem Thema überhaupt. So hat er in (einem seiner Beiträge zu) der Vorlesung vom Wintersemester 1922/23 schon den Begriff der syntaktischen Vollständigkeit definiert:

> Die Vollständigkeit eines Axiomensystems besteht darin, daß bei Zufügung eines nicht aus den Ax[iomen] folgenden neuen Axioms ein Widerspruch auftritt.
> HILBERT, *Wintersemester 22/23 (Kneser)* [1923*]

Interessanterweise wurde die technische Vollständigkeit für ihn damit genau zu der Zeit wichtig, als er die Vollständigkeit im Bezug auf ein Wissensgebiet nicht mehr unbedingt verlangte. So hält er es in seinen Schriften zu dieser Zeit nicht mehr für ein Problem, daß Axiomensysteme in dem früheren Sinne unvollständig sind. Die Relativierung des Beweisbegriffs auf Axiomensysteme gilt ihm nämlich als unproblematisch, *weil* die Axiomensysteme beständig erweitert werden können (solange solche Erweiterungen eben nicht zu Widersprüchen führen).[64] Sind solche Erweiterungen etwas ganz Gewöhnliches, so scheint der alte, nichttechnische Vollständigkeitsanspruch obsolet geworden zu sein.

3.5.3 Unabhängigkeit und Einfachheit

Die Frage nach der Unabhängigkeit von Axiomen ist die Frage danach,

> ob etwa gewisse Aussagen einzelner Axiome sich untereinander bedingen und ob nicht somit die Axiome noch gemeinsame Bestandteile enthalten.
> HILBERT, *Mathematische Probleme* [1900a], 264

Sie ist nicht nur eine Frage, die man bei Axiomensystemen untersuchen *kann*, sondern sie wird jedenfalls teilweise auch als Kriterium für bzw. Forderung an Axiomensysteme ver-

---

[62] So bemerken auch EWALD/SIEG, *Lectures* [2013], 252.
[63] So FEFERMAN, *Gödel 1931c* [1986], 208; vgl. HILBERT, *Probleme Grundlegung* [1929]. Hilbert stellt in seinem Vortrag auf dem Mathematikerkongreß 1928 in Bologna zwei Fragen nach Vollständigkeit, nämlich nach der semantischen Vollständigkeit der Prädikatenlogik und nach der syntaktischen Vollständigkeit der elementaren Zahlentheorie. Beide Fragen hat letztlich Gödel beantwortet, die erste durch seinen Vollständigkeitssatz positiv, die zweite durch den (ersten) Unvollständigkeitssatz negativ.
[64] Vgl. HILBERT, *Neubegründung* [1922], 169.

standen.⁶⁵ Es ist natürlich von theoretischem Interesse, ein System unabhängiger Axiome für eine Theorie zu haben, da dann aus den Axiomen gewissermaßen deutlicher hervorgeht, was genau Bestandteil dieser Theorie im Unterschied von anderen Theorien ist. Allerdings steht dieses Kriterium für Hilbert immer unter pragmatischen Einschränkungen. Er ist nicht der Ansicht, daß jede Art von Abhängigkeit der Axiome unbedingt vermieden werden müßte. Im Gegenteil ist er sogar explizit der Meinung, daß es unter bestimmten Umständen Sinn machen kann, beweisbare Sätze als Axiome zu nehmen.⁶⁶ Es ist vielmehr eine zu erforschende *Frage*, ob solche Abhängigkeiten vorliegen. Wenn Hilbert beispielsweise in seinem Pariser Vortrag fordert, daß man diese Abhängigkeiten „beseitigen muß", so versäumt er nicht, dies konditional einzuschränken: Man *muß* es nur dann vermeiden, „wenn man zu einem System von Axiomen gelangen *will*, die völlig von einander unabhängig sind."⁶⁷ Wollen bedeutet kein Müssen. Pragmatische Einschränkungen der Unabhängigkeitsforderung können dabei ganz unterschiedlicher Art sein. Beispielsweise ist es für Hilbert denkbar, abhängige Axiome zuzulassen, wenn dadurch entweder die systematische Gliederung der Axiome abgerundeter ist oder wenn die einzelnen Axiome durch Aufnahme redundanter Teile „leichter faßlich" sind.

Einfachheit und *Anschaulichkeit* sind Kriterien, die in ähnlicher Weise der pragmatischen Seite zuzurechnen sind.⁶⁸ Diese Forderungen scheinen kaum näher präzisierbar zu sein. Auch in Hilberts Vorlesungen finden sich nur wenige Hinweise in dieser Richtung. Vielmehr als ein paar mehr oder weniger triviale Hinweise wird man hier kaum geben können. So wird beispielsweise ein logisch einfacher strukturierter Satz im Allgemeinen den Vorzug haben vor einem ihm äquivalenten Satz mit komplexerer logischer Struktur. Axiome werden keinen unnötigen „Ballast" enthalten sollen, keine offensichtlichen Redundanzen. Aber sie werden auch von einem mehr theoretisch-systematischen Standpunkt aus „einfacher" sein sollen, wie man etwa in der Zahlentheorie die Rekursionsaxiome für die Rechenoperationen axiomatisch fordern wird, nicht aber den Satz von der eindeutigen Zerlegung in Primfaktoren, der im Regelfall wohl zur Menge der zu beweisenden Sätze gerechnet werden wird. Viel mehr wird man hier nicht sagen können. Unabhängigkeit, Anschaulichkeit und Einfachheit sind eher „weiche" Kriterien, die im Einzelfall unter pragmatischen Gesichtspunkten verschieden bestimmt und zugunsten anderer Ziele zurückgestellt werden können.

3.5.4 Widerspruchsfreiheit

Ein Kriterium ganz anderer und objektiverer Art ist die Widerspruchsfreiheit. Sie durchzieht alle späteren Schriften Hilberts wie ein roter Faden, sodaß es müßig wäre, diese hier

---

[65] Vgl. HILBERT, *Zahlbegriff* [1900b].
[66] Vgl. HILBERT, *Neubegründung* [1922], 160–161.
[67] HILBERT, *Mathematische Probleme* [1900a], 264.
[68] Vgl. HILBERT, *Neubegründung* [1922], 160.

im einzelnen zu betrachten.⁶⁹ Interessant mag hingegen der Hinweis auf frühe Schriften sein, als die Beweistheorie und ihre Zielsetzung noch nicht existierten. So erwähnt Hilbert um die Jahrhundertwende die Widerspruchsfreiheit als unverzichtbares Kriterium für Axiomensysteme z. B. in den *Grundlagen der Geometrie*,⁷⁰ in *Über den Zahlbegriff*⁷¹ und in *Mathematische Probleme*.⁷² Das zweite der insgesamt 23 ungelösten mathematischen „Jahrhundertprobleme", die Hilbert in seiner berühmten Liste zusammenstellte,⁷³ ist die Widerspruchsfreiheit der Arithmetik. Wie schon erwähnt erhielt sie besondere Dringlichkeit dadurch, daß die Widerspruchsfreiheit vieler anderer mathematischer und physikalischer Theorien auf sie zurückgeführt worden war, während man ihre eigene Widerspruchsfreiheit noch nicht bewiesen hatte.

Während für Dedekind Widerspruchsfreiheit zunächst ein semantischer Begriff war (Existenz eines logischen Modells),⁷⁴ vertrat Hilbert schon in den *Grundlagen der Geometrie* und in *Über den Zahlbegriff* einen syntaktischen Konsistenzbegriff (Ableitbarkeit eines Widerspruchs).⁷⁵ Unter „Widerspruchsfreiheit" eine syntaktische Eigenschaft eines Axiomensystems zu verstehen, bedeutet aber noch nicht, diese Eigenschaft auch mit syntaktischen Methoden zu beweisen. So sind die Widerspruchsfreiheitsbeweise in den *Grundlagen der Geometrie* ganz semantisch,⁷⁶ und erst im Heidelberger Vortrag von 1904 treten zum ersten Mal syntaktische Methoden auf.⁷⁷ Diese *Methoden*, Widerspruchsfreiheit zu beweisen, sollen erst im zweiten Teil dieses Buches näher untersucht werden, während es hier nur um den *Begriff* der Widerspruchsfreiheit geht.

3.5.4.1 Verschiedene Begriffe von Widerspruchsfreiheit

Hilbert verwendet verschiedene Begriffe von Inkonsistenz. In den meisten Fällen gilt ein Axiomensystem als inkonsistent, wenn es einen Satz bzw. eine Formel ϕ gibt, sodaß ϕ und $\neg\phi$ beweisbar sind. Die geometrischen Axiomensysteme aus den *Grundlagen der Geometrie*

---

[69] Vgl. z. B. HILBERT, *Neubegründung* [1922], 160.
[70] HILBERT, *Grundlagen Geometrie* [1899].
[71] HILBERT, *Zahlbegriff* [1900b].
[72] HILBERT, *Mathematische Probleme* [1900a]. Dieser Vortrag wurde mindestens dreimal veröffentlicht: 1.) in den *Nachrichten von der Gesellschaft der Wissenschaften zu Göttingen, mathematisch-physikalische Klasse* (1900), S. 253–297; 2.) im *Archiv für Mathematik und Physik*, 3. Reihe, 1 (1901), S. 44–63 u. S. 213–237; 3.) in den *Gesammelten Abhandlungen* Hilberts, Bd. 3, Berlin 1935, S. 290–329.
[73] Die Hilbertsche Liste ist rezeptionsgeschichtlich *äußerst* einflußreich geworden. Bis heute erscheinen regelmäßig mathematische Fachaufsätze, die schon in ihrem Titel auf das *n*. Problem Hilberts Bezug nehmen. Die Geschichte dieser Probleme ist also keineswegs abgeschlossen. Momentaufnahmen der geschichtlichen Entwicklung bieten beispielsweise YANDELL, *Honors class* [2002]; KAPLANSKY, *Hilbert's Problems* [1977] und, leider nur in einer skandinavischen Sprache erschienen, TORNEHAVE, *Hilberts problemer* [1980].
[74] Vgl. SIEG, *Introduction WS 1921/22 + WS 1922/23* [2006a], 330–331.
[75] Vgl. hierzu im zweiten Teil Abschn. 9.2.2
[76] Siehe die Darstellung im zweiten Teil dieses Buches, Abschn. 9.2; vgl. auch SIEG, *Introduction WS 1921/22 + WS 1922/23* [2006a], 330–331.
[77] Vgl. im zweiten Teil Abschn. 9.3

3.5 Kriteriologie für Axiome

heißen hingegen widersprüchlich, wenn aus ihnen „ein Widerspruch gegen ein Axiom" ableitbar ist, also ein Satz ¬Ax für ein Axiom Ax. Schwache Fragmente der Zahlentheorie nennt Hilbert hingegen widerspruchsvoll, wenn für irgendwelche Zahlzeichen $\mathfrak{a}$ und $\mathfrak{b}$ die Formeln $\mathfrak{a} = \mathfrak{b}$ und $\mathfrak{a} \neq \mathfrak{b}$ zugleich beweisbar sind.[78] Und in *Über das Unendliche* spricht er von „Widerspruchsfreiheit", wenn $1 \neq 1$ keine beweisbare Formel ist.[79]

All diese Definitionen der Widersprüchlichkeit sind in hinreichend starken Systemen natürlich äquivalent. Da die ersten Ansätze zu Widerspruchsfreiheitsbeweisen, die in Teil II dieses Buches genauer betrachtet werden, jedoch mit relativ schwachen Systemen operieren, die beispielsweise keine allgemeinen Negationsaxiome besitzen, macht es Sinn zu klären, unter welchen Bedingungen sie tatsächlich äquivalent sind. Solange keine logische Rahmentheorie fixiert ist, sind die folgenden Überlegungen *cum grano salis* zu lesen: Daß man für einen bestimmten Übergang ein bestimmtes Beweisprinzip „benötigt", bedeutet, daß in Theorien, in denen ein solches Prinzip nicht ableitbar bzw. zulässig ist, der Übergang kaum möglich ist. Da man nicht *alle möglichen* solchen Übergänge durchgehen kann, ist das Folgende nur eine Reihe von Plausibilitätsargumentationen.

Die wichtigsten Versionen von Widerspruchsfreiheit in den Schriften der Hilbertschule sind die folgenden:

(1) Die *logische* Widerspruchsfreiheit, nach der für keine Formel ϕ gilt, daß ϕ und $\neg\phi$ ableitbar sind.
(2) Die *allgemeine arithmetische* Widerspruchsfreiheit, nach der für keine zwei Terme s und t gilt, daß sowohl $s = t$ als auch $s \neq t$ ableitbar sind.
(3) Die *spezielle arithmetische* Widerspruchsfreiheit, nach der spezielle Gleichungen oder Ungleichungen nicht ableitbar sind, deren Gegenstück (offensichtlich) ableitbar ist. Z. B., daß $0 = 1$ oder $0 \neq 0$ nicht ableitbar sind.
(4) Die *arithmetische Korrektheit*, nach der keine falschen numerischen Gleichungen oder Ungleichungen ableitbar sind.

Zwischen diesen Versionen bestehen folgende Beziehungen (die trivialen Voraussetzungen, wie daß 0 und 1 Zeichen der formalen Sprache sein müssen usw., seien als gegeben vorausgesetzt):

(1) ⇒ **(2)**: Ein arithmetischer Widerspruch impliziert einen logischen Widerspruch, sobald mindestens eine der drei folgenden Bedingungen erfüllt ist: a) Ungleichungen werden mit der formalen Negation von Gleichungen identifiziert (dann *ist* ein arithmetischer ein spezieller logischer Widerspruch), b) ein *Ex falso quodlibet* für Gleichungen und Ungleichungen der Art $a = b \rightarrow a \neq b \rightarrow A$ liegt vor (dann kann man aus dem arithmetischen Widerspruch einen beliebigen anderen erschließen) oder c) man hat ein entsprechendes Axiom zumindest für „falsche" Ungleichungen ($a \neq a \rightarrow A$) plus ein Gleichheitsaxiom, aus dem man wie oben $s = t \rightarrow (s \neq t \rightarrow t \neq t)$ erhält.

---
[78] Vgl. HILBERT, *Neubegründung* [1922], 170.
[79] HILBERT, *Über das Unendliche* [1926], 179.

(2) ⇒ (1): Um aus einem völlig beliebigen Widerspruch einen speziellen, nämlich einen arithmetischen Widerspruch abzuleiten, ist etwas mehr Logik erforderlich. Ist ein beliebiger Widerspruch ϕ und $\neg\phi$ gegeben, so benötigt man im Allgemeinen einen *Ex-falso-quodlibet*-Mechanismus ($A \to \neg A \to B$), um damit zu einem arithmetischen wie $0 = 1$ und $0 \neq 1$ zu gelangen.

(2) ⇒ (3): Sei $0 \neq 0$ oder $0 = 1$ beweisbar. Falls Ungleichungen mit der formalen Negation von Gleichungen identifiziert sind, hat man nur $0 = 0$ bzw. $0 \neq 1$ zu beweisen und hat schon einen speziellen arithmetischen Widerspruch. Falls diese Identifikation nicht besteht, wird man im ersten Fall ($0 \neq 0$) ein *Ex falso quodlibet* für falsche Ungleichungen benötigen (etwa $a \neq a \to A$), um auf $\neg(0 = 0)$ zu kommen, und im zweiten Fall ($0 = 1$) ein Gleichheitsaxiom bemühen müssen ($0 = 1 \to (0 \neq 1 \to 1 \neq 1)$), um dann von $1 \neq 1$ weiterzuschließen wie im ersten Fall.

(3) ⇒ (2): Liegt ein arithmetischer Widerspruch vor, d. h. zwei Terme s und t, sodaß die Formeln $s = t$ und $s \neq t$ ableitbar sind, so sind daraus die speziellen falschen Gleichungen ($0 = 1$) oder Ungleichungen ($1 \neq 1$) herzuleiten. Dazu muss man zunächst einen logischen Zusammenhang zwischen $s = t$ und $s \neq t$ herstellen, wie durch $s = t \to (s \neq t \to t \neq t)$, eine Instanz des Gleichheitsaxioms. Von dem so erhaltenen $t \neq t$ gelangt man durch ein *Ex falso quodlibet* für falsche Ungleichungen ($a \neq a \to A$) zu $0 \neq 0$ oder $0 = 1$. Letzterer Übergang würde auch durch ein allgemeines *Ex falso quodlibet* ($A \to \neg A \to B$) abgedeckt, falls Ungleichungen mit der formalen Negation von Gleichungen identifiziert werden.[80] Falls t ein Zahlzeichen ist, könnte man alternativ durch iterierte Anwendung der Injektivität des Nachfolgers ($a + 1 = b + 1 \to a = b$) zu $0 \neq 0$ gelangen.

(1) ⇒ (3): Hierzu ist aus einer falschen Gleichung oder Ungleichung ein logischer Widerspruch zu erschließen. Dies läuft wie im zuvor diskutierten Fall „(2) ⇒ (3)".

(3) ⇒ (1): Um aus einem völlig beliebigen Widerspruch ϕ und $\neg\phi$ auf eine falsche arithmetische Gleichung oder Ungleichung zu schließen, ist mehr Logik erforderlich; man wird ein allgemeines *Ex-falso-quodlibet*-Prinzip benötigen (etwa $A \to \neg A \to B$), ähnlich wie im Fall „(2) ⇒ (1)".

Zusammenhänge von (1), (2), (3) mit (4): Die arithmetische Korrektheit (4) impliziert die spezielle arithmetische Widerspruchsfreiheit (3), sobald $0 = 1$ und $0 \neq 0$ nach der zugrundeliegenden Semantik als „falsch" gelten. Aus der arithmetischen Korrektheit (4) folgt auch sofort die allgemeine arithmetische Widerspruchsfreiheit (2), wenn man es – wie üblich – als notwendige Bedingung für eine Semantik der Arithmetik ansieht, daß nicht eine Gleichung und die entsprechende Ungleichung zugleich „richtig" sein können. Die Implikation von (4) auf (1), die logische Widerspruchsfreiheit, sieht man nicht so schnell, da die arithmetische Korrektheit ja nur etwas für Primformeln aussagt. Haben wir einen Widerspruch ϕ und $\neg\phi$, bei dem ϕ eine Gleichung oder Ungleichung ist, so muss eine von beiden

---

[80] Daß diese Identifikation von Ungleichungen und (formal) negierten Gleichungen einer besonderen Erwähnung bedarf, hat auch Bernays so gesehen. Das geht z. B. aus seiner Bemerkung zum Axiom $a + 1 \neq 0$ in der Vorlesung vom Wintersemester 1922/23 hervor, die Kneser in seiner Mitschrift durch „negierte Aussage!" wiedergegeben hat.

3.5 Kriteriologie für Axiome

inkorrekt sein (notwendige Bedingung für jede Semantik). Ist hingegen ϕ keine Primformel, so ergibt sich die arithmetische Inkorrektheit nur, wenn wie etwa in „(2) ⇒ (1)" der Übergang zu einer falschen Gleichung oder Ungleichung durch ein *Ex-falso-quodlibet*-Prinzip gewährleistet wird.

Ist umgekehrt das System arithmetisch inkorrekt, ist also eine falsche Gleichung oder Ungleichung ableitbar, so läßt sich daraus nicht unmittelbar auf einen Widerspruch schließen. Dies kann man mit einer kleinen Dualitätsüberlegung zeigen. Nehmen wir an, wir hätten eine widerspruchsfreie und korrekte arithmetische Theorie. Wenn man in dieser Theorie *alle* Gleichheitszeichen mit den Ungleichheitszeichen vertauscht, die Semantik aber so läßt, wie sie war, so erhielte man eine ebenfalls widerspruchsfreie Theorie, die jedoch sozusagen „ziemlich inkorrekt" ist, denn sie liefert nur falsche Gleichungen und Ungleichungen. Das heißt aber, es gibt inkorrekte Theorien, die nicht in einem der Sinne (1–3) widersprüchlich sind.[81] Man müßte daher zusätzliche Eigenschaften der Theorie kennen, um aus der Widerspruchsfreiheit auf die arithmetische Korrektheit zu schließen. Wenn man beispielsweise die arithmetische Vollständigkeit wüßte, d. h., daß alle richtigen Gleichungen und Ungleichungen auch ableitbar sind, so würde aus der Inkorrektheit auch die Widersprüchlichkeit folgen.

Die hier diskutierten Zusammenhänge werden in der folgenden Grafik noch einmal schematisch zusammengestellt:

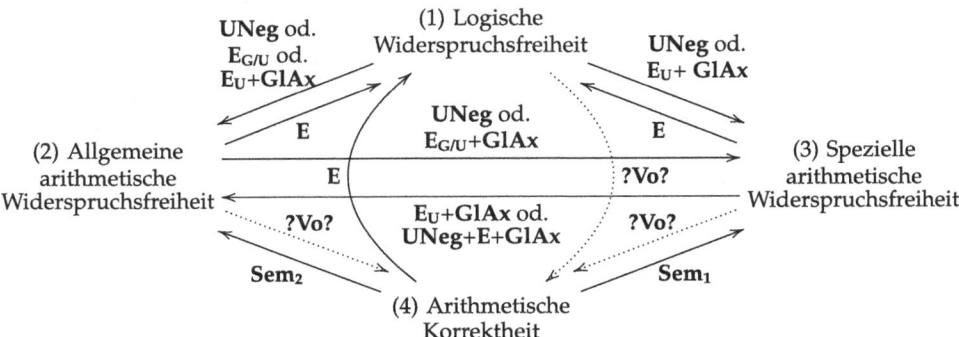

Verwendete Abkürzungen:

- **E** Volles *Ex-falso-quodlibet*-Prinzip ($A \to \neg A \to B$).
- **$E_{G/U}$** *Ex-falso-quodlibet*-Prinzip für Gleichungs-Ungleichungspaare ($a \neq b \to a = b \to A$).
- **E_U** *Ex-falso-quodlibet*-Prinzip für (falsche) Ungleichungen ($a \neq a \to A$).
- **UNeg** Ungleichungen werden mit der formalen Negation von Gleichungen identifiziert.
- **GlAx** Gleichheitsaxiom ($a = b \to A(a) \to A(b)$).
- **Sem_1** Semantische Annahme, daß $0 = 1$ bzw. $0 \neq 0$ falsch.
- **Sem_2** Semantische Annahme, daß niemals $s = t$ und $s \neq t$ gleichzeitig wahr.
- **?Vo?** Mehr Rahmenbedingungen nötig, bspw. Vollständigkeit bzgl. Gleichungen.

---

[81] Ein noch trivialeres Beispiel wäre die Theorie, die nur die falschen Gleichungen $n = m$ für voneinander verschiedene Zahlzeichen n und m impliziert. Diese Theorie ist nach der Standardsemantik inkorrekt, gestattet aber keine Ableitung von Widersprüchen, da jeweils das positive Glied fehlt.

In den im zweiten Teil dieser Arbeit zu besprechenden Widerspruchsfreiheitsbeweisen sind vor allem die Richtungen (2) ⇒ (1) und (3) ⇒ (1) wichtig, sowie daß die arithmetische Korrektheit die Widerspruchsfreiheit impliziert. Denn meistens wird die Annahme eines arithmetischen Widerspruchs oder einer falschen arithmetischen Primformel dadurch *ad absurdum* geführt, daß ein allgemeiner Korrektheitssatz bewiesen und daraus dann auf die allgemeine Widerspruchsfreiheit des betrachteten Systems geschlossen wird.

3.5.4.2 Widerspruchsfreiheit als Kriterium

Im Rahmen der Kriteriologie für Axiome tritt der Beweis der Widerspruchsfreiheit als *die* Forderung auf. Er hat die Funktion, die Rede von der Existenz des Gesamtsystems der axiomatisierten Gegenstände mit ihren Eigenschaften und Beziehungen untereinander zu rechtfertigen, und er ist die *einzige* Rechtfertigung dafür (vgl. das Kapitel über den Formalismus, Kap. 5). In diesem Zusammenhang verwendet Hilbert explizit Cantors Terminologie von konsistenten und nichtkonsistenten Mengen (bei Cantor eigentlich: „Vielheiten", während „Mengen" nur konsistente Vielheiten sind).[82] Die Menge der reellen Zahlen existiert nach Hilbert, falls sie eine konsistente Menge ist, und das ist der Fall, wenn die Axiome, die die gegenseitigen Beziehungen zwischen den reellen Zahlen festlegen, widerspruchsfrei sind.[83]

Das Kriterium der Widerspruchsfreiheit ist ein syntaktisches Kriterium an Axiome, denn es hat mit der (Nicht-)Ableitbarkeit von Folgerungen zu tun. Die Aussage der Widerspruchsfreiheit eines Axiomensystems ist aufzufassen als eine *generelle, metatheoretische* Aussage, denn sie spricht *über* das ganze Axiomensystem und stellt dessen Eigenschaft fest, daß *alle* seine Beweise nicht Beweise eines Widerspruchs sind.

Die Widerspruchsfreiheit ist von Hilberts Standpunkt aus das Kriterium mit dem höchsten Verbindlichkeitsgrad. Gerade die Abkoppelung der Axiome von der sachlichen Wahrheit läßt ja eine Art „normatives Vakuum" entstehen, das durch die Widerspruchsfreiheit gefüllt werden soll. Hilberts Verwendungsweise des Ausdrucks „wahr" soll genau der Widerspruchsfreiheit entsprechen. Sie von konkreten Axiomensystemen nachzuweisen, war durch Reduktion auf andere Theorien relativ leicht möglich gewesen. Die Widerspruchsfreiheit der verbliebenen Basistheorie, der höheren Arithmetik, zu beweisen, blieb das offene und schwierige Problem für die technischen Entwicklungen der Beweistheorie, um das es im zweiten Teil dieses Buches gehen wird.

3.6 Ziele und denkerische Verortung der Axiomatik

Nachdem in den vorangegangenen Abschnitten die wesentlichen Neuerungen des Hilbertschen Axiomatikkonzepts dargestellt und diskutiert worden sind, ist am Schluß noch einmal nach den großen Zielen der Axiomatik zu fragen und nach dem Ort, den die Axio-

---

[82] Zu Cantors Unterscheidung von konsistenten und nichtkonsistenten Vielheiten siehe z. B. TAPP, *Kardinalität* [2005], 54.
[83] So Hilbert auch gegenüber Frege; vgl. FREGE, *Briefwechsel* [1976], 66.

3.6 Ziele und denkerische Verortung der Axiomatik

matik in allgemeineren epistemologischen und wissenschaftstheoretischen Konzeptionen spielen kann.

Die strenge Beweisführung, wie sie von der Axiomatik realisiert werden soll, entspricht einem sehr allgemeinen intellektuellen Anspruch, den Hilbert in seiner Vorlesung vom Sommersemester 1920 formuliert:

> Das Wesen dieser Methode besteht darin, daß man sich über die Voraussetzungen und die Methoden des Schliessens klar wird, die man in einer Wissenschaft gebraucht. Axiomatisch zu verfahren ist also nichts anderes, als mit Bewußtsein zu denken.
> HILBERT, *Sommersemester 20* [1920a*], 34

Die scharfe Aufteilung einer deduktiv strukturierten wissenschaftlichen Theorie in einen Teil inhaltlicher Annahmen und einen Teil rein formaler Schlußfolgerungen soll ja dem Bedürfnis nach strenger Beweisführung entsprechen. Das schließt die Forderung danach ein, innerhalb der deduktiven Entwicklung keine Zusatzinformationen, kein „verstecktes" Wissen zu verwenden, das nicht im Bereich der inhaltlichen Axiome explizit gemacht oder im Verlauf der deduktiven Entwicklung schon erhalten worden wäre. Für Beweisführungen wird so der Maßstab aufgestellt, sowohl die inhaltlichen Voraussetzungen als auch die formalen Schlußmethoden sauber zu trennen, sich dadurch über sie klar zu werden und die denkerische Entwicklung einer Theorie durch diese Trennung bewußter nachzuvollziehen.

Die axiomatisch-deduktive Entwicklung von Theorien ist dabei keineswegs mechanistisch aufzufassen. Hilbert spricht im oben angeführten Zitat bewußt von „denken" und nicht von einem mechanisch-formalistischen Ersatz, der keinen Raum mehr für die schöpferische Kreativität ließe, die gerade an der vordersten Front der Wissenschaft, wo es um die Erzeugung neuer Resultate und die Erschließung neuer Gebiete geht, so unverzichtbar ist. Das zeigt einerseits Hilberts lebendiger Umgang mit Axiomensystemen, zu denen neue Axiome hinzugefügt, andere weggelassen, dritte schließlich durch „tieferliegende" andere ersetzt werden. Das zeigt andererseits auch seine starke Betonung konstruktiver Züge der axiomatischen Methode. So spricht er immer wieder davon, daß die Axiome Grundbausteine seien, aus denen das ganze Theoriegebäude zusammengebaut würde.[84]

Daneben soll die Axiomatisierung zugleich ein Beitrag zur Disambiguierung von Beweisen sein und damit zur intersubjektiven Überprüfbarkeit mathematischer Resultate. Allerdings ist mit ihr nur der erste Schritt zu diesem Ziel hin getan. Die normalsprachliche Formulierung der mathematischen Sätze führte natürlich weiterhin zu gewissen Mehrdeutigkeiten und birgt die Gefahr von Mißverständnissen. Um diesen Umstand ging es besonders Frege.[85] Er war eine der Hauptmotivationen für die Entwicklung seiner Begriffsschrift, einem Meilenstein auf dem Weg der Entwicklung der modernen mathematisch-logischen Kalküle. Was Hilberts Position betrifft, ist hier jedenfalls festzuhalten, daß auch er das Projekt der Vereindeutigung der Beweise verfolgte, das für ihn jedoch keineswegs mit deren Formalisierung identisch war.

---

[84] Vgl. HILBERT, *Axiomatisches Denken* [1918], 406; EWALD/SIEG, *Lectures* [2013], 265.
[85] Vgl. besonders den Brief von Frege an Hilbert v. 1.10.1895, FREGE, *Briefwechsel* [1976], 58–59.

3.7 Zusammenfassung

Die geometrische Axiomatik hat für Hilbert paradigmatischen Charakter. Die axiomatische Methode verlangt die vollständige Explikation aller in einem Beweis verwendeten Annahmen und erlaubt einen besonders deutlichen Überblick über ihre logischen Zusammenhänge. Sie entspricht daher einerseits der Verpflichtung auf das Ideal einer strengen Beweisführung, die inhaltliche Annahmen einzig in den Axiomen gestattet und ansonsten rein logische Beweisführungen fordert. Andererseits entspricht sie einem metatheoretischen Interesse, das sich besonders durch die Entdeckung der nichteuklidischen Geometrien in Form von Unbeweisbarkeitsresultaten und Widerspruchsfreiheitsbeweisen geltend gemacht hatte. Neben diesen beiden Punkten besteht das Neue an Hilberts Axiomatikkonzeption in der Auffassung von der Definition der Grundbegriffe durch die Axiome und in einer regelrechten Kriteriologie für Axiomkandidaten. Für die spätere Entwicklung der Beweistheorie wurden besonders wirksam: die Einsicht in den konstruktiven Charakter des Beweisens in einem Axiomensystem, die Nichtberücksichtigung der Bedeutung von Begriffen innerhalb der rein logisch geführten Beweise und die Widerspruchsfreiheit als eine Art „Ersatznorm" für Wahrheit.

Kontext: Logizismus und Intuitionismus 4

Logizismus, Intuitionismus, Formalismus – diese Trias wurde zum mathematikphilosophischen Klassiker durch die drei entsprechenden Referate, die Rudolf Carnap, Arendt Heyting und John von Neumann auf der Grundlagenkonferenz 1930 in Königsberg hielten. Außerhalb der Kreise informierter Spezialisten hat sich durchgesetzt, diese drei Positionen als verschiedene *Philosophien der Mathematik* und damit als *Alternativoptionen* aufzufassen. Dabei ist es zum Standard geworden, Hilberts grundlagentheoretische Position unter die formalistische Alternative zu subsumieren. All dies ist sachlich nur begrenzt zutreffend, wie die folgenden Ausführungen zeigen sollen.

Bevor das Thema „Formalismus" behandelt wird (Kap. 5), soll es in diesem Kapitel um die beiden anderen Positionen, den Logizismus und den Intuitionismus, gehen. Denn die Frage, inwiefern man die Hilbertsche Philosophie der Mathematik als „Formalismus" beschreiben kann, hängt eng mit der Frage zusammen, wie ihr Verhältnis zu Logizismus und Intuitionismus zu bestimmen ist. So stellte schon John von Neumann in seinem Königsberger Referat zum Formalismus fest, daß die Kenntnis der beiden anderen Positionen der Trias eine „unerläßliche Voraussetzung zum Verständnis der Zweckmäßigkeit, der Tendenz und des *modus procedendi* der Hilbertschen Beweistheorie" ist.[1]

Man kann dabei zwei Fragerichtungen unterscheiden, die man als „diachrone" und „synchrone" bezeichnen könnte. Einerseits läßt sich nämlich mehr diachron-historisch fragen, welcher der drei Alternativen Hilbert in welcher Phase seiner Arbeiten mehr oder weniger zugeneigt hat. Gab es beispielsweise eine logizistische Phase im Schaffen Hilberts? Andererseits läßt sich mehr synchron-systematisch fragen, ob und wie Logizismus und Intuitionismus Hilberts Ansatz zur Beweistheorie inhaltlich beeinflußt haben. Hat Hilbert beispielsweise mit seinem Programm die intuitionistische Kritik an bestimmten Schlußweisen einzuholen versucht? Sollte sein Programm so zu verstehen sein, daß es den Intuitionisten von der Zuverlässigkeit der klassischen Mathematik überzeugen sollte? – In

---

[1] von Neumann, *Die formalistische* [1931], 116.

den folgenden Überlegungen wird die Klärung dieser zweiten, synchron-systematischen Fragerichtung im Mittelpunkt stehen.

4.1 Logizismus

Kennzeichnend für den Logizismus ist seine These zum Verhältnis von Logik und Mathematik: Die Mathematik sei auf die Logik zurückführbar. So will der Logizismus besonders die Arithmetik rein logisch begründen und hat eine starke Tendenz, die Mengenlehre mit der Umfangslogik, d. h. der Lehre von den Begriffsextensionen, zu identifizieren. Der Logizismus nimmt damit einen „Lieblingsgedanken" der rationalistischen Philosophie auf und seine Vertreter verbindet entsprechend eine gewisse anti-kantische Tendenz im Bezug auf die Auffassung von Mathematik. Dabei ist im Einzelnen durchaus umstritten, wie diese „anti-kantische Tendenz" genauer zu fassen ist. Traditionell heißt es, die Logizisten würden mit der Zurückführbarkeit der Mathematik auf die Logik gegen Kant die Analytizität aller mathematischen Sätze behaupten. Dies stimmt aber zumindest für Russell nicht. Zwar heißt die logizistische Reduktion auch für ihn, daß Mathematik und Logik auf derselben Seite der analytisch/synthetisch-Unterscheidung einzuordnen sind, aber nach seiner Konzeption ist dies die synthetische Seite. Es ist aber die Frage, ob die Fokussierung auf die analytisch/synthetisch-Unterscheidung hier überhaupt den logizistischen Positionen gerecht wird, da zumindest Dedekind sich nie ausdrücklich mit ihr beschäftigt. Nach Bernays wendet sich die logizistische These vor allem gegen die Kantische Lehre von der reinen Anschauung und ihrer Bedeutung für die Mathematik.[2]

Die Heroen des Logizismus waren Richard Dedekind, Gottlob Frege, Bertrand Russell und Alfred North Whitehead.[3] Wäre ihr Programm durchführbar, würde es in ähnlicher Weise eine Zurückführung bedeuten wie die Widerspruchsfreiheitsbeweise der nichteuklidischen relativ zur euklidischen Geometrie und der euklidischen Geometrie relativ zur Arithmetik. Es würde die Kette der Rückführungen bis zur reinen Logik fortsetzen und damit bis in den Bereich einer Art von Beweisführung, die in gewisser Hinsicht unbezweifelbar ist, da sie „sich allein auf die Gesetze gründet, auf denen alle Erkenntnis beruht."[4]

Damit liegt es auf der Hand, welche Attraktivität mit dem logizistischen Programm für den Hilbertianer verbunden ist. Hilberts Anliegen, die Widerspruchsfreiheit besonders der arithmetischen Axiome zu beweisen, wird, nach Hilberts eigener Einschätzung, in seinem

> Wesen berührt durch die älteren Bestrebungen, Zahlentheorie und Analysis auf Mengenlehre sowie diese auf reine Logik zu gründen.   HILBERT, *Neubegründung* [1922], 162

Und dabei ist vor allem die Rede von den Ansätzen Gottlob Freges und Richard Dedekinds.

---

[2] Siehe BERNAYS, *Philosophie der Mathematik* [1930], 22.
[3] So betiteln DEMOPOULOS/CLARK, *Logicism* [2005] ihren Aufsatz in SHAPIRO, *Oxford Handbook* [2005] mit „The Logicism of Frege, Dedekind, and Russell".
[4] So Gottlob Frege über die logischen Beweisführungen im Vorwort zu FREGE, *Begriffsschrift* [1879], III.

4.1 Logizismus

Um etwas genauer zu sagen, was man unter „Logizismus" versteht, könnte man mit Carnap am Logizismus zwei Teilthesen unterscheiden: die „Ableitung" der mathematischen Begriffe aus den logischen und die Ableitung der mathematischen Sätze aus der Logik.[5] Was die erste Teilthese angeht, geht es darum, die mathematischen Begriffe explizit durch logische Begriffe zu definieren. In mehr syntaktisch orientierter Sprechweise heißt das, die mathematischen Sätze als logische Sätze zu reformulieren. Neuere Kommentatoren nennen diese Teilthese dann auch „Sprachlogizismus".[6] Was die zweite Teilthese angeht, so handelt sie nach Carnap von der Ableitung der mathematischen Sätze aus den logischen Grundsätzen mittels logischer Schlüsse.[7] Modern gesprochen geht es wohl um die Ableitbarkeit der mathematischen Sätze aus rein logischen Axiomensystemen, also Axiomensystemen ohne nicht-logische Axiome. Man mag diese Teilthese „Wahrheitslogizismus" nennen, da die Wahrheit mathematischer Sätze auf die Wahrheit der logischen Axiome zurückgeführt wird.[8]

Vom Wahrheitslogizismus wird manchmal noch eine schwächere These abgespalten, die eine Menge von nichtlogischen Annahmen zuläßt und nur fordert, daß die Ableitung selbst rein logisch erfolgen soll.[9] Diese These, „Folgerungslogizismus" genannt, ist jedoch so viel schwächer als der Wahrheitslogizismus, daß sie die Bezeichnung „Logizismus" eigentlich nicht verdient. Der Folgerungslogizismus steht nicht im Widerspruch mit der antilogizistischen These, daß die Mathematik letztlich nicht auf die Logik zurückführbar ist, denn seine „Rückführung" läßt ja ein „Residuum" in Form der nicht-logischen Axiome zu. Deshalb sollte er überhaupt nicht „Logizismus" genannt werden. Von dieser Kritik bleibt unberührt, daß es wohl die wichtigste bleibende Leistung der Logizisten ist, das hier Geforderte erreicht zu haben. Von der Zurückweisung der Bezeichnung „Logizismus" bleibt außerdem die grundlagentheoretische Relevanz und die historische Zuordnung zu den

---

[5] CARNAP, *Die logizistische* [1931], 91–92.

[6] So zum Beispiel RAYO, *Logicism* [2005].

[7] CARNAP, *Die logizistische* [1931], 95.

[8] Diese Ausdrucksweise blendet allerdings die scharfe Trennung von Beweisbarkeit und Wahrheit aus, die spätestens mit den Gödelschen Unvollständigkeitssätzen zum Proprium der Logik geworden ist. Ist man sich dessen bewußt, kann man die Redeweise jedoch aus zwei Gründen beibehalten: Erstens ging es den historischen Autoren immer um Wahrheit, wie besonders Frege betont hat, obgleich gerade er mit dem Logikkalkül das wertvollste syntaktische Werkzeug für die Logik geschaffen hat. Zweitens hat diese hergebrachte Position ja auch etwas vollkommen Richtiges an sich: Wenn die Verwendung von Kalkülen kein bloßes Glasperlenspiel sein soll, muß der Kalkül zumindest das Ziel haben, hypothetische Wahrheitsrelationen nachzubilden, wie: „Wenn die Bedingungen A wahr sind, dann ist auch B wahr." Mit Hilfe der Tarskischen Wahrheitsdefinition ist es auch möglich, einen logischen Schluß als einen solchen zu definieren, der in allen Strukturen wahrheitserhaltend ist. Diese Definition hat den Vorteil, auch für höherstufige Logiken tragfähig zu sein, auch wenn der Übergang zur syntaktischen Seite dort mangels Vollständigkeitssatz nicht mehr gegeben ist.

[9] Vgl. RAYO, *Logicism* [2005]. – Mir ist nicht ganz klar, warum Rayo in diesem Zusammenhang fordert, daß *Reformulierungen* der mathematischen Sätze rein logisch ableitbar sein sollen. Sprach- und Wahrheitslogizismus wären sauberer getrennt, wenn man die Reformulierung nur beim Sprachlogizismus zulassen würde.

Logizisten unberührt. Die Verpflichtung auf rein logische Schlüsse außerhalb der (mathematischen) Axiome gehört jedenfalls heute unter den Mathematikern zum Standardverständnis dessen, was mathematische Beweise eigentlich ausmacht. Auch wenn man beim faktischen Beweisen für die „logische Reinheit" der Schlüsse meist weder Zeit noch Muße hat, ist die grundsätzliche *Möglichkeit*, einen Beweis auch „streng logisch" führen zu können, entscheidend. Diese Sicht hat auch zu der seit dem 19. Jahrhundert verbesserten Lehr- und Lernbarkeit der Mathematik beigetragen. Im Rahmen der Hilbertschen axiomatischen Methode spielt sie eine wichtige Rolle im Zusammenhang mit der Forderung nach strenger Beweisführung.[10] Gestattet man, den „mathematischen Gehalt" einer Theorie in die Axiome zu stecken, so ist ein solcher „Logizismus" nicht nur problemlos kompatibel mit einem axiomatischen Standpunkt à la Hilbert, sondern muß geradezu als eine seiner wesentlichen Komponenten angesehen werden.

Es sind noch feinere Abstufungen vorgeschlagen worden, wie etwa die Unterscheidung zwischen einer syntaktischen und einer semantischen Variante bei Folgerungs- und Wahrheitslogizismus, oder die Differenzierung, ob man die Prädikatenlogik erster Stufe oder eine höherstufige Logik zugrundelegt.[11] Dies ist im Kontext der Frage nach den inhaltlichen Einflüssen des Logizismus auf Hilberts Programm allerdings nicht unbedingt nötig. Für die vorliegende Frage ebenfalls nur am Rande von Bedeutung ist, auf welchen Wegen ein logizistisches Programm Ende des 20. Jahrhunderts reaktiviert worden ist.[12] Daher wird auf diese Punkte im Folgenden nicht weiter eingegangen. Um die inhaltlichen Einflüsse des Logizismus auf das Hilbertprogramm zu verstehen, ist vielmehr die Arbeit der Pioniere entscheidend. Sie haben das Hilbertprogramm unterschiedlich beeinflußt. Ihre Positionen werden daher im Folgenden einzeln behandelt.

4.1.1 Frege

Zunächst geht es um Gottlob Frege. Er gilt solchermaßen als „Urvater" des Logizismus, daß in manchen Lehrbüchern unter dem Titel „Logizismus" sogar ausschließlich seine Gedanken präsentiert werden.[13] Frege hat ein merkwürdiges Schicksal ereilt. Während er zu Lebzeiten nahezu völlig unbeachtet blieb, haben ihn weite Kreise der Analytischen Philosophie in der zweiten Hälfte des 20. Jahrhunderts nicht bloß wiederentdeckt, sondern geradezu zur philosophischen Ikone hochstilisiert. Es mag daher zu einer Versachlichung der Frege-Diskussion beitragen, daß sich in der neueren Literatur mehr und mehr kritische Stimmen zu Frege melden, die fordern, nüchtern auch die Punkte zu sehen, an denen er weniger überzeugend war oder sachlich danebenlag, wie beispielsweise seine Fehlinter-

---

[10] Vgl. auch die Ausführungen im Kap. 3
[11] Vgl. Rayo, *Logicism* [2005].
[12] Zu diesem neueren Logizismus oder Neologizismus vgl. Hale/Wright, *Logicism* [2005].
[13] So beispielsweise im Logizismus-Kapitel von George/Velleman, *Philosophies* [2002].

4.1 Logizismus

pretationen anderer Denker.[14] Trotzdem hat Frege natürlich Großartiges und Bleibendes geleistet. Um einige dieser Leistungen wird es im Folgenden gehen.

Nach Frege hat die Logik eine grundlegende Funktion. Es gibt nichts Basaleres, auf das erfahrungsunabhängiges Wissen zurückgeführt werden könnte.[15] In der Logik geht es um die Grundgesetze jeden Denkens und daher ist die Logik die allgemeinste Wissenschaft. Das Gebiet der Logik liegt, so ein Bild Freges, in der Mitte der wissenschaftlichen Felder und ist allen anderen Feldern benachbart.[16]

In der philosophischen Auseinandersetzung war Freges Logizismus vor allem gegen zwei Tendenzen gerichtet, nämlich gegen die Begründung der Arithmetik auf Erfahrung und gegen die Begründung der Logik auf Psychologie. Während der letztere Punkt wohlbekannt ist, mag es wert sein, den ersteren zu betonen. Frege war ein entschiedener Gegner sowohl der inhaltlichen Begründung der Arithmetik auf (Sinnes-)Erfahrung (für ihn hat die Wahrheit arithmetischer Aussagen nichts mit dem Gehalt von einzelnen Erfahrungen zu tun), als auch der formalen Begründung der Arithmetik auf „Intuitionen" oder „Anschauungsformen" wie Raum oder Zeit, die möglicherweise zwar für die Gewinnung arithmetischer Erkenntnis bedeutsam sein können, jedoch nichts zu deren Rechtfertigung beitragen.[17] Ihm ging es um die attraktive Alternative, Arithmetik auf Logik zu begründen.[18]

So wollte Frege möglichst weit kommen bei dem Versuch, die Arithmetik durch rein logische Schlüsse zu entwickeln,[19] bzw. im *modus cognoscendi* umgekehrt, die Arithmetik zu zergliedern und zu ihren „letzten Bestandteilen" vorzudringen. Dazu entwickelte er zunächst mit der sog. „Begriffsschrift" eine leistungsfähige formale Sprache, die einer Reihe seiner (sprach-)philosophischen Bedürfnisse entsprach.[20] Sie war eine Vorbedingung

---

[14] Vgl. hierzu besonders den brillanten Aufsatz TAIT, *Frege versus* [2005]. Tait hat wie nur wenige den Mut, den Versuchen, Frege heilig zu sprechen, die Stirn zu bieten, welche besonders durch einflußreiche Philosophen wie Michael Dummett betrieben werden, vgl. DUMMETT, *Frege* [1991], 292: „*In Frege's writings, by contrast [to Brouwer and Hilbert, C.T.], everything is lucid and explicit: when there are mistakes, they are set out clearly for all to recognize.*" Und dann: „*He [Frege, C.T.] was the greatest philosopher of mathematics yet to have written.*" DUMMETT, *Frege* [1991], 321. – Schon Hilbert hatte Frege offen darauf hingewiesen, daß er Cantor und Dedekind in den entsprechenden Passagen seiner *Grundgesetze* nicht gerecht würde; vgl. den Brief Hilberts an Frege vom 7.11.1903, der zugleich der letzte erhaltene Brief dieses Briefwechsels ist, FREGE, *Briefwechsel* [1976], 80.
[15] Vgl. GEORGE/VELLEMAN, *Philosophies* [2002].
[16] Vgl. FREGE, *Begriffsschrift* [1879], VI.
[17] Vgl. das Vorwort zu FREGE, *Begriffsschrift* [1879], III–IV; sowie GEORGE/VELLEMAN, *Philosophies* [2002].
[18] Anders jedoch Freges eher traditionelle Sicht der Geometrie. Die Wahrheit von deren Axiomen will er strikt auf die Raumanschauung begründen; vgl. etwa den Brief an Hilbert vom 27.12.1899, FREGE, *Briefwechsel* [1976], 63.
[19] Vgl. FREGE, *Begriffsschrift* [1879], III–IV.
[20] Zugleich nimmt Frege damit die Leibnizsche Idee eines *calculus ratiocinator* oder *calculus philosophicus* auf; vgl. hierzu PECKHAUS, *Logik, Mathesis* [1997], bes. 287–296. Die philosophische Anwendung zielt für Frege darauf ab, „die Herrschaft des Wortes über den menschlichen Geist zu brechen", und zwar dadurch, daß sie die Täuschungen des Sprachgebrauchs aufdeckt und „den Gedanken

dafür, mit dem eigentlichen logizistischen Projekt weiterzukommen, denn nur eine Präzisierung der Sprache kann die Gewähr bieten für die Lückenlosigkeit der Schlußketten, sprich dafür, daß sich keine unbemerkten Voraussetzungen in die Schlußkette „einschleichen". Frege hatte sich dies mit aller Deutlichkeit im Laufe seiner Arbeiten gezeigt. Die Orientierung an rein logischen Schlußweisen innerhalb von Beweisen teilte er dabei mit Hilbert. Sie entsprach der von beiden geteilten Forderung nach „Strenge der Beweisführung", obgleich Hilbert nicht in demselben Maße von dem Eigenwert der Formalismen überzeugt war wie Frege.[21]

Mittels einer Begriffsschrift kann man sicherstellen, daß innerhalb von Beweisen nichts Verwendung findet, was nicht schon in den grundlegenden Axiomen und/oder Definitionen als Annahme enthalten ist. Bei welchen solcher „grundlegenden Axiome und/oder Definitionen" sollen Beweise jedoch beginnen? – Frege legte zunächst kein Axiomensystem für die Arithmetik vor, sondern wandte sich der Definition des Begriffs der natürlichen Zahl und der einzelnen natürlichen Zahlen zu. Seine Ausgangsüberlegung in den *Grundlagen der Arithmetik* war, daß Zahlen nicht direkt irgendwelchen Objekten zukommen können, sondern Begriffen. Sie sind Begriffe, unter die keine „gewöhnlichen" Objekte fallen, sondern „gewöhnliche" Begriffe. Etwas mißverständlich könnte man es auch so ausdrücken, daß Zahlen nach Frege Begriffe sind, deren „Objekte" wiederum Begriffe sind. Zahlen sind sozusagen Eigenschaften von Eigenschaften, oder kurz: Eigenschaften zweiter Stufe. So kommt die Zahl 3 einem Begriff B zu, falls genau drei Objekte unter B fallen. Frege definierte zuerst, was es heißt, daß mindestens drei Objekte unter B fallen:

$$min_3(B) :\equiv \exists x \exists y \exists z \big(x \neq y \wedge y \neq z \wedge z \neq x \wedge B(x) \wedge B(y) \wedge B(z)\big).$$

Genau drei Objekte fallen dann unter B, wenn (mindestens) drei Objekte darunter fallen aber nicht (mindestens) vier, also:

$$3(B) :\equiv min_3(B) \wedge \neg min_4(B).$$

In diesem Fall heißt B auch „dreizahlig". Frege kann dann definieren, daß n *eine Anzahl* ist, wenn es einen Begriff B gibt, sodaß B n-zahlig ist. Gemäß dieser Definition ist 0 eine (An-)Zahl, denn der Begriff „nicht mit sich selbst identisch" ist 0-zahlig, unter ihn fallen keine Objekte.

Ganz allgemein definiert Frege die Nachfolgerelation unter natürlichen Zahlen in einer Weise, die sich auf beliebige Begriffe verallgemeinern läßt: Sind B und C zwei Begriffe, so heißt B „zahlenmäßig auf C folgend", wenn es ein x gibt derart, daß x nicht unter C fällt und daß die Begriffe B und „unter C fallen oder gleich x sein" koextensional sind, in Zeichen:

$$Nachf(B, C) :\equiv \exists x\big(\neg C(x) \wedge \forall y(B(y) \leftrightarrow C(y) \vee y = x)\big).$$

---

von demjenigen befreit, womit ihn allein die Beschaffenheit des sprachlichen Ausdrucksmittels behaftet"; vgl. FREGE, *Begriffsschrift* [1879], VI–VII.
[21] Vgl. vor allem die ersten Briefe zwischen Frege und Hilbert in FREGE, *Briefwechsel* [1976], 58–60.

4.1 Logizismus

Die Nachfolgerelation unter Zahlen läßt sich mit Hilfe von derjenigen unter Begriffen definieren. So heißt eine Zahl n der Nachfolger[22] einer Zahl m (in Zeichen $S(n,m)$), wenn es zwei Begriffe B und C gibt, die n- bzw. m-zahlig sind und in der begrifflichen Nachfolgerelation stehen:

$$S(n,m) :\equiv \exists B, C\big(n(B) \wedge m(C) \wedge \mathit{Nachf}(B,C)\big).[23]$$

Damit, so Frege ausdrücklich, sei „noch nicht gesagt, daß es zu jeder Anzahl eine andere gebe, welche auf sie oder auf welche sie in der Zahlenreihe unmittelbar folge".[24] Dazu definiert Frege zunächst, was es heißt, „der mit n endenden natürlichen Zahlenreihe angehörend" zu sein. Ein x gehört der mit n endenden natürlichen Zahlenreihe genau dann an, wenn $x = n$ ist oder wenn n auf x folgt. Die Relation des Folgens ist dabei wie folgt bestimmt: z folgt y in der natürlichen Zahlenreihe genau dann, wenn z unter jeden Begriff fällt, unter den der Nachfolger von y fällt und der, wie man heute kurz sagt, „unter Nachfolgerbildung abgeschlossen" ist, d. h., für den gilt, daß zu jedem d, das unter ihn fällt, auch der Nachfolger von d unter ihn fällt.[25] Der Nachfolger Sn zu einer Zahl n ergibt sich dann als Zahligkeit des Begriffs „der mit n endenden natürlichen Zahlenreihe angehörend zu sein". Äquivalent dazu wäre der Begriff „mit $0, 1, \ldots, n-1$ oder n identisch sein", mit dessen unklaren Pünktchen Frege sich jedoch nicht zufrieden gegeben hat.

Zusammenfassend ließe sich sagen, daß sich Freges Begriff der natürlichen Zahlen dann als derjenige Begriff ergibt, unter den die Objekte fallen, die all diejenigen Eigenschaften haben, die sich von der 0 auf alle Nachfolger übertragen:

$$\mathit{NatZahl}(n) :\equiv \forall B\big(B(0) \wedge \forall x \forall y (B(x) \wedge S(y,x) \to B(y)) \to B(n)\big).$$

Diese explizite Definition des Begriffs der natürlichen Zahl verwendet nur die zuvor definierten Teilbegriffe der Null (=Zahligkeit des Begriffs der Nicht-Selbst-Identität) und des Nachfolgers und den Rahmen der zweitstufigen Logik (essentielle Verwendung des zweitstufigen Quantors). Man beachte allerdings, daß hier keine Rücksicht darauf genommen wurde, mit möglichst niedriger logischer Komplexität zu arbeiten. So verwendet die Definition von $\mathit{NatZahl}$ nicht nur die explizit auftretenden zweitstufigen Quantoren, sondern auch in $S(y,x)$ „verbergen" sich weitere zweitstufige Quantoren. Man muss bei der Würdigung von Freges Ansatz sein logizistisches Gesamtprojekt berücksichtigen, die Arithmetik auf die Logik zurückzuführen – der logische „Preis" dafür ist für ihn zweitrangig.

Freges Konzeption von Zahlen als Eigenschaften von Begriffen bzw. als Begriffsumfänge hat den Vorteil, daß die Anwendbarkeit der Arithmetik in unserem wissenschaftlichen

---

[22] Die hier mitbehauptete Rechts-Eindeutigkeit der Nachfolgerelation läßt sich leicht zeigen.

[23] Diese Formel ist vom heutigen Standpunkt aus nicht unproblematisch, da die Buchstaben n und m, die in der Definition der n-Zahligkeit die Länge von Quantorenstrings angeben, hier als Variablen behandelt werden. Strenggenommen handelt es sich nicht um eine wohlgeformte Formel. Das Problem kann mittels eines Anzahloperators (#) gelöst werden, vgl. BURGESS, *Fixing Frege* [2005], 23–30.

[24] FREGE, *Grundlagen* [1884], 91.

[25] Vgl. FREGE, *Grundlagen* [1884], § 79–83.

wie alltäglichen Denken über die Welt eine einfache Erklärung findet. Zahlen kommen beliebigen Begriffen zu und Zahlausdrücke gehören damit zum allgemeinsten Vokabular, das wir haben. Diese Allgemeinheit der Zahlbegriffe ist ihrerseits wieder ein Charakteristikum des Fregeschen Logizismus. Es gibt für ihn keine spezielle Wissenschaft von den Zahlen, denn da Zahlen so allgemein sind, gehören sie zur allgemeinsten Wissenschaft, der Logik. Diesem explanatorischen Vorteil von Freges Konzeption steht allerdings der praktische Nachteil gegenüber, daß sie zweitstufige Logik voraussetzt, für die es bekanntlich keinen vollständigen Kalkül gibt.

Diese Analyse des Begriffs der natürlichen Zahl ergänzte Frege in den *Grundgesetzen der Arithmetik* durch die Angabe eines Axiomensystems. Dieses Axiomensystem wurde durch Russells Entdeckung der Paradoxie als inkonsistent erwiesen. Frege sah sein großangelegtes Projekt damit als gescheitert an. Frege-Interpreten starten jedoch bis heute ernstzunehmende Versuche, diesen Schaden zu reparieren. Lange galt Freges Axiom V über die Wertverlaufsidentität als „Übeltäter".[26] Neuere Forschungen haben jedoch gezeigt, daß dies zu kurz gegriffen ist. Axiom V führt zwar im Zusammenhang der vollen zweitstufigen Logik – einschließlich des uneingeschränkten Komprehensionsprinzips – zur Inkonsistenz. Die „Schuld" dafür kann man jedoch durchaus verschieden auf Axiom V und Komprehension verteilen. So ist heute bewiesen, daß Axiom V sowohl mit erststufiger Logik als auch mit eingeschränkter zweitstufiger Komprehension widerspruchsfrei zusammengeht.[27]

Von dieser Diskussion bleiben andere, mehr den philosophisch-grundlagentheoretischen Anspruch des Logizismus betreffende Probleme weitgehend unberührt. Kehren wir zu der Frage zurück, ob es überhaupt vorstellbar ist, Arithmetik *allein* auf reine Logik zu begründen, so sind andere Probleme als die Russellsche Inkonsistenz entscheidend. Die entscheidende Frage ist, ob in Freges Theorie nicht mehr oder weniger versteckt mathematische Hilfsmittel zum Einsatz kommen. Denn dann würde der Logizismus gegen seinen eigenen Anspruch verstoßen.[28] So hat schon Georg Cantor in seiner Rezension der *Grund-*

---

[26] Axiom V setzt voraus, daß es zu jedem Begriff B dessen Extension, den sog. „Wertverlauf" $\omega x.B(x)$ gibt. Das Axiom selbst behauptet dann, daß die Wertverläufe zweier Begriffe genau dann identisch sind, wenn die Begriffe koextensional sind:

$$\forall B \forall C(\omega x.B(x) = \omega x.C(x) \leftrightarrow \forall x(B(x) \leftrightarrow C(x))).$$

Vgl. FREGE, *Grundgesetze* [1893], I, §20.

[27] Terence Parsons bewies 1987 die Konsistenz von Axiom V mit erststufiger Logik, vgl. PARSONS, *Consistency* [1987]. Richard Heck konnte dieses Resultat 1996 auf das arithmetische Komprehensionsschema ausdehnen (d. h. das Komprehensionsschema eingeschränkt auf Formeln, die höchstens zweitstufige Variablen, aber keine zweitstufigen Quantoren haben), vgl. HECK, *Consistency* [1996]. Und 1999 zeigte schließlich Kai F. Wehmeier gegen Hecks Vermutung auch die Konsistenz mit Δ^1_1-Komprehension, vgl. WEHMEIER, *Consistent Fragments* [1999].

[28] BERNAYS, *Philosophie der Mathematik* [1930], 23, behauptet mit ausdrücklichem Bezug auf Frege und andere, daß man „in den verschiedenen Systemen der Logistik [...] nirgends den spezifisch logischen Gesichtspunkt als allein beherrschend [findet], sondern überall von vornherein mit mathematischer Betrachtungsweise durchsetzt." Bernays bezieht sich im Folgenden allerdings auf den

4.1 Logismus

lagen auf das Problem hingewiesen,[29] daß auch in den logischen Definitionen der einzelnen Zahlen auf der Metaebene von Zahlen Gebrauch gemacht wird. Zwar kann man argumentieren, daß etwa die Zahl 3 nicht in der Definition der Dreizahligkeit „auftritt". Dies stimmt aber nur in dem Sinne, daß kein Zeichen für die 3 und auch kein Zeichen, das mittels eines Zeichens für die 3 definiert ist, im Definiens steht. Auf der Metaebene wird die Zahl 3 jedoch durchaus verwendet. Das sieht man am deutlichsten, wenn man sich fragt, wie die Definition der n-Zahligkeit für eine beliebige Zahl n aussehen müßte. Es müßten n Allquantoren verwendet werden, dann $\frac{n \cdot (n+1)}{2}$ Ungleichungen usw. In der metatheoretischen Beschreibung der Definition müssen somit Zahlen verwendet werden.[30] Dieses Vorgehen mag man als zirkulär beschreiben – zumindest wenn man es am eigentlichen logizistischen Anspruch mißt, *rein logische* Definitionen der Zahlen geben zu können.

Ein schwerwiegenderes Problem ist die Existenzforderung, die in der Definition des Nachfolgers verwendet wird. Diese mag unproblematisch sein, solange zwei Kandidaten vorliegen, die daraufhin zu überprüfen sind, ob der eine der Nachfolger des anderen ist. Geht man jedoch von der Nachfolge*relation* zur Nachfolger*funktion* über oder verwendet man den Bezeichnungsoperator „*der* Nachfolger von ...", so ist für eine gegebene Zahl zu zeigen, daß sie einen Nachfolger besitzt. Soll dies wirklich „rein logisch" gelingen, so müßte man gewissermaßen „aus dem Nichts" die Existenz von Objekten beweisen kön-

---

„ausgesprochen mathematischen Charakter" des Logikkalküls. Es ist die Frage, ob „Eindrücke" vom „Charakter" eines Kalküls für die Frage, ob dieser seinen eigenen Ansprüchen gerecht wird, unmittelbar aussagekräftig sind. – Hilbert jedenfalls scheint schon 1904 davon überzeugt gewesen zu sein, daß bei der systematischen Entwicklung der Logik selbst arithmetische Grundbegriffe verwendet werden müssen; explizit nennt er den Begriff der Menge und den Begriff der Anzahl; er zieht daraus den Schluß, daß „eine teilweise gleichzeitige Entwicklung der Gesetze der Logik und der Arithmetik erforderlich" sei; vgl. HILBERT, *Grundlagen Logik* [1905].

[29] CANTOR, *Rezension Frege* [1885].

[30] In den Metatheorien der Mengenlehre oder auch der zahlentheoretischen Axiomensysteme, die mit der Konstanten 0 und der Nachfolgerfunktion (′, S oder suc) oder mit den Konstanten 0 und 1 und der Addition (+) operieren, wird von einem Begriff natürlicher Zahlen ebenfalls immer schon Gebrauch gemacht. Um die Zahl 2 im Formalismus durch $0''$ oder $0 + 1 + 1$ zu definieren, muß auf der Metaebene, auf der Formalismus selbst definiert ist, immer etwas gesagt werden wie „zweimal ...", sei es „zweimal ′ an das Zeichen 0 anhängen" oder „zur 0 zweimal +1 bilden". Um die mengentheoretische Repräsentation der Zahl 2 zu definieren, muß man ebenfalls auf der metatheoretischen Ebene angeben, daß die Nachfolgeroperation $x \mapsto x \cup \{x\}$ auf die leere Menge $\emptyset$ zweimal anzuwenden sei. In der Fregeschen Definition ist es die Anzahl der Quantoren bzw. der Konjunktionsglieder, die letztlich die zu definierende Zahl bestimmt. Wieviele solche logischen Zeichen hinzuschreiben sind, kann nicht anders als mittels der Zahl n bestimmt werden. Eine Lösung dieser Schwierigkeit wird man nur erhalten, wenn man ein Stellenwertsystem explizit berücksichtigt (ähnlich Edmund Husserl in seiner *Philosophie der Arithmetik*). Im üblichen dekadischen System kann man dann die explizite Definition auf die Zahlen 1 bis 10 beschränken und diese Definition mittels des Stellenwertsystems auf größere Zahlen „hochziehen". Dann erst würde man zur Definition der Zahl 37 nicht mehr die 37 (semantisch) in Anspruch nehmen, sondern nur noch ihre syntaktische Struktur (bestimmter Aufbau aus „3" und „7").

nen.³¹ Das von Hilbert bemerkte Problem, die Existenz des Nachfolgers könne in Freges System nicht bewiesen werden, stellt damit das logizistische Programm von ein wirkliches Dilemma: Fordert man die Existenz des Nachfolgers sozusagen als Postulat, gefährdet man den logizistischen Anspruch; fordert man sie nicht, ist die Theorie für die Arithmetik zu schwach.

Welchen Einfluß nun hatte Frege auf Hilberts Programm? Hilbert hat die Probleme des Fregeschen Ansatzes durchaus gesehen. Treffend beschreibt er das Kernproblem dahingehend, daß Frege

> den Umfang eines Begriffs für etwas ohne weiteres Gegebenes [hielt], derart, daß er dann diese Umfänge uneingeschränkt wieder als Dinge selbst nehmen zu dürfen glaubte.
> HILBERT, *Neubegründung* [1922], 162

Dennoch waren sich Hilbert und Frege in vielen Punkten einig. Um nur ein Beispiel zu nennen, etwa in der Konzeption von Definitionen als Festsetzungen abkürzender Redeweisen, die stets eliminierbar sein müssen³² (für Hilbert galt dieses Konzept von Definitionen allerdings nur *innerhalb* von Theorien, d. h. für die Nicht-Grundbegriffe). Aber Einigkeit ist noch kein Einfluß. Der wichtigste Einflußfaktor Freges auf Hilbert war sicher der Logikkalkül.³³ Allerdings hat Hilbert den Logikkalkül aus anderen Gründen geschätzt als Frege. Hilbert ging es nicht um eine Reinigung der mathematischen Sprache, um eine Lösung logischer Subtilitäten oder eine sprachphilosophischen Anforderungen genügende, verbesserte Ausdrucksweise der Mathematik.³⁴ Er entdeckte den Logikkalkül vielmehr als hilfreiches Werkzeug, um mathematische Theorien zu untersuchen.³⁵ Den Axiomatiker interessieren Fragen wie die Abhängigkeitsverhältnisse zwischen verschiedenen Axiomen, ihre Widerspruchsfreiheit und Vollständigkeit, die Relationen verschiedener Theorien untereinander und Ähnliches mehr. Das Grundbedürfnis nach der vielbeschworenen „Strenge der Beweisführung", nach dem rein logischen Schließen außerhalb der axiomatisch festgelegten Grundannahmen, verband beide Mathematiker und war ein wichtiger Faktor für die Entstehung des HP. Eine Beweistheorie setzt voraus, daß exakt festgelegt ist, was ein Beweis ist und was nicht. Dazu hat Freges Formelsprache viel beigetragen, wie sich bei genauerer Betrachtung des Hilbertschen Formalismus noch bestätigen wird.

---

[31] Das genannte Problem verschärft sich noch einmal deutlich, wenn man mit Carnap an einer konstruktivistischen Tendenz des Logizismus festhält. Wenn eine Begriffsbildung tatsächlich nur eine Namensgebung für etwas schon Vorhandenes ist und es keine sog. „schöpferischen" Definitionen geben kann, so hätte eine Begriffsbildung, bei der eine (unbewiesene) Existenzbehauptung verwendet wird, einen ernsten Defekt. Vgl. CARNAP, *Die logizistische* [1931], 94; zu den „schöpferischen Definitionen" auch DUBISLAV, *Schöpferische Definitionen* [1928].
[32] Zur Eliminierbarkeit von Definitionen vgl. auch CARNAP, *Die logizistische* [1931], 95.
[33] Vgl. HILBERT, *Neubegründung* [1922], 162.
[34] Vgl. Hilberts entsprechende Stellungnahme in HILBERT, *Über das Unendliche* [1926], 176.
[35] Zu diesem Zweck war es allerdings nötig, die mathematische Theorie aus dem logischen Kalkül heraus viel weiter zu entwickeln, als Frege dies getan hat. Kurt Gödel hat das mit aller Deutlichkeit ausgedrückt: „Frege war infolge seiner peinlich genauen Analyse der Beweise nicht über die elementarsten Eigenschaften der Reihe ganzer Zahlen hinausgekommen", GÖDEL, *Russells* [1986], V.

4.1.2 Dedekind

Richard Dedekind war an einem systematischen Aufbau der Mathematik auf klaren Grundlagen interessiert, und das hieß zu seiner Zeit vor allem, daß er eine zuverlässige Grundlegung der Analysis und des Begriffs der reellen Zahl anstrebte. Mit diesem Ziel hat er zwei bedeutende Schriften publiziert: *Stetigkeit und irrationale Zahlen* und *Was sind und was sollen die Zahlen?*[36]

Während die Bedeutung der Arbeiten Dedekinds für das HP und sogar für den Logizismus im Allgemeinen lange nicht gesehen oder zumindest unterschätzt wurde,[37] stellt die neuere Forschung die Bedeutung Dedekinds heraus und bemüht sich um genauere Analysen seines Werkes und der von ihm ausgehenden Einflüsse.[38] Der historische Zusammenhang mit Hilbert besteht neben den mathematischen Werken selbst hauptsächlich durch Heinrich Weber, einen Kollegen und Mitstreiter Dedekinds an der Königsberger Universität und einen der Lehrer Hilberts. Es ist also davon auszugehen, daß Hilbert schon von seinen ersten Studientagen an mit der Dedekindschen Herangehensweise an grundlagentheoretische Fragen vertraut war. Dies erklärt auch, warum Hilbert so wenig explizit von einer Beschäftigung mit Dedekind spricht. Und dies wiederum mag erklären, warum Dedekinds Einfluß auf das HP häufig unterschätzt wurde.

Dedekinds axiomatisches und formal-abstraktes Vorgehen fand unter seinen Zeitgenossen nicht nur Beifall,[39] obwohl man es vom Standpunkt der modernen Mathematik aus geradezu als einen ihrer Vorläufer ansehen muß.[40] Wenn heute ein systematischer Aufbau des Zahlsystems von den natürlichen über die ganzen und rationalen bis zu den reellen Zahlen dargestellt wird, so stammen wesentliche Teile eines solchen Aufbaus von Dedekind.

In *Stetigkeit und irrationale Zahlen* hat Dedekind seine berühmt gewordene Konzeption der reellen Zahlen als Schnitte in den rationalen Zahlen vorgelegt.[41] Die rationalen Zahlen wiederum lassen sich als Brüche und damit durch Paare von ganzen Zahlen darstellen und

---

[36] DEDEKIND, *Stetigkeit* [1872] bzw. DEDEKIND, *Was sind* [1888].
[37] Carnap erwähnt in seinem Königsberger Vortrag über *die logizistische Grundlegung der Mathematik* von Dedekinds Arbeiten einzig die Konzeption der reellen Zahl als Schnitt in den rationalen Zahlen, vgl. CARNAP, *Die logizistische* [1931], 94. Von einer weitergehenden Bedeutung Dedekinds für das logizistische Programm ist keine Rede. Bernays schreibt die Axiomatisierung der Zahlentheorie im Haupttext von *Hilberts Untersuchungen über die Grundlagen der Arithmetik* Peano zu, während Dedekind nur in der zugehörigen Fußnote erwähnt wird im Zusammenhang mit seinem Beweis für die generelle Lösbarkeit der Rekursionsgleichungen, vgl. BERNAYS, *Hilberts Untersuchungen* [1935], 197.
[38] Siehe z. B. SIEG/SCHLIMM, *Dedekind* [2005].
[39] Vgl. SIEG/SCHLIMM, *Dedekind* [2005], 121.
[40] So z. B. SINACEUR, *L'infini* [1974], 251, der auch schon darauf hinwies, daß Dedekind die natürlichen Zahlen ganz in der Art Hilberts durch Axiome charakterisiert.
[41] Im Vorwort bringt Dedekind zum Ausdruck, wie ihn die unbefriedigende Situation, eine Analysis-Vorlesung halten zu müssen, ohne daß er eine strenge Grundlegung dieser Disziplin finden konnte, zu seinen grundlagentheoretischen Arbeiten geführt hat.

die ganzen Zahlen ihrerseits durch Paare natürlicher Zahlen.[42] Es bleibt so die Frage, wie die natürlichen Zahlen zu konzipieren sind.

Dedekind konnte sich nicht wie Leopold Kronecker damit zufriedengeben, die natürlichen Zahlen als „gottgegeben" anzusehen. Sein Interesse an einer philosophisch befriedigenden Grundlegung ihrer Theorie führte ihn zu einem eigenen Ansatz, den er 1888 in *Was sind und was sollen die Zahlen?* publizierte.[43]

Im Zentrum dieses Ansatzes steht ein Unendlichkeitsbegriff, der heute oft „Dedekindunendlich" oder kurz „D-unendlich" genannt wird.[44] Ein nicht-leeres System[45] S heißt demnach unendlich, wenn es eine injektive Abbildung f gibt, die S auf eine echte Teilmenge von S abbildet, anderenfalls heißt S endlich.[46] Im Falle eines unendlichen Systems gibt es also ein Element 1, das nicht im Bild der injektiven Abbildung liegt. Betrachtet man nun den Weg von 1, wenn man es sukzessive durch Anwendungen von f durch S „transportieren" läßt, dann kann der so entstehende „Orbit" von 1 nie geschlossen sein, d. h. nie zu einem schon zuvor erreichten Element zurückkehren. Denn zu 1 kann er nicht zurückkehren, da 1 nicht im Bild von f liegt, und zu einem der weiteren Elemente kann er nicht zurückkehren, da f injektiv ist. Dieser Orbit N hat die Struktur der natürlichen Zahlenreihe $(1, f^1(1), f^2(1), f^3(1), \ldots)$. Er läßt sich definieren durch Bildung der Schnittmenge über alle Teilmengen von S, die 1 enthalten und unter f abgeschlossen sind. Ein solches Objekt, in Dedekinds Terminologie die „Gemeinheit" aller „Ketten" bezüglich f, die das Grundelement 1 enthalten, heißt „einfach-unendliches System".[47] Solche einfach-unendlichen Systeme haben die Struktur der natürlichen Zahlen. Es gibt sie als Teilsysteme in jedem D-unendlichen System.[48] Damit ist die Struktur der natürlichen Zahlen gewissermaßen als einfachste unendliche Struktur beschrieben.

---

[42] Die Verwendung von Paaren und Äquivalenzrelationen zwischen ihnen zum Aufbau von Zahlsystemen scheint auf den (etwas exzentrischen) Mathematiker Sir William Hamilton zurückzugehen, der im Vorwort zu seinen *Vorlesungen über Quaternionen* die komplexen Zahlen als Paare reeller Zahlen einführte. Dedekind hat Hamiltons Quaternionen-Buch anscheinend gekannt, so FERREIRÓS, *Labyrinth* [1999], 220. Er selbst hat die Paarmethode allerdings nicht in seinen publizierten Schriften verwendet, dafür aber in einem nachgelassenen Manuskript, vgl. SIEG/SCHLIMM, *Dedekind* [2005], 136–138.

[43] Dedekind gelangte zu der darin durchgeführten Konzeption auf einem langen Weg mühevoller und gründlicher Forschungen, die im steten Wechsel von eher analytischen und eher synthetischen Zugangsweisen das zu erreichen suchten, was bei der Begründung der Analysis noch offen geblieben war. Dieser Weg ist durch einige Manuskripte aus dem Nachlaß dokumentiert, die mittlerweile auch näher erforscht sind, vgl. SIEG/SCHLIMM, *Dedekind* [2005].

[44] Im Gegensatz zu einer damals verbreiteten Definition („größer als jede endliche Menge", o. ä.) setzt diese Definition nicht schon einen Begriff von endlichen Anzahlen voraus. Dadurch ist sie überhaupt erst für eine Grundlegung der Theorie der natürlichen Zahlen brauchbar.

[45] Während Dedekind konsequent von „System" spricht, variieren wir gelegentlich zu „Menge".

[46] Dies ist die Unendlichkeits-Definition, die Dedekind in Nr. 64 von *Was sind* gibt. Im Vorwort zur zweiten Auflage gibt er noch die Alternativ-Definition an, ein System S heiße endlich, wenn es eine Selbstabbildung f gibt derart, daß f keinen echten Teil von S in sich selbst abbildet. Vgl. DEDEKIND, *Gesammelte Werke* [1932], III, 342.

[47] Vgl. DEDEKIND, *Was sind* [1888], Nr. 71.

[48] Vgl. DEDEKIND, *Was sind* [1888], Nr. 72.

4.1 Logizismus

Die Bedingungen, die ein System N erfüllen muß, um einfach unendlich zu sein und damit die Struktur der natürlichen Zahlen zu modellieren, lassen sich in axiomatischer Form zusammenfassen: Es muß zu N eine Abbildung f und ein Element 1 geben, die folgende Bedingungen oder Axiome erfüllen:[49]

α. $f[N] \subset N$
β. $N = Orbit(1, f)$
γ. $1 \notin f[N]$
δ. f ist ähnlich (injektiv).

Diese Axiome lassen sich noch etwas umschreiben, sodaß man deutlich die Ähnlichkeit zu dem System erkennt, das heute als zweitstufige[50] *Peano-Arithmetik* bekannt ist:

α. $\forall x \exists y (f(x) = y)$
β. $\exists x (x = 1) \land \forall x (x = 1 \lor \exists y (f(y) = x))$
γ. $\forall x (f(x) \neq 1)$
δ. $\forall x \forall y (f(x) = f(y) \rightarrow x = y)$.

---

[49] Vgl. DEDEKIND, *Was sind* [1888], Nr. 71. Dedekind spricht hier sogar explizit davon, daß „das Wesen" eines einfach unendlichen Systems N in der Existenz einer Abbildung [...] und eines Elements 1" besteht, „die den folgenden Bedingungen α, β, γ, δ genügen".

[50] Die Zweitstufigkeit ist in Dedekinds Ansatz unvermeidbar, da N als *kleinste* unter f abgeschlossene (und 1 enthaltende) Menge definiert wird, also durch einen zweitstufigen Quantor („... enthält die Elemente, die in allen ... vorkommen"). Historisch bemerkenswert ist Dedekinds eigene Motivation für diese Minimalitätsforderung, denn ihm stand schon die Möglichkeit von Nicht-Standard-Modellen für erststufige Axiomensysteme deutlich vor Augen, wie folgende Passage aus seinem *Brief an Keferstein* zeigt:

> Aber ich habe in meiner Entgegnung (III) gezeigt, daß diese Thatsachen [= diejenigen, die durch die erststufigen Axiome ausgedrückt werden, C.T.] noch lange nicht ausreichen, um das Wesen der Zahlenreihe $\mathcal{N}$ vollständig zu erfassen. Alle diese Thatsachen würden auch noch für jedes System $\mathcal{S}$ gelten, welches außer der Zahlenreihe $\mathcal{N}$ noch ein System $\mathcal{T}$ von beliebigen anderen Elementen t enthält, auf welches die Abbildung ϕ [entspricht hier: f, C.T.] sich stets so ausdehnen läßt, daß sie den Charakter der Ähnlichkeit behält, und daß $\phi(\mathcal{T}) = \mathcal{T}$ wird. Aber ein solches System $\mathcal{S}$ ist offenbar etwas ganz Anderes, als unsere Zahlenreihe $\mathcal{N}$ [...] Was muß also zu den bisherigen Thatsachen noch hinzu kommen, um unser System $\mathcal{S}$ von solchen fremden, alle Ordnung störenden Eindringlingen t wieder zu reinigen und auf $\mathcal{N}$ zu beschränken? Dies war einer der schwierigsten Puncte meiner Analyse, und seine Überwindung hat ein langes Nachdenken erfordert. [...] Also: wie kann ich, ohne irgend welche arithmetische Kenntniß vorauszusetzen, den Unterschied zwischen den Elementen n und t unfehlbar begrifflich bestimmen? Ganz allein durch die Betrachtung der *Ketten* (37, 44 meiner Schrift), durch diese aber auch vollständig! Will ich meinen Kunstausdruck ‚Kette' vermeiden, so werde ich sagen: ein Element n von $\mathcal{S}$ gehört dann und nur dann der Reihe $\mathcal{N}$ an, wenn n Element *jedes solchen* Theils $\mathcal{K}$ von $\mathcal{S}$ ist, welcher die doppelte Eigenschaft besitzt, daß das Element 1 in $\mathcal{K}$ enthalten ist, und daß das Bild $\phi(\mathcal{K})$ Theil von $\mathcal{K}$ ist.
>   DEDEKIND, *Brief Keferstein* [1890], 2–3

In der historisch informierten Literatur hat sich daher auch schon eingebürgert, diese Axiome nach Dedekind und Peano zu benennen. Auf Dedekinds Verständnis von Axiomatik ist noch zurückzukommen.

Jedenfalls ist die so charakterisierte Struktur eines einfach unendlichen Systems unabhängig von der konkreten Beschaffenheit der Elemente von S, denn alle einfachunendlichen Systeme sind isomorph.[51] Man kann also von der konkreten Beschaffenheit der Elemente von S abstrahieren und sie als Einsen, als bloße Einheiten, ansehen, die durch f in eine bestimmte Ordnung gestellt werden. So gelangt man via Abstraktion zu Dedekinds *Begriff der natürlichen Zahlen* bzw. *Ordnungszahlen*.[52] Die Zahl ist die abstrakte Anzahl einer konkreten Menge von Objekten. Man erhält sie, um mit Cantors Worten zu sprechen, indem man von der konkreten Beschaffenheit der Elemente der Menge absieht, und, so Dedekind,

> Unterscheidbarkeit festhält und nur die Beziehungen auffaßt, in die sie durch die ordnende Abbildung ϕ [entspricht hier: f, C.T.] zueinander gesetzt sind.
> DEDEKIND, *Was sind* [1888], Def. 73

Wenn man nun weiß, daß jede D-unendliche Menge ein einfach unendliches System enthält und daß ein einfach unendliches System sozusagen ein Modell für die natürlichen Zahlen bildet, bleibt noch die fundamentale Frage offen, ob es überhaupt D-unendliche Mengen gibt. Und auch vor dieser Frage kapitulierte Dedekind nicht, sondern lieferte ein Beispiel einer D-unendlichen Menge: die Menge all dessen, was Gegenstand meines Denkens sein kann.[53] Diese Menge ist D-unendlich, wie man anhand der Abbildung sieht, die jedem möglichen Gegenstand meines Denkens den Gedanken zuordnet, daß dieser Gegenstand ein Gegenstand meines Denkens sein kann. Da dieser Gedanke wiederum Gegenstand meines Denkens sein kann, ist dies eine Selbstabbildung. Da Gedanken über zwei verschiedene Gegenstände auch verschiedene Gedanken sind, ist es eine Injektion. Da es Gegenstände meines Denkens gibt, die selbst nichts Gedankliches sind, ist das Bild eine echte Teilmenge. Und da ich selbst sicher der Gegenstand meines Denkens sein kann, ist die Menge nicht leer.

Dieses Argument hat große Ähnlichkeit mit einem Argument aus den *Paradoxien des Unendlichen* von Bernard Bolzano.[54] Bolzano argumentiert ebenfalls dafür, daß es eine un-

---

[51] Vgl. DEDEKIND, *Was sind* [1888], Nr. 134.
[52] Dedekind formuliert diesen Schritt so:

> Wenn man bei der Betrachtung eines einfach unendlichen, durch eine Abbildung ϕ geordneten Systems N von der besonderen Beschaffenheit der Elemente gänzlich absieht, lediglich ihre Unterscheidbarkeit festhält und nur die Beziehungen auffaßt, in die sie durch die ordnende Abbildung ϕ zueinander gesetzt sind, so heißen diese Elemente natürliche Zahlen oder Ordinalzahlen […] In Rücksicht auf diese Befreiung der Elemente von jedem anderen Inhalt (Abstraktion) kann man die Zahlen mit Recht eine freie Schöpfung des menschlichen Geistes nennen.
> DEDEKIND, *Was sind* [1888], Nr. 73

[53] Vgl. DEDEKIND, *Was sind* [1888], Nr. 66.
[54] Vgl. BOLZANO, *Paradoxien* [2012], § 13.

4.1 Logizismus

endliche Menge gibt. Allerdings verwendet er in seinem Argument den Operator „... ist wahr", der aus Aussagen neue Aussagen macht, während Dedekind wie gesehen den Operator „der Gedanke, daß ... Gegenstand meines Denkens sein kann" verwendet, der von Gegenständen ausgehend Gedanken liefert, die allerdings dann wieder Objekte anderer Gedanken sein können. Ein zweiter Unterschied ist, daß Bolzano nicht den Begriff des D-unendlichen zugrundelegt, sondern einen anschaulichen Begriff von „größer als jede endliche Menge". Bei allen Unterschieden im Detail ist die grundsätzliche Ähnlichkeit dieser Argumente jedoch nicht zu übersehen, sodaß auch diskutiert wird, ob Dedekind Bolzanos Argument gekannt hat.[55]

Jedenfalls trug und trägt speziell dieses Argument dem Dedekindschen Ansatz bis heute viel Kritik ein. Die Auseinandersetzung mit dieser Kritik kann hier nicht mit der nötigen Ausführlichkeit geschehen. Wenn die Kritik von mathematischer Seite jedoch dahingeht, daß Dedekind zweifelhafte philosophische Gehalte mit der Mathematik vermengt habe, wird man dagegenhalten müssen, daß es weniger um unzulässige Vermengungen geht, als vielmehr um eine philosophische Grundlegung der Mathematik, der man als solcher sicher nicht pauschal das Recht absprechen kann, Kategorien zu verwenden, die eher in die philosophische denn in die mathematische Welt gehören. Dedekind legt ein faszinierendes Argument vor, mit dessen Hilfe die Lehre der natürlichen Zahlen auf kaum mehr als den Descartesschen Gewißheitspunkt des sich selbst denkenden „ego" gegründet wird. Solange eine solche Grundlegung keinen Alleinvertretungsanspruch erhebt, kann es jedem Mathematiker eigentlich nur recht sein, daß man *auch* eine solche philosophische Grundlegung vertreten kann.

Eine andere Kritik, die sich nicht so leicht aus der Welt schaffen läßt, wurde von Cantor vorgetragen: Die Gesamtheit all dessen, was Gegenstand meines Denkens sein kann, ist eine inkonsistente Vielheit, d. h., wenn man sie unvorsichtig als fertige Gesamtheit ansieht und im Rahmen einer mathematischen Theorie als Objekt betrachtet, ergeben sich Widersprüche. Dies sieht man am einfachsten, wenn man eine beliebige echte Klasse von Objekten betrachtet, die einzeln betrachtet als unproblematisch angesehen werden, zum Beispiel die Klasse aller Ordinalzahlen, die Klasse aller Kardinalzahlen oder die Russellsche Klasse. Wenn nun alle einzelnen Objekte in diesen Klassen Gegenstände meines Denkens sein können, so bilden diese Klassen eine Teilklasse des Gesamtsystems aller möglichen Gegenstände meines Denkens. Dieses Gesamtsystem kann dann aber nicht selbst Gegenstand meines Denkens sein, denn dann wären es auch die „kleineren" Teilklassen, von denen jedoch bekannt ist, daß ihre Auffassung als abgeschlossene Gesamtheiten auf die Paradoxien führt. Ergo ist auch das Dedekindsche Gesamtsystem nicht konsistent.

Doch sollte man nicht das Dedekindsche Gedankengebäude als Ganzes für erledigt halten, weil es Probleme mit diesem *Beispiel* eines D-unendlichen Systems gibt. Sein Ansatz

---

[55] Nach SINACEUR, *L'infini* [1974], 254, spricht dafür sowohl, daß Dedekind im Allgemeinen exzellente Literaturkenntnisse besaß, als auch, daß er in intensivem Gedankenaustausch mit Cantor stand, dem Bolzano wohlvertraut war. Ähnlich auch DUGAC, *Dedekind* [1976], 81 u. 88; BELNA, *Notation de nombre* [1996], 37, 38 u. 54ff.; FERREIRÓS, *Labyrinth* [1999], 243–246. SIEG/SCHLIMM, *Dedekind* [2005], 148–150, halten allerdings eine Entscheidung in dieser Frage für Spekulation.

hat immer noch mehr Berechtigung als Ansätze, die die Existenz einer (D-)unendlichen Menge bloß axiomatisch fordern. Dedekind selbst hatte mit dem Druck der dritten Auflage seiner Schrift erst lange gezögert, da er den „Zweifel[n] an der Sicherheit wichtiger Grundlagen" seiner Auffassung nicht die Berechtigung absprechen konnte. Daß das Werk dann 1911 schließlich doch wieder abgedruckt wurde, und zwar im Wesentlichen unverändert, verdankt sich Dedekinds berechtigtem Vertrauen in die „Harmonie unserer [=seiner, C.T.] Logik". Weiter heißt es im Vorwort zur dritten Auflage:

> Ich glaube, daß eine strenge Untersuchung der Schöpferkraft des Geistes, aus bestimmten Elementen ein neues Bestimmtes, ihr System zu erschaffen, das notwendig von jedem dieser Elemente verschieden ist, gewiß dazu führen wird, die Grundlagen meiner Schrift einwandfreier zu gestalten.   DEDEKIND, *Gesammelte Werke* [1932], III, 343

Sieht man von dem etwas psychologistischen Klang dieser Formulierung ab, so scheinen hier gleich zwei wichtige Aspekte durch: Erstens spricht Dedekind davon, daß ein System von jedem seiner Elemente notwendig verschieden sein müsse, und drückt damit die Eigenschaft $x \notin x$ aus, die in der axiomatischen Mengenlehre eine wichtige Implikation des Fundierungsaxioms ist.[56] Zweitens fordert er eine „strenge Untersuchung der Schöpferkraft des Geistes, aus bestimmten Elementen ein neues Bestimmtes, ihr System zu erschaffen", und damit eine strenge Untersuchung des Komprehensionsprinzips, das die Hauptquelle der Paradoxienproblematik darstellt.

Ein Abstraktionsschritt führt, wie gesehen, in der Dedekindschen Theorie von den einfach unendlichen Systemen zu deren Struktur. Ein ähnliches Prinzip ist von Cantors (später, zweiter) Definition der transfiniten Ordinalzahlen in den *Mitteilungen* und den *Beiträgen* her bekannt.[57] Es hat aus Freges Feder harsche Kritik bezogen, die bis Ende des 20. Jahrhunderts fast fraglos reproduziert wurde. So konnte Michael Dummett noch 1991 die Dedekindsche Abstraktion als „magische Operation" und „verdorbene Theorie" verunglimpfen.[58] Eine sachlich angemessene Auseinandersetzung mit der Abstraktionsproblematik kann hier nicht im Einzelnen geschehen. Mit William Tait ist jedoch mindestens darauf hinzuweisen, daß der Kritik auf der einen Seite sachliche Vorurteile zugrundeliegen, während auf der anderen Seite mögliche Alternativinterpretationen, nach denen die Abstraktionsmethode durchaus Sinn macht, gar nicht geprüft wurden.[59] So wäre Dedekinds

---

[56] Ganz allgemein weist Emmy Noether in ihrem kurzen Kommentar zum Wiederabdruck von *Was sind* in Dedekinds *Gesammelten Werken* darauf hin, daß Zermelos Axiome teilweise direkt aus § 1 von *Was sind* übernommen sind. Vgl. DEDEKIND, *Gesammelte Werke* [1932], III, bes. 344–347, und ZERMELO, *Untersuchungen* [1908]; Noethers Bemerkung bei DEDEKIND, *Gesammelte Werke* [1932], III, 390–391.

[57] Vgl. CANTOR, *Mitteilungen I* [1887a]; CANTOR, *Mitteilungen II* [1887b] und CANTOR, *Mitteilungen III* [1888]; sowie CANTOR, *Beiträge I* [1895] und CANTOR, *Beiträge II* [1897].

[58] Vgl. DUMMETT, *Frege* [1991], 52 u. 50. – „Verdorbene Theorie" ist der Versuch, Dummetts Wendung „*misbegotten theory*" im Deutschen wiederzugeben.

[59] Vgl. TAIT, *Frege versus* [2005].

4.1 Logizismus

Beschreibung des Abstraktionsprinzips als Übergang zu einer abstrakten, aber dennoch zum Ausgangssystem isomorphen Struktur zu beachten:

> Da durch diese Abstraction die ursprünglich vorliegenden Elemente n von N (und folglich auch N selbst in ein neues abstraktes System $\mathcal{N}$) in neue Elemente n, nämlich in Zahlen umgewandelt sind, so kann man mit Recht sagen, daß die Zahlen ihr Dasein einem freien Schöpfungsacte des Geistes verdanken. Für die Ausdrucksweise ist es aber bequemer, von den Zahlen wie von den ursprünglichen Elementen des Systems N zu sprechen, und den Übergang von N zu $\mathcal{N}$, welcher selbst eine deutliche Abbildung ist, außer Acht zu lassen, wodurch, wie man sich mit Hilfe der Sätze über Definition durch Recursion ... überzeugt, nichts Wesentliches geändert, auch Nichts auf unerlaubte Weise erschlichen wird.
> DEDEKIND, Manuskript 1887; zit. nach SIEG/SCHLIMM, *Dedekind* [2005], Fn. 62

Dummetts „magische Operation" ist also nichts anderes als eine gewöhnliche injektive Abbildung – allerdings eine Abbildung in das „Reich" abstrakter Objekte.

Die eben dargestellte Konzeption der natürlichen Zahlen kann man mit Fug und Recht eine logizistische Konzeption nennen. Dedekind nennt als Ziel von *Was sind und was sollen die Zahlen?* die Begründung der Arithmetik als „desjenigen Teiles der Logik, welcher die Lehre von den Zahlen behandelt".[60] Der von ihm vorlegte Aufbau der Arithmetik erfüllt sicher diese Zielvorgabe, wenn auch mit der Einschränkung des widersprüchlichen Beispiels für unendliche Mengen. Allerdings ist dazu ein weiter Begriff von „Logik" anzusetzen,[61] der auch die erwähnten mengentheoretischen Begriffsbildungen einschließt. Dies hatte man auch schon Frege im Bezug auf den Klassenbegriff zugestehen müssen. Dedekind spezifiziert noch weiter, was er unter Logizismus versteht, nämlich,

> daß ich den Zahlbegriff für gänzlich unabhängig von den Vorstellungen oder Anschauungen des Raumes und der Zeit, daß ich ihn vielmehr für einen unmittelbaren Ausfluß der reinen Denkgesetze halte.
> DEDEKIND, *Was sind* [1888], 333

Diese anti-kantische Spitze[62] paßt noch bruchlos mit Freges Konzeption der Arithmetik als eines Teils der Logik qua allgemeinster Wissenschaft zusammen. Ebenso die Betonung der epistemischen Funktion der Zahlen als „Mittel, um die Verschiedenheit der Dinge leichter und schärfer aufzufassen". Dedekind präzisiert, daß er sich mit dem „rein logischen Aufbau" auf die Zahlen*wissenschaft* bezieht. Es ist nicht ganz klar, wie er das Verhältnis zwischen dieser Wissenschaft und ihren Objekten, den Zahlen selbst, faßt. Seine Rede von einem im Geiste geschaffenen Zahlen-Reich läßt sowohl die Interpretation zu, daß es sich hierbei um ein Reich genuin mathematischer Objekte handelt, sodaß der Aufbau der Zahlenwissenschaft „logisch" nur im Sinne des „Folgerungslogizismus" wäre, als auch die Interpretation, daß dieses Reich selbst noch einmal an die allgemeinsten Voraussetzungen und Gesetze jeglichen Denkens zurückgebunden bleibt, wonach auch die Zahlen selbst „logische Objekte" sind.

---

[60] DEDEKIND, *Was sind* [1888], 333.
[61] So auch SIEG/SCHLIMM, *Dedekind* [2005], 122.
[62] Dagegen hält MCCARTY, *Mysteries of Dedekind* [1995], bes. 70, Dedekind für einen Kantianer.

Eine größere Differenz zu Frege tut sich eher dann auf, wenn Dedekind die Zahlen „freie Schöpfungen des menschlichen Geistes" nennt.[63] Dem liegt die Auffassung zugrunde, daß Zahlen keine einzeln und unabhängig subsistierenden Entitäten sind. Russell kritisiert gerade an Dedekind, daß nach ihm die Ordnungszahlen

> nichts anderes als die Terme der Relationen, die ein Fortschreiten konstituieren
> RUSSELL, *The Principles* [1903], 249, Eig. Übers.[64]

sein sollen, und fordert im Gegenteil, daß sie „intrinsisch etwas sein" müßten (*„they must be intrinsically something"*). Dedekind vertrat dagegen die Auffassung, daß

> die Existenz der Zahlen eine Konsequenz der mentalen Fähigkeit ist, von einzelnen Eigenschaften zu abstrahieren. DEMOPOULOS/CLARK, *Logicism* [2005], 153, Eig. Übers.[65]

Die Zahlen sind „freie Schöpfungen", weil sie eben nicht unabhängig existierende Entitäten sind, sondern durch den denkerischen Akt der Abstraktion gewonnen werden.

Dedekinds Verständnis von Axiomatik hat Hilberts Konzeption in entscheidender Weise geprägt. Das zeigt sich besonders bei Hilberts geometrischer Axiomatik. Der berühmte erste Satz der *Grundlagen der Geometrie*,[66] „Wir denken drei verschiedene Systeme von Dingen", verwendet nicht zufällig die Dedekindsche Terminologie von „Systemen" und „Dingen" und fordert ebenfalls nicht zufällig die *denkerische* Konstitution dieser Systeme. Schon in der Geometrievorlesung vom Wintersemester 1898/99, aus der die *Grundlagen* hervorgingen, verwies Hilbert im Bezug auf das Verhältnis von Logik und Arithmetik ohne Einschränkung auf Dedekinds Schrift *Was sind und was sollen die Zahlen*.[67] Nach seiner Ansicht war Dedekinds Begründung der natürlichen Zahlen die um die Jahrhundertwende maßgebliche, und daran änderte auch die „Paradoxie der Menge aller Gegenstände meines Denkens" nichts, die Hilbert wohlbekannt war. Diese Paradoxie zeigte Hilbert zwar, daß Dedekinds Weg zur Begründung der Mathematik nicht ohne Weiteres gangbar war.[68] Es führte ihn aber nicht zu einer Loslösung von Dedekinds Ansatz,[69] sondern zu dessen Weiterentwicklung.[70] Und auch wenn Hilbert im Heidelberger Vortrag von 1904 „genetisches" und „axiomatisches" Vorgehen viel schroffer als ein Gegensatzpaar darstellt, als es

---

[63] DEDEKIND, *Was sind* [1888], 334.
[64] Das Zitat lautet im englischen Original: *„nothing but the terms of such relations as constitute a progression"*.
[65] Das Zitat lautet im englischen Original: *„the existence of numbers is a consequence of a mental power to abstract from particular characteristics"*.
[66] HILBERT, *Grundlagen Geometrie* [1899].
[67] DEDEKIND, *Was sind* [1888].
[68] Das von Cantor aufgeworfene Problem mit der All-Menge bzw. des Dedekindschen Systems all dessen, was Gegenstand meines Denkens sein kann, zeigt nach Hilbert die Ungangbarkeit von Dedekinds Begründungsweg; vgl. HILBERT, *Axiomatisches Denken* [1918], 411; HILBERT, *Neubegründung* [1922], 162.
[69] So noch FERREIRÓS, *Labyrinth* [1999].
[70] So auch SIEG/SCHLIMM, *Dedekind* [2005], 156.

4.1 Logizismus

Dedekinds Ansicht entspricht, so ist dies eher mit dem „politischen" Anliegen Hilberts, die axiomatische Methode zu verteidigen, zu erklären, als mit einer Abwendung von Dedekinds Konzeption eines genetisch-axiomatischen Aufbaus der Arithmetik.[71] Hilbert hielt an der grundsätzlichen Denkrichtung Dedekinds so fest, daß sogar festgestellt wurde, er sei ein Logizist im Geiste Dedekinds.[72] Sicher wird man sagen können, daß Dedekind Hilbert äußerst stark beeinflußt hat und daß eine logizistische Grundlegung der Mathematik für Hilbert stets eine hohe Anziehungskraft besaß. Das gilt auch für den dritten logizistischen Ansatz, denjenigen von Russell und Whitehead.

4.1.3 Russell/Whitehead

Der Einfluß der Russellschen Mathematischen Logik auf die Arbeiten in Hilberts Göttingen läßt sich geschichtlich in zwei Phasen unterteilen, die auch verschiedenen sachlichen Schwerpunkten entsprechen. Nämlich die Phase *vor* und die Phase *nach* der Publikation der *Principia Mathematica* in den Jahren 1910 bis 1913. In der Zeit vor 1910 war Russell für Hilberts grundlagentheoretische Arbeiten vor allem durch seine Entdeckung der Paradoxie[73] und durch seine Ansätze zu deren Auflösung von Bedeutung. Auch wenn man diesen Einfluß systematisch nicht überbewerten sollte,[74] ist es doch interessant, wie vielfältig die Aktivitäten in Hilberts Umfeld waren, die in dieser frühen Phase mit Russell zu tun hatten. So trug W. H. Young 1905 im Göttinger mathematischen Kolloquium über Russells *Principles of Mathematics* vor. Und die Debatte, die Poincaré und Russell im ersten Jahrzehnt des 20. Jahrhunderts in der *Revue de metaphysique et de morale* geführt haben, scheint in Göttingen wohlbekannt gewesen[75] und zum Teil sogar weitergeführt worden zu sein.[76] Hilbert selbst hat diese Dinge sicher mit Interesse verfolgt. Seine eigene Forschung widmete er zu dieser Zeit jedoch hauptsächlich den Grundlagen der Physik.

Dies änderte sich erst mit der Publikation der monumentalen *Principia Mathematica* von Whitehead und Russell in den Jahren 1910 bis 1913. Dieser eminente Versuch, das logizistische Programm voranzutreiben und die Arithmetik aus der Logik abzuleiten,

---

[71] Sieg und Schlimm machen es gerade als Charakteristikum von Dedekinds Methodik in *Was sind* aus, daß er einen axiomatischen Zugang wählt, der mit einem genetischen Zugang auf methodisch kohärente Weise zusammengefügt ist; SIEG/SCHLIMM, *Dedekind* [2005], 122. Dedekinds Vorgehen ist zumindest *auch* als axiomatisches aufzufassen, wie oben erläutert, womit die Kritik, Dedekind sei „unmodern" weil anti-axiomatisch (FERREIRÓS, *Labyrinth* [1999]), als erledigt gelten muß.
[72] So SIEG/SCHLIMM, *Dedekind* [2005], 156–157.
[73] Nach Hilberts Brief an Frege vom 7.11.1903 (FREGE, *Briefwechsel* [1976], 79–80) soll Zermelo diese Paradoxie schon vor Russell entdeckt haben. Das braucht hier nicht vertieft zu werden.
[74] So MANCOSU, *Russellian Influence* [2003], 60.
[75] Sie wird u. a. von Zermelo häufiger zitiert, z. B. in ZERMELO, *Untersuchungen* [1908].
[76] In ihren *Bemerkungen zu den Paradoxieen von Russell und Burali-Forti* (GRELLING/NELSON, *Bemerkungen* [1908]) beschäftigen sich Nelson und Grelling unter Anderem mit Russells Vorschlag aus RUSSELL, *Les Paradoxes* [1906], die nach ihm benannte Paradoxie durch seine „keine-Klassen-Theorie" zu lösen.

zog Hilberts starkes Interesse auf sich. 1914 trug Hilberts Doktorand Heinrich Behmann im Mathematischen Kolloquium „Über mathematische Logik" vor und Felix Bernstein und Kurt Grelling „sekundierten" mit einem weiteren Vortrag über die *Principia*. Behmann selbst bemerkte später, daß sein eher allgemein gehaltenes Interesse an den *Principia* durch Hilbert auf die Frage der Auflösung der Paradoxien hin kanalisiert wurde. 1916/17 hielt Behmann dann eine Reihe von drei Kolloquiumsvorträgen zur Lösung der Paradoxienproblematik. Hilbert hingegen hat vor dem Wintersemester 1917/18 Russell in seinen Vorlesungen kaum erwähnt, mit einer Ausnahme: In der Vorlesung *Probleme und Prinzipien der Mathematik* vom Wintersemester 1914/15 behauptet er *en passant*, daß Russells Typentheorie zwar Richtiges enthalte, aber noch deutlich vertieft werden müsse.[77] Jedenfalls scheint Hilbert im Göttinger Prozeß der Aneignung von Russells Werken von Anfang an aktiv beteiligt gewesen zu sein.[78]

Die Auswirkungen der Bekanntschaft mit diesem neuen logizistischen Ansatz zeigen sich später in Hilberts Arbeiten. So nennt er in seiner *Mengenlehre*-Vorlesung vom Sommersemester 1917 wieder explizit das logizistische Ziel, die natürlichen Zahlen durch Zurückführung auf die Logik zu begründen.[79] In der Vorlesung zu den *Prinzipien der Mathematik* des darauf folgenden Wintersemesters 1917/18 vertritt er, wenn man will, eine regelrecht logizistische Position.[80] Diese zeigt sich noch deutlicher in dem 1918 publizierten Aufsatz *Axiomatisches Denken*,[81] wenn Hilbert es für nötig erklärt, „die Logik selbst zu axiomatisieren und nachzuweisen, daß Zahlentheorie sowie Mengenlehre nur Teile der Logik sind."[82] Gegen Ende des Wintersemesters 1917/18 begutachtete Hilbert dann zwei Qualifikationsarbeiten, die sich mit den *Principia* beschäftigten, nämlich die Dissertation von Behmann und die (zweite) Habilitationsschrift von Bernays.[83] Während Bernays die Vollständigkeit der Aussagenlogik beweist und sich einer systematischen Studie der Dualität zwischen aussagenlogischen Axiomen und Schlußregeln widmet, geht es in Behmanns Arbeit im engeren Sinne um die *Principia* und die Frage, wie in ihnen das Auftreten der klassischen Paradoxien vermieden wird. Man wird die Schlußfolgerung ziehen können, daß Hilberts großer grundlagentheoretischer Neueinsatz um 1917 von der Beschäftigung mit Russells Ansatz zu den Paradoxien vorbereitet war, im Kontext der Beschäftigung mit den *Principia Mathematica* stattfand und durch deren Publikation mit-ausgelöst worden ist.

Was nun logizistisch mit den *Principia* erreicht worden ist, ist nach Gödel darin zu sehen, daß erstmals

---

[77] Vgl. Sieg, *Hilbert's Programs* [1999], 14.
[78] Zur Darstellung in diesem Abschnitt vgl. besonders Mancosu, *Between Russell* [1999b].
[79] Ewald/Sieg, *Lectures* [2013], 13.
[80] Hilbert, *Wintersemester 17/18* [1918*].
[81] Hilbert, *Axiomatisches Denken* [1918].
[82] Auf diese Position Hilberts, nach der eine logizistische Reduktion der Mathematik möglich ist, verweisen Sieg, *Hilbert's Programs* [1999], 3,11–12; Moore, *Hilbert* [1997] und Mancosu, *Between Russell* [1999b], 308.
[83] Vgl. Ewald/Sieg, *Lectures* [2013], 27.

4.1 Logizismus

> voller Gebrauch von der neuen Methode [= logischer Symbolismus und Kalkül, C.T.] gemacht [wurde], um tatsächlich große Teile der Mathematik aus sehr wenigen logischen Konzepten und Axiomen abzuleiten.
>
> GÖDEL, *Russells* [1986], V[84]

Aber stimmt das? Ist es Whitehead und Russell gelungen, große Teile der Mathematik aus *logischen* Begriffen und Axiomen abzuleiten? Das logistische Projekt stößt an Grenzen, wenn – wie schon bei Dedekind – bestimmte mathematische Sätze nur mit Hilfe des Unendlichkeitsaxioms oder des Auswahlaxioms bewiesen werden können. Da beide Axiome Existenzforderungen sind, kann man sie in einem strengen Logizismus eigentlich nicht als Axiome zulassen. So hat es auch Russell gesehen und versucht, dieses Problem mit seiner hypothetischen Auffassung von Mathematik aus der Welt zu schaffen: Mathematik beweise nicht die üblicherweise für mathematisch gehaltenen Aussagen, sondern in Wirklichkeit nur hypothetische Sätze der Form: „Wenn die Annahmen Γ zutreffen, dann gilt auch ϕ."[85] Diese Lösung ist allerdings so genial wie verräterisch: Um den logistischen Ansatz zu retten, werden in Γ beliebige inhaltlich-mathematische Annahmen zugelassen. So können mathematische Gehalte eingeführt werden, die selbst nicht auf die Logik zurückgeführt worden sind. Vom großen logistischen Projekt bleibt damit nur noch ein Folgerungslogizismus übrig, der – so wurde oben schon argumentiert – eigentlich nicht mehr die Bezeichnung „Logizismus" verdient.

Ein anderes Problem, das viel diskutiert wurde und wird, ist die Begründung des *Reduzibilitätsaxioms*.[86] Russell hatte die Typentheorie (erfolgreich) eingeführt, um die Ableitbarkeit von Paradoxien wie in Freges System auszuschließen. Während die einfache Typentheorie Gegenstände, Eigenschaften der Gegenstände, Eigenschaften dieser Eigenschaften usw. zu verschiedenen Typen rechnet und die Anwendung von Eigenschaftsprädikaten auf Terme nur beim richtigen Typ-Verhältnis zuläßt, unterscheidet die verzweigte Typentheorie innerhalb eines Typus noch verschiedene Ordnungen je nach dem, welche

---

[84] Ähnlich die Darstellung von Behmann in seinem Göttinger Kolloquiumsvortrag 1914: In den *Principia Mathematica* seien zum ersten Mal die zwei Traditionsstränge der mathematischen Logik, die algebraische „Mathematik der Logik" und die axiomatische (?) „Logik der Mathematik" zusammengeführt, vgl. MANCOSU, *Between Russell* [1999b], 306. – Gödel fügt dem noch eine deutliche Kritik an:

> Es ist zu bedauern, daß es dieser ersten umfassenden und durchgehenden Darstellung der mathematischen Logik und der Ableitung der Mathematik aus ihr so sehr an formaler Genauigkeit [...] mangelt, daß sie in dieser Hinsicht einen beträchtlichen Rückschritt im Vergleich zu Frege bedeutet.
>
> GÖDEL, *Russells* [1986], VI

Gödel hatte zuvor an Frege kritisiert, gerade *wegen* seiner peinlichen Genauigkeit nicht über die elementarsten Dinge hinausgekommen zu sein. In seiner Sicht kamen Whitehead und Russell zwar viel weiter, dafür jedoch auf Kosten der Genauigkeit.

[85] Vgl. CARNAP, *Die logistische* [1931], 95–96.

[86] Es sollte wohl erwähnt werden, daß gelegentlich ein Zusammenhang zwischen Russells Reduzibilitätsaxiom und Hilberts Vollständigkeitsaxiom gesehen wird. Dieser Zusammenhang bleibt allerdings letztlich unklar. Vgl. z. B. MANCOSU, *Between Russell* [1999b], 307.

Terme niedrigerer Ordnung in der Definition eines Terms verwendet werden. Russell war durch zwei Gründe zur Einführung der verzweigten Typentheorie gedrängt worden. Sie sollte erstens die Ableitbarkeit der Paradoxien verhindern, die immer auf irgendeine Weise mit der Selbstanwendung von Prädikaten operieren. Zweitens sollte durch die Verzweigung die Möglichkeit imprädikativer Begriffsbildungen ausgeschlossen werden. Die verzweigte Typentheorie hat jedoch gravierende Nachteile. Sie bedeutet eine so große Einschränkung der Ausdrucks- und Beweismittel, daß durch sie ganz grundlegende Sachverhalte der Analysis nicht nur unbeweisbar, sondern geradezu unausdrückbar werden.[87] Um dem Abhilfe zu schaffen, führte Russell in der ersten Auflage der *Principia Mathematica* das Reduzibilitätsaxiom ein, das die verzweigte Typentheorie gewissermaßen lokal kollabiert. Damit *postuliert* man einfach, daß die zu einem Typus gehörenden Ordnungen auf die niedrigste Ordnung desselben Typus zurückgeführt werden können.[88] Für ein solches Prinzip konnte Russell jedoch keine Rechtfertigung bieten. Und es spricht einiges dafür, daß es unter den Russellschen Rahmenbedingungen eine solche Rechtfertigung auch gar nicht geben kann, weil jedes Argument *für* dieses Axiom zugleich ein Argument *gegen* die Berechtigung einer verzweigten Typentheorie ist.

Hilbert hatte das Reduzibilitätsaxiom zunächst als ein „geeignetes Mittel" bewertet, „um den Stufen-Kalkül zu einem System zu gestalten, aus welchem die Grundlagen der höheren Mathematik entwickelt werden können",[89] auch wenn er es schon zu dieser Zeit als ein „Postulat" kennzeichnete.[90] Später sprach er noch deutlicher davon, daß Russell mit diesem Prinzip vom Standpunkt einer konstruktiven Logik zu einem axiomatischen Standpunkt zurückgekehrt sei, d. h., daß Russell damit das Projekt des Logizismus zugunsten echt existenzialer, axiomatischer Forderungen verlassen habe.[91]

Einen Ausweg aus dieser Situation bietet Frank Ramseys Einteilung der Antinomien in zwei Typen, die sog. „logischen" und die sog. „epistemologischen" oder „semantischen". Die Antinomien des ersten Typs können nach Ramsey schon durch die einfache Typentheorie verhindert werden, während sich die Antinomien zweiten Typs im Russellschen Formalismus gar nicht bilden lassen. Für Russells Ziel reicht daher die einfache, unverzweigte Typentheorie aus und auf die verzweigte Typentheorie mitsamt dem Reduzibilitätsaxiom kann verzichtet werden.

In seinem 1914er Vortrag stellt Behmann die sog. *„no classes theory"* Russells in das Zentrum der Betrachtungen zur Lösung der Paradoxienproblematik.[92] Besonders interessant ist nun, daß Behmann die Keine-Klassen-Theorie durch eine Analogie mit der Methode

---

[87] Vgl. schon CARNAP, *Die logizistische* [1931], 97.
[88] Vgl. HILBERT, *Wintersemester 17/18* [1918*], 245.
[89] So der Schlußsatz der Vorlesung Wintersemester 1917/18; HILBERT, *Wintersemester 17/18* [1918*], 246.
[90] HILBERT, *Wintersemester 17/18* [1918*], 245.
[91] HILBERT, *Sommersemester 20* [1920a*], 32.
[92] Dies später auch Bernays betont, siehe z. B. BERNAYS, *Hilberts Untersuchungen* [1935], 201.

4.1 Logizismus

der idealen Elemente in der Mathematik erklärt. In beiden Fällen würden Worte behandelt, als würden ihnen fiktive Objekte entsprechen, obwohl es solche Objekte nicht gebe und die Bedeutung eines idealsprachlichen Satzes sich immer als Bedeutung eines realsprachlichen angeben lassen müsse.[93] Dies ähnelt schon der von Hilbert in den 1920er Jahren vertretenen ideal/real-Analogie (vgl. Kap. 7).

Behmanns Russell-Darstellung verschwimmt mit seinen eigenen Gedanken, wenn er einen ganz eingeschränkten Individuenbegriff propagiert: Individuen sind etwas, das uns in der Realität unmittelbar gegeben ist, also nicht Dinge wie Mengen oder ähnliche begrifflich-abstrakte Entitäten.[94] Diese Konzeption mag man in heutigem Jargon „De-Ontologisierung" nennen (so Mancosu), da die Zahlen nicht als eigenständige Entitäten eines ontologischen Systems berücksichtigt werden. Behmann vertritt ein sprachphilosophisch-wissenschaftstheoretisches Kontextprinzip, demgemäß Begriffe wie „Zahl" und „Menge" außerhalb der mathematischen Sätze, in denen sie vorkommen, nichts bedeuten, also gewissermaßen keine „An-sich-Bedeutung" haben. Sie sind nichts als feste Haltepunkte für den abstrakt und weit entfernt von seinen konkreten Objekten räsonierenden Verstand. Ihre Bedeutung in den Verwendungskontexten liegt darin, daß sie sich eliminieren lassen: jeder Satz, in dem eine solche Vokabel auftritt, läßt sich in einen Satz ohne eine solche Vokabel übersetzen; und – das wird selten gesagt aber immer stillschweigend angenommen – das Übersetzungsresultat ist bedeutungsgleich mit dem Übersetzten. Damit hat Behmann Russells Konzeption verlassen, denn dieser hatte ja gerade gegenüber Dedekind vehement gefordert, daß die Zahlen auch etwas in sich Bestimmtes sein müßten.

Die *Principia Mathematica* blieben für Hilbert wie für andere Logiker ein maßgebliches Werk.[95] Die darin erreichte systematische Entwicklung weiter Teile der arithmetischen Theorie aus wenigen Grundprinzipien setzte einen neuen Standard.[96] Neben den schon diskutierten Problemen mit dem Reduzibilitätsaxiom und der Frage, ob ein Folgerungslogizismus überhaupt noch „Logizismus" heißen sollte, war das Unbefriedigendste an den *Principia* in Hilberts Augen, daß es außer der empirischen Bewährung des Systems und der Plausibilität der Axiome keine Sicherheit für seine Widerspruchsfreiheit bieten konnte.[97] Dieses Ziel gerade angesichts der monumentalen *Principia* und ihrer systematischen axiomatischen Entwicklung von Logik und Arithmetik weiterzuverfolgen, war eine wichtige Motivation für die Konzeption einer Beweistheorie.

---

[93] Vgl. MANCOSU, *Between Russell* [1999b], 307.
[94] Zit. nach MANCOSU, *Between Russell* [1999b], 306.
[95] Hilbert nennt die *Principia* einmal in seiner typischen, leicht pathetischen Art: „die Krönung des Werkes der Axiomatisierung überhaupt".
[96] VON NEUMANN, *Die formalistische* [1931], 116, charakterisiert das Verdienst Russells als „die exakte und erschöpfende Beschreibung ihrer [= der Mathematik, C.T.] Methoden".
[97] Vgl. hierzu auch BERNAYS, *Hilberts Untersuchungen* [1935], bes. 201–202.

4.1.4 Hilberts Logizismus

Hilbert hatte ursprünglich eine große Sympathie für die Ziele des Logizismus.[98] Schon früh gelangte er jedoch zu der Überzeugung, daß das logistische Projekt nicht durchführbar war. Wenn er im Heidelberger Vortrag 1904 sagte, daß Logik und Arithmetik nur gleichzeitig „aufzubauen" seien, hielt er eine vollständige Rückführung der Arithmetik auf die Logik zu dieser Zeit wohl nicht für möglich. Dafür waren zwei Faktoren ausschlaggebend: *erstens* die „Schiffbrüche" Dedekinds und Freges, die Hilbert früh bekannt waren und Zweifel an der Durchführbarkeit des logizistischen Programms begründeten, und *zweitens* die harte Kritik, die Poincaré an den Versuchen der Logizisten und an Hilberts Vorschlag aus dem Heidelberger Vortrag anbrachte. Besonders an seiner Kritik des Versuchs, ein induktives Prinzip *beweisen* zu wollen, anstatt es als eines der irreduziblen Grundprinzipien des menschlichen Denkens zu akzeptieren, hat Hilbert sich lange abgearbeitet, wie die vielen Spuren dieses Problems in den beweistheoretischen Arbeiten zeigen, deren Analyse den zweiten Teil des vorliegenden Buches bildet. Sie wird daher erst in den systematischen Reflexionen des dritten Teils wieder aufgenommen werden (vgl. dritter Teil, Kap. 13).

Mitveranlaßt durch die Publikation von Whitehead/Russells *Principia Mathematica* 1910/13 ist Hilbert Mitte der 1910er Jahre wieder intensiver zu seinen Forschungen über die Grundlagen der Mathematik zurückgekehrt. Diesem neuen Impuls verdankt sich wohl auch die Aufnahme der fruchtbaren Zusammenarbeit mit Paul Bernays, aus der die Vorlesungen des WS 1917/18ff. und die entsprechenden Vortragspublikationen aus den Jahren 1918 und 1922 hervorgingen. Hilbert vollführte in Bezug auf den Logizismus in dieser Zeit geradezu eine Kehrtwende. 1918 hielt er es für möglich und auch für nötig,

> nachzuweisen, daß Zahlentheorie sowie Mengenlehre nur Teile der Logik sind.
> HILBERT, *Axiomatisches Denken* [1918], 153

Hilbert „outet" sich also als Logizist. Im Laufe der intensiven grundlagentheoretischen Zusammenarbeit mit Bernays wurde ihm dann aber immer klarer, daß das logizistische Vorhaben einer Rückführung der Arithmetik auf die Logik nicht durchführbar ist. Belege dafür sind seine Kritik des Reduzibilitätsaxioms als inhaltlich-axiomatische Forderung (s. o.), seine Kennzeichnung der Logik als eines inhaltlich neutralen „Rahmens" mathematischer Theorien im Wintersemester 1920[99] und schließlich seine Untersuchung der Zurückführbarkeit der Zermeloschen Mengenlehre auf die Logik in der Sommersemester-Vorlesung 1920. In zweistufiger Logik läßt sich die Vereinigungsmenge $\bigcup_{p \in P} p$ durch

---

[98] Diese „Logizismus-Sympathie" hat Hilbert etwa durch seine große Wertschätzung der Ansätze Freges und Dedekinds zum Ausdruck gebracht. Einschränkend ist allerdings hinzuzufügen, daß Frege im Briefwechsel mit Hilbert weitaus entschiedener und grundsätzlicher für die Verwendung von symbolischen Kalkülen eintritt als dieser; vgl. den Briefwechsel in FREGE, *Briefwechsel* [1976], 58–80, sowie hier das Kapitel über Axiomatik (Kap. 3).

[99] So bewerten EWALD/SIEG, *Lectures* [2013], 255, Hilberts Vorlesung.

$a \in \bigcup_{p \in P} p :\Leftrightarrow (\exists p)(p(a) \wedge P(p))$ definieren. Hilbert weist darauf hin, daß diese Formel nicht beanstandet werden kann, wenn man nur das Ziel einer Reformulierung in zweistufiger Logik verfolgt. Unter dem Gesichtspunkt einer Reduktion ist allerdings genauer zu fragen, was mit dem zweitstufigen Existenzquantor gemeint ist. Die Aussage, daß ein Prädikat existiert, läßt sich nicht in gleicher Weise durch den Bezug auf einen Objektbereich rechtfertigen, wie die Aussage, daß ein Objekt existiert.

> In der Logik können wir zwar auch die Prädikate zu einem Bereich zusammengefaßt denken; aber dieser Bereich der Prädikate kann hier nicht als etwas von vornherein Gegebenes betrachtet werden, sondern die Prädikate müssen durch logische Operationen gebildet werden, und durch die Regeln der logischen Konstruktion bestimmt sich erst nachträglich der Prädikaten-Bereich. Hiernach ist ersichtlich, daß bei den Regeln der logischen Konstruktion von Prädikaten die Bezugnahme auf den Prädikaten-Bereich nicht zugelassen werden kann. Denn sonst ergäbe sich ein circulus vitiosus.   HILBERT, *Sommersemester 20* [1920a*], 31

Die Reduktion der Mengenlehre auf die Logik scheitert also, zumindest nach diesem konstruktiven Verständnis einer Rückführung, an der Notwendigkeit, zweitstufige Quantoren zu verwenden, die über einen Bereich von Prädikaten laufen sollen, der selbst erst logisch-konstruktiv hätte erzeugt werden müssen. Hilbert sieht hierin eine „grundsätzliche Schwierigkeit", die sich nicht konstruktiv-logisch, sondern nur axiomatisch lösen läßt.[100]

Die so gewonnene anti-logizistische Überzeugung bringt Hilbert einige Jahre später, in einem Vortrag vom Juli 1927 in Hamburg, ganz allgemein auf den Punkt:

> Die Mathematik wie jede andere Wissenschaft kann nie durch Logik allein begründet werden.
> HILBERT, *Grundlagen Mathematik* [1928], 1

Hilbert sah sich in dieser Überzeugung in voller Übereinstimmung mit der Position Immanuel Kants, nach der „die Mathematik über einen unabhängig von aller Logik gesicherten Inhalt verfügt".[101] Wenn diese Lehre Hilbert als „integrierender Bestandteil" von Kants Philosophie gilt, so bezieht er sich wohl auf die kantische Lehre vom synthetisch-apriorischen Charakter mathematischer Urteile. Insofern bestätigt er indirekt die eingangs dieses Kapitels erwähnte anti-kantische Tendenz als ein Merkmal logizistischer Positionen. Dann aber entfernt sich Hilbert von Kant und nähert sich eher der Position Russells vom synthetischen Charakter logischer Sätze an, wenn er auch für die Logik fordert, daß sie gewisse Vorstellungsinhalte voraussetze: „gewisse, außer-logische konkrete Objekte, die anschaulich als unmittelbares Erlebnis vor allem Denken da sind". Von diesen Objekten ausgehend entwirft Hilbert seine Theorie des Finitismus, auf die später noch ausführlich zu sprechen zu kommen sein wird.

Äußerst bedeutsam für die mathematische Logik überhaupt und für das Hilbertprogramm insbesondere blieben zwei Errungenschaften der Logizisten: die Etablierung des

---

[100] HILBERT, *Sommersemester 20* [1920a*], 32–33.
[101] Vgl. HILBERT, *Über das Unendliche* [1926], 170–171.

Folgerungslogizismus und das Werkzeug des Logikkalküls. Der Folgerungslogizismus beschreibt einen Grundzug der modernen Axiomatik: Strenge Beweisführung bedeutet, nur diejenigen Gehalte in Beweisen zu verwenden, die in den Axiomen kodifiziert sind. Die Beweise selbst sind dann ausgehend von diesen Axiomen rein logisch zu führen.[102] Die darin verwendeten Prädikatszeichen bleiben deutungsoffen. Sie können durch verschiedene Prädikate modelliert werden. Die Ableitbarkeit eines Satzes S aus einem Axiomensystem Ax bedeutet nach diesem Standpunkt der existenzialen Axiomatik nichts Anderes, als daß ein System von Dingen und Prädikaten, wenn es die Axiome von Ax erfüllt, dann auch S erfüllt. Also kurz gesagt: „Wenn Ax, dann immer auch S."

> In dieser Weise stellen sich die Ergebnisse einer axiomatischen Theorie, im Sinne der rein hypothetischen und existenzialen Fassung der Axiomatik, als Sätze der Logik dar.
>
> BERNAYS, *Philosophie der Mathematik* [1930], 21

Allerdings ist mit diesem semantischen Folgerungsbegriff noch nicht die Ebene rein syntaktischer Ableitungen erreicht. Dies setzte die Kalkülisierung des Ableitbarkeitsbegriffs und die Etablierung des Zusammenhangs zwischen der semantischen und der syntaktischen Ebene durch die Korrektheits- und Vollständigkeitssätze voraus.

Die Kalkülisierung der Ableitbarkeit liefert der Logikkalkül, die zweite bleibende Entwicklung der Logizisten. Er bietet die Möglichkeit, die wissenschaftliche Sprache zu präzisieren[103] und den genauen Umfang dessen, was als zulässige Schlußweise oder als Beweis zählt, festzulegen. Die Kombination von formalem Kalkül und axiomatischem Theorieaufbau erlaubte, in nie dagewesener Klarheit die logischen Relationen zwischen den verschiedenen Sätzen einer Theorie zu studieren. So war es sicher ganz im Sinne Hilberts, wenn John von Neumann es bei der Königsberger Konferenz als besondere Leistung des logizistischen Ansatzes hervorhob, die Methoden der klassischen Mathematik exakt und erschöpfend formal beschrieben zu haben.[104] In dieser Funktion wurde das „logizistische Nebenprodukt" der Formalisierung für das HP so zentral, daß das Programm selbst gelegentlich „Formalismus" genannt wurde – eine mißverständliche Bezeichnung, auf die im Formalismus-Kapitel näher einzugehen sein wird (Kap. 5). Eine Reihe von Mißverständnissen des Hilbertprogramms lassen sich auf Polemiken aus der Feder Luizen Egbertus Jan Brouwers zurückführen, des Begründers des Intuitionismus, um den es im folgenden Abschnitt gehen soll.

---

[102] In seinem Pariser Vortrag sagt Hilbert sogar wörtlich, daß die „Forderung der logischen Deduktion [...] nichts anderes [ist] als die Forderung der Strenge in der Beweisführung"; vgl. HILBERT, *Mathematische Probleme* [1900a], 257. Ähnlich in der Vorlesung vom Wintersemester 1920 (HILBERT, *Wintersemester 20* [1920*], 46); vgl. EWALD/SIEG, *Lectures* [2013], 281.

[103] Diese Fregesche Motivation machte Hilbert bspw. anhand der Richardschen Paradoxie (Definition in 100 Worten eines in 100 Worten nicht definierbaren Begriffs) deutlich; vgl. seine Vorlesung *Grundlagen der Mathematik* aus dem Wintersemester 1922/23 (HILBERT, *Wintersemester 22/23 (Kneser)* [1923*], 2).

[104] Vgl. VON NEUMANN, *Die formalistische* [1931], 116.

4.2 Intuitionismus

Jeder neutrale Versuch, einen kurzen Abriß des Intuitionismus zu geben, sieht sich erheblichen Schwierigkeiten gegenüber, wenn er versucht, *den* Intuitionismus dingfest zu machen. Diese Schwierigkeiten haben verschiedene sachliche Gründe, deren Diskussion einige Charakteristika des Intuitionismus zeigt. Daher beginnt die folgende Darstellung mit der Erörterung dieser Schwierigkeiten.

4.2.1 Schwierigkeit der begrifflichen Festlegung

Darüber, was Intuitionismus eigentlich ist, gibt es zwischen Intuitionisten und den Intuitionismus-freundlichsten Nicht-Intuitionisten keine Einigkeit.[105] Die Intuitionisten selbst vertreten nach David C. McCarty bis heute die These, daß der Intuitionismus einer

> klaren, hellen Straße mathematischer Gründe folgt und an einen sicheren Aussichtspunkt gelangt, von dem zu sehen ist, daß die herkömmliche Mathematik generell falsch ist.
> McCarty, *Intuitionism* [2005a], 357

Nach dieser Charakterisierung könnte es also niemanden geben, der zugleich nach herkömmlicher Auffassung Mathematiker, Intuitionist und vernünftig ist – es sei denn, jemand der sich gerade „bekehrt". (Und daß hier eine Wendung aus dem religiösen Sprachgebrauch paßt, ist kein Zufall.)

Die meisten Grundlagentheoretiker und mathematischen Logiker verstehen unter „Intuitionismus" wohl vor allem die intuitionistischen Varianten klassischer mathematischer Theorien. Diese Varianten unterscheiden sich von ihren klassischen Versionen durch die Beschränkung der Logik: kein allgemeines *Tertium non datur*, keine allgemeine Involutivität der Negation. Damit sind auch Anpassungen der mathematischen Axiome und Schlußregeln verbunden, wie beispielsweise die Unterscheidung von Induktion und Prinzip der kleinsten Zahl, die unter klassischer, nicht aber unter intuitionistischer Logik äquivalent sind. Daneben gibt es ernstzunehmende Anwendungen intuitionistischer Logik im Bereich der Beweisbarkeits- oder der epistemischen Logik.

Die Intuitionismus-freundliche Fraktion der nicht-intuitionistischen Mathematikphilosophen und Grundlagentheoretiker schließlich versteht unter Intuitionismus eine mathematikphilosophische Grundhaltung, nach der den logischen Zeichen eine von der klassischen abweichende (Be-)Deutung gegeben wird. Oder sie geht an den Intuitionismus mit einer hypothetischen Attitüde heran: „Stellen wir uns doch einmal vor, wir wären Intuitionisten. Wie weit würden wir an dieser Stelle dann kommen?" Oder sie sieht die durch intuitionistische Schlußweisen gewonnenen Resultate als „konstruktiv" oder irgendwie sonst

---

[105] Zum Intuitionismus im Allgemeinen ist hilfreich: Heyting, *Grundlegung* [1931]; Schlimm, *Against against* [2005].

"besonders" an, nach dem Motto: „Wenn wir etwas klassisch wissen, ist es gut, wenn wir es sogar intuitionistisch wissen, umso besser."

Wendet man sich den beteiligten Personen zu, so ist der Intuitionismus als Philosophie der Mathematik wohl mit keinem Namen so eng verbunden wie mit dem des holländischen Mathematikers L.E.J. Brouwer (1881–1966). Aber schon diese Zuordnung ist nicht unproblematisch, und zwar vor allem aus drei Gründen. *Erstens* bezieht sich Brouwer selbst mit seinen ersten öffentlichen Verwendungen des Ausdrucks „Intuitionisten" in erster Linie auf eine Schule französischer Mathematiker bzw. Mathematikphilosophen um Henri Poincaré. Der Intuitionismus geht also in Brouwers Augen nicht auf ihn selbst zurück.[106] *Zweitens* hat die Position sachlich auch Vorläufer außerhalb der Zirkel Brouwers und Poincarés, die aber gerade für Hilberts Entwicklung seines Programms von großer Bedeutung waren und die Hilbert gern mit den Intuitionisten zusammenstellt, wie etwa Leopold Kronecker.[107] *Drittens* führen die eben diskutierten sachlichen Differenzen in der Auffassung, was Intuitionismus sei, auch zu Meinungsverschiedenheiten darüber, welche späteren Autoren noch zu ihm zu rechnen sind. In weiten Teilen der Diskussionslandschaft, in der der Ausdruck „Intuitionismus" eine Rolle spielt, hat er seine „Salonfähigkeit" gerade dadurch erhalten, daß die Nachfolger Brouwers von wesentlichen Elementen seiner philosophischen Haltung abgewichen sind. Also ist auch hier die größere Nähe zu Brouwer nicht unbedingt ein Kriterium für Intuitionismus. Um nur die zwei bekanntesten Beispiele zu erwähnen: Hermann Weyl hat in seiner mittleren Schaffensperiode eine ziemlich intuitionistische Position vertreten, die Brouwer partout nicht als intuitionistisch klassifiziert sehen wollte, und Arendt Heyting hat sich mit der Aufstellung formaler intuitionistischer Theorien schon ein Stück weit von Brouwers Grundüberzeugung verabschiedet, daß Mathematik nicht aus Mengen von Sätzen besteht.

Jedenfalls sind in diesen beiden Problemzügen schon wichtige Stichworte gefallen: Personennamen, die neben Brouwer die frühen französischen Intuitionisten um Poincaré, die frühen deutschen Intuitionisten wie Kronecker, die späten wie Weyl und die intuitionistischen Logiker wie Heyting umfassen. Daneben wichtige sachliche Positionen, die für den Intuitionismus typisch sind, wie die besondere philosophische Grundhaltung gegenüber der Mathematik insgesamt, die Beschränkung der Logik, ein veränderter Aufbau mathematischer Theorien und die Anwendung der intuitionistischen formalen Logik.

Im heutigen Sprachgebrauch lassen sich mindestens drei Bedeutungen von „Intuitionismus" unterscheiden: 1. Die gesamte von Brouwer vorgelegte Philosophie der Mathematik und die dementsprechend aufgebauten Teile der Mathematik; 2. ein Teil dieser Philosophie, der mit dem Stichwort „konstruktiv" zusammenhängt; 3. Intuitionistische Logik oder intuitionistische Versionen formaler Theorien, die echte Teiltheorien ihrer sog. „klassischen" Varianten sind. Im Folgenden soll im Bezug auf diese verschiedenen „Intuitionismen" dafür argumentiert werden, daß 1. Brouwers radikale Version mathematisch nicht überzeugend und philosophisch ungenügend ist (und Hilbert sie deshalb bekämpft hat); daß 2. der

---

[106] Vgl. BROUWER, *Intuitionism and Formalism* [1912], 67, 69–70.
[107] Vgl. etwa HILBERT, *Neubegründung* [1922], 160.

4.2 Intuitionismus

Gedanke, daß konstruktiv aufgebaute Teile der Mathematik als besonders gerechtfertigt gelten, von Hilbert in der Konzeption des Finitismus aufgenommen worden ist; und daß 3. intuitionistische Versionen klassischer formaler Theorien ein wertvolles Hilfsmittel und ein interessantes Studienobjekt für die mathematische Logik sind (und dies sogar schon vor Brouwer waren).

Die folgenden Ausführungen werden dabei nicht in einen möglichst objektiv referierenden und einen disputativen Teil aufgespalten, sondern Darstellung und Diskussion werden miteinander verquickt. Der Grund dafür ist einerseits, daß sich schon an den Formulierungen, mit denen man referieren will, viel entscheidet. Andererseits ist es aber auch der Art geschuldet, mit der der frühe Intuitionismus aufzutreten pflegte und die auch schon angeklungen ist. Die Rede ist von der Radikalität und Polemik, die sich beispielsweise dann ausdrückt, wenn die gesamte herkömmliche Mathematik pauschal als „falsch" abqualifiziert wird. Zumindest in diesem Punkt wird man Brouwer seinen Rang als Meister des Intuitionismus kaum streitig machen können.

4.2.2 Brouwers Philosophie der Mathematik

Brouwer entwickelte eine mathematikphilosophische Sichtweise, die ihn zu einer radikalen Kritik an den Beständen mathematischen Denkens veranlaßte.[108] Gegen den Logizismus vertritt er die These, daß Mathematik nicht in der Anwendung formallogischer Schlußprinzipien bestehen kann und überhaupt kein Gebäude von Sätzen ist.

Der Brouwersche Intuitionismus betont häufig den freien, geistigen Charakter der Mathematik. Sie soll konzipiert sein „als freie, lebendige Aktivität des Denkens", als „ein Erzeugnis des menschlichen Geistes".[109] Diese Beschreibungen klingen natürlich in den Ohren jedes Freundes der Mathematik sehr anziehend. Sie sind allerdings keineswegs ein Proprium des Intuitionismus. Zu erinnern ist nur an Cantors Ausspruch „Das Wesen der Mathematik liegt in ihrer Freiheit!" oder an Dedekinds Auffassung von den Zahlen als „freie Schöpfungen des menschlichen Geistes" – und beide Mathematiker waren nicht im Entferntesten Intuitionisten. Der Brouwersche Intuitionist bringt jedoch die Betonung der freien geistigen Natur der Mathematik als eine Art Argument für seine Position vor. Sie wird als leuchtendes Gegenstück zur logizistischen und dann auch zur sog. „formalistischen" Position dargestellt, die darin bestehen soll, die Bedeutung des Mathematiktreibens auf das rein mechanische Ableiten von Folgerungen aus formalen Systemen reduziert zu haben.

In Wirklichkeit hat Frege die Möglichkeit, formal zu *denken*, betont und damit keineswegs die Bedeutung des Ausdrucks „denken" verändert. Denn auch er hat ein „bloßes Formeln" als Gefahr für die Fruchtbarkeit der Wissenschaft angesehen. Der Formelmechanis-

---

[108] Dies ist gegen McCartys These festzuhalten, nach der es vorgeblich mathematische Einsichten sind, die zum Intuitionismus führen.
[109] HEYTING, *Grundlegung* [1931], 106.

mus darf nicht den Gedanken ersticken. Die Überführung von mathematischen Theorien in eine formal-logische Theoriegestalt erfüllt vielmehr eine *Funktion*, die Frege mit der genialen Metapher vom Verholzungsvorgang beim Pflanzenwachstum beschreibt.[110] Hilbert war, wie schon erläutert wurde, einer der größten Anhänger von Cantors Freiheits-Diktum. Er sah diese Freiheit jedoch in der axiomatischen Methode aufs beste verwirklicht (vgl. Abschn. 3.5.1). Freiheit kann der Intuitionist, bei Licht betrachtet, also nicht nur für seinen Standpunkt reklamieren. Die Überzeugungskraft von Brouwers Argumentation verdankt sich nicht selten einer unsachlichen Darstellung der Gegenpositionen, deren Unzulänglichkeit dazu eingesetzt wird, Bedürfnisse zu wecken, die dann auf ihre intuitionistische Lösung hin kanalisiert werden.

Eine wirkliche Differenz zwischen Brouwer und den Logizisten liegt in der Konzeption und in der systematischen Relevanz des Denkens. Nach Brouwer ist die „freie, mathematische" Denktätigkeit in der reinen Anschauung (Intuition) der Zeit begründet. Nicht nur die mathematischen Erkenntnisse selbst, sondern auch die Objekte der Mathematik sollen geistig erzeugt sein. So schreibt der Brouwersche Intuitionist nach Heyting den ganzen Zahlen keine Existenz unabhängig von unserem Denken zu und konsequenterweise auch keine Eigenschaften, die nicht durch das Denken erkennbar wären.[111] Brouwer bestimmt den „Ort" der mathematischen Exaktheit als den menschlichen Intellekt, während er dem Formalisten nur die Exaktheit „auf dem Papier" zuspricht.[112] In aller Schärfe kritisiert er Positionen, die die Frage nach persönlichen mathematischen Überzeugungen der Psychologie zuweisen und dadurch alles Geistige aus der Mathematik fernhalten wollen. Damit kommt er einer psychologistischen Identifikation des Denkens mit psychischen Akten sehr nahe, die Frege überzeugend als unzulässige Verwechslung von Normativität und Faktizität kritisiert hat. Um diese These ausreichend untermauern zu können, wäre jedoch eine detailliertere Auseinandersetzung mit Brouwers Auffassung des Denkens nötig, als sie hier geschehen kann.

Jedenfalls gibt es nach Brouwers Konzeption nach dem Tod des letzten mathematisch denkenden Menschen nicht nur keine Mathematik mehr, es gibt auch keine Zahlen mehr, keine Mengen, keine geometrischen Sachverhalte und so weiter. Eine derartig enge Bindung nicht nur mathematischer Erkenntnis, sondern auch der mathematischen Sachverhalte selbst an das Vorhandensein einzelner denkender Subjekte kann man treffend „subjektivistisch" nennen. Und man muß kritisch fragen, ob eine solche Konzeption die Objektivität mathematischer Erkenntnis erklären kann, von der nicht nur die Mathematiker selbst überzeugt sind, sondern die auch von unserer Alltagserfahrung her als ein typisches Merkmal der Mathematik erscheint: Wenn etwa in einer Rechnung einmal ein Fehler aufgezeigt worden ist, gibt es kaum noch Bedarf, darüber zu diskutieren, ob man die Lösung nicht doch als richtig ansehen könnte. Die Objektivitätsproblematik ist für einen subjektivistischen Ansatz wie den intuitionistischen ein gewichtiges Problem. Der einzig

---

[110] Vgl. Brief Freges an Hilbert vom 1.10.1895; FREGE, *Briefwechsel* [1976], 58–59.
[111] HEYTING, *Grundlegung* [1931], 106–107.
[112] BROUWER, *Intuitionism and Formalism* [1912], 67.

verbleibende Weg für eine Erklärung der Objektivität der Mathematik scheint unter diesen Vorgaben die Annahme einer grundsätzlichen Gleichartigkeit der Geiste verschiedener Menschen zu sein, und damit eine relativ starke metaphysische These.

Der Brouwersche Intuitionist geht nach Auskunft Heytings aber noch weiter. Er faßt die Zahlen nicht nur als reine Denkgebilde auf, sondern verknüpft Aussagen über ihre Existenz mit einer weitergehenden Forderung. Je nach Kontext wird diese Forderung als denkerische Bestimmung der einzelnen Zahl, als Konstruierbarkeit oder als Aufweisbarkeit expliziert. Man müßte hier eigentlich fragen, warum man davon ausgehen kann – wie die Intuitionisten es tun – daß diese drei Forderungen zusammenfallen. Jedenfalls wird im Folgenden der Terminologie der Intuitionisten gefolgt und die drei Forderungen werden austauschbar verwendet.

4.2.3 Intuitionistische Logik

Von einem logischen Standpunkt aus betrachtet ist es für den Intuitionismus typisch, das (uneingeschränkte) Prinzip des ausgeschlossenen Dritten/*Tertium non datur* $A \vee \neg A$ abzulehnen, und zwar besonders in Bezug auf Aussagen, die Quantoren enthalten. Die Kritik am *Tertium non datur* läßt sich plausibel machen, wenn man die Rede von Existenz eng an die Aufweisbarkeit oder Konstruierbarkeit knüpft. Weiß man von einer Eigenschaft E, daß nicht alle Objekte eines Gegenstandsbereichs die gegenteilige Eigenschaft $\neg E$ haben können, so folgt aus dem *Tertium non datur*, daß es ein Objekt x geben muß, das die Eigenschaft E hat. Dieser Gedankengang zeigt jedoch im Allgemeinen keineswegs ein konkretes Objekt mit der Eigenschaft E auf. Daher ist die Konklusion, es gebe ein solches E, intuitionistisch nicht akzeptabel und das Prinzip des *Tertium non datur*, das zu dieser Konklusion geführt hat, ist zurückzuweisen.

Damit hängt eng die Ablehnung der Involutivität der Negation zusammen, d. h. des logischen Gesetzes, nach dem die doppelte Negation wieder die unnegierte Aussage ergibt ($\neg\neg A \to A$). Da in intuitionistischer Logik im Allgemeinen die negative Version des *Tertium non datur* gilt ($\neg A \vee \neg\neg A$), würde aus der Involutivität der Negation das (positive) *Tertium non datur* folgen, und umgekehrt impliziert das volle *Tertium non datur* auch die Involutivität, sobald ein *Ex-falso-quodlibet*-Prinzip vorhanden ist.

Auch die intuitionistische Zurückweisung des Involutionsprinzips läßt sich durch Anbindung an epistemische Begriffe leicht plausibel machen. (Und, meiner Meinung nach, im Wesentlichen *nur* so.) Wenn man nicht weiß, daß man nicht weiß, daß p, dann weiß man noch lange nicht p. Etwas eingängiger formuliert: Wenn man von seiner p-Ignoranz nichts weiß, dann impliziert das noch nicht, daß man p weiß. Ein Beispiel: Gesetzt, ein Zeitgenosse, der sich ehrlich über seinen Kenntnisstand Rechenschaft gibt, habe keine Ahnung davon, daß das Element Gold nur ein stabiles Isotop besitzt. Da er aber überhaupt noch nie etwas von Isotopen gehört hat, weiß er nicht, daß ihm diese chemische Tatsache noch in seinem Wissensset fehlt. Er weiß also nicht, daß er nicht weiß, daß Gold nur ein stabiles Isotop besitzt, d. h. er ist im Status des Nicht-Wissens, daß er nicht weiß, daß p. Niemand käme auf den Gedanken, diesem Zeitgenossen zuzuschreiben, er wisse, daß Gold nur ein stabiles Isotop besitzt.

Für den Intuitionismus ist es geradezu charakteristisch, Sätze nicht als Tatsachenbehauptungen mit direktem Wahrheitsanspruch, sondern als epistemische Behauptungen über Wissensansprüche zu interpretieren. Diese Auffassung kommt zum Tragen, wenn es darum geht, ob eine bestimmte Voraussetzung gerechtfertigt ist oder nicht. Ein Satz p wird nicht als Behauptung des Sachverhalts, daß p, gelesen, sondern als Behauptung über ein Wissen von dem Sachverhalt, daß p. In intuitionistischer Lesart handeln Aussagen nicht von den Dingen, von denen sie handeln, sondern von epistemischen Einstellungen im Bezug auf diese Dinge. Aus dieser „Verwechslung" läßt sich positives Kapital schlagen, indem man intuitionistische Logik als Kodifizierung epistemischer Logik auffaßt. Dazu spielt es nur eine geringe Rolle, welcher epistemische Operator genau vor die eigentlichen Behauptungen gestellt wird: „Es ist beweisbar, daß …", „Ich weiß, daß …", „Der Ideale Mathematiker weiß, daß …" usw. Diesen Zusammenhang zwischen intuitionistischer und epistemischer Logik (d. h. der „Logik" epistemischer Satzoperatoren) hat Kurt Gödel schon 1933 beobachtet.[113]

Wenden wir uns von der Frage der Rechtfertigung bzw. Plausibilisierung der intuitionistischen Beschränkungen der Logik zur Frage, was *materialiter* an Logik verbleibt. Es sind ja nicht nur *Tertium non datur* und die Involutivität der Negation als Axiome zu vermeiden, sondern schließlich auch alle Prinzipien, die diese implizieren. Umgekehrt sind auch Axiome einzuführen, die vielleicht sonst mittels des *Tertium non datur* abgeleitet werden können, es aber nicht implizieren, sodaß sie in den Bereich der intuitionistisch erlaubten Schlußweisen fallen.

Eine wichtige Vorarbeit für die intuitionistische Aussagenlogik hat Bertrand Russell schon in den *Principles of Mathematics* geleistet.[114] In dieser Publikation aus dem Jahr 1903 unterscheidet er sorgfältig die aussagenlogischen Axiome, die das *Tertium non datur* implizieren, von denen, die es nicht implizieren. Grigori Mints hat darauf hingewiesen, daß diese Differenzierung genau den Unterschied zwischen intuitionistischer und klassischer Aussagenlogik trifft.[115] So bilden die ersten neun der Axiome, die Russell im § 18 präsentiert, ein System intuitionistischer Aussagenlogik, während der nicht-intuitionistische Anteil genau in dem einen Prinzip des *Tertium non datur* besteht, das als zehntes Axiom hinzugefügt wird. Russell gibt Beispiele sowohl für Aussageformeln, die sich schon aus den Axiomen 1.–9. ableiten lassen (z. B. $p \to \neg\neg p$), als auch für solche, die über den Axiomen 1.–9. zum Axiom 10. äquivalent sind (z. B. $\neg\neg p \to p$). Russell hat also die intuitionistische Aussagenlogik antizipiert. Es ist interessant zu bemerken, daß Brouwer zu der Zeit, als er seinen Intuitionismus entwarf, Russells Aufsatz kannte.[116] Wie stark der Einfluß Russells auf Brouwers Konzeption war, ist jedoch nicht eindeutig geklärt.

---

[113] GÖDEL, *Eine Interpretation* [1933f].
[114] RUSSELL, *The Principles* [1903].
[115] So MINTS, *Russell's Anticipation* [2001].
[116] So VAN DALEN, *Brouwer* [1999].

Die intuitionistische Logik ist durch (meta-)logische Eigenschaften gekennzeichnet, die man aus der klassischen Logik nicht kennt. So folgt aus der Beweisbarkeit einer Disjunktion $A \vee B$ schon die Beweisbarkeit eines der beiden Disjunktionsglieder. Und hat man etwa eine Existenzaussage $\exists x\, F(x)$ bewiesen, so kann man einen Term t angeben, sodaß $F(t)$ beweisbar ist.

4.2.4 Intuitionistische formale mathematische Theorien

Während man die Aussagenlogik wie Russell informell betreiben kann, bedeutet es eine deutliche Weiterentwicklung, formale intuitionistische Axiomensysteme zu haben. Hier sind besonders die Arbeiten von Brouwers Schüler Arendt Heyting (1898–1980) zu nennen. Indem er intuitionistische formale Systeme aufstellte, wurde der Intuitionismus mit der Standardmathematik (der sogenannten „klassischen" Mathematik) vergleichbar und konnte in die Welt der modernen Mathematik und mathematischen Logik eingeordnet werden. Man wird sagen müssen, daß dies eine wirkliche Transformation oder Fortentwicklung des ursprünglichen Brouwerschen Gedankenguts darstellte, die sich beispielsweise von Brouwers Überzeugung verabschiedete, daß mathematische Theorien keine Satzsysteme sind.

Heyting stellte sowohl Axiomensysteme für die intuitionistische Aussagenlogik, als auch solche für die intuitionistische Arithmetik auf, die daher heute ihm zu Ehren „Heyting-Arithmetik" (HA) genannt wird.

Intuitionistische Logik spielt heute nicht nur eine Rolle in formalen Systemen, mit denen überzeugte Intuitionisten arbeiten, sondern auch in konstruktiv-mathematischen Theorien wie der *CZF-Mengenlehre* oder eben HA. Die Möglichkeiten, mittels Herbrandscher Sätze aus intuitionistischen Existenzbeweisen Existenzbeispiele zu extrahieren, machen es attraktiv, auch in intuitionistischen Theorien nach Beweisen zu suchen. Untersuchungen zur Beweisbarkeitslogik oder zur formalen Epistemologie können die intuitionistische Logik gewinnbringend anwenden. Den Zusammenhang zwischen intuitionistischer Logik und der epistemischen Logik oder der (klassischen) Beweisbarkeitslogik nutzt auch die Brouwer-Heyting-Kolmogorov-Interpretation, die eine Beweisbarkeits-Semantik für intuitionistische Theorien zur Verfügung stellt.

4.2.5 Intuitionistische Mathematik

Brouwer ist diesen Weg der Vermittlungsarbeit nicht gegangen. Er hat jedoch Zeit und Mühe nicht nur auf seine polemischen Verteidigungsreden des Intuitionismus verwandt, sondern auch auf den Aufbau intuitionistischer Mathematik. Die intuitionistische Vorgehensweise tritt dabei mit dem Anspruch auf, „den einzig möglichen Weg" zu beschreiben, um „von der einmal angenommenen Grundeinstellung aus die Mathematik aufzubauen".[117]

---
[117] Heyting, *Grundlegung* [1931], 115.

Diese Beschreibung, die von Heyting stammt, kann man in zwei grundsätzlich verschiedene Richtungen kritisieren.

Die treffendste Kritik scheint zu sein, daß hier von einem Aufbau *der* Mathematik die Rede ist. In Wirklichkeit handelt es sich um eine ganz neue Mathematik und nicht um einen Aufbau dessen, was bisher unter „Mathematik" verstanden wurde, nur jetzt auf intuitionistischer Grundlage. Dies ist der schärfste materiale Unterschied zwischen Intuitionisten und z. B. den Logizisten. Wie überaus schroff diese Unterschiede in der Sache sind, wird anhand eines Beispiels gleich noch zu erörtern sein.

Eine ganz andere Kritik bringen radikale Intuitionisten vor. Mit McCarty gefallen sie sich in der Vorstellung, es seien keine philosophischen Gründe, die den Intuitionismus zu einer verkürzten klassischen Theorie zwängen, sondern genuin mathematische Erkenntnisse würden sozusagen zum Intuitionismus „zwingen". Eingangs wurde schon McCartys Satz zitiert, nach dem der Intuitionismus einer „klaren, hellen Straße mathematischer Gründe folgt" und so zu seiner Bestreitung klassisch-mathematischer Resultate gelangt. Die genauere begriffliche Analyse könnte und müßte hier zeigen, daß diese Gründe keine mathematischen Gründe sein können, da sie die Grundprinzipien und Schlußweisen betreffen, mit denen die Mathematik operieren kann, und damit eine fundamentale Differenz in der Auffassung dessen, was mathematisch ist und was nicht. Denn sonst würde der Intuitionist *dieser* Couleur nicht dahin gelangen können, die nicht-intuitionistische Mathematik generell abzulehnen.

Sei es dahingestellt, welcher Art nun die Gründe sind, die zur intuitionistischen Reformation bewegen sollen. Es bleibt, daß der Intuitionismus eine Reform der Mathematik anstrebt und damit in eine argumentative Vorleistungspflicht gerät. Diese betrifft nicht nur die sachliche Kritik an den logisch-mathematischen Grundprinzipien, sondern auch das begrifflich-philosophische Problem, etwas anderes als die herkömmliche Mathematik als Mathematik ausgeben und etablieren zu wollen. Warum soll man intuitionistische Mathematik überhaupt als Mathematik ansehen, bevor man sie gar für die *bessere* Mathematik halten soll? – Dies ist keine „akademische" Frage, sondern rührt aus der harten Gegensätzlichkeit her, die zwischen den intuitionistisch-mathematischen und den klassisch-mathematischen Resultaten besteht.

Die schlagendsten Beispiele für einen solchen Gegensatz entstammen der Analysis. In der klassischen Mathematik gibt es unstetige Funktionen von $\mathbb{R}$ nach $\mathbb{R}$, beispielsweise

$$f(x) := \begin{cases} 1 & \text{für } x = 1 \\ 0 & \text{für } x \neq 1. \end{cases}$$

Diese Funktionen kennt man schon aus der Schulmathematik und man wird sagen wollen, daß f eine Funktion ist, die überall konstant gleich 0 ist, und nur an der einzigen Stelle $x = 1$ auf 1 „springt". Erlaubt man diese Art von Funktionsdefinition, so ist f ein Paradebeispiel einer nicht-stetigen Funktion. Dies ist intuitionistisch nicht der Fall. Dem sog. „Brouwersche Theorem" zufolge sind *alle* Funktionen von $\mathbb{R}$ nach $\mathbb{R}$ stetig. Dieser Satz folgt unzweifelhaft aus den Grundsätzen der intuitionistischen Analysis, es macht also keinen Sinn, ihn zu bestreiten. Es ist vielmehr die Frage, wie man sich zu ihm stellt und damit zu den Axiomen, aus denen er folgt.

Nach McCarty ist dieses Theorem ein „positives Resultat", das Anlaß zu „respektvollem mathematischen Dissens" gibt, an den sich dann möglicherweise philosophische Diskussionen anschließen könnten. McCarty meint, daß das Brouwersche Theorem ein positives Resultat sei, weil es sich um ein „Ergebnis" handle: Man *wisse* jetzt, daß alle Funktionen von $\mathbb{R}$ nach $\mathbb{R}$ stetig sind – was man vor dem Beweis des Brouwerschen Theorems nicht gewußt hat. Das sei ein positives Resultat, denn es spricht diesen Funktionen eine Eigenschaft zu, und das ist positiv.

Eine derartige Interpretation greift natürlich nur willkürlich die eine Seite der Medaille heraus, denn die Aussage, daß alle solchen Funktionen stetig seien, spricht ihnen ja zugleich die Unstetigkeit ab und ist genauso „negativ" wie „positiv". Und noch mehr: der Brouwersche Satz kann als ganzer ja auch als negatives Resultat gelesen werden, denn er sagt, daß es unstetige Funktionen von $\mathbb{R}$ nach $\mathbb{R}$ nicht gibt. So zeigt sich, daß der radikale Intuitionismus inkohärent ist. Und man braucht nicht einmal „extrinsisch" damit zu argumentieren, daß „Resultate" wie der Brouwersche Satz, wenn man ihn ohne jeglichen philosophischen oder grundlagentheoretischen Zweck, nur als Aussage über die Stetigkeit aller reellen Funktionen betrachtet, die mathematische Praxis verfehlt, da er für 99% aller Mathematiker keinen Sinn macht und ihren grundlegenden Intuitionen, Vorstellungen und Begriffen widerspricht. In den Augen eines Mathematikers können sie daher nur von einer verfehlten Grundlage her abgeleitet worden sein.

Im Bezug auf das Beispiel der bei 1 unstetigen Funktion f wird der Intuitionist die Funktionsdefinition durch Fallunterscheidung nicht prinzipiell bestreiten. Sie hat die logische Struktur „*wenn* $x = 1$ ist, dann ist $f(x) = 1$, und *wenn* $x \neq 1$ ist, dann ist $f(x) = 0$". Ob hier eine totale Funktion definiert wird oder nicht, hängt somit vom *Tertium non datur* für reelle Zahlen ab. Solange man nicht voraussetzen kann, daß $x = 1 \vee x \neq 1$ für alle reellen Zahlen x gilt, ist nicht gesichert, daß f total ist. Das Problem liegt also weniger in dem unplausiblen Brouwerschen Satz, daß alle reellen Funktionen stetig sind, sondern schon in dem Begriff der (totalen) Funktion. Im intuitionistischen Theoriekontext ist diese Voraussetzung so stark, daß aus ihr die Stetigkeit folgt. Die Frage ist also, ob dieser Begriff bzw. die intuitionistische Beschränkung der Möglichkeiten, Funktionen (erfolgreich) zu definieren, der mathematischen Praxis entspricht. Das scheint mir nicht der Fall zu sein.

4.2.6 Intuitionismus und Beweistheorie

Der Einfluß des Intuitionismus auf die Beweistheorie war vielfältig. In historischer Perspektive ist zum Beispiel die motivationale Kraft nicht zu unterschätzen, die Weyl und Brouwer durch ihre heftige Opposition auf Hilbert ausübten und die ihn zweifellos herausforderte.[118] Dabei ging es natürlich nicht um die pure Lust am Widerspruch, sondern

---

[118] Vgl. hierzu auch BERNAYS, *Hilberts Untersuchungen* [1935], 202.

durchaus um eine sachliche Debatte, nur eben angetrieben und erhitzt durch deutliche Positionen, harte Invektiven und bisweilen polemische Diskussionen.

Die öffentliche sachliche Auseinandersetzung begann Hilbert mit dem Vortrag *Neubegründung* von 1921, der 1922 in Druck ging. Schon zuvor hatte er jedoch Brouwer in seinen Vorlesungen erwähnt. So endet die Vorlesung des Wintersemesters im März 1920 mit der Entwicklung eines streng finiten Gleichungskalküls, dessen stark beschränkte Beweismittel kein *Tertium non datur* rechtfertigen. Hilbert schließt die Vorlesung mit dem Satz, daß man so

> ein Verständnis für den Sinn der neuerdings von Brouwer aufgestellten paradoxen Behauptung [gewinnt], daß bei unendlichen Systemen der Satz vom ausgeschlossenen Dritten (das ‚tertium non datur') seine Gültigkeit verliere.   HILBERT, *Wintersemester 20* [1920*], 61–62

In den späteren Auseinandersetzungen macht Hilbert mehr und mehr kritische Punkte gegenüber dem Brouwerschen Ansatz geltend. So weist er in *Neubegründung* mit Entschiedenheit die „Verbotsdiktate" gegen die Praxis der mathematischen Analysis zurück. Er erkennt aber doch eine gewisse Berechtigung der intuitionistischen Einwände gegen die herkömmliche Analysis an. Diese sind in seinen Augen jedoch dann erledigt, wenn die axiomatische Methode zum Erfolg gekommen ist, d. h., wenn auch ein Widerspruchsfreiheitsbeweis für die axiomatisierte Analysis vorliegt. Brouwer hat es später, 1928, ebenfalls so gesehen, daß sich der Unterschied zwischen dem Intuitionismus und dem (von ihm so genannten) Formalismus zu einer reinen Geschmacksfrage entwickeln könnte. Zunächst war die Zeit zwischen 1920 und 1928 jedoch von scharfer Polemik und Auseinandersetzung gekennzeichnet. Dabei ist Hermann Weyl im Vergleich zu Brouwer ein deutlich größerer Einfluß zuzusprechen als bisher angenommen. Nach dem Stand der Forschung ist die große Debatte über Grundlagentheorien und Intuitionismus in den 1920ern nicht durch Brouwers Aufsatz über die *Begründung der Mengenlehre unabhängig vom logischen Satz vom ausgeschlossenen Dritten* ausgelöst worden, sondern erst durch Weyls Aufsatz *Über die neue Grundlagenkrise der Mathematik*.[119] Brouwer hat von Weyls Darstellung nichts gehalten und mehrfach, auch schriftlich, gefordert, den Intuitionismus ihm und nicht Weyl zuzurechnen.[120] Weyls Ausführungen entbehren zwar auch nicht einer gewissen Deutlichkeit, sind aber bei weitem nicht so scharf wie die Brouwerschen Polemiken. Wenn John von Neumann es später als ein Verdienst des Intuitionismus bezeichnet, die Mißstände in der klassischen Mathematik scharf formuliert und den Bereich der unbedingt zuverlässigen Begriffsbildungen abgegrenzt zu haben,[121] so gilt dies sicherlich eher für die Arbeiten Weyls als für diejenigen Brouwers. Und dies umso mehr, als innerhalb der Trias *Logizismus, Intuitionismus, Formalismus* das Etikett „Intuitionismus" die konstruktivistische Strömung vertritt, der sich Weyl in erster Linie verpflichtet fühlte.

---

[119] BROUWER, *Begründung Mengelehre* [1918]; WEYL, *Grundlagenkrise* [1921]. – Zum Stand der Forschung siehe HESSELING, *Gnomes* [2003] und die zugehörigen Rezensionen.
[120] So VAN ATTEN, *Hesseling Rezension* [2004], 424.
[121] Vgl. VON NEUMANN, *Die formalistische* [1931], 116.

4.2 Intuitionismus

Für Hilberts Entwicklung der Beweistheorie war es jedenfalls eine Art sachliche Triebfeder, gewisse grundlagentheoretische Zweifel an der Analysis anzuerkennen und zugleich die vorgeschlagenen Einschränkungen der mathematischen Methoden rundweg abzulehnen, denn dazu mußte er der (berechtigten) Kritik etwas entgegensetzen. Und es handelt sich natürlich wirklich um Einschränkungen, die die intuitionistischen Ansätze nach sich ziehen. Zwar fühlen, damals wie heute, Vertreter des Intuitionismus die Notwendigkeit, sich gegen das „weitverbreitete Mißverständnis" des Intuitionismus zu wehren, der Intuitionist würde Verbote aufstellen und die Mathematik und Logik beschneiden, und dagegen zu behaupten, der Intuitionismus bilde „den einzig möglichen Weg [...] von der einmal angenommenen Grundeinstellung aus die Mathematik aufzubauen".[122] Aber diese Betonung von Grundeinstellung und folgerichtigem Vorgehen versus Beschränkungen von Mathematik und Logik ist irreführend. Denn auch wenn es stimmt, daß der Intuitionismus bei der Formulierung einer Grundeinstellung ansetzt und diese als Ausgangspunkt aller weiteren Überlegungen ansieht, *führen* diese Überlegungen und Haltungen zu den bekannten und oben diskutierten Beschränkungen von Mathematik und Logik. Eine Kritik, die dem Intuitionisten vorwirft, die mathematischen Möglichkeiten zu beschneiden, kann dieser nicht einfach dadurch aus der Welt schaffen, daß er auf einen tiefliegenderen Ausgangspunkt verweist. Vielmehr müßte dieser Ausgangspunkt als in sich gerechtfertigt nachgewiesen sein, um mit Verweis auf ihn die Kritik am Intuitionismus loszuwerden. Das ist jedoch nicht zu sehen.

Ein anderer Einflußfaktor des Intuitionismus auf das Hilbertprogramm besteht in der Abgrenzung der metamathematisch zulässigen Schlußweisen. Das Verhältnis Intuitionismus-Finitismus wird im Kapitel über den Finitismus noch genauer zu bestimmen sein (vgl. Kap. 6). Hier sei schon gesagt, daß das finit Zulässige nach Hilberts Abgrenzung in weiten Teilen deckungsgleich mit dem intuitionistisch Zulässigen ist. Wenn Hilbert dies 1930 auch offen darlegt, ist das nicht einfach eine „Konversion" zum Standpunkt seiner (einstigen) Gegner. Dann übersieht man nämlich einen wesentlichen Schachzug Hilberts. Er macht aus der Not seiner Gegner gewissermaßen die eigene Tugend: Während die Intuitionisten die Einschränkung der klassischen Mathematik auf das Maß dessen forderten, was auch nach ihren strengeren Maßstäben unbedingt zuverlässig ist, will Hilbert diesen „Spieß" dadurch „umdrehen", daß er die volle klassische Mathematik durch axiomatische Konzeption und Konsistenzbeweise sichern will, die mit intuitionistisch zulässigen Mitteln zu führen sind. So ist sein Ziel, die von den „strengen" Intuitionisten für zuverlässig erklärten Methoden zu einer Basis für die volle Mathematik zu machen. Gelingt der Widerspruchsfreiheitsbeweis, so ist die klassische Mathematik genauso „sicher" wie die intuitionistische, und dennoch braucht man auf ihren systematischeren Aufbau, ihre klareren logischen Gesetze und ihre größere Leistungsfähigkeit nicht zu verzichten. Hilberts Weiterentwicklung des intuitionistischen Standpunktes kann man als einen Perspektivenwechsel beschreiben: *von einem intuitionistisch zulässigen, weil sicheren Restbestand zu einem sicheren, weil intuitionistisch zulässigen Basisbestand der Mathematik.*

---

[122] HEYTING, *Grundlegung* [1931], 115.

4.3 Zusammenfassung

Der Logizismus verfolgt eine Rückführung der Mathematik auf die Logik, und zwar durch Übersetzbarkeit in rein logische Sprache (Sprachlogizismus) oder durch Ableitbarkeit aus rein logischen Axiomen (Wahrheitslogizismus). Für das von Hilbert verfolgte Grundlagensicherungsprogramm war dieser Ansatz äußerst attraktiv. Die von Frege, Dedekind und Russell vorgelegten Arbeiten haben das Instrumentarium für grundlagentheoretische Arbeiten beachtlich erweitert. Das logizistische Programm stellte sich letztlich jedoch als nicht durchführbar heraus. Dedekind scheiterte an der Inkonsistenz seines Begriffs eines „Systems alles Denkbaren". Freges System war einerseits ebenfalls inkonsistent, andererseits zu schwach, um auch nur die Existenz des Nachfolgers zu zeigen. Das Whitehead/Russellsche System der *Principia Mathematica* schließlich vermeidet die Russellsche Paradoxie durch die Einführung der Ordnungsstufen und versucht sich so die Widerspruchsfreiheit zu erkaufen. Der Preis ist jedoch hoch, da die typisierte Theorie schon die Ableitung einfachster Sätze der Analysis nicht mehr gestattet. Die Restriktion durch die Typisierung mußte deshalb aufgebrochen werden durch das Reduzibilitätsaxiom, dessen existenzialer Charakter wie der des Unendlichkeitsaxioms die Grenzen des logizistischen Projekts überschreitet.

Mit dem Scheitern dieser Ansätze ist noch nichts Definitives über die Möglichkeit anderer logizistischer Ansätze zur Zurückführung der Mathematik auf reine Logik gesagt. Allerdings sind die besten Köpfe – mathematische Logiker vom Rang eines Frege, Dedekind und Russell – an dieser Aufgabe gescheitert und damit drängt sich die Einschätzung auf, daß eine solche Zurückführung gar nicht zu leisten ist. Und wenn sie doch zu leisten wäre, dann wohl nicht ohne auf der logischen Seite ein (zweistufiges) Komprehensionsschema zu verwenden, dessen „rein logischen Charakter" man durchaus anzweifeln kann.

Das logizistische Projekt hat großen Einfluß auf Hilbert ausgeübt. Hilberts Engagement in grundlagentheoretischen Fragen sank mit Poincarés herber Logizismuskritik und stieg mit der Publikation von Russells *Principia* erneut an. Auch wenn die Verlängerung der Kette von Reduktionen mathematischer Theorien auf immer grundlegendere Theorien bei der Zahlentheorie endete und von dort nicht ohne Weiteres bis zur Logik fortgesetzt werden konnte, ist die Entwicklung des HP ohne die bleibenden Leistungen der Logizisten undenkbar. Die logischen Kalküle, in denen sich große Teile der Mathematik aus einer überschaubaren Anzahl von Prinzipien herleiten lassen, waren eine notwendige Bedingung für die Konzeption einer Beweistheorie als Meta-Wissenschaft über formalisierte und operativ verendlichte mathematische Systeme.

Brouwers intuitionistische Kritik hat vor allem das Verdienst gehabt, „die Frage nach den Ursachen der allgemein angenommenen unbedingten Zuverlässigkeit der klassischen Mathematik" neu aufgerollt zu haben.[123] Für das HP ist weniger die (negative) intuitionistische Einschränkung der Mathematik entscheidend geworden, als vielmehr die von ihm ausgehende und durch Heyting, Herbrand und andere präzise durchgeführte Abgrenzung eines „Bereich[s] der unbedingt und ohne jede Rechtfertigungsnotwendigkeit zuverlässi-

---

[123] VON NEUMANN, *Die formalistische* [1931], 116.

4.3 Zusammenfassung

gen ‚intuitionistischen' oder ‚finiten' Begriffsbildungen und Beweismethoden".[124] Auf die Frage nach der genauen Abgrenzung zwischen Finitismus und Intuitionismus wird im Kapitel über den Finitismus (Kap. 6) noch zurückzukommen sein.

Hilbert hat nicht im strengen Sinne eine Alternativposition zu Logizismus und Intuitionismus vertreten, wie es durch die unkritische Verwendung der Trias „Logizismus, Intuitionismus, Formalismus" nahegelegt wird. Er war (zumindest zeitweise) selbst Logizist und auch als ihm klar wurde, daß das logizistische Projekt nicht durchführbar ist, blieb seine Nähe zu formalen Methoden, seine Betonung des rein logischen Schließens und die zentrale Rolle der Kalküle in seinem Ansatz eine Art bleibendes logizistisches Erbe. Hilbert war zwar sicher kein Intuitionist im Sinne von Brouwers Philosophie der Mathematik, aber er hat sich für Grundlagenfragen (je später, desto mehr) Brouwers Beschränkung des wirklich als sicher Geltenden in der Mathematik zu Eigen gemacht. Der größte Unterschied zu Brouwer besteht darin, daß Hilbert bei diesen Beschränkungen nicht stehen geblieben ist, sondern sie durch die Einführung der metamathematischen Ebene im Bezug auf die Objektmathematik letztlich entfernen wollte. Diesen Perspektivenwechsel kann man schlagwortartig so ausdrücken: Hilbert wollte mit Brouwer über Brouwer hinaus.

---

[124] VON NEUMANN, *Die formalistische* [1931], 116.

Formalismus 5

Bei der Analyse des Logizismus und des Intuitionismus zeigte sich, daß Hilberts Position keineswegs als radikaler Gegensatz zum Logizismus und zum Intuitionismus aufgefaßt werden kann. Hilbert verfolgte (zumindest zeitweise) logizistische Ziele, teilte die Überzeugung von einer bedeutsamen Rolle der formalen Logik für die Mathematik, vertrat viele der intuitionistischen Diagnosen zu Grundlegungsproblemen in der Mathematik und legte schließlich mit dem Finitismus eine Basistheorie vor, die man, wenn nicht als Variante des Intuitionismus, so doch als eine nahe Verwandte interpretieren kann.

Hilbert gilt jedoch gemeinhin als der Hauptvertreter des Formalismus, der dritten mathematikphilosophischen Position in der klassischen Trias. Zeigt sich auch hier ein vielschichtigeres und durchbrocheneres Bild, als es die klassischen Darstellungen der Trias gezeichnet haben?

Daß Hilbert *der* Vertreter des Formalismus ist, hat sich zu einem Selbstläufer entwickelt und nur selten wird danach gefragt, was das eigentlich genau heißen soll und ob es denn auch seine Richtigkeit damit hat, Hilberts Position so zu beschreiben. Zumindest müßte es stutzig machen, wenn ein Formalist explizit einen Bereich auszeichnet, der nicht formalisiert, sondern inhaltlich betrieben werden soll. Die Aussagen der finiten Metamathematik sollen ja Bedeutung haben. So ist klar, daß Hilbert zumindest im strengen Sinne kein Formalist war. Er hat keine Philosophie der Mathematik vertreten, die man in derselben Weise „formalistisch" nennen könnte, in der man die Attribute „logizistisch" und „intuitionistisch" verwendet. Hilbert war weder Spielformalist, noch Formalist in irgendeinem nicht-methodischen Sinne.

Während die formalistischen Fehlinterpretationen Hilberts lange Zeit in der Literatur repetiert wurden, mehren sich seit Mitte der 1980er Jahre die Stimmen, die auf deren desaströse Folgen für ein adäquates Verständnis des HP aufmerksam machen.[1] Dagegen soll in

---

[1] So beklagt SIMPSON, *Partial Realizations* [1988], 351, die abwegige Interpretation Hilberts als „intellektuelles Desaster" (*„intellectual disaster"*). Und für DETLEFSEN, *Hilbert's Program* [1986], xi, sind entsprechende Publikationen „mit der unbedachten Anklage des Formalismus" geradezu „besudelt"

diesem Kapitel mit Volker Peckhaus dafür argumentiert werden, „daß sich Hilberts Position in der Philosophie der Mathematik nicht auf einen solchen Formalismus einschränken läßt", auch wenn es „natürlich Elemente Hilbertscher Philosophie der Mathematik [gibt], die als ‚Formalismus' bezeichnet werden können."[2] Die eigentlich entscheidende Frage ist also nicht die, *ob* Hilbert Formalist war, sondern *welche Aspekte* von Hilberts grundlagentheoretischer Position man *in welchem Sinne* als Formalismus beschreiben kann.

5.1 Formelspiel vs. methodische Einstellung

Der Formalismus als Philosophie der Mathematik ist die Auffassung, daß das „Wesen" der Mathematik in der Manipulation von Formeln besteht, denen keine unmittelbare inhaltliche Bedeutung zukommt. Der Formalismus steht im Allgemeinen in gewisser Nähe zu nominalistischen Positionen, denn auch er behauptet die Nicht-Referenz bestimmter syntaktischer Objekte. Man könnte dies auch einen „Syntaktizismus" nennen, nach dem der Objektbezug der Mathematik nicht weiter reicht als bis zu den syntaktischen Zeichen und Formeln. Eine extreme Variante einer solchen Konzeption ist der „Spielformalismus", in dem die Manipulationsregeln selbst ebenfalls als unabhängig von aller inhaltlichen Bedeutung angesehen und dadurch mit Spielregeln wie zum Beispiel den Regeln des Schachspiels vergleichbar werden. Mathematik wäre demnach ein bloßes „Zeichen-" oder „Formelspiel".[3]

Stichworte wie „Mathematik ist bloßes Formelspiel" bleiben jedoch unbefriedigend. Weder ist klar, was genau hier „Spiel" heißen soll, noch ist erkennbar, wie man bedeutungslose Regeln überhaupt anwenden können will. Besonders unbefriedigend ist es aber deshalb, weil Hilbert so offensichtlich in diesem Sinne gar kein Formalist gewesen ist. Dafür läßt sich eine ganze Reihe von Gründen angeben, von denen einige sogar dann schon zwingend sind, wenn auch nur ein Minimum an verständiger Interpretation der Hilbertschen Äußerungen unterstellt wird.

Schon *prima facie* ist es eigentlich grotesk, Hilbert, einem der größten Mathematiker und einem der größten Mathematik*liebhaber*, zu unterstellen, er habe seine Wissenschaft als nichts weiter denn ein großes Spiel angesehen. Dies widerspricht nicht nur der Ernsthaftigkeit, mit der Hilbert Mathematik betrieben hat, und überhaupt seinem wissenschaft-

---

(„*the crude charges of formalism that have sullied the literature on Hilbert's Program*"). Etwas „vornehmer" nennt HINTIKKA, *Hilbert Vindicated?* [1997], 15, die Klassifikation Hilberts als Formalist „höchst irreführend" („*highly misleading*").

[2] PECKHAUS, *Impliziert* [2005b], 2.

[3] Eine einflußreiche Schilderung einer „formalen Auffassung" im Sinne eines Spielformalismus findet sich bei Carl Johannes Thomae (1840–1921), den Frege in den *Grundgesetzen der Arithmetik* (§ 88) wie folgt zitiert: „Die Arithmetik ist nun für die formale Auffassung ein Spiel mit Zeichen, [denen, C.T.] kein anderer Inhalt zukommt, als der, der ihnen in Bezug auf ihr Verhalten gegenüber gewissen Verknüpfungsregeln (Spielregeln) beigelegt wird. Aehnlich bedient sich der Schachspieler seiner Figuren" (FREGE, *Grundgesetze* [1893], 97). – Freges Kritik in den anschließenden Paragraphen konzentriert sich auf das Anwendbarkeitsproblem und die bloße Scheinbarkeit der metaphysischen „Entlastung" der Arithmetik.

5.1 Formelspiel vs. methodische Einstellung

lichen Ethos, sondern auch vielen seiner expliziten Äußerungen zum Thema. Hilbert war durch und durch Mathematiker. Er war von der Bedeutsamkeit der Mathematik überzeugt, hat ihr Lebenszeit und Schaffenskraft gewidmet und auch wissenschaftsphilosophisch die Position vertreten, daß eine Naturwissenschaft um so weiter entwickelt sei, je mehr sie mathematisiert worden ist. Schon von diesen generellen Punkten aus ist es kaum vorstellbar, daß Hilbert die Mathematik wirklich als ein bloßes „Formelspiel" angesehen hätte.

Auf der anderen Seite ist es eine historische Tatsache, daß Hilbert viel mit formalen Methoden gearbeitet und bspw. die Entwicklung der formalen mathematischen Logik nach Kräften gefördert hat. Das Hilbertprogramm fordert *expressis verbis*, die herkömmliche Mathematik zu formalisieren. Hilbert illustriert dieses Ziel häufig so, daß die Ausdrücke der formalisierten mathematischen Theorien keine Bedeutungen mehr hätten. (HP1) fordert, die Mathematik in einen Bestand an Formeln zu überführen. Vereinfachend gesagt: Aus Objekten sollen Zeichen und aus Behauptungen sollen Formeln werden. Also doch Formalismus?

Dem widerspricht Hilberts Festhalten an inhaltlichen mathematischen Überlegungen auf der metamathematischen Ebene. Er hält es für „selbstverständlich", daß die „inhaltlichen Überlegungen" in der Mathematik „niemals völlig entbehrt oder ausgeschaltet werden können."[4] Dem Formalismus-Vorwurf widersprechen aber auch Aufwand, Mittel und Ziel einer Beweistheorie. Um bloß mit Formeln zu spielen, bräuchte man keinen Aufwand für eine Rechtfertigung zu treiben – man könnte einfach drauflos spielen. Das Mittel einer solchen Rechtfertigung könnte auch keine inhaltlich bedeutsame reale oder finite Mathematik sein. Und wenn Mathematik nichts als Formelspiel wäre, würde ein beweistheoretisches Ergebnis als mathematisches auch nichts besagen und ergo nichts zur Grundlagensicherung beitragen, um die es Hilbert doch unbestreitbar ging.

Beide scheinbar gegenläufige Tendenzen gehen zusammen, wenn man sorgfältig unterscheidet, was Hilbert als Teil seines methodischen Standpunktes über die Mathematik behauptet und was er wirklich über die Mathematik sagt. Die Mathematik zu einem bestimmten Zweck in gewisser Hinsicht aufzufassen, heißt ja noch lange nicht, darin auch das wirkliche Wesen der Mathematik zu sehen. Und nicht jede Eigenschaft, die man der Mathematik in einem bestimmten Fragekontext zuschreibt, würde man ihr auch sozusagen „absolut" zuschreiben.

Die genauere Analyse von Hilberts Äußerungen bestätigt diese Sicht auf zwei Weisen. *Erstens* verwendet Hilbert im Zusammenhang mit der Formalisierung fast durchgängig Formulierungen, die einen Prozeß und ein Werden beschreiben: Die Mathematik *wird zu* einem Formelbestand *gemacht*,[5] von der Bedeutung der Ausdrücke *wird abstrahiert* bzw. die Ausdrücke *werden* ihrer Bedeutungen *entkleidet* usw. Durch die Transformation der Mathematik in Formelgestalt wird nach Hilbert nicht eine neue Art von Mathematik behauptet, sondern ein *Bild* der Wissenschaft geliefert.[6] Die Formeln, die so entstehen, „sind

---

[4] HILBERT, *Neubegründung* [1922], 165.
[5] Vgl. z. B. HILBERT, *Grundlagen Mathematik* [1928], 1; HILBERT, *Probleme Grundlegung* [1929], 3.
[6] Vgl. HILBERT, *Grundlagen Mathematik* [1928], 1.

die Abbilder der Gedanken, die die übliche bisherige Mathematik ausmachen".[7] Immer bleibt vorausgesetzt, daß die mathematischen Sätze einen Inhalt und die mathematischen Terme eine Bedeutung *haben*. Diese werden nur nicht mehr betrachtet. Ihre inhaltliche Bedeutung wird zeitweise suspendiert oder, wie man in Anlehnung an Husserls phänomenologische Terminologie sagen könnte: Sie wird „eingeklammert".

Dies ließe aber noch die Möglichkeit offen, daß Hilbert hier einen Prozeß beschreibt, der eine Transformation oder Erneuerung der Auffassung von Mathematik schlechthin darstellt. Dagegen sprechen zwei weitere Beobachtungen an Hilberts Äußerungen. Die *erste* geht aus den Darlegungen Gottlob Freges hervor, der nach der harten Kontroverse mit Hilbert über dessen Verständnis von Axiomatik wohl als „unverdächtiger Zeuge" gelten kann. Hilbert hatte Frege gegenüber im Gespräch anscheinend zu erkennen gegeben, daß er „das Formelwesen in der Mathematik eher zu vermindern als zu vermehren bestrebt" war. Frege fühlte sich daraufhin bemüßigt, Hilbert in einem Brief geradezu von den Vorteilen der Symbolik und der Kalküle in der Mathematik überzeugen zu wollen.[8] Hilbert stimmte Frege zu, allerdings nicht ohne noch einmal besonderes Gewicht darauf zu legen, daß die formalen Hilfsmittel bestimmten Zwecken dienen und daher erst das Spätere gegenüber dem eigentlichen Gedanken oder dem mathematischen Bedürfnissen sein können.[9] Von hier aus scheint es klar, daß Hilbert kein Anhänger eines Standpunktes „Formeln um der Formeln willen" gewesen ist. Frege hatte den Eindruck, Hilbert von den Vorteilen von Formalismen erst überzeugen zu müssen, und Hilbert hat die Vorrangigkeit des Inhaltlichen vor dem Formalismus betont.[10]

Die *zweite* Beobachtung besteht darin, daß Hilberts formalistisch klingende Äußerungen fast immer explizit im Kontext einer Beschreibung des methodischen Standpunkts der Beweistheorie stehen. *Um Beweistheorie betreiben* zu können, muß man die Mathematik zu einem formalen System machen. Sie ist für die Beweistheorie (als Objekt-Mathematik) dann nichts anderes als dieses formale System. „Mathematik ist…"-Behauptungen sind in diesen Kontexten durchaus angebracht, aber sie sind aufzufassen als „bei dieser Betrachtung ist Mathematik…" oder „gemäß dieser Methode ist Mathematik…". Eine solche Unterscheidung zwischen einem echten „ist" und einem sozusagen Kontext- oder Methoden- „ist" ist zwar etwas umständlich auf den Begriff zu bringen, aber dennoch in unserer alltäglichen und in der wissenschaftlichen Welt gang und gäbe. (Auch wenn sie die große Gefahr mit sich bringt, gelegentlich vergessen zu werden.)

Man kann das „Formalismus" nennen. Eine solche Beschreibung ist allerdings eine zweischneidige Sache, denn es besteht die Gefahr, die beschriebene Position grundsätzlich zu verfehlen. Es muß berücksichtigt werden, daß Hilbert in seinen entsprechenden Äußerungen nur den *methodischen Standpunkt seiner Beweistheorie* schildert, und keineswegs sein Bild von der Mathematik überhaupt. Deswegen soll im Folgenden konsequent

---

[7] HILBERT, *Grundlagen Mathematik* [1928], 2.
[8] Frege an Hilbert, 1.10.1895, vgl. FREGE, *Briefwechsel* [1976], 58–59.
[9] Hilbert an Frege, 4.10.1895, vgl. FREGE, *Briefwechsel* [1976], 59–60.
[10] Zur Betonung des Formalen siehe auch Abschn. 5.2.2.

5.1 Formelspiel vs. methodische Einstellung

von Hilberts „methodischem Formalismus" gesprochen werden. Denn Hilbert beschreibt mit seinen formalistisch klingenden Aussagen nichts als eine methodische Position, eine bestimmte, zweckgeleitete Auffassung der Mathematik, die keine definitive Aussage darüber macht, was Mathematik selbst eigentlich ist. Bei der Beschreibung der methodischen Einstellung der Beweistheorie wird die Mathematik, bildlich gesprochen, durch eine rote Brille betrachtet. Man schaut dadurch nur auf gewisse Aspekte und Zusammenhänge und blendet andere aus. Sicher tut man gut daran, aus der Tatsache, daß Mathematik in diesem Rahmen eine Abstufung von Rottönen ist, nicht darauf zu schließen, daß sie tatsächlich in einer Abstufung von Rottönen besteht.[11]

Will man Hilberts Standpunkt also insgesamt als „formal" oder „formalistisch" bezeichnen, so kann man dies in folgendem Sinne tun: Hilbert betont die Notwendigkeit der beweistheoretischen Grundlagensicherung der Mathematik. Teil dieser Sicherung ist die „Abbildung" der Mathematik in die Form von formalen Systemen. „Formalismus" als *eine* Philosophie der Mathematik ist jedoch, wenn dies überhaupt eine sinnvolle Position ist, nicht die Position Hilberts. Er war weit entfernt davon, die für die Beweistheorie entwickelten Formalismen für die *eigentliche* Gestalt der Mathematik zu halten. Hilberts Forderung, die herkömmliche Mathematik zu formalisieren und als bedeutungsleeren Formelbestand aufzufassen, muß vielmehr als Teil seines beweistheoretischen Programms angesehen werden. (HP1) ist eine Forderung für die Beweistheorie, nicht für die Mathematik überhaupt. Die Formalisierung ist als eine *methodische* Forderung zu verstehen, daß zur Durchführung der beweistheoretischen Untersuchungen die objekt-mathematischen Sätze so zu nehmen sind, als *wären* sie inhaltslose Formeln. Hilbert vertritt keine formalistische Philosophie der Mathematik in dem Sinne, daß mathematische Aussagen nur Aussagen über Zeichen wären und mathematisches Beweisen „bloßes Zeichenspiel". Er war kein „Spielformalist". Seine anderslautenden Äußerungen sind in ihrem Kontext als Beschreibungen des methodischen Standpunkts der Beweistheorie zu lesen. Formalisierung ist dabei aus den genannten Gründen nicht als Transformation der Mathematik in eine ihr eigene (oder eigentliche), neue Gestalt zu verstehen, sondern als Transformation der eigentlichen Mathematik in eine uneigentliche, formale Fassung, in der sie beweistheoretisch untersucht werden soll.

Nach dem Gesagten bleibt dann allerdings erklärungsbedürftig, warum Hilbert der Subsumtion unter den Formalismus nicht energischer widersprochen hat. Wenn die hergebrachte Zuordnung zu formalistischen Positionen nicht völlig in das Reich zweifelhafter Legenden verwiesen werden soll, welche Aspekte sind dann vielleicht auch bei genauerer Analyse zutreffend? Wie könnte ein vernünftiger Formalismusbegriff aussehen, der auch auf Hilbert anwendbar ist?

---

[11] Dieses Bild der Brille hat den Nachteil, ein erkenntnistheoretisches Problem zu suggerieren. Mangels eines besseren Bildes sei es dennoch angegeben und mit dem Hinweis versehen, daß es hierbei nicht um den Unterschied zwischen der Sache an sich und ihrer Erscheinung für uns geht, sondern um den Unterschied zwischen dem, was wir wirklich über eine Sache behaupten wollen, und dem, was wir nur in einem methodischen Kontext, als besondere Auffassung einer Sache ausgeben.

5.2 Alternative Formalismusbegriffe

Im Folgenden sollen zwei Formalismusbegriffe als nicht-tragfähig für eine Klassifizierung Hilberts als Formalist kritisiert werden. Dem ist jedoch eine wichtige Bemerkung vorauszuschicken. Die kritisierten Autoren haben sich die Mühe gemacht, überhaupt einen Formalismusbegriff zu entwickeln bzw. anzugeben. Viele andere Autoren schreiben hingegen zum Formalismus, ohne sich in dieser Weise angreifbar machen zu wollen.[12] Man sollte daher die folgende Kritik als etwas ansehen, was die Kritisierten durch ihre Leistung überhaupt erst ermöglichen. Es ist sicher besser, etwas Angreifbares zu sagen, als sich „vornehm" zurückzuhalten und dem dringenden theoretischen Bedürfnis, wissen zu wollen, was jemand überhaupt meint, wenn er von Formalismus redet, einfach zu entfliehen.

5.2.1 Darstellungsform

Volker Peckhaus versteht unter Formalismus „eine Darstellungsform" für deduktive Systeme, die von willkürlich gesetzten Axiomen ausgeht, die unabhängig, widerspruchsfrei und vollständig sind.[13] Ein derartiger Formalismusbegriff hat durchaus treffende Züge, aber auch philosophische Schwachstellen. Während die treffenden Punkte im nächsten Abschnitt aufgenommen werden sollen, wenn es um methodisch-axiomatischen Formalismus geht, beschränken sich die folgenden Ausführungen einzig auf die kritischen Punkte.

Zunächst irritiert es, daß eine Lehre, Position oder Doktrin wie der Formalismus mit gegenständlichen Modalitäten („Darstellungsform") identifiziert wird. Möglicherweise ist hier gemeint, daß der Formalismus die Lehre ist, daß diese Darstellungsform die eigentliche Darstellungsform der Mathematik ausmachen soll, oder ähnliches.

Ein anderer Punkt betrifft die Eigenschaften der Axiome. Unabhängigkeit, Widerspruchsfreiheit und Vollständigkeit taugen im Allgemeinen eher als Gütekriterien für Axiomensysteme denn zur Definition ihres Begriffs als einer Darstellungsform deduktiver Satzsysteme. Fügt man zu einem bestehenden Axiomensystem ein neues Axiom hinzu, soll es sich doch weiterhin um ein Axiomensystem handeln – und zwar völlig unabhängig davon, ob das hinzugefügte Axiom das Gesamtsystem vielleicht inkonsistent macht. Man würde dann eben von einem inkonsistenten Axiomensystem sprechen. Ähnliches gilt auch für die Unabhängigkeit der Axiome. Hilbert selbst hat die Unabhängigkeit der Axiome immer wieder als erstrebenswertes Ziel und als Frage, die man mathematisch untersuchen kann, herausgestellt. Aber es war für ihn nie ein definierendes Kriterium für ein Axiomensystem.[14] Im Gegenteil hat er sogar absichtlich Redundanzen bei den Axiomen zugelassen,

---

[12] So z. B. HINTIKKA, *Hilbert Vindicated?* [1997].
[13] Vgl. PECKHAUS, *Impliziert* [2005b], 2.
[14] Bspw. spricht er von der „Aufgabe, die Widerspruchslosigkeit und Vollständigkeit dieser Axiome zu zeigen"; bei dieser Schilderung der axiomatischen Methode ist von der Unabhängigkeit gar keine Rede, vgl. HILBERT, *Zahlbegriff* [1900b], 181.

5.2 Alternative Formalismusbegriffe

wenn dadurch die „leichtere Faßlichkeit" befördert würde.[15] Die Frage nach den logischen Beziehungen zwischen den einzelnen Axiomen ist für Hilbert eine wirkliche *Frage*.[16] Die Unabhängigkeit als eine mögliche Antwort darauf macht als definierende Bedingung des Formalismus keinen Sinn.

Unter Peckhaus' Formalismusbegriff fallen also eigentlich Axiomensysteme. Um zu hinreichender Allgemeinheit zu gelangen, müßten die „Gütekriterien" Unabhängigkeit, Widerspruchsfreiheit und Vollständigkeit aber aus dem Formalismusbegriff herausgenommen werden. Im Gegenzug müßte man zusätzlich fordern, daß zu einem Formalismus mindestens eine Schlussregel gehört. So erhielte man den gängigen Begriff eines mathematischen Formalismus. Mit diesen Modifikationen enthält Peckhaus' Charakterisierung viel Wertvolles, das später aufgenommen wird. Unabhängig davon ist jedoch festzustellen, daß der Ausdruck „Formalismus" im Sinne Peckhaus' keine mathematikphilosophische Position bezeichnet. Das ist im Falle des folgenden Vorschlags anders.

5.2.2 Betonung des Formalen

Rosemarie Rheinwald hat einen sehr weiten Formalismusbegriff entwickelt.[17] Als formalistisch faßt sie mathematikphilosophische Positionen auf, die das Formale gegenüber dem Inhaltlichen betonen. Einerseits liegt es nahe, Hilberts Position zu diesem Kreis von Positionen zu rechnen. Andererseits ist auch hier wieder festzuhalten, daß es Hilbert bei der Sicherung der Mathematik ja gerade auf die Widerspruchsfreiheit ankommt, und damit auf eine Aussage, die die inhaltliche Metamathematik, die selbst eine Art von Mathematik sein soll, über die formalisierte (Objekt-)Mathematik macht. Wenn es aber auf die inhaltlichen Aussagen der Metamathematik ankommt, was ist dies dann anderes als eine Betonung des Inhalts vor der Form?

Der größte Nachteil dieses Begriffs ist jedoch, daß eine entsprechende Klassifikation kaum aussagekräftig ist. Und dies liegt nicht allein an dem Begriffspaar formal/inhaltlich, mit dessen Schwierigkeiten ja jede Fassung eines Formalismusbegriffs zu kämpfen hat. Die mangelnde Aussagekraft kommt vielmehr von dem Ausdruck „betonen" her. Er läßt in jedem konkreten Anwendungsfall eine derartige Breite von Interpretationen zu, daß man sowohl für die Einschätzung, daß eine Position formalistisch ist, als auch dafür, daß sie es nicht ist, beste Gründe anführen kann. Ein und derselbe Ansatz kann, wie gesehen, durchaus verschiedene Teilaspekte bieten, von denen der eine relativ klar das Formale betont und der andere das Inhaltliche. Wie sollte dann der gesamte Ansatz bewertet werden?

Man findet also auch hier keinen für die Interpretation des HP tragfähigen Formalismusbegriff.

---

[15] So bspw. im Axiomensystem in HILBERT, *Zahlbegriff* [1900b], 181–183. Auf S. 183 sagt Hilbert auch explizit, daß mehrere Axiome aus anderen folgen. Dies ist für ihn kein Problem, sondern durchaus richtiges axiomatisches Arbeiten, vgl. HILBERT, *Neubegründung* [1922], 160–161, und das Kapitel zur Axiomatik (Kap. 3).
[16] Vgl. hierzu besonders HILBERT, *Zahlbegriff* [1900b], 183.
[17] RHEINWALD, *Formalismus* [1984].

5.3 Hilberts Formalismus

Im Folgenden soll es darum gehen, diejenigen Aspekte von Hilberts Position herauszuarbeiten, die man als formalistisch bezeichnen kann. Gleichzeitig wird zu testen sein, inwieweit diese formalistischen Aspekte mit einer inhaltlichen Auffassung von Mathematik zusammenpassen. Damit wird noch nicht behauptet, Hilbert habe diese inhaltliche Auffassung von Mathematik vertreten. Es wird nur darum gehen, daß seine Sicht mit einer inhaltlichen Philosophie der Mathematik kompatibel ist. Dadurch soll die These gestützt werden, daß diejenigen Aspekte aus Hilberts Sicht der Grundlagen der Mathematik, die man als formalistisch bezeichnen kann, in einem Sinne formalistisch sind, der durchaus mit einer nicht-formalistischen Philosophie der Mathematik zusammenpaßt.

Die „formalistischen Aspekte", um die es nun gehen wird, lassen sich in methodische und axiomatische unterteilen. Im Folgenden werden zunächst die methodischen Aspekte diskutiert und anschließend der Versuch unternommen, einen weiteren, axiomatischen Formalismusbegriff zu skizzieren.

5.3.1 Methodischer Formalismus

Oben wurde schon festgehalten, daß die Formalisierung der Mathematik, wie sie der erste Schritt des HP fordert, für Hilbert kein Selbstzweck ist, sondern im Kontext der im zweiten Schritt geforderten Konsistenzbeweise steht. Diese setzen voraus, daß die Objektmathematik formalisiert ist. Nur dann ist bestimmt, was als Beweis gilt, und die Konsistenzaussage bekommt einen präzisen Sinn. Alles Mathematische, was durch das Hilbertprogramm gerechtfertigt werden soll, muß also formalisiert werden (können). Daher rührt ein gewisser Totalitätsanspruch der Formalisierung, der es nahelegt, Hilberts Position als „formalistisch" zu kennzeichnen. Aber damit ist nach dem oben Dargelegten nur eine methodische Haltung beschrieben, eine Betrachtung der Mathematik, *als ob* sie keine Bedeutung hätte. Für das HP ist es nicht notwendig, über diesen bescheidenen Anspruch hinauszugehen. Entscheidend ist vielmehr Hilberts Idee, die Widerspruchsfreiheit einer mathematischen Theorie mit mathematischen Mitteln zu zeigen und zu diesem Zweck die Mathematik sich selbst zum Objekt zu machen. Die Möglichkeit, mit den Ausdrucksmitteln des Logikkalküls weite Teile der Mathematik darstellen zu können, zeigte sich in beeindruckender Weise in den Werken der Logizisten. Ein solches Formalisieren mathematischer Begriffe, Aussagen und Beweise macht aus ihnen rein syntaktisch faßbare Objekte. An die Stelle eigentlicher logischer Schlüsse tritt die Manipulation konkreter Zeichenkonfigurationen nach bestimmten Regeln. Statt einen traditionellen *Modus-ponens*-Schluß durchzuführen, geht man von zwei Formeln p und $p \to q$ zur Formel q über. Für diesen Übergang reicht es, die formale Struktur der beteiligten Formeln zu kennen: tritt die erste als Teilformel der zweiten vor dem Pfeil auf, so kann man zu der Teilformel hinter dem Pfeil in der zweiten Formel übergehen. Wie oben gesehen läßt sich dieser erste formalistische Aspekt von Hilberts Position treffend durch das Stichwort „methodischer Formalismus" kennzeichnen.

Ein zweiter Aspekt betrifft die Formalisierung als Voraussetzung für eine jedwede „Beweistheorie" im wörtlichen Sinne, also für eine präzise Erforschung des mathematischen Beweises. Paul Bernays zufolge hielt Hilbert eine solche systematische Erforschung nicht nur wegen der Konsistenzfragen für vordringlich, sondern auch, um philosophisch-erkenntnistheoretische Fragen zu behandeln, wie z. B. das Problem der prinzipiellen Lösbarkeit jedes mathematischen Problems und die Frage nach dem Verhältnis zwischen Inhaltlichkeit und Formalismus in Mathematik und Logik.[18] John von Neumann erklärte es in seinem 1930er Referat zum Formalismus als eines der Hauptverdienste des „Hilbertschen Formalismus", Ansätze zur mathematisch-kombinatorischen Untersuchung der formal beschriebenen mathematischen Methoden und ihrer Zusammenhänge geschaffen zu haben.[19] Dies ist sicherlich für die spätere Entwicklung der Beweistheorie „prophetisch" gewesen. Auch wenn Bernays' und von Neumanns Darstellungen sich in puncto der erkenntnistheoretischen Ziele Hilberts unterscheiden (nach von Neumann sind diese Fragen schon verabschiedet), sind sie sich einig in der Betonung einer zweckgeleiteten Verwendung formaler Methoden. Die „Betonung des Formalen" ist ein Mittel zur Erreichung des Zwecks, durch formale Studien mehr über das „Wesen" des mathematischen Beweises zu lernen. Auch diesen Aspekt von Hilberts Position kann man daher unter „methodischen Formalismus" fassen.

5.3.2 Axiomatischer Formalismus

Ein anderer, aber mindestens ebenso wichtiger Aspekt läßt sich Hilberts Konzeption von Axiomatik entnehmen (vgl. Kap. 3). Hilbert betont, daß die Begriffe in einer axiomatischen Theorie ihrer herkömmlichen Bedeutung entkleidet würden. Sie tragen nur noch die Bedeutungen, die durch die Axiome explizit angegeben werden. Die Wörter werden so zu reinen Platzhaltern für ihre Funktion innerhalb der Theorie. Daß man statt „Ebene" und „Gerade" auch „Biertisch" und „Bierseidel" sagen können muß, hat genau diesen Sinn. Gewissermaßen ist also schon die axiomatische Methode formalistisch:[20] Es „gibt" keine Begriffsbedeutungen, keinen Inhalt, der den singulären Termen unmittelbar zukommen würde. Dieser liegt ausschließlich in dem formalen Zusammenspiel der verschiedenen Begriffe, wie es durch die Axiome, Definitionen und logischen Regeln festgesetzt ist. Wenn man so will, könnte man sagen: Die Bedeutung der Begriffe besteht in ihrer formalen Rolle in der logischen Theorie. Aber haben die Begriffe dadurch wirklich jede externe Bedeutung *verloren*? Wird ein Konzept von Mathematik vertreten, in der die Begriffe keine Bedeutungen mehr haben? Dieser Schluß ist nicht zwingend und zwar aus zwei Gründen.

Erstens bleibt die Möglichkeit völlig unberührt, den Elementen der Theorie durch Interpretation der Theorie externe Bedeutungen zu geben. Aber dies ist dann eben ein echtes

---

[18] Vgl. BERNAYS, *Hilberts Untersuchungen* [1935], 202.
[19] Vgl. VON NEUMANN, *Die formalistische* [1931].
[20] Dagegen hält HINTIKKA, *Hilbert Vindicated?* [1997], 15–36, Hilberts axiomatischen Standpunkt für unabhängig vom Formalismus, da er den Ausdruck „Formalismus" konsequent für eine Philosophie der Mathematik reserviert. In diesem Sinn könnte dann die in dieser Arbeit vertretene These radikaler formuliert werden: Hilbert war kein Formalist.

Geben und die Elemente der Theorie *haben* diese Bedeutungen weder „an sich" noch durch ihre Funktion innerhalb des Theoriegebäudes. Was sie jedoch haben ist die *Möglichkeit* derartiger Interpretationen. Die Einschränkung der Möglichkeiten von Interpretationen ist genau der Grad, in dem eine Theorie die Bedeutung ihrer Elemente fixiert hat.

Neben diesem Punkt, der die Interpretation der Theorie betrifft, also gewissermaßen die Front ihrer Verwendung und Anwendung, wäre *zweitens* hinzuweisen auf die Rückseite ihrer *Herkunft*. Hilbert spricht gelegentlich davon, daß die formalen Zeichen einer Theorie die eigentlichen mathematischen Gedanken „abbilden"[21] mit dem Zweck, die eigentliche Mathematik durch die formalen Methoden zu rechtfertigen bzw. abzusichern. Formale Theorien sind gleichsam keine völlig beliebigen und von allem echten mathematischen Denken unabhängige Gebilde, die in der Luft schweben, sondern sie werden (in jedem konkreten Fall sowieso) aus den wirklichen, inhaltlichen mathematischen Theorien durch Formalisierung gewonnen. Daß Hilbert diesen Punkt kaum reflexiv einholt, darf nicht dahingehend überinterpretiert werden, daß dieser Punkt für ihn keine Rolle gespielt habe. Im Gegenteil kann man die Tatsache, daß Hilbert darüber nicht reflektiert hat, auch dahingehend deuten, daß es sich für ihn um eine Selbstverständlichkeit gehandelt hat. Diese Deutung wird durch die rein empirische Beobachtung gestützt, daß Hilbert nie theoretische Phantasiegebilde betrachtet hat, sondern immer „ernsthafte", „wirkliche", „echte" mathematische Theorien. Und was sollen diese Attribute anderes heißen, als daß es sich bei seinen Formalisierungen um Formalisierungen *von* (informellen) mathematischen Theorien gehandelt hat?

Die Frage ist nun, ob auch im Bezug auf den hier skizzierten axiomatischen Formalismusbegriff der methodische Vorbehalt gilt, d. h., ob Hilberts Ausführungen nur eine zweckgerichtete Umformung der eigentlichen Mathematik betreffen[22] oder ob es hier wirklich um ein neues generelles Mathematikverständnis geht. Die Analyse der Hilbertschen Texte liefert hierzu keine zwingenden Ergebnisse. Es spricht aber vieles dafür, daß Hilbert mit der Axiomatik tatsächlich ein neues Mathematikverständnis verbunden hat, wobei es sich mehr um eine neue Darstellungsweise schon gewonnener mathematischer Erkenntnisse handelt als um eine wirkliche Transformation der Mathematik in Axiomensysteme. Die kreative Tätigkeit des Mathematikers, die in der Einleitung dieses Buches schon der eher rekonstruktiven, systematisierenden und absichernden Darstellung in Form von Ableitungen aus Axiomensystemen gegenübergestellt wurde, geht auch für Hilbert im Allgemeinen sicher nicht-axiomatisch vor sich. Eine Auffassung, nach der Hilbertsche Axiomatik bedeute, gewissermaßen einen großen Apparat mit Axiomen zu füttern, der dann von selbst nach und nach, ganz mechanisch, alle mathematischen Resultate ausspuckt, zeichnet ein Zerrbild des Hilbertschen Ansatzes.[23]

---

[21] Vgl. HILBERT, *Die logischen Grundlagen* [1923], 153; HILBERT, *Grundlegung Zahlenlehre* [1931], 192.

[22] So PECKHAUS, *Impliziert* [2005b], 13, wenn er schreibt: „Axiomatisierung ist kein Zweck an sich, zumindest nicht für Hilbert."

[23] Diesem Zerrbild scheint partiell auch Peckhaus aufgesessen zu sein, wenn er sagt, daß der Formalismus „lediglich eine methodische Anleitung für die Praxis des Mathematikers bei der Produktion

5.3.3 Historische Desiderata

Wenn man Hilberts Position also eigentlich nur als „methodischen Formalismus" beschreiben und selbst wenn man mit guten Gründen einen axiomatischen Formalismusbegriff entwickeln kann, so bleibt es zu erklären, wie es kam, daß Hilbert bis heute gemeinhin die volle Form einer formalistischen Philosophie der Mathematik unterstellt wird.

Dies hängt sicher mit der Polemik zusammen, der Hilbert in der Auseinandersetzung mit den intuitionistischen Ansichten von Brouwer und dem mittleren Weyl ausgesetzt war. Hilbert hat die Etikettierung als „Formalist" nicht deutlich abgelehnt. Seit der Königsberger Konferenz von 1930 prägt die auf Brouwer zurückgehende Trias von Logizismus, Intuitionismus und Formalismus einen landläufigen Begriff des Formalismus, dem Hilberts Position subsumiert wird. Allerdings ist das Verhältnis von Hilbert und Brouwer zu vielschichtig und zu differenziert, es war zu vielen Veränderungen unterworfen und von Polemiken begleitet, als daß eine eindeutige Grenzziehung möglich wäre, wie „Intuitionismus vs. Formalismus" insinuiert. So wurde schon bei der Diskussion des Intuitionismus angedeutet, daß Intuitionismus und Finitismus auf weite Strecken sozusagen als „extensional gleich" angesehen wurden. Dies wird im Kapitel über den Finitismus noch näher zu erläutern sein. Jedenfalls ist klar, daß Hilbert den jungen Brouwer nicht nur als Mathematiker außerordentlich geschätzt hat, sondern sich auch im Laufe seiner Überlegungen zum Finitismus mehr und mehr Punkten von Brouwers Diagnose mathematischer Grundlegungsprobleme angeschlossen hat.

Jaakko Hintikka hält es für ausgemacht, daß Hilberts Wiederentdeckung einer Axiomatik, die in Bezug auf Beweise von jeglicher Begriffsbedeutung absieht, Ende des 19. Jahrhunderts eine derartige Neuerung darstellte, daß Hilbert sich den Formalismusvorwurf zuzog, obwohl Aristoteles und Euklid, die schon ähnliche Axiomatikkonzeptionen gehabt hätten, sich diesen Vorwurf nicht zugezogen hätten.[24]

Eine vollständige historische Erklärung des Phänomens „Hilbert=Formalismus" kann hier nicht gegeben werden. Die Andeutungen zu Brouwers Polemik, Hilberts mangelndem Widerspruch gegen eine formalistische Einordnung und der Hinweis auf die tatsächlich bei Hilbert vorhandenen formalistischen Aspekte, die in diesem Abschnitt herausgearbeitet wurden, sollten vor allem die Richtung anzeigen, in der man eine solche historische Erklärung suchen kann.

---

der Mathematik" gebe, vgl. Peckhaus, *Impliziert* [2005b], 3. Ich halte dagegen, daß die axiomatische Darstellung gerade nicht Hilberts Bild von der Praxis der „Mathematikproduktion" widerspiegelt, sondern sozusagen die bestmögliche Darstellungsweise schon weit entwickelter Mathematik ist.
[24] Vgl. Hintikka, *Hilbert Vindicated?* [1997], bes. 16. Hintikkas Ansatz bleibt jedoch unbefriedigend, solange er nicht weiter klärt, was er eigentlich unter „Formalismus" versteht.

5.4 Widerspruchsfreiheit, Wahrheit und Existenz

5.4.1 Wahrheit

1899 schrieb Hilbert an Frege:

> Wenn sich die willkürlich gesetzten Axiome nicht einander widersprechen mit sämtlichen Folgen, so sind sie wahr, so existieren die durch die Axiome definirten Dinge. Das ist für mich das Criterium der Wahrheit und Existenz. FREGE, *Briefwechsel* [1976], 66

Hilbert vertritt hier deutlich einen Zusammenhang zwischen Wahrheit bzw. Existenz und Widerspruchsfreiheit, der bei unvoreingenommener erster Betrachtung verwundern muß. Wissen wir nicht, daß es Axiomensysteme gibt, die zwar jedes für sich genommen widerspruchsfrei sind, sich aber gegenseitig widersprechen? Das beste Beispiel bilden das klassische Parallelenpostulat: „Zu jedem Punkt p und jeder Geraden g gibt es genau eine Parallele zu g durch p", und die nichteuklidischen Alternativkandidaten, wie beispielsweise: „Zu jedem Punkt p und jeder Geraden g gibt es unendlich viele Parallelen zu g durch p". Beide Axiome zusammen können nicht wahr sein, denn sie widersprechen sich. Dennoch ist die euklidische Geometrie genauso widerspruchsfrei wie die nichteuklidische. Es gibt also Axiomensysteme, die in sich widerspruchsfrei und dennoch miteinander unverträglich sind: ihre Vereinigung ist inkonsistent. Wie kann man da behaupten, die Widerspruchsfreiheit genüge als hinreichendes Kriterium für Wahrheit? Daß Widerspruchsfreiheit ein *notwendiges* Kriterium ist, ist wohl unbestreitbar. Aber ein *hinreichendes*? Muß man jetzt sagen, das euklidische Axiom sei wahr und sein nichteuklidisches Gegenstück sei auch wahr, obwohl nicht beide zusammen wahr sein können?

Ein Verstoß gegen den Aristotelischen Satz vom ausgeschlossenen Widerspruch[25] war sicher nicht im Sinne Hilberts und auch nicht im Sinne seiner Vorläufer, die im Bezug auf die Mathematik dieselbe enge Verbindung von Wahrheit und Widerspruchsfreiheit vertreten hatten. Zu ihnen sind keine Geringeren als Dedekind, Cantor[26] und Poincaré[27] zu rechnen. Was ist also hier genauer gemeint?

---

[25] Der Satz vom ausgeschlossenen Widerspruch besagt, daß es unmöglich ist, daß dasselbe demselben in derselben Hinsicht zugleich zukommt und nicht zukommt (*Metaphysik* 1005b).

[26] Cantor hat zwar keinen ausgeprägten axiomatischen Standpunkt vertreten. Seine starke Unterscheidung zwischen immanenter und transienter Realität von mathematischen Begriffen führte ihn jedoch zu der „Aufgabenverteilung", Fragen nach der transienten Realität der Metaphysik und solche nach der immanenten Realität der Mathematik zuzuordnen. Das steht im Hintergrund seiner berühmten Lehre von der Freiheit der Mathematik, die durch nichts eingeschränkt sei, außer durch intratheoretische Relationen (wie die Definition von Begriffen durch bereits definierte oder durch Grundbegriffe) und durch die Widerspruchsfreiheit. Insofern vertritt auch der Nicht-Axiomatiker Cantor einen engen Zusammenhang von Widerspruchsfreiheit und Existenz mathematischer Objekte, zumindest im Sinne der immanenten Realität. Vgl. hierzu besonders CANTOR, *Grundlagen* [1883], 181–182.

[27] Vgl. POINCARÉ, *Wissenschaft und Methode* [1914], 137: „In der Mathematik kann das Wort: ‚existieren' nur einen Sinn haben: es bedeutet ‚widerspruchsfrei sein'."

5.4 Widerspruchsfreiheit, Wahrheit und Existenz

Oskar Becker, der sich in seinem Buch *Mathematische Existenz* strikt gegen Hilberts Auffassung wendet, hat paradoxerweise auf den Begriff gebracht, worum es Hilbert ging, als er behauptete zu sagen, worum es Hilbert gar nicht habe gehen können. Becker schreibt:

> Die Sache liegt aber auch nicht einfach so, daß die formale Mathematik ein ‚hypothetisch-deduktives System' bildet [...] d.h. nur hypothetische Satzgefüge enthält von der Form: ‚Wenn die und die Axiome gelten, so gelten die und die Theoreme.'
>
> BECKER, *Mathematische Existenz* [1927], 70

Hier kann keine detaillierte Auseinandersetzung mit den Gründen für und Hintergründen von Beckers Kritik geschehen.[28] Aber man wird sagen müssen: Doch, genau so liegt die Sache. Dies wird besonders deutlich an einer anderen Stelle von Hilberts Frege-Brief von 1899, wenn Hilbert schreibt:

> Ja, es ist doch selbstverständlich eine jede Theorie nur ein Fachwerk oder Schema von Begriffen nebst ihren notwendigen Beziehungen zu einander, und die Grundelemente können in beliebiger Weise gedacht werden. Wenn ich unter meinen Punkten irgendwelche Systeme von Dingen, z. B. das System: Liebe, Gesetz, Schornsteinfeger [...] denke und dann nur meine sämmtlichen Axiome als Beziehungen zwischen diesen Dingen annehme, so gelten meine Sätze, z. B. der Pythagoras auch von diesen Dingen. FREGE, *Briefwechsel* [1976], 67

Die Metapher vom Begriffsfachwerk, die Hilbert gern zur Illustration seines axiomatischen Standpunkts heranzieht, stellt die Interpretationsoffenheit der Theorie heraus. Die ansonsten bloß aberwitzige Interpretationsmöglichkeit geometrischer Terme durch „Liebe" und „Schornsteinfeger" macht deutlich, daß die axiomatische Theorie nur denjenigen Teil der Bedeutung der Begriffe festlegt, der durch die in den Axiomen ausgedrückten Relationen zwischen den Begriffen besteht. Alles Weitere ist offen und insbesondere ist nicht festgelegt, wie man die Beziehung zwischen der Theorie und der wirklichen Welt herstellt. Das Bild von Mathematik, das hier gezeichnet wird, ist das eines hypothetisch-deduktiven Systems: Wenn nur die Axiome von irgendetwas gelten (und das ist sozusagen das Aberwitzige bei der Schornsteinfeger-Interpretation), dann gelten von denselben Dingen auch die deduktiven Folgerungen aus den Axiomen.[29]

An anderer Stelle beschreibt Hilbert es gerade als großen Vorteil der Axiomatik, das Studium der Relationen zwischen Begriffen von der Frage nach ihrer sachlichen Wahrheit getrennt zu haben.[30] Mit dieser „sachlichen Wahrheit" ist wohl das gemeint, was man tra-

---

[28] Vgl. hierzu besonders PECKHAUS, *Impliziert* [2005b].
[29] So auch PECKHAUS, *Impliziert* [2005b], 16–17, der auf eine Zermelo-Vorlesung von 1908 als frühe Göttinger Quelle für diese Auffassung hinweist. Zermelo operiert dabei mit der traditionellen kantischen Unterscheidung zwischen analytischen und synthetischen Urteilen. Nach seiner Darstellung beruht das Wesen Hilbertscher Axiomatik darauf, alles Synthetische in die Axiome zu verlagern, sodaß die Beweise rein analytische Ableitungen würden. Durch *hypothetische Hinzufügung* der synthetischen Axiome zu den eigentlichen mathematischen Urteilen würden diese dann vollends analytisch.
[30] Vgl. auch BERNAYS, *Philosophie der Mathematik* [1930], 19: „Für diese logische Abhängigkeit ist es aber gleichgültig, ob die vorangestellten Axiome wahre Sätze sind oder nicht, sie stellt einen rein

ditionell unter Wahrheit als einem Welt- oder Wirklichkeitsbezug sprachlicher Entitäten verstanden hat.[31] Ähnliche Widerspiegelungen der Unterscheidung zweier verschiedener Wahrheitsbegriffe finden sich bei Hilbert häufiger. So reserviert er gelegentlich den Anspruch „absolute Wahrheiten" zu liefern für die inhaltlich vorgehende Beweistheorie, und zwar in folgendem Sinne. „Wahr" sind nicht die herkömmlichen mathematischen Sätze, sondern „wahr" sind Aussagen wie, daß eine Formel, die einem bestimmten mathematischen Satz entspricht, aus einem Axiomensystem ableitbar ist oder daß dieses Axiomensystem widerspruchsfrei ist.[32] Manchmal verwendet Hilbert auch nicht den mißverständlichen Begriff der Wahrheit, wenn er von den formalen Konsequenzen eines widerspruchsfreien Axiomensystems spricht, sondern nennt diese Konsequenzen „richtig".[33] Ein Begriff von Wahrheit, dessen hinreichendes Kriterium die Widerspruchsfreiheit ist, ist offenbar ein anderer Begriff als „der" klassische Wahrheitsbegriff. Wie läßt sich dieser „formalistische Wahrheitsbegriff" besser verstehen?

Wenn es in der Mathematik nur um das Studium der Relationen zwischen Begriffen geht, und zwar auch nur insoweit, als diese Relationen in Axiomen einer Theorie festgeschrieben werden, so ist Mathematik notwendig abstrakt. Sie handelt nicht von den konkreten Relationen zwischen wirklichen Gegenständen, sondern von den möglichen Relationen zwischen möglichen Gegenständen. Die Theoreme, die sich aus einem Axiomensystem ableiten lassen, gelten in allen möglichen Objektsystemen, die die Axiome erfüllen. In der Mathematik geht es nur um diese abstrakten Strukturen bzw. Zusammenhänge. Wenn man, wie Hilbert, in diesem Zusammenhang von „Wahrheit" sprechen will, so ergibt sich ein eigener Wahrheitsbegriff, der nur einen Teil des vollen traditionellen Wahrheitsbegriffs umfaßt. Mathematische Wahrheit ist etwas Anderes als sachliche Wahrheit, sie wäre dann sozusagen nur „mögliche sachliche Wahrheit".[34] Wenn die Mathematik von Kreisen spricht, geht es nicht unmittelbar um wirkliche Kreise in unserer wirklichen Welt, sondern: In allen Systemen von Dingen, die die geometrischen Axiome bei geeigneter Interpretation erfüllen, heißen diejenigen Dinge, die die Kreisdefinition erfüllen, Kreise. Um ein naheliegendes Beispiel anzuführen: Auch alle Mengen von Paaren reeller Zahlen, die eine Kreisgleichung erfüllen, heißen dann Kreise. Die Menge der Paare reeller Zahlen bildet ein Modell für die (ebene) euklidische Geometrie.

Wenn die Mathematik derart von der wirklichen Welt getrennt und auf eine abstrakte Ebene gehoben ist, sodaß nurmehr durch Interpretationen eine Verbindung mit der wirk-

---

hypothetischen Zusammenhang dar: wenn es sich so verhält, wie die Axiome aussagen, dann gelten die Lehrsätze". – Ich halte es jedoch für zweifelhaft, ob man mit Peckhaus, *Impliziert* [2005b], 17, aus der Abkoppelung von sachlicher Wahrheit und logischen Abhängigkeiten den Schluß ziehen kann, die Wahrheit der Axiome festzustellen gehöre nicht zu den Aufgaben des Mathematikers.

[31] Von einer referentiellen Komponente spricht auch Peckhaus, *Impliziert* [2005b], 16.
[32] Vgl. z. B. Hilbert, *Die logischen Grundlagen* [1923], 153.
[33] So z. B. in Hilbert, *Die logischen Grundlagen* [1923], 156.
[34] So heißt es auch in Hilberts Vorlesung vom Wintersemester 1922/23, daß in den Axiomen einer Theorie nur *mögliche* Beziehungen zwischen Objekten ausgedrückt würden; vgl. Hilbert, *Wintersemester 22/23 (Bernays)* [1923a*], 32.

5.4 Widerspruchsfreiheit, Wahrheit und Existenz

lichen Welt hergestellt werden kann, was bleibt dann noch vom Wahrheitsbegriff übrig? Wenn die Korrespondenzrelation erst durch eine der Theorie externe Interpretation ins Spiel kommt, was kann dann noch die interne Wahrheit einer Theorie ausmachen? – Es bleibt nur noch die Möglichkeit einer solchen Beziehung auf Systeme von Gegenständen, d. h. die Interpretierbarkeit. Und wenn diese Möglichkeit besteht, so gibt es ein Modell, in dem die Sätze der Theorie wahr sind. „Es gibt ein Modell in dem die Sätze der Theorie wahr sind" ist aber äquivalent zur Widerspruchsfreiheit der Theorie (eine vollständige Axiomatisierung der Logik vorausgesetzt). Interpretierbarkeit heißt also im Allgemeinen nichts Anderes als Widerspruchsfreiheit. Und insofern bleibt beim mathematischen Wahrheitsbegriff von der sachlichen Wahrheit nur ihre Möglichkeit übrig und das ist die Widerspruchsfreiheit. So erst wird verständlich, wie Hilbert zu dem ansonsten völlig unverständlichen Diktum kommen kann:

> Gelingt uns dieser Nachweis [der Widerspruchsfreiheit, C.T.], so stellen wir damit fest, daß die mathematischen Aussagen in der Tat unanfechtbare und endgültige Wahrheiten sind – eine Erkenntnis, die auch wegen ihres allgemeinen philosophischen Charakters von größter Bedeutung für uns ist.
> HILBERT, *Neubegründung* [1922], 162

In dem Leipziger Vortrag ein Jahr später präzisiert er dies allerdings noch einmal:

> Die Axiome und beweisbaren Sätze, d. h. die Formeln, [...] sind die Abbilder der Gedanken, die das übliche Verfahren der bisherigen Mathematik ausmachen, aber sie sind nicht selbst die Wahrheiten im absoluten Sinne. Als die absoluten Wahrheiten sind vielmehr die Einsichten anzusehen, die durch meine Beweistheorie hinsichtlich der Beweisbarkeit und der Widerspruchsfreiheit jener Formelsysteme geliefert werden.
> HILBERT, *Die logischen Grundlagen* [1923], 153

Hilbert hat seine Rede von „Wahrheit" in der Mathematik also selbst von einer Rede von „absoluter Wahrheit" unterschieden. Letztere wird von ihm nur für die inhaltlichen Aussagen der Metamathematik in Anspruch genommen.

5.4.2 Existenz

Aus diesen Überlegungen läßt sich nun auch die Rede von der Existenz der Objekte einer widerspruchsfreien Theorie erläutern. Selbstverständlich folgt aus der Widerspruchsfreiheit einer Theorie nicht die Existenz der Objekte der Theorie in der wirklichen Welt – wie auch aus der Widerspruchsfreiheit von Satzsystemen nicht deren Wahrheit im klassisch-philosophischen Sinne folgt. Wenn derart eminente Mathematiker und Mathematikphilosophen wie Dedekind, Poincaré, Cantor und Hilbert dennoch von der Existenz der mathematischen Objekte und geradezu dem *Beweis* der Existenz durch Beweis der Widerspruchsfreiheit sprechen, so verpflichtet das *Principle of Charity* den Interpreten darauf, diesen Äußerungen nicht mit einem vorgefaßten Wahrheits- und Existenzbegriff zu begegnen und ihnen daraus vorschnell den Vorwurf zu stricken, sie zögen ungerechtfertigte

Schlüsse.[35] Daß in der Alltagssprache und in der klassischen philosophischen Reflexion die Ausdrücke „Wahrheit" und „Existenz" anders verwendet werden, als es diese hervorragenden Vertreter der modernen Mathematik taten, ist zunächst ein Faktum.[36] Man sollte hier keinen Primat der einen über die andere Seite postulieren, denn ein solcher würde das vertiefte Verständnis beider Begriffe nur verstellen. Es handelt es sich hier eben um zwei verschiedene Begriffe, deren Bedeutung aus zwei verschiedenen Verwendungsweisen desselben Ausdrucks in verschiedenen Kontexten stammt. Dennoch sind sie nicht vollständig äquivok, wie die weiteren Ausführungen aufzeigen wollen.

Es ist erhellend, wie Hilbert in *Über das Unendliche* eine alte Diskussion über die sog. „imaginären" Zahlen (die nicht-reellen komplexen Zahlen) wiedergibt. Ein alter Einwand gegen diese Zahlen lautete:

> freilich könne man zwar durch sie keine Widersprüche erhalten; aber ihre Einführung sei dennoch nicht berechtigt; denn die imaginären Größen existierten doch nicht?
> HILBERT, *Über das Unendliche* [1926], 163

Und Hilbert antwortet auf diesen Einwand gleich:

> Nein, wenn über den Nachweis der Widerspruchsfreiheit hinaus noch die Frage nach der Berechtigung zu einer Maßnahme einen Sinn haben soll, so ist es doch nur die, ob die Maßnahme von einem entsprechenden Erfolge begleitet ist. HILBERT, *Über das Unendliche* [1926], 163

Der Einwand, die imaginären Größen existierten nicht, war in Hilberts Augen derartig kraftlos, daß er sich in seiner Antwort mit keinem Wort auf eine Diskussion des Existenzbegriffs einläßt, der in dem Einwand vorausgesetzt wird. Ob man berechtigt ist, Objekte einzuführen, die widerspruchsfrei konzipiert sind, wird nur vom Erfolg dieser Einführung entschieden. Er ist das einzige weitere Kriterium. Und das heißt insbesondere: Ob diese Objekte in irgendeinem anderen als dem hier intrinsisch vorausgesetzten Sinne existieren, spielt überhaupt keine Rolle. Überhaupt keine – weder für Hilbert, noch für die übrigen Mathematiker (in Hilberts Augen). Daraus sollte man den Schluß ziehen, daß man hier einem Existenzbegriff *sui iuris* begegnet, den man versuchen sollte auszubuchstabieren.

Was ist also darunter zu verstehen, wenn Hilbert von „Existenz" mathematischer Objekte und Objektbereiche spricht? Zunächst ist Hilberts Sprechweise ganz allgemein so, daß er einen Begriff nicht-existierend nennt, wenn dem Begriff widersprechende Merkmale erteilt worden sind.[37] Umgekehrt gilt ihm ein Beweis dafür, daß aus den Merkmalen des Begriffs mittels logischen Schlüssen keine Widersprüche herleitbar sind, als Beweis für

---

[35] Dies wäre besonders von Positionen einzufordern, die wie Becker feststellen, daß Hilbert den Existenzbegriff philosophisch nicht zureichend geklärt hat, und die ihn dennoch kritisieren (mit wenig „charity", wie ich meine); vgl. BECKER, *Mathematische Existenz* [1927], 29–32.

[36] Einen Existenzbegriff *sui generis* erkennt hier indirekt auch Peckhaus, wenn er die Hilbertsche Rede von Existenz als „terminologische Entscheidung" bewertet; vgl. PECKHAUS, *Impliziert* [2005b], 10.

[37] Vgl. HILBERT, *Mathematische Probleme* [1900a], 265.

5.4 Widerspruchsfreiheit, Wahrheit und Existenz

die Existenz des Begriffs.[38] Damit ist schon klar, daß Hilbert mit „Existenz" nicht den „vollen" philosophischen Existenzbegriff[39] meinen kann. Dies wird vollends klar, wenn dann auch alle Objekte, deren Existenz in einem Axiomensystem beweisbar ist, „existierend" genannt werden sollen, bloß weil dieses Axiomensystem widerspruchsfrei ist. So gibt er ein arithmetisches Axiomensystem aus zehn Axiomen an und stellt gleich darauf fest:

> Auf Grund dieser Axiome 1. bis 10. erhalten wir leicht die ganzen positiven Zahlen.
> HILBERT, *Die logischen Grundlagen* [1923], 154

Damit kann kein „voller" Existenzbegriff gemeint sein. Ähnlich wie der mathematische Wahrheitsbegriff nur einen Teil des klassisch-philosophischen Wahrheitsverständnisses beibehält, nämlich sozusagen „mögliche Wahrheit", gibt es einen entsprechenden mathematischen Existenzbegriff, der nur einen Teil des klassisch-philosophischen Existenzverständnisses umfaßt, nämlich sozusagen „mögliche Existenz". Es ist eben möglich, daß es ein so und so gibt, wenn das „so und so" durch ein widerspruchfreies Axiomensystem bestimmt wird. In diesem Fall gibt es für das Axiomensystem ein Modell und in diesem „gibt es" Kandidaten für das „so und so".[40] „So-und-so-Objekte" existieren genau dann, wenn sie in einem widerspruchsfreien Axiomensystem für das „So-und-so-Sein" instantiiert sind.[41]

Die Menge der reellen Zahlen ist für Hilbert nichts Anderes als „ein System von Dingen, die durch bestimmte Beziehungen, sogenannte Axiome, miteinander verknüpft sind".[42] Diese Definition der reellen Zahlen ist ganz unabhängig davon, wie man eine *einzelne* reel-

---

[38] Vgl. HILBERT, *Mathematische Probleme* [1900a], 265.
[39] Vielleicht sollte man das hier Gemeinte zur Abgrenzung von existenzphilosophischen Positionen besser „Seinsbegriff" nennen – wenn dieser Ausdruck nicht selbst schon wieder eine so undurchschaubare Verwendungsgeschichte hätte.
[40] So nennt auch HINTIKKA, *Hilbert Vindicated?* [1997], 16–17, diese Position Hilberts modell- oder mengentheoretisch und eigentlich nicht formalistisch.
[41] Peckhaus behauptet, daß Objekte nach Hilbert dann nicht existieren, wenn sie den „Annahmen des axiomatischen Systems widersprechen"; vgl. PECKHAUS, *Impliziert* [2005b], 15. Hier ist mir nicht klar was „das" axiomatische System sein soll. Die Quantorenstruktur müßte m. E. so lauten: Objekte existieren nach Hilbert dann nicht, wenn es kein widerspruchsfreies Axiomensystem gibt, das die für die Bestimmung des Objekts grundlegenden Eigenschaften axiomatisiert. (Wann genau man „genügend viel" von den grundlegenden Eigenschaften axiomatisiert hat, wäre dann noch eigens zu diskutieren.) Und umgekehrt existieren Objekte nach Hilbert, falls es (irgendein) widerspruchsfreies Axiomensystem gibt, das sie axiomatisiert (und ihre Existenz beweist – das wurde hier immer stillschweigend vorausgesetzt). Insofern würde ich gegen Peckhaus sagen: Doch, „alles, was Gegenstand einer Untersuchung werden kann" kann man nach Hilbert „als existierend ansehen". Nach Peckhaus trifft ein derartiger „naiver" Zugang zur Existenz nicht Hilberts Begriff. Ich würde sagen, daß er ihn doch trifft, vorausgesetzt, daß „Gegenstand einer Untersuchung werden können" die Widerspruchsfreiheit des dadurch geforderten Axiomensystems *und* seine „Zureichendheit" zur Axiomatisierung der bestimmenden Eigenschaften einschließt.
[42] HILBERT, *Neubegründung* [1922], 159. – Hilberts kleine und typische Ungenauigkeit sollte hier nicht weiter irritieren. Natürlich können Axiome nicht die Beziehungen *sein*, sondern sie höchstens *ausdrücken* oder *festlegen*.

le Zahl festlegen oder aus dem System „herausgreifen" will. Eine entsprechende Definition einer einzelnen reellen Zahl dient nach Hilbert

> nicht zur Definition des Begriffs der reellen Zahl. Vielmehr ist begrifflich eine reelle Zahl eben ein Ding unseres Systems. HILBERT, *Neubegründung* [1922], 159

Daß es reelle Zahlen gibt, heißt eben für Hilbert nicht Anderes, als daß ein solches System von Dingen denkbar ist, und das wiederum heißt nichts Anderes, als daß das zugrundegelegte Axiomensystem widerspruchsfrei ist.[43]

Hilberts Existenzbegriff unterscheidet sich dabei allerdings in einem wichtigen Punkt von der Existenz der Bestandteile eines Modells. Das folgt unmittelbar, wenn man ernstnimmt, was Hilbert beispielsweise über die Menge der reellen Zahlen sagt. Er kennzeichnet sie als

> ein System von Dingen, deren gegenseitige Beziehungen durch die aufgestellten Axiome geregelt werden und für welche alle und nur diejenigen Thatsachen wahr sind, die durch eine endliche Anzahl logischer Schlüsse aus den Axiomen gefolgert werden können.
> HILBERT, *Mathematische Probleme* [1900a], 266

In einem beliebigen Modell eines Axiomensystems mit erststufiger Logik gelten im Allgemeinen viel mehr Sätze als bloß diejenigen, die logisch aus den Axiomen folgen. Man mag nun eine solche Passage so interpretieren, daß Hilbert der Unterschied zwischen Wahrheit und Beweisbarkeit nicht bewußt war. Aber zunächst hat eine solche Passage mehr definitorischen Charakter: Sie will festlegen, was die reellen Zahlen sind. Da sie nun ein System von Dingen sind, von dem nicht nur gefordert wird, daß mindestens die Axiome und ihre logischen Folgerungen gelten, sondern daß *nur* diese Axiome und ihre logischen Folgerungen gelten, so werden die reellen Zahlen offenbar nicht mit einem Modell ihres Axiomensystems identifiziert, sondern gewissermaßen mit dem, was alle Modelle qua Modelle dieses Axiomensystems gemeinsam haben: Sie bieten eine Interpretation der Zusammenhänge, die durch die Axiome festgelegt werden. Von „Wahrheit" und „Existenz" im mathematischen Sinne zu sprechen bedeutet damit nichts Anderes, als von allen möglichen Modellen einer Theorie zu sprechen, und damit von möglicher Wahrheit und möglicher Existenz im klassischen Sinne. Noch einmal mit Becker (gegen Becker) gesprochen:

> Mathematisch existent heißen Gegenständlichkeiten, die zum Thema einer mathematischen Theorie gemacht werden und in dieser Theorie widerspruchsfrei fungieren können.
> BECKER, *Mathematische Existenz* [1927], 29

In ähnlicher Weise hat auch Cantor den Begriff der konsistenten Vielheit eingeführt: Eine Vielheit heißt genau dann konsistent, wenn es widerspruchsfrei möglich ist, die Elemente zu einem Ganzen zusammenzufassen (vgl. auch seine entsprechende Mengendefinition; Mengen sind konsistente Vielheiten). Das *con-sistere*, das Zusammen-Dasein der einzelnen Elemente in einer Vielheit ist nur dann möglich, wenn es nicht auf einen

---

[43] So Hilbert explizit in HILBERT, *Neubegründung* [1922], 159.

Widerspruch führt.⁴⁴ Will man nun präzisieren, was es heißt, daß das Zusammen-Dasein einzelner Elemente einer Vielheit nicht auf einen Widerspruch führt, so gelangt man zur Konzeption einer widerspruchsfreien Axiomatisierung der definierenden Eigenschaften der Vielheit und damit letztlich auf den Begriff eines widerspruchsfreien Axiomensystems, das entweder die Existenz der Vielheit beweist (das wäre der Existenzbegriff von eben) oder deren Modell insgesamt die Eigenschaften der Vielheit hat (so z. B. bei der Menge der reellen Zahlen, wenn man diese axiomatisch einführt). So konnte der Konsistenzbegriff gewissermaßen mit innerer Notwendigkeit seine Wandlung von einem Begriff des Zusammen-Daseins der Elemente einer Vielheit hin zu einem Begriff von der Widerspruchsfreiheit eines Axiomensystems durchlaufen.

Einen anderen Ansatz zur Erklärung, was es heißt, wenn man „formalistisch" von Existenz spricht, hat Volker Peckhaus vorgelegt.⁴⁵ Nach ihm werden die Objekte formalistischer Mathematik durch mentale Akte geschaffen. Sie seien „Gedankendinge, kognitive Schöpfungen, die unabhängig von nicht-kognitiver Realität sind".⁴⁶ Er gelangt zu dieser Auffassung einerseits durch Hilberts von Dedekind übernommene Wendung: „Wir denken uns ein System von Dingen", am Beginn der Aufstellung eines Axiomensystems, andererseits durch Hilberts Rede von „Gedankendingen" im Heidelberger Vortrag.⁴⁷ „Gedankendinge" sind nun für Hilbert – wie für Dedekind – alle möglichen Gegenstände unseres Denkens. Was können Gegenstände unseres Denkens sein? Im Normalfall denken wir über Tische und Stühle nach und nicht über mentale Repräsentationen, Vorstellungen oder ähnliches. Daraus, daß Tische und Stühle Gegenstände unseres Denkens sein können, folgt noch nicht, daß es sich bei Tischen und Stühlen um mentale Entitäten handelt. Was Peckhaus für den Hilbertschen Formalismus einfordert, nämlich epistemologisch und ontologisch neutral zu sein, sollte er der Hilbertschen Axiomatik auch zugestehen. Die Rede von „Gedankendingen" und das „Wir denken uns ein System von Dingen" erlauben hier jedenfalls nicht ohne Weiteres internalistische Schlußfolgerungen.

5.5 Zusammenfassung

Unter „Formalismus" wird eine ganze Bandbreite verschiedener Positionen verstanden. Ein Extrem darunter ist der Spielformalismus. In diesem Sinne war Hilbert kein Formalist. Bezieht man sich auf die Beweistheorie und damit auf das HP im engeren Sinne, so

---

⁴⁴ Diese Festlegung führte Cantor dazu, die sogenannten „Antinomien der Mengenlehre", die ihm als Argumente schon bekannt waren, lange bevor sie als „Antinomien" gegen seine sog. „naive" Mengenlehre ins Feld geführt wurden, einfach als *Reduktio-ad-absurdum*-Argumente anzusehen, und damit als Beweis des Gegenteils der ihnen zugrundegelegten Annahme, daß die Zusammenfassung der entsprechenden Objekte ein neues Objekt bilde. Es ist historisch völlig unhaltbar, Cantors diesbezügliche Position als „ad hoc Entscheidung" zu bezeichnen wie Peckhaus, *Impliziert* [2005b], 10; dagegen Tapp, *Kardinalität* [2005], bes. 53–56.
⁴⁵ Vgl. Peckhaus, *Impliziert* [2005b].
⁴⁶ So Peckhaus, *Impliziert* [2005b], 10–11.
⁴⁷ Hilbert, *Grundlagen Logik* [1905].

sind Hilberts Äußerungen über die Inhalts- oder Bedeutungslosigkeit formalisierter Mathematik nur auf diese bezogen, nicht jedoch auf die Mathematik überhaupt. In diesem Sinne liegt der Beweistheorie überhaupt kein Formalismus als eine Philosophie der Mathematik zugrunde; es handelt sich vielmehr um eine methodische Einstellung, um eine zweckgerichtete Transformation der eigentlichen Mathematik, deren Ergebnis überhaupt nicht beansprucht, die eigentliche Mathematik zu sein bzw. diese zu ersetzen. Das HP setzt als mathematikphilosophische Position keinen Formalismus sondern einen Finitismus voraus, um den es im folgenden Kapitel gehen wird.

Es läßt sich allerdings ein axiomatischer Formalismusbegriff entwickeln, der mit Hilberts Sicht der Axiomatik gut zusammengeht und den man durchaus als philosophische Sicht der Grundlagen der Mathematik bezeichnen kann. Dieser Begriff ist aber von Formalismusbegriffen wie dem Spielformalismus streng zu unterscheiden, er wird im HP nicht notwendig beansprucht und er läßt offen, wie die Auswahl der Axiome einerseits und die Interpretation der Theorie andererseits erfolgen sollen, und damit, wie die Verbindung einer Theorie zur nicht-formalen Welt konzipiert ist. Diese Offenheit ist wohl einer der Erfolgsfaktoren der Mathematik des 20. Jahrhunderts gewesen.

Finitismus   6

Der erste Schritt des Hilbertprogramms bestand in der Formalisierung der herkömmlichen Mathematik. Im zweiten Schritt geht es um die Rechtfertigung der so erhaltenen formalen Systeme durch metamathematische Beweise ihrer Widerspruchsfreiheit. Schon im ersten Kapitel war zwischen der Frage nach der genauen Abgrenzung der dazu zu verwendenden Beweismethoden (HP2a) und den eigentlichen Widerspruchsfreiheitsbeweisen mithilfe dieser Methoden (HP2b) unterschieden worden. Mit den Widerspruchsfreiheitsbeweisen selbst wird sich erst der zweite Teil dieses Buches befassen, während es in den folgenden Ausführungen unter dem Stichwort des „Finitismus" um die Abgrenzung der metamathematischen Beweismethoden und um die Frage nach den Kriterien für diese Abgrenzung geht.

In diesem Kapitel steht also die Frage im Mittelpunkt, was genauer mit dem Adjektiv „finit" gemeint ist. Diese Frage kann man in verschiedene Richtungen verfolgen, die hier in zunehmendem Spezialisierungsgrad angeordnet werden. So wird zunächst ein erster Ansatz zu einer allgemeinen Klärung des Finitismusbegriffs gemacht (Abschn. 6.1). Anschließend wird es um Hilberts Idee einer finiten Zahlentheorie gehen, die später zwar nicht mehr selbst im Zielhorizont des HP steht, aber Modellcharakter behält (Abschn. 6.2). Später wird die ausgereiftere Vorstellung einer finiten Metamathematik zu thematisieren sein, die im Zentrum des Hilbertschen Programms steht und daher besondere Aufmerksamkeit verdient (Abschn. 6.3). Eine spezielle Frage im Zusammenhang mit der Abgrenzung des Finitismus ist dann diejenige nach der Klasse der finit zulässigen Funktionen und einem entsprechenden formalen System wie *PRA*, das Tait als Präzisierung des Begriffs „finit zulässiger Methoden" vorgeschlagen und argumentativ verteidigt hat (Abschn. 6.4). Es wird abzuwägen sein, welchen Nutzen diese Präzisierung bringt gegenüber den „Kosten", die darin bestehen, gerade den inhaltlichen Part im HP mit einer formalen Theorie zu identifizieren. Die Diskussion der formalen Abgrenzung des Finitismus führt schließlich in natürlicher Weise auf sehr grundlegende Fragen an eine Epistemologie der Mathematik zurück.

Hilberts eigene Konzeption des Finitismus hat im Laufe der Zeit eine Entwicklung erfahren. Um die Jahrhundertwende dachte Hilbert, daß es „nur einer geeigneten Modification bekannter Schlußmethoden" bedürfe, „um die Widerspruchslosigkeit der aufgestellten Axiome zu beweisen". Nach Bernays wollte Hilbert sogar „mit einer geeigneten Modifikation der in der Theorie der reellen Zahlen angewandten Methoden" auskommen.[1] Davon war später keine Rede mehr, und Bernays gab 1954 rückblickend zu, daß Hilbert sich vieles in der Beweistheorie zu leicht vorgestellt habe.[2] Manches spricht dafür, daß die Veränderungen der Finitismuskonzeption auch durch die Erfahrungen beeinflußt wurden, die bei den konkreten Ansätzen zu Widerspruchsfreiheitsbeweisen gemacht wurden. Insofern müssen die Veränderungen des Finitismusbegriffs vor dem Hintergrund der Geschichte der Widerspruchsfreiheitsbeweise gesehen werden. Für den Augenblick kann erst einmal offenbleiben, ob es sich dabei um eine Präzisierung von schon zu Anfang vorhandenen, aber noch vagen Überzeugungen gehandelt hat oder aber um eine bewußte Änderung in Reaktion auf die faktischen und mit Gödels Sätzen dann auch prinzipiellen Probleme mit einem zu engen Finitismusbegriff.

Bei der Abgrenzung der metamathematischen Beweismethoden wird es immer um einen Ausgleich zwischen zwei gegeneinander gerichteten Kräften gehen. Beide sind notwendige Bedingungen für einen möglichen Erfolg des Projekts und bestimmen die Kriterien für die Abgrenzung. Einerseits müssen nämlich die metamathematischen Beweismittel stark genug sein, um das Ziel der Widerspruchsfreiheitsbeweise erreichen zu können. Andererseits müssen sie beschränkt genug sein, um noch in den Bereich besonderen Gerechtfertigtseins zu fallen, der mit dem Finitismus ausgezeichnet werden soll und der die Voraussetzung für seine grundlagensichernde Funktion ist. Eine Leitfrage bei den folgenden Analysen ist daher: Wie wird der Ausgleich zwischen diesen Kräften vorgenommen und aus welchen Gründen wird er so vorgenommen?

6.1 Erste begrifflich-inhaltliche Abgrenzungen

Wenn Hilbert in (HP2) Widerspruchsbeweise für die formalen mathematischen Axiomensysteme aus Schritt (HP1) fordert, nennt er den „Finitismus" zwar nicht beim Namen, aber er führt zwei seiner Charakteristika an: Er soll eine Sicherung der Mathematik liefern und ihm fällt im Rahmen des beweistheoretischen Konzepts der inhaltliche Part zu. Daß dies Charakteristika des Finitismus *sind*, ist aus vielen anderen Publikationen klar, in denen

---

[1] BERNAYS, *Hilberts Untersuchungen* [1935], 198–199. – Bernays' Formulierung ist etwas irritierend, denn einerseits legt er nahe, daß die ursprünglichen Methoden enger waren als die später zugelassenen („gedachte ... auszukommen"), andererseits erwähnt er „in der Theorie der reellen Zahlen angewandte Methoden", d. h. eine Theorie von der Stärke der Analysis – und dies würde bei weitem über jeglichen Finitismus hinausreichen, ja sogar über diejenigen Theorien hinausreichen, deren Widerspruchsfreiheit es damals zu zeigen galt.
[2] Vgl. BERNAYS, *Zur Beurteilung* [1954], 9f.

6.1 Erste begrifflich-inhaltliche Abgrenzungen

Hilbert einen „finiten Standpunkt", eine „finite Einstellung" oder auch eine „finite Zahlentheorie" beschreibt.[3]

Im Rahmen von Hilberts grundlagentheoretischem Ansatz sollen diese Beweise also eine *sichernde* Funktion haben. Daher ist es von größter Bedeutung, wie der Bereich der dafür zulässigen Beweismittel genauer abzugrenzen ist. Denn ein Beweis kann ja stets nur soviel Sicherheit bieten wie die zulässigen Beweismittel, d. h. die Annahmen bzw. Axiome und die logischen Schlüsse.

Um die Kriterien für solche sicheren Ausgangspunkte genauer herauszuarbeiten, ist es erhellend, zunächst ganz allgemein von der Bedeutung des Ausdrucks „finit" auszugehen. Die „Taufe" des beschränkten Methodensets als „finit" war nämlich keineswegs willkürlich. Daß das „Finite" das Sichere ist, auf dem man aufbaut, verdankt sich der Einschätzung, daß für die Unsicherheiten und Schwierigkeiten in den Grundlagen der Mathematik, wie sie sich in den Paradoxien widerspiegeln, das Unendliche verantwortlich sei.[4] Genauer gesprochen war es ein zu freizügiger und zu sorgloser Umgang mit diesem schwierigen Begriff, der nach Hilberts Meinung zu allzu leichtfertigen Schlüssen und Definitionen verführt hat. Hilbert hielt es wie Cantor für die „Wurzel allen Übels", unbedacht Prinzipien, die im Endlichen gelten, auf das Unendliche zu übertragen.[5] Da metamathematisch gerade gezeigt werden sollte, daß mathematische Systeme diesen Problemen nicht verfallen sind, und da diese metamathematischen Ergebnisse nicht selbst wieder dem Verdacht unterliegen sollten, durch sorglosen Umgang mit dem Unendlichen ihre Zuverlässigkeit zu gefährden, sollten die metamathematisch verwendeten Schlußweisen eine besondere Art von Rechtfertigung haben, die (nach Möglichkeit) keinerlei „Gebrauch vom Unendlichen" macht. Metamathematische Methoden sollen „finit", d. h. „endlich" oder „im Endlichen" gerechtfertigt sein, ohne Rückgriff auf Unendliches.

Das heißt zunächst konkret, daß der Rückgriff auf unendliche Gesamtheiten finit ausgeschlossen ist. Schon die einfachste Unendlichkeit, die Menge der natürlichen Zahlen, ist

---

[3] Im Folgenden wird wie bei Hilbert zwischen „Finitismus", „finiter Einstellung" und „finitem Standpunkt" stilistisch hin und her variiert; nur der Ausdruck „finite Zahlentheorie" wird eine Sonderrolle spielen.

[4] So explizit HILBERT/ACKERMANN, *Theoretische Logik* [1928], 66: „Mit dem Begriff des Unendlichen sind die Schwierigkeiten und Paradoxien verknüpft, die bei der Diskussion über die Grundlagen der Mathematik eine Rolle spielen". Ähnlich schreibt Bernays in HILBERT/BERNAYS, *Grundlagen I* [1934], daß sich die Aufgabe der Beweistheorie als ein Problem des Unendlichen herausgestellt hätte. Dem würden auch die meisten heutigen Beweistheoretiker zustimmen. Vgl. historisch auch GENTZEN, *Gegenwärtige Lage* [1938a], 7, und HILBERT, *Über das Unendliche* [1926], sowie auch den Titel des letzteren Aufsatzes. Darin werden zwar zunächst etwas überspannt „Ungereimtheiten und Gedankenlosigkeiten" in der mathematischen Literatur dem Unendlichen angelastet (S. 161–162), später wird dies jedoch präzisiert und die Unstimmigkeiten beim Operieren mit dem Unendlichen werden in der Identifikation von „unendlich" mit „sehr groß" gesehen, sowie in der vorschnellen Übertragung von Sätzen, die im Endlichen gelten, auf das Unendliche (S. 166–167).

[5] Vgl. HILBERT, *Die logischen Grundlagen* [1923], 155; CANTOR, *Grundlagen* [1883], 178; CANTOR, *Über die verschiedenen* [1886], 371–372; sowie Cantors Brief vom 24.1.1886 an Constantin Gutberlet, in: TAPP, *Kardinalität* [2005], 347–351.

als solche finit nicht zuhanden, obgleich man durchaus alle einzelnen natürlichen Zahlen benutzen darf.[6] Das finite Verbot des Rückgriffs auf Unendliches erhielt syntaktisch die Gestalt einer Restriktion in der Verwendung bzw. Interpretation von Allquantoren. Dies spricht dafür, daß man die syntaktischen Objekte (Quantoren) sehr eng nicht nur an die Objekte ihres Quantifikationsbereichs (bspw. die natürlichen Zahlen), sondern an den Quantifikationsbereich als ganzen (bspw. die Menge der natürlichen Zahlen) angekoppelt sah.

Für ein enges Zusammenlesen von „Finitismus" und „Endlichkeit" spricht auch Hilberts erste, informelle Schilderung des HP in der Vorlesung vom Wintersemester 1921/22 nach der Kneser-Mitschrift. Darin heißt es:

> Wir brauchen nicht an das Vorhandensein unendlicher Mengen zu glauben; wir wissen, daß wir so schließen dürfen, als wenn sie da wären, ohne auf Widersprüche zu kommen. So verstehen wir, was auf dem Kron[ecker]-Br[ouwer]-W[eyl]schen Standpunkte als Wunder erscheint […], durch endliche Logik, d. h. anschauliches Handeln und Operieren mit anschaulichen Gegenständen, eben den Formeln und Beweisen.
>
> HILBERT, *Wintersemester 21/22 (Kneser)* [1922*], III, 9–10

Das Operieren mit unendlichen Gegenständen soll also als widerspruchsfrei gesichert werden, und zwar mit einer finiten, endlichen Logik.

Diese finite Logik besteht in einer Beschränkung der sonst üblichen logischen Schlußweisen. Besonders beim Umgang mit konstruktiven, aber unendlichen Gesamtheiten sollen Schlußweisen wie das *Tertium non datur* ausgeschlossen sein. Allgemeine Urteile sind rein hypothetisch oder schematisch aufzufassen und existenziale Urteile als Partialurteile.[7] Diese Punkte werden unten noch weiter erklärt. Hier ist festzuhalten, daß die Beschränkung der logischen Schlußweisen zumindest große Ähnlichkeit mit denjenigen der Intuitionisten aufweist.

Gelegentlich wird behauptet, der Finitismus sei im Wesentlichen identisch mit dem Intuitionismus. Diese Überzeugung war anscheinend auch im Göttingen der 1920er Jahre verbreitet.[8] Heute wird man dies nicht mehr undifferenziert so behaupten können, und zwar aus mehreren Gründen. *Erstens* wurde im Abschnitt über den Intuitionismus (Abschn. 4.2) schon darauf hingewiesen, wie wichtig für Brouwers Intuitionismus seine philosophische Grundhaltung war, die man Hilbert wohl kaum unterstellen kann. So hat auch

---

[6] Hier verläuft die Grenze zum sog. „Ultrafinitismus" oder „strikten Finitismus", dem zufolge nicht einmal natürliche Zahlen beliebiger Größe zulässig sind. Durch seine (willkürliche) Begrenzung des Zahlenbereichs nach oben handelt sich der Ultrafinitist ganz eigene Probleme ein. Diese werden im Folgenden keine Rolle spielen.

Hilbert selbst scheint ursprünglich zumindest ein engerer Finitismus vorgeschwebt zu sein als derjenige, den er in seinen Publikationen entfaltet hat. Bernays zufolge stellte es für Hilbert schon einen Kompromiß dar, den Allgemeinbegriff der Ziffer als finit zu akzeptieren; vgl. BERNAYS, *Zur Beurteilung* [1954], 12; HALLETT, *Hilbert Logic* [1995], 169, 173; SIEG, *Hilbert's Programs* [1999], 25; EWALD/SIEG, *Lectures* [2013], 256.

[7] HILBERT, *Wintersemester 21/22 (Bernays)* [1922a*], 3a.

[8] So auch noch VON NEUMANN, *Die formalistische* [1931], 116.

Bernays zunächst den Finitismus als Intuitionismus minus seiner merkwürdigen philosophischen Begründung beschrieben. *Zweitens* geht es bei dieser Identifikation, auch der von Bernays, in erster Linie um die Abgrenzung der finit bzw. intuitionistisch zulässigen Axiome und Schlußweisen. Sowohl der Finitismus als auch der Intuitionismus sind jedoch von einer Rahmendoktrin umgeben und diese Rahmendoktrinen lassen sich ebensowenig miteinander identifizieren wie die allgemeineren philosophischen Perspektiven, in die sie eingebettet sind. Insofern ist es zumindest in grundlagentheoretisch-philosophischen Zusammenhängen irreführend, davon zu sprechen, daß Hilbert *den Intuitionismus* und *die klassische Mathematik* versöhnen wollte.[9] Hilbert war weder von der „Hintergrundphilosophie", noch vom konkreten grundlagentheoretischen Rahmen her Intuitionist, und für den radikalen Intuitionisten kann es, wie gesehen, *keinen anderen* als den intuitionistischen Weg zum Aufbau der Mathematik geben, d. h. auch keine nicht-intuitionistische Vermittlung oder Versöhnung.

Bernays hat die Identifikation von intuitionistisch und finit Zulässigem später aufgegeben. 1935 relativierte er entsprechend die Bedeutung des Äquikonsistenzresultats zwischen *HA* und *PA* für das HP: intuitionistische Arithmetik gehe über finite Betrachtung hinaus,[10]

> indem sie neben den eigentlichen mathematischen Objekten auch das inhaltliche Beweisen zum Gegenstand macht und dazu des abstrakten Allgemeinbegriffs der einsichtigen Folgerung bedarf.
> BERNAYS, *Hilberts Untersuchungen* [1935], 212

Daher sei durch das Gödel-Gentzensche Resultat (vgl. Teil II, Kap. 11) zwar intuitionistisch die Widerspruchsfreiheit der klassischen Arithmetik gezeigt, aber nicht finit.

Was mit der Beschränkung auf das Endliche, „Überblickbare" bzw. „handgreiflich Sichere" gemeint ist, zeigt sich deutlicher bei der Betrachtung von Hilberts finiter Zahlentheorie.

6.2 Finite Zahlentheorie

Die ersten Überlegungen zu einer finiten Zahlentheorie finden sich in Hilberts Vorlesung *Logik-Kalkül* vom Wintersemester 1920.[11] Darin entwickelt Hilbert zunächst den Logik-Kalkül bis zur formalen Prädikatenlogik (damals: „Funktionenkalkül"), wendet sich dann jedoch dem Ziel zu,

---

[9] So z. B. GEORGE/VELLEMAN, *Philosophies* [2002], 147, die sogar behaupten, daß Hilbert sein ganzes Programm entwickelt habe, *um* Intuitionismus und klassische Mathematik zu „versöhnen" („*reconcile*").

[10] Gödel hat dieses „Hinausgehen" über „die finite Mathematik als die der *anschaulichen* Evidenz" später in der Benutzung „abstrakter Begriffe" verortet, siehe GÖDEL, *Erweiterung* [1958], 240.

[11] HILBERT, *Wintersemester 20* [1920*]. Aufgrund eines zusätzlichen „Herbst-Zwischensemesters" für Kriegsheimkehrer im Jahre 1919 begann das folgende Wintersemester in Göttingen erst Anfang 1920. Darauf folgte das etwas verzögerte Sommersemester 1920 und ab dem Wintersemester 1920/21 kehrte man zum gewohnten Winter-Sommer-Rhythmus zurück. Hier ist von dem Wintersemester Anfang 1920 die Rede. Vgl. SIEG, *Hilbert's Programs* [1999], 34.

der Mathematik den alten Ruf der Sicherheit wieder [zu] verschaffen, welcher ihr durch die
Paradoxien der Mengenlehre verloren zu gehen scheint.

Hilbert, *Wintersemester 20* [1920*], 47

Da ein Nachweis der Widerspruchsfreiheit für die Zahlentheorie zugegebenermaßen bislang nicht in Reichweite ist – Hilbert erwähnt hier das Scheitern von Frege und Dedekind –, bleibt einem keine andere Möglichkeit, als

> daß man die mathematischen Konstruktionen an das *konkret Aufweisbare* anknüpft und die mathematischen Schlußmethoden so interpretiert, daß man immer im Bereiche des *Kontrollierbaren* bleibt. Hilbert, *Wintersemester 20* [1920*], 47

Konkret stellt sich Hilbert vor,

> daß man den Aufbau der Zahlentheorie von Anfang an durchgeht und die Begriffsbildungen und Schlüsse in eine solche Fassung bringt, bei der von vornherein Paradoxien ausgeschlossen sind und das Verfahren der Beweisführungen vollständig überblickbar wird.
> Hilbert, *Wintersemester 20* [1920*], 48

„Konkret", „aufweisbar", „kontrollierbar" und „überblickbar" stehen hier für das, was die finite Zahlentheorie auszeichnen und ihre Widerspruchsfreiheit verbürgen soll.

Hilberts Konzeption von finiter Mathematik setzt bei den *konkreten Zeichen* an. Finite Mathematik macht zunächst einmal Aussagen über konkrete Strichfolgen oder Zahlzeichen der Form „1 + 1 + ... + 1", die sich aus „1" durch Anhängen von „+1" ergeben.[12] Dabei geht es genauer gesagt um die Typen von konkreten Zeichen, denn Ort, Zeit und andere Besonderheiten der Herstellung der Zeichen-*tokens* sollen keine Rolle spielen.[13] Die Zeichen und die Möglichkeit ihres Auf- und Abbaus sind in Hilberts Augen noch basaler als die logischen Schlüsse selbst: Sie müssen als „Vorbedingung für die Anwendung logischer Schlüsse und die Betätigung logischer Operationen [...] in der Vorstellung gegeben sein".[14] Bei den Zahlzeichen handelt es sich um

> außerlogische diskrete Objekte, die anschaulich als unmittelbares Erlebnis vor allem Denken da sind. Soll das logische Schließen sicher sein, so müssen sich diese Objekte vollkommen in allen Teilen überblicken lassen und ihre Aufweisung, ihre Unterscheidung, ihr Aufeinanderfolgen ist mit den Objekten zugleich unmittelbar anschaulich für uns da als etwas, das sich nicht noch auf etwas anderes reduzieren läßt. Hilbert, *Neubegründung* [1922], 163

---

[12] In der frühen Darstellung aus der Vorlesung vom Wintersemester 1920 sollen die längeren Zeichen noch geklammert sein, also „(1 + 1) + 1", „((1 + 1) + 1) + 1" usw. Später verzichtet Hilbert darauf. 1926 schließlich werden die Zahlzeichen einfach als Folgen von Einsen konzipiert: „1", „11", „111", ...; vgl. Hilbert, *Über das Unendliche* [1926], 171. Dadurch wird auch der Unterschied zwischen dem Hinzufügen einer Eins und der eigentlichen Addition deutlicher, der durch die Notation „+1" für die Nachfolgerfunktion verschwimmt.

[13] Hilbert, *Wintersemester 20* [1920*], 48–49.

[14] Hilbert, *Neubegründung* [1922], 163.

6.2 Finite Zahlentheorie

Diese „außerlogischen diskreten Objekte" sind also die Basis für alles Folgende. Mit biblischer Anspielung formuliert Hilbert: „Am Anfang [...] ist das Zeichen".[15] Dabei verwendet er den Ausdruck „Zeichen" eher so, wie man im allgemeinen Sprachgebrauch von „Figuren" sprechen würde, nämlich unabhängig von etwas, das bezeichnet *wird*. Eine Kritik an Hilberts Konzeption, die darauf abhebt, daß hier widersinnigerweise von Zeichen gesprochen werde, die nichts bezeichnen, geht daher an der Sache vorbei.[16] Was man benötigt, sind nach Bernays Figuren, die aus Grundexemplaren derselben Gestalt auf dieselbe Weise zusammengesetzt sind (ob durch Hintereinanderschreibung oder anders) und die dieselbe oder verschiedene Gestalt haben können, wobei von unwesentlichen Eigenschaften der Gestalt abgesehen („abstrahiert") wird.

Neben diesen eigentlichen Zahlzeichen gibt es Kurzzeichen wie „2", die jedoch alle durch definierende Gleichungen einzuführen sind.[17] Diese Gleichungen legen den Kurzzeichen eine Bedeutung bei: „2" bedeutet in diesem Sinne „1 + 1", während die eigentlichen Zahlzeichen nach diesem Ansatz zwar Gegenstand unserer Betrachtung sind, aber sonst „keinerlei Bedeutung" haben sollen.[18] Sie sind schlicht die Strichfolgen oder +1-Folgen und verweisen auf nichts Anderes.

Gleichungen werden in der finiten Mathematik aufgefaßt als Aussagen, daß das Zeichen rechts vom Gleichheitszeichen mit dem Zeichen links vom Gleichheitszeichen übereinstimmt. In diesem Sinne „bedeutet" die Gleichung „2 + 3 = 3 + 2" dann auch nichts Anderes, als daß der durch „2 + 3" abgekürzte Term „(1 + 1) + (1 + 1 + 1)" nach Ausrechnen zum selben Zahlzeichen wird, nämlich zu „1 + 1 + 1 + 1 + 1", wie der durch „3 + 2" abgekürzte, nämlich „(1 + 1 + 1) + (1 + 1)". So ist auch zu verstehen, daß nach diesem Ansatz „2 < 3" keine Formel sein soll, sondern nur die Mitteilung, daß das durch „3" abgekürzte Zeichen, nämlich „1 + 1 + 1", über das durch „2" abgekürzte Zeichen, nämlich „1 + 1", hinausragt.[19]

Der engste Bereich finiter Zahlentheorie besteht damit in Aussagen über konkrete Zahlzeichen oder Strichfolgen und über die Ergebnisse der Ausführung gewisser Basisoperationen an diesen konkreten Objekten. Sie sollen epistemisch zugänglich sein aufgrund einer epistemologisch grundlegenden Fähigkeit unserer Anschauung in Bezug auf endlich viele konkrete Objekte.

Daß die *aussagenlogischen* Verknüpfungen in vollem Umfang für die Bildung finiter mathematischer Aussagen zur Verfügung stehen, kann als selbstverständlich gelten, auch

---

[15] HILBERT, *Neubegründung* [1922], 163.
[16] Dies hat Bernays in Reaktion auf eine entsprechende Kritik Aloys Müllers herausgestellt; vgl. BERNAYS, *Erwiderung* [1923]; MÜLLER, *Zahlen als Zeichen* [1923].
[17] An dieser Stelle könnte man der Frage nachgehen, welchen Status diese definierenden Gleichungen eigentlich haben. Denn Hilbert behauptet, daß die finite Mathematik ohne Axiome auskommt. Sie können also keine Axiome sein. Sie sind aber auch keine Definitionen im strengen Sinne, da die Kurzzeichen nicht zum eigentlichen Zeichenbestand der intendierten Theorie gehören sollen. Am ehesten entsprechen sie wohl dem, was in der modernen Logik „definitorische Erweiterung" dieser intendierten Theorie genannt werden würde.
[18] HILBERT, *Neubegründung* [1922], 163; HILBERT, *Über das Unendliche* [1926], 171–172.
[19] Vgl. HILBERT, *Über das Unendliche* [1926], 171–172.

wenn es nicht ausdrücklich gesagt wird. Es geht jedoch indirekt beispielsweise aus der Argumentation für die Zulässigkeit beschränkter Quantoren hervor. Aussagen mit *beschränkten Quantoren* wie $(\forall n < 3)F(n)$ oder $(\exists n < 3)F(n)$ sind finit ebenfalls zulässig, da sie sich in Konjunktionen bzw. Disjunktionen übersetzen lassen ($F(0) \wedge F(1) \wedge F(2)$ bzw. $F(0) \vee F(1) \vee F(2)$). Sie sind als bloße Abkürzungen aufzufassen. Dadurch sei „der Sinn des allgemeinen und des existentialen Urteils ohne weiteres klar und eindeutig".[20] Man kann sich natürlich fragen, ob das stimmt. Ist eine Oder-Verknüpfung von 100.000 Aussagen über verschiedene Objekte eines undurchschaubaren Bereichs wirklich eindeutiger und klarer, als die Rede davon, daß es in dem Bereich irgendwo ein solches Objekt gibt? — Die Umdeutung als Und- oder Oder-Verknüpfungen geht jedenfalls nicht mehr an, wenn *Quantoren* in Allaussagen wie „$\forall x \, F(x)$" über einen unendlichen Individuenbereich laufen. Solche Aussagen, die im Fall eines unendlichen *„universe of discourse"* wie den natürlichen Zahlen eine Aussage über alle Elemente einer unendlichen Gesamtheit treffen, sind nicht mehr „finit überblickbar" oder „handgreiflich sicher" und deshalb in der finiten Mathematik nicht möglich.

Einen gewissen Ersatz für allgemeine Urteile bieten in Hilberts finiter Mathematik die sogenannten „*Mitteilungszeichen*". Zeichen wie „𝔞" oder „𝔟" sollen für konkrete Zahlzeichen stehen, die im Kontext, *über* den gesprochen wird, bekannt sein sollen, im Kontext, *in* dem gesprochen wird, sind sie jedoch unbekannt. Die Frakturschrift macht deutlich, daß sie von formalen Variablen, die erst einmal nicht zur Verfügung stehen, streng zu unterscheiden sind. Formelähnliche Gleichungen wie „𝔞 + 𝔟 = 𝔟 + 𝔞" sind dementsprechend nicht selbst als Aussagen der finiten Mathematik aufzufassen, sie gehören nicht zur Sprache der finiten Zahlentheorie, sondern sie stehen in Betrachtungen *über* die finite Mathematik für konkrete Gleichungen mit zwei Zahlzeichen 𝔞 und 𝔟. Sie sollen nur für den Fall etwas behaupten, daß zwei konkrete Zahlzeichen gegeben sind, für die stellvertretend die Mitteilungszeichen „𝔞" und „𝔟" stehen.[21] In der finiten Mathematik gibt es daher zumindest hypothetisch allgemeine Urteile: Urteile, die für den Fall etwas behaupten, daß irgendwelche beliebigen konkreten Zahlzeichen gegeben sind, die aber, solange keine konkreten Zahlzeichen gegeben sind, nichts bedeuten. Sie sind insofern hypothetisch und auch nicht finit negationsfähig, denn ihre Negation müßte sagen: „Es sind entweder keine Zahlzeichen gegeben oder [Gegenteil der Aussage]", und ein solches Statement verläßt den Bereich der finiten Mathematik. Zeichen wie „𝔞" sind, wenn man so will, Metavariablen. Diese Terminologie ist aber nicht unbedingt besser als die von Hilbert vorgeschlagene Bezeichnung „Mitteilungszeichen", denn der Ausdruck „Metavariable" suggeriert, daß auch die Metatheorie kalkülisiert vorliegt, und das entspricht nicht Hilberts Konzeption von Beweistheorie.

Die Mathematik kann schon bei der einfachsten Algebra nicht ohne allgemeine Aussagen auskommen. Deshalb probiert Hilbert verschiedene Wege aus, um auch in der finiten

---

[20] HILBERT, *Wintersemester 21/22 (Bernays)* [1922a*], 1a.
[21] Vgl. HILBERT, *Neubegründung* [1922], 164; HILBERT, *Über das Unendliche* [1926], 172.

6.2 Finite Zahlentheorie

Mathematik irgendwie Allgemeinheit zum Ausdruck zu bringen. Ein Ansatz aus den Vorlesungen von 1920 ist, formale Gleichungen wie „$x + 1 = 1 + x$" zuzulassen, wenn sie für $x = 1$ gelten und wenn aus ihrer Gültigkeit für x die Gültigkeit für $x + 1$ folgt. Diese Gleichungen sollen in sich „nichts bedeuten", sondern sind nur *Wegweiser*, wie beim Vorliegen eines konkreten Zahlzeichens wie „3"[22] die (echte) Gleichung „$3 + 1 = 1 + 3$" bewiesen werden kann, nämlich durch Benutzung der Gleichung für $x = 1$ und durch zweimaliges Anwenden des Schrittes von x zu $x + 1$.[23] Dies ist ganz ähnlich zu lesen wie Hilberts vielzitierter Beweis von $a + b = b + a$.[24] Als „Beweis" einer hypothetischen Aussage handelt es sich dabei gewissermaßen auch um einen „hypothetischen Beweis" oder ein Beweisschema, aus dem bei Vorliegen konkreter Zahlzeichen wie „2" und „3" erst noch ein „echter" Beweis von $2 + 3 = 3 + 2$ gemacht werden muß.[25] Die Anweisung dazu läßt sich dem Beweis von $a + b = b + a$ entnehmen, und darin besteht dessen Sinn.[26]

Später scheint Hilbert allgemeine Aussagen wie „$x + y = y + x$" in der finiten Mathematik zuzulassen. Wenn er dann betont, daß mit einem Beweis von $x + y = y + x$ noch kein Beweis einer einzelnen Instanz wie $2 + 3 = 3 + 2$ gegeben ist, bezieht sich diese Bemerkung nicht mehr auf die frühere „Wegweiserfunktion", sondern darauf, daß der Beweis von $x + y = y + x$ noch durch Substitutionsschlüsse zu verlängern ist (nämlich Ersetzung von x durch 2 und von y durch 3), die damit als Schlüsse eigenen Rechts erscheinen.[27] In dieser späteren Konzeption gibt es keinen Allquantor. Die Allgemeinheit von Aussagen wird durch die Verwendung von Schemata und speziellen Variablen zum Ausdruck gebracht.[28]

In der Wintersemester-Vorlesung 1920 ist der Bereich finit zulässiger Begriffe und Schlußweisen hingegen noch extrem schmal. Der Bereich mathematischer Aussagen, die unmittelbar Sinn haben, ist auf geschlossene numerische Gleichungen beschränkt (Gleichungen zwischen Zahl- oder Kurzzeichen, bzw. deren aussagenlogische Kombinationen).

---

[22] Der Kürze halber wird hier so gesprochen, als sei „3" ein Zahlzeichen. In Wirklichkeit ist nur „$(1 + 1) + 1$" bzw. später „$((0 + 1) + 1) + 1$" im strengen Sinne ein Zahlzeichen, das durch die Ziffer „3" abgekürzt werden kann. Dann heißt es, „3" „bedeute" „$((0 + 1) + 1) + 1$".

[23] Vgl. auch EWALD/SIEG, *Lectures* [2013], 256–257.

[24] Dieser Beweis geht etwa so: Ohne Beschränkung der Allgemeinheit kann man annehmen, daß $a < b$ ist. Dann kann man b schreiben als $a + c$, die zu beweisende Gleichung wird also zu $a + a + c = a + c + a$. Diese Terme stimmen auf der linken Seite um den Anteil a überein, ergeben also genau dann das gleiche Zahlzeichen, wenn $a + c$ und $c + a$ dasselbe Zahlzeichen ergeben. Also ist nur noch die kürzere Gleichung $a + c = c + a$ zu zeigen. So führt man die Gleichung auf immer kürzere Gleichungen zurück und gelangt schließlich zu einer Gleichung der Art $a = a$. Aus deren Richtigkeit folgt die Richtigkeit der ursprünglichen Gleichung.

[25] Der Ausdruck „Beweisschema" könnte suggerieren, daß aus dem Schema schon durch *Einsetzen* konkreter Zahlzeichen für die „Mitteilungszeichen" ein echter Beweis entstünde. Das ist jedoch i. A. nicht der Fall, da z. B. die Anzahl der verwendeten Schlüsse von dem eingesetzten Zahlzeichen abhängen kann. Es ist also syntaktisch mehr zu tun als bloßes Einsetzen.

[26] Vgl. HILBERT, *Neubegründung* [1922], 164; HILBERT, *Über das Unendliche* [1926], 173+175.

[27] Vgl. etwa HILBERT, *Über das Unendliche* [1926], 174.

[28] So auch GEORGE/VELLEMAN, *Philosophies* [2002], 150.

Dieser Ansatz Hilberts zu einer „unanfechtbaren" Zahlentheorie ist möglicherweise nicht so unanfechtbar, wie Hilbert es sich gedacht hatte, wenn er sagt:

> Bei einer solcherart betriebenen Zahlentheorie gibt es keine Axiome, und also sind auch keinerlei Widersprüche möglich. Wir haben eben konkrete Zeichen als Objekte, operieren mit diesen und machen über sie inhaltliche Aussagen. HILBERT, *Neubegründung* [1922], 164

Philosophischerseits kann man ja vielleicht zustimmen, daß das bloße Operieren mit konkreten Zeichen und das Treffen von Aussagen über diese Zeichen auch ohne ein axiomatisches Fundament ganz gut gerechtfertigt ist, man also wirklich dafür keine Axiome braucht. Das hieße aber, daß man zu einer konkreten Behauptung nicht deduktiv gelangt (dann bräuchte man wieder Sätze als Ausgangspunkte der Deduktion), sondern von einer direkten, „außerlogischen" Erfahrung her. Dann stellt sich jedoch die Frage, wieso keine Widersprüche möglich sein sollten. Hilbert hat in seinem Ansatz offenbar keine Möglichkeit für menschlichen Irrtum vorgesehen. Wenn ich mich nach seiner Theorie frage, ob $8 \neq 9$ oder $8 = 9$ richtig ist, so muß ich die Kurzzeichen auflösen, schreibe die beiden Zahlzeichen hin und vergleiche sie. Bei solchen Vergleichen können mir Fehler unterlaufen. Wenn ich beispielsweise durch Abzählen mit meinen Fingern vergleichen würde, könnte ich versehentlich einen Finger bei der Abzählung der 8 überspringen, sodaß ich beide Male beim neunten Finger auskomme. So gelangte ich fälschlicherweise zu der Gleichung $8 = 9$. Bei einer anderen Gelegenheit könnte ich richtig liegen und zu $8 \neq 9$ gelangen. So würden meine beiden Behauptungen einen Widerspruch bilden. Da ein solcher Irrtum sicher nicht ausgeschlossen werden kann, bleibt für Hilberts Ansatz die Frage bestehen, wie man mit solchen, offenkundig möglichen Widersprüchen umgeht. Der naheliegendste Ausweg wäre wohl, noch eine Objektivitätsstufe zwischen die Behauptung der Gleichungen und ihre Geltung einzuschieben. Zwar mag ich irrtümlich zu $8 = 9$ kommen, aber eben nur irrtümlich. Wenn ich die Zeichen objektiv richtig vergleiche, werde ich nur zu $8 \neq 9$ kommen – und dagegen wären dann keine Widersprüche möglich, ganz nach dem Aristotelischen Satz vom Widerspruch, nach dem einer Sache nicht in gleicher Hinsicht ein Prädikat sowohl zukommen als auch nicht zukommen kann.

Eine entscheidende Grenze eines solchen Ansatzes, der die zahlentheoretischen Schlußweisen an eine direkt-konstruktive Interpretation, an Grundtatsachen unserer Anschauung oder an fundamentale empirische Fakten bindet, liegt jedenfalls auf der Hand: Er führt nicht weit genug. Anders gesagt: Man erkauft die finite Absicherung mit einer zu starken Restriktion der mathematischen Reichweite.[29] Zwar hatte man mit der finiten Mathematik in Hilberts Augen das „gesamte numerische Rechnen" im Griff, aber das numerische Rechnen ist eben lange nicht die gesamte Mathematik. Schon die einfachsten Gleichungen der Algebra, die eben erwähnt wurden, führen über den Bereich der anschaulich-einleuchtenden Aussagen über konkrete Zahlzeichen hinaus. Die logischen Gesetzmäßig-

---

[29] Wo genau diese Grenze liegt, ändert sich im Laufe der Entwicklung von Hilberts Einschätzungen. Im Wintersemester 1920 sagt Hilbert, daß die Schwierigkeiten beim Übergang zu eigentlichen Sätzen der Zahlentheorie aufträten, wo über alle unendlich vielen Zahlen Behauptungen gemacht werden.

keiten, die im Bereich der finiten Mathematik herrschen, sind zu unübersichtlich: Das *Tertium non datur* gilt finit nur in besonderen Fällen.[30] Gleichwohl kommt es für Hilbert nicht in Frage, der Mathematik die allgemeine Verwendung des *Tertium non datur* zu verbieten. Dieses Verbot wäre in seinen Augen so, wie wenn man dem Boxer die Benutzung seiner Fäuste oder dem Astronomen die des Teleskops verbieten würde.[31] Überhaupt braucht die Mathematik die uneingeschränkte Verwendung der Quantoren auch bei unendlichen Gesamtheiten.[32] Die sog. „transfiniten Schlußweisen" sind für den Aufbau einer Mathematik, die diesen Namen auch verdient, unerläßlich. Es mußte also eine Alternative her, um die Mathematik in vollem Umfang zu rehabilitieren, und dennoch die finiten Sicherheiten nicht aufzugeben.

6.3 Finite Metamathematik

Ein Versuch, die Mathematik *direkt* finit zu rechtfertigen, steht vor dem Dilemma, entweder den Bereich der zulässigen, weil gerechtfertigten Mathematik radikal zu beschränken (das wäre für Hilbert eine „Verbotsdiktatur") oder sich der Lächerlichkeit dadurch preiszugeben, daß man sozusagen zu Fuß zum Mond laufen will. Die Alternative, Zahlentheorie existenzial-axiomatisch zu betreiben, führt zwar viel weiter, verträgt sich aber nicht ohne Weiteres mit der Beschränkung des Finiten auf den Bereich anschaulicher Betrachtungen.[33] Eine Rechtfertigungsstrategie für die Gesamtmathematik muß daher die Grenze des unmittelbar durch anschauliche Betrachtung zu Rechtfertigenden überschreiten,[34] ohne dabei die gerade durch die Bindung an das „konkret Überblickbare" gewonnene Sicherheit aufzugeben.

Genau an dieser Stelle setzte Hilberts entscheidende Idee an, durch Einführung einer Metaebene eine indirekte Verbindung zwischen beiden Seiten herzustellen. Von Neumann bringt sie auf den Punkt, wenn er schreibt:

> Auch wenn die inhaltlichen Aussagen der klassischen Mathematik unzuverlässig sein sollten, so ist es doch sicher, daß die klassische Mathematik ein in sich geschlossenes, nach feststehenden, allen Mathematikern bekannten Regeln vor sich gehendes Verfahren involviert, dessen Inhalt ist, gewisse, als ‚richtig' oder ‚bewiesen' bezeichnete, Kombinationen der Grundsymbole sukzessiv aufzubauen. Und zwar ist dieses Aufbauverfahren sicher ‚finit' und direkt konstruktiv.
>
> VON NEUMANN, *Die formalistische* [1931], 116–117

---

[30] In der Wintersemester-Vorlesung 1920 erwähnt Hilbert zum ersten Mal den Namen Brouwers und sagt, dessen „paradoxe Behauptung", daß das *Tertium non datur* für unendliche Gesamtheiten nicht gelte, mache Sinn. Auch dies ist ein Beleg dafür, daß Hilbert zu dieser Zeit klar war, daß man auf dem Weg eines finit-konstruktiven Aufbaus der Zahlentheorie nicht bis zur klassischen Mathematik gelangen kann. Vgl. auch SIEG, *Hilbert's Programs* [1999], 26.
[31] HILBERT, *Grundlagen Mathematik* [1928].
[32] So Hilbert in HILBERT, *Die logischen Grundlagen* [1923].
[33] Vgl. HILBERT, *Wintersemester 20* [1920*], 53.
[34] Vgl. BERNAYS, *Hilberts Untersuchungen* [1935], 204.

So besteht nach von Neumann ein wesentlicher Unterschied „zwischen der u. U. unkonstruktiven Behandlung des ‚Inhalts' der Mathematik (reelle Zahlen u. ä.), und der immer konstruktiven Verknüpfung ihrer Beweisschritte". Und genau diesen konstruktiven Zug der metamathematischen Ebene will Hilbert sich zunutze machen. Zwar kommt man mit den finiten mathematischen Methoden beim Aufbau der Mathematik nicht über Elementares hinaus. Das Beweisen mathematischer Resultate in formalen Kalkülen ist jedoch mathematisch betrachtet elementar. Und das lädt dazu ein, die Sätze der Zahlentheorie als bloße Formeln aufzufassen und das logische Schließen als mechanisches Ableiten von Formeln aus Formeln. Die Rechtfertigung hingegen wird auf die Metaebene zu verlegt, indem von diesem konstruktiv-mechanischen Regelsystem für Ableitungen gezeigt wird, daß es nicht auf Widersprüche führen kann. So werden nicht mehr die einzelnen mathematischen Definitionen und Beweisschritte finit-konstruktiv gerechtfertigt, sondern ganze Axiomensysteme. Auf diese Weise wird der finit-konstruktive Charakter des logischen Schließens ausgenutzt, den von Neumann formuliert hat. Wenn man finit zeigen könnte, daß ein solches System widerspruchsfrei ist, hätte man gewissermaßen den Bereich des finit Gerechtfertigten viel weiter ausgedehnt, als die finite Zahlentheorie reicht.

Die inhaltlich betriebene Metamathematik soll in der konstruktiv-finiten Weise über die formalisierte Mathematik reden, wie die finite Zahlentheorie über Zahlzeichen geredet hat.

> Die Axiome, Formeln und Beweise, aus denen dieses formale Gebäude besteht, sind genau das, was bei dem vorhin geschilderten Aufbau der elementaren Zahlenlehre die Zahlzeichen waren, und mit jenen erst werden, wie mit den Zahlzeichen in der Zahlenlehre, inhaltliche Überlegungen angestellt, d. h. das eigentliche Denken ausgeübt.
> HILBERT, *Neubegründung* [1922], 165

Die „konkreten Objekte", an denen dieses inhaltliche Denken ausgeübt wird, sind in der Metamathematik dann aber nicht bloß die Zahlzeichen, sondern überhaupt alle Zeichen, Formeln und Beweise der formalisierten eigentlichen Mathematik.[35]

Der entscheidende Schritt war also derjenige von einer finit betriebenen Mathematik hin dazu, die Mathematik sich selbst zum Objekt zu machen. Mittels einer finit betriebenen Metamathematik soll die Absicherung der Objektmathematik erfolgen.

Die Unterscheidung zwischen Objekt- und Metatheorie hat Hilbert allerdings vor dem 1922 in Leipzig gehaltenen Vortrag *Die logischen Grundlagen der Mathematik*[36] noch nicht konsequent durchgezogen. Zunächst war auch die Objekttheorie noch ganz konstruktiv konzipiert. So vermeidet Hilbert in den Vorlesungen von 1920 und in einem Manuskript von 1920/21 jegliche logischen Regeln für die Negation. Das einzig „negative" Element in den betrachteten Theorien ist die Ungleichheit, also ein „negatives" Prädikat. Dieses wird jedoch in keine direkte Beziehung zu seinem Gegenstück, der Gleichheit, gesetzt, außer eben im metatheoretischen Begriff der Widerspruchsfreiheit, der gefaßt wird als

---

[35] HILBERT, *Die logischen Grundlagen* [1923], 153.
[36] HILBERT, *Die logischen Grundlagen* [1923].

6.3 Finite Metamathematik

Nicht-Ableitbarkeit von einer Gleichung und der entsprechenden Ungleichung. Aber Gleichungen und Ungleichungen haben im Kalkül gewissermaßen nichts miteinander zu tun.

Noch in seinem 1921er Vortrag *Neubegründung der Mathematik* betont Hilbert, daß dieser konstruktive Aspekt der Objekt-Theorie für seine Beweistheorie geradezu „charakteristisch" sei.[37] Dennoch findet sich in *Neubegründung* der erste Schritt zur Konzeption einer Objekttheorie mit voller klassischer Logik. Hilbert läßt hier zum ersten Mal logische Axiome für die Negation zu, nämlich: $a \neq a \to A$ (kurz für $a = a \to (a \neq a \to A)$, da $a = a$ als Axiom vorhanden ist) und $(a = b \to A) \to ((a \neq b \to A) \to A)$.[38] Auch wenn die Objekttheorie noch nicht von den konstruktiven Beschränkungen befreit ist, scheint in *Neubegründung* die Unterscheidung zwischen Objekt- und Metatheorie schon deutlicher durchgeführt zu sein als in den vorausgehenden Schriften. Dafür spricht etwa die stringente Unterscheidung zwischen Objektvariablen und Mitteilungszeichen, die auch durch den Frakturschrift-Satz hervorgehoben wird.[39]

Die vollen logischen Negationsaxiome werden allerdings erst in der Bernays'schen Mitschrift zu Hilberts Vorlesung vom Wintersemester 1921/22 und in dem genannten Leipziger Vortrag von 1922 verwendet.[40] Sie zeigen an, daß der konzeptionelle Übergang von einer direkt finit-konstruktiv gerechtfertigten Mathematik zu einer klaren methodischen Trennung zwischen Objekttheorie mit voller klassischer Logik und konstruktiv-finiter Metatheorie vollzogen wurde und damit erst wirklich der genannte reflexive „turn" zur vollen Ausgestaltung kam.

Die entscheidende Frage ist nun aber, welche Schlußweisen genau finit zulässig sind und welche nicht. Lassen sich Kriterien dafür angeben? Ein Kriterium, das Hilbert gibt, geht aus folgender Passage hervor:

> Die beweisbaren Formeln, die auf diesem Standpunkt gewonnen werden, haben sämtlich den Charakter des Finiten, d. h. die Gedanken, deren Abbilder sie sind, können auch ohne irgendwelche Axiome inhaltlich und unmittelbar mittels Betrachtung endlicher Gesamtheiten erhalten werden. HILBERT, *Die logischen Grundlagen* [1923], 154

---

[37] Vgl. HILBERT, *Neubegründung* [1922], 173.
[38] Vgl. HILBERT, *Neubegründung* [1922], 175. Bernays sieht diese „formale Beschränkung der Negation" in *Neubegründung* ebenfalls als „Überbleibsel aus dem Stadium, in dem diese Sonderung [zwischen Objekt- und Metatheorie, C.T.] noch nicht vollzogen war" an; vgl. BERNAYS, *Hilberts Untersuchungen* [1935], 203.
[39] So auch BERNAYS, *Hilberts Untersuchungen* [1935], 203, der darin sogar eine „scharfe Sonderung des logisch-mathematischen Formalismus von der inhaltlichen, ‚metamathematischen' Überlegung" sieht.
[40] Die zwei Axiome $A \to (\overline{A} \to B)$ und $(A \to B) \to ((\overline{A} \to B) \to B)$ finden sich im zweiten Teil der offiziellen Vorlesungsausarbeitung von Bernays, der eine eigene Paginierung hat. Dies und der Vergleich mit einer tatsächlichen Mitschrift der Vorlesung von Hellmuth Kneser legen nahe, daß die Axiome noch nicht in der Vorlesung selbst Verwendung fanden; vgl. auch EWALD/SIEG, *Lectures* [2013], 376, bes. Fn. 57; HILBERT, *Die logischen Grundlagen* [1923], 152, bes. Fn. 3.

Als finit gelten die Formeln, die Abbilder finit zu erhaltender Gedanken sind, und das sind solche, die man „inhaltlich und unmittelbar mittels Betrachtung endlicher Gesamtheiten" erhalten kann. Bei diesem Rekurs auf „endliche Gesamtheiten" bleibt jedoch die Anzahl der Elemente dieser Gesamtheiten unbestimmt. Die Frage ist daher: Fallen darunter auch diejenigen Gedanken, die man durch Betrachtung einer ganzen Kette endlicher Gesamtheiten, z. B. mit aufsteigender Elementezahl, erhalten kann?

Ein unbeschränkter Allquantor gilt Hilbert jedenfalls als etwas durchaus Transfinites. Während eine generelle Aussage über die Elemente einer endlichen Gesamtheit gleichbedeutend mit der Konjunktion der Einzelinstanzen ist und somit das *Tertium non datur* unzweifelhaft gültig ist, gilt für eine generelle Aussage über die Elemente einer unendlichen Gesamtheit nichts Entsprechendes.[41] Auch hier zeigt sich wieder die schon früher entdeckte Spur, „finit" und „endlich" eng zusammenzulesen und gegen das für problematisch gehaltene Unendliche abzugrenzen.

Wenn Hilbert dann so weit geht zu sagen, daß die Negation eines allgemeinen Urteils $\forall x\, \phi(x)$ bei unendlichen Gesamtheiten „zunächst gar keinen präzisen Inhalt" habe,[42] so sieht man daran, wie weit er sich in der Frage der metatheoretisch zulässigen Beweismittel Brouwer angenähert hat. Dabei ist hier eigentlich schon Vorsicht angesagt, denn selbst eine Formel mit einem Allquantor gehört nach Hilbert nicht mehr zum Bereich des finit Zulässigen. Aussagen, in denen Allgemeinheit ausgedrückt wird, gehen nach Hilberts Darstellung nicht weiter als bis zu allgemeinen Aussagen wie, daß für zwei beliebige Zahlzeichen $\mathfrak{a}$ und $\mathfrak{b}$ stets $\mathfrak{a} + \mathfrak{b} = \mathfrak{b} + \mathfrak{a}$ gilt. Und selbst bei diesen Aussagen betrachtet Hilbert nur den Teil „$\mathfrak{a} + \mathfrak{b} = \mathfrak{b} + \mathfrak{a}$" als die eigentliche finite Aussage, während er den quantifizierenden Teil „für zwei beliebige Zahlzeichen $\mathfrak{a}$ und $\mathfrak{b}$" schon unter die „inhaltlichen Hinweise" rechnet, die mit der eigentlichen finiten Aussage „verbunden" werden und damit jedoch letztlich von ihr zu unterscheiden sind.[43]

Inhaltliche Kriterien für die Abgrenzung der finit zulässigen Schlußweisen haben oft das Problem, daß sie zu vage sind. So etwa wenn Gentzen die finiten Schlußweisen als solche bestimmt, „die von jeglicher Anfechtbarkeit frei sind".[44] Solange nicht näher bestimmt ist, welche Arten von „Anfechtungen" hier zulässig wären, ist mit diesem Vorschlag nicht viel zu gewinnen. Ähnliches gilt auch für Hilberts Charakterisierung des finiten Bereichs als „Bereich des völlig Sicheren".[45] Oder auch für sein Kriterium, daß finite Schlußweisen „den Charakter des handgreiflich Sicheren haben" müssen.[46] Man wird dies wohl nur so verstehen können, daß die zur Debatte stehenden Schlußweisen einzeln durchgegangen und auf ihre finite Zu(ver)lässigkeit, also darauf, daß sie „handgreiflich sicher" sind, zu prüfen sind. Welche Kriterien aber bei dieser Prüfung eine Rolle spielen, bleibt im Dunkeln.

---

[41] HILBERT, *Die logischen Grundlagen* [1923], 154–155.
[42] HILBERT, *Die logischen Grundlagen* [1923], 155.
[43] Diese These wird auch vertreten als Nr. (4) in SCHIRN/NIEBERGALL, *Extensions* [2001], 136.
[44] GENTZEN, *Widerspruchsfreiheit* [1936a], 5.
[45] HILBERT, *Wintersemester 21/22 (Bernays)* [1922a*], 3a.
[46] HILBERT, *Wintersemester 21/22 (Bernays)* [1922a*], 2a.

Entlang dieser Linien ist eine präzise Beschreibung des Umfangs der finit zulässigen Methoden ein schwieriges Unterfangen, das die Frage aufwirft, ob es überhaupt möglich ist. Mit Niebergall und Schirn wird man festhalten müssen, daß finite Metamathematik (und mit ihr auch ihr „Vorbild", die finite Mathematik) keine formale Theorie ist und daß, selbst wenn man sie in eine formale Theorie überführen wollte, nicht zu sehen ist, warum dabei eine axiomatisierbare Theorie herauskommen müßte.[47]

Mit der allgemeinen Frage, welche Schlußweisen „von jeglicher Anfechtbarkeit frei" sind, hängen zwei konkretere Fragenkreise zusammen. Der *erste* betrifft die Induktion. Sind im Finitismus induktive Prinzipien zugelassen? Und wenn ja: Welche Arten von Induktion und wie sind sie finit gerechtfertigt? – Diese Fragen haben mehr oder weniger implizit, wenn auch deutlich die konkreten Ansätze zu Widerspruchsfreiheitsbeweisen der Hilbertschule beeinflußt. Deshalb und weil mit ihnen eine grundsätzliche Kritik an Hilberts Vorgehen verbunden worden ist, soll dieser Fragenkreis erst in den Reflexionen des dritten Teils dieser Arbeit behandelt werden, und zwar unter dem Namen Poincarés, der diese Kritik vorgetragen hat (vgl. dritter Teil, Kap. 13). Im folgenden Abschnitt wird es hingegen um einen *zweiten* Kreis konkreter Fragen gehen, der sich darum dreht, inwiefern man die „finit zulässigen Methoden" durch die Identifikation eines formalen Systems dingfest machen kann.

6.4 Formale Abgrenzung

Grundsätzlich war, wie schon erwähnt, in der Konzeption des HP vorgesehen, daß die gemäß (HP2) zur formalisierten (Objekt-)Mathematik hinzutretende Metamathematik *inhaltlich* vorgehen sollte *im Gegensatz* zu den formalisierten Systemen der untersuchten mathematischen Theorien. Dies bedeutet nicht, daß die Frage nach der genauen Abgrenzung der finit zulässigen Methoden mittels formaler Systeme von vornherein sinnlos wäre. Im Gegenteil kann sie helfen, über viele Aspekte größere Klarheit zu erlangen. Es ist nur als „*caveat*" im Hinterkopf zu behalten, daß es bei den finiten metamathematischen Methoden eigentlich nicht um formale Systeme geht. Dies wird besonders dann virulent, wenn Argumente gegen das HP in Stellung gebracht werden sollen, die – wie die Gödelschen Sätze – eine formalisierte Metatheorie voraussetzen. Argumentiert man mit formalisierten Metatheorien gegen den Finitismus bzw. gegen seine Erfolgsaussichten, so sind diese Argumente daraufhin zu prüfen, wie stark sie an der Formalisierbarkeit der Metatheorie hängen. Darauf wird im dritten Teil zurückzukommen sein, wenn es um die Implikationen der Gödelsätze für das HP geht (vgl. dritter Teil, Kap. 14).

Bei der Frage nach der formalen Abgrenzung des Finitismus geht es darum, die metamathematischen Beweismittel dadurch genauer zu bestimmen, daß man sie mit formalen Systemen identifiziert. Der prominenteste Vorschlag für eine genaue formale Abgren-

---

[47] Vgl. SCHIRN/NIEBERGALL, *Extensions* [2001], 135–136; NIEBERGALL/SCHIRN, *Hilbert's Finitism* [1998], 275.

zung der finiten Mathematik (und damit via Arithmetisierung der finiten Metamathematik) stammt von William W. Tait. Er hat 1981 vorgeschlagen,[48] die finit zulässigen Beweismittel genau mit den in der primitiv-rekursiven Arithmetik (*PRA*) verfügbaren zu identifizieren. Genauer gesagt geht es Tait darum, die finiten Funktionen genau mit den primitiv-rekursiven Funktionen zu identifizieren und die finit beweisbaren Sätze mit den Allabschlüssen von in *PRA* herleitbaren Formeln.[49]

Eine entscheidende Frage bei solchen formalen Abgrenzungen ist die nach der zugrundegelegten Klasse von Funktionen. Aus der besonderen Sicherheit, die die finiten Methoden bieten sollen, schließt Tait darauf, daß das Hauptkriterium für die Funktionenklasse sein muß, alle und nur diejenigen Funktionen zu enthalten, die in jeglicher nichttrivialer Mathematik vorausgesetzt werden. Das wird zumindest in dieser „*top-down*-Perspektive" (Zach) das Beste sein, was man bekommen kann.

Was wäre nun der absolute Basisbestand jeglicher Mathematik? Selbst mit den restriktivsten Mathematikern wie Kronecker wird man jedenfalls die natürlichen Zahlen als solchen ansetzen können. Dem entspricht genau die von Poincaré so leidenschaftlich verteidigte Einschätzung, daß die Induktion als eine letzte und nicht mehr hintergehbare Basis mathematischen Denkens anzusehen ist.[50] Auf der Seite der Funktionen bedeutet das, daß zunächst die konstante Nullfunktion und die Nachfolgeroperation als die absoluten Basisfunktionen jeglicher Mathematik anzusehen sind, da sie unmittelbar dem fundamentalen Begriff der natürlichen Zahl entsprechen.

Dann ist die Frage, welche weiteren Operationen *mit diesen Funktionen* man zulassen will. Wenn man daran festhält, daß die Begriffe der natürlichen Zahl und des induktiven Prozesses der letzte Maßstab sind, dann lautet die Frage genauer: Welche Arten von Funktionen und Funktionsoperationen werden durch den Begriff der natürlichen Zahl gedeckt und sind sozusagen „implizit" in ihm enthalten?

Die Beobachtung, daß die Nachfolgeroperation die natürlichen Zahlen in der Weise einer endlichen Sequenz erzeugt (die Zahl 5 wird genau durch die Folge ihrer Vorgänger repräsentiert), gibt Anlaß dazu, zunächst endlich-stellige Funktionen und endlich-stellige Argumente zuzulassen, mitsamt den entsprechenden Projektionsfunktionen. Als absolut grundlegend wird man auch das Hintereinanderausführen zweier Funktionen ansehen. Und wenn man dies zugelassen hat, so wird man mit Tait sagen können, daß dann auch die *n*-fache Iteration einer Funktion dem Begriff der natürlichen Zahl entspricht. Wie die Nachfolgeroperation bei der „Anfangszahl" 0 „startet", so beginnt die Iteration bei einer Anfangsfunktion *h*, und wie die Nachfolgeroperation von einer Zahl *n* zu *n* + 1 übergeht, geht man bei der Iteration von der *n*-maligen Anwendung einer Funktion zur *n* + 1-maligen Anwendung über. Damit hat man im Wesentlichen das Schema der primitiven Rekursion: die Definitionsmöglichkeit einer Funktion *f* durch die Festlegung $f(0) = h$ und $f(n + 1) = g(f(n), n)$.[51]

---

[48] Vgl. TAIT, *Finitism* [1981].
[49] Vgl. zu dieser Klarstellung auch SCHIRN/NIEBERGALL, *What Finitism* [2003].
[50] Vgl. hierzu auch im dritten Teil, Kap. 13
[51] Vgl. TAIT, *Finitism* [1981], 531–532.

6.4 Formale Abgrenzung

Betrachtet man also den induktiven Prozeß, der ausgehend von der Null die natürlichen Zahlen erzeugt, als den absoluten Basisbestand der Mathematik, wird man auf diesem Weg dafür argumentieren können, die Klasse der finiten Funktionen als die Klasse der primitiv-rekursiven Funktionen zu bestimmen.[52]

Während man damit gute Gründe für die Annahme hat, daß das formale System *PRA*, das die Theorie der primitiv-rekursiven Funktionen axiomatisiert, das Minimum dessen ist, was „implizit im Zahlbegriff" steckt, bleibt umgekehrt die Frage, ob damit schon *alles* abgedeckt wird, was sich vom Zahlbegriff her rechtfertigen ließe.

Hilbert, Bernays und Ackermann haben jedenfalls auch weitergehende Rekursionsprinzipien als finit gerechtfertigt angesehen, etwa die *k*-fache verschachtelte Rekursion. Zach hat darauf hingewiesen, daß dasselbe Argument, das Tait zur Aufnahme der primitiven Rekursion vorgebracht hat, auch für die *k*-fach verschachtelte Rekursion gelten müßte. Auch bei ihr ließe sich die Parallele zum Aufbau der natürlichen Zahlen durch *n*-fache Nachfolgerbildung ziehen, nur daß man für ein festes *k* nun *k*-viele Rekursionsargumente berücksichtigen müßte. Wenn mehrstellige Funktionen zulässig sind, dann aber sicher auch *k*-viele Rekursionsargumente.[53]

Ignjatovic hält es sogar für möglich, daß diejenigen Prinzipien, die man für eine Rechtfertigung von *PRA* als eines formalen System für finit zulässige Funktionen verwendet, nicht nur umfassendere Systeme rechtfertigen, sondern sogar solche, die bis zu ε_0 gehen.[54] Dies hätte weitreichende Auswirkungen, da man dann in Anbetracht von Gentzens Widerspruchsfreiheitsbeweis für die Zahlentheorie (vgl. im zweiten Teil, Kap. 12) feststellen müßte, daß Hilberts Programm erfolgreich durchgeführt worden ist. Zach hat darauf hingewiesen, daß Taits Replik auf Ignjatovics Überlegung wenig überzeugend ist. Tait hielt eine solche Rechtfertigung von Beweisprinzipien, die höhere Rekursionsklassen verwenden, nur für möglich unter Heranziehung höherer Typen.[55] Zach verweist demgegenüber auf die *k*-fach verschachtelte Rekursion, die *keine* höheren Typen verlange und dennoch ω^{ω^k}-rekursive Funktionen erzeuge.[56]

Auch wenn es in den eher beweistheoretisch orientierten Diskussionen außer Frage zu stehen scheint, daß man den Finitismus mit gewissen formalen Systemen identifizieren kann,[57] wird man dieser Selbstverständlichkeit kritisch begegnen müssen. Die in dieser Arbeit entwickelte Auffassung des Hilbertprogramms hält entschieden daran fest, daß es

---

[52] Alternativ zu den primitiv-rekursiven Funktionen kämen die Kalmarschen „elementaren Funktionen" in Frage. Darunter versteht man die Klasse von Funktionen, die Addition, Multiplikation und arithmetische Differenz enthält sowie unter Substitution, beschränkter Summation und beschränkter Produktbildung abgeschlossen ist. Die primitive Rekursion ist dabei als Definitionsprinzip nicht zugelassen, wodurch die elementaren Funktionen einen „finiteren ‚touch'" (Pohlers) haben als die primitiv-rekursiven.
[53] Vgl. Zach, *Hilbert's Finitism* [2001], 145–146.
[54] Vgl. Ignjatovic, *Hilbert's Program* [1994].
[55] Vgl. Tait, *Remarks on Finitism* [2002].
[56] Vgl. Zach, *Hilbert's Finitism* [2001], 146.
[57] Vgl. neben den genannten Arbeiten von Zach und Tait auch Simpson, *Partial Realizations* [1988].

sich bei der Hilbertschen Metamathematik um eine informelle „Theorie" handelt, die weder axiomatisierbar, noch mit einem bestimmten formalen System für die Arithmetik identifizierbar sein muß.

Schirn und Niebergall haben in diesem Zusammenhang darauf hingewiesen, daß schon die Rede von finiten Funktionen in sich problematisch ist, denn Funktionen scheinen der Prototyp transfiniter bzw. abstrakter Objekte zu sein, die der Finitist nicht „beherrschen" können muß. Die einzigen Explikationen einer Rede von „finiten Funktionen", die nach ihrer Analyse mit dem Hilbertschen Standpunkt kompatibel ist, wären (1) daß der Finitist eigentlich nur Funktions*zeichen* meint, wenn er von „Funktionen" spricht oder (2) daß er damit Zahlzeichen für die Codes von codierten primitiv-rekursiven Funktionen meint. In beiden Fällen kann man dann aber gegen Taits Identifikation der finiten Funktionen mit den primitiv-rekursiven Funktionen argumentieren: Im Fall (1), weil es dann gar keine finiten Funktionen gibt, sondern nur Zeichen, und im Fall (2) immerhin noch deswegen, weil primitiv-rekursive Funktionen und die Strichfolgen-Zeichen für ihre Codes zu verschiedenen Objektkategorien gehören und von daher nicht, oder zumindest nicht ohne Weiteres, miteinander identifiziert werden können.[58]

In dieser Diskussion ist noch viel Vermittlungsarbeit zu leisten. Es wäre zu untersuchen, ob man überhaupt einen allgemeinen Begriff einer Formalisierbarkeitsrelation dingfest machen kann, der die in der mathematischen Logik immer wieder aufbrechenden Fragen nach dem Zusammenhang zwischen einer informell-inhaltlich bestimmten Menge von Objekten oder Beweismitteln und den „entsprechenden" formalen Systemen uniform zu beantworten gestattet. Was muß der Fall sein, damit man von einem formalen System sagen kann, daß es die informellen Objekte und/oder Beweismittel „enthält" oder „repräsentiert"? Man denke hier an die Churchsche These oder die Verwendung der Gödelschen Sätze in Argumenten gegen künstliche Intelligenz, aber eben auch an die Diskussion über die formale Abgrenzung des Finitismus.

Neben dieser Frage nach dem Verhältnis zwischen formaler und inhaltlicher Seite des Finitismus wird man auch noch fragen müssen, wie die inhaltliche Seite überhaupt genauer zu bestimmen wäre. Welche allgemeinen erkenntnistheoretischen Ansprüche will man hier geltend machen, bzw. welcher Grad von Sicherheit soll durch die Beschränkung des finit zulässigen Theorieinstrumentars erreicht werden? Michael Detlefsen hat schon darauf hingewiesen, daß man den Bogen vermutlich überspannt und vom Finitismus mehr verlangt, als man sinnvollerweise verlangen kann, wenn man ihn auf die Erreichung „unfehlbaren" (Kitcher) oder auch nur „cartesianischen" Wissens (Tait) verpflichten will. Dennoch wird man auf eine besondere „epistemische Zuverlässigkeit" (Detlefsen) der Metamathematik, und damit eine gewisse Art von Unbezweifelbarkeit, nicht verzichten können, wenn die Metamathematik ihrem eigenen grundlagentheoretischen Anspruch entsprechen will.[59]

---

[58] Vgl. SCHIRN/NIEBERGALL, *What Finitism* [2003], 49–50.
[59] Vgl. DETLEFSEN, *Hilbert's Program* [1986], 46; TAIT, *Finitism* [1981]; KITCHER, *Hilbert's Epistemology* [1976]. Tait versteht unter „cartesianischer Unbezweifelbarkeit" (*„indubitable in a Cartesian sense"*) allerdings merkwürdigerweise die Nicht-Kritisierbarkeit, die daraus resultiert, daß es keinen vorzüglicheren oder gleich vorzüglichen Grund gäbe, auf dem man bei seiner Kritik stehen könnte; vgl. TAIT, *Finitism* [1981], 525.

6.5 Zusammenfassung

Die Widerspruchsfreiheitsbeweise können ihre grundlagensichernde Funktion nur erfüllen, wenn die finit zulässigen Beweismittel so eingeschränkt werden, daß sie in besonderer Weise gerechtfertigt sind. Der Finitismus verfolgt diese Beschränkung der metamathematisch verfügbaren Axiome und Schlußregeln durch enge Anbindung an den Bereich dessen, was „anschaulich überblickbar", „handgreiflich sicher" und auf jeden Fall „endlich" ist. Zwischen dieser limitativen Tendenz und dem gegenläufigen Bedarf einer für die Konsistenzbeweise nötigen Mindeststärke der Metamathematik muß austariert werden.

Die genauere Abgrenzung des Finitismus bewegt sich in einem Spektrum zwischen der Gleichsetzung mit dem Intuitionismus, der Unterscheidung vom Intuitionismus durch die Nichtverwendung eines anschaulichen allgemeinen Beweisbegriffs und der Identifikation der finit zulässigen Methoden mit der primitiv-rekursiven Arithmetik. Die letztgenannte Identifikation wirft eine Reihe von Problemen auf, die man bis zu sehr allgemeinen Fragen nach der Repräsentierbarkeit inhaltlicher Objekte oder Beweismittel in formalen Systemen verfolgen kann.

So erfüllt der finite Standpunkt in Hilberts Programm eine Doppelfunktion. Da von ihm aus die Widerspruchsfreiheit formaler Systeme für die Mathematik beurteilt werden soll, soll er *erstens* durch seine eigene epistemische Sicherheit die Sicherheit der formalen Systeme gewährleisten. *Zweitens* stellt er als inhaltlich konzipierte Grundlegung eine Brücke her zwischen den formalen Systemen, die er absichern soll, und inhaltlich bedeutsamen Aussagen, nämlich den metamathematischen Aussagen über diese Systeme.

Die Methode der idealen Elemente 7

Hilberts Konzeption der Beweistheorie wird häufig anhand einer Analogie zur Methode der idealen Elemente erläutert. Diese Analogie stammt von Hilbert selbst, und zwar in der am häufigsten zitierten Fassung aus seinem Vortrag *Über das Unendliche*, den er 1925 auf einer Mathematikerzusammenkunft in Münster hielt.[1] An das Licht der Öffentlichkeit getreten ist sie allerdings schon in seinem Leipziger Vortrag von 1922 über *Die logischen Grundlagen der Mathematik*.[2]

In diesen Vorträgen hat Hilbert eine Parallele gezogen zwischen dem Verhältnis von idealen und realen Elementen in mathematischen Theorien auf der einen Seite und einem bestimmten Aspekt seiner Konzeption von Mathematik und Metamathematik auf der anderen Seite. Dabei ist bewußt etwas vage von „einem bestimmten Aspekt seiner Konzeption von Mathematik und Metamathematik" die Rede, denn es besteht schon Unklarheit darüber, was überhaupt das Analogon zur ideal/real-Unterscheidung ist. Jedenfalls ist davon auszugehen, daß es sich um einen Teil seiner Konzeption der beweistheoretischen Methodik handelt und nicht um eine Auffassung von Mathematik überhaupt.[3]

In diesem Kapitel soll es daher um eine genauere Analyse dieser Analogie gehen. Im Zentrum stehen die Fragen, was mit dieser Analogie ausgesagt werden sollte und was mit ihr ausgesagt werden kann, worin also ihre Leistungsfähigkeit besteht und wo sie endet. Sinn und Grenzen dieser Analogie sollen in drei Schritten herausgearbeitet werden: die klassisch-mathematische Verwendung idealer Elemente wird so weit analysiert (7.1), daß gewisse Interpretationen der Analogie sich geradezu als „mißbräuchlich" herausstellen (7.2), und gegen sie der von Hilbert intendierte Sinn abgehoben und herausgestellt werden kann (7.3).

---

[1] HILBERT, *Über das Unendliche* [1926].
[2] So BERNAYS, *Hilberts Untersuchungen* [1935], 204; vgl. HILBERT, *Die logischen Grundlagen* [1923].
[3] Das ist Detlefsen entgegenzuhalten, der Hilbert unterstellt, mit der ideal/real-Unterscheidung zwei epistemologisch verschiedene Klassen von Aussagen in der klassischen Mathematik zu bezeichnen; vgl. DETLEFSEN, *Hilbert's Program* [1986], 4.

7.1 Ideale Elemente in der Mathematik des 19. Jahrhunderts

Unter der „Methode der idealen Elemente" ist die Hinzufügung gewisser idealer Objekte zum Bereich der „realen" Objekte einer Theorie zu verstehen. Während die realen Objekte einen ontologischen Bezug haben oder die Rede von ihnen irgendwie theorieextern gerechtfertigt sein soll, wird für die idealen Objekte kein derartiger theorieexterner Bezug verlangt. Sie sind aufzufassen als theoretische, rein formale Entitäten, die „nichts bedeuten", d. h. nichts, was über ihre Rolle im logischen Netzwerk der Theorie hinausginge. Die Funktion idealer Elemente besteht nämlich vor allem darin, gewisse Abrundungen der Theorie zu ermöglichen. So können die Verknüpfungsgesetze eines Objektbereichs vereinheitlicht oder vereinfacht werden, oder gewisse Sätze werden leichter beweisbar.

Die bekanntesten Beispiele für die erfolgreiche Anwendung dieser Methode stammen aus der komplexen Analysis und der Geometrie. Die Rede ist von i, dem Erzeuger für die komplexen Zahlen, bzw. den sog. „unendlich fernen" Punkten und Geraden.[4] Im Fall von i wurde es der Bezeichnung als „imaginäre Zahl" geradezu eingeschrieben, daß mit ihr keinerlei Wirklichkeitsbehauptung verbunden sein soll. Das unterscheidet sie beispielsweise von den theoretischen Entitäten, die die Physik postuliert. Durch die Verwendung des Symbols „i" wurde es jedoch möglich, etwa die Rechengesetze für die Addition, Multiplikation usw. im Wesentlichen von dem gewohnten Rechnen mit den reellen Zahlen zu übernehmen, unter Hinzufügung der einzigen zusätzlichen Regel $i^2 = -1$. Das Ausmultiplizieren komplexerer komplexer Ausdrücke wird dadurch wesentlich leichter handhabbar, etwa im Vergleich zur Definition der Multiplikation auf der Menge der Paare von reellen Zahlen, wo zwei Zahlen (a_1, a_2) und (b_1, b_2) als Produkt $(a_1 \cdot b_1 - a_2 \cdot b_2, a_2 \cdot b_1 + a_1 \cdot b_2)$ haben. Während dies aufgrund der Asymmetrie zwischen erster und zweiter Stelle besonders bei mehrfachen Verschachtelungen recht unübersichtlich werden kann, läßt sich mit i unter Anwendung der gewöhnlichen Assoziativ-, Kommutativ- und Distributivgesetze rechnen.

Die Fruchtbarkeit dieser Methode zeigt sich eindrucksvoll auch am Beispiel der unendlich fernen Punkte. In der herkömmlichen ebenen euklidischen Geometrie geht durch zwei Punkte immer genau eine Gerade. Der dazu duale Satz, daß sich zwei beliebige Geraden in genau einem Punkt schneiden müssen, gilt jedoch nicht: Ist eine Gerade gegeben und ein nicht auf ihr liegender Punkt, so schneiden sich „fast alle" Geraden durch diesen Punkt mit der gegebenen Geraden, nämlich alle mit Ausnahme der Parallele. Fügt man nun die „unendlich fernen" Punkte und die „unendlich ferne" Gerade hinzu, wobei die unendlich fernen Punkte durch die Richtungen der gewöhnlichen Geraden repräsentiert werden, so gilt ganz allgemein auch der duale Satz, daß zwei Geraden sich in genau einem Punkt schneiden, zwei Parallelen nämlich in ihrem (gemeinsamen) „unendlich fernen" Punkt.

---

[4] Diese Beispiele standen Hilbert stets vor Augen, wenn er von der „Methode der idealen Elemente" sprach. Sie werden daher im Folgenden immer als Referenzbeispiele verwendet, obwohl heute klar ist, daß z. B. die Theorie der komplexen Zahlen nur eine konservative Erweiterung der Theorie der reellen Zahlen ist und die Elimination der imaginären Anteile daher nur wenig mathematisch Interessantes liefert.

7.1 Ideale Elemente in der Mathematik des 19. Jahrhunderts

Man gewinnt auf diese Weise nicht nur mehr „Komfort" durch eine Vereinfachung der geometrischen Gesetzmäßigkeiten, sondern es eröffnen sich auch neue Erkenntniswege. So läßt sich in der erweiterten Geometrie ein Dualitätsprinzip beweisen, das es ermöglicht, neue Resultate durch schlichte Vertauschung der Ausdrücke „Gerade" und „Punkt" zu erhalten.[5]

Die Anwendung der Methode der idealen Elemente ist nach Hilbert an eine notwendige Bedingung geknüpft, nämlich grob gesprochen die, daß die idealen Elemente keine Inkorrektheiten oder Widersprüche mit sich bringen. Er betont:

> Die Erweiterung durch Zufügung von Idealen ist nämlich nur dann statthaft, wenn dadurch im alten engeren Bereiche keine Widersprüche entstehen, wenn also die Beziehungen, die sich bei Elimination der idealen Gebilde herausstellen, stets im alten Bereiche gültig sind.
> HILBERT, *Über das Unendliche* [1926], 179

Diese Passage aus *Über das Unendliche* muß man genauer interpretieren, um Sinn und Grenzen der Analogie zwischen idealen Elementen und Beweistheorie zu verstehen. Es ist klar, was auf der Ebene der Beweistheorie *ungefähr* gesagt werden soll: Die Hinzufügung der idealen Objekte darf nicht auf Widersprüche führen und es dürfen keine Aussagen über die realen Objekte herauskommen, die nicht stimmen. Aber dieses näherungsweise Verständnis ist keineswegs ausreichend, um die gewichtigen Folgerungen kritisch beurteilen zu können, die aus dieser Passage gezogen werden: Sie wird nicht nur als Hauptquelle für die Ideale-Elemente-Analogie herangezogen, sondern auch dafür, daß Hilbert ein Konservativitätsprogramm verfolgt habe. Was ist also mit der Elimination der idealen Gebilde genauer gemeint?

Hilberts Diktum besteht offenbar aus zwei Teilen, einem ersten, in dem von der Widerspruchsfreiheit bei der Hinzufügung der idealen Elemente die Rede ist, und einem zweiten, bei dem die Gültigkeit von Sätzen gefordert wird, die bei der Elimination der idealen Elemente entstehen. Zunächst wird man feststellen, daß sich dies nach zwei verschiedenen Bedingungen anhört und das „also", mit dem Hilbert die zweite Bedingung als Erläuterung oder nähere Bestimmung der ersten kennzeichnet, irritierend klingt. Diese Irritation wird noch verstärkt dadurch, daß es im ersten Teil um einen anscheinend syntaktischen Begriff geht (Widerspruchsfreiheit), im zweiten Teil hingegen um einen anscheinend semantischen (Gültigkeit).

War Hilbert der Unterschied zwischen der syntaktischen und der semantischen Ebene nicht hinreichend klar? Eine solche Unterstellung zum Ausgangspunkt einer Hilbert-Interpretation zu nehmen, verstößt nicht nur gegen das *Principle of Charity*. Sie ignoriert auch die vielen gegenteiligen Belege aus Hilberts Vorlesungen der 1920er Jahre, die sich auch 1928 im *Hilbert-Ackermann* deutlich niedergeschlagen haben.[6] Spätestens mit Bernays' klarer Trennung von Syntax und Semantik in seiner Habilitationsschrift von 1918,[7]

---

[5] Zur Methode der idealen Elemente, besonders der unendlich fernen Punkte und Geraden in der Geometrie vgl. HILBERT, *Über das Unendliche* [1926], 165–166.
[6] HILBERT/ACKERMANN, *Theoretische Logik* [1928].
[7] BERNAYS, *Habilschrift* [1918].

die Hilbert begutachtet hatte, hat die These, daß Hilbert dieser Unterschied nicht hinreichend bewußt war, keine Plausibilität mehr. Was allerdings bleibt, ist die Tatsache, daß Hilbert diesen Unterschied selten besonders streng durchgeführt, ja bisweilen etwas lax gehandhabt hat.

Es ist aber nicht nötig, hier überhaupt eine Verwischung der Grenze zwischen Syntax und Semantik zu sehen, sondern vielmehr einen bewußten Übergang. Zusammenhänge zwischen semantischer und syntaktischer Ebene können ja auf verschiedene Weise vorliegen: als Vollständigkeits- und Korrektheitssätze, aber auch „unterhalb" solcher Resultate. Kann beispielsweise eine Theorie alle richtigen Zahlgleichungen beweisen und enthält sie ein *Ex-falso-quodlibet*-Prinzip, so ist ihre logische Widerspruchsfreiheit äquivalent dazu, daß sie keine falsche Zahlgleichung beweist. Möglicherweise maß Hilbert die Syntax auch durchgehend an der Semantik des Standardmodells einer Theorie, sodaß Beweisbarkeit nur dann sinnvoll ist, wenn sie auch Gültigkeit im Standardmodell nach sich zieht.

Geht man von solchen bewußten Übergängen zwischen Syntax und Semantik aus, lassen sich Hilberts Forderungen „Widerspruchsfreiheit bei Hinzufügung der idealen Elemente" und „Gültigkeit von Beziehungen, die sich durch Elimination ergeben" kohärent zusammen interpretieren. Je nach dem, welcher Seite man den Vorzug gibt, ergeben sich allerdings zwei verschieden starke Bedingungen. Betont man die Widerspruchsfreiheit bei Hinzufügung, so bedeutet Hilberts Kriterium wohl, daß die ideale Theorie möglicherweise mehr reale Aussagen beweisen kann, daß diese „Mehraussagen" aber nicht im Widerspruch zu den Theoremen des realen Bereichs stehen dürfen. Die erste Interpretationsmöglichkeit würde im Bereich der komplexen Zahlen konkret Folgendes heißen. Die reellen Zahlen lassen sich mit den komplexen Zahlen mit Imaginärteil 0 identifizieren und können insofern als Teilmenge der komplexen Zahlen aufgefaßt werden. Hilberts Forderung ist dann schlicht, daß alle Aussagen über komplexe Zahlen mit Imaginärteil 0 stets gültige Aussagen über reelle Zahlen sein sollen. Im Allgemeinen müßte man also eine Einbettung des realen Bereichs R in den idealen Bereich I haben und das Kriterium würde fordern, daß die R-Aussagen, die dadurch in I eingebettet werden, und die I-Aussagen sich nicht widersprechen. Es gäbe dann noch verschiedene Möglichkeiten, wie dies genauer auszubuchstabieren wäre, die aber hier nicht weiter diskutiert werden sollen.

Die zweite Interpretationsrichtung betont mehr, daß sich bei Elimination der idealen Elemente Beziehungen *ergeben* sollen, für die Gültigkeit im realen Bereich beansprucht wird. In syntaktischer Perspektive ginge dies eher in die Richtung einer Übersetzung der idealen Aussagen in reale Aussagen und Hilberts Kriterium würde bedeuten, daß die Übersetzungen idealer Aussagen real gültig sein müssen. Im Fall der komplexen Zahlen würde das ideale Element i dadurch eliminiert, daß eine komplexe Zahlgleichung $z_1 + i \cdot z_2 = z_1' + i \cdot z_2'$ in die reellen Gleichungen $z_1 = z_1'$ und $z_2 = z_2'$ übersetzt würde und beide Gleichungen müßten in den reellen Zahlen gelten. Da diese Bedingung auch für den Spezialfall $z_2 = z_2' = 0$ gelten soll, ist mit ihr immer auch die bei der ersten Interpretationsrichtung erhaltene Bedingung erfüllt. Die zweite Bedingung ist also stärker.

Im Fall der Geometrie würden sich beide Bedingungen dadurch unterscheiden, daß einmal nur gefordert würde, daß alle Aussagen der um die unendlich fernen Punkte und

7.1 Ideale Elemente in der Mathematik des 19. Jahrhunderts

Geraden erweiterten Geometrie, die sich auf die Standardobjekte beziehen, auch richtige Aussagen der Standardgeometrie sind, während beim anderen Mal außerdem bspw. die Aussagen über unendlich ferne Punkte in gültige Aussagen über die Richtungen von Standardgeraden übersetzt werden würden.

Welche der beiden Interpretationsmöglichkeiten nun Hilberts Intentionen näherkommt oder für welche man sich aus sachlichen Gründen entscheiden sollte, braucht hier nicht ausdiskutiert zu werden. Schon bis zu diesem Punkt ist die eine Seite der Analogie hinreichend geklärt, um sich der Frage zuzuwenden, welcher Aspekt auf der Seite von Hilberts Konzeption einer Beweistheorie durch den Vergleich mit der Methode der idealen Elemente in komplexer Analysis und Geometrie verdeutlicht wird.

Zuvor sei noch darauf hingewiesen, daß im engeren, realen Bereich hier von „Gültigkeit" die Rede ist und gerade *nicht* von Beweisbarkeit. In dieser Hinsicht sollte man diese Textstelle zwar nicht überinterpretieren. Aber ein *Beleg* für ein Konservativitätsprogramm, demzufolge in der idealen Theorie keine zusätzlichen realen Sätze beweisbar werden sollten, ist sie sicher nicht. Darauf wird im folgenden Kapitel zum mathematischen Instrumentalismus noch zurückzukommen sein (Kap. 8).

Wenn der enge Zusammenhang, den Hilbert hier zwischen dem Nicht-Auftreten von Widersprüchen bei der Hinzufügung der idealen Elemente und der Gültigkeit von Aussagen bei ihrer Elimination sieht, in dieser Richtung zu interpretieren ist, so stellt er sich als eine Art Korrektheitsforderung heraus: Wenn eine Aussage, in der nur auf reale Elemente Bezug genommen wird, in der Theorie *mit* den idealen Elementen bewiesen werden kann, so muß sie auch im Bereich der realen Elemente gültig sein. Daß in der Aussage ideale Elemente nicht vorkommen, ist dabei so zu verstehen, daß, falls zum realen Bereich überhaupt quantifizierte Aussagen gehören, auch deren Quantifikationsbereiche auf die realen Elemente beschränkt sein müssen.[8] Hilberts Forderung wäre damit wie folgt gelesen: „Bei Elimination nur im alten Bereich Gültiges" wäre interpretiert als reale Gültigkeit aller ideal beweisbaren Aussagen, die nicht über ideale Elemente sprechen, und sein „keine Widersprüche im alten Bereich durch Hinzufügung" hieße, daß in der idealen Theorie keine Aussage beweisbar ist, die im Widerspruch zu einer im realen Bereich gültigen Aussage steht. Wie solche Korrektheitsforderungen im Fall der Zahlentheorie mit ihrer Widerspruchsfreiheit zusammenhängen, wurde oben ausführlich erörtert (vgl. Abschn. 3.5.4.1).

Diese Lesart der Hilbertschen Eliminierbarkeitsforderung geht gut mit der klassisch-mathematischen Seite seiner Analogie zusammen. Im Bereich der Geometrie hieße diese Art von Korrektheit, daß mit Hilfe der unendlich fernen Punkte und Geraden keine Aus-

---

[8] Diese Relativierung des Quantifikationsbereichs ist wesentlich. Das kann man auf der Ebene der klassischen Mathematik schnell sehen: Die Aussage, daß zwei Geraden sich stets schneiden, ist ja eine Aussage der Sprache der realen Geometrie, die in der idealen Geometrie beweisbar ist, in der realen jedoch falsch wird, wenn nicht die Quantoren auf den realen Bereich beschränkt werden, insbesondere also der Quantor „Es gibt einen Punkt, sodaß …". Dasselbe Problem wird sich auf der beweistheoretischen Seite der Analogie stellen. Zum Beispiel gilt über dem idealen, nicht aber über dem realen Bereich die metamathematische Aussage: „Alle Formeln sind negierbar."

sagen über die herkömmlichen geometrischen Objekte herleitbar sein sollen, die in der herkömmlichen Geometrie nicht gelten.

7.2 Analogiemißbrauch

Hilberts Idee, die Widerspruchsfreiheit der formalisierten Mathematik mit den inhaltlichen Mitteln der finiten Metamathematik zu beweisen, ist offenbar nur dann nicht zirkulär, wenn sich beide „Mathematiken" unterscheiden. Diesen Unterschied nun meinen viele Autoren zu illustrieren, indem sie die formalisierte Objektmathematik als „ideale Mathematik" und die inhaltliche Metamathematik als „reale Mathematik" bezeichnen. Hilberts Programm wird so zu der griffigen und verführerisch eingängigen Forderung, die Widerspruchsfreiheit der idealen Mathematik mittels der realen Mathematik zu beweisen. Das Analogon zu den idealen Elementen sind also die Formeln der formalisierten Objekttheorie. Sie sollen nach Hilberts wiederholter Darlegung ja auch „nichts bedeuten", was liegt also näher, als in ihnen den Gegensatz zu den Aussagen der „realen", inhaltlich bedeutsamen Metamathematik zu sehen?[9]

Nach dieser Auffassung ist also die Metamathematik für Hilbert die *reale Mathematik*, sie handelt von etwas und ihre Aussagen haben Bedeutung. Die formalisierte Mathematik hingegen bildet den ihr gegenübergestellten Bereich der *idealen Mathematik*. Außerdem wird das, was Hilbert unter „realer Mathematik" versteht, gelegentlich gar mit seiner finiten Entwicklung der Zahlentheorie gleichgesetzt.

Eine solche Auffassung steht sowohl systematisch als auch als Hilbert-Interpretation vor großen Schwierigkeiten. Sie zieht eine abstruse Folgerung nach sich, nämlich die Vermischung inhaltlicher und formaler Mathematik, die eigentlich ja gerade durch die ideal/real-Unterscheidung getrennt gehalten werden sollen. Die Methode der idealen Elemente besteht, wie gesehen, in der Hinzufügung neuer, idealer Objekte zu einem engeren Bereich der realen Objekte. Wenn nun die Aussagen der Metamathematik tatsächlich die Rolle der realen Objekte spielen sollen, so müssen ihnen, den inhaltlichen Aussagen der finiten Metamathematik, die Formeln der formalisierten Mathematik als ideale Objekte hinzugefügt werden. Man hätte also einen gemischten Objektbereich aus den realen, inhaltlich-mathematischen Aussagen und den idealen, formal-mathematischen Formeln. Das intendiert keiner der Autoren, die die ideal/real-Unterscheidung zu diesem Zwecke benutzen. Aber es ergibt sich zwingend aus ihrer Wahl des Analogons unter der Maßgabe der oben erarbeiteten Analyse der klassisch-mathematischen Seite der Analogie. Und das spricht gegen diese Wahl.

---

[9] Die hier kritisierte Auffassung vertreten verschiedene Autoren. Michael Detlefsens Auffassung osziliert dazwischen, daß er „real" gleichbedeutend mit „inhaltlich" ansieht (z. B. wenn er als Ziel des Instrumentalisten ansieht, epistemische Haltungen gegenüber „realen Propositionen" einzunehmen; vgl. DETLEFSEN, *Hilbert's Program* [1986], 6) und daß er schlichtweg von „realen Formeln" spricht (z. B. in seiner Auseinandersetzung mit Smorynski; vgl. DETLEFSEN, *Hilbert's Program* [1986], 164 u. ö.).

7.2 Analogiemißbrauch

Eine weitere Schwierigkeit betrifft speziell die Eliminierbarkeit der idealen Elemente, die für Hilbert ein Kernbestandteil dieser Methode ist. Was sollte dies nun nach der hier diskutierten Auffassung heißen? Der erste Punkt von Hilberts Eliminationsforderung war ja, daß sich durch die Hinzufügung der idealen Elemente im engeren, also im realen Bereich keine Widersprüche ergeben. Wie aber sollten sich Widersprüche daraus ergeben, daß man einer inhaltlichen Mathematik ideale Formeln hinzufügt? Das würde nur gehen, wenn die formalen und die inhaltlichen Objekte irgendwie miteinander in Wechselwirkung treten könnten: sie müßten sozusagen auf demselben Level angesiedelt sein. Der zweite Punkt der Elimination ist die Forderung, daß sich bei der Elimination „im alten Bereiche", also im Bereich der inhaltlich-realen Mathematik, Beziehungen „bei der Elimination" der formal-idealen Objekte ergeben. Aber was soll es denn bedeuten, daß sich bei der Elimination von Formeln inhaltlich-reale Aussagen ergeben sollen? Dies könnten nur metatheoretische Aussagen über die Formeln oder die inhaltlichen Aussagen sein. Demnach müßten die inhaltlichen Aussagen zumindest teilweise auf der metatheoretischen Ebene über den formalen Objekten angesiedelt sein. Man gerät mithin in das Dilemma, entweder ein Auseinanderbrechen der beiden Hilbertschen Forderungen in Kauf nehmen zu müssen, oder die reale Mathematik weder auf der Objekt- noch auf der Metaebene kohärent ansiedeln zu können.

Wenn zwischen der finiten Mathematik und der finiten Metamathematik nicht hinreichend differenziert wird, ergeben sich weitere Probleme. In der Konzeption des Hilbertprogramms redet die eine über Zahlzeichen, die andere über Formeln. Die Formeln sollen nach Hilbert aber dem „Bereich finiter Aussagen" hinzugefügt werden,[10] und nicht dem „Bereich, über den finite Aussagen sprechen". Es wird kein Mischmasch aus finiten Aussagen über Zahlzeichen und finiten Aussagen über Formeln angezielt oder so getan, als ob die Sätze der finiten Mathematik plötzlich auch über Formeln sprechen würden. Trennt man aber finite Mathematik und finite Metamathematik sauber voneinander, wird die Rolle der finiten Mathematik in dieser Konzeption der ideal/real-Trennung undurchschaubar.

So zeigt sich, daß die Gleichsetzung von real mit finit und von ideal mit formalisiert in eine Sackgasse führt.[11] Sie ist zwar intuitiv auf den ersten Blick naheliegend, denn si-

---

[10] In HILBERT, *Über das Unendliche* [1926], 175, spricht er von „adjungieren".

[11] Angesichts dessen, wie deutlich und klar Hilbert die ideal/real-Unterscheidung als eine Unterscheidung im Bereich der formalisierten Mathematik selbst ansetzte, fragt man sich unwillkürlich, wie solche krassen Fehlinterpretationen überhaupt entstehen konnten. Hilbert ist daran wohl nicht ganz unschuldig, denn in *Über das Unendliche* schreibt er:

> Aber es ist konsequent, wenn wir jetzt auch den logischen Zeichen, ebenso wie den mathematischen alle Bedeutung absprechen und erklären, daß auch die Formeln des Logikkalküls an sich nichts bedeuten, sondern ideale Aussagen sind. HILBERT, *Über das Unendliche* [1926], 176

Beachtet man nicht, daß Hilbert hier die Einstellung des *methodischen* Formalismus erläutert, so kann man diese Stelle, aus dem Kontext herausgelöst, tatsächlich dahingehend mißverstehen, daß hier allen Formeln die Bedeutung abgesprochen wird und alle Formeln zu idealen Aussagen erklärt werden. An vielen anderen Stellen ist Hilbert jedoch eindeutig, s. u.

cher ist eine vollständige und strenge Formalisierung ein *Ideal*, sicher hängen die Formeln eines vollentwickelten mathematischen Formalismus mit der idealen Seite der Analogie zusammen und sicher sind Formeln sozusagen nicht wirklich, *nicht realiter* die Objekte der Mathematik. Aber es ist ein Fehlschluß, wenn man auf Grund dieser Sinnzusammenhänge auf eine Gleichsetzung von formaler Mathematik und idealen Elementen schließt.

7.3 Hilberts ideale Elemente

Hilberts Analogie läuft anders. Um dies zu sehen, betrachte man noch einmal die Eliminierbarkeitsforderung auf der Seite der klassischen Mathematik. Dort hieß es, daß im Bereich der realen Objekte keine Widersprüche durch die Hinzufügung (und anschließende Elimination) der idealen, formalen Objekte entstehen dürfen, oder anders gesagt, daß mittels der idealen Objekte keine realen Falschheiten beweisbar werden dürfen. Schon in dieser Beschreibung gibt es also zwei Ebenen: die Ebene von realen und idealen *Objekten* und die Ebene von *Aussagen* über diese Objekte.

Wie sieht dies nun aus, wenn man sich auf die Seite der Metamathematik begibt? Man müßte, um in der Analogie zu bleiben, hier also auch zwei Ebenen haben: die Ebene der realen und idealen *Objekte* und die Ebene der *Aussagen* über diese Objekte. Da man sich bei der Metamathematik aber schon auf einer metatheoretischen Ebene befindet, sind auch die betrachteten Objekte Aussagen. Andererseits soll die Metamathematik als eine Mathematik konzipiert werden. Daher ist hier besondere Sorgfalt nötig, um nicht zu der unzulässigen Vermischung von finiter Mathematik und finiter Metamathematik zu gelangen, die eben kritisiert worden ist.

Was sind also die Objekte der Metamathematik? Die Grundidee des HP war, die Mathematik sich selbst zum Objekt zu machen, d. h., die formalisierte herkömmliche Mathematik soll zu den Objekten einer neuen Mathematik, der Metamathematik, werden. Die Metamathematik als Mathematik zu konzipieren, heißt aber, eine neue Art von Mathematik zu betreiben, deren Objekte Formeln sind. Demnach ist es durchaus zutreffend, die Entsprechung zu den idealen Objekten der klassischen Mathematik auf der beweistheoretischen Seite bei den Formeln zu sehen. Dies war ja auch schon bei der eben diskutierten Position so gewesen. Die Frage ist nun aber, was der Bereich der realen Objekte sein soll.

Auf der Seite der klassischen Mathematik bestand zwar der Objektbereich aus zwei verschiedenen Arten von Objekten, eben idealen und realen, er war aber dennoch von einer gewissen Einheitlichkeit. Objekte der verschiedenen Arten konnten miteinander wechselwirken oder, mehr sprachbezogen formuliert, man konnte mit denselben Ausdrücken, mit denselben singulären Termini, Prädikaten oder ganzen Sätzen, uniform über beide Arten von Objekten sprechen. Das aber wäre bei einem vermischten Objektbereich aus Formeln und inhaltlichen Aussagen kaum möglich.

Damit bleibt nur, daß auch die realen Objekte der Metamathematik Formeln sind. Und genau dies ist der wichtigste Unterschied zwischen der eben diskutierten Hilbert-Interpretation und Hilberts wirklicher Position: Nach Hilbert ist die ideal/real-Unter-

7.3 Hilberts ideale Elemente

scheidung eine Unterscheidung *innerhalb* des Bereichs der Formeln. Mit „ideal" wird nicht ein Bereich von formalen Objekten bezeichnet im Unterschied zu einem Bereich von inhaltlichen Objekten, sondern innerhalb des Bereichs formalisierter Aussagen wird zwischen zwei Arten von Formeln unterschieden:

> und zwar erstens solchen, denen inhaltliche Mitteilungen finiter Aussagen entsprechen, und zweitens von weiteren Formeln, die nichts bedeuten und die idealen Gebilde unserer Theorie sind.
> HILBERT, *Über das Unendliche* [1926], 175–176

Es sind also zwei Unterscheidungen klar auseinander zu halten: (1) Die Unterscheidung von inhaltlichen Aussagen und Formeln und (2) die Unterscheidung zwischen idealen und realen Elementen im Sinne zweier Formelklassen. Das Analogon zur ideal/real-Unterscheidung auf der Seite der Beweistheorie ist die Unterscheidung zweier Formelklassen.

Was ist dann der Unterschied zwischen idealen und realen Formeln? Um diesen Unterschied zu verdeutlichen, benötigt man ein klares Bild der ersten Unterscheidung zwischen inhaltlichen Aussagen und Formeln, denn in Hilberts Konzeption sind die realen Objekte der Metamathematik genau diejenigen Formeln, die inhaltlichen Aussagen der finiten Mathematik entsprechen.

Die Entsprechungsrelation zwischen inhaltlicher und formaler Seite wird bei einfachen finiten Aussagen notationell dadurch verdeckt, daß die Formeln (z. B. „2 < 3") genauso geschrieben werden wie die finiten Aussagen über Zahlzeichen. Sie kommt deutlicher zum Vorschein bei den generellen Sätzen, die finit gerade noch zulässig sind, etwa, daß für beliebige Zahlzeichen $\mathfrak{a}$ und $\mathfrak{b}$ stets $\mathfrak{a} + \mathfrak{b} = \mathfrak{b} + \mathfrak{a}$ ist. Diesen finiten Aussagen entsprechen auf der Ebene der formalisierten Mathematik gewisse Formeln, nämlich solche mit freien Variablen wie $x + y = y + x$ oder mit Allquantoren abquantifizierte Versionen wie $\forall x\, \forall y(x + y = y + x)$.[12] Während die finite Aussage unter den typischen finiten Beschränkungen steht – bspw. soll sie nur dann etwas behaupten, wenn konkrete Zahlzeichen $\mathfrak{a}$ und $\mathfrak{b}$ vorliegen, sonst behauptet sie nichts und ist daher auch nicht finit negationsfähig –, ist die ihr entsprechende Formel von diesen Beschränkungen völlig frei. Sie ist ein formales Objekt, das in bestimmter Weise syntaktisch aufgebaut ist. So kann auch problemlos ihre formale Negation $\neg \forall x\, \forall y(x + y = y + x)$ gebildet werden.[13]

---

[12] Es scheint so, als würde Hilbert umgekehrt behaupten, daß *zwei* verschiedene Wege von Formeln wie $x + y = y + x$ zu finiten Aussagen führen: *Erstens* entsprechen sie direkt finiten Aussagen wie der, daß für zwei beliebige Zahlzeichen $\mathfrak{a}$ und $\mathfrak{b}$ stets $\mathfrak{a} + \mathfrak{b} = \mathfrak{b} + \mathfrak{a}$ ist. Und *zweitens* lassen sich durch Substitution aus ihnen finite Aussagen wie $3 + 7 = 7 + 3$ gewinnen. Beim letztgenannten Weg müßte man jedoch eigentlich genauer sagen, daß es sich um zwei Schritte handelt, nämlich die eigentliche Substitution, die einfach ein Schluß innerhalb des formalen Systems ist und die Formel „$3 + 7 = 7 + 3$" liefert, und den Übergang von dieser Formel zur inhaltlich-finiten Mitteilung, daß das Zahlzeichen, das sich aus … ergibt, wenn … usw. Dieser Übergang wird durch die gleiche Notation verdeckt.

[13] Etwas anderes ist es natürlich, wenn man von dieser formalen Negation auf $\exists x\, \exists y(x + y \neq y + x)$ schließen will. Dazu würde man logische Schlußregeln benötigen, die nicht mehr im Rahmen des finiten Standpunktes gerechtfertigt sind. So verschiebt sich unter dieser Perspektive das Problem mit

Das Hilbertprogramm beruht aber in viel größerem Umfang auf dieser Relation zwischen Formeln und inhaltlicher Mathematik als nur in diesem beschränkten finiten Bereich. Im Kapitel über den Formalismus wurde herausgearbeitet, daß Hilbert ein volles inhaltliches Bild von Mathematik vertrat und nur in einem sehr beschränkten methodischen oder axiomatischen Sinne als Formalist beschrieben werden kann. Wenn das HP aber für eine volle inhaltliche Mathematik relevant sein soll, so wird schon dazu eine enge Beziehung zwischen informeller Mathematik und formalen Systemen benötigt. Denn nur dadurch übertragen sich ja Resultate wie die Widerspruchsfreiheit von der formalen Seite, *auf der* man sie nach dem HP beweisen will, auf die Seite der wirklichen Mathematik, *von der* man sie bewiesen haben will.

Diese allgemeine Entsprechung zwischen gedanklich-inhaltlicher und formaler Ebene wird für die Abgrenzung der Klasse der realen Formeln relevant. Dies streicht Hilbert ganz deutlich in seinem Leipziger Vortrag 1922 heraus, wenn er über den finiten Standpunkt sagt:

> Die beweisbaren Formeln, die auf diesem Standpunkt gewonnen werden, haben sämtlich den Charakter des Finiten, d.h. die Gedanken, deren Abbilder sie sind, können auch ohne irgendwelche Axiome inhaltlich und unmittelbar mittels Betrachtung endlicher Gesamtheiten erhalten werden.   HILBERT, *Die logischen Grundlagen* [1923], 154

Hier wird keine Vermischung verschiedener Ebenen betrieben: Die beweisbaren „finiten" Formeln und die inhaltliche Betrachtung werden sauber getrennt und der Zusammenhang zwischen beiden wird durch eine Abbildrelation vermittelt gedacht. Die finite Mathematik besteht aus inhaltlichen Aussagen. Diesen Aussagen entsprechen via Abbildung bestimmte Formeln. Und genau diese Formeln, die „inhaltlichen Mitteilungen finiter Aussagen entsprechen",[14] sind das Analogon zu den realen Objekten in der klassischen Mathematik.

Und ähnlich wie in der klassischen Mathematik motiviert sich die Erweiterung dieses realen Bereichs um die idealen Elemente. Denn würde man einen Formalismus auf die kleine Menge formaler Abbilder von finiten Aussagen beschränken, so würden in diesem formalen System „sehr unübersichtliche logische Verhältnisse" obwalten.[15] Schon logische Schlußprinzipien wie das *Tertium non datur* wären keine zulässigen Regeln, sondern würden gewissermaßen aus dem System herausführen. Daher werden *diesem* System von Formeln weitere Formeln, wie man sie aus den gewohnten formalen Systemen kennt, als ideale Elemente hinzugefügt.[16]

Wie steht es nun mit der Rede davon, daß bestimmte Aussagen oder Formeln Bedeutung haben und andere nichts bedeuten sollen? – Natürlich haben die Formeln durchaus ein inhaltliches Pendant, ohne das der Kalkül bloß Leerheiten aus Leerheiten herleiten würde.

---

der Negationsunfähigkeit genereller finiter Aussagen auf die Nicht-Allgemeingültigkeit der logischen Schlußweisen.

[14] HILBERT, *Über das Unendliche* [1926], 175.

[15] Vgl. HILBERT, *Über das Unendliche* [1926], 174.

[16] Vgl. HILBERT, *Die logischen Grundlagen* [1923], 160; HILBERT, *Über das Unendliche* [1926], 174–176; HILBERT, *Grundlagen Mathematik* [1928], 8.

7.3 Hilberts ideale Elemente

Gemäß dem methodischen Formalismus darf die inhaltliche Bedeutung der Formeln, wie sie durch die Abbildungsrelation vermittelt wird, aber *innerhalb* des Kalküls keine Rolle spielen (vgl. Kap. 5). Formeln sind, solange sie im Kalkül „bearbeitet" werden, wie völlig inhaltslose, d. h. rein syntaktisch bestimmte Objekte aufzufassen. Daher sagt Hilbert auch, daß man mit ihnen keine eigentlichen logischen Schlüsse durchführen kann. Der Logikkalkül formalisiert vielmehr auch die logischen Schlußregeln, die damit ebenfalls rein syntaktisch gehandhabt werden können. So erhält man schließlich

> an Stelle der inhaltlichen mathematischen Wissenschaft, welche durch die gewöhnliche Sprache mitgeteilt wird, nunmehr einen Bestand von Formeln mit mathematischen und logischen Zeichen, welche sich nach bestimmten Regeln aneinander reihen.
>
> HILBERT, *Über das Unendliche* [1926], 177

Innerhalb eines Kalküls werden also grundsätzlich *alle* Formeln als inhaltsleer, und das heißt: als rein syntaktische Objekte, behandelt. Außerhalb des Kalküls gibt es dagegen durchaus Beziehungen zwischen inhaltlicher und formaler Seite. Und diese Beziehungen werden vom Standpunkt der Hilbertschen Beweistheorie aus *methodisch* in Anspruch genommen für die Unterscheidung zwischen denjenigen Formeln, die eine Bedeutung haben, weil sie Abbilder finiter Aussagen sind, und den idealen Formeln, die „in sich nichts bedeuten" sollen.

Die idealen Formeln runden das System ab und lassen die logischen Regeln in ihrer gewohnten Weise ohne Einschränkung anwendbar sein. Man kann nun nicht nur syntaktisch die Negation der eben diskutierten Formel bilden ($\neg \forall x \, \forall y (x + y = y + x)$), sondern aus ihr auch (formal) den entsprechenden Existenzsatz $\exists x \, \exists y (x + y \neq y + x)$ ableiten. Diesen hinzugefügten Formeln und im Allgemeinen auch ihren Implikaten entspricht nichts außerhalb des formalen Systems in der Weise, wie den Formeln des engeren Formelsystems die finiten Aussagen entsprechen, die sie formalisieren. Während für die einen Formeln also eine systemexterne Entsprechung in Anspruch genommen wird und sie insofern „real" genannt werden können, braucht den anderen Formeln nichts Derartiges zu entsprechen, und insofern sind sie idealen Elementen in mathematischen Theorien vergleichbar.[17]

Die ideal/real-Unterscheidung hat demnach mit der Unterscheidung zwischen Mathematik und Metamathematik fast überhaupt nichts zu tun. Der einzige Zusammenhang besteht darin, daß die realen Formeln eine systemexterne Entsprechung in den Aussagen der finiten Mathematik haben und daß diese finite Mathematik eine Art Vorbild für diejenigen Methoden darstellt, die in der finiten Metamathematik verwendet werden dürfen.

Aus den vorstehenden Überlegungen kann man die Schlußfolgerung ziehen, daß die Analogie von realen und idealen Elementen den Übergang von einer direkt finit begründeten Mathematik zu einem vollen formalen System der klassischen Mathematik erläutern kann. Sie hilft insbesondere zu erklären, warum nur für einen Teil der Formeln des formalen Systems ontologisch-epistemologische Verpflichtungen bestehen, für den anderen Teil jedoch nicht.

---

[17] Zur vorstehenden Darstellung siehe auch HILBERT, *Die logischen Grundlagen* [1923], 160–161.

Damit sind jedoch auch die Grenzen dieser Analogie erreicht. Sie liegen genau zwischen der ersten, ungefähren Annäherung an sie und der genaueren Analyse. Liest man die Analogie nicht exakt genug, so bietet sie Anlaß zu Mißverständnissen wie etwa, daß Hilbert mit einer realen Mathematik die Widerspruchsfreiheit der idealen Mathematik gezeigt haben wollte. Eine Gleichsetzung der realen Elemente mit den inhaltlichen Aussagen der finiten Metamathematik über die formalisierte Objektmathematik sprengt ihren Rahmen, denn dazu wäre von der Formalisierung zur ursprünglichen finiten mathematischen Aussage überzugehen. Ohne weitere Vermittlung, etwa durch Hilberts Abbildung zwischen Gedanken und Formeln, wäre dieser Übergang eine μετάβασις εις ἄλλο γένος.[18]

Daneben hat die Analogie auch eine weitere Grenze, die hier nur angedeutet werden kann. Wenn man die mathematischen Formeln wirklich auf die Objektstufe stellt, dann sind mit dem engeren Bereich und dem idealen Bereich eben zwei Mengen von Formel-Objekten gemeint. Und Hilberts Forderung, daß die *Beziehungen* zwischen Objekten widerspruchsfrei sind, d. h. keine widersprüchlichen Aussagen *über* die Objekte entstehen sollen, wird zur Forderung an die Metamathematik, daß über dem idealen Formelbereich nur solche Aussagen über die finiten Formeln beweisbar sind, die auch in der Metamathematik des finiten Bereichs stimmen. Dies legt es zumindest nahe, Hilberts Programm als ein Konservativitätsprogramm zu interpretieren. Die Forderung nach Gültigkeit und nicht Beweisbarkeit auf der realen Ebene führt dann jedoch dazu, daß der Konservativitätsbegriff zur sogenannten „schwachen Konservativität" und damit bis an die Grenze eines Begriffs relativer Konsistenz abgeschwächt werden muß. Auf das, was hier nur angedeutet werden konnte, wird im folgenden Kapitel bei der Auseinandersetzung mit Detlefsens instrumentalistischer Interpretation des Hilbertprogramms näher einzugehen sein.

7.4 Zusammenfassung

Hilbert verwendet zur Illustration des Ansatzes seiner Beweistheorie eine Analogie zur Methode der idealen Elemente in der klassischen Mathematik. Bei dieser Methode werden einem Bereich von realen Objekten mit einem theorieexternen Bezug weitere Objekte hinzugefügt, die rein formal aufzufassen sind, die Theorie abrunden, vereinfachen und neue Beweismöglichkeiten eröffnen. Die bekanntesten Beispiele sind die imaginären Zahlen und die unendlich fernen Punkte und Geraden. Die Frage ist, was das Analogon zu diesen idealen Elementen auf der Seite von Hilberts Beweistheorie ist.

Die geläufigste und von verschiedenen Sinnzusammenhängen her nahegelegte Auffassung besteht in der Identifikation der realen Objekte mit der finiten Mathematik und der idealen Objekte mit der formalisierten, klassischen Mathematik. Es wird dann als Ziel des Hilbertprogramms ausgegeben, die Widerspruchsfreiheit der idealen Mathematik mittels der realen zu beweisen. Gegen diese Auffassung lassen sich verschiedene Probleme ins Feld führen, etwa die daraus folgende, obgleich nicht intendierte Vermischung formaler und in-

---

[18] Vgl. ARISTOTELES, *De caelo* I 1, 268b 1.

7.4 Zusammenfassung

haltlicher Objekte und die ungenügende Differenzierung zwischen finiter Mathematik und finiter Metamathematik. Die Gleichsetzung von real mit finit und von ideal mit formal ist daher nicht haltbar.

Hilberts Analogie besteht vielmehr darin, daß sich die Formeln der formalisierten Mathematik in zwei Klassen aufteilen lassen, nämlich diejenigen, die inhaltlich-finiten Aussagen entsprechen, und die, für die das nicht der Fall ist. Der Unterscheidung zwischen idealen und realen Objekten entspricht also die methodische Unterscheidung zwischen inhaltlich bedeutungslosen und inhaltlich bedeutsamen Formeln, wobei der theorieexterne Bedeutungsbezug als Abbildung zwischen den Formeln und Aussagen der wirklichen, „natürlichen" mathematischen Sprache aufzufassen ist. Die Unterscheidung dieser Objektebene von einer Metaebene der Aussagen über die Objekte bleibt von der ideal/real-Unterscheidung völlig unberührt, wie sich an der klassisch-mathematischen Methode der idealen Elemente zeigen und an einer Deutung des Hilbertschen Programms bewähren läßt. So sind zwei Verwendungsweisen des Ausdrucks „finite Mathematik" zu unterscheiden, nämlich die finite Mathematik im Sinne der finiten Zahlentheorie, die einem Teil des formalisierten Systems auf der Objektebene entspricht, und die finite Metamathematik, die inhaltlich auf der Metaebene über dieses formale System handelt.

Die Grenzen der Analogie liegen einerseits in ihrer Mißverständlichkeit. Andererseits treffen sie die Schwächen einer Interpretation des Hilbertprogramms als Konservativitätsprogramm, um die es noch gehen wird.

Instrumentalismus

1986 veröffentlichte Michael Detlefsen *Hilbert's Program*, die bisher einzige Monographie zum Hilbertprogramm.[1] Der Untertitel „*An Essay on Mathematical Instrumentalism*" bezeichnet das Programm des Buches: Eine instrumentalistische Auffassung des Hilbertprogramms zu entwickeln und argumentativ zu verteidigen.

In diesem Kapitel sollen an diese Auffassung zwei Fragen gestellt werden: *Erstens*: Ist das HP in diesem instrumentalistischen Rahmen überhaupt adäquat interpretiert? Und *zweitens*: Ist der mathematische Instrumentalismus, wie Detlefsen ihn beschreibt, eine plausible Philosophie der Mathematik?

Beide Fragen setzen voraus, zunächst den von Detlefsen zugrundegelegten Begriff einer instrumentalistischen Philosophie der Mathematik zu klären.

8.1 Der Instrumentalismus und die instrumentalistische Auffassung des Hilbertprogramms

Unter „Instrumentalismus" ist nach Detlefsen die Auffassung zu verstehen, daß gewisse Teile der Mathematik nicht wörtlich, d. h. nicht als genuine Behauptungen und Beweise zu nehmen sind, sondern als bloße Werkzeuge, um bestimmte epistemische Haltungen gegenüber anderen, grundlegenderen Teilen der Mathematik einzunehmen.[2] Da damit nicht die gesamte Mathematik instrumentellen Charakter hat – wie es etwa bei einer Auffassung von Mathematik als bloßer Hilfswissenschaft für die Naturwissenschaften der Fall wäre – sondern nur ein Teil, spricht Detlefsen auch von „eingeschränktem Instrumentalismus" (*restricted instrumentalism*, 1–2).

---

[1] DETLEFSEN, *Hilbert's Program* [1986]. Verweise auf Detlefsens Buch werden in diesem Kapitel durch in Klammern gesetzte Seitenzahlen angegeben.
[2] *Instrumentalism is „the belief that the epistemic potency of T (i.e., the usefulness of items of T as devices for obtaining valuable epistemic attitudes toward genuine propositions of some sort) can be accounted for without treating the elements of T literally (i.e., as genuine propositions and proofs)"* (3).

Der Instrumentalismus liegt nach Detlefsen auf halber Strecke zwischen einem Fieldschen Nominalismus und einem Quineschen Realismus (2–3), er sei als ein modifizierter Realismus (3) aufzufassen. Damit ist wohl gemeint, daß man die Mathematik in einen realen und einen idealen Teil aufspaltet und für den realen Teil durchaus die typischen ontologischen Verpflichtungen des Realisten auf sich nimmt,[3] während man sich für den idealen Teil mit dem Nominalisten der entsprechenden Last für entledigt erklärt. Die Aufteilung in Ideales und Reales liefert somit eine Beschränkung der ontologischen Verpflichtungen auf einen Teil der betrachteten Methoden (die realen), während die Zuverlässigkeit des anderen Teils nicht unmittelbar durch eine ontologische Anbindung, sondern auf indirektem Wege, basierend auf dem realen Teil, erfolgen soll. Dadurch erhält indirekt auch der ideale Teil einen epistemologischen Status. Für die realen Sätze wird mithin ihr Inhalt als behauptete Realität in Anspruch genommen, für die idealen Sätze ihre Zuverlässigkeit als Werkzeuge zur Gewinnung realer Sätze. So ist Detlefsens Beschreibung dieser Position als „modifizierter Realismus" ganz treffend. Es wird jedoch noch zu klären sein, was Detlefsen insbesondere bei den idealen Sätzen unter „Zuverlässigkeit als Werkzeuge" versteht.

Seine deutlichste Charakterisierung der ideal/real-Unterscheidung bietet Detlefsen an folgender Stelle:

> Nach Hilbert müssen die scheinbaren Behauptungen und Beweise der Mathematik in zwei Gruppen geteilt werden: (a) diejenigen, deren epistemischer Wert auf die Evidenz (*evidentness*) ihres Inhalts zurückgeht (die sogenannten *realen* oder *inhaltlichen* [*real or contentual*] Behauptungen und Beweise) und (b) diejenigen, deren epistemischer Wert auf die Rolle zurückgeht, die sie in einem formal-algebraischen oder kalkülmäßigen Schema spielen (die sogenannten *idealen* oder *nicht-inhaltlichen* [*ideal or non-contentual*] Pseudo-Behauptungen oder Pseudo-Beweise). (4)

Das instrumentalistische Verständnis von Beweisen weicht entsprechend von dem herkömmlichen ab. Die epistemische Qualität der Konklusion eines idealen Beweises einer realen Proposition soll nicht von einer epistemisch-ontologischen Verpflichtung (*commitment*) auf die Ausgangspunkte und Zwischenschritte abhängen. Ein instrumentalistischer Beweis sei vielmehr eine „Schluß-Fahrkarte" (*inference-ticket*), die zum Erreichen des Ziels berechtigt, ohne daß die Zwischenstationen auf dem Weg dorthin in derselben Weise gerechtfertigt sein müßten. Während nach herkömmlichem Verständnis ein Beweis von wahren oder als wahr gesetzten Annahmen via wahrheitserhaltender Schlüsse zu wahren Konklusionen führt, soll dies nach instrumentalistischer Lehre nicht gefordert werden. Es geht nicht darum, eine epistemische Haltung gegenüber den Annahmen mittels gültiger Schlüsse kausal auf die entsprechende Haltung gegenüber der Konklusion zu übertragen. Für die Zwischenschritte eines Beweises sollen keine unmittelbaren *commitments* eingegangen werden, sondern nur für die Methoden, mit denen die Zuverlässigkeit des idealen Beweisens gesichert wird. In epistemologischer Formulierung: Nicht bei der Aneignung realen Wissens mittels idealer Methoden, sondern bei der Rechtfertigung dieser Methoden sind

---

[3] Also beispielsweise nur dann „Es gibt eine Primzahl kleiner als 10" behaupten darf, wenn man annimmt, daß es so etwas wie Zahlen gibt, und zwar insbesondere Primzahlen, die kleiner sind als 10.

die ontologischen Verpflichtungen auf Bedeutungen der syntaktischen Objekte einzugehen (2–3).

Detlefsen will nach eigenem Bekunden das HP als eine „philosophisch ausgefeilte Verteidigung des mathematischen Instrumentalismus" darstellen. Ihm zufolge kommt Hilberts Metamathematik dem Instrumentalisten gerade recht. Explizit schreibt er es Hilberts instrumentalistischer Grundhaltung zu, daß Freges Problem ihn zur Metamathematik geführt habe. Frege habe deutlich gemacht, daß etwas Ideales wie eine Abfolge von Formeln nicht die Funktion eines Beweises übernehmen könne. Entsprechend sei Hilbert dazu übergegangen, Resultate metamathematisch zu beweisen: Ideale Beweise realer Aussagen würden nach Hilbert in zwei Schritten ausgewertet, nämlich durch die Feststellung, daß es sich bei einem Beweis um ein syntaktisches Objekt einer bestimmten Struktur, mit einer bestimmten Endformel usw. handelt und zweitens durch die Feststellung, daß diese Endformel eine wahre reale Proposition ausdrückt. Durch diese beiden Feststellungen werde ein idealer Beweis metamathematisch ausgewertet und würde einen metamathematischen Beweis der finiten Aussage liefern (10–12).

An dieser Stelle kann die Beschreibung von Detlefsens Interpretation des HP abgebrochen werden, da schon offensichtlich geworden ist, wie groß die Differenzen zwischen dem instrumentalistischen HP-Bild und dem in dieser Arbeit entwickelten sind.

8.2 Kritik der instrumentalistischen Interpretation von Hilberts Programm

In diesem Abschnitt soll eine ganze Reihe von Kritikpunkten an Detlefsens instrumentalistischer Interpretation von Hilberts Programm vorgebracht werden. Diese Kritikpunkte gelten dabei meistens generell für instrumentalistische Lesarten des HP, sie werden aber in Auseinandersetzung mit Detlefsen vorgetragen, um eine handhabbare Position zu haben, an der man die Kritik anbringen kann.[4]

Die Kritikpunkte sind dabei von zweierlei Art: Einerseits wird das instrumentalistische Bild dem Hilbertprogramm nicht gerecht, andererseits kommt beim instrumentalistischen Zugriff überhaupt kein überzeugendes Gesamtkonzept heraus. Zwischen beiden Arten von Kritikpunkten gibt es jedoch Wechselwirkungen. So werden manchmal genau die Aspekte, bei denen die Auffassung von Hilberts Position abweicht, auch die nicht in sich überzeugenden Aspekte sein. Man betrachte nur beispielsweise die zuletzt dargestellte metamathematische Auswertung idealer Beweise realer Aussagen. Man könnte die Kritik so ansetzen, daß das, was Detlefsen schildert, einfach nicht Hilberts Position ist. Hilbert hat keine Konservativitätsbedingung der idealen über der realen Mathematik gefordert,

---

[4] Die Kritik gilt für andere Entwürfe natürlich nur in Abhängigkeit vom zugrundeliegenden Instrumentalismusbegriff. Beispielsweise soll sie sich auch auf solche beziehen, die unter einer „instrumentalistischen" Auffassung der nicht-finiten Mathematik verstehen, daß sie ihren „Lebensunterhalt" dadurch „verdienen müssen", daß sie für die Ableitung korrekter realer Aussagen von Nutzen sind; vgl. etwa GEORGE/VELLEMAN, *Philosophies* [2002], bes. S. 158.

er hat diese metamathematische Auswertung idealer Beweise nicht so vorgenommen wie behauptet usw. Man kann dies aber auch als systematische Kritik an der hilbertianisch-instrumentalistischen Position Detlefsens vorbringen: Wenn man tatsächlich einen idealen Beweis einer realen Aussage hätte, und wenn – wie Detlefsen betont – alle ideal beweisbaren realen Aussagen auch schon real beweisbar sind, wofür wird dann der Umweg über die Metamathematik überhaupt benötigt? Man könnte den idealen Beweis durch einen realen Beweis ersetzen und hätte einen realen Beweis der realen Aussage, ohne daß man dafür Konsistenzbeweise, syntaktische Betrachtungen usw. überhaupt benötigen würde. Man bräuchte den ganzen metatheoretischen Aufwand vielleicht zur Etablierung des Konservativitätssatzes, daß alles ideal beweisbare Reale auch real beweisbar ist, aber nicht zur Anwendung dieses Satzes in jedem einzelnen Fall.

Die vorstehenden Überlegungen haben schon den ersten Kritikpunkt vorgebracht, aber nicht nur dies. Sie zeigen auch die kippbildartige Struktur, die zwischen Argumenten, die gegen Detlefsens Hilbertinterpretation sprechen, und solchen, die die von ihm entwickelte systematische Position kritisieren, besteht. Eine strikte Aufteilung der Argumente wird daher im Folgenden nicht vorgenommen. Man sollte bei den folgenden Diskussionen nur bedenken, daß man die meisten Argumente auch drehen und in der anderen Hinsicht lesen kann.

8.2.1 Kritik der ideal/real-Analogie

Wenn davon die Rede ist, daß alle ideal beweisbaren realen Aussagen auch schon real beweisbar sein müssen, so geht es offenbar um eine Konservativitätsforderung. Sie wird später zu diskutieren sein (vgl. im dritten Teil Abschn. 14.6). Die Formulierung mittels „real" und „ideal" führt jedoch unmittelbar zu einer ganz grundsätzlichen Kritik an Detlefsens Hilbert-Interpretation. Die ideal/real-Unterscheidung liegt nämlich allen Erwägungen Detlefsens zugrunde. Er selbst unterstreicht ihre Bedeutung u. A. dadurch, daß er die entsprechende Darstellung aus Hilberts *Über das Unendliche* über mehr als eine Druckseite zitiert.

Im vorangegangenen Kapitel war herausgearbeitet worden, daß Hilbert mit der Rede von der Methode der idealen Elemente eine Analogie benutzt, die ihre Grenzen, aber auch einen spezifischen Sinn hat. Im Licht dieser Ergebnisse muß man feststellen, daß Detlefsen diesen Sinn auf die Weise verfehlt, die oben unter der Überschrift „Analogiemißbrauch" analysiert und kritisiert wurde.

Bei der Lektüre von Detlefsens Arbeit erkennt man dies nicht immer auf den ersten Blick. Er wählt zunächst Formulierungen, die beide Interpretationen möglich machen, die Auffassung der realen Mathematik als inhaltlicher Mathematik und die Auffassung der realen Mathematik als eines Formelsystems, das durch die ideale Mathematik erweitert wird. Daß Detlefsen „real" mit „inhaltlich" und „ideal" mit „formal" gleichsetzt, kommt aber deutlich dort zum Vorschein, wo er das „Fregesche Problem" zum ersten Mal schildert.

8.2 Kritik der instrumentalistischen Interpretation von Hilberts Programm

Frege habe Hilbert nämlich mit dem Problem konfrontiert, erklären zu müssen, wie ein idealer Beweis *I* einer realen Proposition *R* überhaupt zum Einnehmen einer epistemischen Haltung gegenüber *R* beitragen kann.

> Da *I* nicht aus genuinen Propositionen zusammengesetzt ist, kann man es nicht in sich als einen Grund für *R* ansehen. DETLEFSEN, *Hilbert's Program* [1986], 9, Eig. Übers.

Hier wird deutlich, daß Detlefsen sich *I* als etwas Formales vorstellt, während ein realer Beweis für *R* aus „genuinen Propositionen" bestehen müßte. „Real" ist damit gleich „inhaltlich", und Detlefsen bewegt sich auf der Schiene derjenigen Deutung der ideal/real-Analogie, die oben zurückgewiesen wurde.

Nach dem in dieser Arbeit entwickelten Verständnis des HP betrifft das Fregesche Problem nicht die Unterscheidung zwischen ideal und real, sondern die zwischen formal und inhaltlich, und wird durch den Verweis auf Hilberts Vorstellung einer (möglicherweise partiellen) Abbildungsrelation zwischen formalisierter und inhaltlicher Mathematik beantwortet. Freges Problem hat mit der Unterscheidung von idealen und realen Formeln nichts zu tun, sondern betrifft beide gleichermaßen.

Obgleich dieser Punkt für Detlefsens gesamte Darstellung grundlegend und zentral ist, muß man die Bewertung der instrumentalistischen Interpretation des HP nicht an diesem Punkt allein festmachen. Es gibt weitere Argumente, die gegen diese Sichtweise sprechen. Eine erste Klasse von Argumenten gleicht dabei *mutatis mutandis* denjenigen, die schon bei der Diskussion des Formalismus eine Rolle spielten.

8.2.2 Methodischer Formalismus versus Mathematik als Zuschlagsfahrkarte

Zunächst wird man noch einmal hervorheben müssen, wie unplausibel es ist, dem großen Mathematiker Hilbert eine Auffassung von Mathematik zu unterstellen, dergemäß weite und wichtige Teile der Mathematik bloß formale, bedeutungslose Gebilde sind. Hilbert, der große Funktionentheoretiker und Variationsrechner, der Integrationstheoretiker und Geometer, hat wohl kaum ernsthaft daran gedacht, diese eminenten Bereiche mathematischer Forschung *wirklich* bloß als Instrument anzusehen, um Gleichungen zwischen Numeralen und ihre aussagenlogischen Verknüpfungen möglichst komfortabel herleiten zu können. Es grenzt, wie gesagt, an eine Groteske, dem größten Mathematiker seiner Zeit zu unterstellen, seine Mathematik im Wesentlichen als eine Zuschlagsfahrkarte anzusehen für eine bequemere Reise zum Ziel von Aussagen über Strichfolgen.

Wenn aus dem Zusammenhang gerissene Hilbert-Zitate ein formalistisch-instrumentalistisches Bild von Mathematik zu decken scheinen, so wird man ein genaueres Verständnis dieser Äußerungen und die Berücksichtigung ihres Kontextes anmahnen müssen. So beispielsweise, wenn darauf verwiesen wird, daß nach Hilbert und Bernays den idealen Formeln im Formalismus keinerlei Bedeutung anhaftet. Damit wollen sie aber keineswegs behaupten, daß es zwischen den Formeln und den Sätzen der herkömmlichen Mathematik keinerlei Zusammenhänge gebe. Sie machen vielmehr deutlich, welche Auffassung man zum Betreiben von Beweistheorie einnehmen muß, und schildern eindrücklich die zur damaligen Zeit den meisten Mathematikern völlig fremde Auffassung einer formalisierten Mathematik als Ansammlung rein syntaktischer Objekte. Damit beschreiben sie diejenige Transformationsgestalt, in die große Teile der klassischen Mathematik nach der Konzeption des HP gebracht werden müssen, um sie auf diesem Wege zu rechtfertigen. Aber es geht um die Rechtfertigung der ursprünglichen Mathematik mittels dieser Methode, nicht um eine neue Mathematikauffassung gegenüber der „klassischen". Wenn Hilberts mathematikphilosophische Position instrumentalistische Züge hat, dann sicher selbst nur in methodischer Hinsicht. Um die angezielte Grundlagensicherung zu erreichen, waren die mathematischen Aussagen so zu behandeln, *als ob* sie nichts besagten, *als ob* sie keinen Gehalt hätten und *als ob* sie nur Mittel zur Herleitung von Aussagen über Strichfolgen wären.[5] Auf der Seite des formalen Kalküls darf die inhaltliche Bedeutung keine Rolle spielen, aber sie tut es durchaus im Rahmen der Verknüpfung des Kalküls mit der durch ihn formalisierten informellen Mathematik. So wird die Abbildungsrelation zwischen der wirklichen, inhaltlichen Mathematik und der formalisierten nicht nur einmal, nämlich beim Transfer der klassischen Mathematik in formale Gestalt, benötigt, sondern sie tritt im Gefüge dieses Grundlegungsprogramms ein zweites Mal auf, wenn es darum geht, daß die gewonnenen Widerspruchsfreiheitsresultate ja auf die ursprünglichen Theorien der klassischen Mathematik zurückwirken sollen. Wenn Hilbert sagt, daß man die Leute nicht von ihren klassischen Schlußweisen abhalten könne, zeigt er damit an, daß es ihm um die Rechtfertigung *dieser* Schlußweisen geht. Er sagt nicht, daß man die Leute von formalen Abbildern klassischer Schlußweisen nicht abhalten könne. Im Übrigen stellte er diesem methodischen Vorgehen nie eine grundsätzliche Mathematikauffassung formalistisch-instrumentalistischer Prägung gegenüber.

Wenn man diesen „methodischen Vorbehalt" ernst nimmt, so wäre höchstens die Position eines „methodischen Instrumentalismus" oder eines „instrumentalistischen Instrumentalismus" akzeptabel, soll heißen, eines Instrumentalismus, der ganz ähnlich wie die Beweistheorie selbst nur als Werkzeug zum Erreichen des grundlagensichernden Zweckes dient, aber darüber hinaus und „in sich" keine Bedeutung hat. Akzeptabel erscheint ein Instrumentalismus, der bloß als methodischer Standpunkt in einem gewissen zielorientierten Rahmen eingenommen wird und keine Aussagen über das eigentliche Wesen der Mathematik macht. Ein solcher Instrumentalismus wäre also gerade keine Philosophie der Mathematik.

---

[5] So führt Hilbert z. B. in *Über das Unendliche* ganz deutlich aus, daß wir in der Beweistheorie „die Zeichen und Operationssymbole des Logikkalküls losgelöst von ihrer inhaltlichen Bedeutung" betrachten; vgl. HILBERT, *Über das Unendliche* [1926], 177. Die logischen Symbole *haben* also eine inhaltliche Bedeutung, nur werden sie hier anders aufgefaßt, indem diese Bedeutung ausgeblendet wird.

8.2.3 Rechtfertigung von Kalkülen und von Zwischenschritten

Detlefsen behauptet, daß seine Rede von den „Schluß-Fahrkarten" gut mit Hilberts Interesse an kalkülmäßigen Techniken für die Mathematik zusammenpasse. Wie es bei den Schluß-Fahrkarten allgemein nicht auf eine Rechtfertigung der Zwischenschritte ankomme, komme es bei einer kalkülmäßigen Rechnung nicht auf die Richtigkeit der Zwischenschritte an, sondern nur auf das Ergebnis und die Rechtfertigung des Kalküls.

Wenn Hilbert hier mehr als das eben diskutierte „methodische Interesse" an Kalkülen zugeschrieben werden soll, so stimmt das grundsätzlich. Allerdings muß man dieses Interesse an Kalkülen im Sinne von Rechen- und Denkhilfsmitteln deutlich relativieren. So fühlte sich etwa Frege wie gesehen bemüßigt, Hilbert von dem Nutzen von Kalkülen und dem Arbeiten mit Formeln zu überzeugen. Außerdem stehen die entsprechenden Äußerungen Hilberts stets im Kontext der Zahlentheorie. Und im Bezug auf die Zahlentheorie ist es sicher ganz richtig, von einem Interesse Hilberts an kalkülisierten Verfahren zu sprechen. Aber Hilbert wollte mit seiner Beweistheorie ja viel weiter gelangen (daß das so einfach wäre, ist einer der wenigen Punkte, bei denen Bernays zugibt, daß Hilbert sich getäuscht hat). Er wollte Analysis, Funktionentheorie und sogar die Mengenlehre auf diese Weise behandeln. Wie ließen sich diese in Detlefsens Bild einfügen? Sollen etwa die mengentheoretischen Methoden zur realen Mathematik gerechnet werden? Das würde überhaupt nicht zu der allgemein akzeptierten Auffassung passen, daß gerade viele mengentheoretische Methoden die Musterbeispiele für *nicht-konstruktive* Methoden abgeben. Hier wird mit unbeschränkten Existenzbehauptungen operiert, die sich sicher nicht ohne Weiteres gemäß den strengeren Maßstäben der real-inhaltlichen Mathematik rechtfertigen lassen. Oder sollen sie auch wie ein kalkülmäßiges „Ausrechnen" angesehen werden? Auch dies kollidiert mit dem nicht-konstruktiven Charakter der Mengenlehre. Für viele als existierend behauptete Objekte lassen sich gerade keine Beispiele „ausrechnen". Das Auswahlaxiom zum Beispiel ist nötig, weil die anderen Axiome nicht genügend Beweiskraft haben, um alle möglichen Auswahlfunktionen „herzustellen".

Detlefsens Bild wäre damit *erstens* zu eng gegenüber der äußerst weiten Zielsetzung von Hilberts Ansatz und kann *zweitens* die Orientierung an konstruktiven Methoden und die daraus hervorgehenden Probleme mit der klassischen Logik, mit dem Auswahlaxiom usw. nicht erklären. Gegen das Bild spricht aber auch noch etwas anderes. Wenn eine kalkülmäßige Rechnung von einem Term t_1 zu t_2, dann weiter zu t_3 bis zu t_4 führt, dann spricht man davon, daß beim Ausrechnen von t_1 als Ergebnis t_4 herausgekommen ist. Nach Detlefsens Schilderung soll es nun instrumentalistisch nicht auf die Zwischenschritte ankommen, also nicht auf die „Wahrheit" der Gleichungen „$t_1 = t_2$", ..., „$t_3 = t_4$", sondern darauf, daß der Kalkül als ganzer gerechtfertigt ist. Dann zähle nur noch das Ergebnis.

Aber man wird fragen müssen, was dieser Unterschied genau bedeuten soll. Zunächst kann man doch feststellen, daß man eine falsche Rechnung, die zu einem richtigen Ergebnis führt, wohl kaum als Argument für das Ergebnis ansehen wird. Im Gegenteil: Wenn man von einer bestimmten Aussage A überzeugt ist und jemand will einem durch eine abenteuerliche und fehlerhafte Rechnung zeigen, daß man falsch liege, so wird man seine epistemische Haltung zu *A* bestimmt nicht ändern. Vielmehr würde man auf die Rechenfehler hinweisen und den Überzeugungsversuch als erledigt betrachten. Möglicherweise würde man sogar noch weiter gehen und hinter dem Fehler des Anderen (besonders wenn er gehäuft auftritt) einen prinzipiellen Fehler vermuten, der die Vermutung begründet, daß *A* gar nicht widerlegt werden kann. So könnte die fehlerhafte Rechnung schließlich sogar als indirekte Bestätigung der ursprünglichen epistemischen Einstellung zu *A* aufgefaßt werden. Man wird also auch bei einer Betonung des kalkülmäßigen Rechnens nicht auf ein normatives Element bei den Zwischenschritten verzichten können („*richtiges* Rechnen").

Ferner betrachte man wieder das obige Beispiel, in dem der Kalkül Anweisungen enthält, die bei korrekter Anwendung auf t_1 schließlich t_4 ergeben. Dies müßte sich in instrumentalistischer Sichtweise von der Wahrheit der Gleichung „$t_1 = t_4$" bzw. genauer gesprochen: von der Ableitbarkeit dieser Gleichung in einem Kalkül, in dem die Rechenregeln in Form von Gleichungen festgelegt sind, unterscheiden. Aber es ist nicht zu sehen, wo hier ein Unterschied bestehen soll. Wenn die abstrakt-kalkulatorischen Regeln von t_1 zu t_4 führen und „$t_1 = t_4$" eine richtige numerische Gleichung sein soll, *weil* der Kalkül gerechtfertigt ist, und wenn man bei den Zwischenschritten nicht auf das normative Element des richtigen Rechnens verzichten kann, dann muß das auch für alle Zwischenschritte gelten, zumindest im Sinne des Hilbertschen Begriffs der Einsetzungsrichtigkeit (richtige numerische Gleichung nach Reduktion der Funktionale/Ausrechnen der Terme). Und wenn es auch für alle Zwischenschritte gilt, dann ist die behauptete Abgrenzung des Instrumentalismus keine Abgrenzung.

Schließlich ist auch noch einmal die Frage zu stellen, was es heißen soll, daß der Kalkül gerechtfertigt ist. Man betrachte zum Beispiel einen bloßen Gleichungskalkül, der vielleicht sehr einfache Rechenregeln hat, die immer eins ergeben, egal wie die Rechenaufgabe lautet. Wenn man gemäß diesen Regeln richtig rechnet, erhält man beim Ausrechnen jedes Terms *t* schließlich 1. Ein solcher Kalkül ist trivialerweise widerspruchsfrei, denn er enthält ja keine Negationen. Gerechtfertigt ist er dann sicher in dem schwachen Sinne, daß er ein Modell besitzt, d. h. daß es eine Struktur gibt, bzgl. derer er korrekt ist. Er ist aber ebenso sicher nicht in einem stärkeren Sinne gerechtfertigt, nach dem bspw. seine realen Formeln gemäß der Standardsemantik der natürlichen Zahlen als inhaltlich gerechtfertigt angesehen werden müßten – schließlich ist es trivialerweise nicht der Fall, daß für jeden Term *t* die inhaltliche Aussage *t* = 1 richtig wäre. Im Sinne Detlefsens wäre es jedoch, daß auf der Ebene der realen Aussagen Beweisbarkeit und inhaltliche Richtigkeit zusammenfallen. Dann muß er jedoch für die Rechtfertigung des Kalküls mehr fordern als Hilbert. Der Kalkül muß dann nicht nur widerspruchsfrei sein, sondern auch korrekt bzgl. einer bestimmten Interpretation oder gar konservativ über einer Menge inhaltlich wahrer Aussagen (den real beweisbaren/wahren Sätzen im Detlefsenschen Sinne).[6] Eine Konservativitätsforderung bringt aber ihre eigenen Probleme mit sich.

---

[6] Es spricht vieles dafür, daß eine Korrektheitsforderung bzgl. der Standardsemantik der natürlichen Zahlen auch für Hilbert selbstverständlich mitlief. Im Rahmen der Geometrie müßte man das wohl zurückhaltender sehen, da für Hilbert euklidische und nichteuklidische Geometrien wohl gleichrangig waren.

8.2.4 Konservativität, Widerspruchsfreiheit und die Analogie zu den Naturwissenschaften

Ein weiterer Punkt, der gegen Detlefsens instrumentalistische Auffassung von Hilberts Programm spricht, betrifft die Analogie zwischen dem Verhältnis von idealer und realer Mathematik und dem Verhältnis von Theorie und Beobachtungen in den Naturwissenschaften. Hilbert hat diese Analogie formuliert und auch Detlefsen zieht sie zur Stützung seiner Position heran.[7] Daß diese Stützung nur eine vermeintliche ist, sieht man, wenn man das naturwissenschaftliche Analogon etwas genauer betrachtet.

Jede naturwissenschaftliche Theorie ist nur akzeptabel, wenn sie nicht den Beobachtungen widerspricht. Die heute zur Verfügung stehenden „Daten" oder Beobachtungssätze bilden eine Kontrollinstanz für die Theorie, die verpflichtet ist, keine diesen Beobachtungen widersprechenden Folgerungen zu implizieren (Korrektheitsbedingung).[8] Eine naturwissenschaftliche Theorie betreibt man nun aber nicht um der aus der Theorie abgeleiteten Beobachtungssätze willen, die man, wie ihr Name schon sagt, jedenfalls prinzipiell auch hätte beobachten können. Bei der naturwissenschaftlichen Theoriebildung geht es vielmehr darum, eine vereinheitlichende Beschreibung der beobachteten Phänomene zu gewinnen und die wirksamen Mechanismen soweit zu verstehen, daß man treffende Voraussagen machen kann. An diesen Voraussagen kann man die Theorie durch geeignete Experimente natürlich wieder testen. Aber zu dem Zeitpunkt, wo der Test ein Ergebnis hat, sind die entsprechenden Beobachtungen schon gemacht. Die Kontrollinstanz für naturwissenschaftliche Theorien ist daher die Menge der Sätze über (gegenwärtige oder) vergangene Beobachtungen: Ihnen darf die Theorie nicht widersprechen. Aber dies ist eben nur die Kontroll- oder Begründungsseite der Theorie. Ihre Zielsetzung geht jedoch weit darüber hinaus: das Verstehen regulärer natürlicher Prozesse, das Erklären des Ist-Zustandes der Welt und die Vorhersage zukünftiger Entwicklungen. Der letztgenannte Punkt betrifft wieder den „realen" Bereich, denn es geht um die Ableitbarkeit von Beobachtungssätzen über zukünftige Ereignisse.

Kann man nun wie der Instrumentalist die idealen naturwissenschaftlichen Theorien tatsächlich als Werkzeuge verstehen, die dabei helfen, zu realen Beobachtungssätzen zu gelangen, zu denen man auch ohne die Theorien gelangen könnte? – Beobachtungssätze, zu denen man auch „realiter" gelangen könnte, können sich nach dem oben Gesagten nur auf Beobachtungen (gegenwärtiger oder) vergangener Ereignisse beziehen. Aber für diese Sätze macht es keinen Sinn, große ideale Theorien als Werkzeuge zu betrachten, um leichter zu diesen Sätzen gelangen zu können. Man entwickelt keine umfassende meteorologische Theorie, um zu wissen, daß gerade draußen 24 °C sind. Dazu schaut man auf das Thermometer.

Wenn die Redeweise von Theorien als „Werkzeuge" zur Gewinnung von Beobachtungssätzen überhaupt einen Sinn hat, dann doch den, daß man mit ihrer Hilfe zukünftige Er-

---
[7] Vgl. HILBERT, *Grundlagen Mathematik* [1928], 15.
[8] Daneben formuliert Hilbert auch gelegentlich eine Art Vollständigkeitsbedingung bezüglich „beobachteter physikalischer Gesetze": Die Axiome sollen so gewählt sein, daß alle diese Gesetze logisch aus ihnen folgen; vgl. HILBERT, *Axiomatisches Denken* [1918], 151.

eignisse voraussagen kann: Beobachtungssätze über zukünftige Ereignisse, die sich aus der Theorie plus empirischen Anfangsbedingungen ableiten lassen. Diese Beobachtungssätze sind dann aber gerade *nicht* solche, die man auch auf dem Beobachtungswege, etwa durch Blick auf das Thermometer, erhalten könnte.

So ist im Bezug auf beide Klassen von Beobachtungssätzen klar, daß die naturwissenschaftlichen Theorien nicht als Werkzeuge dienen, um einfacher zu Sätzen zu gelangen, zu denen man auch durch Beobachtung selbst gelangen könnte: für Vergangenheit oder Gegenwart sind sie nicht einfacher, und für die Zukunft kann man nicht durch Beobachtung zu ihnen gelangen. Daher kann ein instrumentalistisches Bild der Naturwissenschaften nicht überzeugen.

Ebenso zeigt sich, daß eine Konservativitätsforderung der idealen über der realen Theorie mit der Situation in den Naturwissenschaften kollidiert. Würde man fordern, daß aus einer naturwissenschaftlichen Theorie keine Beobachtungssätze folgen dürfen, die nicht schon durch Beobachtung bestätigt sind, so würde man auf die Vorhersage zukünftiger Ereignisse durch diese Theorien verzichten müssen, die gerade eines der wichtigsten Ziele naturwissenschaftlicher Forschung ist. Außerdem erweitert sich der Bereich unserer Beobachtungsdaten jeden Tag, ja mit jedem Sekundenbruchteil. Eine Konservativitätsbedingung würde die abstruse Folgerung nach sich ziehen, daß unsere Theorie morgen mehr Sätze beweisen dürfte (und nach der komplementären Vollständigkeitsforderung auch beweisen *müßte*) als heute.

Aus der Analyse dieser Analogie und weiterer Hilbert-Texte kann man außerdem ein Argument dafür gewinnen, daß eine Interpretation des HP als Konservativitätsprogramm nicht überzeugend ist. Mit Detlefsen muß man nämlich zur Forderung einer „schwachen Konservativität" übergehen, um Hilberts Konzeption gerecht zu werden, und es läßt sich dann zeigen, daß diese Forderung nicht mehr ist als die Forderung nach relativer Widerspruchsfreiheit. Da die entsprechenden Überlegungen bei der Frage nach den Implikationen der Gödelsätze für das HP eine wichtige Rolle spielen, werden sie im entsprechenden Kapitel des dritten Teils durchgeführt (dritter Teil, Kap. 14; siehe besonders das als „zweitens" gekennzeichnete Argument in Abschn. 14.6.).

Der instrumentalistische Ansatz steht damit vor dem Problem, daß seine Konservativitätsforderung der Konzeption des Hilbertprogramms widerspricht, wie die Analogie mit den Naturwissenschaften und das eben erwähnte Argument zeigen. Umgekehrt würde die schwächere und sachgemäßere Forderung der Widerspruchsfreiheit aber nicht die epistemologischen Ansprüche des Instrumentalismus abdecken. Der mathematische Instrumentalismus

> verortet die ontologischen Verpflichtungen der Mathematik nicht in den Teilen der Mathematik, die wir benützen, um Wissen zu erlangen, sondern in solchen Aussagen, die benutzt werden, um die Verläßlichkeit der so benutzten Mathematik darzutun.
> DETLEFSEN, *Hilbert's Program* [1986], 3, Eig. Übers.[9]

---

[9] Das Zitat lautet im englischen Original: „*The ontological commitments of mathematics are located not in those parts of mathematics which we use to acquire knowledge, but rather in those propositions which are used to establish the reliability of the mathematics thus used.*"

Wenn wirklich *Wissen* erlangt werden soll durch die Anwendung idealer Methoden, so reicht es nicht aus, daß die idealen Methoden zweifelsfrei als widerspruchsfrei nachgewiesen werden. Denn der widerspruchsfreien Möglichkeiten gibt es viele. Und somit gibt es auch viele im instrumentalistischen Sinne gerechtfertigte Weisen $W_1, W_2,\ldots$, um von A zu Konklusionen B_1 bzw. B_2 usw. zu gelangen. Ohne Weiteres wäre denkbar, daß die mit verschiedenen widerspruchsfreien Kalkülen aus A gezogenen Folgerungen sich untereinander widersprechen, sodaß sie nicht alle als Wissen zählen können, da sie nicht alle zugleich wahr sein können. Der einzige Ausweg wäre hier eine hypothetische Auffassung der Konklusionen, sozusagen als „bedingte Wahrheiten". Das will der Instrumentalist aber ausdrücklich nicht.

8.2.4.1 Werkzeuge ohne Kontakt mit dem Werkstück

Detlefsens auf den ersten Blick überzeugend wirkender Begriff eines „*inference-tickets*" verliert seine Überzeugungskraft bei näherem Hinsehen aus einem ganz ähnlichen Grund. Bei einem „*inference-ticket*" handelt es sich zum Beispiel um einen Pseudo-Satz t, der als „benutzt wird um eine epistemische Haltung gegenüber P zu erlangen", wobei P eine wirkliche Aussage ist. Der Pseudo-Satz t scheint dabei ohne jegliche Bindung an die Aussage P zu sein. Die Frage ist dann, wie überhaupt ein Pseudo-Beweis eines Pseudo-Satzes zum Einnehmen einer epistemischen Haltung gegenüber einer wirklichen Aussage etwas beitragen kann, wenn ausdrücklich keine epistemische Haltung zum Pseudo-Satz selbst oder zu seinem Beweis dabei eine Rolle spielen darf. Was soll ein rein formales Gebilde, das ausdrücklich von allen epistemischen Haltungen und sogar von allen Bedeutungszuschreibungen abgelöst ist, überhaupt epistemisch ausrichten? Natürlich kann man alles und jedes irgendwie benutzen um irgendeine Haltung zu irgendetwas einzunehmen. Ohne ein normatives Element zu verlangen (t kann nach Maßgabe gewisser Regeln benutzt werden, um...) und ohne einen irgendwie gearteten Zusammenhang zwischen t und P, macht diese Konzeption kaum Sinn. Der Instrumentalist hätte arge Probleme mit seinem „Frege-Problem". Und wenn ein solcher struktureller und normativer Zusammenhang gegeben wäre, dann wäre, wie oben argumentiert worden ist, nicht mehr zu sehen, wo das Spezifikum der instrumentalistischen Auffassung geblieben ist.

8.2.4.2 Anwendbarkeit setzt Wahrheit voraus

Um noch einen letzten Punkt zu erwähnen, sei darauf hingewiesen, daß Detlefsen Quines Argument kritisiert, demzufolge die Anwendbarkeit einer mathematischen Theorie ontologische Verpflichtungen für diese Theorie nach sich zieht. Der Instrumentalist will die *anwendungsmäßige* Zuverlässigkeit der Mathematik dadurch sichern, daß man die ontologischen Verpflichtungen nicht für die angewandte mathematische Theorie, sondern für diejenige metamathematische Theorie, mit der man die Widerspruchsfreiheit der ersteren zeigt, eingeht. Auch dies ist nicht überzeugend, da, wie schon gesagt, die Möglichkeit besteht, daß es mehrere gleichermaßen konsistente Theorien gibt, die sich gegenseitig ausschließen.

Um dies an einem naturwissenschaftlichen Beispiel zu erläutern, nehmen wir an, wir hätten mittels einer Metamathematik M die Widerspruchsfreiheit der euklidischen und der elliptischen Geometrie bewiesen und wollen nun zwei Elementarteilchen, die mit keiner

Form von Materie wechselwirken, in einem bestimmten Abstand auf eine Reise durch das Universum schicken. Nehmen wir ferner an, daß wir sie in derselben Richtung abschicken können und daß – nur für dieses Gedankenexperiment – der Weltraum unendlich ausgedehnt ist. Werden sich die beiden Teilchen auf ihrem Weg durchs Universum treffen oder nicht? Je nach dem, welche der beiden Geometrien wir einsetzen, werden wir zu gegenteiligen Antworten geführt: nach der euklidischen ist es möglich, daß wir die Teilchen genau auf parallele Bahnen gesetzt haben, es ist also möglich, daß die Bahnen der beiden Teilchen sich *niemals* treffen werden. Nach der elliptischen Geometrie wäre das nicht möglich: Alle Geraden schneiden sich, und das bedeutet, daß auch die Teilchenbahnen sich schneiden müssen.

Dieses etwas konstruierte Beispiel soll deutlich machen: Welche von zwei widerspruchsfreien Theorien wir anwenden, kann in der Vorhersage realer Ereignisse einen entscheidenden Unterschied machen. Die Widerspruchsfreiheit der Theorien reicht daher als Garant für die Richtigkeit von Sätzen über die reale Welt keinesfalls aus. Man wird auf die „Wahrheit" der entsprechenden Geometrie unter der entsprechenden Anwendung in der Physik nicht verzichten können. Die Feststellung der „sachlichen Wahrheit", also der Frage, *welche* Geometrie *welche* Eigenschaften unseres Universums richtig beschreibt, ist natürlich nicht die Aufgabe der Mathematik, sondern der Naturwissenschaften.

8.3 Zusammenfassung

Michael Detlefsen hat eine instrumentalistische Interpretation des Hilbertprogramms vorgeschlagen. Es zeigt sich, daß diese Auffassung weder den Hilbertschen Absichten gerecht wird, noch in sich ein plausibles Konzept darstellt. Sie setzt an der im vorangehenden Kapitel zurückgewiesenen Fehlinterpretation der Ideale-Elemente-Analogie an und ist daher schon an ihrer Basis nicht überzeugend. Daneben berücksichtigt sie den schon in der Formalismus-Debatte virulent gewordenen methodischen Kontext der Hilbertschen Äußerungen nicht, nimmt sie als Äußerungen über die Mathematik überhaupt und unterstellt dem großen Mathematiker damit eine Auffassung von Mathematik, die seiner wirklichen zuwiderläuft. Der Abkoppelung der Rechtfertigung der idealen Theorie von der Rechtfertigung der Zwischenschritte beim idealen Beweisen läßt sich kein Sinn abgewinnen, solange nicht eine Konservativitätsforderung im Hintergrund steht. Diese paßt jedoch nicht zum Hilbertprogramm, wie die genauere Analyse der Hilbertschen Analogie zu den Naturwissenschaften zeigt, die vom Instrumentalismus in Anspruch genommen wird. Scheidet sie aber aus und bleibt nur noch eine Konsistenzforderung übrig, kann der Instrumentalismus seine hoch gesteckten epistemologischen Ziele nicht mehr erreichen, nämlich zu begründen, daß Wissen generiert werden kann durch Prozesse, deren Zwischenschritte keine direkten epistemisch-ontologischen Verpflichtungen beinhalten. Die instrumentalistische Kritik am Quineschen Argument, daß Anwendbarkeit von Mathematik Wahrheit voraussetzt, kann angesichts der Möglichkeit mehrerer widerspruchsfreier, aber untereinander sich widersprechender Theorien ebenfalls nicht überzeugen.

Teil II
Zur Durchführung des Hilbertprogramms

Das eigentliche „Kerngeschäft" des Hilbertprogramms sind die Widerspruchsfreiheitsbeweise, die im Schritt (HP2b) gefordert werden. Im zweiten Teil dieser Arbeit geht es um die ersten Ansätze zu solchen Beweisen, wie sie von Hilbert, Bernays und ihrem Schülerkreis entwickelt wurden. Die genauere Analyse soll zeigen, wie das HP *in praxi* funktionierte, auf welche Weise die mit ihm verbundenen Ziele verfolgt wurden, wie sich diese Ziele im Laufe der Entwicklung verändert haben und welche konzeptionell-begrifflichen Probleme diese Veränderungen nach sich ziehen.

Das erste der vier Kapitel bringt eine ausführliche Analyse von Hilberts eigenen Ansätzen zu Widerspruchsfreiheitsbeweisen, die versucht, einen weiten Bogen zu spannen von den semantischen Reduktionen in den *Grundlagen der Geometrie*, über die ersten syntaktischen Ansätze, deren Wideraufnahme und Weiterentwicklung, bis zu dem vollentwickelten Konzept einer Beweistheorie in den Vorlesungen und Aufsätzen aus der Zeit um 1922. Das Kapitel setzt auch gleich ein mit einer Begründung dafür, daß Bernays hier kein eigenes Kapitel erhält (Kap. 9).

Das zweite Kapitel beschäftigt sich dann mit dem Widerspruchsfreiheitsbeweis Ackermanns aus dem Jahre 1924. Ackermanns Beweis wurde zwar nach einiger Zeit nicht mehr für schlüssig gehalten, was aber die immense Bedeutung seiner Arbeit kaum schmälert. Sie war die erste publizierte beweistheoretische Arbeit, die nicht aus Hilberts Feder stammt; in ihr zeigt sich zum ersten Mal „richtig", was man mit Hilberts Idee der Epsilon-Substitution machen kann; sie hat die bis heute andauernde Fortentwicklung dieser Methode angestoßen; und: in ihr treten zum ersten Mal transfinite Ordinalzahlen in die Welt der Beweistheorie ein. Die historische Bedeutung von Ackermanns Arbeit schlägt sich in den letzten Jahren auch in einem verstärkten Forschungsinteresse an ihr nieder, zum Beispiel in den Arbeiten von Richard Zach, mit dessen Ergebnissen ein kritischer Abgleich erfolgen soll (Kap. 10).

Das kurze dritte Kapitel behandelt einen Äquivalenzbeweis für zwei Systeme der Zahlentheorie, ein intuitionistisches und ein klassisches, der um 1930 unabhängig von Kurt

Gödel und Gerhard Gentzen gefunden wurde. Es wird zu fragen sein, wie dieses Resultat im Hinblick auf die intuitionistische Kritik an der klassischen Logik zu deuten ist (Kap. 11).

Das vierte und letzte Kapitel schließlich ist dem wirkungsgeschichtlich folgenreichsten Widerspruchsfreiheitsbeweis gewidmet, den Gerhard Gentzen 1936 veröffentlicht hat. Der Analyse wird besonders die erste und ursprünglich nicht veröffentlichte Version des Beweises zugrundegelegt. Gentzens Beweis stellt nicht nur eine maßgebliche Weiterentwicklung der technischen Methoden der Beweistheorie dar, es ist vor allem der erste korrekte Widerspruchsfreiheitsbeweis für die volle Zahlentheorie mit Induktion. Die von Gentzen zu diesem Zweck benutzte Methode der Transfiniten Induktion bis zur Ordinalzahl ε_0 markiert mit der bewußten Verwendung eines transfiniten Induktionsprinzips auf der Metaebene den Übergang zu einer neuen, nach-Gödelschen Phase der Beweistheorie und wurde zur Keimzelle für die bis heute erfolgreich betriebene Methode der beweistheoretischen Ordinalzahlanalyse (Kap. 12).

Hilberts Widerspruchsfreiheitsbeweise 9

Von David Hilbert stammt nicht nur die Konzeption des Programms für die Beweistheorie und die Energie für diesen „*start-up*", sondern auch die ersten Widerspruchsfreiheitsbeweise selbst. Ab 1917 hat er eng mit Paul Bernays zusammengearbeitet. Bevor in diesem Kapitel die Widerspruchsfreiheitsbeweise analysiert werden, ist daher zunächst Einiges über die Anteile der beiden an der gemeinsamen beweistheoretischen Arbeit zu sagen (9.1). Anschließend wird es zuerst um die frühen relativen Widerspruchsfreiheitsbeweise für euklidische und nichteuklidische Geometrien gehen (9.2), dann weiter um die ersten syntaktischen Widerspruchsfreiheitsbeweise für die Arithmetik (9.3) und die spätere Wiederaufnahme dieser Ideen (9.4), die über verschiedene Zwischenstufen (9.5) schließlich zum vollentwickelten Konzept der Beweistheorie ausgearbeitet wurden (9.6).

9.1 Hilbert und Bernays

Die ersten Widerspruchsfreiheitsbeweise, um die es in den folgenden Abschnitten gehen wird, stammen allein von Hilbert, und zwar aus der Zeit um die Wende zum 20. Jahrhundert. Hilbert hat nach 1904/05 seine Arbeiten zu den Grundlagen der Mathematik stark zurückgefahren und sie erst um 1917 wieder zu einem seiner Forschungsschwerpunkte gemacht. Zu dieser Zeit und zu diesem Zweck hat er den in Zürich habilitierten Mathematiker Paul Bernays als seinen Assistenten nach Göttingen geholt.

Die Zusammenarbeit zwischen Bernays und Hilbert war sehr eng. Viele der exakten Beweise aus der Zeit, als die ersten Ansätze Hilberts wiederaufgenommen und zur Beweistheorie fortentwickelt wurden, gehen mindestens so sehr auf das Konto von Bernays wie auf das von Hilbert. Hierzu ist die Bemerkung aufschlußreich, mit der Hilbert seinen wichtigen Aufsatz *Neubegründung der Mathematik* beschließt. Die erste publizierte Fassung dieses Aufsatzes, die 1922 in den *Abhandlungen aus dem Mathematischen Seminar der Hamburgischen Universität* erschien, endet mit einer recht weit gehenden Danksagung an Bernays:

> Zum Schluß dieser ersten Mitteilung möchte ich noch bemerken, daß mich bei der Durchführung und Ausarbeitung der hier dargelegten Ideen P. Bernays aufs wesentlichste unterstützt hat; seiner fortgesetzten Hilfe verdanke ich es, daß jetzt die einwandfreien Beweise durchweg vorliegen.
> HILBERT, *Neubegründung* [1922], 177

Die späteren Wiederabdrucke des Aufsatzes haben den zweiten Teilsatz gestrichen. Da Hilbert Bernays auch an anderen Stellen öffentlich für seine Mitarbeit gedankt hat,[1] ist es plausibel, diese Streichung mit der Bescheidenheit Bernays' zu erklären. Welche historische Erklärung man auch immer wählt – fest steht, daß sich Bernays' und Hilberts Anteile an der gemeinsamen Arbeit kaum auseinanderdividieren lassen.

Dies ist auch der Grund dafür, daß in dieser Arbeit Bernays kein eigenes Kapitel gewidmet ist. Und selbst wenn eine historische Filiation möglich wäre, bliebe doch die Frage nach dem über das rein historische hinausgehenden Erkenntnisgewinn. Außerdem stünde ein möglicher Gewinn wohl in keinem attraktiven Verhältnis zum nötigen Aufwand.

Wenn im Folgenden durchgängig von „Hilbert" die Rede ist, sollen Bernays' Verdienste damit jedenfalls nicht geschmälert werden. Wenn man so will, steht „Hilbert" eben als Chiffre für die Zusammenarbeit von Hilbert und Bernays. Ganz ähnlich spricht man ja auch durchgängig von „Russells *Principia Mathematica*", ohne Whitehead zu nennen, aber sicher auch ohne seinen Beitrag zu diesem Werk in Abrede stellen zu wollen.

Wenn gelegentlich jedoch die viel weiter gehende Meinung im Raum steht, der alte Hilbert hätte außer Ideen und vagen Konzeptionen kaum noch etwas Substanzielles geleistet und die mathematischen Leistungen der frühen Beweistheorie seien in erster Linie oder gar ausschließlich von Bernays erbracht worden (auch wenn sie dann unter dem Namen des „Meisters" publiziert wurden), so ist dem entgegenzutreten. Neuere Forschungen haben ans Licht gebracht, daß Hilbert zumindest in den frühen 1920er Jahren nachweislich zum mathematischen Erkenntnisfortschritt in der Beweistheorie beigetragen hat. So hat das Studium eines von 1920 oder 1921 stammenden Manuskripts in Hilberts Handschrift klar gezeigt, daß Hilbert nicht nur Aufgabenstellungen vorgegeben, sondern auch an deren mathematischer Lösung aktiv und erfolgreich mitgewirkt hat. Von der Anlage ganzer Widerspruchsfreiheitsbeweise bis zu den technischen „Kniffen", die in ihnen verwendet werden, stammt vieles – aber eben auch nicht alles, was unter „Hilbert" firmiert – tatsächlich vom „alten" Hilbert.[2]

9.2 Reduktion durch Angabe eines Modells

Relative Widerspruchsfreiheitsbeweise durch Angabe eines Modells bzw. den Nachweis relativer Interpretierbarkeit, gehörten schon im 19. Jahrhundert zum Standardrepertoire, das sich besonders im Umgang mit der nichteuklidischen Geometrie herausgebildet hatte.

---

[1] Vgl. etwa HILBERT, *Die logischen Grundlagen* [1923], 151, oder HILBERT, *Grundlagen Mathematik* [1928], 21.
[2] Zu den genannten Forschungen siehe SIEG/TAPP, *Introduction* [2007], sowie unten den Abschn. 9.5.1

9.2 Reduktion durch Angabe eines Modells

Hilbert präsentierte solche Beweise in seinen *Grundlagen der Geometrie*.[3] Sie zeigen den konzeptionellen Horizont auf, in dem sich die Beweistheorie entwickelt hat, und erlauben, die später entwickelten syntaktischen Methoden deutlicher zu konturieren. Daneben zeigen diese Resultate jedoch auch, an welcher Stelle einer systematischen Begründung der Mathematik die neuen Methoden notwendig wurden.

In den *Grundlagen der Geometrie* führte Hilbert nichteuklidische Geometrien auf die euklidische zurück (Abschn. 9.2.1), und die euklidische ihrerseits auf die (höhere) Arithmetik (Abschn. 9.2.2).

9.2.1 Nichteuklidische und euklidische Geometrien

Die nichteuklidische Geometrie wurde eigentlich schon in den 1830er Jahren entdeckt. Doch erst in der zweiten Hälfte des 19. Jahrhunderts gelang es, die Frage nach ihrer Berechtigung unabhängig von „mathematischen Überzeugungen" zu machen. Die Entdecker hatten die verschiedenen Alternativen zum Parallelenaxiom noch als hypothetische Annahmen im Sinne eines „Was wäre, wenn ...?" behandeln müssen. Erst Felix Klein entwickelte im Rahmen der euklidischen Geometrie Modelle für die nichteuklidischen Geometrien und etablierte damit die nichteuklidischen Geometrien als gleichberechtigte Alternativen zur euklidischen Geometrie.

Die Konstruktion dieser Modelle impliziert Folgendes: Wenn die euklidische Geometrie widerspruchsfrei ist, also ein Modell besitzt, so gibt es in diesem Modell auch Modelle nichteuklidischer Geometrien, also sind diese Geometrien ebenfalls widerspruchsfrei. Damit wird die Widerspruchsfreiheit der nichteuklidischen Geometrien auf die Widerspruchsfreiheit der euklidischen Geometrie zurückgeführt.

Hilberts Reduktion der nichteuklidischen Geometrien auf die euklidische verläuft von der logischen Struktur her ganz ähnlich zu der Zurückführung der euklidischen Geometrie auf die Arithmetik. Da die letztere gleich ausführlicher besprochen werden soll, sei die erstere hier nur stichwortartig zusammengefaßt: Wenn man unter den Begriffen einer nichteuklidischen Theorie einfach bestimmte (andere) Begriffe der euklidischen Geometrie versteht, sprich die Sprache der nichteuklidischen auf geschickte Weise in die Sprache der euklidischen Geometrie übersetzt, so „gelten" in der euklidischen Geometrie die Sätze der nichteuklidischen in dem Sinne, daß ihre entsprechenden Übersetzungen beweisbar sind. Identifiziert man beispielsweise gegenüberliegende Punkte auf der Oberfläche einer euklidischen Kugel miteinander, so gelten für diese Punkte(paare) und die Großkreise die Axiome einer speziellen nichteuklidischen Geometrie, nämlich der elliptischen.[4]

---

[3] Vgl. auch den Abschn. 3.2

[4] In der elliptischen Geometrie gilt als Alternative zum Parallelenaxiom, daß es zu einer Gerade und einem nicht auf ihr liegenden Punkt *keine* Parallelen gibt. In der hyperbolischen Geometrie gibt es hingegen unendlich viele. Die Kongruenzrelationen werden in dem erwähnten Modell für die elliptische Geometrie durch lineare Automorphismen der Kugel angewandt auf euklidische Kongruenzrelationen interpretiert.

War eben die Rede davon, daß die nichteuklidischen Geometrien durch die relativen Konsistenzbeweise als Alternativen zur euklidischen etabliert wurden, so ist dies allerdings in einem Punkt einzuschränken. Die euklidische und die nichteuklidischen Geometrien widersprechen sich natürlich in ihren Aussagen über Parallelen. Damit ist klar, daß sie nicht in derselben Hinsicht zugleich „wahr" sein können. Von „etablieren" kann also nur im Hinblick auf „Vernünftigkeit" und andere Kriterien mathematischer Theorien die Rede sein, nicht jedoch im Hinblick auf sachliche Wahrheit in einem absoluten Sinne. Hier zeigt sich auf eine Weise das Auseinanderfallen von Wahrheit und Beweisbarkeit, das zu einer Art philosophischem Charakteristikum der modernen Mathematik seit dem Ende des 19. Jahrhunderts geworden ist. Dies wurde im ersten Teil dieser Arbeit in den Kap. 3 und 5 eingehend thematisiert.

9.2.2 Euklidische Geometrie und Arithmetik

In den *Grundlagen der Geometrie* führt Hilbert die Widerspruchsfreiheit der euklidischen Geometrie auf die Widerspruchsfreiheit der Arithmetik zurück. Die Arithmetik fixiert er dabei ebenfalls axiomatisch,[5] was für die damalige Zeit keine Selbstverständlichkeit war.[6] Man kann sich schnell klarmachen, daß es sich bei diesem Axiomensystem tatsächlich um ein Axiomensystem für die reellen Zahlen $\mathbb{R}$ handelt. Zusätzlich zu den ganzen Zahlen verlangt das Axiom 5 die Existenz Inverser bzgl. der Multiplikation für Zahlen ungleich null ($\forall a, b(a \neq 0 \rightarrow \exists! x(a\,x = b))$). Damit ist man schon mindestens bei $\mathbb{Q}$. Zu $\mathbb{R}$ gelangt man durch das sog. „Vollständigkeitsaxiom", das fordert, daß die Trägermenge eines Modells nicht erweiterbar ist. Es ist kein Axiom im eigentlichen Sinne, denn es fordert eine Eigenschaft der Modelle des Axiomensystems, indem es über deren Trägermenge redet. Später hat sich durchgesetzt, diese Forderung durch interne Varianten zu ersetzen, beispielsweise die Existenz von Grenzwerten beliebiger Cauchyfolgen oder die Existenz von Schnittzahlen.

Hilbert verwendet hier einen ungewöhnlichen Widerspruchsfreiheitsbegriff. Er nennt nämlich eine Menge von Axiomen widerspruchsfrei, wenn es

> nicht möglich [ist], durch logische Schlüsse aus denselben eine Tatsache abzuleiten, welche einem der aufgestellten Axiome widerspricht. HILBERT, *Grundlagen Geometrie* [1899], 34

„Widersprüchlichkeit" ist hier also nicht die Ableitbarkeit eines beliebigen kontradiktorischen Gegensatzpaares, sondern eines Satzes, „der einem der aufgestellten Axiome widerspricht". Ein Axiomensystem ist also widerspruchsvoll, wenn man aus den Axiomen logisch einen Satz $\neg Ax$ für ein Axiom Ax ableiten kann. Dieser Begriff von Widerspruchsfreiheit ist

---

[5] Das Axiomensystem entspricht im Wesentlichen dem, das Hilbert auch in *Über den Zahlbegriff* verwendet hat. Es ist am Ende von Abschn. 9.3 angegeben.
[6] Vgl. hierzu im ersten Teil Abschn. 3.2.2

9.2 Reduktion durch Angabe eines Modells

– unter gewissen Bedingungen, die hier erfüllt sind – dem herkömmlichen Begriff äquivalent.[7] Allerdings fällt auf, daß über die den Theorien zugrundegelegte Logik nichts gesagt wird. Nebenbei bemerkt läßt sich an dieser Stelle auch beobachten, daß Hilbert Bezeichnung und Bezeichnetes, Satz, Aussage und Tatsache nicht immer sauber trennt. Gemeint ist ja sicherlich, daß man eine geometrische Behauptung, bzw. einen geometrischen Satz nicht soll ableiten können, und nicht, daß man *Tatsachen* nicht ableiten kann (was trivialerweise der Fall ist).

Die Durchführung des Widerspruchsfreiheitsbeweises erfolgt dann durch Angabe von Modellen. In einem „kartesischen" Koordinatensystem identifiziert Hilbert die geometrischen Objekte mit Punkten bzw. Punktmengen und die geometrischen Relationen mit den entsprechenden Beziehungen zwischen Punktmengen. So entsprechen beispielsweise Punkte Zahlenpaaren („ihren" Koordinaten) und das Liegen eines Punktes auf einer Geraden dem Erfülltsein der Geradengleichung für die Koordinaten dieses Punktes usw. Für die Axiome ohne das Vollständigkeitsaxiom kommt man mit der Menge derjenigen algebraischen Zahlen aus, die sich aus den Grundrechenoperationen und der Operation $x \mapsto \sqrt{1 + x^2}$ ergeben.[8] Für die volle Geometrie mit Vollständigkeitsaxiom braucht man die ganze Menge der reellen Zahlen $\mathbb{R}$.[9]

In syntaktischer Perspektive stellt sich der Beweis als eine „Einbettung" oder „Interpretation" der geometrischen in der arithmetischen Theorie dar. Es handelt sich um eine Übersetzung * aus der geometrischen Sprache $\mathcal{L}_G$ in die arithmetische Sprache $\mathcal{L}_A$. Die Beweisskizze bezieht sich dann im Wesentlichen auf die folgende Behauptung: Für jedes Axiom ϕ der Geometrie G gilt, daß die Übersetzung ϕ^* in der Arithmetik A beweisbar ist. In Hilberts prägnanterer Sprechweise:

> In der ebenen Cartesischen Geometrie sind also sämtliche linearen und ebene Axiome I-V gültig.
> HILBERT, *Grundlagen Geometrie* [1899], 37

Wenn Hilbert von der Gültigkeit der (Übersetzungen der) Axiome zur relativen Widerspruchsfreiheit übergehen will, verfolgt er augenscheinlich folgendes Argumentationsmuster: Die Übersetzungen der Axiome sind in der Arithmetik gültig, ein in der Geometrie beweisbarer Widerspruch gegen die Axiome müßte also auch in der Arithmetik ein Widerspruch sein, also gilt:

---

[7] Zu den verschiedenen Begriffen von Widerspruchsfreiheit vgl. auch im ersten Teil Abschn. 3.5.4
[8] Da bspw. die Diagonale eines Quadrats mit rationaler Seitenlänge nicht rational ist, muß ein Modell der Geometrie neben den rationalen Zahlen $\mathbb{Q}$ mindestens auch diejenigen algebraischen Zahlen enthalten, die aus $\mathbb{Q}$ durch wiederholte Anwendung von $x \mapsto \sqrt{1 + x^2}$ hervorgehen.
[9] Hilberts Argument dafür, daß die reellen Zahlen das Vollständigkeitsaxiom auch tatsächlich erfüllen, ist recht informativ. Kurz gesprochen lautet es: Wären die reellen Zahlen erweiterbar, so gäbe es einen neuen Punkt N, der einen Dedekindschen Schnitt definiert. Die entsprechende Schnittzahl A, die ja kein „neuer Punkt" sein kann, läßt sich zur Konstruktion eines Widerspruchs verwenden: Zwischen A und N lägen dann nämlich alte Punkte und es lägen keine dort. Vgl. HILBERT, *Grundlagen Geometrie* [1899], 36–37.

> Jeder Widerspruch in den Folgerungen aus den Axiomen I-V müßte demnach in der Arithmetik des Systems der reellen Zahlen erkennbar sein.
>
> HILBERT, *Grundlagen Geometrie* [1899], 37

Die genauere Analyse zeigt, daß Hilbert hier mindestens drei Punkte stillschweigend annimmt, ohne sie explizit zu machen: *Erstens* soll die Übersetzung eines Widerspruchs zu einem Axiom offenbar im Widerspruch mit der Übersetzung des Axioms stehen. *Zweitens* sollte die Übersetzung einer in der Geometrie herleitbaren Aussage wohl in der Arithmetik herleitbar sein, d. h. dies darf nicht nur für die Axiome gelten, sondern auch für logische Folgerungen aus ihnen. *Drittens* müßte es mit der Herleitbarkeit eines Widerspruchs zu einem Axiom äquivalent sein, zwei beliebige kontradiktorische Aussagen ableiten zu können, d. h., daß nicht unbedingt eine der beiden Aussagen ein Axiom und die andere ein Widerspruch *zu einem Axiom* sein müßte.

Während der dritte Punkt schon in äußerst schwachen logischen Rahmentheorien erfüllt ist und man ihn Hilbert „schenken" kann, betreffen die beiden anderen Punkte wirkliche Eigenschaften der Übersetzung * bzw. des Verhältnisses zwischen Übersetzung * und Axiomensystem. Das läßt sich wie folgt einsehen. Hilberts Satz „Für jedes geometrische Axiom ϕ gilt, daß die Übersetzung ϕ^* in der Arithmetik A beweisbar ist" wäre trivialerweise beweisbar für eine Übersetzung *, die schlicht jedem Axiom die wahre und beweisbare Aussage „$1 = 1$" zuordnet. Diese triviale Übersetzung kann aber offenbar nicht Hilberts Zwecke erfüllen. Dies liegt daran, daß die erste stillschweigende Bedingung nicht erfüllt ist. Denn bei dieser Übersetzung wird ja *jeder* Formel die Übersetzung „$1 = 1$" zugeordnet, also insbesondere auch beiden Teilen eines kontradiktorischen Gegensatzpaares. Insofern ist die erste Bedingung für Hilberts Beweis wichtig.

Die zweite stillschweigende Bedingung ist nun keineswegs schon mit der Erfüllung der ersten Bedingung gegeben. Das läßt sich ebenfalls an einem einfachen Beispiel veranschaulichen. Ordnet man allen geometrischen Axiomen die Übersetzung „$1 = 1$" zu und allen anderen Formeln „$0 = 1$" (also auch den logischen Folgerungen aus den Axiomen), dann gilt weiterhin Hilberts Satz „Für jedes geometrische Axiom ϕ gilt, daß die Übersetzung ϕ^* in der Arithmetik A beweisbar ist". Ferner ist die erste Bedingung erfüllt, zumindest wenn eine widersprüchliche Formel wirklich *hergeleitet* und nicht schon selbst ein Axiom wäre. Aber offenbar erfüllt diese Übersetzung nicht die zweite Bedingung, denn eine logische Folgerung aus den geometrischen Axiomen, wie ein möglicher beweisbarer Widerspruch zu den Axiomen es ja wäre, hätte hier – die Widerspruchsfreiheit der Arithmetik vorausgesetzt – keine beweisbare arithmetische Übersetzung.

Man kann natürlich „mit gutem Gewissen" beide Forderungen zusammenfassen in der Vorstellung einer „nicht-entarteten" oder „vernünftigen" Übersetzung *, bzw. in der Festsetzung, nur in diesen intendierten Fällen überhaupt von einem Modell zu sprechen. Aber dann steckt man eben stillschweigend diejenigen Annahmen in den Begriff hinein, die gerade als ausdrückliche Forderungen explizit gemacht worden sind.

9.2 Reduktion durch Angabe eines Modells

Insgesamt wird man sagen, daß Hilberts Beweis dem im 19. Jahrhundert entwickelten Paradigma für einen Widerspruchsfreiheitsbeweis entspricht: Eine betrachtete Theorie wird (bzgl. ihrer Widerspruchsfreiheit) auf eine andere Theorie dadurch reduziert, daß in der anderen Theorie ein Modell der untersuchten Theorie konstruiert wird, bzw. in der syntaktischen Perspektive: daß die Übersetzungen der Sätze der einen Theorie in der anderen beweisbar sind (und daß die Übersetzung eben bestimmte Zusatzbedingungen erfüllt). Insofern Hilbert das Ziel der grundlagentheoretischen Absicherung einer Theorie durch eine andere, basalere Theorie verfolgt, hat sein Ansatz eine *theorieexterne reduktionistische Komponente*.[10]

9.2.3 Arithmetik – „Ende der Fahnenstange"?

Mit den *Grundlagen der Geometrie* hat Hilbert also die Konsistenz der verschiedenen Geometrien durch eine Kette von relativen Widerspruchsfreiheitsbeweisen gezeigt: Axiomensysteme der nichteuklidischen Geometrie sind widerspruchsfrei relativ zur euklidischen Geometrie und die euklidische Geometrie ist widerspruchsfrei relativ zur Theorie der reellen Zahlen. Die Kette von Konsistenzreduktionen endet zunächst bei der Arithmetik.

Es schließt sich die Frage an, wie man sich nun von der Widerspruchsfreiheit der Arithmetik überzeugen kann. Diese Frage, die *per se* schon interessant wäre, bekommt eine ganz neue Dringlichkeit dadurch, daß andere Theorien, wie beispielsweise die Geometrien, aber auch physikalische Theorien, auf sie zurückgeführt werden. Soll das wirklich eine grundlagentheoretische Absicherung sein, so ist sie nur so gut, wie die Widerspruchsfreiheit der Arithmetik feststeht.

Prinzipiell scheinen zu deren Nachweis zwei Wege offenzustehen: die Verlängerung der Reduktionskette zu einer noch fundamentaleren Theorie oder eine anders geartete Einsicht in die Widerspruchsfreiheit der Arithmetik. Nun scheint die Logik der einzige Kandidat für eine noch grundlegendere Theorie zu sein und damit *der* Kandidat für die Verlängerung der Reduktionskette. Wenn das logizistische Programm jedoch nicht durchführbar ist, bleibt nur noch die zweite Option. Sie verlangt einen neuen, direkten Weg, die Widerspruchsfreiheit der Arithmetik sicherzustellen.[11] Hilberts erste Ansätze zur Entwicklung entsprechender Beweistechniken werden im folgenden Abschnitt behandelt.

---

[10] Dieses Ergebnis widerlegt eine Einschätzung von Michael Resnik, der behauptete:

> Im Gegensatz dazu [= zu Frege, C.T.] legte Hilbert keinen Wert auf die Reduktion einer Theorie auf eine andere.   Resnik, *Frege* [1980], 114, Eig. Übers.

Im englischen Original: „*Hilbert, by contrast [to Frege, C.T.], placed no importance on the reduction of one theory to another.*" – Hilbert war im Gegenteil an solchen Reduktionen äußerst interessiert, zumindest im Rahmen der Frage nach der Widerspruchsfreiheit.

[11] Frege hingegen konnte sich grundsätzlich keinen „direkten Weg" vorstellen; vgl. Frege, *Briefwechsel* [1976], 71.

9.3 Erste syntaktische Überlegungen: Heidelberg 1904

Erste Ansätze zu einer neuen Methode, Widerspruchsfreiheitsbeweise zu führen, entwickelte Hilbert in den ersten Jahren des 20. Jahrhunderts. Die erste Publikation dazu ist sein Heidelberger Vortrag *Über die Grundlagen der Logik und der Arithmetik* von 1904. Das eigentliche Hilbertprogramm war zwar bis in die frühen 1920er Jahre nicht formuliert, dennoch finden wir im Heidelberger Vortrag eine erste, wenn auch sehr einfache, „beweistheoretische" Untersuchung.

Die betrachteten Formeln sind beliebige Kombinationen der Zeichen „1", „=", „u", „f", „f'", insbesondere wird zwischen Termen und eigentlichen Formeln nicht unterschieden. „u" soll für eine unendliche Menge stehen. Dann betrachtet Hilbert die folgenden Axiome

1. $x = x$
2. $\{x = y \text{ u. } w(x)\} \mid w(y)$
3. $\mathfrak{f}(\mathfrak{u}x) = \mathfrak{u}(\mathfrak{f}'x)$
4. $\mathfrak{f}(\mathfrak{u}x) = \mathfrak{f}(\mathfrak{u}y) \mid \mathfrak{u}x = \mathfrak{u}y$
5. $\overline{\mathfrak{f}(\mathfrak{u}x) = \mathfrak{u}1}$.

Diese Axiome lassen sich in ihrer grundsätzlichen Aussageabsicht recht schnell verstehen, während die von Hilbert gewählte formale Ausdrucksweise nur unter gewissen Schwierigkeiten präzisiert werden kann. Eine Schwierigkeit ist, daß Hilbert noch keine Quantoren zur Verfügung hat und $\forall$-quantifizierte und $\exists$-quantifizierte Variable („Willkürliche") unterscheidet, um einen Ersatz für die Quantoren zu haben.

Will man möglichst viel vom ursprünglichen Gehalt der Hilbertschen Axiome aufnehmen, so mag man ein Prädikatszeichen „U" verwenden mit der intendierten Bedeutung „Element der unendlichen Menge sein". Dann könnte man die Axiome nach modernen Standards wie folgt rekonstruieren:

1. $x = x$
2. $x = y \wedge \phi(x) \rightarrow \phi(y)$
3. $Ux \rightarrow \exists y (y = x + 1 \wedge Uy)$
4. $Ux \wedge Uy \wedge x + 1 = y + 1 \rightarrow x = y$
5. $U1 \wedge Ux \rightarrow x + 1 \neq 1$.

Verzichtet man hingegen auf die Wiedergabe der durch u angedeuteten unendlichen Menge (man betrachtet stattdessen das gesamte Axiomensystem als Definition der unendlichen Menge), so lassen sich die Axiome noch prägnanter wie folgt wiedergeben:[12]

1. $x = x$
2. $x = y \wedge \phi(x) \rightarrow \phi(y)$

---
[12] Vgl. auch Abschn. 2.1 in SIEG, *Beyond Hilbert's* [2002].

9.3 Erste syntaktische Überlegungen: Heidelberg 1904

3. $\exists y(y = x + 1)$
4. $x + 1 = y + 1 \to x = y$
5. $x + 1 \neq 1$.

Die Grundidee des Widerspruchsfreiheitsbeweises ist dann die folgende. Ein Widerspruch kann nur auftreten, wenn eine Gleichung und ihre Negation herleitbar sind. Da eine Ungleichung nur aus Axiom 5. kommen kann, muß sie von der Form $t + 1 \neq 1$ sein. Ein Widerspruch könnte also nur dann zustande kommen, wenn eine entsprechende Gleichung $t + 1 = 1$ ableitbar wäre. Daß dies nicht der Fall ist, zeigt Hilbert mit Hilfe des Begriffs der *Homogenität*. Eine Gleichung heiße *homogen*, wenn rechts und links der Gleichung dieselbe Anzahl von Grundzeichen steht. Hilbert zeigt, daß aus den Axiomen 1. bis 4. nur homogene Gleichungen abgeleitet werden können. Also kann aus 1.–4. die inhomogene Gleichung $x + 1 = 1$ nicht abgeleitet werden und damit kann es keinen solchen Widerspruch geben.[13]

Die Argumentationsstruktur des Widerspruchsfreiheitsbeweises läßt sich schematisch wie folgt wiedergeben:

Argumentationsstruktur Heidelberg 1904

(1) Ein Widerspruch besteht aus einer Gleichung $k = l$ und einer entsprechenden Ungleichung $k \neq l$. (Def.)
(2) Ungleichungen lassen sich im Wesentlichen nur aus Axiom 5. ableiten, sie haben daher die Form $x + 1 \neq 1$. (Lemma)
(3) Wäre ein Widerspruch ableitbar, so müßte auch eine Gleichung der Form $x + 1 = 1$ ableitbar sein. (aus (1) und (2))
(4) Aus den Axiomen folgen nur homogene Gleichungen. (Lemma)
(5) Eine Gleichung der Form $x + 1 = 1$ ist inhomogen. (aus Def.)
(6) Eine Gleichung der Form $x + 1 = 1$ ist nicht ableitbar. (aus (4) und (5))
(7) Ein Widerspruch ist nicht ableitbar. (aus (3) und (6))

Bei Schritt (2) ist die Einschränkung „im Wesentlichen" notwendig, da strenggenommen auch Axiom 2. gestattet, aus schon bewiesenen Ungleichungen ähnliche Ungleichungen abzuleiten. Die Beweise von (2) und (4) hängen darüber hinaus wesentlich davon ab, daß in der Logik keine allgemeinen Negationsmechanismen vorhanden sind.[14] Nur deshalb „in-

---

[13] Strenggenommen ist das noch kein Beweis, denn man müßte beispielsweise die Möglichkeit ausschließen, daß sich aus der (inhomogenen) Ungleichung im Verbund mit den anderen Axiomen irgendwelche inhomogenen Gleichungen ableiten lassen. Daß dieser Punkt hier nicht der Rede wert ist, liegt daran, daß der Kalkül nahezu logikfrei ist. Vgl. die Anmerkungen zum folgenden Argumentationsschema.
[14] Vgl. auch das Kapitel über den Finitismus im ersten Teil (Kap. 5), wo schon dargelegt wurde, daß Hilbert diesen konstruktiven Aspekt der Objekttheorien noch bis 1922/23 als Charakteristikum seiner neuen Beweistheorie (die damals allerdings noch nicht so hieß) ansah.

terferieren" Gleichungen und Ungleichungen nicht miteinander, d. h. nur deshalb braucht man etwa bei der Frage, welche Gleichungen im Kalkül beweisbar sind, die Rolle der Ungleichungen nicht zu beachten. Schritt (4) fungiert hier in der argumentativen Rolle eines Korrektheitssatzes: Er etabliert, daß alle herleitbaren Gleichungen eine bestimmte Eigenschaft haben. Dies führt letztlich zum Konsistenzresultat, weil im Fall der Inkonsistenz eine Gleichung ableitbar sein müßte, die diese Eigenschaft nicht hat. Hier ist die „Homogenität" diese Eigenschaft. Später, wenn man ein solches Resultat nicht mehr mit einer so einfachen syntaktischen Eigenschaft erreichen kann, tritt die „Korrektheit" oder „numerische Richtigkeit" an ihre Stelle. Die Argumentation mittels eines Korrektheitsresultats bildet gewissermaßen den „harten Kern" der Hilbertschen Widerspruchsfreiheitsbeweise.

Das von Hilbert hier betrachtete Axiomensystem ist ein relativ schwaches Fragment der Arithmetik. Man vergleiche es nur mit dem wesentlich reicheren System, das Hilbert schon 1899 in den *Grundlagen der Geometrie* und 1900 in *Über den Zahlbegriff*[15] verwendet hatte, das ihm also bestens vertraut war. Hier eine moderne Transkription des *Zahlbegriff*-Systems; die wenigen Abweichungen gegenüber dem *Grundlagen*-System sind in den Fußnoten angegeben:

I. *Axiome der Verknüpfung*[16]
    I 1. $\exists!c(a+b=c \wedge c=a+b)$
    I 2. $\exists!x(a+x=b)$ und $\exists!y(y+a=b)$
    I 3. $a+0=a$ und $0+a=a$
    I 4. $\exists!c(ab=c \wedge c=ab)$
    I 5. $\exists!x(ax=b)$ und $\exists!y(ya=b)$
    I 6. $a \cdot 1 = a$ und $1 \cdot a = a$

II. *Axiome der Rechnung*[17]
    II 1. $a+(b+c)=(a+b)+c$
    II 2. $a+b=b+a$
    II 3. $a(bc)=(ab)c$
    II 4. $a(b+c)=ab+bc$
    II 5. $(a+b)c=ac+bc$
    II 6. $ab=ba$

III. *Axiome der Anordnung*[18]
    III 1. $\forall a,b\big(a \neq b \to (a>b \wedge b<a) \vee (b>a \wedge a<b)\big)$ und $\neg \exists a(a>a)$
    III 2. $a>b \wedge b>c \to a>c$

---

[15] HILBERT, *Zahlbegriff* [1900b]. Ursprünglich handelt es sich um einen Vortrag, den Hilbert auf der Versammlung der Deutschen Mathematiker-Vereinigung 1899 in München gehalten hatte. Er wurde mit dem Datum „Göttingen, den 12. October 1899" publiziert im *Jahresbericht der Deutschen Mathematiker-Vereinigung* 8 (1900), S. 180–184, und gehört zu denjenigen ausgewählten Aufsätzen, die (in gekürzter Fassung) der siebten Auflage der *Grundlagen der Geometrie* angehängt wurden.
[16] In den *Grundlagen*: „Sätze der Verknüpfung".
[17] In den *Grundlagen*: „Regeln der Rechnung".
[18] In den *Grundlagen*: „Sätze der Anordnung".

III 3. $a > b \to (a + c > b + c \wedge c + a > c + b)$[19]
III 4. $\forall a, b, c (a > b \wedge c > 0 \to ac > bc \wedge ca > cb)$[20]

IV. *Axiome der Stetigkeit*[21]

IV 1. (Archimedisches Axiom): $\forall a, b (a > 0 \wedge b > 0 \to \exists n \in \mathbb{N} : \underbrace{a + a + \ldots + a}_{n-\mathrm{mal}} > b)$

IV 2. (Axiom der Vollständigkeit): „Es ist nicht möglich, dem Systeme der Zahlen ein anderes System von Dingen[22] hinzuzufügen, so daß auch in dem durch Zusammensetzung entstehenden Systeme bei Erhaltung der Beziehungen zwischen den Zahlen die Axiome I, II, III, IV 1 sämtlich erfüllt sind; oder kurz: die Zahlen bilden ein System von Dingen, welches bei Aufrechterhaltung sämtlicher Beziehungen und sämtlicher aufgeführten Axiome keiner Erweiterung mehr fähig ist."[23]

Hilbert bemüht sich klar, einen – nach außen hin jedenfalls – induktionsfreien Beweis für die Widerspruchsfreiheit anzugeben. Eine Behauptung wie (4), daß aus den Axiomen nur homogene Gleichungen folgen, läßt sich sicher nur beweisen, indem man zeigt, daß *erstens* alle Axiome nur homogene Gleichungen enthalten und *zweitens* die Einsetzungen in Axiome und die Anwendung des *Modus ponens* diese Eigenschaft erhalten. Wenn man will, mag man dies schon als eine regelrechte Induktion nach dem Aufbau von Beweisen beschreiben.[24]

Der Satz über die Homogenität ableitbarer Gleichungen zeigt jedenfalls schon ein wichtiges Charakteristikum der späteren Beweistheorie, nämlich die Entwicklung syntaktischer Methoden und damit eines „direkten Weges", die Widerspruchsfreiheit arithmetischer Theorien zu zeigen. Daß man dazu auf der Metaebene natürlich wieder theoretische Ressourcen in Anspruch nimmt, stellte Poincaré zur Debatte. Seine Zirkularitätskritik an der metatheoretischen Verwendung der Induktion war (mit-)ausschlaggebend dafür, daß Hilbert die Idee eines direkten, syntaktischen Weges für Widerspruchsfreiheitsbeweise zunächst nicht mehr intensiv weiterverfolgt hat.[25]

---

[19] Die zweite Ungleichung, die sich ja aus der ersten mittels Kommutativität (II 2.) ergibt, ist in der Fassung der *Grundlagen* ausgelassen.

[20] Auch hier fehlt in den *Grundlagen* die zweite Ungleichung, die ebenfalls aus einem der Kommutativitätsgesetze folgt (II 6.).

[21] In den *Grundlagen*: „Sätze der Stetigkeit".

[22] In den *Grundlagen* steht hinter „Dingen" zusätzlich: „als Zahlen".

[23] Die hier von Hilbert angegebene Eigenschaft des formalen Systems läßt sich „von innen" wohl kaum adäquat auffassen. Hilbert wird ja nicht an ein formalisiertes Beweisbarkeits- und ein Erfüllbarkeitsprädikat gedacht haben. „Von außen" könnte man dieses „Axiom" wohl als Kategorizitätsaussage auffassen: Alle Modelle (einer gegebenen Kardinalität?) sind isomorph; insofern lassen sich dann den Zahlen (= den Objekten in einem Modell) keine weitere Zahlen (= keine weiteren Objekte in dem Modell) hinzufügen.

[24] Ewald/Sieg, *Lectures* [2013], 254.

[25] Nach eigenem Bekunden hat Hilbert das Problem der Widerspruchsfreiheitsbeweise jedoch nie losgelassen. In *Neubegründung* sagt er dann auch 1921, er habe dieses Problem „seit Jahrzehnten niemals außer Augen gelassen"; vgl. Hilbert, *Neubegründung* [1922], 159.

9.4 Wiederaufnahme und Weiterentwicklung: Vorlesungen 1917–1920

Zwischen 1904 und 1917 hat Hilbert seine grundlagentheoretischen Arbeiten zwar nicht vollständig eingestellt, wie seine Beschäftigung mit dem Logizismus und seine Vorlesungen, etwa über Mengenlehre und mathematische Logik, belegen. Auf die Thematik der Widerspruchsfreiheitsbeweise kommt er jedoch erkennbar erst im Laufe der Entwicklung von 1917 bis 1922 zurück.[26] Das Jahr 1917 markiert diesen Neueinsatz gleich auf dreifache Weise: Hilbert holte Bernays nach Göttingen, bot Vorlesungen zu grundlagentheoretischen Themen an und hielt mit *Axiomatisches Denken* einen entsprechenden Vortrag in Zürich. Dieser Aufsatz, der im folgenden Jahr publiziert wurde,[27] spielte bei den konzeptionellen Überlegungen im ersten Teil dieser Arbeit eine wichtige Rolle. Für die technischen Fortschritte in dieser Zeit sind jedoch die bislang unveröffentlichten Vorlesungen Hilberts von weitaus größerer Bedeutung.

9.4.1 Vorlesungen 1917/18

Hilbert hat im Sommersemester 1917 und im Wintersemester 1917/18 über grundlagentheoretische Fragen gelesen. Während er im Sommersemester 1917 die Logik noch rein algebraisch behandelt, führt er in der Wintersemester-Vorlesung 1917/18 ein volles System für die Formalisierung des logischen Schließens eine formale Sprache und einen logischen Schlußkalkül ein.[28] Dieser Kalkül ist für die Formalisierung mathematischer Schlußweisen geeignet, weil er durch seine Form sicherstellt, daß keine Voraussetzungen in Beweise einfließen, die nicht in Axiomen ausdrücklich gefordert wurden, und weil seine Symbolik logische Abhängigkeitsverhältnisse klar herausstellt.

Dadurch entspricht der Kalkül der von Hermann Weyl klar formulierten Aufgabenstellung für die Logik in der Mathematik, einen systematischen Überblick über die logischen Folgerungen aus einem gegebenen Axiomensystem zu ermöglichen. Hilbert betont entsprechend, daß er den logischen Kalkül zweckbestimmt einführt: zur *Untersuchung* der Grundlagen mathematischer Theorien und ihrer Beziehung zur Logik.

Eine weitere Parallele zu Weyls System der Prädikatenlogik der ersten Stufe in *Das Kontinuum*[29] ist, daß Hilbert Aussagen- und Funktionsvariablen verwendet. Hilbert und Bernays stellen jedoch ausdrücklich die Gefahr einer Art semantischen Zirkels fest: Wenn die Bedeutung der Quantoren über Aussagevariablen unter Rückgriff auf die Gesamtheit aller Aussagen bestimmt sein soll, so aber gerade erst bestimmt wird, was eine (quanto-

---

[26] Zu dieser Entwicklung vgl. besonders Sieg, *Hilbert's Programs* [1999].
[27] Hilbert, *Axiomatisches Denken* [1918].
[28] Die folgenden Ausführungen stützen sich vor allem auf Sieg, *Hilbert's Programs* [1999], 14–17, sowie auf die von Bernays erstellte offizielle Ausarbeitung zu Hilberts Vorlesung, die in Ewald/Sieg, *Lectures* [2013] publiziert wird.
[29] Weyl, *Das Kontinuum* [1918].

renhaltige) Aussage ist, liege „eine Art von logischem Zirkel" vor. Dieser Zirkel sei für die Paradoxien verantwortlich und könne nur durch die verzweigte Typentheorie nach Russell und Whitehead behoben werden. Da diese Theorie für die Mathematik aber zu eng sei, müsse das Reduzibilitätsaxiom hinzugenommen werden. Durch Whitehead/Russells *Principia Mathematica* waren erneut Hilberts Sympathien für logizistische Ideen geweckt worden (vgl. auch im ersten Teil den Abschnitt zum Logizismus 4.1).

9.4.2 Wintersemester 1920

In der Zeit von 1918 bis 1920 hat Hilbert hauptsächlich Vorlesungen zur mathematischen Physik gehalten. Erst im Wintersemester 1920 und im darauffolgenden Sommersemester 1920 behandelte er wieder mathematische Grundlagenfragen.[30] Zwar ist das Hilbertprogramm noch nicht als solches formuliert, aber die früher vorhandenen Ideen werden in der Zwischenzeit reaktiviert und weiterentwickelt. Trat als Funktion der mathematischen Logik erst ihr Beitrag zur *Untersuchung* der mathematischen Grundlagen hervor, wird nun ihre Rolle bei der *Sicherung* der mathematischen Grundlagen betont. Insgesamt spiegeln diese Vorlesungen eine Phase intensiver logischer Reflexion und der Suche nach einer neuen Richtung der grundlagentheoretischen Untersuchungen. Sie zeigen, wie Hilbert die Grundlagen seines Faches neu durchdenkt und verschiedene Ansätze erprobt.[31]

So wählt Hilbert in der Vorlesung vom Wintersemester 1920 den schon 1917/18 erprobten Weg, eine Reihe von Kalkülen aufzustellen, dabei jeweils die Grenzen des einen auszuleuchten und zu einem entsprechend verbesserten nächsten fortzuschreiten. Er beginnt „von unten" mit einem sehr beschränkten, „strikt finitistischen" Kalkül, in dem Terme nur mit konkreten Zahlzeichen aufgebaut werden können. So lassen sich noch nicht einmal einfachste allgemeine Aussagen wie $x + y = y + x$ ausdrücken. Da die Arithmetik ohne sie nicht auskommen kann, probiert Hilbert im nächsten Kalkül, sie als „bloß symbolische Formeln" zuzulassen. Aus ihnen lassen sich nicht direkt die konkreten Gleichungen wie $2 + 3 = 3 + 2$ gewinnen, sondern sie benötigen zusätzliche Beweisschritte. Eine Gleichung, die x enthält, gilt als bewiesen, wenn sie für 1 gilt und wenn aus ihrer Gültigkeit für x diejenige von $x + 1$ folgt. Dadurch sind bewiesene symbolische Gleichungen so etwas wie „Wegweiser" zur Erzeugung eines Beweises für ihre „Instanzen".[32] Man erhält die Instanzen, indem man für ein Numeral 3 genau diese schematischen Beweisschritte konkret ausführt: erst für 1, dann für 1 → 2 usw. bis zu 3.

Die rein symbolischen Gleichungen wie $x + y = y + x$, die keine eigentlichen Urteile ausdrücken sollen, stellen eine weitere Parallele zum in etwa zeitgleichen Ansatz Weyls dar. Bei Weyl sind es allerdings die quantifizierten Formeln, die keine eigentlichen Urteile ausdrücken.[33]

---

[30] Zur außergewöhnlichen Semesterzählung 1920 in Göttingen siehe Fußnote 11, Abschn. 6.2.
[31] Zu den vorstehenden Einschätzungen vgl. EWALD/SIEG, *Lectures* [2013], 250–251.
[32] Vgl. hierzu besonders EWALD/SIEG, *Lectures* [2013], 256–257.
[33] Vgl. EWALD/SIEG, *Lectures* [2013], 260.

9.4.3 Sommersemester 1920

In der Vorlesung vom Sommersemester 1920 nimmt Hilbert die syntaktischen Überlegungen aus dem Heidelberger Vortrag 1904 wieder auf.[34] Er betrachtet, nun auch in moderner Schreibweise, folgendes Axiomensystem:[35]

1. $1 = 1$
2. $a = b \to a + 1 = b + 1$
3. $a + 1 = b + 1 \to a = b$
4. $a = b \to (a = c \to b = c)$
5. $a + 1 \neq 1$.

Die einzige Schlußregel ist der *Modus ponens*. Substitution tritt nur als eine Art Metaregel zum Zusammenhang von Axiomen und Beweisen auf: Die Prämissen von Schlüssen müssen entweder Konklusionen vorhergehender Schlüsse oder Einsetzungsinstanzen von Axiomen sein.

Dieses Axiomensystem ist demjenigen aus 1904 recht ähnlich. Statt des allgemeinen Gleichheitsaxiom(schema)s $x = y \wedge \phi(x) \to \phi(y)$ ist jedoch nur einer seiner Spezialfälle in Axiom 4. berücksichtigt, eine Variante der Transitivität der Gleichheit, und eine seiner Folgerungen in Axiom 2., nämlich die Eindeutigkeit des Nachfolgers.

Den Widerspruchsfreiheitsbeweis für dieses System skizziert Hilbert wie folgt: Ein Widerspruch kann nur darin bestehen, daß aus 1.–4. eine Gleichung ableitbar ist, deren entsprechende Ungleichung sich aus 5. ergibt. Dann müßte die Gleichung die Gestalt $a + 1 = 1$ haben. Daß dies nicht möglich und ergo das Axiomensystem widerspruchsfrei ist, zeigt Hilbert mit Hilfe des Satzes, daß nur Gleichungen ableitbar sind, bei denen rechts und links des Gleichheitszeichens dasselbe Zeichen steht. Dieser Satz über die Identität beweisbar gleicher Terme hat argumentativ dieselbe Funktion wie im Beweis von 1904 der Satz über die Homogenität der beweisbaren Gleichungen: Er zeigt, daß alle beweisbaren Gleichungen eine bestimmte Eigenschaft haben, die eine widersprüchliche Gleichung nicht haben kann. Diese Funktion war schon mit der eines Korrektheitssatzes verglichen worden.

Im Unterschied zu den knappen Ausführungen in früheren Publikationen führt Hilbert im Sommersemester 1920 den Beweis dieses Satzes in mehreren Teilschritten vor. Entscheidend ist der Hilfssatz, daß eine beweisbare Formel höchstens zweimal das Zeichen „$\to$" enthalten kann. Aus diesem ersten Hilfssatz folgert er als zweiten, daß eine Formel der Form $(A \to B) \to C$ nicht beweisbar sein kann. Beide Hilfssätze kommen schließlich im Beweis des Identitätsresultats zum Einsatz. Dessen Anlage wird später zu einem Charakteristikum der Beweistheorie: Annahme, es sei doch ein Beweis eines Widerspruchs gegeben, dann Fallunterscheidung danach, was die letzten Schlüsse gewesen sein können,

---
[34] Die Vorlesung ist HILBERT, *Sommersemester 20* [1920a*], der Heidelberger Vortrag war HILBERT, *Grundlagen Logik* [1905].
[35] HILBERT, *Sommersemester 20* [1920a*], 37.

9.4 Wiederaufnahme und Weiterentwicklung: Vorlesungen 1917–1920

und schließlich in jedem einzelnen Fall Herleitung eines Widerspruchs, sodaß die Annahme *ad absurdum* geführt ist.

Die Argumentationsstruktur dieses Widerspruchsfreiheitsbeweises ist also ganz ähnlich zu der aus 1904, nur sind mit den Hilfssätzen zwei argumentative Zwischenschritte explizit gemacht:

Argumentationsstruktur Sommersemester 1920

(1) Ein Widerspruch besteht aus einer Gleichung $k = l$ und einer entsprechenden Ungleichung $k \neq l$. (Def.)
(2) Ungleichungen lassen sich im Wesentlichen nur aus Axiom 5. ableiten, sie haben daher die Form $x + 1 \neq 1$. („direkt")
(3) Wäre ein Widerspruch ableitbar, so müßte auch eine Gleichung der Form $x + 1 = 1$ ableitbar sein. (aus (1) und (2))
(4) Eine beweisbare Formel ohne „$\to$" hat die Gestalt $k = k$. (mittels (a) und (b))
   (a) Eine beweisbare Formel kann höchstens zweimal das Zeichen „$\to$" enthalten.
   (b) Formeln der Form $(A \to B) \to C$ sind nicht beweisbar. (mittels (a))
(5) Eine Gleichung der Form $x + 1 = 1$ ist nicht ableitbar. (aus (4))
(6) Ein Widerspruch ist nicht ableitbar. (aus (3) und (5))

Die als „direkt" gekennzeichnete Behauptung (2) liest Hilbert sozusagen direkt an der Struktur der Axiome ab und erläutert sie nicht weiter.

Auf der Oberfläche scheint in diesen Beweisen kein Induktionsprinzip verwendet worden zu sein. Allerdings verwendet Hilbert den Begriff der *Kürzbarkeit* von Beweisen und ein zugehöriges Prinzip, aufgrund dessen er von den gegebenen Beweisen jeweils annehmen kann, daß sie so weit wie möglich gekürzt worden seien. Ein solches Kürzbarkeitsprinzip ermöglicht es, die Annahme eines Beweises dadurch *ad absurdum* zu führen, daß man seine weitere Kürzbarkeit zeigt. Diese Annahme eines kürzesten Beweises entspricht in etwa dem Prinzip der kleinsten Zahl bzw. dem Prinzip des unendlichen Abstiegs in der Zahlentheorie, das unter minimalen logischen Rahmenbedingungen zur Induktion äquivalent ist. In Gestalt des Kürzungsprinzips findet man also auch hier auf der Metaebene ein etwas verstecktes induktives Prinzip.

Ein anderer interessanter Punkt betrifft die Induktion auf der Objektebene. Hilbert diskutiert nämlich die Erweiterung des Basiskalküls um zwei Axiome für das Zahlzeichen-Sein, nämlich $Z(1)$ und $Z(a) \to Z(a+1)$, und die folgende Regel

$$\frac{F(1) \quad F(a) \to F(a+1)}{Z(a) \to F(a).}$$

Er beweist die Widerspruchsfreiheit dieser Regel, die seiner Meinung nach dasselbe leistet wie das übliche Prinzip der vollständigen Induktion, wie folgt. Die Regel könne, sagt er, nur verwendet worden sein, um eine Formel $F(u)$ abzuleiten, indem mit ihrer Hilfe $Z(u) \to F(u)$ abgeleitet wurde und zusätzlich ein Beweis von $Z(u)$ vorliegt. Da der Beweis von $Z(u)$ aber im Wesentlichen nur aus Kombinationen der Axiome $Z(1)$ und $Z(a) \to Z(a+1)$ bestehen kann, kann man genau die in diesem Beweis von $Z(u)$ mit Z durchgeführten Schlüsse auch mit F durchführen und so letztlich die Anwendung der Induktionsregel durch Wert-von-u-minus-1-viele *Modus-ponens*-Schlüsse ersetzen. Daher könne man jeden Widerspruch auch schon ohne die Induktionsregel beweisen. So übertrage sich die Widerspruchsfreiheit des Systems ohne Induktion auf das System mit Induktion.

Hilberts Regel leistet allerdings *nicht* dasselbe wie das übliche Prinzip der vollständigen Induktion. Mit seiner Regel kann man keine Formeln wie $a = a$ ableiten, sondern nur $Z(a) \to a = a$. Und wenn man einzelne Instanzen von $a = a$ haben will, etwa die Gleichung $\mathfrak{z} = \mathfrak{z}$ für ein Zahlzeichen $\mathfrak{z}$, wird man immer zunächst $Z(\mathfrak{z})$ beweisen müssen, um zu $\mathfrak{z} = \mathfrak{z}$ zu gelangen. Es gibt keinen Weg, die allgemeine Formel zu beweisen, aus der die Einzelinstanzen durch schlichte Substitution erhalten werden könnten. Dieses Prinzip ist also wesentlich schwächer als die vollständige Induktion, es kann daher treffend „Pseudo-Induktion" genannt werden.[36]

9.5 Übergänge und neue Techniken

Zwei Papiere markieren den Übergang zur voll entwickelten Konzeption einer Beweistheorie und zugleich die Entwicklung und Erprobung neuer Methoden: Hilberts Aufsatz *Neubegründung der Mathematik*, 1921 als Vortrag gehalten und 1922 publiziert, sowie ein bislang unveröffentlichtes Manuskript Hilberts aus der Zeit um 1920/21. Da das Manuskript wahrscheinlich älter ist als der Vortrag, wird es im Folgenden zuerst besprochen (Abschn. 9.5.1) und anschließend der Aufsatz *Neubegründung* (Abschn. 9.5.2).

9.5.1 Übergang I: Manuskript

In einem Manuskript aus der Zeit zwischen Mitte 1920 und Mitte 1921 erprobt Hilbert neue Techniken zum Widerspruchsfreiheitsbeweis für Fragmente der Arithmetik.[37] Auch in diesem Manuskript beginnt Hilbert mit einem sehr bescheidenen Axiomensystem und erweitert das Widerspruchsfreiheitsresultat anschließend Schritt für Schritt auf immer mehr Axiome.

---

[36] So EWALD/SIEG, *Lectures* [2013], 268.
[37] Das Manuskript wird verwahrt von der Abteilung Handschriften und seltene Drucke der Staats- und Universitätsbibliothek Göttingen, Signatur: *Cod. Ms. D. Hilbert 602*. Es wird in absehbarer Zeit publiziert in EWALD/SIEG, *Lectures* [2013]. Die Ausführungen dieses Abschnitts stützen sich auf Forschungsarbeiten, die gemeinsam mit Wilfried Sieg durchgeführt worden sind, vgl. auch SIEG/TAPP, *Introduction* [2007].

9.5.1.1 Das Basissystem

Das Basissystem besteht aus folgenden sechs Axiomen:

1. $1 = 1$
2. $a = b \to (c = b \to a = c)$
3. $a = b \to a + 1 = b + 1$
4. $Z(1)$
5. $Z(a) \to Z(a + 1)$
6. $a = b \to (Z(a) \to Z(b))$.

Das Z-Symbol steht dabei für „Zahl-sein", wie schon bei der Diskussion des Induktionsschemas in der Vorlesung vom Sommersemester 1920. Da auch hier kein allgemeines Gleichheitsaxiom(schema) verwendet wird, fügt Hilbert dessen Spezialfall für Z hinzu (Axiom 6.). Ungleichungen hingegen kommen im Basissystem noch nicht vor.

Das eigentliche Unikum dieses Axiomensystems bildet allerdings seine Logik: Hilbert verwendet nicht weniger als 5 Schlußregeln für $\to$, die er zwar nicht explizit angibt, die jedoch aus dem Gebrauch rekonstruiert werden können, nämlich:

$$(\to 1)\frac{B}{A \to B} \qquad (\to 2)\frac{A \quad A \to B}{B} \qquad (\to 3)\frac{A \to B \quad B \to C}{A \to C}$$

$$(\to 4)\frac{A \to (B \to C)}{B \to (A \to C)} \qquad (\to 5)\frac{A \to (B \to C)}{(A \to B) \to (A \to C)}.$$

Die erlaubten Substitutionen sind: Ersetzung von Aussagevariablen in Schlußregeln durch Formeln und Ersetzung von Variablen in Axiomen durch Zahlterme. Hilbert definiert nicht explizit, was er unter einem Beweis versteht. Aber aus seinen Schriften der damaligen Zeit ist relativ klar, daß ein Beweis hier eine Folge von Schlüssen ist, sodaß jede Prämisse eines Schlusses entweder ein Axiom oder die Konklusion irgendeines vorhergehenden Schlusses ist. Insbesondere sind Beweise danach linear aufgebaut und nicht baumartig. Dies bringt eigene Schwierigkeiten mit sich, auf die später noch einzugehen sein wird.

Die Widerspruchsfreiheit dieses einfachen Systems ist nun ein triviales Resultat, denn das System enthält überhaupt keine „negativen" syntaktischen Objekte. Daher beweist Hilbert hier nur eine Art Korrektheitssatz: „Wenn eine Gleichung $k = l$ hergeleitet werden kann, dann müssen k und l dasselbe Zahlzeichen sein oder bedeuten." Offenbar liegt dem Hilberts Terminologie zugrunde, daß die Zahlzeichen wie 1 oder $1 + 1$ selbst „nichts bedeuten", während Kurzzeichen wie 2 oder 10 durchaus etwas „bedeuten", nämlich das entsprechende Zahlzeichen. Nach Hilberts Terminologie „bedeutet" 2 also $1 + 1$. Um eine griffige Sprechweise zu haben, wird im Folgenden der gegenteilige Fall, also eine Gleichung $k = l$, bei der k und l nicht dasselbe Zahlzeichen sind oder bedeuten, als „‚falsche' Gleichung" bezeichnet.

Der Korrektheitssatz bildet die Basis für die späteren Konsistenzbeweise des Manuskripts. Doch sein Beweis geht nicht so durch, wie Hilbert es sich vorgestellt hat. Mit einigem Aufwand gelingt es, Hilberts Behauptung wirklich zu beweisen und dabei seine wesentlichen technischen Ideen zu verwenden. Das soll hier nicht im Einzelnen dargestellt werden. Die Möglichkeit, Hilberts Technik tatsächlich zu einem Beweis seiner Behauptung zu verwenden, stellt allerdings einen guten Grund dafür dar, sich mit diesem „mißglückten" Beweis zu beschäftigen.[38]

Die Argumentation läuft in etwa so: Angenommen, wir hätten doch einen Beweis einer „falschen" Gleichung der Form $k = l$. Nach dem schon im Sommersemester 1920 verwendeten Kürzungsprinzip kann man dann gleich annehmen, einen kürzesten Beweis einer „falschen" Gleichung zu haben. Dieser Beweis kann nun nicht einfach in einer Instantiierung aus einem Axiom bestehen, denn Axiom 1. wäre von der Struktur her der einzig mögliche Kandidat, dann aber wären k und l dasselbe Zeichen, nämlich 1. Also muß $k = l$ aus einem Schluß stammen. Dies kann hier nur der *Modus ponens* sein, also ($\rightarrow$ 2). Dessen Hauptprämisse ($U \rightarrow k = l$) kann selbst entweder aus einem Axiom stammen oder wieder aus einem Schluß, wobei sich dann weitere Fallunterscheidungen anschließen. Wichtig ist hier der Axiomfall, denn es könnte insbesondere sein, daß k und l die Form $k' + 1$ und $l' + 1$ haben und die Hauptprämisse aus dem Axiom 3. kommt ($k' = l' \rightarrow k' + 1 = l' + 1$). Dann hätte aber die Nebenprämisse die Gestalt $k' = l'$. Da sie bewiesen ist und k' und l' verschiedene Zahlzeichen bedeuten müssen (sonst würden auch k und l dieselben Zahlzeichen bedeuten), hätte man also einen kürzeren Beweis einer „falschen" Gleichung, im Widerspruch zur Annahme. Hier kann man deutlich sehen, wie das Prinzip, einen so weit wie möglich gekürzten Beweis anzunehmen, in der *ad-absurdum*-Reduktion greift. In den übrigen Fällen will Hilbert fast immer dadurch auf Widersprüche gegen die Annahme eines gekürzten Beweises kommen, daß er den angenommenen Beweis in einen kürzeren umformt.

Hilberts Beweis geht aus drei Gründen nicht durch, die in Sieg/Tapp, *Introduction* [2007] näher erläutert werden. *Erstens* liefern seine Konstruktionen eines kürzeren Beweises nicht unbedingt wieder einen Beweis, und wenn sie es tun, dann *zweitens* nicht unbedingt einen kürzeren, und *drittens* wird der Fall einer Kette von immer längeren *Modus-ponens*-Prämissen letztlich nicht überzeugend als unmöglich nachgewiesen.

Der „reparierte" Beweis trägt diesen Problemen Rechnung durch Verwendung einer speziellen Norm für die Länge von Beweisen und transformiert Hilberts Überlegungen in solche, nach denen die Kürzungen tatsächlich immer Beweise ergeben, die nach dieser Norm auch tatsächlich immer kürzer sind, und durch ein verbessertes Argument für den Fall der Kette von *Modus-ponens*-Prämissen. Im Wesentlichen zeigt man ein Lemma, demzufolge bestimmte Aufeinanderfolgen von Schlußregelanwendungen immer kürzbar sind. Der Beweis des eigentlichen Korrektheitssatzes verläuft dann ganz wie bei Hilbert, nur daß man die problematischen Fälle durch das Lemma ausschließen kann: Nach dem Lemma wäre der Beweis in diesen Fällen kürzbar, was aber nicht sein kann, da man (mit dem Kürzungsprinzip) einen gekürzten Beweis angenommen hat.

---

[38] Siehe hierzu Sieg/Tapp, *Introduction* [2007].

9.5 Übergänge und neue Techniken

Ist das Korrektheitsresultat so etabliert, kann man mit Hilbert den Kalkül schrittweise erweitern. Er fügt zunächst die Axiome

1.' $a = a$
3.' $a + 1 = b + 1 \rightarrow a = b$

hinzu und bemerkt schlicht, daß das Korrektheitsresultat bei dieser Erweiterung erhalten bleibt. Dann erfolgt die erste nicht-triviale Erweiterung.

9.5.1.2 Erste Erweiterung

Durch die Hinzufügung des Axioms

7. $a + 1 \neq 1$

werden syntaktische Widersprüche ausdrückbar. Entsprechend ist für den Kalkül 1.–7., 1.', 3.' nun wirklich die Widerspruchsfreiheit zu beweisen. Das Argument läuft so: Ein Widerspruch besteht aus einer Gleichung $k = l$ und einer passenden Ungleichung $k \neq l$. Ungleichungen sind aber nur durch Axiom 7. ableitbar, d. h. die Ungleichung hat die Gestalt $t + 1 \neq 1$. Damit müßte die zu einem Widerspruch gehörige Gleichung aber die Gestalt $t + 1 = 1$ haben. Nach dem Korrektheitssatz sind Gleichungen dieser Form jedoch nicht ableitbar. Ergo können keine Widersprüche ableitbar sein (das Axiom 7. beeinflußt die Ableitbarkeit von Gleichungen nicht, denn es gibt keine logischen Negationsmechanismen).

In der schematischen Übersicht dieser Argumentation erkennt man wieder die aus 1905 und 1920 bekannte Grundstruktur:

Argumentationsstruktur 1920/21-Manuskript, erste Erweiterung

(1) Ein Widerspruch besteht aus einer Gleichung $k = l$ und einer entsprechenden Ungleichung $k \neq l$. (Def.)
(2) Ungleichungen lassen sich nur aus Axiom 7. ableiten, sie haben daher die Form $x + 1 \neq 1$. („direkt")
(3) Wäre ein Widerspruch ableitbar, so müßte auch eine Gleichung der Form $x + 1 = 1$ ableitbar sein. (aus (1) und (2))
(4) Bei einer aus 1.–7. beweisbaren Gleichung $s = t$ müssen s und t dasselbe Zahlzeichen sein oder bedeuten. (Korrektheitssatz)
(5) Ein Term der Form $x + 1$ und der Term 1 können nicht dasselbe Zahlzeichen sein oder bedeuten. (aus Def.)
(6) Eine Gleichung der Form $x + 1 = 1$ ist aus 1.–7. nicht ableitbar. (aus (4) und (5))
(7) Aus 1.–7. ist kein Widerspruch ableitbar. (aus (3) und (6))

Der für das Basissystem bewiesene Korrektheitssatz spielt hier argumentativ genau die Rolle, die früher der Homogenitätssatz bzw. der Satz über die Identität beweisbar gleicher Terme gespielt hat.

9.5.1.3 Zweite Erweiterung

Der nächste Erweiterungsschritt verläuft noch in relativ engem Anschluß an diese Überlegungen. Durch die Hinzufügung der Axiome

8. $a \neq b \rightarrow a + 1 \neq b + 1$
8.' $a + 1 \neq b + 1 \rightarrow a \neq b$
9. $a = b \rightarrow (a \neq c \rightarrow b \neq c)$

erhöht sich die Zahl der Möglichkeiten, Ungleichungen abzuleiten. Die Axiome haben allerdings immer konditionale Gestalt derart, daß Folgendes gilt: Wäre mit Hilfe dieser neuen Axiome eine Ungleichung hergeleitet worden, so müßte schon früher im Beweis eine (andere) Ungleichung bewiesen worden sein, die dann die Nebenprämisse des entsprechenden *Modus ponens* bildete. Gäbe es also einen Widerspruch $k = l$ und $k \neq l$, so gäbe es schon zuvor eine andere Ungleichung $k' \neq l'$ im Beweis. Dann kann man den Beweis so umformen, daß man die Anwendungen der Axiome 8., 8.' oder 9. wegläßt und stattdessen aus der Gleichung $k = l$ mittels 3., 3.' o. ä. auf $k' = l'$ schließt. Man hätte damit einen Beweis, der weniger Anwendungen von 8., 8.' oder 9. erfordert. Führt man diese Elimination sukzessive durch, so müßte man schließlich einen Beweis eines Widerspruchs erhalten, der 8., 8.' oder 9. überhaupt nicht verwendet. Dies würde aber dem vorher erhaltenen Satz von der Widerspruchsfreiheit von 1.–7., 1.', 3.' widersprechen. Also kann es einen solchen Beweis eines Widerspruchs nicht geben.

Die Argumentation folgt hier also folgendem Schema:

Argumentationsstruktur 1920/21-Manuskript, Zweite Erweiterung

(1) Ein Widerspruch besteht aus einer Gleichung $k = l$ und einer Ungleichung $k \neq l$.   (Def.)

(2) Gäbe es einen Beweis von $k = l$ und $k \neq l$, in dem 8., 8.', 9. verwendet wird, läßt sich daraus ein Beweis von $k' = l'$ und $k' \neq l'$ machen, in dem eine Anwendung von 8., 8.', 9. weniger verwendet wird.   (Lemma)

(3) Gäbe es einen Beweis von $k = l$ und $k \neq l$, in dem 8., 8.', 9. verwendet wird, läßt sich daraus ein Beweis von $k' = l'$ und $k' \neq l'$ machen, in dem 8., 8.', 9. nicht verwendet wird.   (mittels (2) und Ind.)

(4) Wäre ein Widerspruch aus 1.–9. ableitbar, so wäre ein (ggf. anderer) Widerspruch aus 1.–7. ableitbar.   (aus (1) und (3))

(5) Aus 1.–7. ist kein Widerspruch ableitbar.   (aus erster Erweiterung, (7))

(6) Aus 1.–9. ist kein Widerspruch ableitbar.   (aus (4) und (5))

9.5 Übergänge und neue Techniken

Diese Argumentationsstruktur kennzeichnet auch die folgenden Erweiterungen: Hätte man im erweiterten Kalkül einen Widerspruchsbeweis, so ließe sich dieser Beweis umformen zu einem Beweis eines (ggf. anderen) Widerspruchs im engeren Kalkül, dessen Widerspruchsfreiheit jedoch schon etabliert ist.

9.5.1.4 Dritte Erweiterung

Während Hilbert diese Argumentationsstruktur also auch bei der dritten Erweiterung beibehält, kommt bei ihr eine ganz neue Technik zur Anwendung, um einen Widerspruchsbeweis im erweiterten Kalkül auf einen im engeren Kalkül zurückzuführen. Durch das Axiom

10. $1 + (a + 1) = (1 + a) + 1$

kommt nämlich etwas Neues hinzu. Es ist nun möglich, Gleichungen $k = l$ zu beweisen, bei denen k und l nicht dasselbe Zahlzeichen bedeuten, zum Beispiel die Gleichung „$1 + (1 + 1) = (1 + 1) + 1$", wo auf der rechten Seite mit „$(1 + 1) + 1$" einfach ein Zahlzeichen steht (entspricht dem Kurzzeichen „3"), während auf der linken Seite ein Ausdruck steht, der einer wirklichen Addition entspricht und nicht die Form eines Zahlzeichens hat.[39] Will man dieses Axiom ebenfalls aus Widerspruchsbeweisen eliminieren, ist eine ganz neue Überlegung nötig. Es wird nun ein Verfahren angegeben, nach dem man sukzessive alle Terme der Form $1 + (t + 1)$ aus dem Beweis eliminieren kann. Kommen in einem Widerspruchsbeweis nämlich keine Terme dieser Form mehr vor, so kann auch Axiom 10. nicht vorkommen, weil seine linke Seite ja genau diese Form hat.

Das Verfahren zur Elimination der Terme der Form $1 + (t + 1)$ läuft wie folgt. Man denke sich eine Liste aller Terme dieser Form und nehme sich eine Form vor, für die $1 + (t + 1)$ im Beweis vorkommt, $1 + ((t) + 1)$ jedoch nicht. Dann hat man zwei Fälle zu unterscheiden:

Erster Fall: Axiom 10. kommt für $a : t$ im Beweis vor. Dann ersetze man im gesamten Beweis alle Vorkommen von $1 + (t + 1)$ durch $(1 + t) + 1$. Es gibt nur zwei Weisen, auf die Terme der Form $1 + (t + 1)$ vorkommen können, entweder als (Teile von) Terme(n), die für die Variablen in Axiome eingesetzt worden sind, oder als linke Seiten von Axiom 10., wenn dort t für a eingesetzt worden ist. Bei der Ersetzung von $1 + (t + 1)$ durch $(1 + t) + 1$ bleiben alle Instanzen von Axiomen (verschiedene) Instanzen derselben Axiome und die Instanzen von 10. gehen über in $(1 + t) + 1 = (1 + t) + 1$, also Instanzen von Axiom 1.'. Damit bleibt das Ergebnis der Transformation des Beweises ein Beweis, er enthält aber keine Terme der Form $1 + (t + 1)$ mehr. Es könnten durch die Ersetzung zwar mehr Terme der Form $1 + t$ entstanden sein, aber dieser Termtyp war ja schon vorher vorhanden, nämlich auf der rechten Seite von Axiom 10., das in diesem Fall ja für $a : t$ vorkam.

---

[39] Hier bemerkt man deutlich, wie wichtig ein genaues Verständnis von Hilberts Redeweise von „bedeuten" ist. Nur Kurzzeichen „bedeuten" ein bestimmtes Zahlzeichen, aber nicht beliebige geschlossene Terme. Sie „bedeuten" im Allgemeinen nicht ihren Wert. — Außerdem läßt sich bemerken, daß die Schreibweise der Nachfolgeroperation als „+1" hier den wesentlichen Unterschied zwischen der rechten und er linken Seite des Axioms 10. verschleiert. Hätte Hilbert die Nachfolgeroperation etwa als S geschrieben, so hätte das Axiom 10. die Gestalt $1 + S a = S(1 + a)$ und der Unterschied zwischen beiden Seiten wäre klarer zu sehen.

Zweiter Fall: Axiom 10. kommt für $a:t$ im Beweis nicht vor. Dann kann man alle Vorkommen von $1+(t+1)$ durch 1 ersetzen. Instanzen von Axiomen bleiben dann (andere) Instanzen derselben Axiome, der Beweis bleibt ein Beweis und enthält keine Terme der Form $1+(t+1)$ mehr.

In beiden Fällen hat man somit den Termtyp $1+(t+1)$ entfernt. Führt man dieses Verfahren sukzessive für alle Termtypen auf der Liste durch, so erhält man schließlich einen Beweis, der keine Terme der Form $1+(t+1)$ mehr enthält und in dem das Axiom 10. folglich nicht verwendet worden ist. Ein solcher Widerspruchsbeweis bliebe ein Widerspruchsbeweis, wäre aber durch das auf der vorigen Stufe erhaltene Widerspruchsfreiheitsresultat ausgeschlossen.

Die Argumentation folgt demselben Schema wie eben, nur daß die Zurückführung hier durch einen anderen Zwischenschritt erfolgt.

Bemerkenswert ist an dieser Erweiterung also, daß – soweit mir bekannt – hier zum ersten Mal eine Ersetzungstechnik angewandt wird. In einem Beweis einen Zahlterm einfach durch einen ganz anderen zu ersetzen, ist ja keine Alltäglichkeit. Die Einsicht, daß eine solche Ersetzungstechnik zulässig und gewinnbringend sein kann, stellt einen wichtigen Schritt in eine neue Richtung dar. Neben der Ersetzung von Quantoren durch ε-Funktionale ist dies die zweite Keimzelle für die später entwickelte Methode der Epsilon-Substitution.

9.5.1.5 Gesamtstruktur

Hilbert geht in dem Manuskript noch durch mehrere ähnliche Erweiterungsstufen des Kalküls. Bis hierher sind allerdings schon die wichtigsten Techniken und Argumentationsmuster aufgetreten, sodaß die folgenden Erweiterungen hier nicht mehr besprochen werden sollen.

Die Gesamtargumentationsstruktur des Manuskripts sieht bis hierher schematisch folgendermaßen aus:

Argumentationsstruktur 1920/21-Manuskript, Gesamtstruktur

(1) Für den Basiskalkül (einschl. 1.', 3.') gilt: Gleichungen $k=l$ sind nur ableitbar, wenn k und l dasselbe Zahlzeichen sind (Korrektheit).

(2) Erste Erweiterungsstufe (7.): Wäre ein Widerspruch aus 1.–7. ableitbar, so müßte aus 1.–6. eine Gleichung der Form $x+1 \neq 1$ ableitbar sein. Das ist nach (1) unmöglich. Ergo ist aus 1.–7. kein Widerspruch ableitbar.

(3) Zweite Erweiterungsstufe (8., 8.', 9.): Wäre ein Widerspruch aus 1.–9. ableitbar, so müßte ein (ggf. anderer) Widerspruch aus 1.–7. ableitbar sein. Das ist nach (2) unmöglich. Ergo ist aus 1.–9. kein Widerspruch ableitbar.

(4) Dritte Erweiterungsstufe (10.): Wäre ein Widerspruch aus 1.–10. ableitbar, so müßte ein (ggf. anderer) Widerspruch aus 1.–9. ableitbar sein. Das ist nach (3) unmöglich. Ergo ist aus 1.–10. kein Widerspruch ableitbar.

9.5.2 Übergang II: Neubegründung

Der andere „Zeuge" des Übergangs zum Stadium einer vollentwickelten Beweistheorie ist Hilberts Aufsatz *Neubegründung der Mathematik*.[40] Er wurde 1922 publiziert und geht auf Vorträge zurück, die Hilbert 1921 in Göttingen, Kopenhagen und Hamburg gehalten hat (sog. 1. Hamburger Vortrag). In diesem Aufsatz findet man zum ersten Mal die klassische Formulierung des zweischrittigen Hilbertprogramms, wie sie im ersten Teil dieses Buches zitiert wurde (vgl. erster Teil, Kap. 2). Während es dort um die begrifflich-konzeptionellen Aspekte ging, sollen im Folgenden nun die Aspekte der technischen Entwicklung der Widerspruchsfreiheitsbeweise behandelt werden.

Hilbert gibt in *Neubegründung* zunächst einen Widerspruchsfreiheitsbeweis für das Axiomensystem aus den folgenden fünf Axiomen:[41]

1. $a = a$
2. $a = b \to a + 1 = b + 1$
3. $a + 1 = b + 1 \to a = b$
4. $a = c \to (b = c \to a = b)$
5. $a + 1 \neq 1$,

sowie als Schlußregeln *Modus ponens* und Regeln für den Allquantor.[42] Substitution für Variablen soll hingegen nur in Axiomen geschehen, ist also auch hier eher als Metaregel zum Zusammenhang von Axiomen und Beweisen zu verstehen. Dieses System entspricht in etwa demjenigen aus dem Sommersemester 1920, mit den zwei kleinen Unterschieden,

---

[40] HILBERT, *Neubegründung* [1922].
[41] Die Nummerierung weicht hier von Hilbert ab. Er hat zuerst ein Axiom Nummer 2. eingeführt, nämlich $1 + (a + 1) = (1 + a) + 1$, was Axiom 10. im Manuskript (vgl. Abschn. 9.5.1) entspricht. Im Widerspruchsfreiheitsbeweis hat Hilbert dieses Axiom jedoch ausgelassen. Es hätte ansonsten das prägnante Lemma gestört, daß nur Gleichungen ableitbar sind, bei denen rechts und links derselbe Term steht; siehe Argumentationsstruktur unten, Nr. (2).
[42] Hilbert gibt fünf „Regeln" für den Allquantor an: (1) Einführung außen, (2) Weglassen außen, (3) Gebundene Umbenennung, (4) Vertauschung zweier, (5) Verschiebung in das Sukzedens (mit Variablenbedingung). Der Status dieser Regeln wird nicht ganz klar, denn Hilbert gibt sie schon bei der Festlegung der formalen Sprache an, während er im Zusammenhang mit den Axiomen nur den *Modus ponens* als Schlußregel erwähnt. Eine Formulierung wie die von Regel (4): „Zwei unmittelbar aufeinanderfolgende Allzeichen, deren Wirkungsbereiche sich gleich weit erstrecken, dürfen miteinander vertauscht werden", in der von „dürfen" die Rede ist, läßt zunächst an eine Deutung als „zulässige Regel" denken, d. h. an einen metatheoretischen Satz über den Kalkül, daß man den behaupteten Übergang immer mittels anderer Schlüsse durchführen kann. Diese Interpretation scheidet jedoch für Regeln wie die All-Einführung (1) aus. Daher ist (4) wohl im Sinne folgender Schlußregel zu lesen:

$$\frac{\forall x \forall y \phi(x, y)}{\forall y \forall x \phi(x, y)}.$$

Vgl. HILBERT, *Neubegründung* [1922], 167–168.

daß hier nicht nur die Gleichung 1 = 1, sondern die allgemeine Reflexivität der Gleichheit ($a = a$) verwendet wird und daß in der Transitivitätsvariante hier das „*tertium comparationis*" auf der rechten statt, wie 1920, auf der linken Seite des Gleichheitszeichens auftritt.

Der Widerspruchsfreiheitsbeweis folgt dem folgenden Argumentationsmuster:

Argumentationsstruktur *Neubegründung*

(1) Ein Widerspruch besteht aus einer Gleichung $k = l$ und einer entsprechenden Ungleichung $k \neq l$. (Def.)
(2) Bei einer beweisbaren Gleichung $s = t$ müssen s und t dasselbe Zeichen sein. (mittels (2a))
   (a) Eine beweisbare Formel kann höchstens zweimal das Zeichen „ $\to$ " enthalten.
(3) Wäre ein Widerspruch ableitbar, so müßte auch eine Ungleichung der Form $s \neq s$ ableitbar sein. (aus (1) und (2))
(4) Ungleichungen der Form $s \neq s$ sind nicht ableitbar. (Lemma)
(5) Ein Widerspruch ist nicht ableitbar. (aus (3) und (4))

Die Argumentationsstruktur ist im Wesentlichen dieselbe wie im Sommersemester 1920, nur ist die Reihenfolge der Beweise über Gleichungen und Ungleichungen vertauscht. In *Neubegründung* gibt Hilbert aber nun auch zum ersten Mal einen regelrechten Beweis des Schrittes (4), für den ja strenggenommen auch eine Induktion über den Aufbau von Beweisen nötig ist und nicht nur die Betrachtung des Ungleichheits-Axioms.

Hilbert erweitert dieses Axiomensystem im weiteren Verlauf von *Neubegründung* schrittweise, gibt aber keine weiteren Beweise für die Widerspruchsfreiheit. Zuerst fügt er das ausgelassene Axiom 2. ($1 + (a + 1) = (1 + a) + 1$) hinzu und behauptet, daß der Widerspruchsfreiheitsbeweis für dieses erweiterte System „in der Tat" gelinge. Wie er gelingt, konnte an dem 1920/21er Manuskript gesehen werden, dessen dritter Erweiterungsschritt dieses Axiom betraf. Diese Erweiterung machte die neue Ersetzungstechnik nötig, die Hilbert in *Neubegründung* allerdings nicht erwähnt.

Hilbert erweitert das Basissystem dann noch um ein Axiom für den Vorgänger, behauptet die Widerspruchsfreiheit dieser Erweiterung und geht schließlich zu einer weiteren Erweiterung über, die einen gewaltigen Sprung in der Stärke der betrachteten Systeme bedeutet. Am Ende von *Neubegründung* stellt er ein Axiomensystem auf, das neben Aussagenlogik, *Ex falso quodlibet* für Gleichungen und *Tertium non datur* für Gleichungen auch ein Induktionsaxiom mit Formelvariablen, ein Gleichheitsaxiom mit Formelvariablen und verschiedene weitere Axiome für die arithmetischen Operationen enthält. Hilbert behauptet, die Widerspruchsfreiheit dieses Systems zeigen zu können, das er immerhin für so stark hält, daß man aus ihm „den gesamten Bestand an Formeln und Sätzen der Arithmetik" ableiten könne (obwohl das System offenbar noch keine volle Aussagenlogik hat).

Die behaupteten Beweise werden jedoch nicht angegeben.[43] Ähnlich wie schon im Fall von Axiom 2. bezieht sich Hilbert anscheinend auf nicht veröffentlichte Überlegungen, die von ihm und Bernays deutlich weiter entwickelt gewesen sein müssen als das, was in den Publikationen aufscheint. Einen Teil dieser Überlegungen stellt Hilbert in der Vorlesung vom Wintersemester 1921/22 vor (vgl. Abschn. 9.6.1.1).

Ganz am Schluß von *Neubegründung* treten schließlich Operatoren auf, die sozusagen den Existenzquantor ersetzen können. So erwähnt Hilbert einen $\varkappa$-Operator, der die kleinste Nicht-1-Stelle einer Funktion liefert, bzw. 0, falls die Funktion konstant gleich 1 ist (Hilbert spricht nicht von „Operator", sondern von „Funktionenfunktion"). Er führt für diesen „einfachsten" Operator dann noch vier Axiome an und erwähnt die τ- und α-Operatoren, ohne jedoch weiter auf sie einzugehen.[44]

Die Überlegungen Hilberts aus *Neubegründung* markieren ein Übergangsstadium. Dieses besteht vor allem in der Beschränkung der Objekttheorie auf konstruktive Schlußweisen, insbesondere unter Vermeidung der vollen Negationsaxiome. Diese Position hat Hilbert kurz danach zugunsten einer Objekttheorie mit voller klassischer Logik aufgegeben.[45]

9.6 Hilbertsche Beweistheorie

9.6.1 Vorlesung Wintersemester 1921/22

In der offiziellen Vorlesungsausarbeitung vom Wintersemester 1921/22 ist zum ersten Mal von „Hilbertscher Beweistheorie", von „finiter Mathematik" und „transfiniten Schlußweisen" die Rede.[46] Diese terminologische Neuerung spiegelt wider, daß die Entwicklung des Hilbertprogramms hier ein neues Stadium erreicht hat.[47]

Zu dieser Vorlesung existiert neben der offiziellen Ausarbeitung von Paul Bernays noch eine zweite Quelle, nämlich eine reguläre Mitschrift des Studenten Hellmuth Kneser (1898–1973, „Kneser-Mitschrift"). Die Kneser-Mitschrift weicht in einigen Punkten von Bernays' offizieller Ausarbeitung ab, deren Abschnitt zur Widerspruchsfreiheit wohl nach Semesterende überarbeitet und erst dann dem ersten Teil angefügt wurde.[48] Im Folgenden wird

---

[43] Vgl. HILBERT, *Neubegründung* [1922], 173–177.
[44] Vgl. HILBERT, *Neubegründung* [1922], 176–177.
[45] Vgl. HILBERT, *Die logischen Grundlagen* [1923], 152, bes. Fn. 3.
[46] Vgl. SIEG, *Hilbert's Programs* [1999], 27.
[47] Vgl. SIEG, *Hilbert's Programs* [1999], 23.
[48] Bernays' Ausarbeitung zur Wintersemester 1921/22-Vorlesung hat drei Paginierungseinheiten. Die erste reicht von Seite 1–100 und folgt wohl im Wesentlichen dem tatsächlichen Verlauf der Vorlesung. Die zweite trägt Seitennummern 1a, 2a usw. bis 9a und gibt eine konzeptionelle Einführung in „die neue Hilbertsche Beweistheorie". Die dritte schließlich hat die Seitennummern 1–38 und ist wahrscheinlich *nach* der eigentlichen Vorlesung entstanden. Ein sicherer *terminus ante quem* ist allerdings das kommende Wintersemester, denn die Ausarbeitung enthält einen Fehler, der auf einem eingeklebten Blatt korrigiert wird, und den Hilbert im darauffolgenden Wintersemester, wenn er diesen Stoff erneut referiert, nicht wieder macht.

erst der Widerspruchsfreiheitsbeweis aus der eigentlichen Vorlesung Hilberts anhand der Kneser-Mitschrift behandelt, und dann derjenige aus der Bernays-Ausarbeitung.

9.6.1.1 Kneser-Mitschrift

Ebenso wie in *Neubegründung*[49] gibt Hilbert in der Vorlesung vom Wintersemester 1921/22 zunächst einen Widerspruchsfreiheitsbeweis nach dem „alten" Muster und geht anschließend zu einem viel umfassenderen System über. Diesen Übergang motiviert er im Blick auf die aussagenlogischen Axiome dadurch, daß man in der Mathematik eben mehr Schlußweisen brauche als nur den *Modus ponens* und daß es am zweckmäßigsten sei, diese Schlußweisen in den aussagenlogischen Axiomen auszudrücken.[50] Die Verwendung von Formelvariablen verhindert jedoch das früher zentrale syntaktische Resultat, daß keine Formel mit mehr als zwei $\to$-Zeichen ableitbar ist. Explizit notiert Kneser: „Die vorigen Schlüsse (höchstens 2 $\to$) werden durch die variablen Formeln gestürzt."[51]

Die Terme des umfassenderen Systems sind aus Funktionszeichen, Zahlzeichen und Variablen aufgebaut. Die einzigen Funktionszeichen sind zunächst „+1" und „−1". Primformeln sind Gleichungen und Ungleichungen zwischen Termen sowie Ausdrücke der Form $Z(t)$ für Terme t (das Zeichen „Z" steht für das Prädikat „Zahlzeichen-sein"). (Folge-) Formeln sind aus Primformeln und Formelvariablen mittels des einzigen Junktors „$\to$" zusammengesetzt. Es gibt kein allgemeines Zeichen für die Negation, sie ist im Kalkül nur fragmentarisch durch die Ungleichungen vertreten. Das Axiomensystem ist genau dasjenige aus *Neubegründung*:[52]

I. *Logische Axiome*
   1.) $A \to B \to A$
   2.) $(A \to A \to B) \to A \to B$
   3.) $(A \to B \to C) \to B \to A \to C$
   4.) $(B \to C) \to (A \to B) \to A \to C$

II. *Axiome der mathematischen Gleichheit*
   1.) $a = a$
   2.) $a = b \to A\,a \to A\,b$

III. *Axiome der mathematischen Ungleichheit*
   1.) $a \neq a \to A$
   2.) $(a = b \to A) \to ((a \neq b \to A) \to A)$

IV. *Axiome über Z*
   1.) $Z(1)$
   2.) $Z(a) \to Z(a+1)$
   3.) $Z(a) \to (a \neq 1 \to Z(a-1))$
   4.) $Z(a) \to a + 1 \neq 1$

---

[49] Hilbert, *Neubegründung* [1922]; vgl. auch oben Abschn. 9.5.2
[50] „Wir brauchen andre Schlußweisen als [*Modus ponens*] [...] Wir wollen aber nur dies und nehmen die anderen als logische Axiome hinzu"; Hilbert, *Wintersemester 21/22 (Kneser)* [1922*], II, 20.
[51] Hilbert, *Wintersemester 21/22 (Kneser)* [1922*], II, 20.
[52] Vgl. Hilbert, *Neubegründung* [1922], 168+175–176.

9.6 Hilbertsche Beweistheorie

V. *Axiome der Rechnung*
  1.) $(a + 1) - 1 = a$
  2.) $(a - 1) + 1 = a$
  3.) $a + (b + 1) = (a + b) + 1$
  4.) $a - (b + 1) = (a - b) - 1$.

So weit man dies aus der Mitschrift rekonstruieren kann, besteht ein Beweis aus *Modus-ponens*-Schlüssen, wobei die Prämissen jeweils entweder als Endformel eines vorherigen *Modus ponens* aufgetreten oder (Einsetzungsinstanzen von) Axiome(n) sind.

Eine Voraussetzung für den Widerspruchsfreiheitsbeweis ist noch vorauszuschicken. Da „+1" und „−1" die einzigen Funktionszeichen sind, lassen sich geschlossene Terme dadurch auf Normalform bringen, daß man hintereinanderstehende Wechsel von „+1" und „−1" und umgekehrt wegläßt. So wird jeder geschlossene Term schließlich entweder zu einem Zahlzeichen reduzierbar oder auf die Form $(1 - 1) - 1 \ldots - 1$, die gewissermaßen den negativen ganzen Zahlen entspricht und die daher im Folgenden „negatives Zahlzeichen" genannt wird, um, in Abweichung von Hilberts Diktion, einen griffigen Terminus zu haben. Für Gleichungen und Ungleichungen zwischen solchen Normalform-Termen wird in der offensichtlichen Weise „Richtigkeit" und „Falschheit" definiert. Mit dieser Reduktionstechnik kann dann eine Formel *einsetzungsrichtig* genannt werden, wenn (1) nach beliebiger Einsetzung für ihre freien Variablen, (2) nach Reduktion der Terme auf eine Normalform und (3) nach aussagenlogischer Umformung der Formel in disjunktive Normalform (4) in jedem Summanden der einzelnen Konjunktionen eine richtige oder negierte falsche geschlossene Gleichung oder Ungleichung auftritt.

Hilbert behauptet dann die Widerspruchsfreiheit im Sinne dessen, was oben „arithmetische Widerspruchsfreiheit" genannt worden ist, und zeigt in einem Hilfssatz, daß er dieses Ziel erreicht hat, wenn er die Nichtableitbarkeit von $1 \neq 1$ gezeigt hat. Die Argumentationsstruktur ist wie folgt:

Argumentationsstruktur Wintersemester 1921/22 (Kneser)

(1) Alle Axiome sind einsetzungsrichtig.
(2) Substitutionen machen aus einsetzungsrichtigen Formeln wieder einsetzungsrichtige Formeln.
(3) Sind die Prämissen eines *Modus ponens* einsetzungsrichtig, so auch seine Konklusion.
(4) Alle beweisbaren Formeln sind einsetzungsrichtig.   (aus (1), (2), (3))
(5) $1 \neq 1$ ist nicht einsetzungsrichtig.   (aus Def.)
(6) $1 \neq 1$ ist nicht beweisbar.   (aus (4) und (5))

Hilbert erweitert die Tragweite dieses Beweises anschließend Schritt für Schritt. Als erstes fügt er die Multiplikationsaxiome $a \cdot 1 = a$, $a \cdot (b + 1) = a \cdot b + a$ und $a \cdot (b - 1) = a \cdot b - a$

hinzu und skizziert den Weg, deren Einsetzungsrichtigkeit zu zeigen. Dafür ist entscheidend, daß man Terme mit Multiplikationszeichen von innen her normalisiert. Dann hat man nur den Fall zu betrachten, daß Multiplikation mit Zahlzeichen oder negativen Zahlzeichen auftritt, und hat beispielsweise für Zahlzeichen $\mathfrak{a}$ und $\mathfrak{b}$ in $\mathfrak{a} \cdot \mathfrak{b}$ für jede 1 in $\mathfrak{b}$ das komplette Zahlzeichen $\mathfrak{a}$ zu setzen und dann weiter zu normalisieren. Hat man so die Einsetzungsrichtigkeit gezeigt, geht der erweiterte Beweis wie der ursprüngliche Beweis.

Dieser Weg, den ursprünglichen Beweis zu erweitern, in dem man einfach die Einsetzungsrichtigkeit neuer Axiome zeigt, kann bei der Hinzunahme rekursiv definierter Funktionen nicht mehr gegangen werden, da hier „die Begriffsbildungen neue Beweismöglichkeiten eröffnen".[53] Hilbert skizziert den Widerspruchsfreiheitsbeweis für ein derartig erweitertes System anhand der Einführung *einer* rekursiven Funktion f. Die Normalisierung der Terme verläuft ganz so wie in den vorherigen Fällen von innen her, bis man zum innersten f mit schon normalisiertem Argument gelangt. Für dieses hat man die Rekursionsgleichungen anzuwenden und wieder von innen her zu normalisieren usw. Daß dieses Verfahren zu einem Ende kommt, ist hier gesichert, weil *erstens* von den Funktionen vorausgesetzt wird, daß sie berechenbar sind, *zweitens* die zur Definition der rekursiven Funktionen verwendeten Funktionale nur Zeichen für zuvor definierte Funktionen erhalten dürfen[54] und *drittens* die definierenden Terme keine Funktionsvariablen enthalten dürfen, die via Substitution durch „später" definierte Funktionen Komplikationen verursachen könnten.[55]

Im nächsten Schritt nimmt Hilbert das Induktionsschema hinzu, nachdem er erläutert hat, daß das entsprechende Axiom nicht in einer Sprache ausdrückbar ist, die keine Allquantoren besitzt. Sein Ansatz scheint nun zu sein, die Verwendungen des Induktionsschemas zu eliminieren. Man sollte an dieser Stelle jedoch anmerken, daß die Ausführungen in Hilberts Vorlesung sehr skizzenhaft sind und die Rekonstruktion des Gedankengangs daher nur bedingt Anspruch auf Zuverlässigkeit erheben kann. Hilbert nimmt also einen Beweis von $1 \neq 1$ an, in dem das Induktionsschema verwendet wird. In diesem Beweis werden von der Endformel an aufwärts alle Variablen ersetzt und die so entstehenden geschlossenen Terme normalisiert, und zwar solange, bis man zu dem (von unten gesehen) ersten Induktionsschema kommt:

$$\phi(1)$$
$$\phi(a) \to \phi(a+1)$$
$$\overline{Z(t) \to \phi(t)}.$$

Der darin auftretende Term t ist schon von unten her geschlossen und normalisiert worden, sodaß man nur zwei Fälle unterscheiden muß:

---

[53] Hilbert, *Wintersemester 21/22 (Kneser)* [1922*], II, 29.
[54] So kann man zumindest Hilberts sparsame Formulierung interpretieren, wenn er über einen der definierenden Terme y_0 sagt: „Sei y_0 ein *bekanntes* Funktional"; vgl. Hilbert, *Wintersemester 21/22 (Kneser)* [1922*], II, 29.
[55] Vgl. hierzu die Diskussion der Probleme mit dem Ansatz von Ackermann in Kap. 10

9.6 Hilbertsche Beweistheorie

Ist t ein Zahlzeichen, so kann man den Induktionsschluß durch Wert-von-t-minus-1-malige Anwendung des Induktionsschrittes auf $\phi(1)$ ersetzen (und anschließend mittels Aussagenlogik $Z(t)$ vor das so erhaltene $\phi(t)$ stellen). In diesem Fall bliebe der Beweis ein Beweis.

Ist t kein Zahlzeichen – was wohl genau dann der Fall ist, wenn t ein negatives Zahlzeichen ist – so ist $Z(t)$ eine falsche Primformel und daher ist $Z(t) \to \phi(t)$ einsetzungsrichtig. In diesem Fall scheint Hilbert dafür zu plädieren, den Induktionsschluß (und den darüberstehenden Teil des Beweises) schlicht wegzulassen. Strenggenommen hat man dann keinen Beweis mehr. An einer späteren Stelle der Vorlesung gibt Hilbert jedoch zu erkennen, daß er hier anscheinend zu einem weiteren Beweisbegriff übergeht, wenn er sagt:

> Dabei bleibt der Beweis Beweis. Die an Stelle der Axiome gesetzten Formeln sind richtig. […] [So erhält man einen Beweis] aus I–V und richtigen Formeln.
> HILBERT, *Wintersemester 21/22 (Kneser)* [1922*], III, 4

Die Spitzen eines Beweises können demnach nicht nur Axiome, sondern überhaupt (einsetzungs)richtige Formeln sein. Strenggenommen stimmt es jedoch nicht, daß man durch die eben angegebene Elimination des Induktionsschemas den angenommenen Beweis von $1 \neq 1$ aus den Axiomen plus Induktionsschema in einen Beweis von $1 \neq 1$ allein aus den Axiomen transformiert. Da es sich bei dem Ergebnis i. A. nicht mehr um einen Beweis handelt, kann man den vorher erhaltenen *Satz* über die Widerspruchsfreiheit des Systems ohne Induktion *nicht anwenden*, denn dieser sagt ja nur, daß es keinen *Beweis* für $1 \neq 1$ gibt, und dabei ist natürlich ein Beweis im engeren Sinne gemeint. Was hier vielmehr nötig wäre und möglicherweise auch intendiert war, ist die Erweiterung des ursprünglichen Widerspruchsfreiheits*beweises* und nicht die Anwendung seines Resultats. Die Argumentationsstruktur war ja so, daß die Einsetzungsrichtigkeit der Endformel aus der Einsetzungsrichtigkeit der Axiome und der Erhaltung der Einsetzungrichtigkeit unter Substitutionen und *Modus-ponens*-Schlüssen gefolgert wird. Dieser Schluß bleibt auch gültig für den erweiterten Beweisbegriff, der außer Axiomen auch beliebige andere richtige Formeln an den Beweisspitzen zuläßt.

Der letzte Erweiterungsschritt in dieser Vorlesung ist dann noch einmal bemerkenswert, denn es scheint die erste dokumentierte Anwendung der Methode zu sein, die später zur ε-Substitutionsmethode geworden ist. Hilbert führt als Ersatz für Allquantoren hier die Funktionenfunktionen τ und α ein. Die intendierte Bedeutung ist, daß $\tau(f)$ null ist, wenn die Funktion f konstant den Wert 1 hat, und daß sie eins ist, wenn es Stellen (= Zahlzeichen) gibt, wo f ungleich eins ist. Die Auswahlfunktion α wählt in diesem Fall eine solche Stelle aus. Hilbert charakterisiert τ und α durch folgende vier Axiome:

1. $\tau(f) = 0 \to (Z(a) \to f(a) = 1)$
2. $\tau(f) \neq 0 \to Z(\alpha(f))$
3. $\tau(f) \neq 0 \to f(\alpha(f)) \neq 1$
4. $\tau(f) \neq 0 \to \tau(f) = 1$.

Dann skizziert er im Wesentlichen die Beweisidee, die später für die ε-Substitution typisch wird.[56] Aus einem angenommenen Widerspruchsbeweis eliminiert man zunächst alle Gegenstandsvariablen „von unten her" uniform durch 0 und alle Formelvariablen entsprechend durch eine einfache konkrete Funktion. Im Fall von Substitutionsschlüssen ersetzt man die Variablen schon in der Prämisse. Dann sucht man die innersten τ und α auf, die in Termen vorkommen. In ihren Argumenten stehen nur zuvor definierte Funktionen, etwa f_0. Die Idee ist, zunächst zu überprüfen, ob man einfach alle Terme $\tau(f_0)$ und $\alpha(f_0)$ durch 0 ersetzen kann. Dies würde die Axiome 2.–4. richtig machen (weil sie falsche Antezedentien haben), und nur Axiom 1. wäre genauer zu betrachten. Hier wäre das Antezedens richtig, also kommt es für den Wahrheitswert auf das Sukzedens $Z(t) \to f_0(t) = 1$ an. Dies kann nur falsch sein, wenn $Z(t)$ richtig und $f_0(t) = 1$ falsch ist, d. h., wenn sich t auf ein Zahlzeichen $\mathfrak{z}$ reduziert und $f_0(\mathfrak{z})$ ausgerechnet ungleich 1 ist. Nur in diesem Fall muß man die Ersetzung ändern und ersetzt $\tau(f_0)$ durch 1 und $\alpha(f_0)$ durch $\mathfrak{z}$. So wird das Axiom 1. richtig, weil das Antezedens falsch ist. Da nun die Antezedentien der übrigen Axiome 2.–4. richtig werden, sind für die Richtigkeit dieser Axiome ihre Sukzedentien zu prüfen: Das Sukzedens von 2. ist richtig, weil das eingesetzte $\mathfrak{z}$ ein Zahlzeichen ist; das von 3., weil $\mathfrak{z}$ gerade so ausgesucht wurde, daß $f_0(\mathfrak{z})$ ungleich 1 ist; und das von 4., weil $\tau(f_0)$ durch 1 ersetzt wird.

Geht man nach diesem Muster nach und nach alle τ und α in den auftretenden Termen von innen her durch und ersetzt sie, so findet man schließlich eine „Gesamtersetzung" (die hier noch nicht so heißt), nach der man alle τ und α so durch Zahlzeichen ersetzen kann, daß alle Axiome in einsetzungsrichtige Formeln übergehen. Wieder nach dem erweiterten Beweisbegriff, der neben Axiomen auch beliebige richtige Formeln als Beweisspitzen zuläßt, erhält man so einen Beweis von $1 \neq 1$ aus den alten Axiomen plus zusätzlichen richtigen Formeln, was nach dem alten Widerspruchsfreiheits*beweis* unmöglich ist. Die Ersetzungsmethode dient gewissermaßen dazu, aus einem Beweis, in dem es auf ein Existenzbeispiel ankommt, ein solches Existenzbeispiel zu extrahieren.

9.6.1.2 Bernays' Ausarbeitung

Die Bernayssche Ausarbeitung bietet neben viel ausführlicheren konzeptionellen Überlegungen auch technisch einige Änderungen gegenüber dem tatsächlichen Stoff der Vorlesung, wie ihn die Kneser-Mitschrift überliefert.

Das betrachtete formale System hat die folgenden Axiome:

I. Logische Axiome
   a) Axiome der Folge
      1) $A \to B \to A$
      2) $(A \to A \to B) \to A \to B$
      3) $(A \to B \to C) \to B \to A \to C$
      4) $(B \to C) \to (A \to B) \to A \to C$

---

[56] Vgl. HILBERT, *Wintersemester 21/22 (Kneser)* [1922*], III, 3–4.

9.6 Hilbertsche Beweistheorie

b) Axiome der Negation
5) $A \to \overline{A} \to B$
6) $(A \to B) \to (\overline{A} \to B) \to B$

II. Arithmetische Axiome
a) Axiome der Gleichheit
7) $a = a$
8) $a = b \to A\,a \to A\,b$

b) Axiome der Zahl
9) $a + 1 \neq 0$
10) $\delta(a + 1) = a$.

Die einzige Schlußregel ist der *Modus ponens*. Substituiert werden dürfen Terme für Grundvariablen, Formeln für Formelvariablen ohne Argument und Formeln mit Termen passenden Typs für Formelvariablen mit Argumenten bestimmten Typs. Ein Beweis in diesem System ist eine Folge von Formeln mit der Eigenschaft, daß jede Formel (1) Axiom ist oder durch Substitutionen aus einem Axiom hervorgeht, (2) mit einer vorher schon aufgetretenen Formel in der Folge übereinstimmt oder durch Substitution aus ihr hervorgeht oder (3) Endformel eines Schlusses ist.

Die Abweichungen von dem formalen System aus der Kneser-Mitschrift sind recht erhellend: Einerseits ist das Axiomensystem allgemein von „Ballast" befreit und „stromlinienförmiger" gemacht worden: Die Axiome für das Z-Zeichen („Zahl-sein") sind weggelassen; die natürlichen Zahlen beginnen bei der 0 und die Zahlaxiome sind auf das Minimum für Nachfolger und Vorgänger beschränkt. Andererseits ist hier endgültig mit dem Rest der „alten" Doktrin gebrochen, daß die Objekttheorie in dem Sinne konstruktiv sein müßte, daß in ihr bspw. auf die allgemeinen Negationsmechanismen verzichtet wird. *Tertium non datur* und *Ex falso quodlibet* treten hier nicht nur für Gleichungen und Ungleichungen, sondern ganz allgemein auf.

Für den Widerspruchsfreiheitsbeweis wird der Begriff einer „expliziten Formel" eingeführt als einer Formel, die als Terme nur Zahlzeichen enthält.[57] Die allgemein logische Widerspruchsfreiheit als Nichtableitbarkeit einer Formel und ihrer Negation wird ausdrücklich als äquivalent zur arithmetische Korrektheit im Sinne der Nichtableitbarkeit von $0 \neq 0$ nachgewiesen. Dabei wird explizit vermerkt, was oben diskutiert worden ist, nämlich daß diese beiden Widerspruchsfreiheitsbegriffe nur dann äquivalent sind, wenn man das Axiom 5) hat.[58] Dies ist wahrscheinlich auch der Grund dafür, daß in der Bernays-Ausarbeitung das volle *Ex falso quodlibet* ($A \to \overline{A} \to B$) statt der auf Gleichungen beschränkten Version aus der Vorlesung ($a \neq a \to A$) verwendet wurde.

Der Widerspruchsfreiheitsbeweis folgt dann folgendem argumentativen Muster:

---

[57] Eine „explizite Formel" ist also eine solche, bei der man die Werte der Terme nicht ausrechnen muß, sondern sie explizit angegeben sind.
[58] HILBERT, *Wintersemester 21/22 (Bernays)* [1922a*], 19; vgl. erster Teil, Abschn. 3.5.4.1

> **Argumentationsstruktur Wintersemester 1921/22 (Bernays)**
>
> (1) Ein beliebiger Beweis b kann in einen Beweis b' in Baumstruktur transformiert werden.
> (2) Ist b ein Beweis einer variablenfreien Formel, so kann b' in einen Beweis b'' ohne freie Variablen transformiert werden.
> (3) Ist b ein Beweis einer expliziten Formel, so kann b'' in einen „Beweis"[59] b''' transformiert werden, in dem nur explizite Formeln vorkommen.
> (4) Die vorgenannten Umformungen von b zu b''' haben folgende Eigenschaften:
>   (a) Schlüsse werden in Schlüsse überführt.
>   (b) Substitutionen in Konklusionen von Schlüssen werden zu Formelwiederholungen.
>   (c) Axiome gehen in richtige explizite Formeln über.
>   (d) Numerische Formeln (= Gleichungen oder Ungleichungen zwischen Zahlzeichen) werden nicht verändert.
> (5) Sind die Prämissen eines Schlusses richtige explizite Formeln, dann ist auch die Konklusion eine richtige explizite Formel.
> (6) Ist b ein Beweis einer expliziten Formel, so ist die Endformel von b''' richtig.
>   (aus (4a), (4b), (4c) und (5))
> (7) Eine beweisbare explizite Formel ist richtig.   (aus (4d) und (6))
> (8) $0 \neq 0$ ist eine falsche explizite Formel.   (aus Def.)
> (9) $0 \neq 0$ ist nicht beweisbar.   (aus (7) und (8))

Auch hier wird also mit (7) zunächst ein Korrektheitsresultat für numerische Formeln bewiesen („Eine beweisbare explizite Formel ist richtig"), aus dem die Widerspruchsfreiheit unmittelbar folgt. Der Zwischenschritt (4c) wird dabei durch verschiedene Hilfssätze über die disjunktive Normalform bewiesen, an der sich die Richtigkeit der Axiome *bei beliebiger Substitution und Reduktion* finit ablesen läßt (es ist bei der Normalform nur zu prüfen, ob in jedem Konjunktionsglied mindestens eine Formel zugleich mit ihrer Negation vorkommt).

Die obige Darstellung hat bewußt offen gelassen, was es genau heißen soll, daß ein Beweis „transformiert werden kann". Hier lassen sich zwei Interpretationen unterscheiden. Nach der ersten und mathematisch naheliegenderen werden Abbildungen auf der Men-

---

[59] Diese Transformation führt u. U. nicht wieder auf einen Beweis, vgl. auch das von Bernays verfaßte handschriftliche Korrekturblatt bei S. 26 des Anhangs zur Vorlesungsausarbeitung HILBERT, *Wintersemester 21/22 (Bernays)* [1922a*]. Dennoch handelt es sich um Formelkonfigurationen, die genau dieselbe Struktur wie der ursprüngliche Beweis haben. Um nicht umständlich von „einer einem Beweis strukturisomorphen Formelkonfiguration" reden zu müssen, wird im Folgenden dafür immer „Beweis"' (also „Beweis" in Anführungszeichen) verwendet.

9.6 Hilbertsche Beweistheorie

ge aller „Beweise" definiert. Dies ermöglicht folgende, etwas präzisere Rekonstruktion des Gedankengangs:

Argumentationsstruktur WS 1921/22 (Bernays) – Alternative mit expliziten Abbildungen

(1) Man kann eine Abbildung ′ angeben mit folgenden Eigenschaften:
   (a) Für alle Beweise b hat b' Baumstruktur.
   (b) b' hat dieselbe Endformel wie b.
(2) Man kann eine Abbildung * angeben mit folgenden Eigenschaften:
   (a) * eliminiert aus einem Beweis in Baumstruktur alle Variablen „von unten her".
   (b) Ist die Endformel von b variablenfrei, so hat b^* dieselbe Endformel wie b.
(3) Man kann eine Abbildung $^+$ angeben mit folgenden Eigenschaften:
   (a) Hat b Baumstruktur, so ist b^+ eine dazu isomorphe Anordnung von Formeln.
   (b) $^+$ reduziert alle Terme, d. h. es ersetzt jeden Term t durch ein Zahlzeichen $\underline{t^+}$, das dem „Wert" von t nach Anwendung der Rekursionsgleichungen entspricht.
   (c) Ist die Endformel von b^+ explizit, so hat b^+ dieselbe Endformel wie b.
(4) Die Abbildungen ′, * und $^+$ haben folgende Eigenschaften:
   (a) Jedem Schluß in b' entspricht genau ein Schluß in $((b')^*)^+$.
   (b) Substitutionsschlüsse in b' entsprechen Formelwiederholungen in $((b')^*)^+$.
   (c) Für alle Axiome/Axiominstanzen A ist $((A')^*)^+$ eine richtige explizite Formel.
   (d) Für explizite Formeln A gilt: $A \equiv ((A')^*)^+$.
(5) Sind die Prämissen eines Schlusses richtige explizite Formeln, dann ist auch die Konklusion eine richtige explizite Formel.
(6) Für alle Beweise b einer expliziten Formel ist die Endformel von $((b')^*)^+$ richtig.   (aus (4a), (4b), (4c) und (5))
(7) Eine beweisbare numerische Formel ist richtig.   (aus (4d) und (6))
(8) $0 \neq 0$ ist eine falsche explizite Formel.   (aus Def.)
(9) $0 \neq 0$ ist nicht beweisbar.   (aus (7) und (8))

Diese Interpretation hat jedoch den Nachteil, den Autoren der frühen beweistheoretischen Arbeiten nicht ganz gerecht zu werden, die häufig versucht haben, die Inanspruchnahme der Induktion auf der Metaebene zu vermeiden oder wenigstens auf „einfache", „anschauliche" oder „finite" Fälle zu beschränken. Nach dieser Rekonstruktion mittels Abbildungen würden unvermeidlich unendliche Mengen wie die aller möglichen Beweise vorausgesetzt, und sogar Prinzipien für die Definition von Funktionen auf diesen Mengen.

Historisch adäquater wäre es wohl, wenn man hier nicht mit diesen Mengen operierte, sondern versuchte, die Ableitung von Allaussagen zunächst unabhängig davon zu machen. Das Argument ließe sich dann etwa wie folgt beschreiben: Sei ein konkreter Beweis von $0 \neq 0$ gegeben. Dieser wird dann gemäß den Vorschriften zunächst in Baumstruktur umgeformt. Dann werden aus dem Resultat die Variablen entfernt. Und schließlich werden alle Terme reduziert. Für den so erhaltenen „Beweis" gelten die einzelnen Behauptungen des Zwischenschrittes (4), ergo muß seine Endformel eine richtige explizite Formel sein, es war aber die falsche explizite Endformel $0 \neq 0$. Damit erhält man einen Widerspruch zur Annahme, daß es einen solchen Beweis von $0 \neq 0$ gegeben hat. Es bleibt allerdings schon die Frage, woher man weiß, daß die einzelnen Behauptungen des Zwischenschrittes (4) für den konkreten Fall gelten. Auf das Induktionsproblem wird im dritten Teil dieses Buches noch zurückzukommen sein.

9.6.2 Leipziger Vortrag 1922

Die Ausführungen in Hilberts Leipziger Vortrag *Die logischen Grundlagen der Mathematik* von 1922 knüpfen eng an seine Vorlesung vom Wintersemester 1921/22 an. Zuerst gibt Hilbert wieder ein einfaches Basissystem an, von dem er hier explizit sagt:

> Die beweisbaren Formeln, die auf diesem Standpunkt gewonnen werden, haben sämtlich den Charakter des Finiten.   HILBERT, *Die logischen Grundlagen* [1923], 154

Ein Widerspruchsfreiheitsbeweis für dieses System wird nicht wirklich geführt. Hilbert entschuldigt sich schon einleitend dafür, denn es sei unmöglich, „diese ganze Theorie mit ihren langen und schwierigen Entwickelungen hier darzulegen",[60] und er fügt später noch hinzu, daß „die genaue Ausführung dieses soeben nur skizzierten Nachweises mehr Zeit beanspruchen würde, als [...] in diesem Vortrage zur Verfügung steht".[61]

Aber zumindest gibt er eine Übersicht über die einzelnen Schritte an, die man zum Beweis der Widerspruchsfreiheit für das Basissystem der ersten zehn Axiome gehen müßte. Man beginnt mit der Annahme, daß ein Beweis mit der Endformel $0 \neq 0$ vorliegt, und führt diese Annahme in folgenden Schritten *ad absurdum*: 1. Umformung in Baumstruktur, 2. Elimination der freien Variablen, 3. Ausrechnen aller Terme zu Zahlzeichen, 4. Transformation der Formeln auf Normalform.[62] Diese Änderungen des Beweises werden jeweils so durchgeführt, daß am Schluß noch ein Beweis derselben Endformel vorliegt, die Axiom(instanz)e(n) in richtige explizite Formeln übergegangen sind und die Schlußregeln in richtigkeitserhaltende Übergänge (manche Substitutionsschlüsse gehen in Wiederholungen derselben Formel über). Daraus folgt, daß auch die Endformel richtig sein muß.

---

[60] HILBERT, *Die logischen Grundlagen* [1923], 151.
[61] HILBERT, *Die logischen Grundlagen* [1923], 158.
[62] Vgl. HILBERT, *Die logischen Grundlagen* [1923], 157–158.

9.6 Hilbertsche Beweistheorie

Da $0 \neq 0$ nach Definition dieses Begriffs jedoch falsch ist, ist die Annahme, es gäbe einen Beweis von $0 \neq 0$ schließlich *ad absurdum* geführt.

Die Argumentationsstruktur des Basis-Beweises ist mithin folgende:

Argumentationsstruktur Leipzig 1922

(1) Es gibt einen Beweis b von $0 \neq 0$. (Annahme)
(2) b kann in einen Beweis b' in Baumstruktur transformiert werden.
(3) b' kann in einen Beweis b'' ohne freie Variablen transformiert werden.
(4) b'' kann in einen Beweis b''' transformiert werden, der nur Zahlzeichen als Terme hat.
(5) Die Transformation von b zu b''' hat folgende Eigenschaften:
  (a) Axiom(instanz)e(n) gehen in richtige numerische Formeln über.
  (b) Schlußregelanwendungen gehen in richtigkeitserhaltende Übergänge über.
  (c) Die Endformel $0 \neq 0$ bleibt unverändert.
(6) Die Endformel von b''' muß eine richtige Formel sein.
(7) $0 \neq 0$ ist nicht richtig.
(8) Widerspruch.
(9) Es gibt keinen Beweis b von $0 \neq 0$.

Ein deutlicher Unterschied zu der Argumentation von Bernays in der Ausarbeitung der Wintersemester-1921/22-Vorlesung besteht offenbar darin, daß Hilbert die Transformationen der Beweise und die entsprechenden Sätze nicht allgemein formuliert. Er verfolgt weiterhin die Perspektive, daß es sich nicht um Abbildungen auf unendlichen Mengen handelt, sondern um konkrete Transformationen an einem hypothetisch vorliegenden konkreten Beweis.

Nach dieser Skizze wendet sich Hilbert der Erweiterung dieses Axiomensystems in den Bereich „transfiniter Schlüsse" zu. Die in *Neubegründung* nur angedeutete Verwendung eines τ-Operators für die Quantifikation wird nun ausgeführt. τ ist eine Funktion, die jeder Aussage A ein Objekt τA zuordnet, das im Allgemeinen ein Gegenbeispiel für die Aussage A ist. Im Fall freier Variablen in der Aussage (wie in $A(a)$), notiert Hilbert $\tau_a(A(a))$, um zu signalisieren, daß der Wert von τ nur von A, nicht aber von dem (Wahrheits-) Wert von A bei a abhängt (vgl. auch die Notation bei Ackermann, Abschn. 10.2). Das entsprechende Axiom

11. $A(\tau A) \to A(a)$

heißt dann auch „transfinites Axiom". Es sagt soviel wie: „Wenn A schon vom (möglichen) Gegenbeispiel gilt, dann muß es für alle Objekte gelten" (M. a. W.: Es gibt kein Gegenbeispiel).[63]

---

[63] HILBERT, *Die logischen Grundlagen* [1923], 156.

Mit dem τ-Operator lassen sich die Quantoren definieren, in heute üblicher Schreibweise durch:

$\forall$. $A(\tau A) \leftrightarrow (\forall x)A(x)$
$\exists$. $A(\tau \overline{A}) \leftrightarrow (\exists x)A(x)$.

Aus dieser Definition und dem Axiom 11. lassen sich (mittels der übrigen Logik) alle gewöhnlichen Quantoren-Axiome ableiten. Die Entdeckung der Möglichkeit, mit einem einzigen Axiom auszukommen, schreibt Hilbert explizit Bernays zu.

Hilbert beschäftigt sich dann mit einem Spezialfall des transfiniten Axioms 11., daß nämlich die Aussage A eine Gleichung der Form $f(a) = 0$ und a eine Gegenstandsvariable ist. $\tau_a(f(a) = 0)$ wird dann kurz $\tau(f)$ genannt und das Axiom 11. wird zu:

12. $f(\tau(f)) = 0 \rightarrow f(a) = 0$.

Der Widerspruchsfreiheitsbeweis für das System 1.–10.+12. soll von der Struktur her genauso ablaufen wie der eben gegebene, mit einer Ausnahme. Nach der Ersetzung aller Variablen bleiben noch Teilterme der Gestalt $\tau(f)$ übrig, bei denen für f irgendein spezielles Funktionszeichen eingesetzt ist. Hilbert nimmt der Einfachheit halber an, es gäbe hier nur eine zu berücksichtigende Funktion ϕ. Dann sind also noch Terme der Gestalt $\tau(\phi)$ zu berücksichtigen und im Beweis kommen Instanzen von Axiom 12. vor.

Für das weitere Funktionieren der obigen Argumentation ist aber entscheidend, daß alle Axiome in richtige numerische Formeln übergehen. Dazu nun setzt Hilbert die spätere Epsilon-Substitutionstechnik ein. Sie setzt an bei einer „experimentellen" Ersetzung aller Terme $\tau(\phi)$ durch 0. Nach einem weiteren Reduktionsschritt, den Hilbert allerdings nicht erwähnt, enthält der Beweis wie gewünscht nur noch Zahlzeichen als Terme. Die Instanzen von Axiom 12. sind übergegangen in Formeln der Gestalt

(*) $\phi(0) = 0 \rightarrow \phi(\mathfrak{z}) = 0$.

Man rechnet dann den Funktionswert $\phi(\mathfrak{z})$ der rekursiv definierten Funktion ϕ aus und hat zwei Fälle zu unterscheiden: Kommt als Wert 0 heraus, so sind die Formeln (*) alle richtig, d. h. wie gewünscht gehen alle Axiome in richtige Formeln über. Oder es kommt einmal ein anderer Wert heraus. Dann würden die Formeln (*) falsch. Dann jedoch kann man einen Schritt zurückgehen, und ersetzt $\tau(\phi)$ nicht durch 0, sondern durch $\phi(\mathfrak{z})$. Dadurch werden die Instanzen von Axiom 12. zu $\phi(\mathfrak{z}) = 0 \rightarrow \phi(\mathfrak{s}) = 0$ und wie die anderen Axiome werden auch sie zu richtigen numerischen Formeln. Die abschließenden Schritte des Beweises gehen dann ganz wie im Basisfall.

Die Bedeutung der Funktionenfunktion τ liegt darin, daß mit ihrer Hilfe das *Tertium non datur* für All- und Existenzquantor in gewisser Hinsicht beweisbar wird.[64] Hilberts

---

[64] Das hat Hilbert schon in HILBERT, *Neubegründung* [1922], 176–177, angedeutet.

formales System ist so aufgebaut, daß das *Tertium-non-datur*-Problem in zwei Teilprobleme zerfällt. *Erstens* braucht man, daß immer eine Aussage oder ihre Negation gilt. Dies hat Hilbert in Form des aussagenlogischen Axioms $(A \to B) \to ((\overline{A} \to B) \to B)$ realisiert. *Zweitens* muß die Existenzaussage mit negierter Matrix aus der Negation der Allaussage mit positiver Matrix folgen. Hierin liegt der Beitrag des τ-Operators. Ist z. B. A die Formel $f(x) = 0$,[65] so ist das *Tertium-non-datur*-Problem der Nachweis von $\forall x A(x) \lor \exists x \overline{A(x)}$, d. h. $\forall x(f(x) = 0) \lor \exists x(f(x) \neq 0)$. Dies soll sich mittels des τ-Operators aus dem einfachen *Tertium non datur* für Gleichungen ergeben. Danach hat man nämlich $f(\tau(f)) = 0 \lor f(\tau(f)) \neq 0$, und daraus folgt im Fall des ersten Disjunktionsglieds mittels des „transfiniten Axioms V." $f(a) = 0$, was universalquantifiziert $\forall x(f(x) = 0)$ bedeutet. Und mit $\tau(f)$ hat man im Fall des zweiten Disjunktionsglieds ein Existenzbeispiel für $\exists x(f(x) \neq 0)$. Auf diese Weise soll der τ-Operator dazu dienen, das *Tertium non datur* von der Gleichungsebene auf die Ebene quantifizierter Gleichungen „hochzuziehen".

Im Leipziger Vortrag ist dann noch die Rede vom μ-Operator, der das kleinste Gegenbeispiel auswählt und mit dessen Hilfe man das Induktionsaxiom mit Formelvariablen beweisen kann. Schließlich geht Hilbert zu einem Ansatz über, die Analysis als Theorie der Mengen von Mengen von Dualbrüchen zu entwickeln. Dies soll hier aber nicht mehr geschildert werden.

9.6.3 Vorlesung Wintersemester 1922/23

Auch zu Hilberts Vorlesung im Wintersemester 1922/23 gibt es eine (teilweise) „offizielle" Ausarbeitung und eine Mitschrift von Hellmuth Kneser. Die offizielle Fassung besteht aus zwei Teilen: Erstens einer von Bernays angefertigten maschinenschriftlichen Ausarbeitung des ersten Teils der Vorlesung, in der das Problem der Widerspruchsfreiheit erläutert und die Formalismen motiviert und eingeführt werden. Zweitens handschriftlichen Notizen Hilberts, die von Inhalt, Struktur und Sauberkeit der Darstellung her deutlich mehr den Charakter von Gedächtnisstützen für die Vorlesung als von Ausarbeitungen der Gedankengänge haben. Der tatsächlich vorgetragene Stoff weicht laut der Kneser-Mitschrift hiervon in vielen Punkten ab. Bei der Auswertung dieser Vorlesung wird nachfolgend nur die Kneser-Mitschrift berücksichtigt.[66]

Die aussagenlogischen Axiome für $\to$, die früher schon verwendet wurden und in etwa den fünf Schlußregeln aus dem 1920/21-Manuskript entsprechen, werden hier durch Axiome für $\land$, $\lor$ und $\neg$ ergänzt. Diese Axiome haben schon große Ähnlichkeit zu den Einführungs- und Eliminationsregeln der Kalküle des natürlichen Schließens.[67]

---

[65] So Hilberts Beispiel in HILBERT, *Die logischen Grundlagen* [1923], 185.
[66] Hilbert und Bernays haben die Vorlesung anscheinend gemeinsam gehalten. Daher bietet die Kneser-Mitschrift interessante historische Details, da sie die von Hilbert und von Bernays jeweils vorgetragenen Teile durch „(H)" und „(B)" unterscheidet.
[67] Vgl. HILBERT, *Wintersemester 22/23 (Kneser)* [1923*], 17.

1. $A \to B \to A$
2. $(A \to A \to B) \to A \to B$
3. $(A \to B \to C) \to (B \to A \to C)$
4. $(B \to C) \to (A \to B) \to A \to C$
5. $A \& B \to A$
6. $A \& B \to B$
7. $A \to B \to A \& B$
8. $A \to A \vee B$
9. $B \to A \vee B$
10. $(A \to C) \to (B \to C) \to A \vee B \to C$
11. $A \to \overline{A} \to B$
12. $(A \to B) \to (\overline{A} \to B) \to B$.

Zu diesen logischen Axiomen kommen folgende mathematische hinzu:[68]

13. $a = a$
14. $a = b \to A\,a \to A\,b$
15. $a + 1 \neq 0$
16. $\delta(a + 1) = a$.

Der Widerspruchsfreiheitsbeweis für diesen Basiskalkül verwendet den Begriff der „Richtigkeit". Gleichungen zwischen Zahlzeichen heißen „richtig", falls die rechts und links vom Gleichheitszeichen stehenden Terme übereinstimmen, sonst „falsch" (entsprechend umgekehrt für Ungleichungen). Diese Definition wird durch wahrheitstafel-ähnliche Festlegungen auf aussagenlogische Verknüpfungen von Gleichungen und Ungleichungen „hochgezogen".

Der Widerspruchsfreiheitsbeweis folgt genau den vier Schritten aus Hilberts Leipziger Vortrag: 1. Umformung in Baumstruktur, 2. Elimination der freien Variablen, 3. Ausrechnen aller Terme zu Zahlzeichen, 4. Transformation der Formeln auf Normalform.[69] Allerdings gibt es einen kleinen, aber charakteristischen Unterschied: In der Vorlesung, die anscheinend Bernays im Dezember 1922 gehalten hat, werden die Umformungen an beliebigen Beweisen von numerischen Formeln behandelt, während Hilbert in seinem Vortrag vom September 1922 wieder an einem hypothetisch vorliegenden konkreten Beweis von $0 \neq 0$ arbeitet. Darin hatte sich schon seine Darstellung in der Vorlesung des vorangegangenen Winters von der Ausarbeitung Bernays' unterschieden.[70]

---

[68] Vgl. HILBERT, *Wintersemester 22/23 (Kneser)* [1923*], 19.
[69] Vgl. HILBERT, *Die logischen Grundlagen* [1923], 157–158; HILBERT, *Wintersemester 22/23 (Kneser)* [1923*], 20–22; und oben Abschn. 9.6.2
[70] Hilbert beschrieb das Verfahren des Widerspruchsfreiheitsbeweises in seinem Leipziger Vortrag dahingehend, „daß wir den als vorliegend angenommenen Beweis sukzessive abändern"; HILBERT, *Die logischen Grundlagen* [1923], 156. An der entsprechenden Stelle der Vorlesung heißt es hingegen: „Einen Beweis mit einer numerischen Endformel unterwerfen wir einer Gesamtreduktion"; HILBERT, *Wintersemester 22/23 (Kneser)* [1923*], 20.

9.6 Hilbertsche Beweistheorie

Die Argumentation folgt dann folgendem Schema:

Argumentationsstruktur Wintersemester 1922/23

(1) Ein Beweis b einer numerischen Endformel kann in einen Beweis b' in Baumstruktur transformiert werden.
(2) b' kann in einen Beweis b'' ohne freie Variablen transformiert werden.
(3) b'' kann in einen „Beweis" b''' derselben numerischen Endformel transformiert werden, in dem als Terme nur Zahlzeichen auftreten.
(4) Die Transformation von b zu b''' hat folgende Eigenschaften:
   (a) Schlüsse gehen in richtigkeitserhaltende Übergänge über.
   (b) Substitutionen in Konklusionen von Schlüssen werden zu Formelwiederholungen.
   (c) Axiome gehen in richtige explizite Formeln über.
   (d) Die numerische Endformel ist unverändert geblieben.
(5) Sind die Prämissen eines Schlusses richtige explizite Formeln, dann ist auch die Konklusion eine richtige explizite Formel.
(6) Die Endformel von b''' ist eine richtige explizite Formel.   (aus (4a), (4b), (4c) und (5))
(7) Eine beweisbare numerische Formel ist richtig.   (aus (4d) und (6))
(8) $0 \neq 0$ ist eine falsche explizite Formel.   (aus Def.)
(9) $0 \neq 0$ ist nicht beweisbar.   (aus (7) und (8))

Die erste Erweiterung des Basiskalküls besteht in der Zulassung rekursiver Funktionsdefinitionen wie

$$\phi 0 = a$$
$$\phi(a+1) = b(a, \phi a)$$

mit einem schon definierten Term $b(a, c)$ und der Hinzunahme der Induktionsregel

$$\frac{\mathfrak{A} 0 \quad \mathfrak{A} a \to \mathfrak{A}(a+1)}{\mathfrak{A} a.}$$

Es wird bemerkt, daß sich mit der Rekursion eine Reihe mathematischer Begriffe explizit definieren läßt (z. B. der kleinste von 1 verschiedene Teiler einer Zahl) und daß die Induktion die bekannten Rechengesetze für $+$ und $\cdot$ liefert.[71] Außerdem läßt sich neben der Division auch die Subtraktion und speziell die Vorgängerfunktion rekursiv definieren,

---

[71] Vgl. HILBERT, *Wintersemester 22/23 (Kneser)* [1923*], 26–27.

sodaß das Axiom 16. wegfallen kann und ein Spezialfall der Rekursion wird. Die definierenden Gleichungen der rekursiven Funktionen werden wie Axiome dem Kalkül hinzugefügt und heißen daher auch „Definitionsaxiome".[72] $\geq, >, \leq$ und $<$ werden durch die Subtraktion definiert und die entsprechenden Definitionsaxiome dem Kalkül hinzugefügt.

Der so erhaltene Kalkül ist zwar immer noch quantorenfrei, aber schon deutlich umfangreicher als der Basiskalkül: Man hat Zeichen für (axiomatisch, rekursiv) definierte Funktionen, die in Termen vorkommen können, also einen erweiterten Termbegriff. Zu den Primformeln gehören nun nicht nur Gleichungen, sondern auch diejenigen Primformeln, die sich aus den Größer- und Kleiner-Beziehungen ergeben.

Daß die Reduktionen der Terme ausgeführt werden können, wird immer ohne Weiteres vorausgesetzt. Die einzige entsprechende Vorsichtsmaßnahme ist, daß bei den Rekursionsgleichungen der Term im Definiendum „vorher definiert" sein soll.

Die Erweiterungen des Widerspruchsfreiheitsresultats geschehen jeweils schlicht dadurch, daß gezeigt wird, daß aus den Axiomen nach beliebigen Einsetzungen und Reduktion immer richtige Formeln entstehen. Interessant ist daran vielleicht der Fall des Gleichheitsaxioms. Tritt es für zwei Terme s und t auf $(s = t \to A\,s \to A\,t)$, so ist zu danach zu unterscheiden, ob deren Redukte s^* und t^* übereinstimmen. Wenn ja, so ist $A\,s^*$ dieselbe Formel wie $A\,t^*$ und das Konditional wird deshalb richtig. Wenn nein, so ist $s^* = t^*$ falsch und das Konditional wird ebenfalls richtig.

9.7 Zusammenfassung

Die Kette der semantischen Konsistenzreduktionen, die Hilbert in den Grundlagen der Geometrie durchführt, endet bei der höheren Arithmetik. Wenn ihre Zurückführung auf die Logik nicht in Frage kommt, so kann man sie nur auf einem direkten Weg, sprich durch syntaktische Widerspruchsfreiheitsbeweise absichern. Im Zentrum von Hilberts erstem Ansatz dazu steht 1904 eine Art Korrektheitssatz, nach dem nur homogene Gleichungen ableitbar sind, während im Falle eines Widerspruchs eine inhomogene Gleichung ableitbar sein müßte.

Diese Überlegungen nimmt Hilbert in der Sommersemester-Vorlesung 1920 wieder auf. An dem Kalkül sind kleine Modifikationen vorgenommen, während die Argumentationsstruktur im Wesentlichen übernommen wird. Der Homogenitätssatz wird allerdings durch das schärfere Resultat ersetzt, daß nur Gleichungen zwischen identischen Termen beweisbar sind. Ein entscheidender syntaktischer Hilfssatz sagt aus, daß nur Formeln mit höchstens zwei $\to$-Zeichen ableitbar sind.

Die beiden letztgenannten Resultate lassen sich schon in etwas anspruchsvolleren Kalkülen nicht mehr erhalten. In einer Übergangsphase probiert Hilbert, eine breitere Aussagenlogik durch Regeln abzudecken. Dabei zeigt sich Hilberts typisches Vorgehen der schrittweisen Erweiterung von Ergebnissen, die an einem engen Ausgangsformalismus ge-

---

[72] Vgl. etwa HILBERT, *Wintersemester 22/23 (Kneser)* [1923*], 28.

9.7 Zusammenfassung

wonnen werden. In einem Erweiterungsschritt begegnet zum ersten Mal die Methode, „probeweise" Ersetzungen von Termen durch Terme mit einem anderen Wert durchzuführen. In dieser Übergangsphase beginnt sich auch die programmatische Trennung von Objekt- und Metatheorie deutlicher herauszukristallisieren, indem von dem Erfordernis einer konstruktiven Objekttheorie abgerückt wird.

Hilberts Vorlesung vom Wintersemester 1921/22 präsentiert zum ersten Mal ein ausgereiftes Konzept der Beweistheorie, das sich in Bernays' offizieller Ausarbeitung dann auch an einem stromlinienförmigen Formalismus mit voller klassischer Logik zeigt.

Insgesamt ist die Entwicklung von 1899 bis 1923 geprägt durch die Einführung syntaktischer Methoden, durch die konsequente Trennung einer Objekttheorie mit voller klassischer und einer Metatheorie mit finiter Logik, durch die Entwicklung wichtiger Beweisumformungstechniken, durch die Entdeckung eines termartigen Ersatzes für Quantoren und nicht zuletzt durch die kohärentere Anwendung metatheoretischer Induktionsprinzipien.

In einem Manuskript aus 1920/21 verwendet Hilbert zum ersten Mal eine Termersetzungsmethode für Widerspruchsfreiheitsbeweise. Zusammen mit den Bemühungen, die Quantoren durch Operatoren wie τ in den Griff zu bekommen, entstand daraus die Substitutionsmethode für Epsilon-Terme. Diese Methode, deren Grundgedanke es ist, Existenzbeispiele aus Beweisen zu extrahieren, ist das Kernstück des im folgenden Kapitel zu behandelnden Widerspruchsfreiheitsbeweises von Ackermann.

Hilbertschule I: Wilhelm Ackermann   10

1924 promovierte Wilhelm Ackermann (1896–1962) bei Hilbert mit der Dissertation *Begründung des tertium non datur mittels der Hilbertschen Theorie der Widerspruchsfreiheit*, die 1925 unter demselben Titel in den *Mathematischen Annalen* erschien.[1] In dieser Arbeit will Ackermann im Sinne des Hilbertprogramms einen Widerspruchsfreiheitsbeweis für die Zahlentheorie führen.[2]

Der logisch-mathematischen Grundlagenforschung blieb Ackermann auch nach seiner Promotion verbunden, beendete seine eigentliche akademische Karriere jedoch bald und arbeitete als Gymnasiallehrer. Als Honorarprofessor hielt er später regelmäßig Vorlesungen in Münster,[3] konnte jedoch durch seine wissenschaftlichen Publikationen bedeutend mehr akademische Wirksamkeit entfalten. Bekannt ist Ackermann etwa durch die Ackermann-Funktion, eine rekursiv, aber nicht primitiv-rekursiv definierbare Funktion,[4] und als Mitherausgeber eines der ersten Lehrbücher für mathematische Logik im deutschen Sprachraum, des *Hilbert-Ackermann*.[5] In Bezug auf dieses Werk tendiert die aktuelle Forschung allerdings dahin, den Anteil von Paul Bernays an der inhaltlichen Entwicklung recht hoch zu veranschlagen und Ackermanns Anteil als eher beschränkt auf redaktionelle Tätigkeiten anzusehen.[6]

---

[1] ACKERMANN, *Begründung (Publ.)* [1925].
[2] Zu den folgenden Ausführungen vgl. auch TAPP/LÜCK, *Transfinite* [2004a]; ZACH, *Hilbert's Finitism* [2001].
[3] Zur Person Ackermanns vgl. HERMES, *Ackermann* [1962]; HERMES, *In memoriam* [1967]; zu seinem Verhältnis zu Hilbert auch REID, *Hilbert* [1970], 173. – In ACKERMANN, *Briefwechsel* [1983] veröffentlichte sein Sohn Richard Ackermann einige Briefe, die zwischen seinem Vater und den Logikern Bernays, Scholz, Lorenzen und Schmidt gewechselt worden waren.
[4] Siehe ACKERMANN, *Hilbertscher Aufbau Theoretische Logik* [1928]. Erläuterungen zum Zusammenhang mit Hilberts Werk: BERNAYS, *Hilberts Untersuchungen* [1935], 205–206.
[5] HILBERT/ACKERMANN, *Theoretische Logik* [1928].
[6] So z. B. EWALD/SIEG, *Lectures* [2013], 28–29.

10.1 Ackermanns Ziele

Ackermanns Dissertation war der erste größere Beitrag zur Beweistheorie, der nicht von Hilbert selbst stammte. Trotzdem wird man sagen, daß Ackermanns Arbeiten ganz aus Hilberts Forschungsprogramm hervorgegangen sind.[7] Als Student Hilberts war er mit den Entwicklungen der neuen Beweistheorie bestens vertraut, denn viele dieser Entwicklungen sind ja, wie gesehen, im Umkreis von Hilberts Vorlesungen der frühen 1920er Jahre entstanden (vgl. Kap. 9).

Ackermanns Arbeit trägt mit *Begründung des tertium non datur* einen auf den ersten Blick merkwürdigen Titel, dem sich jedoch drei Hinweise für die Interpretation entnehmen lassen. Der *erste* Hinweis ist ganz allgemeiner Natur und betrifft die Zielsetzung von Hilberts Programm. Es ging um eine Absicherung der Mathematik gegenüber der Gefahr durch das unkontrollierte Auftreten von Paradoxien. Das Problem wurde in einem zu freien Umgang mit dem Unendlichen gesehen und seine Lösung konnte nur in der Beschränkung auf Methoden liegen, deren Zuverlässigkeit begründet ist. Dies betrifft zunächst einen engeren Bereich finiter, konstruktiver bzw. intuitionistischer Schlußweisen und im zweiten Schritt dann auch die mit Hilfe solch zuverlässiger Methoden als zuverlässig nachgewiesenen weiteren Bereiche. Das logische Prinzip des *Tertium non datur*, das es gestattet, aus verneinten Allsätzen auf den entsprechenden Existenzsatz zu schließen, war ein problematischer Fall, für den sich keine konstruktive Rechtfertigung aufbieten ließ. Eine solche Rechtfertigung hätte nach der Angabe oder Konstruktion eines Existenzbeispiels verlangt, das man bei einem Beweis mittels *Tertium non datur* ja gerade nicht aufweisen kann. Die „Begründung des *Tertium non datur*" betrifft insofern die Ausweitung des finit-sicheren Bereichs dadurch, daß man die Zuverlässigkeit eines sog. „transfiniten" Beweismittels zeigt, d. h. seine Widerspruchsfreiheit. Schon so fügt sie sich in den konzeptionellen Rahmen des Hilbertprogramms ein.

Der *zweite* Hinweis betrifft einen kleinen Unterschied zwischen Ackermanns und Hilberts Redeweisen. Während Hilbert eine Publikation aus dem Jahr 1931 „Beweis des Tertium non datur" nennt, spricht Ackermann vorsichtiger von „*Begründung* des Tertium non datur".[8] Hilbert hat sich regelmäßig die Freiheit genommen, von „Beweis *von* ..." zu sprechen, wenn es eigentlich um den „Beweis der *Widerspruchsfreiheit von* ..." geht. Dies kann man an seinem frühen Briefwechsel mit Frege ablesen, aber auch an seiner häufigen Bemerkung, er habe die Induktion bewiesen (wo es um die Widerspruchsfreiheit des Induktionsschemas ging), oder daran, daß er seinen Versuch, die Widerspruchsfreiheit der Kontinuumshypothese zu beweisen, als Beweis der Kontinuumshypothese bezeichnete, und so fort. Inwieweit es sich dabei bloß um eine Sprechweise handelte, oder ob Hilbert vielleicht an eine derartig starke Vollständigkeitseigenschaft glaubte, daß aus dem Nachweis der Widerspruchsfreiheit schon die Beweisbarkeit folgt, mag an dieser Stelle dahingestellt bleiben.[9] Jedenfalls ist anzunehmen, daß Ackermann diesen Unterschied wahrgenommen und seine Aufgabenstellung von daher als „Begründung" bezeichnet hat.

---

[7] Vgl. ZACH, *Hilbert's Finitism* [2001], 73.
[8] HILBERT, *Tertium non datur* [1931a].
[9] Vgl. hierzu auch im ersten Teil Abschn. 5.4.

10.1 Ackermanns Ziele

Der *dritte* Hinweis ist wesentlich spezifischer. Schon in Hilberts Widerspruchsfreiheitsbeweisen war deutlich geworden, daß sich das *Tertium-non-datur*-Problem mit den Quantoren in zwei Teilprobleme aufspalten läßt: das aussagenlogische *Tertium non datur* und das eigentliche quantorenlogische Problem. Das aussagenlogische hatte sich als völlig unproblematisch herausgestellt. Hilbert war entsprechend davon abgerückt, eine konstruktive Objekttheorie zu fordern, und fügte zunächst in *Neubegründung* Negationsaxiome für Gleichungen und in den Vorlesungen ab 1921/22 dann auch das aussagenlogische *Tertium non datur* der Objekttheorie hinzu. Das eigentliche Problem war damit auf ein quantorenlogisches reduziert: Nicht $\forall x \phi(x) \lor \neg \forall x \phi(x)$ war das Problem, sondern ob man aus $\neg \forall x\, \phi(x)$ auf $\exists x\, \neg \phi(x)$ schließen kann. Entsprechende Axiome machten bei den Widerspruchsfreiheitsbeweisen enorme Schwierigkeiten. Daher suchte Hilbert nach einem termartigen Ersatz für Quantoren und entwickelte Operatoren wie τ. Mit ihnen konnte man die Quantoren definieren und dann aus einem einzigen transfiniten Axiom mittels eines simplen *Tertium non datur* für Gleichungen und Ungleichungen das gesuchte „große" *Tertium non datur* mit All- und Existenzquantoren ableiten. Damit war zumindest der nächste Aufgabenschritt klar umrissen: die Widerspruchsfreiheit eines Kalküls zu beweisen, der ein transfinites Axiom zu diesen Operatoren enthält. Diese Aufgabe wurde dadurch verschärft, daß diese Operatoren bei Termbildungen zugelassen werden müssen und daher mit den definierbaren Funktionen interferieren können. Diesen Anforderungen stellte sich Ackermann in seiner Arbeit und die *Begründung des tertium non datur* bezieht sich genau darauf: Beweis der Widerspruchsfreiheit eines Kalküls mit transfiniten Operatoren, aus denen sich ein *Tertium non datur* für Quantoren ableiten läßt.

Die drei Interpretationshinweise zeigen, daß sich Ackermann mit seiner Arbeit voll in die von Hilbert begründete Traditionslinie stellt. Auch ihm ist das Doppelziel klar vor Augen: Durch Beseitigung der Bedrohung durch Paradoxien die Mathematik zu „retten", wenn er auch etwas zurückhaltender von der Rettung „wertvolle[r] Bestandteile der Mathematik" redet.[10] Mit Hilbert teilt er die ambitionierte Zielvorstellung, die Mengenlehre zu diesen Teilen zu rechnen; ferner die Intuition (die in seinem Aufsatz als quasi empirische Behauptung auftritt), daß die Quantifikation über unendliche Gegenstandsbereiche letztlich für die Paradoxien verantwortlich sei: Die Paradoxien träten nur dort auf, wo es sich um unendliche Gesamtheiten handle. Die sog. „transfiniten" Schlußweisen wie die vollständige Induktion oder das *Tertium non datur* seien letztlich für die problematischen Widersprüche verantwortlich, weshalb man sie nicht selbst wieder auf der Metaebene für einen Widerspruchsfreiheitsbeweis verwenden könne. In der Diskussion zwischen Hilbert und Poincaré über die Vermeidbarkeit der Verwendung der vollständigen Induktion auf der Metaebene bezieht Ackermann eindeutig Position auf Seiten seines Doktorvaters: Die Schwierigkeit, sich bei Verwendung der problematischen Prinzipien auf der Metaebene nur im Kreise zu drehen, habe Hilbert durch die klare Unterscheidung von Mathematik und Metamathematik behoben. Ein explizites Argument, warum diese Unterscheidung die

---

[10] Es ist auch in dieser Untersuchung nicht endgültig klar geworden, *welche* Teile der Mathematik genau Ackermann hier meint.

Schwierigkeiten beseitigt, bleibt Ackermann wie Hilbert zwar schuldig. Dadurch daß er direkt im nächsten Satz Hilberts methodischen Formalismus durch den Satz charakterisiert: „Die Mathematik wird zu einem Bestand an Formeln", lenkt Ackermann allerdings den Blick auf eine mögliche Lösung. Er wird sich sicher an Hilbert anschließen und eine endliche Anzahl von Formeln (oder Formelschemata?) als finit überblickbar und ohne Verwendung der vollständigen Induktion manipulierbar ansehen. Die Auffassung der Konsistenzbehauptung als einer Allaussage („Alle Beweise dieses Systems haben nicht Falsum als Endformel" o. ä.) läßt dann selbstverständlich auch gegenüber Ackermanns Ansatz den Verdacht aufkeimen, daß die Verwendung vollständiger Induktion auf der Metaebene bloß versteckt wird und man mit letzter Strenge nur dann zu universellen Aussagen kommen kann, wenn man Induktionsprinzipien verwendet. Ackermann schließt sich Hilbert auch an, was die Charakterisierung der Metamathematik angeht: Sie mache „nur Aussagen über konkrete, anschaulich vorliegende Dinge" und komme daher „ganz ohne transfinite Schlüsse aus". Auch mit Ackermann ließen sich daher die bei Hilbert schon gestellten und bei Gentzen wieder zu stellenden Fragen diskutieren, inwiefern sich das Operieren an einem vorgestellten, beliebigen konkreten Beweis konzeptionell von der Verwendung von Induktionsprinzipien unterscheiden soll.

Ackermann geht es also um einen Widerspruchsfreiheitsbeweis für die Zahlentheorie. Aber was genau ist „die Zahlentheorie"? Ein spezielles formales System, wie etwa die Peano-Arithmetik *PA*? Oder eine Klasse formaler Systeme? Oder ein Teilgebiet der informellen Mathematik? – Die Analyse des Beweises und auch seine Rezeptionsgeschichte werden zeigen, daß es ganz und gar nicht trivial ist, diese einfache Frage zu beantworten.

10.2   Das formale System

Das erste Problem bei der Rekonstruktion von Ackermanns Beweis tritt schon dann auf, wenn man angeben will, wessen Widerspruchsfreiheit er zu zeigen *beabsichtigt*. Er betrachtet nicht eigentlich *ein* formales System im heutigen Sinne. Die Menge der zu dem System gehörigen Axiome und sogar die zugrundegelegte formale Sprache werden nicht genau abgegrenzt. Neben einem Basisbestand von Axiomen werden nämlich nur Arten von Axiomen unterschieden, z. B. Definitionsaxiome für primitiv-rekursive Funktionen, und Bedingungen an die dazugehörigen Axiome formuliert, z. B. daß in der Definition einer primitiv-rekursiven Funktion nur Zeichen für zuvor definierte primitiv-rekursive Funktionen auftreten dürfen. Welche dieser Definitionsaxiome jedoch in einem formalen System verwendet werden, wird nicht festgelegt. Bei Lektüre von Ackermanns Arbeit gewinnt man eher den Eindruck, daß die Zahlentheorie vielmehr als inhaltliche mathematische Disziplin aufgefaßt wird, während bestimmte Axiome sozusagen „nach Bedarf" oder für den konkreten Beweisanlaß ausgewählt werden. Dies wird besonders deutlich, wenn Ackermann im Zusammenhang mit der Besprechung der rekursiv definierten Funktionen sagt:

10.2 Das formale System

> Wie viele derartige Axiome man gebraucht (es können natürlich in jeder Beweisfigur nur endlich viele sein) und welche Gestalt diese im Einzelnen haben, ist der Willkür überlassen.
>
> ACKERMANN, *Begründung (Publ.)* [1925], 5

Das war in der Hilbertschule durchaus eine verbreitete Sichtweise.[11]

Wenn man Ackermanns Beweis nach modernen Standards rekonstruiert und dabei feste und möglichst umfassende Axiomensysteme aufstellt, für die der Beweis gelten soll, weicht man von dieser Konzeption ab. Dies ist sicher gerechtfertigt, solange es um die Frage der Widerspruchsfreiheit geht. Denn dann ist das Ziel zu zeigen, daß *kein* möglicher Beweis in der Zahlentheorie zu einem Widerspruch führen kann, und deshalb wird man bezüglich der formalen Systeme ein Maximalitätsprinzip verfolgen, d. h. so viele Axiome wie möglich inkorporieren. Das Optimum bestünde ja sicher darin, *alle möglichen* Axiomkandidaten tatsächlich als Axiome eines formalen Systems zu nehmen, dessen Widerspruchsfreiheit gezeigt wird.

Was hier von Axiomen gesagt wird, gilt überdies von der formalen Sprache. Von Ackermann wird kein bestimmtes formales Alphabet fixiert. Die Begriffe „Individuenvariable", „Zeichen für individuelle Funktion" usw. sind in erster Linie zur begrifflichen Unterscheidung von Zeichen*arten* gedacht.

Gemäß der in dieser Arbeit generell verfolgten Methodik sollen der besseren Beschreibbarkeit halber schon (zumindest partiell) die heute üblichen Terminologien und Kategorien zur Rekonstruktion verwendet werden, nicht jedoch ohne dabei auf problematische Stellen hinzuweisen, bei denen die in der historischen Vorlage zugrundegelegten Kategorien sich nicht problemlos in unsere heute üblichen Begriffsschemata einpassen lassen.

Um die Referenz auf bestimmte Theorien und Sprachen zu erleichtern, wird (im Unterschied zu Ackermann) folgendes Bezeichnungssystem verwendet. Sprachen werden durch den Buchstaben $\mathcal{L}$, Theorien durch T bezeichnet und jeweils mit zwei Indizes versehen. Der obere Index dient zur Kennzeichnung der Stufen, der untere unterscheidet die Theorien in der Reihenfolge ihres Auftretens. T_1^0 wird entsprechend die zweite auftretende (unterer Index 1) erststufige (oberer Index 0) Theorie sein.

Die Sprache $\mathcal{L}_0^1$ hat als Zeichenarten logische, erststufige und zweitstufige Individualzeichen wie $0, 1, +, \cdot, =, \neq, \rightarrow, \&, \vee, \overline{}$ usw. und kleine griechische Buchstaben als Zeichen für individuelle Funktionen, etwa $\phi(\,\cdot\,), \delta(\,\cdot\,,\,\cdot\,)$ usw.; schließlich drei Arten von Variablen, nämlich Grundvariablen a, b, c usw., Funktionsvariablen $f(\,\cdot\,), m(\,\cdot\,,\,\cdot\,)$ usw. und Formelvariablen $A, B, A(a), B(a), A_a f(a)$ usw. Das erststufige Fragment dieser Sprache, $\mathcal{L}_0^0$, erhält man durch Weglassen der Funktionsvariablen.

---

[11] So wird bspw. in Hilberts Vorlesung vom WS 1917/18 der Kalkül eingeführt unter der Überschrift „Bezeichnungen"; vgl. HILBERT, *Wintersemester 17/18* [1918*], 115. – Die Sichtweise scheint die folgende zu sein: Es gibt eine große Menge von Formeln, die als Axiome zulässig wären, d. h., die in einem Beweis benutzt werden können. Dann möge ein konkreter Beweis vorliegen und nur die darin verwendeten Axiome zählen zur in den beweistheoretischen Erwägungen betrachteten Theorie. Auch wenn das letztlich vielleicht keinen Unterschied zum modernen Standpunkt ergibt, könnte die Rede von der (unendlichen) Menge aller Axiome mit Blick auf die Bemühungen um einen finiten Standpunkt absichtlich vermieden worden sein.

Die Schreibweise der Formelvariablen mit tiefgestellten Objektvariablen wie in $A_a f(a)$ soll andeuten, daß A von f und nicht vom Wert von f an der Stelle a, also nicht von $f(a)$, abhängen soll. Naheliegend ist daher die Rekonstruktion mittels λ-Notation, nach der man $A_a f(a)$ als $A(\lambda a. f(a))$ liest.

Die Definition der *Terme* (in Ackermanns Diktion „Funktionale") ist relativ unpräzise, da nur von „Kombinationen" der Grundzeichen gesprochen wird, ohne zu spezifizieren, welche dieser Kombinationen überhaupt zulässig sind bzw. nach welchen Regeln die Kombinationen gebildet werden sollen.[12] Gemeint ist wohl Folgendes: Grundvariablen und die beiden Individuenkonstanten 0 und 1 sind Terme; und sind $t_1, \ldots, t_n$ Terme, so sind für Funktionsvariablen f und Funktionskonstanten ϕ der Stelligkeit n auch $f(t_1, \ldots, t_n)$ und $\phi(t_1, \ldots, t_n)$ Terme.[13]

Elementarformeln sind die Formelvariablen und die (Un-)Gleichungen zwischen Termen. *Formeln* sind die aussagenlogischen Verknüpfungen von Elementarformeln durch $\rightarrow$, &, $\vee$ und $\overline{}$.

Quantoren im eigentlichen Sinne kommen in der formalen Sprache nicht vor. Ihre Funktion wird später von den ε-Termen übernommen, die in $\mathcal{L}_0^1$ bzw. $\mathcal{L}_0^0$ noch nicht vorkommen.

Die Axiome sind zunächst die folgenden 16:

(1.) $A \rightarrow B \rightarrow A$
(2.) $(A \rightarrow A \rightarrow B) \rightarrow A \rightarrow B$
(3.) $(A \rightarrow B \rightarrow C) \rightarrow B \rightarrow A \rightarrow C$
(4.) $(B \rightarrow C) \rightarrow (A \rightarrow B) \rightarrow A \rightarrow C$
(5.) $A \,\&\, B \rightarrow A$
(6.) $A \,\&\, B \rightarrow B$
(7.) $A \rightarrow B \rightarrow A \,\&\, B$
(8.) $A \rightarrow A \vee B$
(9.) $B \rightarrow A \vee B$
(10.) $(A \rightarrow C) \rightarrow (B \rightarrow C) \rightarrow A \vee B \rightarrow C$
(11.) $A \rightarrow \overline{A} \rightarrow B$
(12.) $(A \rightarrow B) \rightarrow (\overline{A} \rightarrow B) \rightarrow B$
(13.) $a = a$
(14.) $a = b \rightarrow A(a) \rightarrow A(b)$
(15.) $a + 1 \neq 0$
(16.) $a \neq 0 \rightarrow a = \delta(a) + 1$,

---

[12] Nimmt man die Definition wörtlich, so wären beispielsweise „$+ + f(3)$" und „00" Funktionale. Vgl. ACKERMANN, *Begründung (Publ.)* [1925], 2.

[13] Man beachte, daß Ackermann hier möglicherweise bewußt nicht die induktive Formulierung der Termdefinition gewählt hat, um auch hier die Frage der Induktion auf der metamathematischen Ebene zu umgehen. Die folgende Definition der Formeln hat jedoch das induktive Gepräge „sind ... Formeln, so auch ...".

10.2 Das formale System

sowie zwei Definitionsaxiome für die Vorgängerfunktion δ:

(δ1) $\delta(0) = 0$
(δ2) $\delta(a+1) = a$.

Die ersten 15 dieser Axiome stimmen wörtlich mit denen aus Hilberts Leipziger Vortrag überein.[14] Hilbert hat dann jedoch (δ2) als 16. Axiom und keinen Ersatz für Ackermanns Axiome 16. und (δ1). Bei Ackermann ist δ eine totale Funktion.

Die rekursiv definierten Funktionen mit erststufigen Parametern sind in eine Aufzählung zu bringen („Definitionsreihenfolge", die hier durch einen Index i notiert wird), die für den Widerspruchsfreiheitsbeweis entscheidend ist. Bei den definierenden Axiomen

(ϕ^i1) $\phi^{[+]}(0) = \mathfrak{a}$
(ϕ^i2) $\phi^{[+]}(a+1) = \mathfrak{b}(a, \phi^{[+]}(a))$

dürfen in den Funktionalen $\mathfrak{a}$ und $\mathfrak{b}$ nur Zeichen für zuvor definierte Funktionen auftreten, sprich: solche mit Index $i' < i$.

Schließlich gibt es noch ein Axiomschema für Funktionen, die durch Einsetzen in vorher definierte Funktionen gebildet werden:

(Eins) $\phi(a) = \chi(a) + \psi(a)$.

Den Axiomen werden zwei Schlußregeln beigegeben:

[Subst] typspezifische Substitution

[MP] $\dfrac{\mathfrak{A} \quad \mathfrak{A} \to \mathfrak{B}}{\mathfrak{B},}$

woran vor allem bemerkenswert ist, daß hier einer der seltenen Fälle vorliegt, wo die Substitution als eigenständige Schlußregel explizit gemacht wird. Bei einer Substitution für eine bestimmte Variable sind jeweils alle ihre Vorkommen zu ersetzen.

Die so definierte $\mathcal{L}_0^0$-Theorie (bzw. die Maximalversion mit Zeichen und Axiomen für alle durch erststufige Rekursion definierbare Funktionen) heiße T_0^0. Sie kann in zwei Richtungen erweitert werden:

Erstens erhält man durch Hinzunahme der *Funktionsvariablen* zum Alphabet die zweitstufige Sprache $\mathcal{L}_0^1$. Die dadurch erweiterten Axiomschemata der Theorie T_0^0 bilden zusammen mit den erweiterten Rekursionsschemata

(ϕ^i1) $\phi_b^i(0, f(b)) = \mathfrak{a}_b(f(b))$
(ϕ^i2) $\phi_b^i(a+1, f(b)) = \mathfrak{b}_b(a, f(b), \phi_c^i(a, f(c)))$

für erststufige Terme $\mathfrak{a}$ und $\mathfrak{b}$ die zweitstufige (quantorenfreie) $\mathcal{L}_0^1$-Theorie T_0^1.

---

[14] HILBERT, *Die logischen Grundlagen* [1923]; vgl. auch Abschn. 9.6.2

Zweitens kann man $\mathcal{L}_0^0$ durch *Quantoren* erweitern. Dazu werden erststufigen ε-Terme $\varepsilon_a A(a)$ und π-Terme $\pi_a A(a)$ für jede Aussagevariable A und Grundvariable a zu den Individuenzeichen hinzugefügt. Die so entstehende Sprache heiße $\mathcal{L}_1^0$.[15] Die Theorie T_1^0 ergibt sich aus der Theorie T_0^0 durch Zugrundelegung der erweiterten Sprache $\mathcal{L}_1^0$ für die Axiome von T_0^0 und zusätzlich die folgenden Axiome, die im Beweis später „kritische Formeln" heißen und deshalb hier mit „K" bezeichnet sind:

(K1) $A(a) \to A(\varepsilon_a A(a))$
(K2) $A(\varepsilon_a A(a)) \to \pi_a A(a) = 0$
(K3) $\overline{A}(\varepsilon_a A(a)) \to \pi_a A(a) = 1$
(K4) $\varepsilon_a A(a) \neq 0 \to \overline{A}(\delta(\varepsilon_a A(a)))$.

Schließlich haben beide Erweiterungen der $\mathcal{L}_0^0$-Theorie T_0^0 eine gemeinsame Erweiterung in der $\mathcal{L}_1^1$-Theorie T_1^1. $\mathcal{L}_1^1$ besteht aus $\mathcal{L}_0^0$, den in $\mathcal{L}_0^1$ hinzugefügten Funktionsvariablen, sowie den in $\mathcal{L}_1^0$ hinzugefügten erststufigen ε- und π-Termen und enthält zusätzlich Ausdrücke $\pi_f A(f)$ als Individuenzeichen und $\varepsilon_f A(f)$ als Zeichen für eine „individuelle Funktion" (= Funktionskonstante).

Die Theorie T_1^1 erhält man schließlich aus den (für $\mathcal{L}_1^1$ gesetzten) Axiomen von T_0^0, den Rekursionsaxiomen ($\phi^i 1$) und ($\phi^i 2$) von T_0^1, den kritischen Axiomen (K1)–(K4) von T_1^0 und entsprechenden Axiomen für die zweitstufigen ε- und π-Terme:

(K5) $A_a f(a) \to A_a((\varepsilon_f A_b f(b))(a))$
(K6) $A((\varepsilon_f A_b f(b))(a)) \to \pi_f(A_a f(a)) = 0$
(K7) $\overline{A}_a((\varepsilon_f A_b f(b))(a)) \to \pi_f(A_a f(a)) = 1$.

Hier ist zu berücksichtigen, daß die Axiome (K5)–(K7) nicht auf einstellige Funktionsvariablen beschränkt sind, sondern als Vertreter für entsprechende Axiome mit Funktionsvariablen beliebiger Stelligkeit stehen. Für zweistellige Funktionen hätten sie etwa die Form:

(K5′) $A_{ab}(m(a,b)) \to A_{ab}((\varepsilon_m A_{cd} m(c,d))(a,b))$
(K6′) $A_{ab}((\varepsilon_m A_{cd} m(c,d))(a,b)) \to \pi_m A_{ab}(m(a,b)) = 0$
(K7′) $\overline{A}_{ab}((\varepsilon_m A_{cd} m(c,d))(a,b)) \to \pi_m A_{ab}(m(a,b)) = 1$.

---

[15] Eigentlich ist es nicht ganz korrekt, die neuen Zeichen als Grundzeichen zu bezeichnen, da die in diesen Ausdrücken auftretenden Zeichen auch wirklich in einem enthaltenden Term auftreten (z. B. tritt in einem Term $t(\varepsilon a. A(a))$ die Aussagevariable A auf). Dies wäre bei einer ganz exakten formalen Rekonstruktion etwa im Zusammenhang der Definition der freien Variablen zu beachten.

10.3 Analyse des Beweises

10.3.1 Vorbemerkungen

Ackermanns Arbeit bereitet Logikern, Mathematikhistorikern und Philosophen bis heute Kopfzerbrechen. Das darin vorgeführte Verfahren ist äußerst schwierig zu überblicken. Eine befriedigende Rekonstruktion des gesamten Beweises ist bisher nicht vorgelegt worden. Es scheint sogar unklar zu sein, was Ackermann in dieser Arbeit genau beweisen wollte und was ihm davon gelungen ist.

Der Mainstream der Kommentatoren behauptet, Ackermann beweise die Konsistenz der Zahlentheorie ohne Induktion, sprich: die Konsistenz eines relativ schwachen Fragments der formalen Zahlentheorie.[16] Den unvoreingenommenen Leser, der sich mit Ackermanns Veröffentlichung beschäftigt, muß diese Darstellung zunächst verwundern, nimmt Ackermann doch eine Reihe von „transfiniten Axiomen" in seinen Kalkül auf und zeigt im letzten Abschnitt seiner Arbeit sogar explizit, wie sich das Induktionsaxiom (mit Formelvariablen, die zur Sprache der Theorie gehören) aus den übrigen Axiomen ableiten läßt. Nach Ackermanns eigener Darstellung hat er also die Widerspruchsfreiheit eines Axiomensystems zeigen wollen, das die vollständige Induktion enthält. Wessen Widerspruchsfreiheit hat Ackermann in dieser Arbeit nun bewiesen? – Ein Schlüssel für dieses Problem ist die Bemerkung von Paul Bernays im Vorwort zum 2. Band der *Grundlagen der Mathematik* („Hilbert-Bernays"), man habe sich anfänglich (bis 1930) „über die Tragweite" u. a. des Ackermannschen Beweises getäuscht, d. h., ihn für weitreichender gehalten, als er tatsächlich ist.[17] Es gibt eine Diskrepanz zwischen dem, was Ackermann in seiner Arbeit zeigen wollte (die Widerspruchsfreiheit der Zahlentheorie) und dem, was nach Einschätzung der Rezipienten ihm tatsächlich zu zeigen gelungen ist. Wo genau der Fehler in Ackermanns Beweis liegt, scheint jedoch bis heute nicht letztlich klar zu sein. Auch im vorliegenden Buch kann der Sachverhalt zwar weitgehend, aber nicht vollständig aufgeklärt werden.

Bei der Präsentation seines Widerspruchsfreiheitsbeweises geht Ackermann in mehreren Schritten vor, wie es Hilberts Vorgehen entspricht.[18] Schrittweise werden neue Axiome hinzugenommen bzw. erfolgen sprachliche Erweiterungen. Jeweils anschließend wird der Beweis der Widerspruchsfreiheit angegangen, wobei einzelne Beweisschritte durch den Hinweis „genauso wie im vorigen Fall" erledigt werden. (Ob dies immer zu Recht geschieht, muß in der Detailanalyse geprüft werden.)

---

[16] So etwa GENTZEN, *Widerspruchsfreiheit* [1936a], 9; HERMES, *Ackermann* [1962]; REID, *Hilbert* [1970], 189.
[17] Vgl. HILBERT/BERNAYS, *Grundlagen II* [1939], VI.
[18] Vgl. die Schilderung der axiomatischen Methode als eines schrittweisen Tieferlegens der Fundamente einer Wissenschaft in HILBERT, *Axiomatisches Denken* [1918], 407, sowie Hilberts Vorgehen, Widerspruchsfreiheitsbeweise bei einfachen Systemen anzusetzen und auf umfassendere Systeme auszuweiten (Kap. 9).

Besonders hinzuweisen ist noch darauf, daß die Substitutionsschlußregel [Subst] so erweitert wird, daß auch Funktionsausdrücke in rekursiv definierte Funktionen eingesetzt werden können.[19]

Die beteiligten Theorien und Sprachen lassen sich wie folgt anordnen:

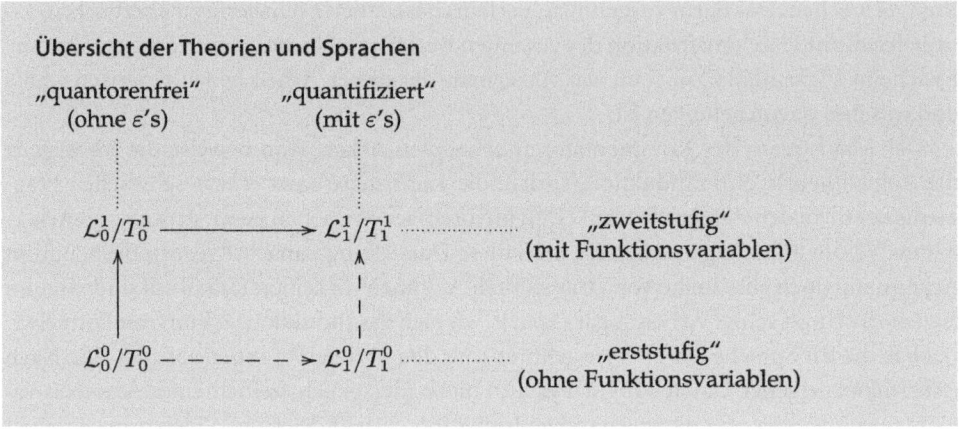

Dabei markieren die gestrichelten Pfeile den Argumentationszweig über T_1^0, der z. B. im Rekonstruktionsversuch von ZACH, *Hilbert's Finitism* [2001] beschritten wird und allgemein als derjenige Teil des Beweisapparates angesehen wird, der sich retten läßt. Die durchgezogenen Pfeile markieren dagegen das stufenweise Vorgehen in Ackermanns Arbeit.

Ackermann führt zunächst den Widerspruchsfreiheitsbeweis für die kleinere Theorie T_0^0. Dabei referiert er im Wesentlichen die Gedanken und Techniken Hilberts aus der Vorlesung vom Wintersemester 1921/22, wie sie auch im Leipziger Vortrag kurz erwähnt werden (vgl. auch Kap. 9). Anschließend erweitert Ackermann diesen Kalkül um Quantoren in Gestalt beliebiger ε-Terme, bei denen das eigentlich Neue an Ackermanns Beweis in Form der „Folgen von Gesamtersetzungen" sichtbar wird.

10.3.2 Der Widerspruchsfreiheitsbeweis für T_0^0

Für Ackermanns Beweis ist der Begriff der *richtigen numerischen Formel* zentral. *Numerische* Formeln sind solche Formeln, bei denen als Terme nur Zahlzeichen zugelassen sind, d. h. solche, deren Elementarformeln nur Gleichungen und Ungleichungen zwischen Zahlzeichen sind. Für numerische Formeln wird ein *Richtigkeitsbegriff* definiert: Gleichungen

---

[19] Ackermann erwähnt dazu, daß in den Rekursionsaxiomen ($\phi^i 1$) und ($\phi^i 2$) auch in der ε-Sprache $\mathcal{L}_1^0$ nur $\mathcal{L}_0^0$-Funktionale $\mathfrak{a}$ und $\mathfrak{b}$ zugelassen sind. Die aus ε-Terme enthaltenden Funktionalen rekursiv definierbaren Funktionen lassen sich auch so erhalten, daß zunächst die Rekursionsgleichung mit einer Funktionsvariable angesetzt wird und für diese anschließend mittels [Subst] der gewünschte ε-Term eingesetzt wird.

10.3 Analyse des Beweises

bzw. Ungleichungen zwischen Zahlzeichen heißen „richtig", falls links und rechts vom Gleichheits- bzw. Ungleichheitszeichen dieselben Zahlzeichen bzw. verschiedene Zahlzeichen stehen, anderenfalls heißen sie „falsch"; zusammengesetzte Formeln erhalten ihren Richtigkeitswert entsprechend den Wahrheitswerttafeln für logische Junktoren. Die Richtigkeit einer numerischen Formel kann damit rein syntaktisch entschieden werden. Wie schon bei der Diskussion von Hilberts Ansatz ist festzuhalten, daß es für den Finitismus entscheidend ist, daß der Begriff der „Richtigkeit" zwar einen vollen semantischen Wahrheitsbegriff vertritt,[20] durch seine Beschränkung auf numerische Formeln allerdings syntaktisch definiert werden kann. Es ist sicher finit zulässig, die Zahlzeichen rechts und links von einem Gleichheits- oder Ungleichheitszeichen zu vergleichen.

Der eigentliche Widerspruchsfreiheitsbeweis verläuft wie folgt: Sei ein T_0^0-Beweis einer numerischen Formel gegeben. Dieser Beweis (in Baumform gebracht) wird dann in mehreren Schritten so umgeformt, daß er[21] schließlich nur noch aus numerischen Formeln besteht. Diese Umformung erfolgt so, daß alle Axiome, die an den Spitzen des Beweisbaumes standen, in richtige numerische Formeln übergehen und alle Schlußregelanwendungen zu Übergängen von richtigen numerischen Formeln zu richtigen numerischen Formeln werden. Daraus kann geschlossen werden, daß die Endformel des Beweises ebenfalls eine richtige numerische Formel ist, und insbesondere nicht die falsche numerische Formel $0 = 1$.

Schematisch folgt der Beweis also genau den ersten drei Schritten von Hilberts Vierschritt aus dem Leipziger Vortrag und der Wintersemester-1922/23-Vorlesung: 1. Umformung in Baumstruktur, 2. Elimination der freien Variablen, 3. Ausrechnen aller Terme zu Zahlzeichen. Auf die Transformation der Beweisformeln in Normalform wird allerdings verzichtet, d. h., die Definition des Richtigkeitsbegriffs für numerische Formeln wird schon in sich als finit unproblematisch angesehen. Eine genauere Rekonstruktion der Argu-

---

[20] Es ist wichtig zu sehen, daß hier ein ganz anderer „Richtigkeits"-Begriff im Spiel ist, als 1917/18 in Hilberts Umfeld üblich. Sowohl Hilberts Vorlesung im Wintersemester 1917/18, als auch Bernays' Göttinger Habilitationsschrift vom Frühjahr 1918 verwenden „Richtigkeit" nahezu synonym mit „Beweisbarkeit", also genau *nicht* für die semantische Seite (wie Ackermann), sondern für die syntaktische. Ackermanns Begriff von „Richtigkeit" hat wesentlich mehr Ähnlichkeit mit Hilberts Begriff der „Einsetzungsrichtigkeit" in der Kneser-Mitschrift der Vorlesung WS 1921/22, vgl. Abschn. 9.6.1.1.

[21] Strenggenommen ist das Produkt dieser Umformung kein Beweis mehr, sondern höchstens ein beweisähnliches Gebilde, das strukturell isomorph zum ursprünglichen Beweis ist; vgl. auch den ursprünglichen Fehler in HILBERT, *Wintersemester 21/22 (Bernays)* [1922a*]. Beispielsweise sind nach der „Herausschaffung" der Variablen, also ihrer Ersetzung durch Zahlzeichen, die Spitzen eines Beweisbaumes nicht mehr unbedingt Axiome. Stand z. B. das Axiom (13.) $a = a$ an einer Spitze des Beweisbaumes, so steht dort nach der Umformung $\mathfrak{z} = \mathfrak{z}$ für ein Zahlzeichen $\mathfrak{z}$ und diese Gleichung ist kein Axiom. Außerdem hat Ackermann keine Strukturschlüsse und das kann dazu führen, daß eine Instanz des Substitutionsschemas nach der Transformation trivialisiert ist (z. B. $\frac{a=a}{a=a}$ zu $\frac{\mathfrak{z}=\mathfrak{z}}{\mathfrak{z}=\mathfrak{z}}$), solche trivialen Schlüsse aber strenggenommen nicht in Ackermanns Formalismus vorkommen. Bei den transformierten Bäumen handelt es sich i. A. also nicht um Beweise im Sinne des Kalküls.

mentationsstruktur zeigt, wie es bei diesen Transformationen entscheidend auf bestimmte Eigenschaften der Beweisumformung ankommt:

Argumentationsstruktur Ackermann T_0^0

(1) Ein Beweis b einer numerischen Formel kann in einen Beweis b' in Baumstruktur transformiert werden.
(2) b' kann in einen „Beweis" b'' ohne freie Variablen transformiert werden.
(3) b'' kann in einen „Beweis" b''' transformiert werden, der nur aus numerischen Formeln besteht.
(4) Die vorgenannten Umformungen von b zu b''' haben folgende Eigenschaften:
   (a) Schlüsse werden in Schlüsse überführt.
   (b) Substitutionen in Konklusionen von Schlüssen werden zu Formelwiederholungen.
   (c) Axiome gehen in richtige numerische Formeln über.
   (d) Numerische Formeln werden nicht verändert.
(5) Sind die Prämissen eines Schlusses richtige numerische Formeln, dann ist auch die Konklusion eine richtige numerische Formel.
(6) Für alle Beweise b ist die Endformel von b''' eine richtige numerische Formel.
                                                                                              (aus (4a), (4b), (4c) und (5))
(7) Eine beweisbare numerische Formel ist richtig.   (aus (4d) und (6))
(8) $0 \neq 0$ ist eine falsche numerische Formel.   (aus Def.)
(9) $0 \neq 0$ ist nicht beweisbar.   (aus (7) und (8))

In Ackermanns Beweis wird genau wie in Hilberts Beweisen aus einer Aussage über die Spitzen des Beweisbaumes und über die Übergänge zwischen den Baumstufen eine Aussage über dessen Wurzel gefolgert. Dieser Schluß bedarf einer Rechtfertigung, denn er würde beispielsweise für unendlich hohe Bäume nicht ohne Weiteres zulässig sein. Ackermann ist mit Hilbert der Ansicht, in seinem Beweis werde, wie in Hilberts Beweistheorie überhaupt, die vollständige Induktion auf der Metaebene nicht verwendet. Will man dabei bleiben, so muß man wohl die in der Hilbertschule verbreitete und in Weyls Schriften kritisch beleuchtete *Methode des Operierens an einem vorgestellten konkret-einzelnen Beweis* ins Feld führen. Um bei einer beliebigen endlichen Baumfigur an die Wurzel zu gelangen, benötigt man nur endlich viele Schritte. Um also im vorliegenden Fall darauf zu schließen, daß die Endformel von b''' richtig ist, muß man eben von den Spitzen des Baumes und deren Richtigkeit ausgehen und dann alle Schlüsse einzeln durchgehen, bis man zur Wurzel gelangt und auf deren Richtigkeit aufgrund der Richtigkeit der darüber stehenden Formeln schließen kann.

Die Methode des Operierens an einem vorgestellten konkret-einzelnen Beweis soll hier nicht intensiver diskutiert werden. Wichtig ist aber die Beobachtung, daß sie an dieser Stel-

10.3 Analyse des Beweises

le relevant ist. Hat man einen „konkreten" Beweis von $0 = 1$ „hypothetisch vorgegeben", so wird mit diesem so weitergearbeitet: Mit $0 = 1$ hat der Beweis eine falsche numerische Endformel. Weil die Schlußregelanwendungen richtigkeitserhaltend sind, muß eine der Prämissen des letzten Schlusses eine falsche numerische Formel gewesen sein. Eine von deren Prämissen muß dann ebenfalls falsch gewesen sein. So gelangt man nach einer endlichen Zahl von Schritten (die i. A. nur durch die maximale Länge eines Pfades durch den ursprünglichen Beweisbaum beschränkt ist), bei denen man jedes Mal nur die Richtigkeit von ein oder zwei (endlichen) numerischen Formeln überprüfen muß, zu einer Spitze des Baumes, an der eine falsche numerische Formel stehen muß. Das kann jedoch nicht sein, weil im ursprünglichen Beweis dort Axiome gestanden haben, die in richtige numerische Formeln übergegangen sind. Damit war die Annahme eines T_0^0-Beweises mit $0 = 1$ als Endformel falsch.[22]

Die eigentlich interessanten Umformungen des baumförmigen Beweises b' in b''' laufen wie folgt. Zunächst werden alle freien Variablen *„von unten her"* durch geeignete Konstanten ersetzt. D. h. in den Oberformeln eines Schlusses werden die freien Variablen genauso ersetzt wie in der Unterformel und wenn dadurch für eine bestimmte freie Variable noch nichts festgelegt ist, wird sie durch 0 ersetzt. Danach hat die beweisähnliche Figur nur noch Gleichungen (und Ungleichungen)[23] zwischen geschlossenen Termen als Elementarformeln. Die geschlossenen Terme sind Verkettungen von Funktionszeichen[24] und Zahlzeichen. Um daraus auf Zahlzeichen zu kommen, muß man sie entsprechend den Rekursionsgleichungen ausrechnen („reduzieren"). Durch die so erhaltenen Zahlzeichen ersetzt man die ursprünglichen Terme und erhält eine Figur aus numerischen Gleichungen, d. h. eine Figur, in der nur noch Gleichungen zwischen Zahlzeichen als Elementarformeln auftreten.

Die Umformung benötigt das Lemma, daß sich geschlossene $\mathcal{L}_0^0$-Funktionale stets auf Zahlzeichen reduzieren lassen.[25] Wie Hilbert präsentiert Ackermann (vermutlich, da die Theorie der primitiv-rekursiven Funktionen damals noch nicht entwickelt war) keinen präzisen Beweis dieses Lemmas, aber wenigstens eine plausibilisierende Überlegung. Da diese Überlegung bei der späteren Erweiterung des Kalküls durch ε-Operatoren und Funkti-

---

[22] Zu einer ausführlicheren Diskussion der Frage, inwiefern in Hilberts und Ackermanns Arbeiten „transfinite Schlußweisen" auf der Metaebene vermieden werden sollen oder können, vgl. auch TAPP/LÜCK, *Transfinite* [2004a].

[23] Strenggenommen muß man in den folgenden Überlegungen immer von Gleichungen und Ungleichungen reden. Da beide Fälle jedoch hier genau symmetrisch sind, wird im Folgenden kurzerhand nur von Gleichungen gesprochen.

[24] Der Ausdruck „Funktionszeichen" klingt doppeldeutig: Es könnte damit ein Überbegriff für Namen für individuelle Funktionen und die Funktionsvariablen gemeint sein, oder nur die Namen für individuelle Funktionen. Der Ausdruck „Funktionszeichen" wird in dieser Arbeit durchgängig in der letztgenannten Weise gebraucht, d. h. synonym mit den umständlichen Ausdrücken „Individuenkonstante für Funktionen", „Namen für individuelle Funktionen" o. ä., und damit ganz analog zum Ausdruck „Zahlzeichen".

[25] Stillschweigend wird hier immer „reduzieren" nicht bloß als „ersetzen" verstanden, sondern als „so ersetzen, daß Rekursionsaxiome richtig werden".

onsvariablen wichtig wird, sei sie kurz dargestellt: Hat man ein Funktional (einen Term) t auszurechnen, das keine freien Variablen enthält, aber Zeichen für individuelle Funktionen, so sucht man eines seiner innersten Teilfunktionale auf, das kein bloßes Zahlzeichen ist. Es besteht aus einem Funktionszeichen φ_i und hat Zahlzeichen als Argumente. Dieses Teilfunktional rechnet man gemäß der Rekursionsgleichungen für φ_i aus. Dabei kann sich der Teilterm natürlich verlängern. Insbesondere können beliebig viele andere Funktionszeichen auftreten.[26] Damit genau an dieser Stelle keine unendlichen Schleifen auftreten (beispielsweise wenn in der Definition der Funktion φ die Funktion ψ aufgerufen und in deren Definition wieder φ benutzt würde), ist bei den Definitionsklauseln für rekursive Funktionen die Verwendung von Funktionszeichen im Definiens auf Funktionszeichen beschränkt worden, „die weiter links in der Definitionsreihenfolge stehen", also einen niedrigeren Index tragen. Nach Ausführung der Rekursionen wird man in dem Teilfunktional nur noch Funktionszeichen mit niedrigerem Index stehen haben. Dann geht man daran, diese auszurechnen usw. Schließlich liefert dieser Prozeß ein Zahlzeichen als Wert des innersten Teilfunktionals. Dieses wird für das innerste Teilfunktional eingesetzt und im so entstandenen Funktional t' wird wieder eines der innersten nichttrivialen Teilfunktionale aufgesucht und ausgerechnet usw. Auf diese Weise rechnet man nach und nach „von innen her" den Wert von t aus und erhält am Schluß ein Zahlzeichen als Wert von t.

Wenn man alle geschlossenen Funktionale in dieser Weise zu Zahlzeichen ausrechnen kann, ist das Ziel dieses Zwischenschritts erreicht und man erhält einen „Beweis", der nur noch aus numerischen Formeln besteht, deren Richtigkeit sich von den Spitzen des Beweisbaumes durch die Schlüsse bis zu seiner Wurzel überträgt: zur numerischen Endformel.

10.3.3 Die Erweiterung auf zweitstufige Funktionszeichen

Nun werden zweitstufige Variablen für Funktionen zugelassen und die Definition der Terme entsprechend erweitert. Rekursionsgleichungen können nun auch zweitstufige Parameter erhalten. Die formale Theorie, die damit abgedeckt wird, ist $2\,PRA^-$.[27]

Das Grundmuster des Widerspruchsfreiheitsbeweises bleibt nach Hinzunahme der zweitstufigen Funktionszeichen und -variablen grundsätzlich erhalten. Die darin enthalte-

---

[26] Beispielsweise tritt in „$2 \cdot 3$" nur ein Funktionszeichen auf. Rechnet man diesen Term gemäß der Rekursionsgleichungen für $\cdot$ aus, so erhält man „$2 + 2 + 2$", also einen Term, in dem trotz einiger Schritte des Ausrechnens nun *mehr* Funktionszeichen auftreten. – Die Anzahl der Funktionszeichen, die durch einen Rekursionsschritt entstehen, ist bei $\mathcal{L}_0^0$ allerdings noch ausschließlich durch die Definitionsklauseln der Funktionen bestimmt. Bei höheren Theorien werden später Fälle auftreten, wo diese Anzahl auch durch die Argumente der Funktion mitbestimmt sein kann.
[27] So ZACH, *Hilbert's Finitism* [2001], 77. Das System der zweitstufigen primitiv-rekursiven Arithmetik ohne Induktion ($2\,PRA^-$) besteht neben der Logik und den Gleichheitsaxiomen aus Axiomen für die Nachfolger- ($+1$) und die Vorgängerfunktion (δ) und aus definierenden Gleichungen für erst- und zweitstufige primitiv-rekursive Funktionen, es enthält jedoch keine Induktionsregel. Zu Ackermanns eigenen Angaben vgl. oben Abschn. 10.2.

10.3 Analyse des Beweises

ne Elimination der Variablen (2) muß allerdings erweitert werden um eine Ersetzung für die Funktionsvariablen. Der Nachweis, daß Funktionale ohne freie Variablen ausgerechnet werden können (3), ist schon deutlich komplizierter und benötigt eine eigene Technik.

Es geht also um den Beweis des Lemmas, daß sich geschlossene $\mathcal{L}_0^1$-Funktionale stets auf Zahlzeichen reduzieren lassen. Dazu definiert Ackermann eine Ordnung der Funktionale durch Indizes. Allerdings reicht eine einfache Indizierung mit natürlichen Zahlen hier nicht mehr aus, weil sich beim Ausrechnen eines Funktionals mehrere neue Teilfunktionale anstelle eines alten Teilfunktionals ergeben können. Dennoch nimmt beim Ausrechnen die Komplexität des Gesamtterms ab, nur eben nicht in der einfach-linearen Weise eines Abnehmens natürlicher Zahlen. Daher werden komplexere Indizes eingeführt, die messen, wieviele Teilfunktionale welcher Komplexität ein Funktional besitzt. Diese komplexe Messung nimmt den Gehalt der intuitiven Vorstellung auf, daß beim Ausrechnen eines Teilterms die Komplexität des Gesamtterms auch dann abnimmt, wenn sich der Term verlängert.[28]

Die Indizes der Funktionale, deren Definition unten noch genauer besprochen wird, haben die folgenden Eigenschaften:[29]

(O1) Der Index 0 ist der Index der Zahlzeichen.
(O2) Solange ein Funktional nicht den Index 0 hat, läßt es sich weiter reduzieren.
(O3) Beim Reduzieren eines Funktionals verkleinert sich sein Index.
(O4) Die Indexordnung ist so beschaffen, daß man nach endlich vielen Abstiegen beim Index 0 ankommen muß.

Aus diesen Eigenschaften folgt das gewünschte Lemma, daß man nach endlich vielen Reduktionsschritten an einem Funktional immer zu einem Zahlzeichen gelangt.

---

[28] Man betrachte z. B. die Funktion $\phi(x,f)$, die rekursiv definiert ist durch:

$$\phi(0,f) = f(0)$$
$$\phi(x+1,f) = \phi(x,f) + f(x+2)$$

mit einer freien Funktionsvariable f. Ein Term $\phi(2,f)$ wird dann im ersten Schritt ausgerechnet zu $\phi(1,f)+f(3)$, im zweiten Schritt zu $\phi(0,f)+f(2)+f(3)$ und im dritten schließlich zu $f(0)+f(2)+f(3)$. Das Problem ist, daß nun beliebige Substitutionen für den Parameter f gestattet sind, die etwa auch das Zeichen ϕ enthalten können. Für $f(x)$ könnte also $\phi \cdot \phi(x,\psi)$ mit einer individuellen Funktion ψ eingesetzt werden. Dann wäre das Rekursionsergebnis bis hierher schon $\phi \cdot \phi(0,\psi) + \phi \cdot \phi(2,\psi) + \phi \cdot \phi(3,\psi)$, es würde also viel mehr Vorkommnisse von ϕ enthalten und noch dazu mit einem höheren Argument als der ursprüngliche Term $\phi(2,\lambda y.(\phi \cdot \phi(y,\psi)))$. Dennoch ist die Komplexität des Gesamtausdrucks durch das Ausrechnen kleiner geworden, denn nun tritt in dem Funktionsargument von ϕ nicht mehr der Term auf, der selbst wieder ϕ enthielt. Dieser Anschauung von einer Komplexitätsverringerung trotz Erhöhung von Zeichenanzahl und maximalem Argumentwert trägt die besprochene Indexordnung Rechnung.

[29] ACKERMANN, *Begründung (Publ.)* [1925], 16–18.

In diesem Zusammenhang tritt in Ackermanns Arbeiten zum ersten Mal eine Ordnungsrelation von transfinitem Ordnungstyp auf. Ackermann betont zwar, daß im metamathematischen Kontext seiner Überlegungen

> „natürlich [...] von transfiniten Mengen und Ordnungszahlen keine Rede" sei, und „der erwähnte Satz über die transfiniten Ordnungszahlen sich in ein Gewand kleiden läßt, in dem ihm vom Transfiniten gar nichts mehr anhaftet".
>
> ACKERMANN, *Begründung (Publ.)* [1925], 14

Aber zumindest hat er damit zugegeben, selbst den engen Zusammenhang seiner Schlußweise mit der transfiniten Induktion gesehen zu haben, denn sonst hätte er beide nicht voneinander abzugrenzen versucht.

Dies scheint die Stelle zu sein, an der die Ordinalzahlen Einzug in die Beweistheorie gehalten haben. Der Satz (O4) über die Endlichkeit aller absteigenden Indexfolgen ist letztlich nichts Anderes als die Fundiertheit der transfiniten Ordnung bzw. eine transfinite Induktion. Daher soll dieser Gedankengang im Folgenden genauer analysiert werden.

Zunächst sind eine Reihe von Begriffsbildungen nötig, um zur Definition der Indizes zu gelangen. Der erste Begriff ist der einer *Überordnung*. „Überordnung" heißt der transitive Abschluß der Relation, die zwischen zwei Funktionszeichenauftreten in einem Funktional besteht, wenn das äußere Funktionszeichen eine Variable als Index hat, die eine Variable des inneren Funktionals bindet. Beispielsweise ist in $\phi_a(\ldots\psi_c(a,b,\xi(c))\ldots\chi(b)\ldots)$ das ϕ dem ψ übergeordnet, nicht jedoch dem χ. Da das ψ jedoch dem ξ übergeordnet ist, ist (transitiver Abschluß) auch das ϕ dem ξ übergeordnet. *Unterordnung* ist die Umkehrrelation der Überordnung. Im Folgenden heiße „$Uord(\chi,\psi)$" soviel wie „χ ist dem ψ untergeordnet". Diese Begriffe sind immer auf einen bestimmten Term bezogen, sowie auf ein bestimmtes Auftreten der erwähnten Zeichen. Die Notation berücksichtigt dies jedoch nicht, um nicht noch komplizierter zu werden.[30]

---

[30] Zach schlägt in ZACH, *Hilbert's Finitism* [2001] eine Korrektur der Ackermannschen Definition von „Unterordnung" vor. Sie besteht darin, daß Unterordnung von ξ unter ϕ durch eine gebundene Variable b nicht nur dann vorliegt, wenn diese Variable *durch* ϕ gebunden wird, sondern auch dann, wenn ϕ im Bindungsbereich (scope) von b auftritt. Die Notwendigkeit dieser Korrektur ist aus zwei Gründen nicht nachvollziehbar. *Erstens* illustriert Zach die korrigierte Definition durch das Beispielfunktional $t'(\ldots\phi_b(\ldots\xi(\ldots b\ldots)\ldots)\ldots)$ (S. 21), obwohl in diesem Beispiel genau wie bei Ackermann das b *von* ϕ gebunden wird. *Zweitens* bleibt unklar, was diese Korrektur bewirken soll. Zach hält sie für nötig an der Stelle im Reduktionsbeweis, wo bei einem Funktional t der innerste konstante Teilterm die Form $\mathfrak{s} = \phi_b(\mathfrak{z},\mathfrak{c}(b))$ hat, und zwar um in diesem Fall auf die Unterordnung aller Funktionszeichen(auftreten) in $\mathfrak{c}(b)$ unter dieses ϕ_b zu schließen (S. 22). Dies tut aber auch Ackermanns eigene Definition: Denn gäbe es in $\mathfrak{s}$ Variablen, die (wie in Zachs Fn. 35 angedeutet) durch weiter außen als ϕ_b in t stehende Funktionszeichenauftreten gebunden würden, so wäre $\mathfrak{s}$ ja gar kein innerster *konstanter* Teilterm von t gewesen. *Summa summarum* ist nicht nachvollziehbar, warum diese Korrektur des Ackermannschen Unterordnungsbegriffs nötig ist. Sie verändert u. U. deutlich die Zahl der als untergeordnet geltenden Funktionszeichen, was möglicherweise im weiteren Verlauf des Beweises für Komplikationen sorgen könnte. (Die vorstehenden Überlegungen gehen davon aus, daß das „*See note 4.*" in Fn. 35 bei Zach eigentlich „*See note 34.*" heißen müßte und Fn. 34 und 35 sich auf dieses Problem beziehen.)

10.3 Analyse des Beweises

Der nächste Begriff ist der *Rang eines Funktionszeichenauftretens bzgl. eines anderen Funktionszeichenauftretens*. Hier gibt es verschiedene Auffassungen, wie Ackermanns Definition zu verstehen ist. Die Passage lautet:

> Nun müssen wir erklären, was wir unter dem Rang eines Funktionals bezüglich einer Funktion ϕ zu verstehen haben. Wir kümmern uns dabei nur um die Zeichen ϕ und die Zeichen für die rechts von ϕ in der Definitionsreihenfolge stehenden Funktionen. Ist einem derartigen Zeichen kein anderes dieser Art untergeordnet, so heißt es vom ersten Rang bezüglich ϕ. Es sei schon erklärt, wann wir ein derartiges Zeichen vom n-ten Rang nennen. Eins dieser Zeichen heißt vom $(n + 1)$-ten Rang, wenn die ihm untergeordneten Zeichen derselben Art einen Rang $\leq$ n haben, und wenn der Rang n mindestens einmal vorkommt. Unter dem Rang eines Funktionals bezüglich ϕ verstehen wir nun den höchsten Rang bezüglich ϕ, der unter den Zeichen des Funktionals für ϕ und die rechts davon stehenden Funktionen vorkommt.
>
> ACKERMANN, *Begründung (Publ.)* [1925], 14–15

Für die folgende Diskussion der Rangdefinitionen sei kurz „$\chi > \phi$" dafür geschrieben, daß χ nach ϕ in der Definitionsreihenfolge kommt (d. h. χ ist ein ϕ_j und ϕ ist ein ϕ_i mit $j > i$), und „$\chi \geq \phi$" dafür, daß $\chi > \phi$ oder mit ϕ identisch ist.

10.3.3.1 Zachs Rangdefinition

In seiner Analyse von Ackermanns Arbeit definiert Richard Zach den Rang $rk(\phi)$ eines Auftretens des Funktionszeichens ϕ wie folgt:[31]

$$rk(\phi) := max\{rk(\psi) \mid \psi > \phi \wedge Uord(\psi, \phi)\} + 1. \tag{10.1}$$

Diese Rekonstruktion berücksichtigt keine ϕ-ϕ-Unterordnungen. Ackermann sagt aber, es gehe um die Zeichen für „ϕ *und* die rechts von ϕ in der Definitionsreihenfolge stehenden Funktionen", also will Ackermann auch ϕ-ϕ-Unterordnungen berücksichtigen.

Ändert man Zachs Definition entsprechend ab, so erhält man:

$$rk(\phi) := max\{rk(\psi) \mid \psi \geq \phi \wedge Uord(\psi, \phi)\} + 1. \tag{10.2}$$

Doch auch diese Rekonstruktion ist nicht einwandfrei, denn der Rang eines Funktionszeichenauftretens in einem Funktional wird nicht auf ein Auftreten eines anderen Funktionszeichens relativiert. In der eben zitierten Stelle bei Ackermann wird jedoch zunächst definiert, wann ein Zeichen $\psi \geq \phi$ einen bestimmten Rang *bezüglich* ϕ hat und anschließend der Rang des gesamten Funktionals bezüglich ϕ festgelegt als höchster „Rang bezüglich ϕ, der unter den Zeichen des Funktionals für ϕ und die rechts davon stehenden Funktionen vorkommt". Damit dieser letzte Teil der Definition Sinn macht, muß man auch einen Rang *bezüglich* ϕ für von ϕ verschiedene Zeichen haben (die nach ϕ in der Definitionsreihenfolge kommen). D. h., es ist erst ein $rk_\phi(\psi)$ für $\psi \geq \phi$ zu definieren. Im Folgenden wird zunächst eine alternative Rekonstruktion von Ackermanns Rangdefinition gegeben und anschließend anhand zweier Beispiele gezeigt, daß die verschiedenen Definitionen durchaus verschiedene Ergebnisse liefern.

---
[31] Vgl. ZACH, *Hilbert's Finitism* [2001], 79.

10.3.3.2 Alternative Rekonstruktion der Rangdefinition

Ackermann definiert zuerst den Rang eines Auftretens des Funktionszeichens ψ für solche ψ, die mit ϕ identisch sind oder nach ϕ in der Definitionsreihenfolge kommen, also für ψ mit $\psi \geq \phi$. Solche ψ-Auftreten heißen „vom ersten Rang bzgl. ϕ", wenn ihnen kein anderes Auftreten eines χ „dieser Art" untergeordnet ist, d. h. eines χ mit $\chi \geq \phi$. Die ψ-Auftreten heißen hingegen „vom n+1-ten Rang bzgl. ϕ", wenn es ein ihnen untergeordnetes Auftreten eines $\chi \geq \phi$ gibt, das den ϕ-Rang n hat.[32]

Diese Definition des Ranges eines Auftretens von ψ bezüglich ϕ für ein ψ mit $\psi \geq \phi$ läßt sich in einer Formel zusammenfassen:

$$rk_\phi(\psi) := \begin{cases} max\{rk_\phi(\chi) \mid \chi \geq \phi \wedge Uord(\chi,\psi)\} + 1 & \text{falls solche } \chi \text{ exist.} \\ 1 & \text{sonst.} \end{cases} \quad (10.3)$$

Der Rang eines Terms t bzgl. eines Funktionszeichens ϕ ist schließlich das Maximum über alle ϕ-Ränge des Auftretens von Funktionszeichen, die rechts von ϕ in der Definitionsreihenfolge stehen:[33]

$$r(\phi) := max\{rk_\phi(\psi) \mid \psi \geq \phi\} \quad (10.4)$$

10.3.3.3 Vergleich der Rangdefinitionen

Die Unterscheidung der drei Rekonstruktionsversuche ist keineswegs irrelevant. Das läßt sich besonders gut am Beispiel des Funktionals $h_a(g_b(g(a,b),a))$ ablesen, wobei die Funktion h nach g in der Definitionsreihenfolge komme, also $h > g$. Die Rangberechnungen ergeben für das Beispielfunktional tatsächlich alle einen unterschiedlichen Rang:

Rangberechnung, Beispiel 1

		$h_a($	$g_b($	$g(a,b),a))$	
Zach (10.1):	$rk(g)$		1	1	$r(g) = 1$
	$rk(h)$	1			$r(h) = 1$
Zach korr. (10.2):	$rk(g)$		2	1	$r(g) = 2$
	$rk(h)$	1			$r(h) = 1$
CT (10.3):	rk_g		3	2	1	$r(g) = 3$
	rk_h	1			$r(h) = 1$

Ein zusätzliches Argument für die hier vorgeschlagene Auffassung ergibt sich aus der Betrachtung des von Ackermann selbst gegebenen Beispielfunktionals $\psi_d\{\psi_e[3, \phi_b(e,b)], \phi_b(d,b)\}$ mit $\psi > \phi$. Dafür ergeben die Rangberechnungen nämlich:

---

[32] Mit „den ϕ-Rang n haben" ist natürlich dasselbe gemeint wie mit „vom Rang n bzgl. ϕ sein".
[33] Diese Definition hat Zach, *Hilbert's Finitism* [2001] genauso.

10.3 Analyse des Beweises

Rangberechnung, Beispiel 2

		$\psi_d\{$	$\psi_e[\mathfrak{z},$	$\phi_b(e,b)],$	$\phi_b(d,b)\}$	
Zach korr. (10.2):	$rk(\phi)$			1	1	$r(\phi) = 1$
	$rk(\psi)$	1	1			$r(\psi) = 1$
CT (10.3):	rk_ϕ	1	2	1	1	$r(\phi) = 2$
	rk_ψ	1	1			$r(\psi) = 1$

und Ackermann selbst sagt, dieses Funktional sei „vom *zweiten* Rang bezüglich ϕ und vom *ersten* bezüglich ψ."[34]

10.3.3.4 Rangkombinationen, Indizes und Ordnungstyp der Indexordnung

Kommen in dem gegebenen Beweis n rekursive Funktionen vor, so versteht man unter der *Rangkombination* eines Funktionals t das n-Tupel der Ränge von t bezüglich der i-ten rekursiven Funktion $(r(\phi_i))_{i\leq n}$.[35] Die Ordnung der Rangkombinationen hat den Ordnungstyp ω^ω.

Der *Index* eines Funktionals ist schließlich die Folge von Häufigkeiten der einzelnen Rangkombinationen unter allen Teilfunktionalen von t. Die Ordnung der Indizes ist daher die Ordnung der Abbildungen von ω^ω nach ω, d. h. ω^{ω^ω}.

So stellt sich heraus, daß der Satz (O4), daß absteigende Folgen in der Indexmenge nach endlich vielen Schritten 0 erreichen müssen, dem Prinzip der transfiniten Induktion bis ω^{ω^ω} entspricht. Ackermann bemüht sich um eine finite Rechtfertigung dieses Prinzips, die im dritten Teil dieser Arbeit genauer betrachtet wird (Abschn. 15.2.2.1).

10.3.4 Hinzunahme der ε und π-Terme und der transfiniten Axiome

$\mathcal{L}_1^1$-Funktionale lassen sich nicht mehr so einfach behandeln wie die $\mathcal{L}_0^1$-Funktionale, da für ε-Terme keine Ersetzungen „ausgerechnet" werden können, die dann automatisch alle Axiome wahr machen, wie es bei den rekursiven Funktionen möglich war. Dadurch daß man überall im Beweis die gleichen ε-Terme durch das Gleiche ersetzt, lassen sich näm-

---

[34] Vgl. ACKERMANN, *Begründung (Publ.)* [1925], 15.
[35] Auch hier ist darauf hinzuweisen, daß Ackermanns Fassung dieses Gedankens von der heute gängigen Weise abweicht. Er betrachtet hier keine ganze Folge von Rängen bezüglich *aller* rekursiven Funktionen, sondern er stellt sich den gegebenen Beweis vor, zählt die darin gegebenen n rekursiven Funktionen mit $1,\ldots,n$ ab und kann dann mit einem n-Tupel auskommen. (Eigentlich macht er es sogar noch sparsamer, nämlich so, daß Nullen (also Ränge von gar nicht in t auftretenden Funktionszeichen) erst beim Vergleich zweier Rangkombinationen eingefügt werden, und nicht schon in der Definition der Rangkombinationen vorkommen. Auf diese Sparsamkeit wird hier zugunsten der Übersichtlichkeit verzichtet.)

lich nicht alle Axiome automatisch wahr machen. Der Wahrheitswert der K-Axiome hängt vielmehr vom Wert der Ersetzung für die ε-Terme ab. Ackermann nennt diese Axiome deshalb „kritische Formeln". So wird der Wahrheitswert von (K1) $A(a) \to A(\varepsilon_a A(a))$ davon bestimmt, welche Formel $\mathfrak{A}$ für A eingesetzt wird, welches Zahlzeichen $\mathfrak{z}$ anstelle des a im Antezedens steht *und* wie der Term $\varepsilon_a.\mathfrak{A}(a)$ ersetzt wird. Man muß also für diejenigen ε-Terme, deren K-Axiome vorkommen, zunächst Ersetzungen *finden*, die die Axiome wahr machen, während man die übrigen ε-Terme beliebig ersetzen kann (natürlich überall im Beweis gleich).[36]

Dazu verallgemeinert Ackermann die Idee der ε-Substitution von Hilbert, die als Ersetzung für die τ-Operatoren schon im voraufgegangenen Kapitel diskutiert worden ist. Die (innersten konstanten) ε-Terme werden durch typmäßig passende einfache Objekte ersetzt, etwa durch das Zahlzeichen 0 oder einfache Funktionen wie Vorgänger oder Addition oder entsprechende Funktionen im Fall von mehrstelligen Funktionsvariablen und solchen mit Argumenten höheren Typs. Alle diese Ersetzungen von Funktionsvariablen schreibt Ackermann zusammenfassend als „δ". Eine Zuordnung von Ersetzungen zu allen Termen, die bei der Reduktion eines Beweises auftreten, heißt auch „Gesamtersetzung".

Nach der „Probeersetzung" in der ersten Gesamtersetzung muß getestet werden, ob alle kritischen Formeln wahr werden. Solange dies nicht der Fall ist, werden die Ersetzungen sukzessive angepaßt. Wenn zum Beispiel in der (K1)-Instanz $\mathfrak{A}(\mathfrak{z}) \to \mathfrak{A}(\varepsilon_a.\mathfrak{A}(a))$ das $\varepsilon_a.\mathfrak{A}(a)$ durch 0 ersetzt wird, ergibt sich $\mathfrak{A}(\mathfrak{z}) \to \mathfrak{A}(0)$, und das könnte falsch sein. Ist es aber falsch, so muß $\mathfrak{A}(\mathfrak{z})$ richtig und $\mathfrak{A}(0)$ falsch sein, und man findet wie bei Hilbert einen Kandidaten $\mathfrak{z}$ für die Ersetzung von $\varepsilon_a.\mathfrak{A}(a)$, der das Sukzedens der (K1)-Instanz auf jeden Fall wahr macht und damit die gesamte Instanz.

Diese und ähnliche Anpassungen der Ersetzungen können weitreichende Änderungen in den bei der Reduktion entstehenden Funktionalen und damit auch Änderungen bei denjenigen Funktionalen bewirken, für die man eine Ersetzung braucht. Man wird bei jeder Anpassung der Ersetzungen daher eine ganz neue Gesamtersetzung erhalten.

Ackermann entwickelt dann ein Verfahren, nach dem eine Folge von Gesamtersetzungen zu bilden ist, die immer mehr kritische Axiome wahr macht und schließlich zu einer „lösenden Gesamtersetzung" („*solving substitution*" bei Zach) führen soll. Dieses Verfahren ist jedoch äußerst kompliziert und der Beweis für seine Termination wird von Ackermann nur ganz grob skizziert. Darüber hinaus sind an Ackermanns Verfahren einige Änderungen nötig, damit das Terminationsresultat überhaupt gilt (die Ersetzungen müssen öfter auf Null „zurückgesetzt" werden). Es soll daher nicht im Detail besprochen werden.

---

[36] Die Konzentration auf das Finden der richtigen Ersetzungen für die einen ε-Terme scheint gelegentlich dazu zu führen, daß keine Ersetzungen für ε-Terme, deren kritische Axiome nicht vorkommen, angegeben werden.

10.4 Deutung, Diskussion und Kritik

Ackermanns Beweis wurde zunächst allgemein als erfolgreicher Nachweis für die Widerspruchsfreiheit der Zahlentheorie anerkannt. Bernays berichtet 1935, daß um 1927/28, also zur Zeit von Hilberts zweitem Hamburger Vortrag und seinem Vortrag in Bologna, alle Beteiligten der Auffassung waren, daß Ackermann (und von Neumann in seiner Arbeit von 1927) der Widerspruchsfreiheitsbeweis für die Zahlentheorie gelungen war.[37] Erst mit Gödels Entdeckung der Unvollständigkeit des *Principia-Mathematica*-Kalküls sei die generelle Frage aufgeworfen worden, ob sich der geforderte finite Widerspruchsfreiheitsbeweis überhaupt erbringen lasse. Diese Zweifel führten auch zu einer kritischen Prüfung der vormals akzeptierten Resultate und wurden, Bernays' Darstellung zufolge, erst 1936 durch Gentzens erfolgreichen Beweis ausgeräumt. Dieser Beweis wird in einem späteren Kapitel noch zu behandeln sein (Kap. 12).

Jedenfalls wurde in diesem Zusammenhang klar, daß Ackermanns Beweis nicht das leisten kann, was er leisten wollte. So gesteht Bernays, wie oben schon erwähnt, im Vorwort zum zweiten Band des *Hilbert-Bernays* ein, man habe sich anfänglich „über die Tragweite" des Ackermannschen Beweises getäuscht.[38]

Wo genau die Probleme der Ackermannschen Arbeit liegen, läßt sich nicht so einfach sagen. Sie wurden auch zu Hilberts, Ackermanns und Bernays Zeiten nicht unmittelbar gesehen. Die früheste Kritik an der Reichweite des Ackermannschen Beweises stammt von John von Neumann aus seiner 1927er Arbeit *Zur Hilbertschen Beweistheorie*.[39] Darin bringt er neben einem eigenen Ansatz zum Beweis der Widerspruchsfreiheit der Zahlentheorie auch eine Kritik der Ackermannschen Arbeit vor. Von Neumann bemerkt eine Ambiguität im Substitutionsschema: Nach der engeren Lesart erlaubt es bestimmte Substitutionen nicht; dann geht nach von Neumanns Einschätzung Ackermanns Widerspruchsfreiheitsbeweis durch, aber das als widerspruchsfrei erwiesene System ist schwächer als gewünscht. Nach der weiteren Lesart sind weitere Substitutionen gestattet; dann würde sich der Beweis auf ein stärkeres System (die gesamte Arithmetik umfassend) beziehen, ginge von Neumann zufolge jedoch nicht durch.

Genauer gesprochen diagnostiziert von Neumann folgendes Problem. Um die volle Arithmetik zu erhalten, muß man rekursiv Funktionenfunktionen mittels ε_f's definieren können. Ackermann behauptet zu Recht, daß er in den definierenden Termen der Rekursionsfunktionen auf der rechten Seite keine ε's zuzulassen braucht, da man die entsprechenden Funktionen auch erhalten kann durch Substitution in einer mit freiem Funktionsparameter rekursiv definierten Funktionenfunktion.[40] Dazu wäre aber genau

---

[37] BERNAYS, *Hilberts Untersuchungen* [1935].
[38] Vgl. HILBERT/BERNAYS, *Grundlagen II* [1939], VI.
[39] VON NEUMANN, *Zur Hilbertschen* [1927]. – Über Leben und Werk von Neumanns (1903–1957) informieren LEGENDI/SZENTIVANYI, *von Neumann* [1983], und besonders ÁDÁM, *von Neumann* [1983].
[40] Vgl. ACKERMANN, *Begründung (Publ.)* [1925], 10.

die Substitutionsregel in der erweiterten Fassung nötig und diese Regel wird durch Ackermanns Widerspruchsfreiheitsbeweis *nicht* abgedeckt.

Betrachtet man hingegen die Alternative, die Substitutionsregel nur in der eingeschränkten Fassung zu verwenden, so muß man die ε's in den rekursiven Definitionen zulassen, um die volle Arithmetik zu erhalten. In diesem Fall tritt jedoch ein Problem mit dem Rang/Index der ε's auf. Denn einerseits müßten sie ganz am rechten Ende der Definitionsreihenfolge stehen, damit rekursiv definierte Funktionen einen niedrigeren Charakter als die ε's haben, was in den Überlegungen in Ackermanns §III,7 wichtig ist.[41] Andererseits müssen sie aber am linken Ende stehen, damit der Satz gilt, daß sich bei Reduktion der Funktionale der Index verringert (O3), und dieser Satz war ja zentral für den Nachweis der Berechenbarkeit der Funktionale.[42] Damit ist diese Alternative nicht gangbar, und es bleibt nur, Ackermann Beweis auf die engere Variante der Substitutionsregel einzuschränken.

Daß man die ε_f's braucht, um einen ausreichend starken Formalismus zu erhalten, kann man wie folgt plausibel machen. Eine typische Aussage der Analysis wäre, daß es eine Funktion $f(x)$ gibt, die genau die Werte eines Terms t mit freier Variable x annimmt, also $(\exists f)(\forall x)f(x) = t$. Im vollen Formalismus erhält man hierfür folgenden Beweis:

$$\text{(Subst } A(f){:}(\forall x)(f(x) = t)) \frac{A(f) \to A(\varepsilon_f(A(f)))}{(\forall x)(f(x) = t) \to (\forall x)(\varepsilon_f((\forall x)(f(x) = t))(x) = t)}$$

$$\frac{\ldots}{(\forall x)(t = t)} \text{(Subst } f(x){:}t) \frac{(\forall x)(f(x) = t) \to (\exists f)(\forall x)(f(x) = t)}{(\forall x)(t = t) \to (\exists f)(\forall x)(f(x) = t)}$$

$$(\exists f)(\forall x)(f(x) = t)$$

Dieser Beweis macht an den zwei markierten Stellen Gebrauch von dem (erweiterten) Substitutionsschema. Wenn man dieses nicht zur Verfügung hat, ist nicht zu sehen, wie der Beweis sonst geführt werden kann. Dies ist natürlich kein Beweis dafür, daß es keinen anderen Beweis geben kann, aber es ermöglicht einen Einblick in die Rolle, die das erweiterte Substitutionsschema bei der Ableitung von grundlegenden Aussagen der Analysis spielt.[43]

Zusammenfassend wird man sagen können, daß die Formalisierung der Analysis das ε-Axiom für höhere Variablengattungen benötigt, also etwa für Funktionsvariablen. Damit hätte man höherstufige Quantoren, mit denen etwa eine Definition der Menge der natürlichen Zahlen mittels der Dedekindschen Durchschnittsbildung möglich und das Induktionsaxiom entbehrlich würde. Entsprechend muß man den Formalismus für die elementare Zahlentheorie um ε-Axiom und Substitutionsregel für Funktionsvariable erweitern und kann sie nicht so einschränken, wie es für Ackermanns Beweis nötig wäre.[44] Bernays be-

---

[41] Vgl. ACKERMANN, *Begründung (Publ.)* [1925], 21.
[42] Vgl. ACKERMANN, *Begründung (Publ.)* [1925], 16–17,19–20.
[43] Vgl. VON NEUMANN, *Zur Hilbertschen* [1927], 43.
[44] Ackermann hat die Notwendigkeit, die Substitutionsregel einzuschränken, anscheinend selbst als erster bemerkt. Dies zeigt eine entsprechende Anmerkung, die er seiner Arbeit noch während der Drucklegung zugefügt hat; vgl. ACKERMANN, *Begründung (Publ.)* [1925], 9.

10.4 Deutung, Diskussion und Kritik

schrieb dieses Problem dahingehend, daß durch die weitere Substitutionsregel imprädikative Funktionsdefinitionen möglich werden.[45]

Jedenfalls läßt sich so die eingangs erwähnte Spannung zwischen der Behauptung, Ackermann hätte einen Widerspruchsfreiheitsbeweis für die Zahlentheorie ohne Induktion geliefert, und der tatsächlichen Ableitbarkeit der Induktion in seinem Formalismus auflösen. Der Beweis geht nur durch, wenn man den Formalismus beschränkt, sodaß er dann weniger abzuleiten erlaubt als der Formalismus, den Ackermann angibt.

Eine weitere Beschränkung, die allerdings schon Ackermanns originalem Formalismus inhärent ist, betrifft die sogenannte „ε-Extensionalität". Darunter wird die Frage verstanden, ob in einem ε-Kalkül die Formeln der Form

$$\forall x\bigl(\mathfrak{A}(x) \leftrightarrow \mathfrak{B}(x)\bigr) \to \varepsilon_x.\mathfrak{A}(x) = \varepsilon_x.\mathfrak{B}(x)$$

herleitbar sind.[46] Es geht also um die Frage, ob für zwei Aussageformen, die immer an denselben Stellen gelten, auch die durch ε „ausgewählten" Existenzbeispiele übereinstimmen müssen.

Ackermanns Formalismus enthält kein entsprechendes Axiom(enschema) und dieser Satz folgt, im Gegensatz zur Induktion, auch nicht aus den übrigen Axiomen.[47] Dies kann man sich folgendermaßen klarmachen. Das erste und vierte kritische Axiom, die zusammen die Bedeutung der ε-Terme festlegen, bestimmen nur, daß $\varepsilon_x.A(x)$ und $\varepsilon_x.B(x)$ *relativ* minimal sind, d. h., daß für x kleiner als $\varepsilon_x.A(x)$ oder $\varepsilon_x.B(x)$ nicht mehr $A(x)$ bzw. $B(x)$ gilt. Daraus folgt aber noch nicht, daß es sich um die gleichen Existenzbeispiele handeln müßte, selbst wenn $\forall x(A(x) \leftrightarrow B(x))$ gelten würde. Dazu wäre es erforderlich, daß die Axiome die *absolute* Minimalität der Existenzbeispiele forderten. (K1) und (K4) legen nur fest, daß $\varepsilon_x.A(x)$ und $\varepsilon_x.B(x)$ in einem Intervall von Zahlen, auf die $A(x)$ bzw. $B(x)$ zutreffen, „ganz links" liegen müssen. Es kann durchaus vorkommen, daß beide in verschiedenen Intervallen liegen. Sind beispielsweise $A(x)$ und $B(x)$ beide Formeln, die ausdrücken „x ist eine Primzahl", so sind sie trivialerweise zueinander äquivalent. Das Existenzbeispiel zu A könnte jedoch 2, dasjenige zu B könnte 5 sein – jede Primzahl außer 3, denn 3 ist nicht relativ minimal. Die ε-Extensionalität folgt also nicht aus Ackermanns übrigen Axiomen.

Zur Frage eines mathematikphilosophischen Formalismus in der Hilbert-Schule lassen sich an Ackermanns Arbeit eine Reihe von Beobachtungen machen. Im Rahmen der Einführung der sog. „transfiniten Axiome" gibt Ackermann eine inhaltliche Deutung der εs und der πs. Anschließend fügt er hinzu:

> Diese inhaltliche Deutung spielt natürlich bei unseren metamathematischen Überlegungen keine Rolle; die ε und π sind hier bloße Zeichen, mit denen nach gewissen Regeln operiert wird. ACKERMANN, *Begründung (Publ.)* [1925], 8

---

[45] BERNAYS, *Hilberts Untersuchungen* [1935], 210.
[46] Vgl. hierzu MOSER, *The Epsilon* [2000], 14; ZACH, *Hilbert's Finitism* [2001], 31; HILBERT, *Grundlagen Mathematik* [1928], 19; HILBERT, *Probleme Grundlegung* [1929], 6.
[47] Vgl. ZACH, *Hilbert's Finitism* [2001].

In diesem Satz spiegelt sich ganz deutlich die von Hilbert durchgehaltene Unterscheidung zwischen einem methodischen Formalismus innerhalb der metamathematischen Untersuchungen und einer nicht-formalistischen Auffassung der Mathematik überhaupt wider. Eine inhaltliche Deutung gibt es, sie ist für die Motivation der Axiome entscheidend und kann nicht einfach ignoriert werden. Nur „hier", innerhalb einer metamathematischen Untersuchung, spielt diese Bedeutung der ε und π keine Rolle, von ihr wird abgesehen. Von einem bloßen „Formelspiel", auf das die Mathematik insgesamt reduziert wäre, kann also auch bei Ackermann keine Rede sein.

Ackermann selbst erarbeitete noch zwei weitere Beweise für die Widerspruchsfreiheit der Zahlentheorie. Die erste Version scheint von ihm nicht veröffentlicht worden zu sein. Sie liegt dem von Bernays in HILBERT/BERNAYS, *Grundlagen II* [1939] gegebenen Widerspruchsfreiheitsbeweis zugrunde. Die zweite Version veröffentlichte er als ACKERMANN, *Widerspruchsfreiheit* [1940].

10.5 Zusammenfassung

In seiner Dissertation legte Hilberts Schüler Wilhelm Ackermann 1924 einen Beweisansatz für die Widerspruchsfreiheit der höheren Zahlentheorie vor. Darin stellt er zunächst Hilberts Beweis für einen engeren, erststufigen und quantorenfreien Kalkül dar, demgemäß Beweise von numerischen Formeln durch Elimination der freien Variablen und Reduktion der Funktionale in „Beweise" transformiert werden, die nur aus numerischen Formeln bestehen. Für diese Formelklasse kann ein syntaktischer Ersatz für den inhaltlichen Richtigkeitsbegriff definiert werden. Wenn der transformierte „Beweis" nur aus richtigen numerischen Formeln besteht, kann seine Endformel nicht $0 \neq 0$ sein. Die Widerspruchsfreiheit des Systems folgt daher, sobald die Axiome unter den Transformationen in richtige numerische Formeln übergehen. Der Nachweis dieser Bedingung bietet bei dem engeren Kalkül keine Schwierigkeiten.

Der Kalkül wird dann um zweitstufige Variablen erweitert und um Definitionsaxiome für primitiv-rekursive Funktionen. Im Widerspruchsfreiheitsbeweis ist die Reduktion der Funktionale nun nicht mehr unmittelbar einsichtig. Sie wird mit Hilfe einer ausgeklügelten Indexordnung bewiesen. Daß eine Folge absteigender Indizes nach endlich vielen Schritten zu 0 gelangen muß, entspricht dabei der Inanspruchnahme einer transfiniten Induktion bis ω^{ω^ω}. Der Nachweis, daß die Axiome in richtige Formeln übergehen, geht hier noch problemlos.

Dies ändert sich, wenn der Kalkül schließlich um zweitstufige Variablen und ε-Operatoren mit zugehörigen Axiomen erweitert wird, sodaß Quantoren definierbar und die Induktion beweisbar werden. Die Wahrheitswerte der ε-Axiome hängen von der Ersetzung der ε-Terme ab. Um Ersetzungen zu finden, die diese „kritischen Axiome" richtig machen, entwickelt Ackermann ein Verfahren, das die Hilbertsche Idee, aus getesteten Probe-Ersetzungen die richtigen Ersetzungen zu gewinnen, erheblich verallgemeinert und den Interferenzen zwischen verschiedenen Abänderungen der Ersetzungen Herr zu wer-

10.5 Zusammenfassung

den versucht. Der abschließende Beweis, daß dieses Verfahren terminiert, d. h. zu einer lösenden Gesamtersetzung führt, bleibt skizzenhaft.

Ackermanns Beweis wurde zunächst für erfolgreich gehalten. Später führten die Kritik an einer Ambiguität des Substitutionsschemas, die Einsicht in die Unverzichtbarkeit des weiteren Substitutionsschemas für die Analysis, die Entdeckung eines Fehlers im Bildungsverfahren der Gesamtersetzungen und die Entdeckung, daß der Kalkül die ε-Extensionalität nicht beweist, dazu, die Tragweite dieses Beweises als beschränkter anzusehen. Es hat sich die Einschätzung durchgesetzt, daß Ackermanns Beweis nur für ein induktionsfreies Fragment der Zahlentheorie Gültigkeit beanspruchen kann. Ackermann hat später noch korrigierte Versionen seines Beweises präsentiert, allerdings erst nach Gentzens Resultaten. Die von Hilbert ersonnene und von Ackermann erheblich weiterentwickelte Methode der Epsilon-Substitution gehört heute zu den Standardmethoden der Beweistheorie.

11 Intuitionistische und Klassische Zahlentheorie: HA und PA

Das Jahr 1932 markiert einen wichtigen Durchbruch bei der Verfolgung des Hilbertprogramms. Kurt Gödel und Gerhard Gentzen gelang es unabhängig voneinander, ein unerwartetes Resultat zu erzielen. Sie konnten zeigen, daß die intuitionistische und die klassische Zahlentheorie in bestimmter Hinsicht gleichstark sind.[1]

11.1 Das Resultat

Das Resultat besteht genauer gesagt in Folgendem. Die Heyting-Arithmetik *HA* ist im Wesentlichen eine intuitionistische Version der Peano-Arithmetik *PA*, d. h., die Logik ist auf intuitionistische Logik eingeschränkt (das *Tertium non datur* ist nicht ableitbar) und die zahlentheoretischen Axiome sind diesem Umstand angepaßt.[2] Unter dem „negativen Fragment" der Peano-Arithmetik ist die Menge der $\mathcal{L}_{PA}$-Formeln zu verstehen, die kein „∃" oder „∨" enthalten. Beim negativen Fragment sind also gerade die beiden logischen Zeichen, die intuitionistisch eine andere Bedeutung erhalten, ausgelassen. So ist das negative Fragment gewissermaßen der Teil der Sprache $\mathcal{L}_{PA}$, der von beiden Theorien „gleich verstanden" wird. In *PA* mit seiner vollen klassischen Logik ist jede Formel zu einer Formel aus dem negativen Fragment beweisbar äquivalent. Dann läßt sich zeigen:

Ist ϕ ein Satz aus dem negativen Fragment der Peano-Arithmetik und $PA \vdash \phi$, so auch $HA \vdash \phi$. Die Umkehrung gilt schon deshalb, weil *HA* als Teilsystem von *PA* konzipiert ist.

---

[1] GÖDEL, *Zur intuitionistischen* [1933e]. Gentzen hat Gödel die Priorität eingeräumt und sein schon im Druck befindliches Manuskript zurückgezogen.

[2] Vgl. auch GEORGE/VELLEMAN, *Philosophies* [2002], 121–122; wobei allerdings zu sagen ist, daß sich *HA* im Allgemeinen nicht, wie von den Autoren behauptet, schlicht durch Ersetzung der klassischen Logik durch intuitionistische Logik aus *PA* ergibt. In Abhängigkeit von der genauen Fassung von *PA* sind ggf. weitere Anpassungen der zahlentheoretischen Axiome nötig, die jedoch unter klassischer Logik äquivalent zur Ausgangsdarstellung sind. Selbstverständlich ergibt sich *PA* aus *HA*, wenn man die intuitionistische durch klassische Logik ersetzt; aber im Allgemeinen nicht andersherum.

Fügt man dieses Resultat mit demjenigen zusammen, daß in der Peano-Arithmetik jeder Satz zu einem Satz aus dem negativen Fragment beweisbar äquivalent ist, so erhält man daraus folgendes Resultat:

Für alle Sätze ϕ aus $\mathcal{L}_{PA}$ gilt: $PA \vdash \phi \Rightarrow HA \vdash \phi^*$, wobei man für $*$ eine Übersetzung in das negative Fragment von $\mathcal{L}_{PA}$ wählen kann, die auf dem negativen Fragment die Identität ist.[3]

Insbesondere hat man damit einen Äquikonsistenzbeweis, denn $0 = 1$ ist offenbar im negativen Fragment, wird also durch die Übersetzung nicht verändert. Damit gilt: Wäre in *PA* ein Widerspruch herleitbar, so wäre $0 = 1$ in *PA* herleitbar (klassisches *Ex falso quodlibet*). $0 = 1$ wäre nach dem Satz also auch in *HA* herleitbar. Und wegen der Herleitbarkeit von $0 \neq 1$ in *HA* wäre auch *HA* inkonsistent. Und das Umgekehrte gilt ebenfalls, weil *HA* ein Teilsystem von *PA* ist. Man hat also insbesondere:

PA ist genau dann widerspruchsfrei, wenn *HA* widerspruchsfrei ist.

11.2 Die Deutung

Man hat also das Resultat, daß alle Sätze, die in *PA* beweisbar sind, in gewisser Hinsicht auch in *HA* beweisbar sind, wobei die „gewisse Hinsicht" in der besonderen Interpretation der intuitionistisch mit anderer Bedeutung versehenen logischen Konstanten besteht. So könnte für quantorenfreies $\phi(x)$ der Intuitionist einem *PA*-Beweis von $\neg\forall x\, \phi(x)$ u. U. durchaus folgen. Er wird den klassischen Zahlentheoretiker aber da verlassen, wo dieser behauptet, damit auch $\exists x\, \neg\phi(x)$ gezeigt zu haben. Während für den klassischen Mathematiker damit „$\exists\neg$" *nichts anderes bedeutet als* „$\neg\forall$", bedeutet es für den Intuitionisten *mehr*. Aus „$\exists\neg$" folgt intuitionistisch „$\neg\forall$", aber nicht umgekehrt.

Ein Resultat dieser Art setzt voraus, daß es eine Abgrenzung des intuitionistisch Beweisbaren gibt, d. h. so etwas wie intuitionistische formale Systeme. Die wichtigsten Beiträge dazu stammen von Arendt Heyting, der 1930 einen Kalkül für die intuitionistische Aussagenlogik[4] und einen Kalkül für die intuitionistische Arithmetik[5] veröffentlicht hat.

Gödel nimmt in seiner Publikation des Resultats jedoch nicht nur auf Heytings Arbeiten Bezug, sondern auch auf das von Jacques Herbrand angegebene Axiomensystem für die intuitionistische Arithmetik.[6] Es ist nicht klar, ob Gödel auch die Arbeit von Kolmogorov aus dem Jahre 1925 bekannt war, in der dieser zum ersten Mal Formalismen für (einen Teil

---

[3] Wie man heute weiß, geht dies noch viel weiter. Auch für stärkere Theorien gilt, daß die klassische und die intuitionistische Version der Theorie die gleichen Π^0_2-Sätze beweisen. Insbesondere stimmen dann die beweisbar rekursiven Funktionen beider Versionen überein. (Für den Hinweis darauf danke ich Wolfram Pohlers.)

[4] HEYTING, *Logik* [1930a].

[5] HEYTING, *Mathematik* [1930b].

[6] HERBRAND, *Sur la non-contradiction* [1931]. Gödel diskutiert auch, wie sich sein Beweis auf das andere System übertragen läßt; vgl. GÖDEL, *Zur intuitionistischen* [1933e], 288–289.

der) intuitionistischen Aussagenlogik aufgestellt hat.[7] Gödel erwähnt jedenfalls ein Resultat von Glivenko, der 1929 gezeigt hatte, daß für die Intuitionistische Aussagenlogik (*IA*) und die Klassische Aussagenlogik (*KA*) gilt: $KA \vdash \phi \Leftrightarrow IA \vdash \phi$, wenn ϕ eine aussagenlogische Formel ist, die nur die Junktoren $\neg$ und $\wedge$ enthält.[8]

Die Bedeutung des Gödel-Gentzenschen Resultats für das Hilbertprogramm liegt einerseits auf der Hand: Es ist gelungen, mit konstruktiv-intuitionistischen Methoden die Widerspruchsfreiheit der klassischen Zahlentheorie zu zeigen. Wenn es beim Hilbertprogramm in erster Linie darum gehen würde, den Intuitionisten von der Widerspruchsfreiheit der klassischen Zahlentheorie zu überzeugen, wäre mit diesem Resultat ein wichtiges Ziel erreicht gewesen.

Andererseits zeigt das Resultat aber, daß der Intuitionismus viel zu stark ist, um mit dem Finitismus identifiziert zu werden. Intuitionistisch zulässige Zahlentheorie hatte sich als nahezu gleichstark mit der klassischen Zahlentheorie (inklusive Induktionsschema) erwiesen.[9] Und die klassische Zahlentheorie gehört sicher nicht in den Bereich der Methoden, die finitistisch-konstruktiv als gerechtfertigt angesehen werden können (solange man noch keinen Widerspruchsfreiheitsbeweis hat). So schloß Gödel seine Arbeit mit der Bemerkung:

> Durch die obigen Betrachtungen ist selbstverständlich ein intuitionistischer Widerspruchsfreiheitsbeweis für die klassische Arithmetik und Zahlentheorie gegeben. Er ist allerdings nicht ‚finit' in dem Sinn wie ihn Herbrand im Anschluß an Hilbert angegeben hat.
> GÖDEL, *Zur intuitionistischen* [1933e], 294

Und auch Bernays sah in dem *HA* = *PA*-Beweis noch nicht die Erreichung des Hilbertschen Ziels, denn die intuitionistische Arithmetik gehe

> über den Bereich der anschaulichen finiten Betrachtung hinaus [...], indem sie neben den eigentlichen mathematischen Objekten auch das inhaltliche Beweisen zum Gegenstand macht und dazu des abstrakten Allgemeinbegriffs der einsichtigen Folgerung bedarf.
> BERNAYS, *Hilberts Untersuchungen* [1935], 212

Einen *finiten* Widerspruchsfreiheitsbeweis zu finden, blieb auch mit dem Resultat von Gödel/Gentzen 1932 noch ein offenes Problem.

---

[7] Vgl. KOLMOGOROV, *Über das Prinzip* [1925]. Über diese Arbeit stellt HESSELING, *Gnomes* [2003] fest, daß sie zwar sachlich ins Zentrum der Debatte um den Brouwerschen Intuitionismus gehörte, in der faktischen Gemengelage allerdings kaum eine Rolle spielte. Ein Einfluß dieser Arbeit auf die faktischen Diskussionsverläufe ist nach VAN ATTEN, *Hesseling Rezension* [2004], 426, nur über Glivenko denkbar, und zwar einerseits indirekt über seine Arbeit GLIVENKO, *Sur quelques points* [1929] und andererseits direkt über seinen Briefwechsel mit Heyting (publiziert in TROELSTRA, *On the Early* [1990], 3–17).

[8] Vgl. auch Troelstras Einführung zu GÖDEL, *Zur intuitionistischen* [1933e], 282.

[9] „Nahezu" bedeutet hier: Natürlich beweisen die klassische und die intuitionistische Variante nicht die gleichen Sätze, aber eben die gleichen Π^0_2-Sätze, und damit haben sie dieselben beweisbar rekursiven Funktionen, siehe auch oben Anm. 3.

Hilbertschule II: Gerhard Gentzen   12

Die erste wichtige Publikation GERHARD GENTZENS ist seine 1934 erschienene Dissertation.[1] In ihr wird zwar noch nicht der berühmte Beweis der Widerspruchsfreiheit der Zahlentheorie vorgelegt, die Arbeit enthält jedoch äußerst wichtige Vorarbeiten dazu. Daher soll ihr im Folgenden zuerst die Aufmerksamkeit zugewendet werden (12.1). Gentzen hat seinen ersten Widerspruchsfreiheitsbeweis für die Zahlentheorie kurz vor der Publikation 1936 in wichtigen Passagen geändert. Es wird im Folgenden zuerst die ursprüngliche Fassung von 1935 behandelt, die von Paul Bernays posthum 1974 veröffentlicht wurde (12.2), und dann die erste publizierte Version von 1936 (12.3).

In diesen Beweisen zeigt sich nach und nach immer mehr von der Transfiniten Induktion über Ordinalzahlen bis ε_0. Die 1942 von Gentzen vorgelegte Habilitationsschrift *Beweisbarkeit und Unbeweisbarkeit von Anfangsfällen der transfiniten Induktion in der reinen Zahlentheorie* war sein letztes bedeutendes Werk vor seinem tragischen frühen Tod 1945. Es enthält zum ersten Mal die Grundzüge der Ordinalzahlanalyse (12.4).

Die Relevanz des Gentzenschen Widerspruchsfreiheitsbeweises für das Hilbertsche Programm hat Paul Bernays schon vor Gentzens Veröffentlichung des Beweises festgestellt. Gentzens Beweismethoden seien eine *sachgemäße Ausgestaltung des finiten Standpunktes*, der die Vermutung widerlegt habe, es könne überhaupt kein finit zulässiger Widerspruchsfreiheitsbeweis für die Zahlentheorie gefunden werden.[2]

---

[1] GENTZEN, *Untersuchungen I* [1934a] und GENTZEN, *Untersuchungen II* [1934b]. – Zu Gentzens Person bietet eine umfangreiche Informationssammlung MENZLER-TROTT, *Gentzens* [2001]; eine gute Übersicht auch in den kürzeren Lexikonartikeln SCHÜTTE, Art. *Gentzen* [1964]; SZABO, Art. *Gentzen* [1972]; sowie in den Art. Gentzen in: Deutsche biographische Enzyklopädie (DBE), Bd. 3, München: Saur, S. 625, und in: Biographisch-literarisches Handwörterbuch der exakten Naturwissenschaften, Bd. 7,2, Berlin: Akademie 1958, S. 185.
[2] Vgl. BERNAYS, *Hilberts Untersuchungen* [1935], 211–212, 215–216. Bernays hat sich in seiner Darstellung mit äußerster Sorgfalt darum bemüht, einerseits die grundlegenden Intentionen des Hilbertschen Ansatzes der Beweistheorie zu wahren, andererseits aber die notwendigen Konsequenzen aus den Gödelschen Unvollständigkeitssätzen zu ziehen.

12.1 Logische Kalküle, Hauptsatz und Widerspruchsfreiheit der induktionsfreien Zahlentheorie

Gentzen verfaßte seine Doktorarbeit *Untersuchungen über das logische Schließen* auf Anregung von Paul Bernays Anfang der 1930er Jahre in Göttingen. Da Bernays als Jude ab dem 28. April 1933 seine *venia legendi* nicht mehr ausüben durfte, promovierte Gentzen offiziell bei Hermann Weyl, dem zweiten bedeutenden Hilbertschüler in Göttingen. Die Arbeit wurde im Juni 1933 von Weyl und von Richard Courant begutachtet. Schon am 21. Juli 1933 konnte Gentzen sie bei der *Mathematischen Zeitschrift* einreichen, in der sie 1934 in zwei Teilen erschien.[3]

Die von Gentzen in dieser Arbeit aufgestellten und untersuchten Kalküle sind hier besonders deshalb von Interesse, weil die später zu behandelnden Arbeiten Gentzens zur Widerspruchsfreiheit der Zahlentheorie mit diesen Kalkülen arbeiten. Deswegen werden sie relativ ausführlich behandelt (12.1.1). Überdies wird in dieser Arbeit schon die Eliminierbarkeit der einzigen Schlußregel ohne Subformeleigenschaft gezeigt. Damit wird hier schon ein Grundgedanke der späteren Arbeiten zur Widerspruchsfreiheit greifbar (12.1.2).

12.1.1 Die Logikkalküle

Gentzen führt in dieser Arbeit drei Arten von Kalkülen ein, die jeweils in einer intuitionistischen und einer klassischen Variante auftreten, sodaß es sich insgesamt um sechs Kalküle handelt.

Gentzen war es ein wichtiges Anliegen, den Zusammenhang der in der Beweistheorie betrachteten Kalküle mit dem wirklichen, „natürlichen" Vorgehen beim mathematischen Schließen stark zu machen. Daher führt er als erstes die *natürlichen* Kalküle ein, die weitestgehend die damals schon üblich gewordenen logischen Axiome durch Kombinationen von Schlußregeln und Annahmen ersetzen. Sie bilden in Gentzens Augen das Bindeglied zur üblichen mathematischen Praxis.[4]

Ihnen gegenüber stehen die *logistischen hilbertartigen* Kalküle, die an die im Umkreis Hilberts untersuchten Formalismen anknüpfen. Sie bestehen im Wesentlichen aus einer größeren Zahl von Axiomen und nur einer kleinen Zahl von Schlußregeln.

---

[3] GENTZEN, *Untersuchungen I* [1934a] und GENTZEN, *Untersuchungen II* [1934b]. – Zu Gentzens Promotion siehe MENZLER-TROTT, *Gentzens* [2001], 55–60.

[4] Die Ersetzung der logischen Axiome durch Regeln hatte Vorbilder, die in früheren Kapiteln schon besprochen wurden. Zu nennen sind hier die Studien zur gegenseitigen Ersetzbarkeit von aussagenlogischen Axiomen und Regeln in Bernays Habilitationsschrift BERNAYS, *Habilschrift* [1918]; dann Hilberts Manuskript von 1920/21, in dem er die Aussagenlogik für → mittels Regeln gestaltet, vgl. Abschn. 9.5.1; die Axiomatisierung der vollen Aussagenlogik in Hilberts Vorlesungen ab 1921, vgl. Abschn. 9.6; und schließlich HILBERT/ACKERMANN, *Theoretische Logik* [1928], worin die logischen Axiome schon große Ähnlichkeit mit den Regeln des natürlichen Schließens haben.

12.1 Logische Kalküle, Hauptsatz, induktionsfreie Zahlentheorie

Die Verbindung zwischen beiden Arten von Kalkülen stellt Gentzen durch die *logistischen* Kalküle her. Diese haben mit den natürlichen Kalkülen die Orientierung an Schlußregeln statt Axiomen gemein, benötigen jedoch wie die hilbertartigen Kalküle keine freien Annahmen, deren Funktion durch die Vorderformeln von Sequenzen übernommen wird. Außerdem gibt es in ihnen keine Eliminationsregeln zu den logischen Zeichen; deren Funktion wird von Einführungsregeln für das Antezedens einer Sequenz und die Schnittregel erfüllt, die damit die einzige Regel ist, die nicht die Subformeleigenschaft erfüllt. Das wird später relevant werden.

12.1.1.1 Die formale Sprache

Die formalen Sprachen und ihre Ausdrücke, für die die Kalküle später definiert werden, sind wie folgt festgelegt. Es werden punktartige *Zeichen*, eindimensionale *Ausdrücke* und zweidimensionale *Figuren* unterschieden.

Als Zeichenarten[5] sind zugelassen: Individuen-, Funktions-, Prädikatskonstanten und die Aussagekonstanten ∨ und ∧, die Falsum ⊥ und Verum ⊤ entsprechen.[6] Als Junktoren werden ¬, & und ∨ verwendet, für die Konditionale jedoch ⊃ und ⊃⊂, da der Pfeil → für Sequenzen reserviert wird. Die Quantoren werden wie heute üblich als ∀ und ∃ geschrieben. Gentzen hielt etwa die Wahl des Zeichens „¬" für die Negation für begründungsbedürftig. Er weiche von dem Negationsüberstrich der Hilbertschule ab, da dieser den linearen Formelaufbau störe.

Schließlich hat Gentzens Alphabet freie ($a, \ldots, m$) und gebundene ($n, \ldots, z$) Gegenstandsvariablen, sowie Aussagevariablen ($A, \ldots$), die jeweils zur Alphabet-Erweiterung mit Indizes versehen werden können.

Elementarformeln sind neben ∨ und ∧ auch Kombinationen von Aussagevariablen mit Individuenvariablen (z. B. *Aabc*). Die Formeln werden induktiv aus den Elementarformeln und den logischen Junktoren und Quantoren aufgebaut, wobei im Quantorenfall einige freie Variablenauftreten durch gebundene Variablen ersetzt werden können.

Gentzen definiert den *Grad einer Formel* als die Anzahl der in ihr vorkommenden logischen Zeichen.

Schlußfiguren sind nach Gentzen zweidimensionale Ausdrücke der Form

$$\frac{\mathfrak{A}_1 \ldots \mathfrak{A}_\nu}{\mathfrak{B}} \begin{array}{l} \leftarrow \text{Oberformeln} \\ \leftarrow \text{Unterformeln.} \end{array}$$

---

[5] Wie schon im Bezug auf Ackermanns Arbeit bemerkt, werden auch bei Gentzen keine festen formalen Alphabete angegeben, sondern – hier sogar *expressis verbis* – bloß Zeichen*arten* unterschieden. Diese Tatsache stützt die bei Ackermann geäußerte Vermutung, daß dieses Vorgehen zur damaligen Zeit in der Hilbert-Schule allgemein üblich gewesen ist.

[6] Bei Gentzen: „Zeichen für bestimmte Gegenstände", „bestimmte Funktionen", „bestimmte Prädikate" und „bestimmte Aussagen".

Im Folgenden werden nun die verschiedenen Kalküle definiert. Es gibt jeweils eine Variante mit *klassischer* und eine mit *intuitionistischer* Logik, die von Gentzen jeweils durch einen abschließenden Buchstaben „K" oder „J" im Namen des Kalküls kenntlich gemacht werden.

12.1.1.2 Die natürlichen Kalküle *NJ* und *NK*

Zunächst ist es Gentzens Anliegen, einen Kalkül einzuführen, der möglichst nah am tatsächlich in der Mathematik vollzogenen Schließen orientiert und in diesem Sinne „natürlich" ist. Das bedeutet eine Abkehr von der Verwendung logischer Axiome. Natürlicherweise, so Gentzen, gehe man beim mathematischen Schließen von Annahmen aus, an die sich *logische Schlüsse* anschlössen. Später könne man auf dieselbe Weise aus anderen Annahmen die ursprünglichen Annahmen beweisen, wodurch die ursprünglichen Annahmen ihren Status als Annahmen verlören. Dem sollen auch die natürlichen Kalküle entsprechen.[7]

Der *Natürliche Intuitionistische Kalkül* (*NJ*) besteht daher aus einer ganzen Menge von Schlußregeln. Im Wesentlichen gibt es zu jedem logischen Zeichen eine Einführungs-Schlußregel und eine Beseitigungs-Schlußregel. In manchen Fällen gibt es allerdings drei Stück, wenn z. B. wie bei „&" zwei Beseitigungsregeln, eine zugunsten der linken und eine zugunsten der rechten Seite der Konjunktion, nötig sind. Zur Elimination des Falsums $\wedge$ kommt dann noch das *Ex falso quodlibet* hinzu. Damit hat man folgende „Schlußfiguren-Schemata":

$$\text{UE}\,\frac{\mathfrak{A}\quad \mathfrak{B}}{\mathfrak{A}\&\mathfrak{B}} \qquad \text{UB}\,\frac{\mathfrak{A}\&\mathfrak{B}}{\mathfrak{A}}\;\frac{\mathfrak{A}\&\mathfrak{B}}{\mathfrak{B}} \qquad \text{OE}\,\frac{\mathfrak{A}}{\mathfrak{A}\vee\mathfrak{B}}\;\frac{\mathfrak{B}}{\mathfrak{A}\vee\mathfrak{B}} \qquad \text{OB}\,\frac{\mathfrak{A}\vee\mathfrak{B}\quad [\mathfrak{A}]\ [\mathfrak{B}]\quad \mathfrak{C}\quad \mathfrak{C}}{\mathfrak{C}}$$

$$\text{AE}\,\frac{\mathfrak{F}a}{\forall\mathfrak{x}\,\mathfrak{F}\mathfrak{x}} \qquad \text{AB}\,\frac{\forall\mathfrak{x}\,\mathfrak{F}\mathfrak{x}}{\mathfrak{F}a} \qquad \text{EE}\,\frac{\mathfrak{F}a}{\exists\mathfrak{x}\,\mathfrak{F}\mathfrak{x}} \qquad \text{EB}\,\frac{\exists\mathfrak{x}\,\mathfrak{F}\mathfrak{x}\quad [\mathfrak{F}a]\quad \mathfrak{C}}{\mathfrak{C}}$$

$$\text{FE}\,\frac{[\mathfrak{A}]\ \mathfrak{B}}{\mathfrak{A}\supset\mathfrak{B}} \qquad \text{FB}\,\frac{\mathfrak{A}\quad \mathfrak{A}\supset\mathfrak{B}}{\mathfrak{B}} \qquad \text{NE}\,\frac{[\mathfrak{A}]\ \wedge}{\neg\mathfrak{A}} \qquad \text{NB}\,\frac{\mathfrak{A}\quad \neg\mathfrak{A}}{\wedge}$$

$$\text{EFQ}\,\frac{\wedge}{\mathfrak{D}}.$$

In (EB) und (AE) ist jeweils eine Variablenbedingung für die Eigenvariable $\mathfrak{a}$ zu beachten.

---

[7] Es ist interessant zu bemerken, daß Gentzens Herleitungsbegriff („Herleitung" oder auch „Beweisfigur") genau aus diesem Grund der Nähe zum wirklichen mathematischen Vorgehen i. A. keine Baumstruktur hat, denn eine einmal hergeleitete Formel kann mehrfach als Oberformel von Schlüssen auftreten. Die Baumstruktur läßt sich natürlich leicht herstellen, indem man die Herleitung der mehrfach als Oberformel auftretenden Formel vervielfältigt. Gentzen kann daher ohne Beschränkung der Allgemeinheit sagen, es seien im Folgenden nur „stammbaumförmige Herleitungen zu betrachten"; vgl. GENTZEN, *Untersuchungen I* [1934a], 181.

12.1 Logische Kalküle, Hauptsatz, induktionsfreie Zahlentheorie

Die eingeklammerten Formeln symbolisieren jeweils diejenigen freien Annahmen, die durch den entsprechenden Schluß abgebunden werden.

NJ-Herleitungen sind schließlich in der offenkundigen Weise als Bäume (bei Gentzen: „Stammbäume") aus passenden Instanzen dieser Schlußschemata und mit Annahmeformeln oder Grundformeln als Spitzen definiert, wobei die Annahmeformeln zu unter ihnen stehenden Schlüssen gehören sollen, durch die der Beweis von den Annahmen unabhängig gemacht wird. Diese Fassung des Herleitungsbegriffs (ohne Einführung eines passenden Begriffs, der noch Annahmen zuläßt) führt dazu, daß sich der Herleitungsbegriff nicht direkt induktiv definieren läßt.

Man könnte induktiv den Begriff einer *Protoherleitung* durch folgende Klauseln definieren: (1) Alle Grundformeln und Annahmeformeln sind Protoherleitungen, (2) mit jedem Schlußschema und Herleitungen der Oberformeln ist auch die aus dem Schlußschema und den Oberformelherleitungen zusammengesetzte Figur eine Protoherleitung. Dann kann man eine Annahme $\mathfrak{A}$ in einer Protoherleitung *abgebunden* nennen, wenn später in der Protoherleitung ein Schluß steht, der $\mathfrak{A}$ abbindet (d. h. syntaktisch, daß diese Formel als eingeklammert notierte Annahme bei dem Schluß notiert wird). *Herleitungen* sind schließlich Protoherleitungen, bei denen sämtliche Annahmeformeln abgebunden sind.

Gentzen weist darauf hin, durch den baumartigen und damit nicht-linearen Beweisaufbau sowie durch die bloß einmalige Verwendung bereits abgeleiteter Formeln zur Herleitung weiterer Formeln vom natürlichen Schließen abzuweichen, und zwar um der besseren Handhabung des Kalküls willen.[8]

Durch die Anpassung dieses Kalküls an das natürliche Schließen ist er besonders gut zur Formalisierung mathematischer Beweise geeignet. Überdies erlaubt er kürzere Herleitungen als in logistischen Kalkülen. Ein weiterer Vorteil dieses Kalküls ist nach Gentzen seine Systematik von (im Allgemeinen zumindest) zwei Schlußregeln pro logischem Zeichen (Ausnahmen wurden eben schon erwähnt). Daneben läßt sich das Negationszeichen leicht eliminieren, indem man $\neg\mathfrak{A}$ durch $\mathfrak{A} \supset \wedge$ ersetzt.

Aus dem intuitionistischen Kalkül *NJ* erhält man sein vollständiges klassisches Gegenstück, den *Natürlichen Klassischen Kalkül NK*, indem man das *Tertium non datur* in der Form des Axiomschemas $\mathfrak{A} \vee \neg\mathfrak{A}$ hinzufügt (Erweiterung des Beweisbegriffs). Gentzen zieht dies der Hilbertschen Fassung als Schlußfigur $\frac{\neg\neg\mathfrak{A}}{\mathfrak{A}}$ vor. Er strebt nämlich eine definitionale Fassung des Kalküls an, gemäß der die logischen Zeichen durch die zu ihnen zugehörigen Schlußregeln geradezu definiert werden.[9] Eine *Tertium-non-datur*-Schlußregel wäre dann jedoch ein unsystematischer Zusatz zur Negations-Eliminationsregel, deren

---

[8] Vgl. dazu auch die Anmerkung in Fußnote 7 oben.
[9] Vgl. zu dieser Feststellung auch das Diktum Hilberts von 1931, das *Tertium non datur* habe eine Sonderstellung, da es nicht wie die anderen Schlußregeln und Axiome auf eine Definition hinauslaufe; außerdem Hilberts Lehre von der Definition von Grundbegriffen durch Axiome (erster Teil, Abschn. 3.3).

„Zulässigkeit keineswegs aus der Art der Nicht-Zeichen-Einführung durch die NE hervorgeht".[10]

12.1.1.3 Die logistischen Kalküle *LJ* und *LK*

Den natürlichen Kalkülen stellt Gentzen die *logistischen Kalküle* gegenüber. Bei ihnen wird statt der freien Annahmen, die durch spätere Schlüsse abgebunden werden können, *Sequenzen* verwendet. Eine Sequenz ist ein Ausdruck der Form

$$\mathfrak{A}_1, \ldots, \mathfrak{A}_\mu \to \mathfrak{B}_1, \ldots, \mathfrak{B}_\nu,$$

wobei μ und ν auch 0 sein können, d. h. Vorder- oder Hinterglied der Sequenz können leer sein. Der Pfeil ($\to$) sollte nicht mit dem heute üblichen Zeichen für das Konditional verwechselt werden. Gentzen bezeichnet ihn als „Hilfszeichen", das eigentlich nur die Trennungsfunktion von Vorder- und Hinterglied einer Sequenz ausübt. Bedeutungsmäßig ist die Parallele zum Konditional jedoch vorhanden, denn die Vorderformeln vertreten gewissermaßen die Annahmen des natürlichen Kalküls. Die Sequenz ist zu lesen als: „Unter den Annahmen $\mathfrak{A}_1, \ldots \mathfrak{A}_\mu$ läßt sich die Disjunktion $\mathfrak{B}_1 \vee \ldots \vee \mathfrak{B}_\nu$ herleiten." Es gibt also eine direkte Beziehung zwischen dieser Sequenz und dem Konditional

$$\mathfrak{A}_1 \wedge \ldots \wedge \mathfrak{A}_\mu \supset \mathfrak{B}_1 \vee \ldots \vee \mathfrak{B}_\nu.$$

Die *logistischen Kalküle* bestehen dann aus folgenden Schlußfiguren. Dabei sind $\mathfrak{A}$, $\mathfrak{B}$ usw. konkrete Formeln und $\Gamma, \Delta, \Theta, \Lambda$ beliebige Reihen von Formeln, die auch leer sein können. Die Sequenzenschreibweise bedingt einige spezielle Schlußregeln, die nicht unmittelbar mit der Bedeutung logischer Zeichen zusammenhängen, sondern mit der Struktur und Bedeutung einer Sequenz. Sie heißen daher *Strukturschlüsse*:

$$\text{Verdünnung Antezedens } \frac{\Gamma \to \Theta}{\mathfrak{D}, \Gamma \to \Theta} \qquad \text{Verdünnung Sukzedens } \frac{\Gamma \to \Theta}{\Gamma \to \Theta, \mathfrak{D}}$$

$$\text{Zusammenziehung Antez. } \frac{\mathfrak{D}, \mathfrak{D}, \Gamma \to \Theta}{\mathfrak{D}, \Gamma \to \Theta} \qquad \text{Zusammenziehung Sukz. } \frac{\Gamma \to \Theta, \mathfrak{D}, \mathfrak{D}}{\Gamma \to \Theta, \mathfrak{D}}$$

$$\text{Vertauschung Antez. } \frac{\Delta, \mathfrak{D}, \mathfrak{E}, \Gamma \to \Theta}{\Delta, \mathfrak{E}, \mathfrak{D}, \Gamma \to \Theta} \qquad \text{Vertauschung Sukz. } \frac{\Gamma \to \Theta, \mathfrak{E}, \mathfrak{D}, \Lambda}{\Gamma \to \Theta, \mathfrak{D}, \mathfrak{E}, \Lambda}$$

$$\text{Schnitt } \frac{\Gamma \to \Theta, \mathfrak{D} \quad \mathfrak{D}, \Delta \to \Lambda}{\Gamma, \Delta \to \Theta, \Lambda.}$$

---

[10] GENTZEN, *Untersuchungen I* [1934a], 190.

12.1 Logische Kalküle, Hauptsatz, induktionsfreie Zahlentheorie

Die *Logische-Zeichen-Schlußfiguren* haben im Sequenzenkalkül folgende Gestalt:

$$\text{UES}\ \frac{\Gamma \to \Theta, \mathfrak{A} \quad \Gamma \to \Theta, \mathfrak{B}}{\Gamma \to \Theta, \mathfrak{A} \wedge \mathfrak{B}} \qquad \text{UEA}\ \frac{\mathfrak{A}, \Gamma \to \Theta}{\mathfrak{A} \wedge \mathfrak{B}, \Gamma \to \Theta} \quad \frac{\mathfrak{B}, \Gamma \to \Theta}{\mathfrak{A} \wedge \mathfrak{B}, \Gamma \to \Theta}$$

$$\text{OEA}\ \frac{\mathfrak{A}, \Gamma \to \Theta \quad \mathfrak{B}, \Gamma \to \Theta}{\mathfrak{A} \vee \mathfrak{B}, \Gamma \to \Theta} \qquad \text{OES}\ \frac{\Gamma \to \Theta, \mathfrak{A}}{\Gamma \to \Theta, \mathfrak{A} \vee \mathfrak{B}} \quad \frac{\Gamma \to \Theta, \mathfrak{B}}{\Gamma \to \Theta, \mathfrak{A} \vee \mathfrak{B}}$$

$$\text{AES}\ \frac{\Gamma \to \Theta, \mathfrak{F}(\mathfrak{a})}{\Gamma \to \Theta, \forall \mathfrak{x} \mathfrak{F}(\mathfrak{x})} \qquad \text{AEA}\ \frac{\mathfrak{F}(\mathfrak{a}), \Gamma \to \Theta}{\forall \mathfrak{x} \mathfrak{F}(\mathfrak{x}), \Gamma \to \Theta}$$

$$\text{EEA}\ \frac{\mathfrak{F}(\mathfrak{a}), \Gamma \to \Theta}{\exists \mathfrak{x} \mathfrak{F}(\mathfrak{x}), \Gamma \to \Theta} \qquad \text{EES}\ \frac{\Gamma \to \Theta, \mathfrak{F}(\mathfrak{a})}{\Gamma \to \Theta, \exists \mathfrak{x} \mathfrak{F}(\mathfrak{x})}$$

$$\text{NES}\ \frac{\mathfrak{A}, \Gamma \to \Theta}{\Gamma \to \Theta, \neg \mathfrak{A}} \qquad \text{NEA}\ \frac{\Gamma \to \Theta, \mathfrak{A}}{\neg \mathfrak{A}, \Gamma \to \Theta}$$

$$\text{FES}\ \frac{\mathfrak{A}, \Gamma \to \Theta, \mathfrak{B}}{\Gamma \to \Theta, \mathfrak{A} \supset \mathfrak{B}} \qquad \text{FEA}\ \frac{\Gamma \to \Theta, \mathfrak{A} \quad \mathfrak{B}, \Delta \to \Lambda}{\mathfrak{A} \supset \mathfrak{B}, \Gamma, \Delta \to \Theta, \Lambda}.$$

Auf den ersten Blick überraschend ist, wie sich der Unterschied zwischen der intuitionistischen und der klassischen Variante dieses Kalküls gestaltet. Die Herleitungen des *Logistischen Klassischen Kalküls LK* setzen sich aus *Grundsequenzen* $\mathfrak{D} \to \mathfrak{D}$ und den angeführten Schlußregeln baumförmig zusammen. Die Herleitungen des intuitionistischen Gegenparts *LJ* ebenso, mit der einzigen Einschränkung, daß im Sukzedens von Sequenzen immer höchstens eine Formel stehen darf. Um von intuitionistischer zu klassischer Logik überzugehen, braucht man also noch nicht einmal das *Tertium non datur* als Axiom hinzuzunehmen, sondern es reicht aus, Sequenzenhinterglieder von Längen größer als 1 zuzulassen.

Diese Feststellung, daß der Unterschied zwischen klassischem und intuitionistischem Kalkül einzig in der zulässigen Höchstlänge des Sukzedens besteht, verwundert bei erstem Hinsehen und wird letztlich erst vollständig etabliert durch die späteren Äquivalenzbeweise der verschiedenen Kalküle. Man kann sich allerdings schon hier vergegenwärtigen, daß zur Ableitung des *Tertium non datur* in der Form $\to A \vee \neg A$ eine Oder-Einführung im Sukzedens oder ein Schnitt erfolgt sein muß. Nach dem Gentzenschen Hauptsatz (siehe 12.1.2) kann jede Herleitung in eine schnittfreie Herleitung umgewandelt werden. Damit kann man ohne Beschränkung der Allgemeinheit hier annehmen, daß eine Oder-Einführung im Sukzedens erfolgt sein muß. Ergo müßte man im intuitionistischen Kalkül $\to A$ oder aber $\to \neg A$ beweisen, was für eine bloße Formelvariable A nicht möglich ist.[11] Im klassischen Fall ist es anders, da hier das Θ im Sukzedens der Oder-Einführung nicht leer sein muß. Damit kann die Oder-Einführung auf die Sequenz $\to A, \neg A$ angewendet werden und letztere erhält man aus der Grundsequenz $A \to A$ durch NES.[12]

---

[11] Vgl. hierzu auch Gentzens entsprechenden Beweis in GENTZEN, *Untersuchungen II* [1934b], 407–408.
[12] Vgl. GENTZEN, *Untersuchungen I* [1934a], 193.

12.1.1.4 Die logistischen hilbertartigen Kalküle *LHJ* und *LHK*

Die letzte Art von Kalkülen sind die *logistischen hilbertartigen* Kalküle. Ihre Herleitungen haben die übliche Baumstruktur. Die Spitzen bestehen aus „Grundformeln" (Axiomen) gemäß den Schemata:

1.1 $\mathfrak{A} \supset \mathfrak{A}$
1.2 $\mathfrak{A} \supset (\mathfrak{B} \supset \mathfrak{A})$
1.3 $(\mathfrak{A} \supset (\mathfrak{A} \supset \mathfrak{B})) \supset (\mathfrak{A} \supset \mathfrak{B})$
1.4 $(\mathfrak{A} \supset (\mathfrak{B} \supset \mathfrak{C})) \supset (\mathfrak{B} \supset (\mathfrak{A} \supset \mathfrak{C}))$
1.5 $(\mathfrak{A} \supset \mathfrak{B}) \supset ((\mathfrak{B} \supset \mathfrak{C}) \supset (\mathfrak{A} \supset \mathfrak{C}))$
2.1 $(\mathfrak{A} \wedge \mathfrak{B}) \supset \mathfrak{A}$
2.2 $(\mathfrak{A} \wedge \mathfrak{B}) \supset \mathfrak{B}$
2.3 $(\mathfrak{A} \supset \mathfrak{B}) \supset ((\mathfrak{A} \supset \mathfrak{C}) \supset (\mathfrak{A} \supset (\mathfrak{A} \supset (\mathfrak{B} \wedge \mathfrak{C}))))$
3.1 $\mathfrak{A} \supset (\mathfrak{A} \vee \mathfrak{B})$
3.2 $\mathfrak{B} \supset (\mathfrak{A} \vee \mathfrak{B})$
3.3 $(\mathfrak{A} \supset \mathfrak{C}) \supset ((\mathfrak{B} \supset \mathfrak{C}) \supset ((\mathfrak{A} \vee \mathfrak{B}) \supset \mathfrak{C})))$
4.1 $(\mathfrak{A} \supset \mathfrak{B}) \supset ((\mathfrak{A} \supset \neg \mathfrak{B}) \supset \neg \mathfrak{A})$
4.2 $(\neg \mathfrak{A}) \supset (\mathfrak{A} \supset \mathfrak{B})$
5.1 $\forall \mathfrak{x} \mathfrak{F} \mathfrak{x} \supset \mathfrak{F} a$
5.2 $\mathfrak{F} a \supset \exists \mathfrak{x} \mathfrak{F} \mathfrak{x}$.

Die Schlußregeln sind *Modus ponens* sowie die All-Einführung im Sukzedens und die Existenzeinführung im Antezedens von Konditionalen:

$$\frac{\mathfrak{A} \quad \mathfrak{A} \supset \mathfrak{B}}{\mathfrak{B}} \qquad \frac{\mathfrak{A} \supset \mathfrak{F} a}{\mathfrak{A} \supset \forall \mathfrak{x} \mathfrak{F} \mathfrak{x}} \qquad \frac{\mathfrak{F} a \supset \mathfrak{A}}{(\exists \mathfrak{x} \mathfrak{F} \mathfrak{x}) \supset \mathfrak{A}}.$$

So erhält man den *Logistisch Hilbertartigen Intuitionistischen* Kalkül *LHJ*. Die klassische Variante *LHK* ergibt sich durch Hinzunahme des zusätzlichen Grundformelschemas $\mathfrak{A} \vee \neg \mathfrak{A}$ des *Tertium non datur*.

12.1.2 Äquivalenz der Kalküle

Gentzen zeigt die Äquivalenz der drei intuitionistischen und der drei klassischen Kalküle. Das erlaubt ihm, Resultate wie seinen Hauptsatz für *einen* Kalkül zu beweisen (nämlich für den mittleren, den „logistischen" Kalkül, der extra so gebaut ist, daß der Hauptsatz in ihm gut abzuleiten ist) und für einen *anderen* zu benutzen. Darüber hinaus erfüllt es seinen Anspruch aufzuzeigen, daß die beweistheoretisch untersuchten Kalküle mit der mathematischen Praxis eng zusammenhängen, d. h. die Praxis des mathematischen Schließens tatsächlich vollständig formalisieren.

Der Beweis für die Äquivalenz der drei *intuitionistischen* Kalküle folgt folgendem Schema:

12.1 Logische Kalküle, Hauptsatz, induktionsfreie Zahlentheorie

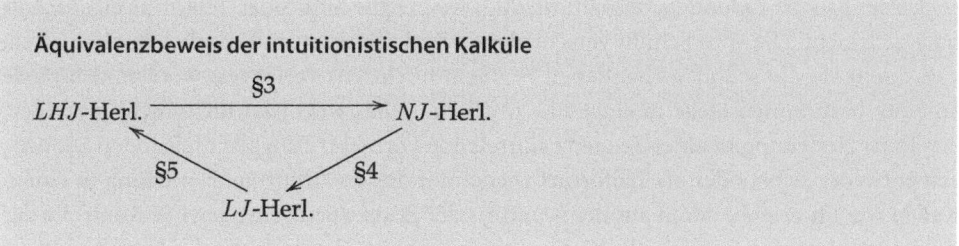

Im klassischen Fall ist etwas mehr Aufwand erforderlich:

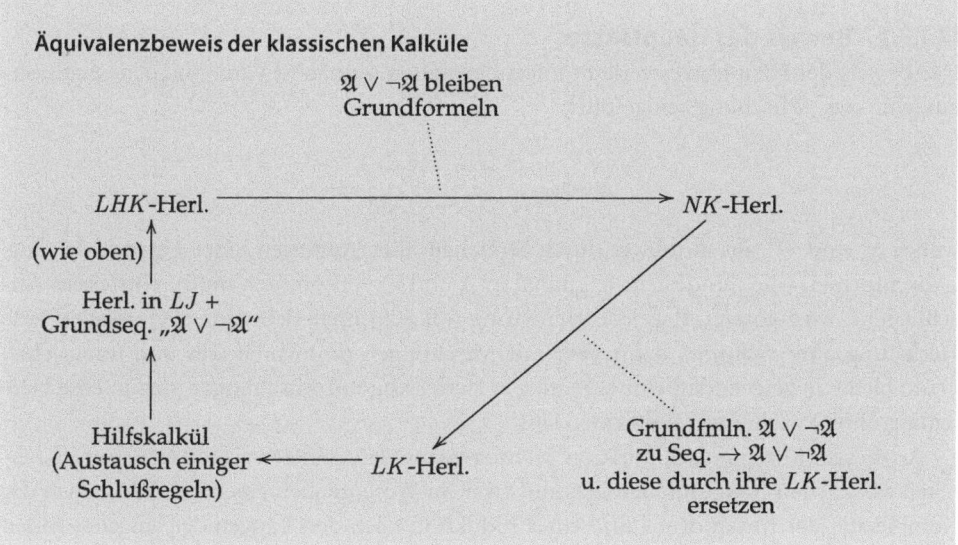

Mit diesen Beweisen hat man die Äquivalenzen

$$LHK \equiv LK \equiv NK$$

und

$$LHJ \equiv LJ \equiv NJ.$$

12.1.3 Hauptsatz

Das wichtigste Resultat der 1934er Arbeit ist jedoch sicher der Hauptsatz über die Schnitt-Elimination in *LK* bzw. *LJ*:

Jede *LK*- (*LJ*-) Herleitung läßt sich in eine *LK*- (*LJ*-) Herleitung der gleichen Endsequenz umwandeln, in der die „Schnitt" genannte Schlußfigur nicht auftritt.

Dieser Satz ist besonders deshalb wichtig, weil er die Sub- oder Teilformeleigenschaft nach sich zieht. Die vom Schnitt verschiedenen Schlußweisen sind nämlich so beschaffen, daß durch sie die schon vorhandenen Formeln höchstens verlängert werden, d. h., jede an einer bestimmten Stelle in einer *LK*- (oder *LJ*- – das wird jetzt nicht mehr gesondert erwähnt) Herleitung in einer Sequenz auftretende Formel tritt in allen folgenden Sequenzen entweder selbst oder als Teilformel wieder auf. Eine schnittfreie Herleitung in einem Kalkül wie *LK* erlaubt damit aus der Kenntnis der Endsequenz eine gewisse Kontrolle der davor aufgetretenen Schlüsse. Es können keine Formeln, die im Laufe der Herleitung eine Rolle gespielt haben, durch einen Schnitt „verschwunden" sein. Diese Kontrolle über die vorangegangenen Formeln ist später ein Kernbaustein der Gentzenschen Widerspruchsfreiheitsbeweise.

12.1.3.1 Beweis des Hauptsatzes

Der Beweis des Hauptsatzes verläuft folgendermaßen. Zunächst wird eine neue Schlußfigur, eine sog. „Mischung" eingeführt:

$$\text{Mischung} \frac{\Gamma \to \Theta \quad \Delta \to \Lambda}{\Gamma, \Delta^* \to \Theta^*, \Lambda,}$$

wobei Δ^* und Θ^* aus Δ und Θ durch Streichen aller Auftreten einer Formel, der sog. „Mischformel" (die mindestens je einmal in Δ und Θ vorkommen muß), entstehen. Anschließend wird gezeigt, daß jede Herleitung mit Schnitten sich ganz elementar in eine Herleitung ohne Schnitte, dafür aber mit Mischungen umformen läßt und umgekehrt. Dann bleibt zu zeigen, daß eine schnittfreie Herleitung mit Mischungen sich in eine Herleitung ohne Mischungen umformen läßt.

An dieser „Mischungselimination" ist interessant, daß Gentzen sie mit einer verschachtelten zweifachen Induktion beweist, und zwar im Wesentlichen einer Induktion nach der Komplexität der Mischformel und einer Induktion nach den Längen der längsten Fäden links und rechts oberhalb der Mischung, die die Mischformel im Sukzedens enthalten. Der Grundgedanke dieses Beweises ist, eine Fallunterscheidung nach den letzten Schlüssen oberhalb der Mischung durchzuführen und sie dann entweder (a) weiter nach oben im Beweis zu verlagern (dann Anwendung der zweiten Induktionsvoraussetzung) oder (b) auf eine Mischung mit weniger komplexer Mischformel zurückzuführen (dann Anwendung der ersten Induktionsvoraussetzung).[13]

Der entsprechende Beweis für *LJ*-Herleitungen läuft, da *LJ*-Herleitungen spezielle *LK*-Herleitungen sind, völlig analog, nur muß man bei den Beweisumformungen jeweils prüfen, ob die Bedingung, daß höchstens eine Sukzedensformel vorliegt, erfüllt bleibt.

12.1.3.2 Anwendungen des Hauptsatzes

Zu Beginn des zweiten Teils seiner Arbeit[14] gibt Gentzen einige Anwendungen des Hauptsatzes an. Er impliziert zum Beispiel die schon aus dem *Hilbert-Ackermann* bekannte Wi-

---

[13] Zu diesem Grundgedanken vgl. auch GENTZEN, *Untersuchungen I* [1934a], 203.
[14] GENTZEN, *Untersuchungen II* [1934b].

derspruchsfreiheit der Prädikatenlogik.[15] Denn aus der Herleitung einer beliebigen Widerspruchssequenz → 𝔄 ∧ ¬𝔄 läßt sich eine Herleitung der leeren Sequenz → gewinnen. Wendet man auf diese Herleitung den Hauptsatz an, müßte man eine schnittfreie Herleitung der leeren Sequenz erhalten. Dies ist allerdings nach Gestalt der Schlußfiguren nicht möglich, denn die leere Sequenz kann nur bei einem Schnitt überhaupt als Untersequenz auftreten.

Neben der Widerspruchsfreiheit der Prädikatenlogik läßt sich aus dem Hauptsatz auch ein Entscheidungsverfahren für aussagenlogische Formeln gewinnen, sowie ein neuer Beweis dafür, daß das *Tertium non datur* in der intuitionistischen Variante nicht herleitbar ist. (Dieser Beweis wurde oben in Abschn. 12.1.1.3 dargestellt.)

Für die klassische Prädikatenlogik leitet Gentzen aus seinem Verfahren dann noch folgende Verschärfung des Hauptsatzes her:

Ist S eine herleitbare Sequenz, deren sämtliche Formeln ∀- und ∃-Zeichen höchstens als äußerste Zeichen enthalten, dann gibt es zu S auch eine schnittfreie Herleitung, die bei einer sog. „Mittelsequenz" in zwei Teile zerfällt: Im oberen Teil einschließlich der Mittelsequenz treten überhaupt keine ∀- und ∃-Zeichen auf und im unteren Teil, ab der Mittelsequenz, treten nur ∀- und ∃-Einführungen und -Beseitigungen sowie Strukturschlüsse auf. (Zusatz: Diese Herleitung besteht unterhalb der Mittelsequenz dann nur aus einem einzigen Faden, denn die auftretenden Schlußfiguren haben nur je eine Obersequenz.)

Aus dem verschärften Hauptsatz gewinnt Gentzen dann noch einen Beweis für die Widerspruchsfreiheit der Arithmetik ohne vollständige Induktion. Gleichungen von Funktionen und ihren Werten werden dabei als Prädikate aufgefaßt. Die arithmetischen Axiome haben alle die im verschärften Hauptsatz geforderte pränexe Form. Mit einigen Schlüssen kann man nun zeigen, daß ein hypothetischerweise vorliegender Beweis eines Widerspruchs transformiert werden könnte in einen Beweis, der rein aussagenlogisch aus richtigen numerischen Gleichungen auf einen Widerspruch führt. Daß ein solcher nicht möglich ist, liegt für Gentzen auf der Hand. Er illustriert diesen Sachverhalt nur noch zusätzlich mit dem schon aus Ackermanns Arbeiten bekannten Begriff der „Richtigkeit" von numerischen Formeln.

Interessant ist schließlich noch zu bemerken, daß Gentzen in dieser Arbeit vorbehaltlos vom Einsatz der vollständigen Induktion spricht – ein Punkt, der schon in der Diskussion der Arbeiten Ackermanns eine wichtige Rolle spielte und auf den später noch zurückzukommen sein wird.

12.2 Der erste, nicht veröffentlichte Widerspruchsfreiheitsbeweis für die Zahlentheorie

Einen ersten Beweis für die Widerspruchsfreiheit der Zahlentheorie hatte Gentzen schon im August 1935 bei den *Mathematischen Annalen* zur Publikation eingereicht. Nach Kritik an den darin verwendeten Schlußprinzipien zog er ihn jedoch von der Veröffentlichung

---

[15] Vgl. HILBERT/ACKERMANN, *Theoretische Logik* [1928], 65.

zurück und erarbeitete die 1936 schließlich erschienene Fassung.[16] Die ursprüngliche Fassung wurde erst über 30 Jahre später veröffentlicht, und zwar als englische Übersetzung in Szabos Ausgabe der Werke Gentzens.[17] Auf Deutsch publizierte sie 1974 Paul Bernays im *Archiv für mathematische Logik und Grundlagenforschung*.[18] Dabei wurden nur die Teile abgedruckt, die mit dem Beweis von 1936 nicht übereinstimmten. Für die Rekonstruktion der übereinstimmenden Teile wird deshalb im Folgenden schon auf den 1936er Beweis zurückgegriffen, der ansonsten erst im folgenden Abschnitt behandelt wird (Abschn. 12.3).

Gentzens Absicht war, die Widerspruchsfreiheit der klassischen Zahlentheorie zu beweisen und damit einen Beitrag zu Hilberts Programm zu leisten. Mit „der Zahlentheorie" ist dabei ähnlich wie bei Ackermann und auch schon bei Hilbert kein bestimmtes formales System gemeint. Die Beschränkung des Beweises auf ein bestimmtes formales System würde seine Tragweite zu sehr einschränken. Im Gegenteil zeigt sich hier wieder die schon angetroffene Auffassung der Zahlentheorie als eines großen mathematischen Teilgebietes, das formal nicht genau abgegrenzt ist. Die Menge der zahlentheoretischen Axiome ist nicht präzise festgelegt, denn es können stets neue Individuenkonstanten, neue Funktions- und Prädikatszeichen, sowie zugehörige definierende Axiome eingeführt werden (wie heute bei definitorischen Erweiterungen von Theorien). Gentzen schreibt sogar:

> Ich will *keine allgemeinen formalen Schemata* für diese und weitere Begriffsbildungsmethoden aufstellen. Es wird sich zeigen, daß sie sich auch ohnedies in summarischer Weise in den Widerspruchsfreiheitsbeweis einbeziehen lassen. [...] Für meinen *Widerspruchsfreiheitsbeweis* ist es ziemlich gleichgültig, was man als *Axiome* nimmt.
> GENTZEN, *Widerspruchsfreiheit* [1936a], 26–27

Allerdings ist es für das Durchgehen des Beweises natürlich überhaupt nicht beliebig, welche Funktionen und Prädikate hier zugelassen sind. Gentzen gibt das Kriterium für deren Zulässigkeit aber erst später bei der Definition der Sequenzenreduktionsschritte an, also dort, wo man direkt sieht, wozu diese Einschränkung gut ist. Das Kriterium ist die (finite) *Entscheidbarkeit* der Funktionen und Prädikate. Und das heißt einfach gesagt: Funktionswerte müssen ausgerechnet werden können und Ähnliches soll für Prädikate gelten (bspw. in Form der Berechenbarkeit der charakteristischen Funktion eines Prädikats).[19]

12.2.1 Der Kalkül

Der Kalkül, den Gentzen seinem Widerspruchsfreiheitsbeweis zugrundelegt,[20] ist im Wesentlichen eine Variante des Kalküls *NK* aus Gentzens oben besprochener Dissertation.[21]

---

[16] GENTZEN, *Widerspruchsfreiheit* [1936a].
[17] GENTZEN, *Collected Papers* [1969], 201–213.
[18] GENTZEN, *Der erste* [1974a].
[19] Vgl. für die Funktionen Nr. 13.12 und für die Prädikate Nr. 13.3 in GENTZEN, *Der erste* [1974a], 101.
[20] Vgl. GENTZEN, *Widerspruchsfreiheit* [1936a], 20–24.
[21] GENTZEN, *Untersuchungen I* [1934a] und GENTZEN, *Untersuchungen II* [1934b]; vgl. Abschn. 12.1

12.2 Der erste, nicht veröffentlichte Widerspruchsfreiheitsbeweis für die Zahlentheorie

Allerdings werden hier Sequenzen verwendet, die in der früheren Arbeit gerade für die logistischen Kalküle (etwa *LK*) kennzeichnend gewesen waren. Sie treten hier an die Stelle der freien Annahmen in *NK*. Im Unterschied zu dem Sequenzenkalkül *LK* müssen hier die Sequenzen ein Sukzedens der Länge eins haben, also genau eine Hinterformel.[22] Sequenzen haben also die Gestalt:

$$\mathfrak{A}_1, \ldots, \mathfrak{A}_\mu \to \mathfrak{B},$$

wobei μ gleich Null sein kann, d. h., das Antezedens kann leer sein. Die Strukturschlußregeln sind: Vertauschen zweier Vorderformeln, Kontraktion zweier gleicher Vorderformeln zu einer, Abschwächung durch eine zusätzliche Vorderformel und gebundene Umbenennung innerhalb irgendeiner Formel der Sequenz.

Die logischen Schlußregeln werden als Übergänge von Sequenzen zu anderen Sequenzen konzipiert:

$$\text{UE} \frac{\Gamma \to \mathfrak{A} \quad \Delta \to \mathfrak{B}}{\Gamma, \Delta \to \mathfrak{A} \& \mathfrak{B}} \qquad \text{UB} \frac{\Gamma \to \mathfrak{A} \& \mathfrak{B} \quad \Gamma \to \mathfrak{A} \& \mathfrak{B}}{\Gamma \to \mathfrak{A} \quad \Gamma \to \mathfrak{B}}$$

$$\text{OE} \frac{\Gamma \to \mathfrak{A} \quad \Gamma \to \mathfrak{B}}{\Gamma \to \mathfrak{A} \vee \mathfrak{B} \quad \Gamma \to \mathfrak{A} \vee \mathfrak{B}} \qquad \text{OB} \frac{\Gamma \to \mathfrak{A} \vee \mathfrak{B} \quad \mathfrak{A}, \Delta \to \mathfrak{C} \quad \mathfrak{B}, \Theta \to \mathfrak{C}}{\Gamma, \Delta, \Theta \to \mathfrak{C}}$$

$$\text{AE} \frac{\Gamma \to \mathfrak{F}(\mathfrak{a})}{\Gamma \to \forall \mathfrak{x} \mathfrak{F}(\mathfrak{x})} \qquad \text{AB} \frac{\Gamma \to \forall \mathfrak{x} \mathfrak{F} \mathfrak{x}}{\Gamma \to \mathfrak{F}(\mathfrak{t})}$$

$$\text{EE} \frac{\Gamma \to \mathfrak{F}(\mathfrak{t})}{\Gamma \to \exists \mathfrak{x} \mathfrak{F}(\mathfrak{x})} \qquad \text{EB} \frac{\Gamma \to \exists \mathfrak{x} \mathfrak{F}(\mathfrak{x}) \quad \mathfrak{F}(\mathfrak{a}), \Delta \to \mathfrak{C}}{\Gamma, \Delta \to \mathfrak{C}}$$

$$\text{FE} \frac{\mathfrak{A}, \Gamma \to \mathfrak{B}}{\Gamma \to \mathfrak{A} \supset \mathfrak{B}} \qquad \text{FB} \frac{\Gamma \to \mathfrak{A} \quad \Delta \to \mathfrak{A} \supset \mathfrak{B}}{\Gamma, \Delta \to \mathfrak{B}}.$$

Die Negation wird hier allerdings nicht durch das frühere Paar aus Einführungs- und Beseitigungsregel abgedeckt, sondern durch zwei andere Schlüsse, nämlich die „Widerlegung" (Wid) und die „Beseitigung der doppelten Verneinung" (DNeg):

$$\text{Wid} \frac{\mathfrak{A}, \Gamma \to \mathfrak{B} \quad \mathfrak{A}, \Delta \to \neg \mathfrak{B}}{\Gamma, \Delta \to \neg \mathfrak{A}} \qquad \text{DNeg} \frac{\Gamma \to \neg \neg \mathfrak{A}}{\Gamma \to \mathfrak{A}}.$$

Die vollständige Induktion (Ind) wird schließlich ebenfalls als Schlußregel gefaßt:

$$\text{Ind} \frac{\Gamma \to \mathfrak{F}(1) \quad \mathfrak{F}(\mathfrak{a}), \Delta \to \mathfrak{F}(\mathfrak{a}+1)}{\Gamma, \Delta \to \mathfrak{F}(\mathfrak{t})}.$$

Bei den Schlußregeln AE, EB und Ind ist wie üblich eine Variablenbedingung für $\mathfrak{a}$ zu beachten.

---

[22] Gentzen selbst bemerkt die Ähnlichkeit dieses Kalküls mit *NK* in einer Fußnote, ohne allerdings auf den Unterschied einzugehen, der in der Verwendung von Sequenzen besteht.

Es gibt zwei Arten von *Grundsequenzen*, bei denen Beweise „anfangen" können, nämlich *logische* Grundsequenzen $\mathfrak{A} \to \mathfrak{A}$ für beliebige Formeln $\mathfrak{A}$ und *mathematische* Grundsequenzen $\to \mathfrak{B}$ für mathematische Axiome $\mathfrak{B}$. Während durch die mathematischen Grundsequenzen „mathematische Substanz" Eingang in den Kalkül findet, entsprechen die logischen Grundsequenzen dem Machen einer später wieder abgebundenen Annahme im natürlichen Schließen.

Eine *Herleitung* ist schließlich eine Folge von Sequenzen, sodaß jede Sequenz entweder eine Grundsequenz ist oder durch eine Schlußregelanwendung aus früheren Sequenzen hervorgeht.

12.2.2 Der Beweis

Der grundsätzliche Ablauf des Widerspruchsfreiheitsbeweises ist folgendermaßen. Man nimmt an, einen beliebigen zahlentheoretischen Beweis b eines allgemein logischen Widerspruchs $\to \mathfrak{A} \wedge \neg\mathfrak{A}$ zu haben. Dieser wird zunächst ergänzt zu einem Beweis b' der „arithmetisch falschen" Sequenz $\to 1 = 2$. b' läßt sich weiter umformen in einen Beweis b'' von $\to 1 = 2$ im negativen Fragment, d. h. in einen Beweis, in dem keine Zeichen $\vee$, $\exists$ oder $\supset$ vorkommen. Diese Umformung geschieht durch Ersetzung der Formeln in der üblichen Weise (bspw. $\neg\forall\mathfrak{x}\neg\mathfrak{F}(\mathfrak{x})$ für $\exists\mathfrak{x}\neg\mathfrak{F}(\mathfrak{x})$) und Ersetzung der ursprünglichen Schlüsse durch die entsprechenden Schlüsse für die anderen logischen Zeichen. Sie hat die wesentliche Eigenschaft, eine Zahlgleichung als Endformel nicht zu verändern.[23] Auf b'' wird dann ein allgemeiner Satz angewandt, nämlich: Für jede zahlentheoretisch ohne $\vee$, $\exists$ und $\supset$ hergeleitete Sequenz läßt sich eine Reduziervorschrift angeben. Eine Reduziervorschrift ist dabei definiert als eine Reihe von Reduktionsschritten, das sind Umformungsvorschriften für die Sequenz, und zwar als eine Reihe, die erst dann abbricht, wenn eine elementar „richtige" Sequenz erreicht ist. Für eine (falsche) Sequenz wie $\to 1 = 2$ ist jedoch kein Reduktionsschritt definiert. Hätte man nun einen $\vee$-, $\exists$- und $\supset$-freien Beweis der Sequenz $\to 1 = 2$, so müßte sich nach dem allgemeinen Satz für diese herleitbare Endsequenz eine Reduziervorschrift angeben lassen. Das ist jedoch aufgrund der Definition der Reduktionsschritte nicht der Fall. Damit hat man die Annahme, man hätte einen Beweis eines allgemein logischen Widerspruchs, *ad absurdum* geführt.

Die Beweisschritte in der Übersicht:

---

[23] Die Hinterformel der Endsequenz eines Beweises wird hier kurz „Endformel" genannt. – Für den finiten Standpunkt, dem sich Gentzen verpflichtet fühlte, ist es wesentlich, daß solche Beweistransformationen an einem hypothetisch vorliegenden konkreten Beweis durchgeführt werden. Vgl. z. B. Gentzens Formulierung: „Es liege irgendeine zahlentheoretische Herleitung [...] vor. [...] Ich beginne mit einer Vorschrift zu einer Umformung der vorgelegten Herleitung." Gentzen, *Widerspruchsfreiheit* [1936a], 41.

12.2 Der erste, nicht veröffentlichte Widerspruchsfreiheitsbeweis für die Zahlentheorie

Argumentationsstruktur des 1935er Widerspruchsfreiheitsbeweises

(1) Jeder Beweis läßt sich in einen Beweis umformen, in dem keine ∨-, ∃-, oder ⊃-Zeichen vorkommen.
(2) Zu jedem Beweis ohne ∨, ∃, ⊃ läßt sich eine Reduziervorschrift angeben.
(3) Es gibt einen Beweis b von → $\mathfrak{A} \wedge \neg\mathfrak{A}$. (Annahme)
(4) b läßt sich zu einem Beweis b' von → $1 = 2$ umformen.
(5) b' läßt sich zu einem Beweis b'' von → $1 = 2$ ohne ∨, ∃, ⊃ umformen. (aus (1))
(6) Zu b'' läßt sich eine Reduziervorschrift angeben. (aus (2))
(7) Es gibt keine Reduziervorschrift für → $1 = 2$, im Widerspruch zu (6). (aus Def.)
(8) Es gibt keinen Beweis b von → $\mathfrak{A} \wedge \neg\mathfrak{A}$. (aus (3) und (7))

Der technische Kern des Gentzenschen Beweises besteht also im Begriff der Angebbarkeit einer Reduziervorschrift. Im Rest des vorliegenden Abschnitts (12.2.2) wird versucht, diesen Begriff etwas zu erhellen. Dies ist auf der einen Seite schon aufgrund des technisch anspruchsvollen Charakters dieses Beweises nur eingeschränkt möglich. Auf der anderen Seite ist es hier auch nicht sinnvoll, einen vollständigen mathematischen Beweis anzugeben. Die folgenden Ausführungen verstehen sich vor allem als Verständnishilfe für die Lektüre des Gentzenschen Beweises selbst. Wer daran nicht interessiert ist, kann gleich zum Abschnitt über Deutung und Diskussion des Gentzenschen Beweises (12.2.3) springen.

Wie sehen nun die Reduktionsschritte im Einzelnen aus? Die bei Gentzen relativ komplizierte Verschachtelung von Fallunterscheidungen zur Definition der Reduktionsschritte wird durch die schematische Darstellung in der folgenden Abbildung 12.1 deutlicher gemacht. Dabei sei σ eine Sequenz. Ein Auftreten von n Mal „←" bedeutet: „gehe n Schritte zurück" (also bis zur Frage vor dem n. Pfeil nach links). Eine Sequenz in *Endform* ist eine Sequenz $\mathfrak{B}_1, \ldots, \mathfrak{B}_n \to \mathfrak{B}$ mit einer Minimalformel $\mathfrak{B}$, wobei es, falls $\mathfrak{B}$ falsch ist, auch unter den $\mathfrak{B}_i$ eine falsche Minimalformel gibt. Für Sequenzen in Endform (und für einige andere Sequenzen, vgl. bspw. Anm. a in Abbildung 12.1) werden keine Reduktionsschritte definiert.

Nachdem in dieser Weise festgelegt ist, was mögliche Reduktionsschritte zu bestimmten Arten von Sequenzen sind, wird diese Festlegung verwendet, um zu definieren, was unter einer „Reduziervorschrift" zu verstehen ist. Eine *Reduziervorschrift* ist nach Gentzen eine Vorschrift, die gestattet von einer Sequenz

(a) in endlich vielen Schritten
(b) zu einer richtigen Endform (13.4) zu gelangen
(c) für beliebige Wahlen der Zahlzeichen $\mathfrak{n}$ (13.1.1, 13.2.1) und der &-Teilformeln $\mathfrak{A}$ und $\mathfrak{B}$ (13.2.2) und
(d) unter Festsetzung der übrigen Wahlfreiheiten (13.5), d.h. unter Festlegung, welche Formel reduziert wird (13.5.1, .2 oder .3), welches Zahlzeichen bzw. ob $\mathfrak{A}$ oder $\mathfrak{B}$ ge-

Hat σ freie Variablen?
→ ja: Ers. freie Variablen durch frei wählbare Zahlzeichen. ←
→ nein: Hat σ Minimalterme?
   → ja: Rechne aus und ers. durch sich ergebendes Zahlzeichen. ←
  13.1.2
   → nein: Hat Hinterformel die Gestalt…
  13.1.2
      → ∀𝔵𝔉(𝔵): Ers. durch 𝔉(n) f. wählbares n. ← ←
     13.2.1
      → 𝔄&𝔅: Ers. nach Wahl durch 𝔄 oder 𝔅. ← ←
     13.2.2
      → ¬𝔄: Ers. Hinterformel durch 1 = 2 und füge 𝔄 zu den Vorderformeln hinzu. ← ←
     13.2.3
      → Minimal-
     13.3.3 formel: Ist diese…
          → richtig: ENDFORM!
         13.4
          → falsch: Gibt es falsche minimale Vorderformel?
         13.4
             → ja: ENDFORM!
            13.4
             → nein: (Nach Wahl:) Hat eine Vorderformel die Gestalt…[a]
            13.5
                 → ∀𝔵𝔉(𝔵): Ers. (nach Wahl) durch 𝔉(n) oder ∀𝔵𝔉(𝔵), 𝔉(n).
               13.5.1 ← ← ←[b]
                 → 𝔄&𝔅: Ers. (nach Wahl) durch 𝔄 oder 𝔅 oder 𝔄&𝔅, 𝔄 oder 𝔄&𝔅, 𝔅. ← ← ←[c]
               13.5.2
                 → ¬𝔄: Ers. Hinterformel (!) durch 𝔄, lasse (nach Wahl) ¬𝔄 als Vorderformel stehen od. nicht.
               13.5.3 ← ← ←[d]

Abb. 12.1 Sequenzen-Reduktionsschritte

[a] NB: Die Fallunterscheidung ist nicht vollständig, da sie den Fall nur richtiger minimaler Vorderformeln nicht berücksichtigt! – Im Blick auf Gentzens Absicht insgesamt bleibt zu beweisen, daß bei herleitbaren Sequenzen dieser Fall nicht auftreten kann.
[b] Es können neue Minimalterme entstanden sein.
[c] Hinterformel unverändert; möglich jedoch, daß jetzt falsche minimale Vorderformeln.
[d] Neue Hinterformel ist möglich, aber keine neuen Minimalterme.

12.2 Der erste, nicht veröffentlichte Widerspruchsfreiheitsbeweis für die Zahlentheorie

wählt wird (13.5.1 und 13.5.2) und ob die reduzierte Formel ggf. stehenbleibt oder gestrichen wird (13.5.1, .2 oder .3).

Insbesondere ist auf die dritte Bedingung hinzuweisen. Eine Reduziervorschrift muß gewissermaßen *für jede beliebige* Wahl eines Zahlzeichens n beim Ersetzen einer Allformel $\forall \mathfrak{x} \mathfrak{F}(\mathfrak{x})$ durch $\mathfrak{F}(\mathfrak{n})$ und einer Formel mit freier Variable $\mathfrak{F}(\mathfrak{x})$ sagen, wie mit dem Reduzieren vorangeschritten werden kann. Stellt man sich eine Reduziervorschrift als Baumstruktur vor, so kann dieser Baum mithin *unendliche Verzweigungen* aufweisen.[24]

Der wesentliche Satz innerhalb des Widerspruchsfreiheitsbeweises ist dann, daß sich zu jeder ohne $\vee$, $\exists$ und $\supset$ herleitbaren Sequenz eine Reduktionsvorschrift angeben läßt (2). Wie oben erläutert folgt daraus die Widerspruchsfreiheit, da für $\rightarrow 1 = 2$ kein Reduktionsschritt definiert ist. Die Angebbarkeit einer Reduktionsvorschrift entspricht damit der Rolle des numerischen Richtigkeitsbegriffs in Hilberts früheren Widerspruchsfreiheitsbeweisen.

Zum Beweis von (2) geht Gentzen in folgenden Schritten vor:

(2a) Für die mathematischen Grundsequenzen werden Reduziervorschriften vorausgesetzt.

(2b) Für logische Grundsequenzen $\mathfrak{A} \rightarrow \mathfrak{A}$ lassen sich nach den festgesetzten Regeln Reduziervorschriften angeben. Dabei ist das Fortschreiten einer solchen Vorschrift manchmal abhängig von den Resultaten der vorausgehenden Reduktionen. Die wesentliche Idee ist hier, zuerst die Hinterformel soweit zu reduzieren, bis entweder eine Minimalformel daraus wird, oder sie die Gestalt $\neg \mathfrak{B}$ hat. Im ersten Fall ist man fertig, wenn es eine richtige Minimalformel ist (Endform!), oder man hat eine falsche Minimalformel und kann nun die Vorderformel $\mathfrak{A}$ *mit genau denselben Schritten* reduzieren wie die Hinterformel $\mathfrak{A}$. Im zweiten Fall muß man die Negation beseitigen und anschließend wieder dieselben Schritte mit der Vorderformel $\mathfrak{A}$ durchführen, die man zuvor mit der Hinterformel $\mathfrak{A}$ durchgeführt hatte. In beiden Fällen erhält man schließlich eine Sequenz $\mathfrak{B} \rightarrow \mathfrak{B}$, die kürzer bzw. weniger komplex ist als die ursprüngliche Grundsequenz.

(2c) Bei Strukturschlüssen erhält man aus einer Reduziervorschrift für die Obersequenz sofort eine Reduziervorschrift für die Untersequenz.

(2d) Es bleiben die Sequenzen, die durch eine echte Schlußregel aus einer Sequenz hervorgehen, für die schon eine Reduziervorschrift bekannt ist. Von diesen lassen sich die $\forall$ und $\wedge$ betreffenden Schlußregeln leicht behandeln. Schwieriger ist die Bearbeitung der Widerlegung, der Beseitigung der doppelten Negation und der vollständigen Induktion. An ihnen demonstriert Gentzen sein technisches Geschick; sie sollen hier nicht im Detail nachgezeichnet werden. Gentzen kann sie allerdings alle in gewisser Hinsicht uniform behandeln, indem er einen Hilfssatz beweist, der in allen drei Fällen eine wichtige Rolle spielt.

---

[24] Zum Problem der unendlichen Verzweigungen der Reduktionsbäume vgl. auch Bernays' Einführung zu Gentzens 1935er Arbeit GENTZEN, *Der erste* [1974a], 97.

Der Hilfssatz behauptet für zwei variablen- und minimaltermfreie Sequenzen der Form
$\Gamma \to \mathfrak{A}$ und $\mathfrak{A}, \Delta \to \mathfrak{B}$, daß aus Reduziervorschriften für sie eine Reduziervorschrift für die
Mischsequenz ($\Gamma, \Delta \to \mathfrak{B}$) aus beiden gewonnen werden kann. Dieser Hilfssatz spiegelt
gewissermaßen die Diskrepanz zwischen klassischer und finiter Deutung von Sequenzen
wider, denn die Gültigkeit der „Mischung" ist klassisch trivial, während sie in der finiten
Deutung (und die Angabe von Reduziervorschriften ist gewissermaßen eine finite Deutung) spezifische Schwierigkeiten macht.[25] Im nicht leicht durchschaubaren Beweis des
Hilfssatzes tritt u. a. eine weitere „Induktion" auf, nämlich nach der Komplexität der Mischformel $\mathfrak{A}$. Jedenfalls *nennt* Gentzen seine Schlußweise tatsächlich „Induktion",[26] auch wenn
im Beweisgang nicht mehr geschieht als die typisch finite Rückführung des Falles einer
Mischformel bestimmter Komplexität auf den Fall einer Mischformel geringerer Komplexität (sofern die Reduktion noch nicht bei einer Sequenz in Endform angelangt ist). Diesen
Schritt muß man so oft durchführen, bis man zur Endform gelangt; höchstens so oft, wie
die konkrete Mischformel logische Verknüpfungszeichen enthält. Also kommt man in jedem konkreten Fall nach endlich vielen Schritten zu einer Endform. So geht in etwa der
Beweis des Hilfssatzes.

Damit hat Gentzen dann folgende Fakten, die aufgrund der induktiven Definition des
Herleitungsbegriffs den Satz (2) in der Hauptargumentationsstruktur implizieren, daß sich
nämlich für alle ohne $\vee$, $\exists$ und $\supset$ herleitbare Sequenzen Reduktionsvorschriften angeben
lassen:

Teilargumentation für Satz (2), 1935

(2a) Mathematische Grundsequenzen haben Reduktionsvorschriften.

                                                                                       (vorausgesetzt)

(2b) Logische Grundsequenzen haben Reduktionsvorschriften.   (direkt gezeigt)

(2c) Aus den Reduktionsvorschriften für Obersequenzen von $\forall$- und $\wedge$-Schlüssen
lassen sich Reduktionsvorschriften für deren Untersequenzen gewinnen.

                                                                                       (direkt gezeigt)

(2d) Aus den Reduktionsvorschriften für Obersequenzen von Wid-, DNeg- und
Ind-Schlüssen lassen sich Reduktionsvorschriften für deren Untersequenzen
gewinnen.   (mittels Hilfssatz)

---

[25] Gentzen hat diese Schwierigkeiten in GENTZEN, *Widerspruchsfreiheit* [1936a], 37–41, bei der Diskussion des internen Konditionals $\supset$ erläutert. Wenn man $\mathfrak{A} \supset \mathfrak{B}$ finit so auffaßt, daß damit behauptet wird, es läge ein Beweis B dafür vor, daß aus einem Beweis von $\mathfrak{A}$ ein Beweis von $\mathfrak{B}$ erzeugt werden kann, so liegt die Hauptschwierigkeit darin, daß in diesem Beweis B selbst wieder Konditionale enthalten sein können. Diese können so also nicht konstruktiv gerechtfertigt werden.

[26] GENTZEN, *Der erste* [1974a], 113.

12.2 Der erste, nicht veröffentlichte Widerspruchsfreiheitsbeweis für die Zahlentheorie

Aus der Angebbarkeit von Reduktionsvorschriften für herleitbare Sequenzen folgt dann direkt entsprechend der Definition des Begriffs eines Reduktionsschrittes, daß → 1 = 2 nicht herleitbar sein kann, denn für → 1 = 2 ist weder ein Reduktionsschritt definiert, noch hat diese Sequenz Endform. Und wenn → 1 = 2 nicht herleitbar sein kann, dann war es auch → $\mathfrak{A} \wedge \neg \mathfrak{A}$ nicht. Das ist der wesentliche Kern von Gentzens erstem Widerspruchsfreiheitsbeweis in der ursprünglichen Version von 1935.

12.2.3 Deutung, Diskussion und Kritik

Das Zentrum dieses Beweises ist die Angebbarkeit von Reduktionsvorschriften für herleitbare Sequenzen. Ihre inhaltliche Bedeutung besteht darin, eine Art Korrektheitsbegriff bereitzustellen. Nach diesem ist etwa $\mathfrak{f}(3) = 2$ reduzierbar/korrekt, wenn der Funktionswert von $\mathfrak{f}$ an der Stelle 3 eben 2 ist. $\forall x \mathfrak{F}(x)$ ist reduzierbar/korrekt, wenn $\mathfrak{F}(\mathfrak{n})$ für jedes beliebige Zahlzeichen $\mathfrak{n}$ reduzierbar/korrekt ist. Und so weiter.

Sowohl von der argumentationslogischen Stellung her als auch in Bezug auf seine genaue Konzeption faßt der Begriff der Angebbarkeit einer Reduziervorschrift mehrere Schritte aus den früheren Ansätzen in der Hilbertschule zusammen: Die Elimination der freien Variablen, die Reduktion der Funktionale und die numerische Richtigkeit der Resultate. Diese Zusammenfassung ist jedoch – und das ist der entscheidende Grund für ihre größere Reichweite – nicht bloß additiv. Es werden nicht nur drei Einzelschritte seriell zusammengestellt. Die Reduziervorschrift betrifft die gesamte Herleitung auf einmal und ändert sie ab. Das war bei den früheren Ansätzen nicht gemacht worden.

Wegen der zentralen Stellung dieses Satzes im Widerspruchsfreiheitsbeweis sind Einwendungen gegen ihn von größter Bedeutung. Die wichtigste kritische Frage ist, woher man weiß, daß eine Reduziervorschrift für eine Sequenz nach endlich vielen Schritten auf eine Endform führen muß. Auch wenn man die Ansicht von Paul Bernays teilt, daß es „zum Begriff der Reduziervorschrift [gehört], daß die durch sie bestimmte Verzweigungsfigur[27] jeweils im Endlichen abbricht",[28] dann verschiebt sich dadurch die Frage dahin, woher man weiß, daß sich immer eine solche Vorschrift angeben läßt. Entweder eine solche Vorschrift hat nur die Form „wenn dies und das vorliegt, dann tue jenes", und dann muß man zeigen, daß dieses Verfahren irgendwann abbricht, während die Existenz einer solchen Vorschrift vielleicht trivial ist. Oder die Vorschrift hat eine Form, die das Abbrechen nach endlich vielen Schritten beinhaltet, und dann ist das Abbrechen des Verfahrens vielleicht „per definitionem" klar, während seine Existenz keineswegs selbstverständlich ist, sondern gezeigt werden muß.

---

[27] Eine „Verzweigungsfigur" ergibt sich dadurch, daß beim Reduzieren von Sequenzen gewisse Wahlfreiheiten für Zahlparameter und für Konjunktionsglieder bestehen. Da die Reduzivorschrift für jede mögliche Wahl die weitere Reduktion festlegen muß, ergibt sich an diesen Stellen jeweils eine endliche bzw. unendliche Verzweigung.
[28] GENTZEN, *Der erste* [1974a], 97.

Ursprünglich scheint Gentzen entgegnet worden zu sein, daß er implizit das „*fan theorem*"[29] benutzt habe, um die Endlichkeit seiner Verzweigungsfigur zu sichern. Diese Kritik scheint ihn – ob berechtigt oder nicht – jedenfalls dazu bewogen zu haben, den Kern des Beweises umzuarbeiten in die Form, die dann für die folgende Entwicklung prägend werden sollte.

Die *finite Zulässigkeit* der metamathematischen Methoden, die beim Widerspruchsfreiheitsbeweis Anwendung fanden, hat Gentzen in seiner Arbeit selbst thematisiert. Es sieht sich mit dem grundsätzlichen Problem konfrontiert, daß der Finitismus nicht formal und streng definiert ist, und es deshalb keine eindeutige und erst recht keine beweisbare Antwort auf die Frage gibt, ob alle verwendeten Methoden finit zulässig sind. Gentzen ist daher der Ansicht:

> Man muß sich eben jeden einzelnen Schluß daraufhin ansehen und sich darüber klar zu werden versuchen, ob er mit dem finiten Sinn der vorkommenden Begriffe im Einklang steht und nicht etwa auf einer unzuverlässigen ‚an-sich'-Auffassung dieser Begriffe beruht.
> GENTZEN, *Der erste* [1974a], 112

Seine Betrachtungen ergeben: Die formalen mathematischen Zeichen, die die Gegenstände der Beweistheorie bilden, sind durch Konstruktionsvorschriften (bzw. induktive Definitionen) gegeben; die metamathematischen Funktionen und Prädikate sind allesamt entscheidbar definiert; die Quantoren werden immer im finiten Sinne verwendet, z. B. wird der Existenzquantor nur eingeführt für Objekte, die sich angeben lassen oder für die sich eine Konstruktionsvorschrift angeben läßt; der Folgerungsbegriff tritt (im erwähnten Hilfssatz) nur in nicht-verschachtelter Weise auf; vollständige Induktionen werden nur für konkrete Zahlzeichen verwendet, sodaß sie durch *n*-fachen *Modus ponens* von Induktionsanfang und Induktionsschritten ersetzt werden können; die einzige vorkommende Negation kann als Negation vor einem entscheidbar definierten Prädikat gelesen werden; und schließlich wird der Begriff der Reduziervorschrift immer konstruktiv verwendet, insbesondere wird von der Existenz einer Reduziervorschrift nur gesprochen, wenn eine konkrete angegeben werden kann. Alle verwendeten metamathematischen Schlußweisen sind nach Gentzens Auffassung damit finit zulässig.

Im Hinblick auf die *Gödelsätze* hat Gentzen sein Resultat schnell positioniert: Der Begriff der Reduziervorschrift lasse sich nicht mit den Mitteln der Zahlentheorie ausdrücken. Damit sind im Widerspruchsfreiheitsbeweis für die Zahlentheorie Schlußweisen verwendet worden, die über die Beweismittel der Zahlentheorie hinausgehen und die dennoch finit zulässig sind. Also steht Gentzen ganz auf dem Standpunkt, den Gödel selbst in der Publikation seiner Theoreme eingenommen hatte: Der Unvollständigkeitssatz behauptet nur, daß die Widerspruchsfreiheit der Theorie nicht mit den Mitteln der Theorie bewiesen werden kann; über Mittel, die darüber hinausgehen, sagt er nichts.

---

[29] Das „*fan theorem*" besagt in etwa, daß endlich verzweigende Bäume, deren Äste endlich sind, insgesamt endlich sind, d. h. nur endlich viele Knoten haben; m. a. W. gibt es für diese Bäume eine obere Schranke für die Länge ihrer Äste.

12.2 Der erste, nicht veröffentlichte Widerspruchsfreiheitsbeweis für die Zahlentheorie

Wie *weitreichend* ist Gentzens Beweis? Wie schon mehrfach angedeutet, hat sich Gentzen mit seinem Beweis nicht auf ein bestimmtes formales System festgelegt. Sein „Beweis" hat mehr die Form der Angabe eines Beweis*verfahrens*, das zu verschiedenen fixierten Theorien die Ausführung des Beweises ermöglicht. (Selbst dann operiert der Beweis natürlich noch mit hypothetisch vorliegenden Objekten, was seine konkrete Ausführbarkeit noch beschränkt.) Diese Anlage des Beweises bringt den Vorteil, daß er gut auf Erweiterungen des zahlentheoretischen Formalismus anwendbar ist. Dabei gelten natürlich verschiedene Kriterien: Neue Funktionen und Prädikate müssen entscheidbar definiert sein; für neue mathematische Axiome sind Reduziervorschriften anzugeben; für neue Schlußweisen muß ein Verfahren angegeben werden, um aus Reduziervorschriften für die Obersequenzen zu Reduziervorschriften für die Untersequenz zu gelangen. Besonders interessant ist, daß Gentzen hier schon die später untersuchte Erweiterung der Zahlentheorie um ihre Konsistenzaussage ins Auge faßt. Gödels Konsistenzaussage hat die Form $\forall x \mathfrak{A}(x)$ für primitiv-rekursives $\mathfrak{A}(x)$, und die Einsehbarkeit ihrer finiten Richtigkeit bedeutet nichts anderes, als daß man von jeder Instanz $\mathfrak{A}(\mathfrak{n})$ für ein Zahlzeichen $\mathfrak{n}$ weiß, daß sie richtig ist. Dies beides genügt, um die Reduzierbarkeit der Sequenz $\to \forall x \mathfrak{A}(x)$ einzusehen und damit kann man diese Sequenz als Axiom in den Widerspruchsfreiheitsbeweis mit einbeziehen.[30] Gentzen hat damit nicht nur die Widerspruchsfreiheit, sondern sogar die 1-Widerspruchsfreiheit der Zahlentheorie bewiesen.[31]

Zur *Rolle der Induktion* in Widerspruchsfreiheitsbeweisen betont Gentzen, daß sich die Widerspruchsfreiheit der Zahlentheorie ohne Induktion beweisen läßt mit rein finiten Mitteln, die auch in der Zahlentheorie formalisierbar sind. Der Begriff der Reduziervorschrift, der über den Rahmen des in der Zahlentheorie Ausdrückbaren hinausgeht, wird dazu nicht benötigt. Er spielt erst eine Rolle, wenn die volle Zahlentheorie, d. h. mit Induktion, auf dem Prüfstand steht. Gentzen beschreibt hier klar, was auch für die späteren Beweise von Bedeutung sein wird: Ohne die Induktion kann man immer eine obere Schranke für die Anzahl der Reduktionsschritte angeben, die für das Reduzieren einer bestimmten Sequenz nötig sind.

> Nimmt man jedoch die Schlußregel der vollständigen Induktion hinzu, so kann diese Anzahl, in Abhängigkeit von *Wahlen, beliebig groß* werden. Bei der Behandlung dieser Schlußregel (14.443) ist nämlich die Anzahl der erforderlichen Reduktionsschritte für die Sequenz $\Gamma, \Delta \to \mathfrak{F}(\mathfrak{t})$ offenbar von der Zahl ν (dem Wert von $\mathfrak{t}$) abhängig, und diese kann unter Umständen von einer *Wahl abhängen*, etwa indem $\mathfrak{t}$ eine *freie Variable*, also zunächst durch ein beliebiges zu *wählendes* Zahlzeichen ν zu ersetzen ist. In diesem Falle gibt es für die Anzahl der Reduktionsschritte beim Reduzieren der Sequenz $\Gamma, \Delta \to \mathfrak{F}(\mathfrak{t})$ *keine* allgemeine Schranke.
>
> GENTZEN, *Der erste* [1974a], 115

---

[30] Vgl. GENTZEN, *Der erste* [1974a], 116.

[31] Eine Theorie heißt *1-inkonsistent*, wenn sie für eine primitiv-rekursive Formel $\phi(x)$ sowohl $\exists x \neg \phi(x)$ impliziert als auch $\phi(\mathfrak{n})$ für jedes Zahlzeichen $\mathfrak{n}$. Ist eine Theorie nicht 1-inkonsistent, so heißt sie *1-konsistent*. Die ω-Konsistenz wird genauso definiert, nur ohne die Beschränkung, daß $\phi(x)$ primitiv-rekursiv sein muss. Jede ω-konsistente Theorie ist 1-konsistent und jede 1-konsistente Theorie ist konsistent. Die beiden Umkehrungen gelten jedoch nicht.

Die Induktion ermöglicht, vereinfacht gesprochen, Formeln $\mathfrak{F}(x)$ mit variablem x abzuleiten. Wenn man nun die Induktion durch eine Anzahl von *Modus-ponens*-Anwendungen auf Induktionsanfang und Induktionsschritt ersetzen will, ist diese Anzahl davon abhängig, welches Zahlzeichen beim Reduzieren für x eingesetzt wird. Im Allgemeinen gibt es dafür keine allgemeine obere Schranke. Dies ist genau der Grund dafür, daß in den späteren Beweisen Induktionsschlüsse immer einen ω-Sprung in der Ordinalzahlzuordnung erhalten.

Was ist der Wert eines Widerspruchsfreiheitsbeweises gegenüber der *intuitionistischen Kritik*? Hierbei geht es nicht um die beim Widerspruchsfreiheitsbeweis verwendeten Schlußweisen: Diese wurden ja schon als finit zulässig dargelegt und sind daher auch intuitionistisch unbedenklich. Es geht um die Frage, was der Widerspruchsfreiheitsbeweis für die Zahlentheorie für einen Wert hat, da er zwar zeigt, daß deren Aussagen nicht auf einen Widerspruch führen, sie aber, nach intuitionistischer Auffassung, dennoch sinnlos sind. Gentzen verweist hierbei auf mehrere Punkte. Die Aussagen hätten einen praktischen Wert, als Hilfsmittel zur Ableitung von intuitionistisch wie finit bedeutungstragenden einfachen Aussagen (bspw. Minimalformeln), die nach dem Widerspruchsfreiheitsbeweis „richtig" sind. Dies ähnelt sehr stark der in neuerer Zeit von Detlefsen vertretenen instrumentalistischen Position, derzufolge der Wert der idealen Mathematik darin besteht, Sätze der realen Mathematik effizienter (und damit faktisch überhaupt erst) abzuleiten.[32] Dann hat Gentzen die interessante Idee, daß es einen praktischen Nutzen hat, bspw. klassische Existenzaussagen zu beweisen, auch wenn man daran festhält, daß diese keine eigenständige Bedeutung haben. Denn dann kann man aus der Widerspruchsfreiheit darauf schließen, daß man nach einem Beweis für die gegenteilige Allaussage nicht mehr zu suchen braucht. Außerdem verweist Gentzen auf einen etwas dubiosen und nicht näher erläuterten „,ästhetischen Wert' mathematischer Forschungen überhaupt", der auch hier nicht weiter geklärt werden kann. Und schließlich erwähnt er den wichtigsten Punkt: Durch das Reduzierverfahren wird den An-sich-Aussagen der klassischen Mathematik ein finiter Sinn beigelegt, der eben in der Angebbarkeit einer Reduziervorschrift besteht. Er weicht von deren klassischem „An-sich"-Sinn ab und ist relativ kompliziert. Der Widerspruchsfreiheitsbeweis erlaube es jedoch, im unendlichen Gegenstandsbereich nun einfach so schließen, „als ob" dort alles so bestimmt wäre, wie man es sich ursprünglich (vor der intuitionistischen Kritik) gedacht hatte, man kann also den „An-sich"-Sinn der mathematischen Aussagen beibehalten.

> Ob und wieweit jedoch dem an-sich-Sinn einer transfiniten Aussage etwas ‚Wirkliches' entspricht – außer dem, was ihr eingeschränkter *finiter* Sinn aussagt – das ist eine Frage, die der *Widerspruchsfreiheitsbeweis nicht* beantwortet.   GENTZEN, *Der erste* [1974a], 118

Das mathematikphilosophische Problem des Sinns transfiniter mathematischer Aussagen bleibt also, laut Gentzen, auch nach einem Erfolg für das HP letztlich offen. Was man nur

---

[32] Zum Instrumentalismus siehe auch im ersten Teil Kap. 8.

gewonnen hat, ist die (intuitionistische bzw. finite) Sicherheit, mit den klassischen Aussagen und den klassischen Schlußweisen nicht zu etwas Falschem zu gelangen.

12.3 Der erste veröffentlichte Widerspruchsfreiheitsbeweis für die Zahlentheorie

1936 publizierte Gentzen in den *Mathematischen Annalen* seinen ersten Widerspruchsfreiheitsbeweis für die Zahlentheorie. Die Arbeit mit dem Titel *Die Widerspruchsfreiheit der reinen Zahlentheorie* offerierte damit überhaupt den ersten Widerspruchsfreiheitsbeweis, der bis heute als tragfähig gilt.

Die Arbeit unterscheidet sich von der zurückgezogenen Version von 1935 in der Einführung des Begriffs der Reduktion einer Herleitung (zusätzlich zum Begriff der Reduktion einer Sequenz) und ganz besonders durch die konstruktiven Ordinalzahlen, die zum Beweis der Endlichkeit des Reduktionsverfahrens verwendet werden. Ansonsten sind beide Versionen anscheinend identisch.[33] Da nun zwei Begriffe von „Reduktionsschritten", nämlich solche an Herleitungen und solche an Sequenzen, im Raum stehen, werden sie hier H- bzw. S-Reduktionsschritte genannt.

Der gesamte Widerspruchsfreiheitsbeweis folgt genau derselben Struktur wie der 1935er Beweis (siehe Abschn. 12.2.2). Der einzige Unterschied besteht darin, wie der dortige Satz (2) gewonnen wird, daß sich zu jeder ohne ∨, ∃ und ⊃ herleitbaren Sequenz eine Reduziervorschrift angeben läßt. Dieser Satz wurde in der früheren Fassung des Widerspruchsfreiheitsbeweises in den Schritten (2a) bis (2d) relativ direkt gewonnen. In der publizierten Fassung von 1936 hingegen sind hierzu einige Schritte mehr vorgesehen. Nach der Definition der Reduktion von Sequenzen wird festgelegt, was unter der *Endform* einer Sequenz zu verstehen ist.[34]

Im Zentrum dieses Beweises steht der Begriff eines *Reduktionsschrittes an einer Herleitung*. Bevor Gentzen diesen Begriff einführt, ändert er jedoch noch den Herleitungsbegriff, um ihn technisch handhabbarer zu machen. Die wichtigste Änderung ist die Einführung einer Kettenschlußregel, die Gentzen in Worten beschreibt. Als Schema geschrieben müßte sie in etwa wie folgt aussehen:

$$\text{(Ket)} \frac{\Gamma_1 \to \mathfrak{A}_1 \quad \ldots \quad \Gamma_i \to \mathfrak{A}_i \quad \ldots \quad \Gamma_n \to \mathfrak{A}_n}{\Gamma \to \mathfrak{A},}$$

---

[33] Jedenfalls hat Bernays 1974 nur die §§ 12–16 des ursprünglichen Beweises als GENTZEN, *Der erste* [1974a] abdrucken lassen, die sich von der 1936 publizierten Fassung GENTZEN, *Widerspruchsfreiheit* [1936a] unterscheiden. Gentzen selbst gibt in Fn. 20 von GENTZEN, *Widerspruchsfreiheit* [1936a], 49, an, bei der Korrektur im Februar 1936 die Nummern 14.1 bis 16.1.1 anstelle der ursprünglichen Fassung eingefügt zu haben.

[34] Eine Sequenz in Endform ist eine „offenkundig richtige" Sequenz: Sie enthält keine Variablen, keine Minimalterme und: die Hinterformel ist eine richtige Minimalformel oder die Hinterformel ist eine falsche Minimalformel und eine der Vorderformeln ist ebenfalls eine falsche Minimalformel.

wobei für eine der Formeln $\mathfrak{A}_i$ (*i* eine Zahl zwischen 1 und *n*) gelten muß, daß sie mit $\mathfrak{A}$ übereinstimmt oder daß sie und $\mathfrak{A}$ beide falsche Minimalformeln sind. Für alle $k \in \{1, \ldots, i\}$ muß ferner $\Gamma_k \setminus \{\mathfrak{A}_\kappa \mid \kappa < k\} \in \Gamma$ sein. Beide Bedingungen werden nur *modulo gebundener Umbenennung* gefordert.

Der so konzipierte Kettenschluß ersetzt eine ganze Reihe anderer Schlüsse, u. a. die Strukturschlüsse, den Schnitt und die Beseitigung der doppelten Negation. Vom so erhaltenen Herleitungsbegriff wird nun gar nicht seine Äquivalenz mit dem alten behauptet. Es reicht, daß er mindestens so weit ist wie der alte, sodaß eine Herleitung im alten Sinne auch eine Herleitung im neuen Sinne ist.[35] Im Folgenden ist mit „Herleitung" dann immer eine Herleitung im neuen Sinne gemeint.

Der Schritt (2) wird in folgender Weise gesichert:

Teilargumentation für Satz (2), 1936

(a) An einer Herleitung, die noch nicht in Endform ist, läßt sich ein H-Reduktionsschritt durchführen.
(b) Bei einem H-Reduktionsschritt verringert sich die Ordinalzahl der Herleitung.
(c) Nach endlich vielen H-Reduktionsschritten muß eine Herleitung Endform haben.   (nach (a), (b) und Transfiniter Induktion)
(d) Bei einem H-Reduktionsschritt bleibt die Endsequenz der Herleitung unverändert, oder sie wird S-reduziert.   (nach Def. H-Reduktionsschritte)
(e) Die bei den H-Reduktionsschritten ggf. durchgeführten S-Reduktionsschritte ergeben, getrennt von den H-Reduktionsschritten betrachtet, eine S-Reduziervorschrift für die Endsequenz der ursprünglichen Herleitung.
                                                                          (nach (c) und (d))

Diese Teilschritte geben an, wie man zu einer herleitbaren Sequenz eine S-Reduziervorschrift findet, die (nach endlich vielen Schritten[36]) zur Endform führt. Ab hier geht der Gesamtbeweis dann so weiter wie der 1935er.

Der zentrale Mechanismus für den Beweis des Teilschrittes (2c) ist die Zuordnung von transfiniten Ordnungszahlen zu Herleitungen. Dies ermöglicht, mittels des abstrakten Prinzips der Transfiniten Induktion zu beweisen, daß der Prozeß nach endlich vielen Schritten zum Ende kommen muß. Daß man auch hier nicht mit einer einfachen Indizierung durch natürliche Zahlen auskommt, sondern eine transfinite Ordnung benötigt,

---

[35] Dies ist also so zu verstehen, daß diejenigen Folgen von Sequenzen, die nach dem alten Herleitungsbegriff Herleitungen waren, auch nach dem neuen Herleitungsbegriff Herleitungen sind. Die Übergänge zwischen den einzelnen Sequenzen sind jedoch nun ggf. Anwendungen anderer Schlußregeln.
[36] Das ist jetzt hier im Beweis explizit gesichert, vgl. die Anmerkungen zur früheren Version von 1935.

12.3 Der erste veröffentlichte Widerspruchsfreiheitsbeweis für die Zahlentheorie

hat ganz ähnliche Gründe wie schon bei Ackermanns Beweis für die Termination der Berechnung der Funktionale. Die Umformungen des Beweises bei der Durchführung eines Reduktionsschrittes können den Beweis verlängern und damit in einem extensionalen Sinne „komplizierter" machen. Dennoch hat sich seine Kompliziertheit in einem strukturellen Sinne verringert. Dieser intuitive Gedanke wird gerade durch transfinite Ordnungstypen eingefangen und präzisiert. Sie machen es möglich, verschiedene Komplexitätsebenen zu unterscheiden, die es erlauben, daß bei Umformungsschritten die Kennzahl auf einer untergeordneten Ebene beliebig stark ansteigt, solange eine Kennzahl auf einer höheren Ebene kleiner wird.[37]

Die Zuordnung von Ordinalzahlen zu den Herleitungen ist im Einzelnen relativ kompliziert und schwer zu durchschauen. Das hat Gentzen selbst indirekt zugegeben, wenn er als Hauptmotivation für seine zwei Jahre später erschienene *Neue Fassung* angibt, es solle

> der Hauptwert darauf gelegt werden, die *Grundgedanken* herauszuarbeiten und jeden einzelnen Beweisschritt möglichst *verständlich* zu machen.   GENTZEN, *Neue Fassung* [1938b], 19

Wenn eine Arbeit aus diesem Grund in einer neuen Fassung erscheint, sollte man schließen können, daß die Grundgedanken der ursprünglichen Arbeit anscheinend nicht so gut herauskamen und die einzelnen Schritte nicht jedem verständlich wurden.

Gentzen verwendet hierfür eine Repräsentation transfiniter Ordinalzahlen als endliche Dezimalbrüche. Diese sind induktiv definiert (am Ende der Zahl dürfen keine Nullen angehängt werden):

(DOn1) Alle Zahlen mit dem Numerus 0 und einer Mantisse aus endlich vielen Einsen (d. h. 0,1; 0,11; 0,111; 0,1111; usw.), sowie 0,2 sind Ordnungszahlen.

(DOn2) Sind $n, m_1; \ldots; n, m_k$ Ordnungszahlen mit dem Numerus n und Mantissen $m_1 > \ldots > m_k$,[38] so ist auch $n+1, m$ eine Ordnungszahl mit der Mantisse m der Gestalt

$$m_1 \underbrace{0\ldots 0}_{n+1 \text{ Nullen}} m_2 \underbrace{0\ldots 0}_{n+1 \text{ Nullen}} \ldots \underbrace{0\ldots 0}_{n+1 \text{ Nullen}} m_k.$$

Bei diesen Zahlen handelt es sich um Repräsentationen transfiniter Ordinalzahlen, wobei die Zahlen mit dem Numerus 0 die endlichen Ordinalzahlen (also die Menge ω) darstellen und der Übergang vom Numerus n zu $n+1$ dem Übergang zur Zweierpotenz der Menge der durch die Zahlen mit dem Numerus n repräsentierten transfiniten Ordinalzahlen entspricht.

Gemäß dieser Definition sind weitere Reduktionsschritte stets angebbar, solange eine Sequenz noch nicht in Endform ist. Der zentrale Satz, den Gentzen dann beweisen muß,

---

[37] Gentzen hat diese Intuition u. A. mit dem Ausdruck eines „Kompliziertheitsmaßes", das Vereinfachungen auf unterschiedlichen Ebenen unterschiedlich bewertet, beschrieben; vgl. GENTZEN, *Neue Fassung* [1938b], 36.

[38] Die $>$-Relation zwischen Mantissen m' und m'' ist dabei definiert als die Standard $>$-Relation zwischen den rationalen Zahlen der Gestalt $0, m'$ und $0, m''$.

ist, daß man stets *nach endlich vielen* Reduktionsschritten zu einer Herleitung gelangt, bei der die Endsequenz in Endform ist („*Endlichkeitsbeweis*").

Gentzens Widerspruchsfreiheitsbeweis ist wirkungsgeschichtlich außerordentlich bedeutsam geworden. Auf ihn beruft sich die gesamte später entstandene sog. „*Gentzen-style proof theory*" und er hat auch die Epsilon-Substitutionsmethode entscheidend beeinflußt. So wirkte er zum Beispiel auf Ackermann zurück, der in Anknüpfung an Gentzens Beweistechnik seinen eigenen Beweis von 1924 um einen bündigen Terminationsnachweis für das Verfahren zur Erzeugung von Gesamtersetzungen ergänzen konnte.[39] Laszlo Kalmár hatte schon zuvor den Gentzenschen Beweis an den Kalkül aus *Hilbert-Bernays I* angepaßt.[40]

12.4 Beweisbarkeit der transfiniten Induktion und Ordinalzahlanalyse

1938 publizierte Gentzen noch eine *Neue Fassung des Widerspruchsfreiheitsbeweises für die reine Zahlentheorie* in den von Heinrich Scholz herausgegebenen *Forschungen zur Logik und zur Grundlegung der exakten Wissenschaften*.[41] Darin gibt er die ursprüngliche Notation der Ordinalzahlen bis ε_0 als bestimmte Dezimalbrüche in $\mathbb{R}$ auf[42] und nimmt gleich Zeichen für Ordinalzahlen mit unter die Grundzeichen seiner Theorie auf. Das Beweisprinzip, das die Angebbarkeit von Reduktionsvorschriften sichert, wird damit genauer als Prinzip der Transfiniten Induktion bis zu einer gewissen Ordinalzahl bestimmt, nämlich bis zum Supremum über alle Ordnungstypen auftretender Beweise.

Aus Gentzens Überlegungen zur Formalisierbarkeit seines Arguments geht hervor, daß sich alle von ihm auf der metamathematischen Ebene verwendeten Beweismittel außer der Transfiniten Induktion in der Zahlentheorie formalisieren lassen. Damit läßt sich sein Widerspruchsfreiheitsbeweis so lesen, daß aus der Zahlentheorie plus Transfiniter Induktion bis ε_0 die Widerspruchsfreiheit der Zahlentheorie folgt.

Daran schließt sich natürlicherweise die Frage an, ob denn nicht auch die Transfinite Induktion bis ε_0 (TI_{ε_0}) selbst in der Zahlentheorie ($\mathcal{Z}$) beweisbar ist. Diese Frage wird in Gentzens Augen schon durch die Gödelschen Sätze beantwortet.[43] $\mathcal{Z} + (TI_{\varepsilon_0})$ beweist nämlich die Konsistenz von $\mathcal{Z}$, während nach Gödels zweitem Satz $\mathcal{Z}$ nicht die Konsistenz von $\mathcal{Z}$ beweisen kann. Ergo kann $\mathcal{Z}$ nicht (TI_{ε_0}) beweisen.

Umgekehrt wurde etwa in *Hilbert-Bernays II* gezeigt, daß für jede Ordinalzahl $\alpha < \varepsilon_0$ die (TI_α) in $\mathcal{Z}$ bewiesen werden kann.

---

[39] Vgl. ACKERMANN, *Widerspruchsfreiheit* [1940].
[40] HILBERT/BERNAYS, *Grundlagen I* [1934]; vgl. auch das Vorwort von HILBERT/BERNAYS, *Grundlagen II* [1939]; Kalmárs Beweis wurde als *Supplement Va* zur zweiten Auflage des ersten Bandes publiziert. – Zur systematischen Relevanz von Kalmárs eigenen Bemühungen im Bereich der Konsistenzbeweise siehe auch BOOLOS, *On Kalmar's* [1975].
[41] GENTZEN, *Neue Fassung* [1938b].
[42] ε_0 ist der Grenzwert der Superexponentiationsfunktion, siehe Fußnote 49.
[43] Vgl. GENTZEN, *Widerspruchsfreiheit* [1936a] und GENTZEN, *Neue Fassung* [1938b].

12.4 Beweisbarkeit der transfiniten Induktion und Ordinalzahlanalyse

Beide Resultate legen nahe, die Beweisbarkeit von Anfangsfällen der Transfiniten Induktion in der Zahlentheorie genauer zu untersuchen. Dies unternahm Gentzen in seiner Habilitationsschrift *Beweisbarkeit und Unbeweisbarkeit von Anfangsfällen der transfiniten Induktion in der reinen Zahlentheorie*, die 1943 in den *Mathematischen Annalen* erschien.[44] Darin präsentierte er direkte Beweise für die Tatsachen, daß die Transfinite Induktion bis zu jeder transfiniten Ordinalzahl kleiner als ε_0 in der Zahlentheorie beweisbar ist und daß die Transfinite Induktion bis ε_0 selbst in der Zahlentheorie nicht beweisbar ist. Damit ist die Zahl ε_0 in gewisser Weise ein Charakteristikum für das betrachtete zahlentheoretische Axiomensystem. Man braucht sozusagen genau „so viel" Transfinite Induktion, um seine Widerspruchsfreiheit zu beweisen.

Die beiden Beweise, die den Kern der 1943er Arbeit Gentzens ausmachen, laufen dann wie folgt. Um $\mathcal{Z} \vdash (TI_\alpha)$ für $\alpha < \varepsilon_0$ zu zeigen, geht Gentzen in zwei Schritten vor. Er zeigt:

1. $\mathcal{Z} \vdash (TI_0)$
2. $\mathcal{Z} \vdash (TI_{\omega_n}) \implies \mathcal{Z} \vdash (TI_{\omega_{n+1}})$ für beliebiges $n \in \mathbb{N}$,

wobei ω_n die Superexponentiation über ω bis n ist, anschaulich gesprochen: ein ω-Turm der Höhe n.[45] Offenbar gelangt man damit zur Transfiniten Induktion bis zu beliebig hohen Zahlen unterhalb von ε_0. Daß man tatsächlich zu jeder beliebigen Zahl unterhalb von ε_0 kommt, bedarf dann noch einer kleinen Zusatzüberlegung.[46] Der Induktionsanfang 1.) ist dabei trivial: $\mathcal{E}(0) \to \mathcal{E}(0)$ ist logische Grundsequenz. Der Induktionsschritt 2.) erfordert hingegen technische Finessen. Die Grundoperation ist gut zu verstehen, es ist die schon bekannte Manipulation an einem vorgegebenen Beweis. Ist nämlich eine sog. „TI-Herleitung bis ω_n" gegeben, so formt Gentzen sie in eine TI-Herleitung bis ω_{n+1} um. Dabei wird der vorliegende Beweis zunächst dahingehend manipuliert, daß alle Auftreten von einem $\mathcal{E}(\nu)$ mit beliebigem Term ν durch $\forall \xi (\mathcal{E}^*(\xi) \supset \mathcal{E}^*(\xi + \omega^\nu))$ ersetzt werden, wobei $\mathcal{E}^*(\xi)$ eine Abkürzung für $\forall \eta(\eta \leq \xi \supset \mathcal{E}(\eta))$ ist. Letztlich werden also alle Auftreten von $\mathcal{E}(\nu)$ durch die relativ komplexe Formel

$$\forall \xi \big(\forall \eta (\eta \leq \xi \supset \mathcal{E}(\eta)) \supset \forall \eta (\eta \leq \xi + \omega^\nu \supset \mathcal{E}(\eta)) \big) \qquad (*)$$

ersetzt, die in heute üblicher Notation

$$\forall \xi \big((\forall \eta \leq \xi) \mathcal{E}(\eta) \to (\forall \eta \leq \xi + \omega^\nu) \mathcal{E}(\eta) \big)$$

---

[44] GENTZEN, *Beweisbarkeit* [1943].
[45] Diese Funktion ω_n wird rekursiv definiert durch: $\omega_0 = 1$ und $\omega_{n+1} = \omega^{\omega_n}$. Diese Definition läßt sich durch einfache Limesbildung auf beliebige Ordinalzahlen erweitern.
[46] Vgl. GENTZEN, *Beweisbarkeit* [1943], 160. – Will man eine TI-Herleitung bis zu einer beliebigen Zahl $\alpha < \varepsilon_0$, so wähle man n so groß, daß $\omega_n > \alpha$. Zu ω_n hat man dann nach dem gezeigten eine TI-Herleitung, deren Endsequenz $\mathcal{E}(0) \to \mathcal{E}(\omega_n)$ lautet. Dann ersetzt man überall in dieser Herleitung $\mathcal{E}$ durch $\mathcal{E}^*$, wobei $\mathcal{E}^*(\nu) :\equiv \forall \eta(\eta \leq \nu \supset \mathcal{E}(\eta))$. Nach gewissen Hinzufügungen an den nun etwas veränderten TI-Obersequenzen erhält man so eine Herleitung von $\mathcal{E}^*(0) \to \mathcal{E}^*(\omega_n)$. Dann fügt man eine einfache Herleitung von $\mathcal{E}(0) \to \mathcal{E}^*(0)$ an und erhält aus beidem durch Schnitt $\mathcal{E}(0) \to \mathcal{E}^*(\omega_n)$. $\mathcal{E}^*(\omega_n)$ ist aber nichts anderes als eine Abkürzung für $\forall \eta(\eta \leq \omega_n \supset \mathcal{E}(\eta))$, woraus man wegen $\alpha < \omega_n$ leicht $\mathcal{E}(\alpha)$ gewinnt. Ein abschließender Schnitt liefert dann die gewünschte TI-Untersequenz $\mathcal{E}(0) \to \mathcal{E}(\alpha)$.

lauten würde. Diese Formel (*) enthält sozusagen den „Trick", denn sie erlaubt es, die Induktion gewissermaßen eine Omega-Potenz nach oben zu verschieben. Die Ersetzung von $\mathcal{E}(\nu)$ durch (*) führt zwar auf eine Herleitung, allerdings nicht direkt auf die gewünschte TI-Herleitung. Dazu sind eine Menge technischer Schlüsse nötig, die hier nicht mehr im Detail dargestellt werden sollen. Die Bemühungen Gentzens, eine konstruktive Rechtfertigung des Prinzips der Transfiniten Induktion zu geben, werden im dritten Teil dieser Arbeit noch einmal thematisiert (Abschn. 15.2.2.2).

12.5 Zusammenfassung

Gerhard Gentzen publizierte 1936 den ersten einwandfreien Beweis für die Widerspruchsfreiheit der klassischen Zahlentheorie. Er kalkülisierte die Zahlentheorie in einem formalen Rahmen, der aus seinen früheren Arbeiten zum logischen Schließen hervorging. In diesem Zusammenhang hatte Gentzen schon 1934 seinen Hauptsatz bewiesen, aus dem sich ein erster Widerspruchsfreiheitsbeweis für die Zahlentheorie ohne Induktion gewinnen ließ.

Der Beweis von 1936 und eine unveröffentlichte erste Fassung von 1935 konnten jedoch erstmalig auch die Induktion erfolgreich miteinbeziehen. Beide Beweise folgen in etwa der Struktur, die aus den früheren Beweisen Hilberts und Ackermanns geläufig ist, wobei Gentzen jedoch im Begriff der Angebbarkeit einer Reduziervorschrift für eine Sequenz früher sukzessive ausgeführte Schritte (Elimination der Variablen, Ausrechnen der Funktionale) und einen semantischen Richtigkeitsbegriff geschickt zusammenfaßt. Die Angebbarkeit einer Reduziervorschrift entspricht damit grob gesprochen der Korrektheit einer Sequenz, und da sich für die falsche Sequenz $\rightarrow 1 = 2$ keine Reduziervorschrift angeben läßt, folgt daraus die Widerspruchsfreiheit.

Eine gewisse Ambiguität besteht dazwischen, ob die Definition des Begriffs einer Reduziervorschrift ihre Angebbarkeit beinhaltet und somit die Termination des Reduktionsverfahrens zu zeigen ist, oder ob umgekehrt die Termination im Begriff enthalten ist und damit die Existenz einer solchen Vorschrift nachgewiesen werden muß. Die Unklarheit über die an dieser Stelle verwendeten Beweisprinzipien hat Gentzen dazu bewogen, statt dieses ursprünglichen Beweises eine überarbeitete Version zu publizieren. In ihr wird zusätzlich der Begriff der Reduktion einer Herleitung verwendet und die Termination des Reduktionsverfahrens in mehreren Schritten bewiesen. Für einen dieser Schritte wird dabei eine Ordnungsrelation auf den Herleitungen entscheidend, die durch bestimmte reelle Zahlen repräsentiert wird und den Ordnungstyp ε_0 hat. Die Entdeckung, daß die Transfinite Induktion nur bis unterhalb von ε_0 in der formalisierten Zahlentheorie beweisbar ist, bis ε_0 selbst jedoch nicht mehr, führte zu der Sichtweise, daß Ordinalzahlen als Herleitbarkeitsschranken von Anfangsfällen der Transfiniten Induktion ein beweistheoretisches Charakteristikum der untersuchten Theorien darstellen.

Teil III
Zur Reflexion des Hilbertprogramms

Der dritte Teil dieses Buches widmet sich der sachlich-systematischen Reflexion des Hilbertschen Programms. Die Ergebnisse aus der Analyse der Techniken im zweiten Teil sollen noch einmal methodologisch eingeholt und in den Kontext der konzeptionellen Entwürfe gestellt werden, um die es im ersten Teil ging. Zwar sind viele philosophische Fragen schon gestellt worden, manche sollten aber noch einmal aufgenommen werden, gerade wenn sie die im zweiten Teil behandelten technischen Entwicklungen betreffen oder voraussetzen.

Dies soll in Form einer Auseinandersetzung mit drei Problemkreisen geschehen, die auf der begrifflich-konzeptionellen Seite als die größten Herausforderungen des ursprünglichen Hilbertprogramms gelten können. Sie werden mit den Namen wichtiger Fragesteller in Zusammenhang gebracht, wobei es weniger um die Behauptung geht, daß Poincaré, Gödel und Kreisel genau die hier behandelten Fragen im Sinn gehabt hätten, sondern schlicht um eine prägnante Verbindung zwischen einem echten historischen Fragesteller und einem ganzen Kreis von sachlich zusammenhängenden kritischen Fragen an das Hilbertprogramm.

So geht es in *Poincarés* Namen um zwei wichtige Kritikpunkte, nämlich erstens die Frage, ob das HP nicht letztlich eine zirkuläre Konzeption ist, wenn es induktive Beweisprinzipien in Anspruch nimmt, um mathematische Theorien, die Induktion enthalten, zu rechtfertigen. Dabei werden die Beobachtungen zur Vermeidung „offener" Verwendung der Induktion aus dem zweiten Teil noch einmal aufgenommen. Die zweite Anfrage betrifft dann das Problem der imprädikativen Definitionen, in denen Poincaré und andere ebenfalls zirkuläre Begründungsstrukturen entdeckt haben wollten. In beiden Fällen steht der Erkenntnisgewinn zur Debatte, den man hätte, wenn das HP durchführbar wäre (Kap. 13).

Ob es aber prinzipiell durchführbar ist, ist die zentrale Frage, die durch die *Gödelschen* Unvollständigkeitssätze virulent geworden ist. Im zweiten Kapitel dieses Teils wird entsprechend gefragt: Besteht das HP nicht letztlich in dem Versuch, etwas zu beweisen, was Gödel als prinzipiell unbeweisbar nachgewiesen hat? Es wird sich zeigen, daß die Sache wesentlich differenzierter zu betrachten ist, als es auf den ersten Blick erscheint (Kap. 14).

Ein ganz anderer Punkt wird im dritten Kapitel als „Problemkreis ‚Kreisel'" thematisiert. Wenn man die Orientierung des HP am *Finitismus* betrachtet, muß es doch eigentlich verwundern, daß mit Gentzens Arbeiten *transfinite* Ordinalzahlen einen festen Platz in der Beweistheorie gefunden haben. Wie kommt es zu diesen transfiniten Objekten innerhalb einer auf finite Rechtfertigungen ausgerichteten Theorie? Es wird zu klären sein, was Ordinalzahlen überhaupt sind und wie es sein kann, daß Beweisprinzipien, die von diesen transfiniten Objekten Gebrauch machen, als zulässig in einem (wenn auch erweiterten) Hilbertprogramm angesehen werden können. Außerdem werden zwei Probleme wenigstens angedeutet, die die Deutung beweistheoretischer Ordinalzahlen betreffen (Kap. 15).

Das Resümee soll schließlich einige konzeptionell-methodologische Einzelfragen noch einmal aufnehmen und sie in eine umfassendere Perspektive auf das Hilbertprogramm stellen. Dabei wird es um die Frage nach Bedeutung und Wert beweistheoretischer Reduktionen gehen und um eine differenzierte Antwort auf die Frage, ob Hilbert mit den Zielen und Ansprüchen seines Programms letztlich gescheitert ist (Kap. 16).

Der Problemkreis „Poincaré"   13

In diesem Kapitel sollen die Probleme behandelt werden, die von Henri Poincaré ursprünglich als Kritik am Logizismus aufgeworfen wurden (vgl. erster Teil, Kap. 4.1). Sie betreffen Hilbert nicht nur deshalb, weil seine grundsätzlichen Sympathien für den Logizismus durch das Scheitern der Ansätze Freges und Dedekinds nicht verschwanden. Hilbert hielt auch sachlich an einer starken Position der Logik fest und stellte sich in der heißen und bisweilen polemischen Debatte um die Vernünftigkeit des logizistischen Projekts in vielen Punkten ausdrücklich auf die Seite der Logizisten – aber nicht in allen. Dadurch, daß er 1904 mit seinem eigenen Ansatz einer Begründung der Mathematik mit syntaktischen Methoden ans Licht der Öffentlichkeit getreten war, veranlaßte er Poincaré zu kritischen Bemerkungen über seinen Ansatz.[1]

Poincarés Kritik läßt sich nicht einfach von der Hand weisen, nur weil sie auf weite Strecken auf einem (als erledigt geltenden) psychologistischen Mißverständnis von Mathematik und Logik beruht.[2] Zumindest muß es zu denken geben, daß Hilbert sich an manchen der Kritikpunkte Poincarés lange „gerieben" hat. Es geht dabei um zwei bedeutende Problemkreise, die in diesem Kapitel diskutiert werden sollen: das sog. „*Petitio-principii*-Problem" der Induktion (Abschn. 13.1) und das sog. „*Circulus-vitiosus*-Problem" imprädikativer Definitionen (Abschn. 13.2).

Ein dritter Kritikpunkt würde die Rolle des kantischen Anschauungsbegriffs für die philosophische Begründung der Mathematik betreffen. Poincaré hielt den Logizisten vor, daß sie diesen Begriff und seine Bedeutung für die Grundlagen der Mathematik entgegen ihrer Behauptung nicht marginalisieren konnten. Die nähere Analyse zeigt allerdings, daß Poincarés Anschauungsbegriff kaum etwas mit dem kantischen gemein hat. Daß uns eine mathematische Wahrheit durch die Anschauung gegeben ist, bedeutet für Poincaré nichts

---

[1] Vgl. besonders den Aufsatz POINCARÉ, *Les mathématiques* [1906]; dazu auch BERNAYS, *Hilberts Untersuchungen* [1935], 203.
[2] Zur Frage der psychologistischen Aspekte von Poincarés Position in dieser Debatte siehe auch GOLDFARB, *Poincaré against* [1988].

anderes, als daß wir ihre Wahrheit unmittelbar einsehen, d. h., ohne dafür irgendeine Argumentation zu benötigen. Er grenzt die Rolle der Anschauung sogar explizit vom Rahmen der kantischen Philosophie ab: Die Zusammenhänge mit der Sinnlichkeit, der Einbildungskraft und den Kategorien spielen in seinem Verständnis von „Anschauung" keine Rolle.[3] Daher soll dieser Punkt hier nicht weiter behandelt werden.

13.1 Das *Petitio-principii*-Problem mit der Induktion

13.1.1 Die Kritik

Der wichtigste Kritikpunkt Poincarés ist, daß die logizistischen Versuche eine *petitio principii* begehen, wenn sie *das* Grundprinzip der natürlichen Zahlen, die Induktion, logisch beweisen wollen.[4] In jedem logischen System seien die Grundbegriffe wie „Formel", „Beweis" usw. induktiv definiert, nehmen also implizit schon Bezug auf die Struktur der natürlichen Zahlen. Schon wenn man diese Definitionen für in Ordnung hält, setze man das Induktionsprinzip voraus, das man ja eigentlich erst beweisen wolle. Da wichtige metamathematische Begriffe, wie der eines Terms, einer Formel oder eines Beweises, induktiv definiert sind, können Aussagen über alle Terme, alle Formeln oder alle Beweise nicht anders als durch ein Induktionsprinzip bewiesen werden. Wer x und y denke, sagt Poincaré noch allgemeiner, müsse damit auch „zwei" denken.[5]

Hilberts Idee war, die Mathematik mit den Mitteln des Logikkalküls zu formalisieren und dann mit mathematischen Mitteln die Widerspruchsfreiheit des so erhaltenen formalen Kalküls zu beweisen, um daraus die Widerspruchsfreiheit der ursprünglich formalisierten Mathematik zu erschließen. Es drängt sich der Eindruck auf, daß ein solches Verfahren vor einem noch grundsätzlicheren Zirkularitätsproblem steht. Denn eine Rechtfertigung ist immer nur höchstens so gut wie die von ihr verwendeten Mittel und die von ihr gemachten Grundannahmen. Wenn nun diese Mittel und Annahmen der Mathematik entstammen sollen, gleichzeitig aber die Mathematik durch sie überhaupt erst gerechtfertigt werden soll, fallen Gerechtfertigtes und Rechtfertigendes zusammen und das Vorgehen droht – jedenfalls seiner ursprünglichen Intention nach – sinnlos zu werden.

Das Induktionsprinzip ist nun sozusagen *das* typische Prinzip für die Theorie der natürlichen Zahlen. Bricht man die allgemeine Perspektive auf das Induktionsprinzip herunter, heißt das: Die Mathematik hat mit Objekten zu tun wie den natürlichen Zahlen, die nur induktiv (also durch Schluß von n auf $n + 1$) zugänglich sind. Eine Rechtfertigung der Mathematik wird daher die Induktion rechtfertigen müssen. Auch wenn man, wie beim Hilbertschen Ansatz, nur die endlichen mathematischen Aussagen über Zahlen zum Ob-

---

[3] Zur Abweichung des Poincaréschen Anschauungsbegriffs vom Kantischen siehe GOLDFARB, *Poincaré against* [1988], 63.
[4] Vgl. hierzu besonders POINCARÉ, *Les mathématiques* [1906].
[5] Dies ist ganz ähnlich der von Cantor an Freges Zahldefinition vorgebrachten Kritik, daß man für diese auf einer höheren Ebene wieder Zahlen voraussetze. Vgl. im ersten Teil Kap. 4, bes. Abschn. 4.1.1

13.1 Das *Petitio-principii*-Problem mit der Induktion

jekt mathematischer Überlegungen macht, wird man doch mit der unendlichen Anzahl der so möglichen Aussagen zu kämpfen haben. Gerade wenn man sich auf die Fahnen geschrieben hat, statt eigentlicher Zahlen bloß die Zahlzeichen zu betrachten, wird der Zeichenvorrat unendlich groß sein. Und wie soll man dann Aussagen über *alle* Zeichen und Formeln in den Griff kriegen, wenn nicht durch die Verwendung eines induktiven Beweisprinzips? Wenn man nun beim Hilbertprogramm versucht, mit Hilfe metamathematischer Methoden das Induktionsprinzip zu beweisen, verwendet man dann nicht auf der Metaebene zwangsläufig das Induktionsprinzip? Ist man also nicht auf jeden Fall darauf angewiesen, für die Rechtfertigung das zu verwenden, was man rechtfertigen will?

Eine solche zirkelförmige Argumentation, die das zu Zeigende gewissermaßen auf einer höheren Ebene schon voraussetzt, würde Hilberts Anliegen desavouieren. Einen derartigen Verdacht zu vermeiden wurde zu einer regelrechten Triebfeder der weiteren Entwicklung des Hilbertprogramms.

13.1.2 Mögliche Antworten

Man kann diskutieren, ob ein solcher Ansatz seinerseits der Kritik verfällt, zwischen substantiellen Verwendungen des Zahlbegriffs (bzw. der Arithmetik) und vollständig eliminierbaren Verwendungen nicht ausreichend zu unterscheiden. Eine solche Gegenkritik würde Poincaré selbst allerdings eher unbeeindruckt lassen, denn für ihn war es gerade ein Kriterium für eine erfolgreiche Reduktion, daß sich *alle* Terme eliminieren lassen müssen. Also können nach seiner Position auch die eliminierbaren Terme nicht unter den Tisch fallen: sonst gäbe es auch nichts „Mathematisches", was überhaupt reduziert würde. Außerdem ist vorgebracht worden, daß dieser Kritikpunkt mit Poincarés psychologistischer Auffassung der Mathematik steht und fällt und die Diskussion an dieser Stelle in eine Sackgasse gerät, denn entweder man akzeptiert die von Frege und anderen vorgebrachte Psychologismuskritik – muß dann aber auch deren Rahmenbedingungen in Freges System akzeptieren und gerät so nicht mehr ins Visier dieser Kritik –, oder man akzeptiert, wie Poincaré, die Psychologismuskritik *nicht* und hat insofern keine Veranlassung, seine Position aufgrund eines Psychologismusvorwurfs zu revidieren. Also kommt man auf diesem Weg kaum weiter.

Hilberts Lösungsansatz besteht hingegen im Kern darin, die radikale Unterscheidung von formaler (Objekt-)Mathematik und inhaltlicher Metamathematik auf das Induktionsprinzip zu übertragen. Nach seiner Darstellung haben die Arten von Induktion, die in der formalisierten Mathematik bzw. in der finiten Metamathematik verwendet werden, ganz verschiedenen Charakter.[6] Während das eine ein *formales* Axiom(enschema) bzw. eine formale Schlußregel in einem Kalkül ist, die gerechtfertigt werden muß, soll die Induktion in der finiten Metamathematik ein rein inhaltliches und direkt inhaltlich gerechtfertigtes Prinzip sein. Die metamathematische Induktion bezieht sich nur auf die konstruktiv

---

[6] Vgl. HILBERT, *Grundlagen Mathematik* [1928], 12.

definierten metamathematischen Begriffe wie „Beweis", „Term" usw. Dieser Unterschied bewirkt nach Hilbert, daß es sich nicht um ein zirkuläres Vorgehen handelt. Dieser Lösungsansatz soll im folgenden Abschnitt näher besprochen werden.

13.1.3 Hilberts Lösungsansatz

13.1.3.1 Hindernisse bei der Hilbert-Interpretation

Ein Hindernis bei der Interpretation von Hilberts schriftlichen Äußerungen zu dieser Frage ist seine Redeweise, „die Induktion bewiesen" zu haben, wenn er eigentlich nur die Widerspruchsfreiheit des Induktionsaxioms oder der Induktionsregel bewiesen hat. Dies hat nichts mit einer Überzeugung von einer Konservativitätseigenschaft zu tun, die den fehlenden Übergang von beweisbarer Widerspruchsfreiheit zur Beweisbarkeit erlauben würde.[7] Es ist vielmehr als eine besondere Sprechweise Hilberts zu interpretieren, die sich von der Grundeinstellung her erklärt, *alles*, was widerspruchsfrei ist, in der Mathematik auch prinzipiell zuzulassen.[8]

Diese Grundeinstellung Hilberts kann in verschiedenen Zusammenhängen beobachtet werden. Beispielsweise plädiert er dafür, die Frage nach sachlicher Wahrheit bzw. wirklicher Existenz von Objekten aus der Mathematik auszuklammern, und sagt in diesem Zusammenhang:

> Wenn über den Nachweis der Widerspruchsfreiheit hinaus noch die Frage der Berechtigung zu einer Maßnahme einen Sinn haben soll, so ist es doch nur die, ob die Maßnahme von einem entsprechenden Erfolge begleitet ist.   HILBERT, *Über das Unendliche* [1926], 163

Wenn aber der Erfolg das einzige Kriterium ist, das neben der Widerspruchsfreiheit noch gefordert wird, so gibt es von diesem Standpunkt aus keine von der Widerspruchsfreiheit noch zu unterscheidende Frage nach mathematischer Wahrheit. Gegenüber Frege sagt Hilbert dann auch explizit, daß er von Wahrheit der Axiome genau dann *spricht*, „wenn sich die willkürlich gesetzten Axiome nicht einander widersprechen mit sämtlichen Folgen".[9] Im ersten Teil dieser Arbeit wurde dies näher erläutert und die Abweichung vom klassischen

---

[7] Zur These, daß sich Hilberts Programm nicht als ein substantielles Konservativitätsprogramm interpretieren läßt, vgl. auch im Kapitel über den Problemkreis „Gödel" den Abschn. 14.6

[8] Zwar nicht dieselbe, aber zumindest eine ähnliche Abweichung vom allgemeinen Sprachgebrauch findet man auch in der heutigen Logik. Wenn es heißt, daß man eine zulässige Schlußregel „bewiesen" habe, ist eigentlich der Beweis eines metatheoretischen Satzes gemeint, der zeigt, daß man aus einem objekttheoretischen Beweis für die „Prämissen" der vermeintlichen „Schlußregel" immer einen Beweis für ihre „Konklusion" machen kann, der also zeigt, daß man „so tun kann, als ob" es eine solche Schlußregel *gäbe*. – Hilbert erklärt an anderer Stelle auch, daß ein Widerspruchsfreiheitsbeweis eines Epsilon-Axioms zwar nicht ermöglicht, die durch einen Epsilon-Term behauptete Auswahl tatsächlich zu treffen, daß er es aber rechtfertigt, so zu tun, als sei sie getroffen; vgl. HILBERT, *Wintersemester 22/23 (Kneser)* [1923*], 37.

[9] FREGE, *Briefwechsel* [1976], 66.

Verständnis von Wahrheit zum Anlaß genommen, hier für einen eigenen Wahrheitsbegriff im Sinne einer eigenen kohärenten Verwendungsweise des Ausdrucks „wahr" zu optieren (vgl. Abschn. 5.4).

Diese Interpretation erklärt fast alle auf den ersten Blick unverständlich scheinenden Behauptungen, etwas bewiesen zu haben, wenn eigentlich nur die Widerspruchsfreiheit davon bewiesen worden ist. Das gilt zum Beispiel für eine Reihe von Fällen aus den frühen 1920er Jahren, in denen Hilbert behauptet, Poincarés Kritik widerlegt und die Induktion auf der Objektebene (wenigstens im Spezialfall) „bewiesen" zu haben.[10] Ähnliches gilt auch dafür, wenn er seinen Versuch aus der ursprünglichen Fassung des Aufsatzes *Über das Unendliche* als „Beweis für den Kontinuumssatz" bezeichnet, obwohl das, was er vorlegt, höchstens als Ansatz eines Widerspruchsfreiheitsbeweises für diesen Satz gelesen werden kann.[11]

13.1.3.2 Vermeidung offener Induktionsverwendung auf der Metaebene

Die Analyse der frühen Widerspruchsfreiheitsbeweise hat eine deutliche Tendenz gezeigt, die Verwendung eines Induktionsprinzips zu vermeiden bzw. zumindest nicht deutlich hervortreten zu lassen (vgl. hierzu die Analysen im zweiten Teil dieses Buches). Zu diesem Zweck wurden alle beweistheoretischen Untersuchungen an einem „hypothetisch vorliegenden konkreten Beweis" durchgeführt. In einem konkreten Beweis drei Schritte nach oben zu gehen, eine syntaktische Eigenschaft der Endformel abzulesen oder sämtliche Baumspitzen auf etwas zu prüfen, ist natürlich rein finit-kombinatorisch möglich.

Das Problem, das schon im Zusammenhang mit Ackermanns Arbeit diskutiert worden ist, ist dann aber, daß man dennoch einen *beliebigen* konkreten Beweis behandeln muß, bei dem nicht festgelegt ist, wie weit etwa die Spitzen von der Endformel entfernt sind.[12] Die zentrale Frage ist also: Wenn man für *alle möglichen* Beweise eine Aussage treffen will, welches Prinzip gestattet einem dann den Übergang von einem konkreten Beweis, den man behandelt hat, zu einer generellen Aussage über alle Beweise?

Außerdem hat sich herausgestellt, daß in einigen Fällen zwar nicht „offen" Induktion verwendet wurde, aber doch ein „verstecktes" induktives Prinzip. So verwendete Hilbert in seinen frühen Beweisen aus 1920 ein „Kürzungsprinzip". Es gestattet, von der Annahme irgendeines Beweises von F zu einem Beweis von F überzugehen, der nach einem (teilweise nicht näher spezifizierten) Set von Kürzungsregeln soweit gekürzt ist, daß keine weitere Kürzung mehr vorgenommen werden kann. Bleibt eine Eigenschaft E eines Beweises bei den Kürzungen erhalten, so ermöglicht dieser Übergang von einem Beweis zu einem „kürzesten" spezielle *Reductio*-Beweise: Die Annahme eines Beweis mit der Eigenschaft E kann dadurch *ad absurdum* geführt werden, daß man einen kürzesten Beweis mit E annimmt und zeigt, daß sich ein solcher Beweis noch kürzen läßt, ohne E zu verlieren. Der

---

[10] Vgl. bspw. HILBERT, *Neubegründung* [1922], 161.
[11] Vgl. HILBERT, *Über das Unendliche* [1926], 180–190; auf S. 190 bezeichnet er seinen Beweisansatz explizit als Beweis für den Kontinuumssatz.
[12] Vgl. das Kapitel über Ackermann im zweiten Teil, Kap. 10.

so erhaltene Widerspruch gegen die Annahme eines kürzesten Beweises mit E widerlegt nach diesem Prinzip die Annahme, daß es überhaupt einen Beweis mit der Eigenschaft E gibt.

13.1.3.3 Vermeidung der Induktion in der finiten Mathematik

Ähnliche Überlegungen gelten auch für die finite Zahlentheorie, die ja als Vorbild für die finite Metamathematik und für die in ihr zulässigen Methoden zu gelten hat.

Abstrakt betrachtet verläuft die Argumentationsstruktur beim „Kürzen" von Beweisen ganz ähnlich wie bei klassischen Beweisen durch „unendlichen Abstieg" in der Zahlentheorie: Man zeigt, daß man zu jeder natürlichen Zahl mit einer Eigenschaft E immer noch eine kleinere natürliche Zahl mit E finden kann. Das kann bei den natürlichen Zahlen nicht sein und daher erlaubt das Prinzip des unendlichen Abstiegs den Schluß darauf, daß alle natürlichen Zahlen die Eigenschaft $\overline{E}$ haben. Oder man kann es mit dem „Prinzip der kleinsten Zahl" illustrieren: Es erlaubt, von der Annahme einer Zahl mit der Eigenschaft E zu einer kleinsten Zahl mit dieser Eigenschaft überzugehen. Wenn man dann mit demselben Schritt wie beim unendlichen Abstieg zeigt, daß man eine noch kleinere Zahl mit E finden kann, so erhält man einen Widerspruch zu der Annahme einer Zahl mit E und kann so auf die Gültigkeit von $\overline{E}$ für alle Zahlen schließen.

Wie beweist Hilbert allgemeine Aussagen in der finiten Zahlentheorie? Bekannt ist sein finiter Beweis, daß für zwei beliebige (konkrete) Zahlzeichen $\mathfrak{a}$ und $\mathfrak{b}$ stets $\mathfrak{a} + \mathfrak{b} = \mathfrak{b} + \mathfrak{a}$ ist.[13] Der Beweis verläuft so, daß die Behauptung auf eine Behauptung $\mathfrak{a} + \mathfrak{c} = \mathfrak{c} + \mathfrak{a}$ zurückgeführt wird, wobei $\mathfrak{c}$ ein echt kürzeres Zahlzeichen als $\mathfrak{b}$ ist. Wenn Hilbert dann sagt, daß dieses Verfahren „so lange fortgesetzt werden" kann, „bis die zu vertauschenden Summanden miteinander übereinstimmen", dann verläßt er anscheinend den Argumentationsbereich des konkret Vorliegenden und beruft sich auf ein allgemeines Prinzip zum Abbau der Zahlzeichen.

Man kann sicher sagen, daß man finit nicht mehr macht, als Zahlzeichen auf- und abzubauen. Ein Zahlzeichen ist geradezu nichts anderes als das Resultat von einigen Hinzufügungen eines Strichs zu einem Strich. Jedes konkrete Zahlzeichen geht aus der Anwendung der „plus ein Strich"-Operation auf den ersten Strich hervor. Es ist das Produkt eines rein konstruktiven Aufbaus und kann so auch rein konstruktiv wieder abgebaut werden. Aber was genau rechtfertigt für beliebige, unbekannte konkrete Zahlzeichen die Annahme, daß man bei ihrem Abbau nach endlich vielen Schritten bei 1 bzw. 0 angekommen sein wird?

Der blinde Fleck einer Begründung der finiten Methoden auf einem Auf- und Abbau endlicher Zahlzeichenketten besteht in einem nicht weiter geklärten Endlichkeitsbegriff. Darauf hatte schon Dedekind hingewiesen. Denn was heißt es, daß Zahlzeichen genau diejenigen Zeichen sind, die aus dem ersten Strich durch Anfügen *endlich vieler* Striche entstehen?[14] Dedekind ging es genau um die Präzisierung dieses Begriffs. Angewandt auf

---
[13] Vgl. HILBERT, *Neubegründung* [1922], 164.
[14] Vgl. Dedekinds Brief an Keferstein vom 27.2.1890, in DEDEKIND, *Keferstein* [2006], 4–5.

13.1 Das *Petitio-principii*-Problem mit der Induktion   291

Strichfolgen besteht seine Lösung in der Einführung der Durchschnittsmenge aller nichtleeren und unter der „plus ein Strich"-Operation abgeschlossenen Strichmengen. Nun ist es sicher richtig, daß keine Notwendigkeit besteht, die *Menge aller* solcher Zahlzeichen zu bilden. Aber was bedeutet dann die Redeweise von einer „endlichen Strichfolge" genau? Und welches Prinzip sichert Hilberts Abstieg im allgemeinen Fall, wenn bloß *irgendein* Zahlzeichen vorliegt, das man ja gerade durch ein Mitteilungszeichen bezeichnet, weil es eben doch *irgendein* beliebiges Zahlzeichen sein soll?

Hier besteht zumindest eine Erklärungslücke. Hilbert selbst hat sie anscheinend gesehen, als er u. a. in seinem dritten Hamburger Vortrag von 1930 die Einführung einer Regel vorschlug, die man heute ω-Regel nennt: Hat man für ein beliebiges Zahlzeichen $\mathfrak{z}$ gezeigt, daß die Formel $\mathfrak{A}(\mathfrak{z})$ gilt, so kann man auf $\forall x \mathfrak{A}(x)$ schließen. (Hilbert schreibt genauer, daß man $\forall x \mathfrak{A}(x)$ „als Ausgangsformel ansetzen" kann.[15] Dies deutet eher auf eine Regel zur Erweiterung des Axiomensystems hin, zumal Hilbert in dieser Zeit von der Möglichkeit einer vollständigen Kalkülisierung der Mathematik überzeugt war.) Hilbert hielt die ω-Regel anscheinend für finit, er nennt sie eine „ebenfalls finite neue Schlußregel". Das ist jedoch merkwürdig, da ihm der gewichtige Unterschied zwischen $\forall x \mathfrak{A}(x)$ und $\mathfrak{A}(\mathfrak{z})$ für beliebige Ziffern $\mathfrak{z}$ bewußt gewesen zu sein scheint, vgl. etwa seine unmittelbar an die Einführung der ω-Regel anschließende Bemerkung:

> Es sei hier daran erinnert, daß die Aussage $(x)\mathfrak{A}(x)$ viel weiter reicht als die Formel $\mathfrak{A}(\mathfrak{z})$, wo $\mathfrak{z}$ eine beliebig vorgelegte Ziffer ist.
>
> HILBERT, *Grundlegung Zahlenlehre* [1931], 491

In zahlentheoretischen Formalismen mit ω-Regel braucht man tatsächlich keine Induktion. Poincarés Problem ist damit dennoch nicht gelöst, denn die Verzichtbarkeit der Induktion bedeutet im Umkehrschluß ja nichts anderes, als daß die ω-Regel *mindestens so stark wie* die Induktion ist. Die Erklärungslücke, von der wir ausgegangen waren, bleibt also bestehen.

Ein anderer Ansatz, diese Lücke zu schließen, zeigt sich bei dem Versuch, die Induktion in ein formales System auf der objektmathematischen Ebene aufzunehmen.

13.1.3.4 Widerspruchsfreiheit von Induktionskandidaten auf der Objektebene

Mit diesen Versuchen, Induktion auf der Metaebene durch Betrachtung (hypothetischer) konkreter Einzelfälle zu vermeiden, hängt auch eine ähnliche Strategie auf der Ebene der Objektmathematik zusammen. In der Phase, als Hilbert die Objektmathematik noch so

---

[15] HILBERT, *Grundlegung Zahlenlehre* [1931], 491. In dem etwas später entstandenen Text HILBERT, *Tertium non datur* [1931a] führt Hilbert die ω-Regel auf folgende Weise ein:

> Wenn die Aussage $\mathfrak{A}(\mathfrak{z})$ richtig ist, sobald $\mathfrak{z}$ eine Ziffer ist, so gilt die Aussage $(x)\mathfrak{A}(x)$; in diesem Falle heißt $(x)\mathfrak{A}(x)$ richtig. HILBERT, *Tertium non datur* [1931a], 121

Ein Hindernis beim Verständnis dieser Variante mag es sein, daß hier parallel der Kalkül („[...] so gilt die Aussage [...]") und seine Semantik („[...] heißt [...] richtig") definiert wird.

konstruktiv wie möglich halten wollte, betrachtete er ein Schema der Form

$$\frac{\mathfrak{F}(1) \qquad \mathfrak{F}(a) \to \mathfrak{F}(a+1).}{Z(a) \to \mathfrak{F}(a)}$$

Dabei kann $\mathfrak{F}$ eine beliebige Formel sein, während Z ein Prädikat für „Zahlzeichen sein" ist, das nur durch die beiden Axiome $Z(0)$ und $Z(a) \to Z(a+1)$ bestimmt wird. In der Tat ist es so, daß dieses Prinzip nur dann zur Ableitung von $\mathfrak{F}(t)$ für einen Term t verwendet worden sein kann, wenn es einen Beweis von $Z(t)$ gibt (dann liefert das Schema $Z(t) \to \mathfrak{F}(t)$ und man erhält mit *Modus ponens* $\mathfrak{F}(t)$). Ein Beweis von $Z(t)$, argumentiert Hilbert, kann aber wiederum nur aus den beiden definierenden Bedingungen für Z und *Modus-ponens*-Schlüssen bestehen. Baut man diesen Beweis mit $\mathfrak{F}(.)$ statt $Z(.)$ nach, so erhält man einen Beweis von $\mathfrak{F}(t)$, der das induktive Schema an dieser Stelle nicht mehr verwendet. Dieses Schema ließe sich also überhaupt aus den Beweisen eliminieren.

Es wurde bei der Diskussion dieses Prinzips im zweiten Teil dieses Buches schon herausgearbeitet, daß diese Argumentation zwar stimmt, aber nicht viel ausrichtet, da das betrachtete Prinzip entgegen Hilberts Behauptung weniger leistet als das volle Induktionsschema (vgl. im zweiten Teil Abschn. 9.4.3). Auch in dem eben skizzierten Beweis kommt auf der Metaebene Induktion vor, nämlich an der Stelle, als eben von der Elimination *eines* solchen Schemaauftretens auf die Eliminierbarkeit *aller* solcher Schemata im Beweis geschlossen wurde. Darauf wird gleich noch zurückzukommen sein.

Ähnlich beschreibt auch Gentzen eine „finite Deutung" des Induktionsaxioms. Tritt die Induktion etwa in der Form

$$\text{(Ind)}\frac{F(0) \quad \forall n\big(F(n) \to F(n+1)\big)}{F(t)}$$

für einen beliebigen Term t auf, der den Zahlenwert m hat, so kann man die Anwendung dieser Schlußregel durch m-fachen *Modus ponens* ersetzen. Daher sei dieses Prinzip finit gerechtfertigt. Die Frage ist, wie von diesem Standpunkt aus Terme t beurteilt werden, die noch freie Variablen enthalten. Sie haben im Allgemeinen keinen Zahlenwert m, sodaß gewissermaßen unbestimmt bleibt, durch wieviele *Modus-ponens*-Schlüsse man diesen (Ind)-Schluß ersetzen muß.

13.1.3.5 Induktion auf der metamathematischen Ebene

Überträgt man diesen Gedanken auf die metamathematische Ebene, könnte man darin eine Rechtfertigungsstrategie für die metamathematischen Induktionsprinzipien sehen. Die Sichtweise von „hypothetisch vorliegenden konkreten Beweisen" legt ja nahe, daß bei den Aussagen über Beweise außer dem unbestimmten Beweis selbst keine freien Variablen vorkommen sollen. Damit hätte man einen Fall, der analog zu demjenigen auf der Objektebene wäre, bei dem zwar nur ein unbestimmter Term t vorliegt, der jedoch keine freien Variablen enthält und dem deshalb ein „konkreter, aber unbekannter" Wert m entspricht.

13.1 Das *Petitio-principii*-Problem mit der Induktion

So kann man von einem beliebigen Zahlzeichen n in Hilberts Strichfolgen-Zahlentheorie sagen, es bestehe aus Strichen – was man für eine eigentliche Variable natürlich nicht sagen kann. Die passende Deutung des Induktionsprinzips wäre also, daß nicht mit einer Induktion eine Aussage wie „für alle Beweise gilt ..." bewiesen wird, sondern nur ein Verfahren angegeben wird, für einen (hypothetischen) konkret vorliegenden Beweis die „Induktionsschritte" endlich oft rückwärts gehen zu können, bis man zum Induktionsanfang gelangt. Bei einer solchen Interpretation tritt dann aber wieder die Frage auf, woher man denn weiß, daß man immer nach endlicher Anwendung der Induktionsschritte zum Induktionsanfang gelangt. Auch hier wird man also ein Prinzip benötigen, das der induktiven Definition der Beweise insofern entspricht, als es gestattet davon auszugehen, daß absteigende Folgen von Beweisen immer nach endlich vielen Schritten abbrechen müssen.

Hilbert hielt an dem Verfahren der „hypothetisch vorliegenden konkreten Beweise" fest. In seinem Bologna-Vortrag von 1929 gab er eine explizite Rechtfertigung dafür:

> Wenn ich also von einer Formel, diese als Axiom genommen, konstatieren will, ob sie zu einem Widerspruch führt, so handelt es sich darum, ob mir ein Beweis vorgelegt werden kann, der zu einem Widerspruch führt. Wenn mir ein solcher Beweis nicht vorgelegt werden kann: umso besser – da mir dann ein Eingehen erspart bleibt. Wenn mir der Beweis vorliegt, so darf ich gewisse einzelne Teile herausgreifen und für sich behandeln, insbesondere in ihren [!] auftretenden [!] Zahlzeichen, welche aufgebaut und hergestellt vorliegen, wieder abbauen. Damit wird der Schluss von n auf $n+1$ keineswegs schon benutzt.
> HILBERT, *Probleme Grundlegung* [1929], 140

Wollte man auf Hilberts Argument genau in dieser Form antworten, so müßte man wohl darauf hinweisen, daß er ein Problem mit den Modalitäten übersieht. Er will ja zu der Feststellung kommen, daß ihm kein Beweis eines Widerspruchs vorgelegt werden *kann*. Sein Argument leitet aber nur einen Widerspruch aus der Annahme her, daß ihm ein solcher Beweis *wirklich* vorliegt. Daraus, daß ein Beweis nicht wirklich vorliegt, kann man aber noch nicht darauf schließen, daß man überhaupt keinen solchen Beweis vorlegen *kann*. Dazu müßte Hilbert die bloße *Möglichkeit* des Vorliegens eines Beweises *ad absurdum* führen. Und wenn er über alle möglichen Beweise sprechen muß, kommt er nicht mehr mit der Bezugnahme auf das konkrete Vorliegen aus.

Das Zitat aus dem Bologna-Vortrag scheint nahezulegen, daß Hilbert dieses Verfahren mit hypothetisch vorliegenden konkreten Beweisen als eine *Alternative* zur Verwendung der inhaltlichen Induktion sah, besonders wenn er sagt, daß dabei „der Schluss von n auf $n+1$ keineswegs schon benutzt" würde. Dies steht aber in eigentümlicher Spannung dazu, daß er schon 1922 in seinem Leipziger Vortrag „finite Logik" und „rein anschauliche Überlegungen" sehr eng zusammen gestellt und ausdrücklich „die anschauliche Induktion für vorliegende endliche Gesamtheiten" dazu gerechnet hatte.[16]

Diese Spannung löst sich auf, wenn man beachtet, daß Hilbert die Trennung von anschaulich-inhaltlicher Induktion, die dem Auf- und Abbau von Zahlzeichen entspricht, und dem formalen Induktionsaxiom schon in seinem 1921er Vortrag *Neubegründung*

---

[16] HILBERT, *Die logischen Grundlagen* [1923], 154.

durchgeführt hat und daß aus dem Zusammenhang *dieses* Vortrags klar hervorgeht, daß Hilbert den Ausdruck „Schluß von n auf $n+1$" als *terminus technicus* für das formale Induktionsaxiom verwendet.[17] Die eben zitierte Passage aus dem Bologna-Vortrag legt also nahe, daß Hilbert anschaulich-inhaltliche Induktion mit dem Beweisverfahren durch einen „hypothetisch vorliegenden konkreten Beweis" identifiziert hat. Man sieht im Übrigen an diesem Beispiel sehr gut, wie in einem konkreten Fall eine zu enge Textgrundlage zu einer sachlich falschen Interpretation Anlaß geben kann.

Jedenfalls hat Paul Bernays schon früh klargestellt, daß auch auf der Metaebene Induktionsprinzipien verwendet werden müssen, auch wenn sie gelegentlich etwas versteckt sind, wie etwa im Fall des oben besprochenen „Kürzungsprinzips". In seinem Jenaer Vortrag 1921 nennt Bernays das Kürzungsprinzip explizit eine „engere Form der Induktion". Sie gehöre der „primitiven anschaulichen Erkenntnisweise an":[18]

> Als typische Beispiele für die engere Form der vollständigen Induktion, wie sie in den Beweisführungen der Hilbertschen Theorie gebraucht wird, seien folgende beiden Schlüsse angeführt:
> 1. Wenn in einem konkret vorliegenden Beweise überhaupt das Zeichen + vorkommt, so findet man beim Durchlesen eine Stelle, wo es zum ersten Mal vorkommt.
> 2. Wenn man ein allgemeines Verfahren hat, um aus einem Beweise mit einer gewissen, konkret beschreibbaren Eigenschaft 𝔈 das erste vorkommende Zeichen Z wegzuschaffen, ohne daß der Beweis dadurch die Eigenschaft 𝔈 verliert, so kann man, durch wiederholte Anwendung des Verfahrens, das Zeichen Z gänzlich aus einem solchen Beweis entfernen, ohne daß er die Eigenschaft 𝔈 verliert.
>
> BERNAYS, *Über Hilberts Gedanken* [1922], 18–19

Bernays scheint also hier die ganz strikte Trennung zwischen inhaltlicher und formaler Ebene nicht mitzugehen, die Hilbert so stark gemacht hatte, denn er stellt beide Arten der Induktion dadurch gewissermaßen auf eine Ebene, daß er sie anhand ihrer unterschiedlichen Reichweite vergleicht.

Jedenfalls scheint die *Verwendung* von Induktionsprinzipien auf der Metaebene unvermeidbar zu sein. Wenn es bei Widerspruchsfreiheitsbeweisen um generelle Aussagen über alle möglichen Beweise geht, die sich in einem bestimmten methodischen Rahmen führen lassen („Alle Beweise haben keinen Widerspruch als Endformel" o. ä.), und es unendlich viele mögliche Beweise gibt, wird man irgendein Prinzip benutzen müssen, das es gestattet, Aussagen über alle Elemente eines unendlichen Bereichs wie dem aller möglichen Beweise herzuleiten. Dabei geht es nicht darum, über diesen unendlichen Bereich als solchen sprechen können zu müssen. Es geht nur um die Frage, welches Prinzip den „Sprung" abdeckt, den es bedeutet, von einer Eigenschaft eines konkreten Beweises oder einem Zusammenhang zwischen zwei Beweisen auszugehen und von dort aus zu einer Allaussage über alle Beweise zu gelangen. An der Verwendung eines solchen induktiven Prinzips führt kein Weg vorbei.

---

[17] Vgl. HILBERT, *Neubegründung* [1922], 164.
[18] Vgl. BERNAYS, *Über Hilberts Gedanken* [1922], 18–19.

13.1.3.6 Rechtfertigung metatheoretischer Induktionsprinzipien

Wenn also die Inanspruchnahme von Induktionsprinzipien auf der Metaebene unvermeidbar ist, ist die entscheidende Frage die nach ihrer Rechtfertigung. Es wurde schon angedeutet, daß die Induktionsprinzipien im Wesentlichen den Definitionen der Grundbegriffe wie „Terme", „Formeln" oder „Beweise" entsprechen. Die Frage wäre also, ob sie *zusätzlich gefordert* (und damit auch gerechtfertigt) werden müssen oder ob sie sich nicht als Folgerungen aus den Definitionen dieser Begriffe ergeben.

Hat man beispielsweise eine Sprache mit nur einem Konstantenzeichen 0 und einem Funktionszeichen S, so könnte man ein entscheidbares Prädikat *Term* einführen durch:

$$Term\, 0 \wedge (Term\, x \to Term\, Sx).$$

Hat man dann eine konkrete Zeichenfolge gegeben, etwa $SS0$, und will zeigen, daß $Term\, SS0$, so geht man, um diesen Beweis zu finden, einfach immer das rechts stehende Konditional rückwärts durch, baut also das Zahlzeichen $SS0$ soweit ab, bis man bei 0 anlangt. Muß man dafür einen allgemeinen Beweis haben, daß das Abbau-Verfahren nach endlich vielen Schritten zu „0" führen wird? Bei jedem konkreten Term etwa mit n „S"-Zeichen ist es klar, daß man nach n Schritten bei 0 sein wird. Aber wie ist es mit einem beliebigen Objekt t, für das man nur $Term\, t$ weiß?

Es geht also um Beweisprinzipien für generelle Aussagen. Solche Prinzipien wird man jedenfalls an der Definition des entsprechenden Grundbegriffs orientieren müssen. Diese Definitionen gehen im Allgemeinen induktiv vor: Es wird gesagt, welche Basiselemente unter einen Begriff fallen und wann ein komplexeres Element unter den Begriff fällt in Abhängigkeit davon, daß dies für einige seiner Teilelemente schon feststeht. Wenn man derartige induktive Definitionen von Grundbegriffen generell akzeptiert, so wird man auch ein entsprechendes induktives Beweisprinzip akzeptieren müssen.

Es läßt sich dafür argumentieren, daß dies völlig unabhängig von der Verfügbarkeit der durch diesen Prozeß definierten Mengen so ist. Es ist zwar richtig, daß man, ohne die entsprechenden Mengen von Entitäten zu bilden, keine vernünftige Minimalitätsbedingung formulieren kann derart, daß es sich bei der Menge von Objekten eben um die *kleinste* Menge handeln soll, die die Basiselemente enthält und unter der induktiven Klausel abgeschlossen ist. Die anschaulich-induktive Definition von *Term* ist ja so zu lesen, daß das Prädikat *Term* auf Objekte zutrifft, die aus diesem induktiven Aufbau hervorgehen, *und nur auf diese*.[19] Aber wofür braucht man eine solche Minimalitätsbedingung? Sie wird dadurch nötig, daß man feststellt, daß die Definitionsklauseln auch durch Mengen erfüllt werden, die sozusagen „zu viele" Objekte haben, während die Klauseln ja nur *mindestens* bestimmte Elemente und Abschlußeigenschaften verlangen. Aber in dieser Argumentation setzt man gerade voraus, daß es hier nötig wäre, von der Erfüllbarkeit der Klauseln durch Mengen zu sprechen. Will man einen Ansatz verfolgen, der darauf verzichtet, so trägt auch ein solches

---

[19] So fügt z. B. GENTZEN, *Widerspruchsfreiheit* [1936a], 503, am Ende seiner Definition von „Term" (3.22) ausdrücklich eine entsprechende Minimalitätsklausel ein: „*Keine weiteren* Ausdrücke, als solche, die gemäß 3.221 und 3.222 gebildet sind, sind Terme" (3.223).

Argument nichts aus und es führt nur in die Irre, wenn man an dieser Stelle das Problem der „unendlichen Gesamtheiten" ins Spiel bringt, wie der *Menge aller Terme*, der *Menge aller Beweise* usw. Auf diese Mengen wird intern überhaupt kein Bezug genommen und die externe Bezugnahme hat nach dem Gesagten eher den Charakter einer *petitio*.

Auch wenn es heute schwerfällt, auf die mengentheoretischen Rekonstruktionen solcher Definitionen zu verzichten, so ließe sich doch ein allgemeines Verständnis von induktiven Definitionen auch unabhängig von der Mengenlehre entwickeln und verteidigen. Es muß dann eben nur die Möglichkeit induktiver Definitionen als theoretisches Instrument akzeptiert werden. Das heißt, man muß für jede induktive Definition ein entsprechendes Beweisprinzip fordern, das es gestattet, aus der Feststellung einer Eigenschaft E bei den Basiselementen und der Feststellung, daß sich E im induktiven Schritt überträgt, darauf zu schließen, daß alle Objekte, die unter den induktiv definierten Begriff fallen, die Eigenschaft E haben. Ein solches Beweisprinzip erfüllt dann genau die argumentative Rolle eines Minimalitätsprinzips, die in der mengentheoretisch-extensionalen Version die Forderung der „kleinsten Menge, sodaß ..." bzw. die Konstruktion des Durchschnitts aller unter den Definitionsklauseln abgeschlossenen Mengen gespielt hat. In diesem Sinne lassen sich auch die in neuester Zeit vorgelegten beweistheoretischen Untersuchungen zu Theorien induktiver Definitionen über Zahlentheorien deuten, die deren „Äquivalenz" mit entsprechenden mengentheoretischen Definitionen etabliert haben.

13.1.4 Poincaré vs. Hilbert: Wer hatte Recht?

Hatte damit nun Poincaré letztlich Recht mit seiner Kritik, daß man die Induktion nur durch die Induktion begründen könne und sie daher als eine Art Eigenschaft unseres Geistes akzeptieren muß, statt sich mit widersinnigen Begründungsversuchen aufzuhalten? Wie sind Hilberts häufige Äußerungen zu verstehen, Poincaré wäre mit seiner Überzeugung von der Unbeweisbarkeit der Induktion im Unrecht?[20]

Zu diesen Fragen wird man eine Unterscheidung zwischen zwei Varianten der Induktion heranziehen müssen, die schon in Bernays 1921 vorgetragener Unterscheidung einer „engeren" und einer „weiteren" Induktion angeklungen ist. Hilbert hat später öfters seine Kritik an Poincarés Kritik dahingehend ausgemünzt, daß Poincarés eigentlicher Fehler gewesen sei, zwischen diesen zwei verschiedenen Arten der Induktion nicht unterschieden zu haben. Ein allgemeines volles formales Induktionsaxiom in einer mathematischen Theorie sei nämlich etwas durchaus Anderes als das anschauliche Auf- und Abbauen von Zahlzeichen oder das Durchführen einzelner Schritte an einem konkreten Beweis. Mit den Worten von Neumanns könnte man auch hier den Unterschied zwischen dem möglicherweise nichtkonstruktiven Inhalt der Mathematik (formales Induktionsaxiom) und dem immer

---

[20] Hilbert hatte Poincarés Einwände zunächst als unberechtigt und widerlegt angesehen; vgl. HILBERT, *Neubegründung* [1922], 161.

13.1 Das *Petitio-principii*-Problem mit der Induktion

konstruktiven Vorgehen beim Beweisen mathematischer Resultate (inhaltliche Induktion) sehen.

Am treffendsten hat aber wohl Hermann Weyl die Differenz auf den Punkt gebracht in seiner *Diskussionsbemerkung zu dem zweiten Hilbertschen Vortrag über die Grundlagen der Mathematik*:

> Wenn Poincaré die vollständige Induktion als ein letztes Fundament des mathematischen Denkens in Anspruch nahm, das sich auf nichts Ursprünglicheres zurückführen lasse, so hatte er gerade jenes in voller Allgemeinheit sich vollziehende Aufbauen und Abbauen der Zahlzeichen im Auge, von dem auch Hilbert in seinen inhaltlichen Überlegungen Gebrauch macht. Denn auch bei ihm handelt es sich ja nicht etwa bloß um $0'$ oder $0'''$, sondern um irgendein $0'^{...'}$, um ein beliebiges in concreto vorliegendes Zahlzeichen. Man mag hier das ‚in concreto vorliegend' betonen; es ist auf der andern Seite aber ebenso wesentlich, daß die inhaltlichen Gedankengänge der Beweistheorie in hypothetischer Allgemeinheit, an irgendeinem Beweis, an irgendeinem Zahlzeichen durchgeführt werden. [...]
>
> Mir scheint, daß in diesem Punkt die Hilbertsche Beweistheorie Poincaré vollständig recht gibt. Daß in Hilberts formalisierter Mathematik das Prinzip der vollständigen Induktion in der Peano-Dedekindschen Fassung als Axiom auftritt, dessen widerspruchsfreie Verträglichkeit mit den übrigen Axiomen durch inhaltliche Überlegungen sicherzustellen ist, ist natürlich eine ganz andere Sache, mit der es aber Poincaré gar nicht zu tun hatte.
>
> WEYL, *Diskussionsbemerkung* [1928], 22

Ein formales Induktionsaxiom ist demnach von der inhaltlichen Induktion auf der metamathematischen Ebene streng zu unterscheiden. Poincarés Kritik am Logizismus richtete sich gegen den Versuch, die Induktion auf Systeme ohne Induktion zurückführen zu wollen. Er hielt daran fest, daß die Induktion ein irreduzibles mathematisches Grundprinzip sei. Hilberts Beweistheorie gibt ihm insofern Recht, als auch sie auf der Metaebene konstruktiv-inhaltliche Induktionsprinzipien verwendet. Hilberts (Widerspruchsfreiheits-) Beweise des formalen Induktionsaxioms oder einer entsprechenden Regel sind etwas ganz Anderes. Der eigentliche Fehler in der ganzen Debatte läge demnach also bloß in Hilberts Behauptung, Poincaré widerlegt zu haben.

Die beiden Positionen, solche Definitionsprinzipien entweder der Art des anschaulich gerechtfertigten Denkens zuzuschreiben, die für alles wissenschaftliche Handeln notwendig vorausgesetzt wird, oder es als eine „Eigenschaft unseres Verstandes" zu kennzeichnen, liegen damit enger beieinander, als es ursprünglich den Anschein hatte. Hilbert hat die Poincaréschen Einwände und die konstruktivistischen Forderungen Kroneckers in Form der Beschränkung metamathematischer Mittel auf finit gerechtfertigte durchaus aufgenommen, ja zum Teil sogar noch radikalisiert.[21] Ob man dies mit Hilbert als „Erledigung" dieser Kritik beschreibt oder mit Weyl als „vollständiges Rechtgeben", betont letztlich nur den Unterschied zwischen einem Blick nach hinten zu dem, was man eingestanden und aufgenommen hat, und einem Blick nach vorn zu dem, wohin man noch gelangen will. Die Standpunkte, von denen man blickt, scheinen sich jedoch kaum zu unterscheiden.

---

[21] Vgl. auch BERNAYS, *Hilberts Untersuchungen* [1935], 203; SIEG, *Hilbert's Programs* [1999], 27.

Hilberts Anliegen war, bei der konstruktivistischen Kritik nicht stehenzubleiben, sondern mit den konstruktiven Beschränkungen über diese hinauszukommen.[22]

13.2 Das *Circulus-vitiosus*-Problem mit den imprädikativen Definitionen

13.2.1 Die Kritik

Aus einer Analyse der Paradoxien, besonders und explizit der Richardschen Definierbarkeitsparadoxie, zieht Poincaré den Schluß, daß Definitionen, die ein Element einer Gesamtheit durch „Bezugnahme" oder „Rückgriff" auf diese Gesamtheit definieren wollen, im Allgemeinen unzulässig sind.[23] Solche *imprädikativen Definitionen* treten zum Beispiel bei allen Definitionen durch einen mengentheoretischen Durchschnitt auf (die Durchschnittsmenge ist ja Element der Gesamtheit aller Mengen, über die der Durchschnitt gebildet wird), aber auch bei Definitionen einzelner reeller Zahlen, beispielsweise bei dem Begriff der oberen Grenze (die kleinste Zahl *aller* Zahlen, die größer gleich allen Zahlen der Menge sind, gehört selbst zu diesen Zahlen).

Diese Kritik wirkt auf den ersten Blick wenig treffend. Sie erschließt sich aber, wenn man eine grundsätzlich konstruktivistische Perspektive einnimmt, d. h., wenn man davon ausgeht, daß Objekte durch einen Definitionsakt überhaupt erst erzeugt werden. Eine imprädikative Definition nimmt dann nämlich zur Definition eines Objekts x auf eine Gesamtheit Bezug, zu der das Objekt x *per definitionem* gehören wird. Wenn x erst gerade durch die Definition erzeugt wird, ist die Definition, die sich schon auf x bezieht, unterbestimmt.

Einige genauere Analyseschritte können den Kern dieser Kritik noch weiter herausbringen. Zunächst wird man sagen: Es geht nicht allein darum, daß im Definiens eine Bezugnahme auf dasjenige Objekt erfolgt, das gerade definiert wird. Wenn man etwa eine Zahl als „die kleinste der drei Zahlen 4, 23 und 7" definieren würde, würde auch der Konstruktivist hier kein Problem erkennen, obwohl das Definiens auf die definierte Zahl 4 Bezug nimmt. Etwas Anderes wäre es, wenn die *Referenz* oder *Bedeutung* des Zahlzeichens „4" auf diese Weise festgelegt werden sollte. Denn dann wäre das Vorgehen tatsächlich zirkulär, denn auch schon auf der Seite des Definiens wäre eine Festlegung der Referenz oder Bedeutung von „4" nötig. Dieser tatsächliche Fall von zirkulärem Vorgehen ist aber beim *Circulus-vitiosus*-Problem anscheinend *nicht* gemeint.

---

[22] Vgl. hierzu die Ausführungen zu Hilberts Haltung gegenüber dem Intuitionismus im ersten Teil, Abschn. 4.2
[23] Einen Gedankengang wie: „Man muß erst annehmen, daß ein Objekt fertig ist, bevor man es in einer definierenden Formel verwenden kann", findet sich zur Erklärung der Russellschen Paradoxie zum Beispiel bei GEORGE/VELLEMAN, *Philosophies* [2002], 45–46. Eine ähnliche Kritik hat später auch Hermann Weyl in *Das Kontinuum* vorgelegt (WEYL, *Das Kontinuum* [1918]), die Hilbert bei seiner Auseinandersetzung auch erwähnt; vgl. HILBERT, *Neubegründung* [1922], 157–159.

13.2 Das *Circulus-vitiosus*-Problem mit den imprädikativen Definitionen

Es geht vielmehr um den Fall unendlicher Gesamtheiten, über deren gesamte Elemente man mit Allquantoren „spricht". Beide Standardbeispiele legen das nahe: sowohl das mit dem mengentheoretischen Durchschnitt, als auch das mit der oberen Grenze einer Menge reeller Zahlen. Jeweils wird ein singulärer Terminus $\iota x.\, \phi(x)$ gebildet („*die* obere Grenze …", „*der* Durchschnitt …"), in dessen definierender Aussageform $\phi(x)$ ein Allquantor über eine Gesamtheit G läuft ($\forall y(y \in G \to \ldots)$), zu der das gerade definierte Objekt $\iota x.\, \phi(x)$ gehört ($\iota x.\, \phi(x) \in G$).[24]

Um ein noch einfacheres Beispiel für diese Konstellation zur Hand zu haben, betrachte man die Definition einer natürlichen Zahl als „die kleinste gerade Zahl größer als 2". Es ist unmittelbar klar, daß damit die Zahl 4 bezeichnet wird. Dennoch liegt auch hier der problematisierte Fall vor, daß die Zahl 4 mit einem Allquantor definiert wird, zu dessen Laufbereich die 4 gehört. Die definierende Formel $\phi(x)$ lautet hier: $\forall y(\textit{Grade}(y) \land y > 2 \to x \leq y)$.

13.2.2 Mögliche Antworten

Das Problem der imprädikativen Definitionen zeigte sich bislang vor allem als Problem für eine konstruktivistische Position. Es wurde dahingehend analysiert, daß es um die Unbestimmtheit des Bezugsbereichs eines Allquantors geht, der zur Definition eines Objekts verwendet wird, das zu diesem Bezugsbereich gehört.

Bei genauerem Hinsehen wird das Problem jedoch schon an dieser Stelle unklar. Man ist zu schnell geneigt zuzugeben, daß das definierte Objekt ja „zum Bezugsbereich des Quantors gehört". Die erste Frage, die man hier stellen müßte, wäre: Woher weiß man in dieser Problemschilderung eigentlich, daß das Objekt wirklich zu dem Laufbereich des Allquantors gehört? Ja, was ist mit „dem Laufbereich" des Quantors eigentlich gemeint? Es wird ja anscheinend davon ausgegangen, daß dieser Laufbereich des Allquantors schon vor der Definition von x feststehen würde. Denn nur dann könnte man ja aus einer sozusagen „probeweisen" Definition von x folgern, daß ein so definiertes x zum Laufbereich gehören würde.[25] In der Beschreibung des Problems wird also letztlich vorausgesetzt, was eigentlich bestritten werden soll, nämlich daß der Laufbereich des Quantors schon festgelegt sein muß. Noch einmal: Wäre der Laufbereich nicht schon festgelegt, würde die Rede davon, daß das Objekt, dessen Definition gerade zur Debatte steht, im Laufbereich dieses Quantors vorkommt, keinen Sinn machen. Auf die Frage: „Muß man den *circulus*, den man in solchen Definitionen erkennen kann, tatsächlich als ‚*vitiosus*' beschreiben?", wird man al-

---

[24] Wie genau das „Laufen über eine Gesamtheit" gefaßt wird, soll dabei keine Rolle spielen. Die Notation „$y \in G$" soll daher weder die Notwendigkeit einer Hintergrundmengenlehre, noch von zweistufigen Variablen bedeuten. Stattdessen kann auch ein „definierendes" Prädikat G verwendet werden, sodaß die problematische generelle Aussage die Form „$\forall y(Gy \to \ldots)$" bekommt, oder auch eine „definierende" Formel $\psi(y)$, sodaß es um „$\forall y(\psi(y) \to \ldots)$" geht.

[25] Es würde nichts nützen, sich an dieser Stelle bloß auf die *definierende Bedingung* für diesen Bereich zu beschränken. Wenn man nämlich zugibt, daß diese syntaktische Bedingung zur „Festlegung" des Bereichs genügt, dann verschwindet das Zirkularitätsproblem sowieso.

so antworten: Um ihn als „*vitiosus*" zu beschreiben, begeht man schon selbst eine *petitio principii*.

Sachlich ist es nichts anderes als dies, was in den weiteren Argumenten gegen den *Circulus-vitiosus*-Vorwurf eine Rolle spielt. Unter jeweils anderem Blickwinkel ergeben sich jedoch andere und interessante Perspektiven auf dieselbe Sache. So macht die wirkungsgeschichtlich bedeutsamste Gegenposition auf den Unterschied aufmerksam dazwischen, gewisse Objekte zu „erschaffen" und einzelne Objekte aus den schon geschaffenen Objekten „herauszugreifen". Dabei ist „erschaffen" hier nicht notwendigerweise wörtlich zu nehmen, sondern kann auch schlicht als Ausdruck für die Definition oder Festlegung einer Objektklasse bzw. eines Objekts gelesen werden.

Wenn die reellen Zahlen eines bestimmten Intervalls als existierende Objekte feststehen, so ist nicht einzusehen, warum es ein Problem sein sollte, eines dieser existierenden Objekte *herauszugreifen* durch eine definierende Bedingung, die auf das ganze Intervall Bezug nimmt. Wenn die natürlichen Zahlen als Objekte etabliert sind, hat man kein Problem damit, die kleinste gerade Zahl größer als 2 zu finden: Die Zahl 4 wird durch diese Definition schlicht bezeichnet oder eben herausgegriffen aus der Gesamtheit der natürlichen Zahlen. Zirkularität kann nur dann auftreten, wenn die einzelnen Objekte erst durch ihre Definitionen erzeugt würden.

Wenn sich in konstruktivistischer Perspektive hier ein Problem zeigt, das man ohne diese Perspektive nicht hat, so liegt es nahe, dieses Problem nicht als ein „Problem an sich" anzusehen, sondern als eines, das ein konstruktivistischer Standpunkt mit sich bringt.[26] Die Vorteile des Konstruktivismus in puncto Sicherheit und Rechtfertigung liegen ja auf der Hand und sind kaum bestreitbar. Aber für diesen „Nutzen" hat man eben auch „Kosten" auf der anderen Seite, und ein „Kostenfaktor" ist eben, daß man auf imprädikative Definitionen verzichten muß.

Akzeptiert man hingegen Gründe, die für die Unverzichtbarkeit imprädikativer Definitionen für die Mathematik sprechen, so muß man sie im Umkehrschluß als Gründe lesen, die gegen einen konstruktivistischen Standpunkt sprechen, der imprädikative Definitionen „verbietet".

Das Problem der imprädikativen Definitionen verschwindet also, wenn man einen Unterschied macht zwischen dem „Erschaffen" eines Objekts und seinem „Herausgreifen" aus einer anderweitig definierten Gesamtheit. Es ist dazu nicht nötig, mit Ramsey anzunehmen, daß diese Gesamtheit in einem „platonischen Universum" existiert.[27] Es reicht aus, daß die betreffende Objektklasse auf anderem Weg eingeführt worden ist als demjenigen, auf dem die einzelne reelle Zahl definiert wird.[28] Schon von dieser Ausgangsbasis aus kann man dann mit Ramsey für die Überflüssigkeit der verzweigten Typentheorie argumentie-

---

[26] So argumentierte auch Hilbert schon gegen Weyl, vgl. Abschn. 13.2.4

[27] Carnap deutet an, daß die „Gefahr" einer platonistischen Verpflichtung naheliegt, bietet dann aber eine Analyse des Beispielbegriffs „induktiv" an, die zeigt, daß man auch ohne „Ramseys Begriffsabsolutismus" die nichtprädikativen Begriffsbildungen für zulässig erklären kann, vgl. CARNAP, *Die logizistische* [1931], 102–103.

[28] Zu Ramseys Argument vgl. CARNAP, *Die logizistische* [1931], 101–102.

ren, die Russell in Reaktion auf die Poincarésche Kritik entwickelt hatte, um imprädikative Begriffsbildungen zu vermeiden (vgl. erster Teil, Abschn. 4.1.3).

13.2.3 Variante I: Durchlaufung

Gelegentlich wird auch ein anderes Problem mit den nichtprädikativen Begriffsbildungen ins Feld geführt, das – soweit ich sehe – nicht auf Poincaré zurückgeht. Es wird gesagt, der *circulus vitiosus* bestehe darin, daß bei einer imprädikativen Definition im Definiens ein Allsatz steht, zu dessen Nachweis man alle Einzelinstanzen durchgehen müsse, das Definiendum aber zu diesen Einzelinstanzen gehöre und man deshalb im Kreis gehe.

Diese Argumentation operiert mit der unbegründeten und abwegigen Voraussetzung, daß ein Allsatz über eine unendliche Gesamtheit durch das Durchlaufen aller Einzelinstanzen nachgewiesen werden könnte. Hierauf kann man nur mit Carnap erwidern:

> Die Prüfung einer Allaussage besteht nicht in der Durchlaufung der Reihe der Einzelfälle [...], sondern [sie wird] dadurch [festgestellt], daß aus gewissen Bestimmungen gewisse andere logisch abgeleitet werden. [...] Die Allgemeingültigkeit einer Aussage für beliebige Eigenschaften [bedeutet] nichts anderes [...] als ihre logische (genauer: tautologische) Geltung bei unbestimmter Eigenschaft.   CARNAP, *Die logizistische* [1931], 103

Dies hat übrigens schon fast ein Jahrhundert früher der böhmische Philosoph und Mathematiker Bernard Bolzano gesehen. Er tadelte es in seinen *Paradoxien des Unendlichen* ausdrücklich als eine falsche Ansicht,

> daß man, um ein aus gewissen Gegenständen *a, b, c, d, ...* bestehendes Ganze zu denken, zuvor sich *Vorstellungen*, die einen jeden dieser Gegenstände im Einzelnen vorstellen [...] gebildet haben müsse. So ist es durchaus nicht; ich kann mir die Menge [...] der Bewohner Prags oder Pekings denken, ohne mir einen jeden dieser Bewohner im Einzelnen, d. h. durch eine ausschließlich ihn nur betreffende Vorstellung, vorzustellen. Ich tue das wirklich jetzt eben, indem ich von dieser Menge derselben spreche und z. B. das Urteil fälle, daß ihre Anzahl in Prag zwischen den beiden Zahlen 100.000 und 120.000 liege.
> BOLZANO, *Paradoxien* [2012], 52

Logisch betrachtet gibt es im Allgemeinen nur drei Möglichkeiten, einen Allsatz über einen unendlichen Bereich zu verifizieren:

- *schematisch*, indem man die Aussage für ein „festes, aber beliebiges" Objekt zeigt. Dem entspricht der logische Generalisierungsschluss mit seiner Variablenbedingung, die die „Beliebigkeit" garantiert
- *induktiv*, durch Induktion nach der Definition des betreffenden Bereichs, falls dieser eine induktive Struktur aufweist (z. B. die Menge der natürlichen Zahlen, die Menge der Terme einer Sprache oder die Menge aller Beweise eines formalen Systems)

- *durch Widerlegung* einer Existenzaussage, die angenommen und auf einen Widerspruch geführt wird.

Im Fall eines endlichen Bereichs hat man zusätzlich die Möglichkeit, alle Spezialisierungen des All-Satzes im Einzelnen oder wenigstens schematisch durchzugehen. Diese Möglichkeit besteht jedoch nur bei endlichen Bereichen. Hilbert hält es in gewohnt drastischer Diktion dann auch für eine „Gedankenlosigkeit",

> wenn z. B. im Sinne einer einschränkenden Bedingung die Forderung betont wird, daß in der strengen Mathematik nur eine endliche Anzahl von Schlüssen in einem Beweise zulässig sei – als ob es schon irgend jemandem einmal gelungen wäre, unendlich viele Schlüsse auszuführen.
> HILBERT, *Über das Unendliche* [1926], 162[29]

13.2.4 Variante II: Schnittzahl

Hermann Weyl hat ebenfalls eine *Circulus-vitiosus*-Kritik an bestimmten Definitionen vorgetragen. Sie ähnelt der Poincaréschen Kritik, bezieht sich aber auf etwas Anderes. Nach Weyl liegt ein *circulus vitiosus* nämlich schon bei der Definition der reellen Zahlen à la Dedekind vor. Die Zahlen werden als Schnitte und damit als Einteilungen der rationalen Zahlen definiert. Ein Dedekindscher Schnitt ist ein nichtleerer, zusammenhängender, nach unten unbeschränkter Abschnitt der rationalen Zahlen, also z.B. die Menge aller rationalen Zahlen kleiner als 3 oder die Menge aller derjenigen rationalen Zahlen, die negativ sind oder deren Quadrat kleiner als 2 ist (dies definiert die reelle Zahl $\sqrt{2}$).

Weyl formuliert seine Kritik an prominenter Stelle, nämlich in § 6 des I. Teils seines vielbeachteten Büchleins *Das Kontinuum*. Zentral für diese Kritik ist seine Auffassung von einem unausweichlichen Stufenaufbau der Analysis bzw. der reellen Zahlen. Das wichtigste Beispiel ist die Bildung der oberen Grenze (des Supremums) einer Menge reeller Zahlen. Dieses Supremum ist selbst eine reelle Zahl, d. h. – gemäß Weyls direkter Identifikation von reellen Zahlen mit bestimmten Mengen rationaler Zahlen – eine bestimmte Menge rationaler Zahlen. In ihrer Definition treten jedoch diejenigen Mengen rationaler Zahlen auf, deren Supremum sie ist. Handelte es sich bei diesen Mengen rationaler Zahlen um Mengen erster Stufe, d. h. solche, die ohne Bezug auf Mengen rationaler Zahlen definiert werden können, so wäre das Supremum eine Menge zweiter Stufe, denn in seiner Definition wird auf die Mengen erster Stufe zurückgegriffen. (Eine rationale Zahl gehört zu demjenigen Schnitt, der das Supremum einer Menge von reellen Zahlen definiert, genau dann, wenn es eine reelle Zahl, d.h. eine Menge rationaler Zahlen, aus dieser Menge gibt, zu der die

---

[29] Der Fairneß halber sollte man allerdings hinzufügen, daß Hilbert 25 Jahre früher als Charakteristikum der axiomatischen Methode angegeben hatte, sie beschreibe Beziehungen zwischen den Dingen eines Systems, „über welche neue Aussagen nur Gültigkeit haben, falls man sie *mittels einer endlichen Anzahl von logischen Schlüssen* aus jenen Axiomen ableiten kann"; HILBERT, *Zahlbegriff* [1900b]. Entweder ist die „endliche Anzahl" hier auch eine „Gedankenlosigkeit", oder sie ist hier nicht als „einschränkende Bedingung" gemeint, sondern als Erläuterung einer Selbstverständlichkeit.

13.2 Das *Circulus-vitiosus*-Problem mit den imprädikativen Definitionen

rationale Zahl gehört. Logisch betrachtet wird hier im Definiens ein Quantor zweiter Stufe verwendet.) Direkt im Anschluss an die Feststellung, daß es sich um eine Menge zweiter Stufe handelt, schreibt Weyl weiter:

> Der durch die nebelhafte Natur des üblichen Mengen- und Funktionsbegriffs verhüllte circulus vitiosus, auf den wir hier hinweisen, ist nicht etwa ein leicht zu beseitigender formaler Fehler im Aufbau der Analysis. WEYL, *Das Kontinuum* [1918], 23

Es ist nicht völlig klar, worin Weyl ausweislich seiner Ausführungen in *Das Kontinuum* eigentlich den Zirkelschluss sieht, und er erläutert es auch in den folgenden Textpassagen nicht näher. Es ist also davon auszugehen, daß er den angeblichen Widerspruch schon in dem bisher dargestellten Stufenaufbau der reellen Zahlen/Mengen rationaler Zahlen erblickt. Diese Vermutung bestätigt sich angesichts des Aufsatzes WEYL, *Circulus vitiosus* [1919], der ursprünglich eine briefliche Erläuterung des Circulus-vitiosus-Vorwurfs darstellte. Dieser Vorwurf scheint also auch für eine Reihe von Weyls Zeitgenossen nicht unmittelbar nachvollziehbar gewesen zu sein. In diesem Aufsatz schreibt Weyl, daß der Begriff „Eigenschaft rationaler Zahlen" nicht umfangsdefinit sei (d. h., es ist nicht klar, was genau unter diesen Begriff fällt) und man sich daher für einen sicheren Aufbau der Analysis beschränken müsse auf den Begriff „Eigenschaften rationaler Zahlen, die sich ‚rein logisch definieren lassen auf Grund der wenigen, die mit den in Frage kommenden Gegenstandskategorien ohne weiteres in der Anschauung mitgegeben sind'". Mit „rein logisch definieren" ist dabei speziell gemeint, daß sie sich mit Hilfe eines bestimmten Sets von Konstruktionsprinzipien definieren lassen. Weyl sagt in der unmittelbar anschließenden Passage noch einmal deutlich, was er von der Alternative zu dieser konstruktivistischen Haltung hält:

> Es braucht wohl nicht ausdrücklich wiederholt zu werden, daß es sinnlos wäre, unter diese Prinzipien [= die ‚rein logischen' Konstruktionsprinzipien, C.T.] eines von etwa folgendem Wortlaut aufzunehmen: Ist *A* eine Eigenschaft von Eigenschaften, so bilde man diejenige Eigenschaft $\mathfrak{E}_A$, welche einem Gegenstande *x* dann und nur dann zukommt, wenn es eine mittels dieser Prinzipien zu konstruierende Eigenschaft gibt, welche dem *x* zukommt und selber die Eigenschaft *A* besitzt. Das wäre doch ein offenkundiger circulus vitiosus.
> WEYL, *Circulus vitiosus* [1919], 88, Kursiv nicht im Original.

Der Zirkel scheint für Weyl also darin zu bestehen, daß man ein Konstruktionsprinzip ansetzt, das auf die Gesamtheit der mittels aller Konstruktionsprinzipien konstruierbaren Gegenstände bezugnimmt, also insbesondere auch auf diejenigen Gegenstände, die erst durch das gerade zu definierende Konstruktionsprinzip erzeugt werden.

Man mag Weyl Recht geben, daß sich aus dieser konstruktivistischen Sicht auf die Grundlagen der Analysis tatsächlich ein Zirkularitätsproblem ergibt. Wenn man davon ausgeht, daß bestimmte Gegenstände erst einzeln durch ein bestimmtes Verfahren erzeugt werden müssen, so wird man nicht einzelne Schritte dieses Verfahrens durch Bezugnahme auf die Gesamtheit aller durch das Verfahren erzeugten Gegenstande festlegen können. Die Frage ist aber, wogegen das Resultat eines solchen Zirkels eigentlich spricht. Der

Zirkel ergibt sich aus der Kombination der klassischen Definitionsprinzipien der Mathematik mit einer konstruktivistischen Sichtweise. Man kann also auch diesen Zirkel sowohl als Argument gegen die klassische Mathematik als auch als Argument gegen die konstruktivistische Sichtweise auffassen. Wenn man, wie Weyl selbst, die „historisch vorliegende Mathematik"[30] als Entscheidungskriterium heranzieht (er zieht sie heran, um zu entscheiden, in welcher Richtung die Umfangsdefinitheit eines einzuschränkenden Eigenschaftsbegriffs zu suchen ist – nämlich in derjenigen, an dem die „historisch vorliegende Mathematik" „keinen Zweifel über die Antwort" übriglasse), so wird man hierin zunächst eine *reductio ad absurdum* des konstruktivistischen Standpunktes erkennen müssen, es sei denn, man hätte von dem in Frage stehenden Argument unabhängige Gründe, die einen konstruktivistischen Standpunkt nahelegen. Das ist jedoch nicht unmittelbar zu sehen – es braucht hier aber auch nicht entschieden zu werden. Weyls Argument selbst kann jedenfalls nicht als Argument für einen solchen konstruktivistischen Standpunkt verwendet werden. Es zeigt eher, daß die herkömmliche Mathematik mit einem konstruktivistischen Standpunkt à la Weyl unvereinbar ist.

Hilberts Ansicht, welche Seite man angesichts der weylschen Kritik aufzugeben habe, ist klar. Sie ist Weyls Konstruktivismus radikal entgegengesetzt. Hilbert hält Weyls Standpunkt für einen „künstlich zurechtgemachten" und keineswegs den einzig möglichen. Wenn man von diesem Standpunkt aus tatsächlich einen Zirkel in der Definition der reellen Zahlen erkenne, müsse man daraus den Schluß ziehen, daß dieser Standpunkt für Grundlegungszwecke eben „unbrauchbar" sei. Der (eben geschilderte) Dedekindsche Standpunkt etwa weise, so Hilbert, den von Weyl behaupteten Zirkel jedenfalls nicht auf.[31]

13.3 Zusammenfassung

Poincaré hat ursprünglich am Logizismus, später dann auch an Hilberts Ansatz mehrere Punkte kritisiert. Die beiden wichtigsten sind das *Petitio-principii*-Problem mit der Induktion und das *Circulus-vitiosus*-Problem mit den imprädikativen Definitionen. Während man das zweite Problem mit guten Gründen zurückweisen kann, gelingt dies für das erste Problem nicht so einfach.

Der *circulus vitiosus* stellt sich bei imprädikativen Definitionen nur dann ein, wenn man eine konstruktivistische Haltung einnimmt. Selbst dann kann man auf ihn aber noch dadurch reagieren, daß man eine *petitio principii* in der Darstellung des Problems nachzuweisen versucht. Von nicht-konstruktivistischen Standpunkten aus kann man hingegen zwischen der „Erzeugung" von Objekten und deren „Herausgreifen" unterscheiden und damit das Problem zum Verschwinden bringen.

---

[30] WEYL, *Circulus vitiosus* [1919], 88.
[31] Zur Schilderung von Weyls Zirkularitätskritik und Hilberts Antwort vgl. HILBERT, *Neubegründung* [1922], 157–159.

13.3 Zusammenfassung

Der *Petitio-principii*-Vorwurf der Induktion richtet sich gegen alle Ansätze, die dieses grundlegende mathematische Prinzip mit Hilfe logischer oder anderer nicht-mathematischer Prinzipien beweisen wollen. Hilbert vermied zunächst volle und offene Induktionsverwendungen nicht nur auf der metamathematischen Seite, wo das Operieren mit „hypothetisch vorliegenden konkreten" Objekten und Prinzipien wie das „Kürzen" die entsprechenden Beweisschritte abdecken sollten, sondern auch auf der objektmathematischen Seite, auf der er ein Schema betrachtete, das zwar durchaus konstruktiv deutbar und letztlich eliminierbar, auf der anderen Seite aber deutlich schwächer als ein echtes Induktionsschema ist. Die radikalere Trennung von formaler (Objekt-)Mathematik mit voller klassischer Logik und inhaltlicher Metamathematik mit eingeschränkter Logik setzte er im Bezug auf die Induktion fort. Nach seiner Darstellung haben das eigentliche mathematische Induktionsprinzip und die Prinzipien, die in der finiten Metamathematik verwendet werden, ganz verschiedenen Charakter. Während das eine ein formales Axiom(enschema) bzw. eine formale Schlußregel in einem Kalkül ist, die gerechtfertigt werden muß, soll die Induktion in der finiten Metamathematik ein rein inhaltliches Prinzip sein, das seine Rechtfertigung unmittelbar aus den induktiven Definitionen derjenigen Grundbegriffe erhält, über die das entsprechende Induktionsprinzip Allaussagen abzuleiten gestattet.

Akzeptiert man induktive Definitionen (auch unabhängig von ihrer mengentheoretischen Rekonstruktion) als wissenschaftlich unverzichtbare Hilfsmittel, dann rechtfertigt dies auch die Verwendung entsprechender metamathematischer Beweisprinzipien. Diese Akzeptanz entspricht der Zustimmung zu Poincarés Ansicht von der Irreduzibilität induktiver Prozesse.

Der Problemkreis „Gödel"   14

> Gödel [hat] die Undurchführbarkeit von Hilberts Programm
> erwiesen.
> von Neumann[1]

> Die Meinung, aus gewissen neueren Ergebnissen von Gödel folge die
> Undurchführbarkeit meiner Beweistheorie, ist als irrtümlich
> erwiesen.
> Hilbert[2]

Ist das Hilbertprogramm mit den Gödelsätzen gescheitert? – Diese Frage ist selbstverständlich für das Hilbertprogramm von größter Relevanz und eine Studie zum HP kann sich von der Aufgabe, diese Frage zu behandeln, nicht dispensieren.

Prima facie scheint die Sache klar zu liegen. Die Gödelschen Sätze sagen so ungefähr, daß man die Konsistenz der Mathematik nicht mit mathematischen Mitteln beweisen kann. Und ebenso ungefähr will das Hilbertprogramm die Konsistenz der Mathematik mit mathematischen Mitteln beweisen. Ergo fordert das HP etwas, das von Gödel als unmöglich nachgewiesen worden ist – und damit ist es gescheitert.

Die wirkliche Lage ist viel komplexer. Die Überlegungen dieses Abschnitts werden zeigen, daß das eben skizzierte Argument nur funktioniert, *weil* es ungenau ist. Sobald man die zugrundeliegenden Behauptungen präziser faßt, werden teilweise problematische zusätzliche Voraussetzungen sichtbar, die in der Skizze unter den Tisch fallen.

Eine sachgemäße Antwort auf die Frage, welche Implikationen Gödels Resultate für das HP haben, ist nicht leicht zu haben und ein attraktiv scheinendes, klares Ja oder klares Nein wohl nur um den Preis einer beschränkten Sichtweise. Schon auf den zweiten Blick kann ein undifferenziertes Ja, das HP sei gescheitert, schon deswegen nicht stimmen, weil die Gödelschen Sätze erstens nur über bestimmte Arten von Axiomensystemen überhaupt ei-

---

[1] Brief von John von Neumann an Rudolf Carnap vom 7.6.1931, Nachlaß Rudolf Carnap, Sig. RC 029-08-01; vgl. auch Mancosu, *Between Vienna* [1999a], 39–40.
[2] Hilbert/Bernays, *Grundlagen I* [1934], V

ne Aussage machen und weil zweitens zunächst genauer herauszuarbeiten wäre, was genau diese Aussage ist. Ein klares Nein, das HP sei nicht gescheitert oder werde überhaupt nicht von den Gödelsätzen tangiert, kann ebenfalls nicht zutreffend sein. Das ist nicht nur die in der Literatur bei weitem überwiegende Meinung der Logiker und Wissenschaftsphilosophen, sondern es deckt sich auch mit vielen kleineren Indizien wie etwa der Tatsache, daß Hilbert in seinem Vorwort zum zweiten Band der *Grundlagen der Mathematik* eigens auf Gödels Resultate eingehen zu müssen glaubt, der Tatsache, daß Gödel selbst seine Resultate explizit mit dem HP in Zusammenhang brachte, und der Tatsache, daß ausgerechnet im erwähnten zweiten Band der *Grundlagen* zum ersten Mal ein vollständiger Beweis des Zweiten Gödelschen Unvollständigkeitssatzes (kurz: „Gödel-2") gegeben wird.[3]

Es ist also ganz grundsätzlich die Frage zu stellen, welche Implikationen die Gödelsätze für das HP haben. Die in diesem Zusammenhang vorgebrachten Argumente sind kritisch zu analysieren. So wird in diesem Kapitel zunächst ein Ausschnitt aus dem Panorama der verschiedenen Positionen geboten, die im Bezug auf das Verhältnis von Gödelsätzen und HP eingenommen worden sind (Abschn. 14.1). Die sachliche Auseinandersetzung setzt dann zunächst bei der Analyse der beiden konkurrierenden Seiten an: Es wird auf der einen Seite die Reichweite der Gödelschen Sätze zu prüfen sein (Abschn. 14.2) und auf der anderen Seite die Position, daß bestimmte metamathematische Beweismittel über die Mittel des untersuchten Kalküls hinausgehen könnten (Abschn. 14.3). Anschließend werden zwei Argumentationslinien genauer untersucht, die von Gödel-2 (Abschn. 14.4) bzw. von Gödel-1 (Abschn. 14.5) ausgehen, um gegen die Erreichbarkeit von Hilberts Zielen zu argumentieren.

14.1 Meinungsvielfalt

Die Meinungen zu der Frage, welche Bedeutung die Gödelschen Sätze für das Hilbertprogramm haben, waren und sind vielfältig. Sie waren es schon bei den Protagonisten, die an den historischen Entwicklungen selbst unmittelbar beteiligt waren (Abschn. 14.1.1),[4] und sie sind es bis heute in der Sekundärliteratur (Abschn. 14.1.2).

14.1.1 Bei den Protagonisten

Unter „den Protagonisten" werden hier drei Personen verstanden: Kurt Gödel, auf den die Unvollständigkeitsresultate zurückgehen; John von Neumann, der Ende der 1920er Jahre

---

[3] Gödel hatte in seiner berühmten Arbeit *Über formal unentscheidbare Sätze der Principia Mathematica und verwandter Systeme I* nur eine Skizze des Beweises des zweiten Unvollständigkeitssatzes gegeben; vgl. GÖDEL, *Formal unentscheidbare* [1931]. Der erste eigentliche Beweis wurde – im hier untersuchten Zusammenhang müßte man eigentlich sagen: ironischerweise – im *Hilbert-Bernays II* publiziert; vgl. HILBERT/BERNAYS, *Grundlagen II* [1939], 285–328.
[4] Zur Rezeption der Gödelsätze siehe DAWSON, *Incompleteness* [1991]; GRATTAN-GUINNESS, *In Memoriam* [1979]; GRATTAN-GUINNESS, *Development* [1981]; GRATTAN-GUINNESS, *Logics* [1994]; MANCOSU, *Between Vienna* [1999a].

selbst zu Hilberts Beweistheorie gearbeitet hatte, der als erster die Bedeutung der Resultate des jungen Wiener Nachwuchswissenschaftlers Gödel begriffen und in der Folge den zweiten Unvollständigkeitssatz unabhängig von Gödel entdeckt hat; und David Hilbert, um dessen Programm es geht.

14.1.1.1.1 Gödel

Kurt Gödel selbst hat seine Unvollständigkeitsresultate als Beitrag zum Hilbertprogramm angesehen. Daß er das Hilbertprogramm „widerlegt" bzw. seine Undurchführbarkeit bewiesen habe, schloss er selbst nicht aus seinen Resultaten. Explizit ließ er in seiner Publikation des Unvollständigkeitsresultats 1931 noch die Möglichkeit offen, daß es finite Widerspruchsfreiheitsbeweise geben könnte, die sich nicht in dem als widerspruchsfrei nachgewiesenen System formalisieren lassen:

> Es sei ausdrücklich bemerkt, daß Satz XI [= der zweite Unvollständigkeitssatz, C.T.] (und die entsprechenden Resultate über M, A) in keinem Widerspruch zum Hilbertschen formalistischen Standpunkt stehen. Denn dieser setzt nur die Existenz eines mit finiten Mitteln geführten Widerspruchsfreiheitsbeweises voraus und es wäre denkbar, daß es finite Beweise gibt, die sich in P (bzw. M, A) *nicht* darstellen lassen.
> GÖDEL, *Formal unentscheidbare* [1931], 194

Die sachliche Diskussion dieser Position, die auch viele der frühen Beweistheoretiker eingenommen haben, wird später unter dem Stichwort „Formalisierbarkeitsproblem" aufgenommen (Abschn. 14.3). Gödel hat diese Position später zunächst aufgegeben,[5] bevor er unter dem Eindruck neuerer mathematisch-logischer Forschungen von Takeuti, Feferman und Kreisel in den 1960er Jahren die Möglichkeit von Autokonsistenzbeweisen starker Theorien wieder einräumen mußte (vgl. hierzu die Auseinandersetzungen in Abschn. 14.4).

Wenn es gelegentlich heißt, daß Gödel seine zurückhaltende Position ja bald aufgegeben habe und anfänglich wohl nur aus unsachlichen Gründen (wie Angst vor Macht und Einfluß Hilberts) einen „Ausweg" offenhalten wollte, so ist dies historisch unrichtig. Außerdem ist das Bild, das dabei von Gödel gezeichnet wird, nicht überzeugend. Es ist gut bekannt, daß Gödel ein fast schon skrupulöses Wissenschaftsethos hatte, das ihn nur wenige Resultate veröffentlichen ließ, und nur solche, die ihm möglichst weit ausgereift erschienen.[6] Dieser fast schon angstvollen Vorsicht, keine Behauptungen zu veröffentlichen, die er nicht bestens geprüft und durchdacht hatte, würde es völlig zuwiderlaufen, sich einen Gödel vorzustellen, der das Gegenteil seiner wahren Meinung aus opportunistischen oder karrieristischen Gründen publizieren würde.

So scheint es insgesamt angemessener, Gödels Äußerungen zur Frage der Implikationen seiner Resultate ernst zu nehmen. Er war in diesem Punkt „vorsichtiger" als die landläufige

---

[5] Vgl. GÖDEL, *Erweiterung* [1958].
[6] Dazu gibt es eine Unmenge von Belegen. Vgl. bspw. die Einschätzung seiner Logiker-Kollegen Mostowski, Kleene und Sacks in CROSSLEY, *Reminiscences* [1974], 11.

Meinung.[7] Diese Einschätzung wird auch bestätigt durch eine Diskussion, die Gödel nach einem Vortrag über seine Unbeweisbarkeitsresultate mit Mitgliedern des Wiener Kreises führte. Das Protokoll dieser Diskussion zitiert Gödels Bemerkung, daß die Entscheidbarkeit eines (Teilsystems des von Gödel betrachteten) Systems nur beweisbar sein kann mit Hilfe von Beweismitteln, „die sich innerhalb des Teilsystems selbst nicht formalisieren lassen".[8]

14.1.1.2 von Neumann

John von Neumann entdeckte 1930 etwa zeitgleich mit Gödel, daß sich die für den Beweis des ersten Gödelschen Unvollständigkeitssatzes nötigen Beweisschritte in der Arithmetik formalisieren lassen. Im Wesentlichen daraus ergab sich der zweite Unvollständigkeitssatz.

In der eben zitierten Diskussion des Wiener Kreises bezeichnete es Gödel explizit als Vermutung von Neumanns, daß sich ein finiter Widerspruchsfreiheitsbeweis auch formalisieren lassen müsse und daß daher die Unvollständigkeitssätze auch die Unmöglichkeit finiter Widerspruchsfreiheitsbeweise überhaupt zeigen würden. Von Neumann bestätigte umgekehrt in einem Brief an Carnap, daß es sich bei der Annahme, jeglicher finite Beweis sei auch formalisierbar, um seine eigene Ansicht handele. Und er scheute sich nicht, daraus den Schluß zu ziehen, daß „Gödel die Undurchführbarkeit von Hilberts Programm erwiesen hat". Von Neumann hat mithin aus der Unbeweisbarkeit der Konsistenzbehauptung via der Formalisierbarkeit der Metamathematik auf die Unmöglichkeit finiter Konsistenzbeweise überhaupt geschlossen – ein Argumentationsmuster, das später noch zu diskutieren sein wird (Abschn. 14.4).

Er beschrieb Gödel in Bezug auf diese Deutung seiner Resultate jedoch als „viel vorsichtiger" und ging sogar so weit, diese Vorsicht auf mangelnden sachlichen Überblick (!) zurückzuführen.[9] Ähnlich deutlich drückte sich von Neumann aus, als er aus Anlaß der Publikation seines Königsberger Referats über den Formalismus an Reichenbach schrieb, daß die – seiner eigenen Meinung völlig entgegengesetzte – Ansicht, daß für die Hilbertsche Beweistheorie trotz der Gödelschen Sätze noch Hoffnung bestünde, Vertreter gefunden habe, und zwar in Bernays und Gödel selbst.[10] Durch diese Hinweise wird aus dem Mund eines Vertreters der negativen Position noch einmal bestätigt, daß Gödel seine Unvollständigkeitsresultate im Bezug auf das HP ernsthaft nicht im Sinne der negativen Position interpretierte.

---

[7] So auch Stephen Kleene in seiner Einleitung zu Gödels Unvollständigkeitsaufsatz im ersten Band der Gödel-Gesamtausgabe (KLEENE, *Introductory note* [1986], 137).

[8] „Schlick-Zirkel", Protokoll vom 15.1.1931, Nachlaß Rudolf Carnap, Sig. RC 081-07-07; vgl. auch STADLER, *Wiener Kreis* [1997], 278–280; MANCOSU, *Between Vienna* [1999a], 36–39. – Der Kontext und der ganze Duktus der Gödelschen Darlegungen zeigen nochmals, daß es unmöglich ist, seine Zurückhaltung im Bezug auf die Implikationen seiner Resultate als bloßes „Kuschen" vor Hilberts Autorität zu erklären.

[9] Brief von John von Neumann an Rudolf Carnap vom 7.6.1931, Nachlaß Rudolf Carnap, Sig. RC 029-08-01; vgl. auch MANCOSU, *Between Vienna* [1999a], 39–40.

[10] Brief von John von Neumann an Hans Reichenbach, Sig. HR 015-25-02, undatiert, wahrscheinlich vom Sommer 1931; vgl. MANCOSU, *Between Vienna* [1999a], 42.

14.1.1.3 Hilbert

Von Hilbert sind kaum Belege dafür greifbar, wie er die Gödelschen Resultate aufgenommen und eingeschätzt hat. Zwar war Hilbert zur Zeit der Grundlagen-Konferenz, auf der Gödel seine Resultate informell vorstellte, ebenfalls in Königsberg, aber es ist unklar, was und wieviel von Gödels Resultaten zu welcher Zeit zu ihm gedrungen ist und wie seine erste Reaktion war.

In seinem Vorwort zum ersten Band von *Hilbert-Bernays* schrieb er gut drei Jahre später, es sei ein Irrtum gewesen zu glauben, daß aus Gödels Resultaten die Undurchführbarkeit der Beweistheorie folge. Gödels Resultat zeige

> in der Tat auch nur, daß man für die weitergehenden Widerspruchsfreiheitsbeweise den finiten Standpunkt in einer schärferen Weise ausnutzen muß, als dieses bei der Betrachtung der elementaren Formalismen erforderlich ist. HILBERT/BERNAYS, *Grundlagen I* [1934], V

Hilbert sah also zu dieser Zeit keine bedrohlichen Konsequenzen für sein Programm. Wenn er sagt, daß es ein Irrtum gewesen sei, die Gödelsätze als Scheitern der Beweistheorie zu interpretieren, deutet dies natürlich zumindest darauf hin, daß diese „irrtümliche" Deutung in Hilberts Umkreis vertreten worden war. Über Hilberts eigene ursprüngliche Einschätzung ist dem jedoch nichts zu entnehmen.

Jedenfalls ließ Hilbert sich in seiner Arbeit am Projekt Beweistheorie nicht entmutigen und versuchte, den Unvollständigkeitsdefekt durch Einführung neuartiger Beweisprinzipien zu beheben. So legte er 1931 ein Papier vor, in dem er mit einer Art Omegaregel arbeitet:

> Zu den bereit zugelassenen Schlußregeln (Einsetzung und Schlußfigur) [füge ich] noch folgende ebenfalls finite neue Schlußregel hinzu[...]: Falls nachgewiesen ist, daß die Formel $\mathfrak{A}(\mathfrak{z})$ allemal, wenn $\mathfrak{z}$ eine vorgelegte Ziffer ist, eine richtige numerische Formel wird, so darf die Formel $(x)\mathfrak{A}(x)$ als Ausgangsformel angesetzt werden.
> HILBERT, *Grundlegung Zahlenlehre* [1931], 194[11]

Mit dieser „halb-unendlichen" Regel, die er selbst für finit gerechtfertigt hielt, wollte er die Vollständigkeit der Arithmetik erreichen.[12] Die Frage ist, ob dies in Reaktion auf die Gödelsätze oder unabhängig davon geschah. Hilbert selbst erwähnt in diesem Papier und

---

[11] Es ist aus Hilberts Formulierung nicht völlig klar, ob es sich um eine Schlußregel im engeren Sinne handeln soll. Die Formulierung legt eher nahe, daß es sich um eine Metaregel zur Erweiterung des Axiomensystems handelt. Kurt Gödel hat sie als Schlußregel gelesen (Rezension von HILBERT, *Grundlegung Zahlenlehre* [1931], in: Zentralblatt Mathematik 1, 260), und so ist sie wohl auch intendiert.

[12] Wenn Hilbert die Omega-Regel für finit gerechtfertigt hielt, dachte er wohl daran, daß der Nachweis, daß $\mathfrak{A}(\mathfrak{z})$ für beliebiges $\mathfrak{z}$ eine richtige numerische Formel ist, durch ein finites Verfahren gegeben wird. Möglicherweise schwebte ihm also vor, daß die Prämissen der Omega-Regel durch eine (etwa primitiv-rekursive) Funktion aufgezählt werden. Für solche Systeme gelten die Gödelschen Sätze jedoch auch. Vgl. AMBOS-SPIES, *Unvollständigkeitssätze* [1976]. (Für diesen Hinweis danke ich Wolfram Pohlers.)

in dessen Fortsetzung[13] die Gödelsätze mit keinem Wort und es scheint, daß auch die sonst greifbaren Indizien nicht eindeutig für eine der beiden Alternativen sprechen.[14]

In der Hilbertschule setzte sich die Überzeugung von der Bedeutung der Gödelschen Resultate jedenfalls bald durch. So hielt Gentzen sie für beweistheoretische Resultate „von größter Bedeutung",[15] und Bernays präsentierte im zweiten Band der *Grundlagen der Mathematik* den ersten allgemeinen Beweis des zweiten Unvollständigkeitssatzes.[16]

14.1.2 In der Literatur

Die in der Sekundärliteratur vertretenen Meinungen zum Verhältnis der Gödelsätze zum Hilbertprogramm nehmen fast die gesamte Breite des Spektrums logischer Möglichkeiten an. Es lassen sich folgende Positionen unterscheiden:

GH1 Die Gödelsätze haben das HP ohne Einschränkung zum Scheitern gebracht (Mostowski, Pohlers, Smorynski, Sieg, Tait).[17]

GH2 Die Gödelsätze haben das ursprüngliche HP zum Scheitern gebracht (Dawson, Hendricks et al.).[18]

GH3 Die Gödelsätze zeigen, daß im HP Beweismittel verwendet werden müssen, die über die untersuchte Theorie hinausgehen (Gentzen, Resnik).[19]

GH4 Die Gödelsätze zeigen, daß im HP Beweismittel verwendet werden müssen, die über die striktest finiten Methoden hinausgehen (Schütte).[20]

GH5 Die Gödelsätze zeigen, daß im HP der finite Standpunkt „in einer schärferen Weise" ausgenutzt werden muß (Hilbert).[21]

Man könnte sich nun damit aufhalten, diese Positionen jeweils näher zu charakterisieren, ihre Gemeinsamkeiten und Unterschiede herauszuarbeiten, etwa die Frage zu stellen,

---

[13] HILBERT, *Tertium non datur* [1931a].
[14] So FEFERMAN, *Gödel 1931c* [1986], 208.
[15] GENTZEN, *Widerspruchsfreiheit* [1936a], 8.
[16] Vgl. HILBERT/BERNAYS, *Grundlagen II* [1939], 285–328.
[17] Vgl. MOSTOWSKI, *Thirty Years* [1966], 7,18–19; POHLERS, *Proof Theory* [1989], 4; SMORYNSKI, *Hilbert's Programme* [1988], IV.80; TAIT, *Finitism* [1981]; und – ohne expliziten Bezug auf die Gödelsätze – SIEG, *Relative Consistency* [1990], 259.
[18] Vgl. DAWSON, *Kurt Gödel* [1984], 6: „... ironically, overturned Hilbert's Programme (at least as originally envisioned)"; HENDRICKS/PEDERSEN/JØRGENSEN, *Proof Theory* [2000], 1: „... made it impossible to carry out Hilbert's program in its original form".
[19] So GENTZEN, *Widerspruchsfreiheit* [1936a], 8, zumindest im Bezug auf die Zahlentheorie; ähnlich auch RESNIK, *Frege* [1980], 91. – Für Gentzen bleibt die grundlagentheoretische Relevanz solcher Beweise unangetastet, insofern die metatheoretisch verwendeten Beweismittel als *sicherer* gelten können als die der betrachteten Objekttheorie.
[20] SCHÜTTE, *Proof Theory* [1977], 2–3.
[21] Vgl. das Vorwort zu HILBERT/BERNAYS, *Grundlagen I* [1934], V. Ob die „schärfere Ausnutzung" mit der Erweiterung der Beweismittel aus der vorigen Position zusammenfällt, kann hier offen bleiben.

ob durch GH2 und GH3 nicht eigentlich dieselbe Position beschrieben wird, und die Pros und Contras der einzelnen Positionen zu prüfen. Dies soll hier nicht geschehen. Die sachliche Auseinandersetzung wird sich in den weiteren Abschnitten dieses Kapitels vielmehr an den Hauptargumentationslinien orientieren.

Die Literaturübersicht zeigt jedenfalls, daß der *Mainstream* der Logiker und Mathematikphilosophen das ursprüngliche HP mit den Gödelsätzen mehr oder weniger für erledigt hält. Die Gödelsätze können damit zumindest als eine starke Herausforderung für das HP angesehen werden. Die Verschiedenheit der Positionen zeigt jedoch auch, daß hier Deutungsschwierigkeiten vorliegen, die ein begrifflich-argumentativ sauberes Vorgehen verlangen. Beide Punkte motivieren eine gründliche Revision der Argumente.

14.2 Die Reichweite der Gödelschen Sätze

14.2.1 Analyse der Voraussetzungen

Gödel hat seine beiden Unvollständigkeitssätze ursprünglich im engen Kontext einer speziellen arithmetischen Theorie gewonnen. Zwar gab es damals schon die Vermutung, daß sie nicht nur für diese spezielle Theorie, sondern für viel allgemeinere Theorieklassen gelten. Für diese konnten die Gödelschen Sätze aber erst bewiesen werden, nachdem der Begriff eines formalen Systems genau definiert war. Wenn hier und im Folgenden von „den" Gödelschen Sätzen die Rede ist, geht es immer um die allgemeinen Versionen.

Das erste Gödelsche Theorem lautet etwas vereinfacht gesprochen: *Ist Ax ein konsistentes Axiomensystem, das die Zahlentheorie umfaßt, so gibt es einen in Ax unentscheidbaren Satz ϕ (d. h., Ax beweist weder ϕ noch $\neg\phi$).*

Das zweite Gödelsche Theorem spezialisiert dies auf die sogenannte „Konsistenzaussage" $Kons_{Ax}$: *Ist Ax ein konsistentes Axiomensystem, das die Zahlentheorie umfaßt, so beweist Ax nicht $Kons_{Ax}$.*

In den einleitenden Bemerkungen dieses Kapitels wurde schon darauf hingewiesen, daß für ein *Prima-facie*-Argument gegen das HP die Gödelschen Sätze viel ungenauer aufgefaßt werden, etwa durch Formulierungen wie: „Man kann die Konsistenz der Mathematik nicht mit mathematischen Mitteln beweisen". Man geht dabei womöglich von der Annahme aus, daß die übrigen Voraussetzungen bloß „technischer" Natur sind und man sie daher übergehen kann, wenn man nur den sachlichen Kern der Gödelschen Sätze erfassen will.

Daß diese Annahme falsch ist, wird im Folgenden gewissermaßen auf zwei Weisen bewiesen: Zuerst werden in diesem Abschnitt (14.2) die Voraussetzungen der Gödelsätze so weit analysiert, daß sich ihre Relevanz für den Zusammenhang zwischen Gödelsätzen und HP zeigt. In den anschließenden Abschnitten (14.3ff.) werden dann die Argumente, die von den Gödelsätzen ausgehend gegen das HP gerichtet werden, kritisch untersucht, wobei sich zeigen wird, daß die unpräzise Formulierung des *Prima-facie*-Arguments einen entscheidenden Defekt verdeckt.

Um beurteilen zu können, ob die Gödelsätze die Prämissen der Anti-HP-Argumente decken, sollen ihre Voraussetzungen ein Stück weit geklärt werden. Die Gödelsätze behaupten die Unbeweisbarkeit einer Formel ja nur unter gewissen Voraussetzungen und diese müssen daraufhin geprüft werden, ob sie im Kontext einer Auseinandersetzung mit dem HP problematisch sind oder nicht. Diese Voraussetzungen sind: *Ax* muß 1. konsistent sein, 2. ein Axiomensystem sein und 3. die Zahlentheorie umfassen.

Die erste Voraussetzung, die Konsistenz, ist dabei die vergleichsweise unproblematischste. Da eine inkonsistente Theorie mit klassischer Logik alles beweist, die Gödelsätze aber aussagen, daß bestimmte Formeln nicht beweisbar sind, können sie nur für konsistente Theorien gelten. Auf den ersten Blick mag es allerdings so scheinen, als ob hier mit der Konsistenz das schon vorausgesetzt würde, was laut Hilbertprogramm erst zu zeigen ist. Dieser Zirkularitätsverdacht ist aber unbegründet. Denn der Fall, daß die Theorie konsistent ist, ist ja gerade auch der Fall, in dem Hilberts Aufgabe überhaupt Aussicht auf Erfolg hat. Auch sie kann ja nur zeigen, was sie zeigen will, wenn es der Fall ist. Die Theorie muss also als konsistent vorausgesetzt werden, d. h., sie darf nicht alles beweisen. Die Gödelsätze geben dann sehr spezielle Beispiele für unbeweisbare Aussagen an – Beispiele, die eine bestimmte Bedeutung haben (s. u.). Die Voraussetzung der Konsistenz ist also unverzichtbar und unproblematisch.

Die zweite Voraussetzung der Gödelsätze, nämlich das Axiomensystem-Sein, stellt eine wesentliche materiale Voraussetzung für die Gödelsätze dar. Für den Beweis der Gödelsätze ist es nämlich entscheidend, daß es sich bei Axiomensystemen um rekursiv aufzählbare Satzmengen handelt. So heben es auch diejenigen Logiker, die die Parallele zwischen Gödelsätzen und Rekursionstheorem stark machen wollen, gern hervor. In ihrer Sichtweise ist der Kern des Gödelschen Satzes nicht viel mehr als der Unterschied zwischen „rekursiv aufzählbar" und „vollem Π_1^0": Die Menge der logischen Folgerungen aus einer rekursiv aufzählbaren Menge von Axiomen ist rekursiv aufzählbar, während man für die Definition eines Tarskischen Wahrheitsprädikats einen echten Allquantor benötigt. In dieser Sichtweise tritt jedoch die wissenschaftsphilosophische Bedeutung der Gödelsätze in den Hintergrund. Sie wird erst sichtbar, wenn man sich über die Bedeutung von formalisierten und damit intersubjektiv überprüfbaren Beweisen für die Mathematik verständigt. Vertritt man die Ansicht, daß nur algorithmische Prüfverfahren die intersubjektive Verbindlichkeit mathematischer Beweise sichern können, ist die rekursive Aufzählbarkeit als Forderung an Axiomensysteme nahezu zwingend.

Müssen die Gödelschen Sätze nun die Voraussetzung der rekursiven Aufzählbarkeit der Axiome machen oder gilt die Nichtbeweisbarkeit der eigenen Konsistenz auch für nicht rekursiv aufzählbare Satzmengen? – Neuere Forschungen haben gezeigt, daß man nicht rekursiv aufzählbare Theorien konstruieren kann, die ihre eigene Konsistenz beweisen. Unter anderem gibt es eine nicht-kanonische Repräsentation der Peano-Arithmetik, die ihre eigene Konsistenz beweist. Darauf wird später noch zurückzukommen sein. Jedenfalls ist klar, daß die Voraussetzung der rekursiven Aufzählbarkeit unverzichtbar für die Gültigkeit der Gödelsätze ist. Zwar bleibt es denkbar, daß eine etwas schwächere Eigenschaft ausreicht, aber irgendeine Voraussetzung dieser Art muß gemacht werden, um die Gödelsätze für eine Theorie zu erhalten.

Neben den *non-standard*-Repräsentationen von (Standard-)Theorien gibt es einen weiteren Bereich von Theorien, die anders als die klassischen Axiomensysteme für die Mathematik schon eine Art „eingebaute Konsistenz" mit sich führen. Michael Detlefsen nennt diese Theorien „*consistency-minded theories*". Die Idee ist, daß der Theorieaufbau, d. h. der Ableitungsbegriff, an Ordinalzahlen entlang läuft, und zwar so, daß bei einer Ordinalzahl α eine nach der klassischen Definition des Herleitungsbegriffs jetzt hereinkommende Formel nur dann wirklich hereinkommt, wenn sie mit allen vor ihr stehenden Formeln nicht im Widerspruch steht. Für einen solchen Ableitungsbegriff ist klar, daß mit ihm keine Widersprüche ableitbar sein können. Die Frage an solche Systeme ist dann umgekehrt, ob man in ihnen genügend Mathematik betreiben kann. Und wenn solche Herleitungen nicht mehr rekursiv aufzählbar sind, stellt sich verschärft die oben angesprochene Frage, wie dann noch die intersubjektive Überprüfbarkeit der Herleitungen gesichert sein soll.

Die dritte Voraussetzung schließlich ist das Umfassen der Zahlentheorie im Sinne von *PA* oder ähnlichen Theorien. Für den Beweis der Gödelsätze ist zwar nicht essentiell, daß gerade die Zahlentheorie diese Rolle ausfüllt (es könnte auch eine Mengenlehre sein oder eine schwächere Zahlentheorie als *PA*). Aber es ist absolut essentiell, daß eine Theorie, für die die Gödelschen Sätze gelten sollen, einen genügend starken Kodierungsmechanismus besitzt, besteht doch die grundsätzliche Idee in der „Gödelisierung", d. h. der Kodierung einer Theorie, die es der Theorie ermöglicht, „über sich selbst zu sprechen" und etwas „über sich zu wissen". Der Einfachheit halber wird im Folgenden die Rolle dieser Theorie durch ihren prominentesten Darsteller, die Zahlentheorie *PA*, bezeichnet. Es muß also einerseits „genügend Zahlentheorie" in Form eines Kodierungsapparates vorhanden sein, der „alle möglichen" Axiomensysteme, über die die Gödelsätze handeln, zu kodieren in der Lage ist, und andererseits muß „genügend Zahlentheorie" vorhanden sein, um über diese kodierten Objekte Aussagen treffen zu können. Daß die Gödelsätze nun die gesamte (erststufige) Zahlentheorie einfordern, heißt noch nicht, daß diese Forderung auch notwendig wäre. Oder sind sie in dieser Hinsicht schon optimal? Haben sie schon das Minimum dessen gefordert, was gefordert werden muß, damit die Konklusion der Nichtbeweisbarkeit der eigenen Konsistenz abgeleitet werden kann? – Diese Frage ist nur schwierig zu beantworten. Sicher braucht man einen Kodierungsmechanismus, der in der Lage ist, das rekursiv definierte Ableiten „nachzubauen". Man wird also primitiv-rekursive Funktionen benötigen, und damit eine Theorie wie *PRA*. Dies macht es plausibel, das Enthaltensein einer ausreichend starken Teiltheorie von *PA* (oder ein Äquivalent) als essentiell für die Gödelsätze anzusehen.

Im Rahmen der Erörterung der zweiten und dritten Voraussetzung der Gödelsätze traten mithin zwei wesentliche Einschränkungen zu Tage. Die Gödelsätze gelten nur für Theorien, die „stark genug" sind, d. h. die Zahlentheorie enthalten, und die eben *Axiomensysteme* sind, d. h. rekursiv aufzählbar. *Schwache* Theorien und *nicht rekursiv aufzählbare* Theorien erfüllen diese Voraussetzungen nicht und sind daher nicht von den Gödelschen Sätzen betroffen. Diese Beschränkung der Reichweite der Gödelschen Sätze ist hier schon einmal festzuhalten, sowie die Tatsache, daß Beispiele zeigen, daß es sich hierbei tatsächlich um prinzipielle Beschränkungen handelt, die nicht ohne Weiteres etwa durch eine Optimierung der Gödelschen Resultate beseitigt werden können.

14.2.2 Was ist die herkömmliche Mathematik? – oder: Wie hoch muß man hinaus?

Die eben prinzipiell aufgewiesene Möglichkeit, bei schwächeren Fragmenten der Zahlentheorie die Gödelschen Sätze zu umgehen, wird gelegentlich zum Anlaß genommen, zu fragen, wieviel formale Arithmetik man überhaupt braucht, um zu den Sätzen der Standard-Mathematik zu gelangen. Zunächst schien es, daß die meisten Resultate der herkömmlichen Zahlentheorie ohne Probleme in der primitiv-rekursiven Arithmetik *PRA* herleitbar sind. Die ersten Gegenbeispiele erschienen als von Logikern ausgedacht und für die mathematische Praxis wenig relevant. Hätte sich diese Ansicht bewährt, hätte man folgendermaßen argumentieren können: Man braucht für die herkömmliche Mathematik nur sehr schwache formale Arithematik-Systeme. Für diese hat man eine finit-konstruktive Rechtfertigung. Und damit wäre Hilberts Anliegen grundsätzlich Genüge getan.

Das Programm der „*Reverse Mathematics*" von Harvey Friedman und Stephen G. Simpson zeigte jedoch, daß dieser Anschein trog. Eine ganze Reihe wichtiger Sätze der Mathematik lassen sich nur mit wesentlich stärkeren Axiomensystemen beweisen.[22]

Unabhängig davon hatte das Argument auch eine grundsätzliche Schwäche, insofern es bei einer empirischen Feststellung über die mathematische Praxis ansetzte. Damit ließ es offen, ob die Beschränkungen der mathematischen Praxis prinzipieller Natur sind, oder nur bis jetzt, aufgrund eines noch ungenügenden Entwicklungsstandes der Mathematik und/oder Zahlentheorie gelten, in Zukunft aber überholt werden könnten. Sollte man sich zufriedengeben mit der Aussicht, daß sich die Mathematik gegebenenfalls selbst Beschränkungen auferlegt, sich an einer Stelle nicht weiterentwickeln kann, weil ein anti-gödelsches Argument dies als seine Voraussetzung verlangt?

Auch wenn dies etwas überspitzt dargestellt ist, ergibt sich daraus, daß dies ein unbefriedigender Ausweg ist. Er wäre für Hilbert auch sicher nicht in Frage gekommen, besonders nicht als Argument in grundlagentheoretischen Fragen. Wenn man eine prinzipiellere

---

[22] Vgl. SIMPSON, *Subsystems* [1999]. Darin wird zum Beispiel gezeigt, daß über einer schwachen Basistheorie mit rekursiver Komprehension, RCA_0, folgende mathematischen Sätze zum schwachen Lemma von König (WKL_0) äquivalent sind: Der Überdeckungssatz von Heine-Borel für kompakte metrische Räume, das Maximumprinzip, die Riemann-Integrierbarkeit von reellwertigen Funktionen auf kompakten metrischen Räumen, die Existenz von Primidealen in abzählbaren kommutativen Ringen und der peanosche Existenzsatz für Lösungen gewöhnlicher Differentialgleichungen (§ IV). Manche Sätze der herkömmlichen Mathematik benötigen noch stärkere Beweismittel und sind über RCA_0 zur arithmetischen transfiniten Rekursion äquivalent, z. B. Lusins Separationssatz, Borels *domain theorem* oder der Satz über die Existenz von Ulm-Zerlegungen (§ V). Besonders starke Sätze sind sogar zu voller Π^1_1-Komprehension äquivalent, etwa der Satz von Cantor-Bendixon für abgeschlossene Mengen oder das Schlüsseltheorem für abzählbare Abelsche Gruppen (§ VI).

14.3 HP gegen Gödel, oder: das Formalisierbarkeitsproblem

Antwort auf die Frage sucht, welche Implikationen die Gödelschen Sätze für das Hilbertprogramm haben, wird man sich detaillierter mit ihnen auseinandersetzen müssen. Dies soll in den folgenden drei Abschnitten geschehen.

14.3 HP gegen Gödel, oder: das Formalisierbarkeitsproblem

Der von der Anlage des HP her naheliegendste Weg, um mit der Gödelschen Herausforderung umzugehen, ist, die vollständige Formalisierbarkeit der metamathematischen Beweismittel in Abrede zu stellen.[23] Die Unvollständigkeitssätze behaupten ja die Nichtableitbarkeit bestimmter Formeln mit Hilfe der im Formalismus verfügbaren Mittel. Wenn es nun auf der metamathematischen Ebene Beweismittel gibt, die sich nicht in der betrachteten Theorie formalisieren lassen, aber dennoch finit zulässig sind, wäre über die Reichweite der Metamathematik mit den Gödelsätzen noch gar nichts gesagt. Mit „in der Theorie formalisierbaren" Beweismitteln ist dabei gemeint, daß sich geeignete Übersetzungen von ihnen in der Theorie beweisen lassen.

Diese Position war in der Hilbertschule recht verbreitet. Gentzen zufolge zeigen die Gödelschen Sätze keineswegs die allgemeine Undurchführbarkeit des HP, sondern limitierende Bedingungen für seine Durchführung auf. Er erwähnt den Gödelschen Satz *expressis verbis* in der Fassung, daß die gesamten Hilfsmittel einer formalisierten Theorie für den Widerspruchsfreiheitsbeweis nicht ausreichen, und hält es für

> denkbar, daß man die Widerspruchsfreiheit der reinen Zahlentheorie nachweisen kann mit Hilfsmitteln, die zum Teil nicht mehr der reinen Zahlentheorie angehören, aber trotzdem als sicherer gelten können als die bedenklichen Bestandteile der reinen Zahlentheorie selbst.
> GENTZEN, *Widerspruchsfreiheit* [1936a], 8

Gentzen argumentiert entsprechend für den finiten Charakter der transfiniten Induktion, auch wenn sie nicht in den zahlentheoretischen Formalismus eingefügt werden kann.[24] Sie gehört für ihn zu denjenigen Schlußweisen,

> die durchaus mit der konstruktiven Auffassung des Unendlichen im Einklang sind und andererseits doch nicht dem Rahmen jeder formalisierten Zahlentheorie angehören, ja welche vermutlich überhaupt über den Rahmen jeder formal abgegrenzten Theorie hinaus erstreckt werden können.
> GENTZEN, *Gegenwärtige Lage* [1938a], 9

Auch Bernays hat es für möglich gehalten, daß es metamathematische Schlußweisen geben kann, die finit zulässig, aber nicht im Formalismus enthalten oder ausdrückbar sind. In Gentzens Widerspruchsfreiheitsbeweis für die Zahlentheorie lasse sich genau eine solche

---

[23] NIEBERGALL, *Hilbert's Programme* [2002a], 366 u. ö., geht noch weiter, wenn er darauf hinweist, daß die Nicht-Formalheit der Metamathematik das HP dem direkten Zugriff der Gödelsätze entzieht. Dies zieht jedoch Probleme für (HP1) nach sich, s. u.

[24] GENTZEN, *Neue Fassung* [1938b], 44.

über den betrachteten Formalismus hinausgehende Schlußweise dingfest machen, nämlich die transfinite Induktion. Sie entspreche grundsätzlich den Anforderungen des finiten Standpunktes,[25] auch wenn sie über die in der Zahlentheorie formalisierbaren Beweismittel hinausgeht.[26] Gentzen habe damit die durch Gödels Resultate „erweckte" Vermutung widerlegt, daß

> überhaupt im Rahmen der elementaren anschaulichen Betrachtungen, wie sie dem von Hilbert der Beweistheorie zugrunde gelegten ‚finiten Standpunkt' entsprechen, ein Nachweis für die Widerspruchsfreiheit des zahlentheoretischen Formalismus nicht erbracht werden könne.
> BERNAYS, *Hilberts Untersuchungen* [1935], 211–212

Im Übrigen ist interessant, daß Bernays aus den Gödelsätzen geradezu ein *notwendiges* Kriterium für Widerspruchsfreiheitsbeweise herausliest: In einem Widerspruchsfreiheitsbeweis für einen Formalismus, für den die Gödelschen Sätze gelten, muß demnach zumindest eine im Formalismus selbst nicht darstellbare Überlegung vorkommen, sonst kann er nicht stimmen.[27]

Mostowski problematisiert ebenfalls die Formalisierbarkeit, obwohl er selbst zum Kreis derjenigen gehört, die der Ansicht sind, daß die Suche nach finiten Konsistenzbeweisen mit den Gödelsätzen als notwendigerweise erfolglos nachgewiesen ist.[28] Er behauptet jedoch, die Gödelschen Sätze hätten gerade gezeigt, daß eine Identifikation der intuitiv richtigen Sätze mit den in einem formalen System beweisbaren Sätzen unhaltbar ist.[29] Einen ähnlichen Punkt macht auch Peckhaus, wenn er sagt, daß Gödel die „Utopie des Universalitätsanspruchs des Leibnizschen Programms" gezeigt habe, eine allgemeine formale Wissenschaftssprache und einen mechanistisch-deduktiven Kalkül zu entwickeln.[30]

In Bezug auf diese Position, daß es zahlentheoretisch nicht-formalisierbare Beweismittel geben könnte, gibt es einige Gründe, die sich für sie, und andere, die sich gegen sie vorbringen ließen. Diese Diskussion soll hier nicht in aller Ausführlichkeit geführt werden. Wichtig scheint nur zu sein, daß diese Position *einen* möglichen „Ausweg" aus der zugestandenen „Bedrohung" des HP durch die Gödelsätze darstellt.

Die Frage ist aber, ob dieser Ausweg überhaupt ein wirklicher Ausweg ist. Wenn man sich darauf beruft, daß es metamathematische Beweismittel gibt, die nicht in der Zahlentheorie formalisiert werden können und dennoch finit zulässig sind, dann paßt das gut mit unserer früheren Beobachtung zusammen, daß es beim Hilbertprogramm um die Ab-

---

[25] Vgl. BERNAYS, *Hilberts Untersuchungen* [1935], 216.
[26] Daß sie darüber hinausgeht, konnte Gentzen schon 1936 zeigen durch die Kombination seines Resultats mit dem Gödelschen. In seiner Habilitationsschrift legte er dann noch einen direkten Beweis für die Unbeweisbarkeit der Transfiniten Induktion bis ε_0 vor; vgl. GENTZEN, *Widerspruchsfreiheit* [1936a] und GENTZEN, *Beweisbarkeit* [1943].
[27] Vgl. BERNAYS, *Hilberts Untersuchungen* [1935], bes. 211–216.
[28] Vgl. MOSTOWSKI, *Thirty Years* [1966], 7,18–19.
[29] MOSTOWSKI, *Thirty Years* [1966], 18.
[30] PECKHAUS, *Logik, Mathesis* [1997], 5.

14.3 HP gegen Gödel, oder: das Formalisierbarkeitsproblem

sicherung der herkömmlichen Mathematik geht. Dazu war gerade keine formalistische Philosophie der Mathematik nötig, sondern nur ein methodischer Formalismus, der explizit die Möglichkeit bestehen lassen sollte, daß es einem wie Hilbert selbst bei all dem um die *wirkliche, inhaltliche* Mathematik geht und nicht um ihre formalen Abbilder, die vielleicht hinter der eigentlichen, informellen Mathematik zurückbleiben.

So kann man vielleicht derjenigen „Bedrohung" entgehen, die die Gödelsätze für den Schritt (HP2) bedeuten. Was ist aber mit dem ersten Schritt (HP1)? Hier war gefordert, daß die mathematischen Methoden sich formalisieren lassen. Wenn man nun nicht-formalisierbare Beweismittel in der Metamathematik für möglich erklärt und die Metamathematik als eine neue Mathematik auffaßt, so hat man letztlich zugestanden, daß es nicht-formalisierbare mathematische Methoden gibt. Dies würde der Forderung aus (HP1) genau entgegenstehen. Man hätte (HP2) gerettet, indem man (HP1) geopfert hätte.

Dies muß man jedoch nicht so sehen. Denn an der Formalisierbarkeit von Beweismitteln lassen sich zwei Aspekte unterscheiden, und zwar die Ausdrückbarkeit der inhaltlichen Beweismittel in einem formalen Rahmen (formale Sprache + grundsätzliche Axiome der Theorie) und die Ableitbarkeit der formalisierten Beweismittel in einem Axiomensystem. Für (HP1) ist der erste Schritt entscheidend: daß man eine inhaltliche mathematische Theorie in ein formales System „übersetzen" kann, und zwar so, daß diese Übersetzung mindestens so „vollständig" gegenüber der informellen Theorie ist, daß ein informell herleitbarer Widerspruch auch in dem formalen Abbild herleitbar ist. Nur wenn man diese grundsätzliche Übersetzbarkeit in *irgendein* formales System aufgäbe, würde man den Schritt (HP1) ernsthaft gefährden.

Bei der oben diskutierten Position der „Nicht-Formalisierbarkeit" geht es jedoch nicht darum, daß sich etwa die Transfinite Induktion überhaupt nicht in den Rahmen einer Zahlentheorie einbetten ließe. Im Gegenteil wurde ja gezeigt, daß dies für die Abschnitte der TI bis zu Ordinalzahlen unterhalb von ε_0 möglich ist. Es ging vielmehr darum, daß eine solche Formalisierung (etwa für die TI bis ε_0) *in der betrachteten Theorie* nicht beweisbar ist.

Es geht also um Folgendes: (HP1) fordert, daß man jede mathematische Schlußweise durch eine geeignete Formel „ausdrücken" und als solche einem formalen Axiomensystem hinzufügen kann. Die hier diskutierte Position der „Nicht-Formalisierbarkeit" hingegen hält nur an der Möglichkeit fest, daß eine Formel, die ein bestimmtes Beweisprinzip ausdrückt, in einem *bestimmten* Axiomensystem nicht beweisbar ist, obwohl das Prinzip als finit gerechtfertigt angesehen wird. Insofern gibt es eigentlich keine direkte Bedrohung von (HP1) durch diesen Standpunkt.

Während die Frage der Formalisierbarkeit der mathematischen Methoden und speziell der Metamathematik für das ursprüngliche HP jedenfalls eine wichtige Rolle spielte, scheint es in der heutigen Mathematischen Logik fast gang und gäbe geworden zu sein, die Formalisierungsfrage überhaupt nicht mehr zu stellen. Man geht davon aus, daß man in der Mathematik überhaupt nur noch mit formalen Systemen zu tun hat. So heißt es beispielsweise in Pohlers' *Proof Theory* über den zweiten Gödelschen Satz:

> Er zerstörte das sogenannte Hilbertprogramm, das von David Hilbert in die Wege geleitet worden war. Zielvorgabe dieses Programms war, daß es möglich sein sollte, die Konsistenz beliebiger (mathematischer) Theorien mit finiten Mitteln zu beweisen, d. h. mit in NT [= formales System für die Zahlentheorie, C.T.] verfügbaren Mitteln.
>
> POHLERS, *An Introduction* [1992], 163[31]

Pohlers nimmt hier nur auf (HP2b) Bezug, den eigentlichen Widerspruchsfreiheitsbeweis, während die beiden anderen Schritte, die Formalisierung der Mathematik (HP1) und die Abgrenzung der finiten Methoden (HP2a), nicht erwähnt werden. Wenn man sich von vornherein nur noch auf formale Systeme bezieht, liegt es nahe, dies als eine neue Auffassung von Mathematik zu interpretieren, die Züge einer formalistischen Philosophie der Mathematik trägt. Man muss aber klar sagen, daß dies jedenfalls nicht der Standpunkt Hilberts war – auch wenn er für eine solche Auffassung mit seinem axiomatischen Denken den Weg geebnet hat. Hilberts Konzeption seines Programms setzte bei einer nicht-formalen, inhaltlichen Mathematik an und wollte die Widerspruchsfreiheit formaler Systeme gerade beweisen, *um* damit die Widerspruchsfreiheit der herkömmlichen informellen Mathematik abzusichern. Gentzen legte noch entsprechenden Wert auf die Motivation des Formalismus, wenn er schreibt:

> man könnte wohl auch gleich ein fertiges formales System hinschreiben; doch scheint mir, daß damit ein wesentlicher Teil des Gesamtzusammenhanges unter den Tisch fällt.
>
> GENTZEN, *Neue Fassung* [1938b], 19

Wie auch immer man es deuten mag, daß als zu behandelnde Theorien nur noch die Formalisierungen (und nicht die zu formalisierenden informellen Theorien) in Betracht kommen: Die in diesem Zusammenhang vorgenommene Identifikation der finiten Methoden („*finite means*") mit solchen, die innerhalb der formalen Zahlentheorie verfügbar sind, verschließt jedenfalls den Weg, den Bernays, Gentzen und andere vorgeschlagen hatten. Deren Weg hatte seine eigene Schwierigkeit mit der Gefährdung von (HP1), die aber als von begrenztem Gewicht nachgewiesen wurde.

Alle hier diskutierten Positionen haben gemeinsam, daß sie eine Art von „Bedrohung" des HP durch die Gödelsätze sehen. Muß dies so gesehen werden? Wie ist überhaupt der argumentative Zusammenhang zwischen Gödels Resultaten und Hilberts Programm? – Dies soll in den folgenden beiden Abschnitten diskutiert werden. Allerdings gibt es einen wichtigen Unterschied zwischen beiden Gödelsätzen, der die Voraussetzungen an eine Theorie betrifft, die sie erfüllen muß, um unter die Aussage der Sätze zu fallen. Für den ersten Unvollständigkeitssatz kommt es im Wesentlichen darauf an, *was* die entsprechende Theorie beweisen kann, d. h. auf ihren *Gehalt*.[32] Will man den intuitiven Begriff der „Stärke"

---

[31] Das englische Original lautet: „It [= der zweite Unvollständigkeitssatz] destroyed the so-called Hilbert's programme which was initiated by David Hilbert. Aim of this programme was that it should be possible to prove the consistency of any given (mathematical) theory by finite means, i.e. means available in NT."

[32] Vgl. DETLEFSEN, *Alleged Refutation* [1990], 365–368.

hier verwenden, könnte man sagen, daß es für die Gültigkeit des ersten Unvollständigkeitssatzes nur darauf ankommt, daß die betreffende Theorie stark genug ist. Eine Theorie, die genug rekursive Arithmetik enthält, um die Menge ihrer eigenen Theoreme kodieren zu können, „verfällt" dem „Urteil" des ersten Unvollständigkeitssatzes. Um den zweiten Gödelschen Unvollständigkeitssatz für eine Theorie beweisen zu können, muß der Theoriebegriff hingegen restriktivere Voraussetzungen erfüllen. Daher werden im Folgenden die Herausforderungen der beiden Gödelschen Unvollständigkeitssätze für das HP getrennt diskutiert, und zwar zunächst die von dem zweiten Unvollständigkeitsatzes ausgehenden (14.4), weil dieser mit der Formel $Kons_{Ax}$ direkter das Ziel des HP – die Beweisbarkeit der Konsistenzaussage – zu betreffen scheint (obwohl die im ersten Unvollständigkeitssatz als unbeweisbar nachgewiesene Formel beweisbar äquivalent zur Konsistenzaussage ist) und weil die, welche vom ersten Unvollständigkeitssatz ausgehen (14.5), die allgemeineren sind, die auch bei einem Ausfall der ersteren noch gelten könnten.

14.4 Gödel-2 gegen HP

Nach dem zweiten Gödelschen Unvollständigkeitssatz ist eine bestimmte Formel, die die Konsistenz der betrachteten Theorie „ausdrückt", in der Theorie selbst nicht beweisbar, wenn die Theorie denn konsistent ist. Wie oben schon angedeutet scheint ein direkter Zusammenhang mit dem HP auf der Hand zu liegen. Wie sieht dieser Zusammenhang nun genauer aus?

Ein Standardargument geht zur Widerlegung des Hilbertprogramms in folgenden Schritten vor.[33] Dabei sei immer T eine für Gödel-2 geeignete Theorie (d. h. axiomatisierbar und die Zahlentheorie bzw. ein Äquivalent enthaltend).

Gödel-2 gegen HP, Standardargument

(1) Ist T konsistent, so gibt es eine $\mathcal{L}_T$-Formel $Kons_T$ mit $T \nvdash Kons_T$.   (Gödel-2)
(2) Die Formel $Kons_T$ drückt die Konsistenz von T aus.   (Bau von $Kons_T$)

---

[33] Methodologisch ist es natürlich ein Problem, im Folgenden ein Argument darzustellen und zu kritisieren, das nur eines unter vielen sein muß. Ein solches Vorgehen kann aber zumindest das Verdienst bringen, grundsätzliche Probleme mit solchen Argumenten exemplarisch zu verdeutlichen und damit einen Problemstand zu markieren, mit dem zukünftige Ansätze ähnlicher Argumentationen umgehen müssen. – Ähnlich, nämlich durch Behandlung eines „Standardarguments" verfährt auch Michael Detlefsen, der als einer der wenigen Autoren kritisch fragt, wie denn überhaupt für ein Scheitern des HP ausgehend von den Gödelsätzen argumentiert werden kann. Seine Argumentation enthält allerdings viele Elemente seiner instrumentalistischen Auffassung des HP, die man nicht teilen muß (vgl. hierzu im ersten Teil Kap. 8), und geht bei der Rekonstruktion des Standardarguments derart kleinschrittig vor, daß die Übersicht leidet. Dennoch haben die folgenden Ausführungen und Analysen eine gewisse Ähnlichkeit mit den Ergebnissen in DETLEFSEN, *Hilbert's Program* [1986].

> (3) Wenn eine $\mathcal{L}_T$-Formel ϕ etwas finit Beweisbares *ausdrückt*, so ist ϕ in T beweisbar.
> (4) Wenn T konsistent ist, dann läßt sich dies nicht finit beweisen. (aus 1, 2, 3)

Schritt (4) soll in diesem Argument aus (1), (2) und (3) folgen, und zwar in etwa so: Wenn T konsistent ist, dann ist die Formel $Kons_T$ nach (1) nicht in T beweisbar. Sie drückt nach (2) aber die Konsistenz von T aus. Wäre die Konsistenz von T nun finit beweisbar, so müßte nach (3) $Kons_T$ in T beweisbar sein. Da dies nicht der Fall ist, kann die Konsistenz von T nicht finit beweisbar sein.

Dieses Argument scheint gültig zu sein, enthält jedoch einen versteckten argumentationslogischen Defekt, der mit einer Ambiguität der Relation des *Ausdrückens* zusammenhängt. Diese Ambiguität wird deutlicher, wenn man die logische Struktur des Arguments stärker herausarbeitet. Die fragliche Relation des Ausdrückens wird in der folgenden Rekonstruktion als *Ausdr* notiert und besteht zwischen gewissen finiten Aussagen A und $\mathcal{L}_T$-Formeln ϕ.[34] „$Ausdr(\phi, A)$" bedeutet danach also: „ϕ drückt A aus". Als weitere Kurzschreibweise soll „$Fin \vdash A$" andeuten, daß die finite Aussage A finit beweisbar ist – ohne daß damit ein formales System *Fin* oder ein formaler Ableitungsbegriff des Finitismus gemeint wäre; es soll hier nur eine abkürzende Schreibweise sein. Dann sieht das Argument folgendermaßen aus:

> **Gödel-2 gegen HP, Standardargument, explizite Version**
>
> (1) T konsistent $\Rightarrow (\exists \psi \in \mathcal{L}_T)\big(T \nvdash \psi \wedge Ausdr(\psi, "T \text{ ist konsistent}")\big)$.
> (2) $(\forall \phi \in \mathcal{L}_T)\big(\exists A(Ausdr(\phi, A) \wedge Fin \vdash A) \Rightarrow T \vdash \phi\big)$.
> (3) T konsistent $\Rightarrow Fin \nvdash "T \text{ ist konsistent}"$. (aus 1,2)

Auch in dieser Gestalt des Arguments sieht es zunächst so aus, als ob es schlüssig wäre: Setzt man einmal grundsätzlich voraus, daß T konsistent ist, so erhält man aus den Gödelsätzen eine bestimmte Formel ψ (d. h. $Kons_T$), die in T nicht beweisbar ist (1). Aus der Kontraposition von (2) folgt, daß es kein finit beweisbares A gibt, das von dieser Formel ψ ausgedrückt wird. Nach (1) drückt sie aber „T ist konsistent" aus. Ergo kann „T ist konsistent" nicht finit beweisbar sein.

Das eigentliche Problem liegt nun in der Mehrdeutigkeit des Ausdrucks „ausdrücken", und zwar nicht auf der Ebene der Relata einer Relation des Ausdrückens. (Die Tatsache, daß ein und dasselbe finite „Faktum" von verschiedenen Formeln ausgedrückt werden kann,

---

[34] Das Argument ist nicht auf finite *Aussagen* festgelegt. Man könnte auch von Fakten, Sachverhalten oder sonst etwas sprechen. Wichtig ist für die folgenden Überlegungen nur, daß man auf diese Entitäten die Prädikate „wird durch eine Formel ϕ ausgedrückt" und „kann finit bewiesen werden" anwenden kann.

14.4 Gödel-2 gegen HP

ist solange unproblematisch, wie die Vollständigkeitsforderung (2) gilt, denn dann kann es nicht dazu kommen, daß ein und dasselbe finit beweisbare Faktum von zwei verschiedenen Formeln ausgedrückt wird, von denen die eine beweisbar und die andere unbeweisbar wäre.) Das Problem ist, daß zwei verschiedene Relationen des Ausdrückens vorausgesetzt werden müssen, damit die beiden Prämissen (1) und (2) plausibel sind.

Zunächst haben wir es in (2) mit einer Standard-Relation des Ausdrückens zu tun, nennen wir sie „$Ausdr_1$". Nach dieser Relation drückt die Formel „$2 + 2 = 4$" aus$_1$, daß $2 + 2 = 4$ ist. Versteht man „$Ausdr$" in Prämisse (2) im Sinne von $Ausdr_1$, so ist Prämisse (2) eine relativ plausible Vollständigkeitsforderung: Das formale System T soll eine formale Zahlentheorie umfassen, und formale Systeme für die Zahlentheorie sind so gebaut, daß die Formalisierungen eines sehr großen Bereichs der informellen Zahlentheorie in ihnen beweisbar sind. Insbesondere darf man das also von dem wesentlich beschränkteren Bereich der finiten Aussagen der Zahlentheorie annehmen.

Im Zusammenhang von Gödel-2 (Prämisse (1)) ist auch von „Ausdrücken" die Rede (die Formel $Kons_T$ drücke die Konsistenz von Ax aus), womit aber eine andere Relation als $Ausdr_1$ gemeint ist. Nach der Standard-Relation $Ausdr_1$ drückt die zahlentheoretische[35] Formel $Kons_T$ aus, daß es eine bestimmte natürliche Zahl mit einer primitiv-rekursiven Eigenschaft von Zahlen nicht gibt, nämlich keine Zahl mit der Eigenschaft, in einer bestimmten Codierung ein Code eines T-Beweises eines Widerspruchs zu sein. Insbesondere drückt $Kons_T$ also nicht aus$_1$, daß T konsistent ist. In Gödel-2 (Prämisse (1)) wird „$Ausdr$" also im Sinne einer anderen, Nicht-Standard-Relation $Ausdr_2$ verwendet, die gewissermaßen die Codierung metamathematischer Eigenschaften enthält. Zwar sind bei der Gödelisierung arithmetische Prädikate so eingeführt worden, daß das formale Beweisprädikat auf eine Zahl x genau dann unter Interpretation im Standardmodell zutrifft, wenn x der Code eines T-Beweises ist – aber eben dessen Code. Nach der gewöhnlichen Relation des Ausdrückens drückt das Zutreffen des Beweisprädikats auf x eine bestimmte zahlentheoretische Eigenschaft von x aus$_1$ (daß x sich etwa in Potenzen gewisser Primzahlen zerlegen läßt o.ä.). Für ein Argument, das von den Gödelsätzen ausgehend eine Folgerung für das Hilbertprogramm ziehen will, ist es aber eine zweite Relation des Ausdrückens entscheidend, derzufolge das Zutreffen des Beweisprädikats auf x außerdem ausdrückt$_2$, daß x der Code einer in einem bestimmten arithmetischen Formalismus beweisbaren Formel ist. Im Sinne dieser Nicht-Standard-Relation $Ausdr_2$ kann man also sagen, $Kons_T$ drücke die Widerspruchsfreiheit von T aus$_2$. Im Sinne von $Ausdr_2$ drückt „$2 + 2 = 4$" jedoch, wenn es überhaupt etwas ausdrückt$_2$, etwas ganz anderes aus$_2$, als daß $2 + 2 = 4$ ist, nämlich wo-

---

[35] Das oben Gesagte gilt auch für nicht-zahlentheoretische formale Systeme T, etwa für Mengenlehren, in denen man die Voraussetzung von Gödel-2, genügend Zahlentheorie zu „enthalten", problemlos erfüllen kann, insofern Zahlentheorien in diese Mengenlehren einbettbar sind. Genauer müßte man also davon sprechen, daß es sich bei $Kons_T$ um eine „T-theoretische" Formel handelt, d.h. um eine Formel, die man standardmäßig so auffaßt, daß sie über diejenigen Objekte spricht, über die die Theorie T spricht. Die Zahlentheorie stehe exemplarisch dafür – was sich auch deswegen nahelegt, weil die Gödelisierungen tatsächlich meist in (eingebetteter oder direkt vorhandener) Zahlentheorie durchgeführt werden.

möglich irgendetwas über Beweisbarkeit in einem Axiomensystem für die Zahlentheorie oder vielleicht, daß die Formel p die Gestalt $q \wedge q$ hat.[36]

Zusammengefaßt haben wir also zwei Relationen des Ausdrückens zu unterscheiden, eine Standard-Relation $Ausdr_1$, nach der „2 + 2 = 4" ausdrückt$_1$, daß 2 + 2 = 4 ist, und $Kons_T$ ausdrückt$_1$, daß es eine bestimmte natürliche Zahl mit einer primitiv-rekursiven Zahleneigenschaft nicht gibt, und eine Nicht-Standard-Relation $Ausdr_2$, nach der „2 + 2 = 4" womöglich eine metamathematische Eigenschaft gewisser Formeln ausdrückt$_2$ und nach der $Kons_T$ die Widerspruchsfreiheit von T ausdrückt$_2$. In Gödel-2 (Prämisse (1)) wird die Relation $Ausdr_2$ beansprucht. Prämisse (2) stellt jedoch nur für $Ausdr_1$ eine plausible Vollständigkeitsforderung dar: Wie oben argumentiert wurde, ist es plausibel anzunehmen, daß T alle finit beweisbaren Zahlgleichungen beweist. Warum aber sollten alle Formeln, die finiten Aussagen im Nicht-Standard-Sinne ausdrücken$_2$, in der gegebenen Theorie T beweisbar sein?

Erst die metamathematische Interpretation des Gödelsatzes (der unbeweisbaren Formel) stellt einen Zusammenhang her zwischen der zahlentheoretischen Ebene und der Ebene finiter metamathematischer Aussagen. Man könnte nun versuchen, für These (2) dadurch zu argumentieren, daß man sich darauf beruft, daß die objekttheoretischen Konstrukte doch gerade so gebaut seien, daß sie sich teilweise analog zu den metamathematischen Begriffen verhalten. Man würde für die Rechtfertigung einer Voraussetzung wie (2) aber viel mehr benötigen. Die Modellierung der metasprachlichen Begriffe in der Objekttheorie dürfte im Wesentlichen nur auf eine Weise möglich sein (das ist schon nicht einzusehen, und man kann sogar Beispiele angeben, die das Gegenteil zeigen), *und* die Objektbegriffe müßten sich nicht nur *teilweise*, sondern *vollständig* so verhalten, wie die metamathematisch-finiten Begriffe. Logisch gesprochen: der Allquantor über alle Formeln ist in (2) unverzichtbar.

Daß (2) unplausibel ist, sieht man auch an folgendem, etwas überspitzt formulierten Szenario: Wenn es zulässig ist, daß in einer Relation des Ausdrückens Codierungen enthalten sind, könnten $\mathcal{L}_T$-Formeln beispielsweise dadurch finite Aussagen „ausdrücken", daß sie die Form von Konjunktionen haben, deren erstes Glied tatsächlich eine irgendwie gegebene, „vernünftige" formale Übersetzung * der finiten Aussage ist und deren zweites Glied einfach ein logischer Widerspruch ist. Eine Formel ϕ würde dann eine finite Wahrheit W genau dann ausdrücken, wenn sie die Gestalt $\phi \equiv W^* \wedge (\mathfrak{A} \wedge \neg \mathfrak{A})$ hat. Die meisten Anforderungen, die man sonst an die Relation des „Ausdrückens" stellen ließen, werden sich auch bei einer solchen Konstruktion leicht erfüllen lassen, in dem man die Projektion auf die erste Komponente einer Formel dazwischenschaltet. Aber es wäre abwegig, von solchen Formeln zu fordern, daß sie in T beweisbar wären.

Die Prämisse (2) ist damit als unplausibel zurückzuweisen. Aber könnte man nicht versuchen, ohne sie auszukommen? Das Argument würde wieder starten wie oben: Aus (1) erhält man eine Formel ψ mit den zwei Eigenschaften (a) sie ist nicht in T beweisbar und

---

[36] Faktisch sind die Zahlgleichungen, die solche metamathematischen Aussagen kodieren, wesentlich komplexer als „2 + 2 = 4". Diese einfache Gleichung dient hier nur Illustrationszwecken.

14.4 Gödel-2 gegen HP

(b) sie steht in dieser speziellen Relation $Ausdr_2$ zu „T ist konsistent". Um von diesen Ausgangsdaten jedoch dahin zu gelangen, daß „T ist konsistent" nicht finit beweisbar ist, müßte man aus der Annahme der finiten Beweisbarkeit von „T ist konsistent" einen Widerspruch zu dem herleiten können, was man bis jetzt hat. Und das sind nur die beiden Fakten (a) und (b). Für einen Widerspruch zu (b) besteht dabei kaum Aussicht auf Erfolg, denn die finite Beweisbarkeit von „T ist konsistent" ist gewissermaßen eine „Finitismus-interne" Frage, während das Bestehen der Relation $Ausdr_2$ zwischen „T ist konsistent" und einer Formel von externen Faktoren bestimmt wird. Dies macht zumindest plausibel, daß höchstens ein Widerspruch gegen (a) in Frage käme. Und das kann nur gelingen, wenn eine Forderung wie (2) sichert, daß tatsächlich alles, was in dieser speziellen Ausdrücksrelation mit einem finiten Faktum stünde, auch T-beweisbar ist. Ein Argument dieser Art wird daher ohne die unplausible Forderung (2) nicht auskommen können.

Dieses Problem für Gödel-2-Argumente ist äußerst schwerwiegend, denn es ist kein plausibler Ersatz für die zurückgewiesene Voraussetzung (2) in Sicht. Untersuchungen aus der Zeit um 1960 haben im Gegenteil gezeigt, daß man andere Relationen des Ausdrückens angeben kann, nach denen der zweite Unvollständigkeitssatz nicht gilt. Kurt Gödel selbst hat erst 1966 in einer Fußnote zu der Möglichkeit Stellung genommen, daß gewisse, sogar sehr starke Systeme, unter Umständen „ihre eigene Konsistenz" beweisen können.[37] Nach Feferman[38] ist diese Bemerkung Gödels auf die Erforschung des Zusammenhangs zwischen Gödel-2 und der (Re-)Präsentation der betrachteten Theorien zu beziehen. Forschungen von Takeuti (1955), Feferman (1960) und Kreisel (1965) haben gezeigt, daß es zu Theorien T alternative Präsentationen geben kann, die dieselben Theoreme beweisen wie T, die aber im Sinne von Gödel-2 ihre eigene Konsistenz beweisen.[39] Bezeichnet man die gewöhnliche Repräsentation von T mit τ, so ist das Gödelsche Resultat, daß die Formel $Kons_\tau$ nicht in T beweisbar ist. Es gibt allerdings Alternativrepräsentationen τ^* von T, sodaß T die Formel $Kons_{\tau^*}$ durchaus beweist. Auch von dieser Formel läßt sich in einem vernünftigen Sinne sagen, daß sie die Konsistenz von T „ausdrückt", denn τ^* repräsentiert dieselbe Theorie wie τ und die Konsistenzformel $Kons_{...}$ ist analog gebildet (modulo des Unterschieds zwischen τ und τ^*). Also ist $Kons_{\tau^*}$ ein Beispiel für eine Formel, von der man sagen kann, daß sie die Konsistenz von T „ausdrückt" (allerdings natürlich wieder in einem anderen Sinne von „ausdrücken"), und die dennoch in T beweisbar ist. – Es ist also keines-

---

[37] Es handelt sich um eine Fußnote zur englischen Übersetzung seiner Arbeit GÖDEL, *Vollständigkeit und Widerspruchsfreiheit* [1932b], nämlich GÖDEL, *Completeness* [1967], die 1972 als eine der *Bemerkungen zu den Unentscheidbarkeitsresultaten* einzeln erneut abgedruckt wurde; vgl. GÖDEL, *Some Remarks* [1972a], 305. – Es ist allerdings schon etwas überraschend, daß Gödel erst 1966 eine entsprechende Einsicht geäußert hat. In seinen vorherigen Publikationen schreibt er durchgehend, daß die Konsistenz eines Systems nicht in dem System selbst beweisbar sei, identifiziert diese Formulierung also mit seinem eigentlichen Resultat, daß nämlich in einem System eine Formel, die in bestimmtem Sinne die Konsistenzbehauptung des Systems „ausdrückt", nicht beweisbar ist.

[38] FEFERMAN, *Gödel 1972a* [1990], 282.

[39] TAKEUTI, *GLC* [1955]; FEFERMAN, *Arithmetization* [1960]; KREISEL, *Mathematical Logic* [1965]; vgl. auch FEFERMAN, *Gödel 1972a* [1990], 282–283.

wegs selbstverständlich, daß aus Unbeweisbarkeit-in-T der speziellen Gödelschen Formel $Kons_T$ für ein formales System T folgen würde, daß alle Formeln, die die Konsistenz von T „ausdrücken", ebenfalls nicht in T beweisbar sind.

Das Standardargument von Gödel-2 gegen das HP ist damit ernsthaft in Frage gestellt.

14.5 Gödel-1 gegen HP

Verschiedene Autoren behaupten, daß nicht erst der zweite, sondern schon der erste Gödelsche Unvollständigkeitssatz das HP zu Fall bringen würde. Exemplarisch für diese Positionen ist ein Argument Smorynskis, das in diesem Abschnitt kritisch analysiert werden soll.[40]

Smorynskis Argument macht entscheidend Gebrauch von der real/ideal-Unterscheidung.[41] Er münzt sie aus als Unterscheidung zweier formaler Systeme, nämlich einer „finiten Theorie" S und einer „idealen Theorie" T, die genau wie die zugrundeliegenden formalen Sprachen in einem Teilmengenverhältnis stehen sollen: Ideale Theorie und Sprache umfassen die finite Theorie und Sprache.[42]

Das Argument geht davon aus, daß das Ziel des Hilbertprogramms im Beweis einer Konservativitätsaussage der folgenden Art besteht:

(Konserv) Ist ϕ eine reale Aussage und $T \vdash \phi$, dann $S \vdash \phi$. (D.h. bezüglich der realen Sprache ist T konservativ über S.)

Das Ziel des Arguments ist zu zeigen, daß T keineswegs konservativ über S bzgl. der realen Sprache sein kann. Zum Einsatz kommt dabei der erste Gödelsche Unvollständigkeitssatz samt einem Zusatz darüber, daß die unentscheidbare Formel „als wahr einsehbar" sei:[43]

(Gödel-1) *Zu jedem konsistenten Axiomensystem Ax, das die Zahlentheorie (oder gleich: PA) umfaßt, gibt es einen unentscheidbaren Satz ϕ, d. h. Ax beweist weder ϕ noch $\neg \phi$, und dieser (reale) Satz ist „als wahr einsehbar".*

sowie eine Vollständigkeitsforderung der folgenden Art:

(Vollst) *Ist ein realer Satz ϕ „als wahr einsehbar", so beweist ihn die ideale Theorie T, d. h. $T \vdash \phi$.*

---

[40] Vgl. SMORYNSKI, *Self-Reference* [1985]; SMORYNSKI, *Hilbert's Programme* [1988].
[41] Vgl. auch im ersten Teil Kap. 7
[42] Eigentlich unterscheidet Smorynski von der realen und der idealen Mathematik auch noch eine dritte Gruppe von Sätzen, die finiten generellen Propositionen. Detlefsen hat jedoch überzeugend gezeigt, daß diese Dreiteilung dem HP nicht adäquat ist und letztlich von einer Fehlinterpretation der Hilbertschen Texte durch Smorynski herrührt, vgl. DETLEFSEN, *Alleged Refutation* [1990], 346–357.
[43] Was „als wahr einsehbar zu sein" heißt, soll hier gar nicht genau bestimmt werden. Es ist nur wichtig, daß hier mindestens das steht, was in der Prämisse der folgenden Vollständigkeitsforderung (Vollst) wieder auftritt.

14.5 Gödel-1 gegen HP

Schenkt man Smorynski für den Augenblick den problematischen Übergang von der unentscheidbaren Formel zu einer realen Aussage, so läßt sich mit diesen beiden Voraussetzungen nun in der Tat an sein Ziel gelangen: Nach (Gödel-1) gibt es zu S den Gödelsatz G_S mit $S \nvdash G_S$. Dieser Gödelsatz ist „als wahr einsehbar", denn er bedeutet inhaltlich (Übergang von G_S zu realem Satz!) ja genau das, was durch (Gödel-1) gezeigt wurde: Daß er selbst, also G_S nicht in S beweisbar ist. Aus (Vollst) folgt dann aber, daß $T \vdash G_S$. Damit ist der reale Satz G_S jedoch ein Gegenbeispiel zu (Konserv), denn für ihn gilt $T \vdash G_S$ und $S \nvdash G_S$. Die ideale Theorie T ist also nicht konservativ über S.

Das Ziel des HP wäre also als unerreichbar nachgewiesen, wenn man neben (Gödel-1) die Vollständigkeitsforderung an die ideale Theorie erheben und das HP als Konservativitätsprogramm auffassen würde. Für beides gibt es jedoch keinen triftigen Grund.

Erstens muß man die Vollständigkeitsforderung fallen lassen, denn, so argumentiert Michael Detlefsen,[44] es ist nicht einzusehen, warum man von der idealen Theorie fordern sollte, soviel mehr reale Sätze zu entscheiden, als die reale Theorie es tut. Der erkenntnistheoretische „Clou" der realen Theorie soll ja ihre Verläßlichkeit, ihre „epistemische Autorität" sein.[45] Sie hat daher als letzter „Entscheider" über die Wahrheit oder Falschheit finiter Aussagen zu gelten. Das heißt aber umgekehrt, daß dort, wo sie nichts entscheidet, auch von einer idealen Theorie keine Entscheidung eingefordert werden muß. Diese Entscheidung auf Seiten der idealen Theorie dennoch zu verlangen, ist eine unzulässige Forderung. Eine solche Last dem HP aufzuladen und mit ihrer Hilfe sein Scheitern zu „beweisen", kommt einer *petitio principii* nahe.

Außerdem paßt es auch zu Hilberts Parallelisierung der Unterscheidungen ideal/real in der Beweistheorie und Theorie/Beobachtung in den Naturwissenschaften besser, die Vollständigkeit nicht zu fordern. Denn schließlich verlangt man von einer naturwissenschaftlichen Theorie auch nicht, daß sie alle möglichen Fragen entscheidet, die in der Sprache der beobachtbaren Welt formuliert sind. Denn dann würde man von der Theorie fordern, nicht nur Fragen zu entscheiden, die durch Beobachtung nicht entschieden werden, sondern sogar solche, die (wie in dem Fall, der dem eines Gödelsatzes analog wäre) durch Beobachtung gar nicht entschieden werden *können*.[46]

Schließlich ist die Vollständigkeitsbedingung letzten Endes nur eine Abwandlung der im Zusammenhang der Argumentation mit Gödel-2 schon zurückgewiesenen Prämisse,

---

[44] Vgl. DETLEFSEN, *Alleged Refutation* [1990].
[45] „Epistemic authority", vgl. DETLEFSEN, *Alleged Refutation* [1990], 361.
[46] Detlefsen hält es dagegen für ausgemacht, daß hier eine Grenze der Hilbertschen Analogie Beweistheorie/naturwissenschaftliche Theorie erreicht sei. Während in der Naturwissenschaft eine „soundness condition" (d. h. daß die Theorie nichts der Beobachtung Widersprechendes zur Folge haben darf) eine „conservation condition" (d. h. daß die Theorie nichts Nicht-Beobachtbares zur Folge haben darf) nach sich ziehe, gebe es für einen derartigen Zusammenhang in der Beweistheorie keine Gründe. Vgl. die sehr knappe Formulierung DETLEFSEN, *Alleged Refutation* [1990], 358–359. – Demgegenüber wird hier die Position vertreten, daß dieser Punkt sehr wohl noch im Bereich von Hilberts Analogie liegt und es eigentlich keinen Grund dafür gibt, von einer naturwissenschaftlichen Theorie zu verlangen, alle in Beobachtungssprache formulierten Sätze zu beweisen.

daß alle Formeln, die etwas finit Beweisbares in irgendeinem Sinne „ausdrücken" auch in T beweisbar sein müßten. „Als wahr einsehbar" verschleiert diesen Zusammenhang dadurch, daß der Übergang zu einer inhaltlichen Aussage und deren Wahrheit nicht explizit gemacht wird. Genau dies ist aber gemeint: die Formel soll sich so deuten lassen, daß sie eine Wahrheit *ausdrückt*. Damit aber ist die Ambiguität des „Ausdrückens" wieder im Boot und die Forderung, daß alle Formeln, die diese Interpretierbarkeit gemäß irgendeiner Relation des Ausdrückens besitzen, auch in der idealen Theorie beweisbar sein müßten, muß als unplausibel zurückgewiesen werden.

Zweitens muß man fragen, ob mit der Konservativitätsforderung das Ziel des HP korrekt beschrieben wird. Damit wird sich der folgende Abschn. 14.6 detaillierter beschäftigen. Wenn aber die Konservativitätsforderung *nicht* dem HP entspricht, dann liegt in Smorynskis Argument auch darin so etwas wie eine *petitio principii* vor. Man fordert mit der Konservativität ein bestimmtes Nichtwissen von T und verlangt zugleich durch die Vollständigkeitsforderung, daß T eine Aussage, die in diesen Bereich des Nichtwissens fällt, entscheiden müsse. Man hat damit weniger einen Widerspruch in Hilberts Programm nachgewiesen, als vielmehr einen Widerspruch in den Annahmen, die man einem Verständnis des Programms zugrundegelegt hat.

14.6 Das HP als Konservativitätsprogramm?

Für eine abschließende Beurteilung des oben diskutierten Arguments Smorynskis hat es sich als mitentscheidend herausgestellt, ob das Hilbertprogramm als ein Konservativitätsprogramm verstanden werden kann oder gar verstanden werden muß. Und in der Tat findet man in der Literatur häufig die Darstellung des Hilbertprogramms als eines Konservativitätsprogramms.[47] Diese Frage soll in diesem Abschnitt nun detaillierter geprüft werden, und zwar zunächst anhand von Hilberts entsprechenden Äußerungen (14.6.1), und dann im Rahmen der Diskussion eines bestimmten Arguments, das zeigen soll, daß Hilbert ein Konservativitätsprogramm verfolgt hat (14.6.2).

14.6.1 Hilbert zur Frage der Konservativität

Zum Beleg der Ansicht, daß Hilbert ein Konservativitätsprogramm verfolgt habe, werden meistens zwei Stellen aus seinem Vortrag *Über das Unendliche* herangezogen, die die deutlichsten Stellungnahmen Hilberts zu dieser Frage darstellen. Die eine Stelle steht im Zusammenhang mit seinen Erörterungen der Analogie der idealen Elemente, die andere

---

[47] So behauptet z. B. Michael Rathjen, daß sich hinter dem Schritt (HP2) ein „vollentwickeltes Konservativitätsprogramm" verberge; vgl. RATHJEN, *Eine Ordinalzahlanalyse* [1992], 4. George und Velleman sind der Ansicht, sogar für den Intuitionisten überzeugend gezeigt zu haben, daß aus finit bewiesener Konsistenz Konservativität über dem Finitismus folge; vgl. GEORGE/VELLEMAN, *Philosophies* [2002], 160.

14.6 Das HP als Konservativitätsprogramm?

ist ein Teil einer Begründung dafür, daß der finite Aufbau der Zahlentheorie mathematisch nicht weit genug kommt.

Die erste Stelle ist folgende:

> Die Erweiterung durch Zufügung von Idealen ist nämlich nur dann statthaft, wenn dadurch im alten engeren Bereiche keine Widersprüche entstehen, wenn also die Beziehungen, die sich bei Elimination der idealen Gebilde herausstellen, stets im alten Bereiche gültig sind.
> HILBERT, *Über das Unendliche* [1926], 179

Sie war in Teil I dieses Buches schon im Zusammenhang mit der Methode der idealen Elemente erörtert worden (vgl. dort Kap. 7). Die sorgfältige Lektüre zeigte, daß sich diese Stelle zwar *cum grano salis* als eine Korrektheitsforderung lesen läßt, aber sicher nicht als Konservativitätsforderung. Die Eliminationsforderung der idealen Elemente bestand in der Forderung nach realer *Gültigkeit* der ideal beweisbaren Formeln und nicht nach ihrer realen *Beweisbarkeit*.

Die zweite Stelle entstammt einem Zusammenhang, in dem Hilbert zeigen will, daß man mit dem finiten Aufbau in der Zahlentheorie nicht weit genug kommt. Denn:

> Die mathematische Wissenschaft ist keineswegs durch Zahlengleichungen erschöpft und auch nicht allein auf solche reduzierbar. Wohl aber kann man behaupten, daß sie ein Apparat sei, der in seiner Anwendung auf ganze Zahlen stets richtige Zahlengleichungen liefern muß.
> HILBERT, *Über das Unendliche* [1926], 171

An dieser Stelle läßt sich zweierlei ablesen. *Erstens* spricht sie gegen instrumentalistische Interpretationen des HP. Wenn sich die Mathematik weder in Zahlgleichungen erschöpft, noch auf Zahlgleichungen reduzierbar ist, dann muß es über Zahlengleichungen hinausgehende Aussagen geben, die als genuin mathematische Aussagen zählen. Ein Bild von Mathematik, das auch die komplexeren Methoden *nur* als einen Apparat sieht, der der effektiveren Gewinnung von Zahlengleichungen steht, ist mit Hilberts Sichtweise nicht kompatibel (vgl. auch das Kapitel zum Instrumentalismus im ersten Teil, Kap. 8).

Dieser erste Punkt spricht jedoch noch nicht definitiv gegen eine Interpretation als Konservativitätsprogramm, denn Konservativität bzgl. Zahlgleichungen wäre ja durchaus mit einer nicht-instrumentalistischen Sicht kompatibel. Es gäbe dann eben idealmathematische Begriffe eigenen Rechts, die sich nicht auf Zahlengleichungen zurückführen lassen und nur für die letzteren wäre ja gefordert, daß die ideale Theorie die reale nicht erweitert.

Zweitens fordert Hilbert in diesem Zitat, daß die Mathematik nur richtige, also keine falschen Zahlengleichungen liefern dürfe. Dies ist wiederum nichts Anderes als eine Korrektheitsforderung: Man kann sozusagen beliebig viele abstrakte Höhenflüge, undurchschaubare Begriffsbildungen und abenteuerliche Existenzannahmen machen, solange durch diese „idealen" Hinzufügungen auf dem Basislevel der Zahlengleichungen *keine falschen* Zahlengleichungen entstehen. Wenn die Theorie nicht alle Zahlengleichungen entscheidet, wäre es also nach Hilberts Standpunkt durchaus denkbar, daß die Hinzufügung abstrakter idealer Elemente zu einer Theorie die Menge der beweisbaren Zahlengleichungen vergrößert.[48]

Der Textbefund bzgl. dieser beiden wichtigsten Belegstellen zur Konservativitätsfrage läßt sich so zusammenfassen: Hilbert spricht sich nicht explizit gegen ein Konservativitätsprogramm aus, aber die gewöhnlich zum Beleg dieser Interpretation herangezogenen Textstellen legen eine solche Interpretation auch nicht nahe.

Der wichtigste Punkt, der dagegen spricht, Hilbert im Sinne einer Konservativitätsforderung zu verstehen, ist sein Vergleich zwischen der Rolle von Beobachtungssätzen in den Naturwissenschaften und der finiten Mathematik im Rahmen seines Programms. Dieser Vergleich wurde schon bei der Auseinandersetzung mit der instrumentalistischen Interpretation des Hilbertprogramms im ersten Teil dieser Arbeit ausführlich thematisiert (vgl. Abschn. 8.2.4). In diesem Zusammenhang wurde dafür argumentiert, daß eine Interpretation des HP als Konservativitätsprogramm dieser Analogie grundsätzlich zuwiderläuft.

In nuce ist hier Folgendes ausschlaggebend: Die Analogie zu den Naturwissenschaften verlangt nach einer Korrektheitsbedingung derart, daß die ideale Theorie T keine Sätze beweist, die durch S widerlegt werden können. Daraus läßt sich die stärkere Konservativitätsbedingung nicht gewinnen, wie man sieht, wenn man beide Prinzipien direkt gegenüberstellt:

(Konserv′)   *Wenn T eine reale Aussage ϕ beweist, dann muß auch S ϕ beweisen.*
(T darf nicht mehr reale Aussagen beweisen als S.)

(Korrekt)   *Wenn S eine reale Aussage ϕ entscheidet – d. h. ϕ oder $\neg\phi$ beweist –, dann muß T sie in derselben Weise entscheiden wie S.*
(T darf reale Aussagen nicht anders entscheiden als S.)

Der Unterschied zwischen beiden Forderungen läßt sich etwas lax, aber dafür prägnant so ausdrücken: Wo S nichts weiß, wird T durch Korrektheit nicht festgelegt, durch Konservativität hingegen zu Nichtwissen gezwungen.[49] Während (Korrekt) durchaus eine vernünftige Forderung ist, kann man für (Konserv′) von der Analogie mit den Naturwissenschaften her keine Unterstützung erwarten – im Gegenteil, wie bei der Instrumentalismus-Diskussion ausgeführt worden ist.

14.6.2 Ein angebliches Argument für die Konservativität

In seinem zweiten Hamburger Vortrag von 1927 führt Hilbert eine interessante Argumentation vor, die zeigt, wie man aus einem finiten Widerspruchsfreiheitsbeweis ein allgemei-

---

[48] Es ist nicht völlig klar, wie eng Hilbert den Begriff der „Zahlengleichung" hier verwenden wollte. Wenn er von „Zahlengleichungen" redet, die sich aus der „Anwendung" des mathematischen „Apparats" ergeben, so könnten auch Gleichungen zwischen geschlossenen zahlentheoretischen Termen gemeint sein. In diesem Fall wäre die Entscheidbarkeit der Zahlengleichungen stark davon abhängig, welche Funktionszeichen in der Sprache zugelassen werden.

[49] Der Einfachheit halber ist in den vorstehenden Überlegungen der Fall der Negation ausgelassen.

14.6 Das HP als Konservativitätsprogramm?

nes Verfahren erhält, um aus einem formalisierten Beweis eines elementar-arithmetischen Satzes einen finiten Beweis zu bekommen.[50] Dieses Argument ist so, wie Hilbert es vorgetragen hat, recht überzeugend. Man muß jedoch auch bei diesem Argument auf seine Grenzen achten und darauf, welche Schlußfolgerungen man aus ihm ziehen kann und welche nicht.

Im Folgenden wird diejenige Darstellung argumentativ rekonstruiert, die George und Velleman Hilberts Argument gegeben haben.[51] Das Argument geht nach dieser Darstellung von einem formalen System realer Mathematik R und einem formalen System idealer Mathematik I aus, wobei die erstere ein Teilsystem von letzterer ist. Der Kürze halber sei für „Q kann finit gerechtfertigt werden" schlicht $Fin \vDash Q$ geschrieben. Die Argumentationsstruktur ist etwa folgendermaßen:

Konservativitätsbeweis von George und Velleman

(1) Für quantorenfreie reale Aussagen A gilt: $Fin \vDash A \Rightarrow I \vdash A$.   (Voraussetzung)
(2) Man kann finit zeigen, daß I widerspruchsfrei ist.   (Voraussetzung)
(3) Es gibt eine quantorenfreie reale Aussage Q, sodaß
    (3a) $I \vdash Q$ und
    (3b) $Fin \vDash \neg Q$.   (Annahme)
(4) $I \vdash \neg Q$.   (nach 1, 3b)
(5) I ist widerspruchsvoll.   (nach 3a, 4)
(6) Man kann finit zeigen, daß $\neg(3)$.   (nach 2, 5)
(7) Für quantorenfreie reale Aussagen A mit $I \vdash A$ gilt: $Fin \vDash A$.   (nach 3, 6)

Der Punkt ist, so schreiben George und Velleman, daß mit den Schritten dieses Arguments ein *finiter Beweis* für jede ideal-beweisbare $\mathcal{L}_R$-Formel A gegeben sei. Dabei gehen jedoch eine Reihe von weiteren Annahmen stillschweigend ein. So benutzt das Argument für den Übergang von (6) zu (7), daß für alle Aussagen Q entweder $Fin \vDash Q$ oder $Fin \nvDash Q$ gilt und daß $Fin \nvDash Q \Leftrightarrow Fin \vDash \neg Q$ ist. Darin ist aber eine Vollständigkeitsforderung einbeschlossen, deren Problematik oben (Abschn. 14.4 und 14.5) schon diskutiert worden ist. Hierbei und noch einmal eigens in (3b) wird vorausgesetzt, daß die Menge der realen Formeln unter Negationsbildung abgeschlossen ist, was im Allgemeinen nicht klar ist.

Aber nehmen wir für den Moment an, daß man hiermit tatsächlich einen korrekten finiten Beweis für jede beliebige quantorenfreie und ideal-beweisbare Aussage A hat. Dann, schlagen George und Velleman vor, kann man dieses Argument auf Formeln mit einem Allquantor erweitern. Ist etwa $\forall x P(x)$ in I beweisbar, so ist auch $P(k)$ für beliebiges k in

---

[50] Siehe HILBERT, *Grundlagen Mathematik* [1928], 14–15; vgl. auch BERNAYS, *Hilberts Untersuchungen* [1935], 216, Fn. 1.
[51] Vgl. GEORGE/VELLEMAN, *Philosophies* [2002], 157–160.

I beweisbar (All-Instantiierung). Da $P(k)$ quantorenfrei ist, folgt nach dem obigen Argument auch, daß $P(k)$ finit beweisbar ist. Und da k beliebig war, soll man damit einen finiten Beweis von $\forall x\, P(x)$ haben. Auch dies ist nicht ohne Weiteres richtig, da der letzte Übergang zu einer allquantifizierten Formel voraussetzten würde, daß k eine freie Variable ist. In Hilberts Finitismus haben wir es, wie gesehen, jedoch mit Mitteilungszeichen für konkrete Zahlzeichen zu tun. Der Übergang von $P(k)$ zu $\forall x\, P(x)$ scheitert in diesem Fall also wieder am ω-Defekt – es sei denn man erklärt eine ω-Regel mit Hilbert (1931) für finit zulässig.

Nehmen wir also für den Moment weiter an, daß man hiermit tatsächlich einen korrekten finiten Beweis für jede ideal-beweisbare Aussage $\forall x\, P(x)$ mit quantorenfreiem $P(x)$ habe. *Damit* sei nun, behaupten George und Velleman, gezeigt, daß aus einem finiten Konsistenzbeweis für *I* die Konservativität von *I* über der finiten Mathematik folgen würde: „*in its full generality*".[52]

Wenn dem so wäre, dann müßte also damit, daß man die Konservativität bezüglich aller Π_1^0-Sätze, also aller Sätze der Form $\forall x\, P(x)$ mit quantorenfreiem $P(x)$ gezeigt hat, schon überhaupt die volle, allgemeine Konservativität einer idealen Theorie *I* über der finiten Mathematik hervorgehen. Dies kann aber nur dann stimmen, wenn man davon ausgeht, daß die Sprache der finiten Mathematik auf Π_1^0-Sätze beschränkt ist, nur dann hat man damit ja alles gezeigt, was man für ein „volles, allgemeines" Konservativitätsresultat zeigen muß.

Wenn aber die finite Sprache auf solche Π_1^0-Sätze beschränkt ist, wie kann man dann in dem obigen Argument einen finiten Beweis für ¬(3) erkennen? Schon (3) ist ja eine Existenzannahme, die in der finiten Sprache nach dem gerade Gesagten gar nicht vorkommt.

Überhaupt stellt sich die Frage, wie der Finitist über „finite Widerlegbarkeit" und „finite Rechtfertigung" so ganz allgemein sprechen können soll, wie es in (3) vorausgesetzt wird. Sicher kann der Finitist über finit-kombinatorische Dinge etwas wissen, etwa darüber, daß eine bestimmte ihm vorliegende Formelkonfiguration ein Beweis einer Formel Q in einem formalen System *I* ist. Aber kann der Finitist etwas über den Finitisten und sein Wissen wissen? Kann er über *Ableitbarkeit* oder *Widerlegbarkeit* etwas wissen? Schließlich handelt es sich um typische Σ_1-Begriffe, die einen unbeschränkten Existenzquantor enthalten.

Man könnte das Problem dadurch zu beheben versuchen, daß man unter realen Aussagen nicht nur die finiten oder Π_1^0-Aussagen versteht, sondern die realen Aussagen als die Π_2^0-Aussagen ansieht.[53] Dann hätte man allerdings die Verbindung zwischen realen und finiten Aussagen gelöst, denn schon Π_1^0-Aussagen sind für Hilbert ja nicht mehr finit, wie oben gesehen.

Eine alternative Lösung könnte darin bestehen, daß man eine klare Trennung zwischen unserer „Außenperspektive" und der Perspektive des „finiten Wissens" zu ziehen versucht. Dann würde man das Problem mit dem Existenzquantor über Q in (3) dadurch umgehen können, daß man ihn der Außenperspektive zuordnet. Stehe also im Folgenden „$FW \vDash$

---

[52] GEORGE/VELLEMAN, *Philosophies* [2002], 160.
[53] Dafür argumentiert z. B. POHLERS, *The First Step* [2009], 354 mit ausdrücklichem Bezug auf Hilberts Analogie zu den Naturwissenschaften.

14.6 Das HP als Konservativitätsprogramm?

„Q"" für: „Der Finitist weiß Q" (die Anführungszeichen dienen erstens der Disambiguierung für den Fall, daß in Q selbst wieder Aussagen mit $\vDash$ oder $\vdash$ vorkommen, und macht zweitens auf den intensionalen Kontext aufmerksam). Alle Behauptungen, die nicht unter einem „$FW \vDash$"-Operator stehen, sind etwas, das wir in der Außenperspektive wissen oder annehmen. Schließlich sei noch die Kurzschreibweise eingeführt, daß $Q \in \mathcal{L}_{qfr}$ dafür steht, daß Q eine quantorenfreie reale Aussage ist. Dann bekommen die Schritte des obigen Arguments folgende Gestalt:

Konservativitätsbeweis von George und Velleman, perspektiviert

(1) $(\forall Q \in \mathcal{L}_{qfr})\, (FW \vDash \text{„}Q\text{"} \Rightarrow FW \vDash \text{„}I \vdash Q\text{"})$. (Voraussetzung)

(2) $FW \vDash \text{„}I$ ist widerspruchsfrei". (Voraussetzung)

(3) $(\exists Q \in \mathcal{L}_{qfr})\, (FW \vDash \text{„}\neg Q$ und $I \vdash Q\text{"})$. (Annahme)

(4) $(\exists Q \in \mathcal{L}_{qfr})\, (FW \vDash \text{„}I \vdash \neg Q$ und $I \vdash Q\text{"})$ (nach 1, 3)

(5) $FW \vDash \text{„}I$ ist widerspruchsvoll" (nach 4)

(6) $\neg(3)$. (nach 2, 5 und Korrektheit/Konsistenz finiten Wissens)

(7) $(\forall Q \in \mathcal{L}_{qfr})\, (FW \nvDash \text{„}\neg Q$ und $I \vdash Q\text{"})$. (nach 3, 6)

(8) $(\forall Q \in \mathcal{L}_{qfr})\, (I \vdash Q \Rightarrow FW \vDash \text{„}Q\text{"})$. (s. u.)

Der Schritt von (6), der Negation von (3), zum Ergebnis (8) wurde hier noch einmal in zwei Schritte unterteilt, da noch eine Zusatzüberlegung nötig ist. Die Negation von (3) ist in (7) angegeben. Um von da aus die Behauptung (8) zu beweisen, sei Q eine quantorenfreie reale Aussage, für die $I \vdash Q$ gilt. Zu zeigen ist dann $FW \vDash \text{„}Q\text{"}$. Aus (7) weiß man, daß $FW \nvDash$ „$\neg Q$ und $I \vdash Q$". Um das zum Beweis von $FW \vDash \text{„}Q\text{"}$ verwenden zu können, muss man annehmen, daß der Finitist auch weiß, daß $I \vdash Q$. Mittels $FW \vDash \text{„}I \vdash Q\text{"}$ kann man dann nämlich aus (7) ableiten, daß $FW \nvDash \text{„}\neg Q\text{"}$. Hierauf kann man dann wieder die beim ersten Ansatz des Arguments diskutierte Vollständigkeits- bzw. Entscheidbarkeitsforderung für das finite Wissen anwenden und erhält $FW \vDash \text{„}Q\text{"}$, was zu zeigen war. Man verwendet also *de facto* sowohl diese Vollständigkeitsforderung als auch die (nicht weiter problematische) Annahme, daß ideale Ableitungsbeziehungen für den Finitisten transparent sind.

Problematischer ist allerdings die Voraussetzung (1) geworden, die man benötigt, um von $FW \vDash \text{„}\neg Q\text{"}$ in (3) zu $FW \vDash \text{„}I \vdash \neg Q\text{"}$ in (4) überzugehen. Hier wird nicht nur eine gewisse Vollständigkeit des idealen Kalküls I vorausgesetzt, sondern zusätzlich, daß der Finitist auch mit dieser Vollständigkeitsinformation ausgestattet ist, die ihm gestattet, bei jeder einzelnen Information, die er weiß, darauf zu schließen, daß sie schon in I beweisbar sein muß. Aber eine solche Annahme läßt sich nicht rechtfertigen. Überhaupt war es schon problematisch, die Notation $FW \vDash \text{„}I \vdash Q\text{"}$ so schnell zugelassen zu haben. Denn „$I \vdash Q$" ist eine Aussage über Beweis*barkeit* und enthält somit einen Existenzquantor, der schon über die Grenzen der finiten Sprache hinausgeht.

Als letzter Ausweg bliebe, unter $FW \vDash \text{\textbf{„}} I \vdash Q\text{\textbf{"}}$ zu verstehen, daß ein konkreter Beweis für Q dem Finitisten vorliege. Aber dann wird es umso unplausibler, eine Voraussetzung wie $FW \vDash$ „Wenn Q, dann $I \vdash Q$" zu machen, denn wie sollte der Existenzquantor aus „$I \vdash Q$" dann noch in der Weise „extern" gelesen werden können, daß dem Finitisten schlicht ein konkreter Beweis von Q vorliege, wenn Q selbst als Variable auftritt? Und Q muß in dieser Voraussetzung variabel sein, damit der Schritt von (3) nach (4) gelingen kann, schließlich muß der Übergang für jedes mögliche Existenzbeispiel von Q abgedeckt sein.

Die vorstehenden Überlegungen zeigen die Ausweglosigkeit des Versuchs, dem Argument von George und Velleman einen präzisen Sinn abzugewinnen, demzufolge es Aussichten hätte, ein gültiges Argument zu sein. Selbst das Sich-Einlassen auf die Vermischung der verschiedenen Ebenen, die in diesem Argument vorgenommen werden und das Schenken problematischer Übergänge, half nicht viel. So wurde beispielsweise die systematische Ambiguität der Formulierung, daß „Q finit gerechtfertigt werden kann", übergangen. Ist dies im semantischen Sinne gemeint, warum sollte dann I alle Formeln Q mit $Fin \vDash$ „Q" beweisen müssen? Und ist es im syntaktischen Sinne gemeint, wie läßt sich dann überhaupt das *Tertium non datur* $Fin \nvDash$ „Q" $\Leftrightarrow$ $Fin \vDash$ „$\neg Q$" rechtfertigen? Dieses *Tertium non datur* kann ja überhaupt nur gelten, wenn Q quantorenfrei und variablenfrei ist, denn anderenfalls hätte man Schwierigkeiten aufgrund der Nicht-Negationsfähigkeit finiter Universalaussagen. Damit gelangt man schließlich zu dem letzten, schon im ersten Durchgang benannten Problem mit Georges und Vellemans Argument: Wenn nämlich das betrachtete Q variablenfrei sein muß, dann haben sie bei ihrem angeblichen finiten Beweis für $\forall x\, P(x)$ in Wirklichkeit nur für alle Zahlzeichen $\mathfrak{z}$ gezeigt, daß $P(\mathfrak{z})$. Das als ω-Unvollständigkeit bekannte Phänomen ist aber, daß daraus im Allgemeinen *nicht* wie behauptet $\forall x\, P(x)$ folgt.

Hilberts ursprüngliches Argument beinhaltet zwar auch gewisse Vagheiten, diese sind aber bei weitem nicht so gravierend. Er hat nicht behauptet, einen Konservativitätsbeweis zu führen, sondern er hat schlicht einen konkreten Beweis einer konkreten Aussage zu einem konkreten finiten Beweis umgeformt.[54] Hilbert geht in seinem Argument zunächst von der Annahme aus, es läge ein finiter Beweis einer Aussage der Form $\phi(\mathfrak{z})$ für ein bestimmtes Zahlzeichen $\mathfrak{z}$ vor.[55] Von diesem Beweis wird angenommen, daß man ihn auf der idealen Seite nachbauen kann. Sodann wird der ideale Beweis des dem widerstreitenden Allsatzes $\forall x\, \neg \phi(x)$ durch eine All-Spezialisierung der Form $\neg \phi(\mathfrak{z})$ für dasselbe $\mathfrak{z}$ verlängert, woraus sich der gesuchte Widerspruch ergibt, der aber laut finitem Widerspruchsfreiheitsbeweis unmöglich ist. Auf diesem Wege wird also die Annahme, es lägen bestimmte Zahlzeichen vor, für die ..., finit *ad absurdum* geführt.

An Hilberts Gedankengang kann man ferner beobachten: a) daß Hilbert nur sagt, man könne aus einem transfiniten Beweis des Fermatschen Satzes „einen finiten Beweis machen", nicht daß es ein finiter Beweis *derselben Aussage* sei – die qua Allaussage für Hilbert

---

[54] Siehe hierzu und zum Folgenden HILBERT, *Grundlagen Mathematik* [1928], 14–15; vgl. auch BERNAYS, *Hilberts Untersuchungen* [1935], 216, Fn. 1.

[55] Zur Vereinfachung wird hier nur ein Zahlzeichen statt mehreren explizit angegeben.

14.6 Das HP als Konservativitätsprogramm?

keine finite Aussage ist; b) daß Hilbert aus dem Beweisgang, aus dem sich streggenommen nur die Alternative „es liegt kein Zahlzeichen vor oder für beliebige vorliegende $\mathfrak{z}$ gilt $\neg\neg\phi(\mathfrak{z})$" ergibt, wenn $\phi(x)$ die quantorenfreie Matrix des Fermatschen Satzes ist, nicht weiterschließt. Er unterläßt es daraus auf $\neg\neg\phi(\mathfrak{z})$ selbst, von dort weiter via Beseitigung der doppelten Negation auf $\phi(\mathfrak{z})$ und davon schließlich auf $\phi(x)$ zu schließen. Dies bestätigt die Vermutung, daß Hilbert schon zur Zeit dieses Vortrages den ω-Defekt wahrgenommen hat, den er in seinen 1931er Arbeiten dann durch eine entsprechende Regel zu beheben versucht hat. Dies genauer zu erforschen, wäre sicher ein lohnenswertes Projekt.[56]

14.6.3 Schwache Konservativität und Konsistenz

Die Analyse eines vermeintlichen Arguments dafür, daß das HP ein Konservativitätsprogramm ist, hat als Ergebnis gebracht, daß dieses Argument nicht überzeugen kann. Will man an der Konservativitätsoptik auf das HP festhalten und zugleich die Probleme ernstnehmen, die sich etwa aus dem Vergleich mit den Naturwissenschaften ergeben, so muß man, wie Michael Detlefsen überzeugend gezeigt hat, statt der Konservativität nur die sog. „schwache Konservativität" als Ziel des HP ansetzen.[57] Diese läßt sich in folgendem Schema ausdrücken:

(S-Konserv) *Für jeden realen Satz ϕ, der von S entschieden wird, gilt:*
      (SK1) *Wenn $T \vdash \phi$, dann $S \vdash \phi$, und*
      (SK2) *wenn $T \vdash \neg\phi$, dann $S \vdash \neg\phi$.*
      (Alle Sätze, die S entscheidet, muß T genauso entscheiden.)

Im Folgenden soll der im ersten Augenblick vielleicht überraschende Satz bewiesen werden, daß Detlefsens „schwache Konservativität" nichts Anderes als die relative Konsistenz von T und S ist. Unter „relativer Konsistenz" ist dabei Folgendes zu verstehen:

(RelKons)   *Beweist T einen Widerspruch, so beweist auch S einen Widerspruch.*

Die Behauptung ist also: Ist T eine Erweiterung von S, so gilt: (RelKons) $\Leftrightarrow$ (S-Konserv). Wir zeigen zunächst die überraschendere Richtung „$\Rightarrow$", d. h., daß relative Konsistenz schon schwache Konservativität nach sich zieht. Seien also S und T relativ konsistent und sei ϕ ein realer Satz, der von S entschieden wird.
    1. Fall, $S \vdash \phi$: Dann gilt natürlich $(T \vdash \phi \Rightarrow S \vdash \phi)$ (SK1). Aus $S \vdash \phi$ folgt außerdem wegen $S \subset T$, daß $T \vdash \phi$. Damit würde die Annahme $T \vdash \neg\phi$ implizieren, daß T inkonsistent ist. Wegen (RelKons) zöge dies nach sich, daß auch S inkonsistent wäre, und durch *Ex*

---
[56] Ein wertvoller Ansatz für eine solche Analyse findet sich in SCHIRN/NIEBERGALL, *Extensions* [2001], 137–141.
[57] DETLEFSEN, *Alleged Refutation* [1990], 360–365.

falso quodlibet erhielte man $S \vdash \neg\phi$. Damit ist $\left(T \vdash \neg\phi \Rightarrow S \vdash \neg\phi\right)$ gezeigt, d. h. (SK2). Also sind in diesem Fall beide Bedingungen für (S-Konserv) erfüllt.

2. Fall, $S \vdash \neg\phi$: Der zweite Fall ist vollständig dual zum ersten. Mit $S \vdash \neg\phi$ gilt natürlich auch $\left(T \vdash \neg\phi \Rightarrow S \vdash \neg\phi\right)$ (SK2). Außerdem folgt aus $S \vdash \neg\phi$ wegen $S \subset T$, daß $T \vdash \neg\phi$. Die Annahme $T \vdash \phi$ würde also zur Inkonsistenz von T führen, dies wegen (RelKons) zur Inkonsistenz von S und *Ex falso quodlibet* implizierte $S \vdash \phi$. Zusammengenommen wäre das $\left(T \vdash \phi \Rightarrow S \vdash \phi\right)$ (SK1). Also sind auch in diesem Fall beide Bedingungen für (S-Konserv) erfüllt.

Da S den Satz ϕ entscheidet, ist diese Fallunterscheidung vollständig. Sei für die umgekehrte Richtung „⇐" nun T schwach konservativ über S, d. h., es gelten (SK1) und (SK2). Angenommen, T ist inkonsistent. Sei dann ϕ irgendein realer Satz, der von S bewiesen wird. (Einen solchen gibt es, denn S ist nicht die leere Theorie.) Wegen der Inkonsistenz von T gilt jedoch auch $T \vdash \neg\phi$. Darauf ist aber (SK2) anwendbar, da ϕ ja von S entschieden wird. Also folgt $S \vdash \neg\phi$, während wir von $S \vdash \phi$ ausgegangen waren, d. h., auch S ist inkonsistent. Damit ist der Satz bewiesen.

Eine Kombination dieser Überlegung mit derjenigen Detlefsens zur schwachen Konservativität liefert ein Argument gegen die Lesart des HP als eines Konservativitätsprogramms: Mit Detlefsen kann man dafür argumentieren, daß nur Konservativität im schwachen Sinne die Intentionen des HP korrekt wiedergibt, und schwache Konservativität ist letztlich nichts Anderes als relative Konsistenz. Zumindest dann, wenn die Alternative lautet, zwischen einer Lesart des HP im Sinne eines Konservativitätsprogramms und einer Lesart im Sinne eines Konsistenzprogramms wählen zu müssen, entscheidet dieses Argument zu Gunsten des Konsistenzprogramms.

Smorynskis Argumentation war zwar zurückzuweisen, sie könnte aber trotzdem unter anderen Rahmenbedingungen Verwendung finden. Gesetzt den Fall nämlich, daß die Schwierigkeiten mit der Relation des „Ausdrückens" bzw. des „als wahr Einsehbaren" irgendwie behoben werden könnten. Gesetzt also, daß man tatsächlich einen Ersatz für den Schritt (2) im expliziten Gödel-2-Argument (alle Formeln, die etwas finit Beweisbares ausdrücken, müssen in der Theorie beweisbar sein) und für die Vollständigkeitsforderung im Gödel-1-Argument (alles als wahr Einsehbare muß in der Theorie beweisbar sein) finden könnte. Dann bliebe als zweite Voraussetzung von Smorynskis Argument immer noch die Konservativitätsforderung, die zurückzuweisen war. Unter den genannten Rahmenbedingungen ließe sich dieses Argument aber „umdrehen": Man lese die Konservativität nicht als Voraussetzung eines anti-hilbertschen Arguments, sondern als Annahme eines *Ad-absurdum*-Arguments. Der Wert von Smorynskis Argumentation würde dann darin bestehen, gezeigt zu haben, daß sich das Hilbertprogramm nicht als Konservativitätsprogramm interpretieren läßt. Ein solches Argument wäre in der Auseinandersetzung mit einer instrumentalistischen Interpretation des HP von Interesse.

Abstrakt betrachtet handelte es sich bei dieser Lesart von Smorynskis Argument dann darum, aus den Gödelschen Sätzen limitative Aussagen über die Spielräume zu gewinnen, die man bei der Ausgestaltung des HP hat. Hierin ähnelt es der oben besprochenen Position von Bernays und Gentzen. Auch wenn sich bei deren Diskussion eigene Probleme gezeigt haben, bleibt doch Bernays' Plädoyer dafür gültig, daß es beim HP eigentlich nicht darauf ankommt, sich sklavisch an bestimmten Vorgaben Hilberts festzuhalten, etwa bestimmten Kalkülen oder Regeln, sondern sein Haupt*ziel* nicht aus den Augen zu verlieren: Den Beweis der Widerspruchsfreiheit der Analysis. Die vorangegangenen Ausführungen haben gezeigt, daß es alles andere als klar ist, ob bzw. inwiefern der Weg dahin durch die Gödelschen Sätze wirklich verstellt ist.

14.7 Zusammenfassung

Die Gödelschen Sätze gelten landläufig als ernsthafte „Bedrohung" für das Hilbertprogramm. Während John von Neumann davon ausging, daß Gödel die Undurchführbarkeit des HP gezeigt hat, erklärte Hilbert diese Ansicht für irrig und hielt an seinem Programm fest. Dazwischen spannen sich eine ganze Reihe von logisch möglichen Positionen auf, die in Bezug auf die Implikationen der Gödelsätze für das HP vertreten werden. Gödels eigene Position war ursprünglich zurückhaltend, denn er rechnete damit (wie nach ihm auch Bernays und Gentzen), daß es nicht-formalisierbare, aber dennoch finit zulässige Beweismittel geben könnte. Sich darauf zu berufen ist jedoch problematisch, da man so den möglichen Erfolg des HP auf der Konsistenzbeweisseite (HP2) dadurch erkauft, daß man seine Durchführbarkeit auf der Formalisierungsseite (HP1) gefährdet.

Die kritische Frage, ob denn überhaupt eine „Bedrohung" des HP durch die Gödelsätze vorliegt, die zu solchen „Verteidigungsmaßnahmen" drängt, motivierte die Auseinandersetzung mit Argumenten, die von den Gödelschen Sätzen ausgehend zeigen wollen, daß das HP nicht durchführbar ist. Die genauere Analyse des Standardarguments, das von Gödel-2 ausgeht, zeigt ein Problem mit einer Ambiguität im Begriff des „Ausdrückens" einer finit beweisbaren Wahrheit. Gödel-2 zeigt die Unbeweisbarkeit einer zahlentheoretischen Formel, die nur unter einer Nicht-Standard-Deutung als Codes für metamathematische Aussagen („*Ausdr*$_2$") ausdrückt$_2$, daß die untersuchte Theorie T widerspruchsfrei ist; während auf der anderen Seite eine für die Anti-HP-Argumente unverzichtbare Voraussetzung nur plausibel zu sein scheint, wenn man ihr die Standard-Relation des Ausdrückens („*Ausdr*$_1$") zugrundelegt: nur dann ist plausibel, daß alle Formeln, die etwas finit Beweisbares ausdrücken$_1$, auch in der untersuchten Theorie beweisbar sein müssen.

Die Analyse des Arguments von Gödel-1 ergibt ebenfalls kein positives Ergebnis. Auch hier sind Prämissen des Arguments zurückzuweisen, die das Hilbertprogramm gleichzeitig unter einen gewissen Vollständigkeits- und einen Konservativitätsanspruch stellen wollen. Ein interessantes Seitenergebnis der Beschäftigung mit diesem Argument ist, daß es sich mit gewissen Zusätzen versehen als ein Argument dafür auffassen läßt, daß man das HP nicht als Konservativitätsprogramm auffassen kann.

Der Problemkreis „Kreisel" 15

Die Frage, wie die Beweistheorie zu ihren Ordinalzahlen kam und kommt, hat wohl niemand so deutlich gestellt wie Georg Kreisel (*1923). In den frühen 1970er Jahren betitelte er einen Vortrag entsprechend, der 1976 in den *Jahresberichten der Deutschen Mathematiker-Vereinigung* erschien.[1] Der Titel weist auf die Verknüpfung der historischen und der systematischen Fragen nach den Ordinalzahlen in der Beweistheorie hin. Dieser Verknüpfung fühlen sich die folgenden Ausführungen verpflichtet, auch wenn sie nicht die von Kreisel propagierte Sichtweise einnehmen und auch wenn sie ein Problem behandeln, das mit dem von Kreisel angeführten nicht ganz deckungsgleich ist.

Es soll darum gehen, was Ordinalzahlen eigentlich sind und wie es dazu kommt, daß diese unendlichen Zahlen in der Beweistheorie eine wichtige Rolle spielen. Wie ist es zu bewerten, daß das Transfinite, das doch nach Hilbert in der Metamathematik unbedingt vermieden werden sollte, nun in der Gestalt transfiniter Ordinalzahlen das „Heimatrecht" erhalten hat?

15.1 Was Ordinalzahlen sind

Die transfiniten Ordinalzahlen gehen auf Georg Cantor (1845–1918) zurück. Cantor interessierte sich für die philosophische Relevanz seiner Entdeckung dieser reichhaltigen quantitativen Struktur des Unendlichen, aber er studierte sie auch systematisch mathematisch. Die „reifste Frucht" seiner Arbeiten zur Theorie der transfiniten Ordinal- und Kardinalzahlen sind die beiden Aufsätze *Beiträge zur Begründung der transfiniten Mengenlehre* (1895 und 1897).[2]

Cantor entwickelte Begriff und Theorie der transfiniten Ordinal- und Kardinalzahlen im Ausgang von zwei Entdeckungen: Der Überabzählbarkeit der reellen Zahlen und der mathematisch motivierten Betrachtung von Indexordnungen vom Typ $> \omega$. Die historische

---
[1] KREISEL, *Wie die Beweistheorie* [1976].
[2] CANTOR, *Beiträge I* [1895]; CANTOR, *Beiträge II* [1897].

Entwicklung, die zu den transfiniten Zahlen führte, soll hier nicht im Detail besprochen werden. Allerdings mögen ein paar Hinweise interessant sein, die zeigen, daß die Ordinalzahlen sich einem typisch mathematischen Vorgehen, der Verallgemeinerung, im Bezug auf ein typisch mathematisches Resultat verdanken. Cantor konnte einen Eindeutigkeitssatz über die Koeffizienten trigonometrischer Reihen dadurch verallgemeinern, daß er eine Voraussetzung des Satzes immer weiter abschwächte. Auf diese Voraussetzung konnte bei immer umfassenderen Mengen von „Ausnahmepunkten" verzichtet werden, ohne das Resultat des Satzes zu beeinträchtigen. Die Ausnahmemengen mußten nur die Bedingung erfüllen, durch den Prozeß des „Ableitens", d. h. im Wesentlichen der Bildung der Menge der Häufungspunkte, letztlich auf die Nullmenge zurückgeführt zu werden. Dieser Prozeß hat die Eigenschaft, daß ab seiner zweiten Anwendung die entstehenden Ableitungsmengen in den vorhergehenden enthalten sind: $P_2 \supset P_3 \supset P_4 \supset \ldots$. Cantors zentrale Idee war dann, den Durchschnitt P_∞ über diese Ableitungsmengen zu bilden, d. h. die Menge aller Punkte, die in allen Ableitungsmengen $P_2, P_3, \ldots$ enthalten sind, und dann diesen Durchschnitt selbst wieder abzuleiten und so die Folge der Ableitungen fortzusetzen: $P_\infty, P_{\infty+1}, P_{\infty+2}$, …. Diese Indizes von Punktmengen wurden schließlich eigenständige Forschungsobjekte: die transfiniten Ordinalzahlen.[3]

In den *Beiträgen* definiert Cantor die Ordinalzahlen wie folgt. Er führt den Begriff der einfach geordneten Menge M ein als einer Menge mit einer irreflexiven und transitiven linearen Totalordnung (§7). Unter ihrem Ordnungstypus versteht er

> den Allgemeinbegriff, welcher sich aus M ergibt, wenn wir nur[4] von der Beschaffenheit der Elemente m abstrahieren, die Rangordnung unter ihnen aber beibehalten.
> CANTOR, *Beiträge I* [1895], 297

Der Begriff „Ordnungstyp" kann dabei relativ wörtlich genommen werden: der Begriff des Typs oder der Art einer Ordnung. Während er für beliebige geordnete Mengen definiert wird, kommen Ordinalzahlen nur wohlgeordneten Mengen zu. Eine linear geordnete Menge heißt „wohlgeordnet" (§12), wenn sie ein kleinstes Element bezüglich der Ordnung hat und die Komplemente echter Teilmengen ebenfalls ein kleinstes Element besitzen. Die zuletzt genannte Bedingung verlangt, daß es für jede Teilmenge $M' \subset M$, zu der es ein $m \in M \setminus M'$ gibt, ein minimales solches m gibt, d. h. ein m^* mit $m^* \in M \setminus M'$ und $\forall m(m \in M \setminus M' \rightarrow m^* \leq m)$. Cantor beweist schließlich, daß diese Definition äquivalent zu der heute üblichen Definition ist, die fordert, daß jede Teilmenge (d. h. jede echte Teilmenge und die Menge selbst) ein kleinstes Element hat. Ordinalzahlen (bei Cantor: „Ordnungszahlen") sind schließlich die Ordnungstypen wohlgeordneter Mengen (§14). Aus einer wohlgeordneten Menge M erhält man die zu M gehörige Ordinalzahl $\overline{M}$, indem man von der konkreten

---

[3] Die transfiniten Ordinal- oder Ordnungszahlen verdanken sich daneben auch der Cantorschen Entdeckung der Nichtabzählbarkeit von $\mathbb{R}$, die zur Entdeckung der verschiedenen Kardinalzahlen führte. Vgl. hierzu auch TAPP, *Kardinalität* [2005], 41–45.

[4] Von „nur" ist in dieser Definition die Rede, da bei der vorausgehenden Definition der Kardinalzahlen nicht nur von der Beschaffenheit der Elemente der Menge, sondern auch von ihrer Ordnung zu abstrahieren war.

15.1 Was Ordinalzahlen sind

Beschaffenheit der Elemente von *M* absieht, also die Elemente wie Einsen ansieht, ihre Anordnung aber beibehält. (Es scheint Cantors Sichtweise gewesen zu sein, daß die Ordnung einer Menge zur Menge selbst dazugehört.) Nach Cantor sind Ordinalzahlen damit Objekte, die aus wohlgeordneten Mengen durch einmalige Abstraktion hervorgehen.

Von einem philosophischen Standpunkt mag man schon dieser Definition den Mangel vorhalten, nicht genau zu spezifizieren, was eigentlich ein Ordnungstyp *ist*. Denn Cantor sagt nicht explizit, daß es sich um eine Äquivalenzklasse bzgl. der Ordnungsisomorphie o. ä. handelt. Während er aber zumindest noch auf den Allgemeinbegriff Bezug nimmt, der aus dem Abstraktionsprozeß hervorgehe, streichen die späteren Lehrbücher der Mengenlehre diesen Passus und führen die neuen Entitäten gewissermaßen „rein formal" ein. Sie begnügen sich im Allgemeinen mit der Angabe der Identitätskriterien für Ordnungstypen (zwei Mengen haben denselben Ordnungstyp, wenn sie ordnungsisomorph sind), ohne auf die ontologische Kategorie zu sprechen zu kommen, der diese Typen angehören sollen.

Diese Behauptung gilt beispielsweise für Hausdorff in seinen *Grundzügen der Mengenlehre* (1914).[5] In ihnen hält sich der Bonner Mathematiker sehr eng an Cantors Vorlage, streicht aber die Bezugnahme auf Abstraktion und Allgemeinbegriff. So spricht er in nicht ganz durchsichtiger Weise davon, daß man zu einer wohlgeordneten Menge ein „Symbol" α „assoziiere", das „Ordnungstyp" genannt werde und die Bedingung erfüllt, daß ordnungsisomorphe Mengen denselben Ordnungstyp haben.[6] Den Begriff der wohlgeordneten Menge führt Hausdorff ein als linear geordnete Menge, bei der jede nichtleere Teilmenge ein erstes Element hat. (Hausdorff bemerkt allerdings, daß auch die Endlichkeit aller absteigenden Folgen als Definition des Begriffs der wohlgeordneten Menge hätte dienen können.) Und so gelangt er zu seiner Definition der Ordinalzahlen als Ordnungstypen von wohlgeordneten Mengen.[7]

Ähnlich geht Fraenkel in seiner *Abstract Set Theory* (1953) vor, wenn er „denselben Ordnungstyp haben" ohne Bezugnahme auf das, was Ordnungstypen sind, definiert.[8] Eine geordnete Menge heißt auch für Fraenkel wohlgeordnet, falls jede nicht-leere Teilmenge ein kleinstes Element besitzt.[9] Und man möchte beinahe sagen, daß sich daraus ganz kanonisch die Definition einer Ordinalzahl als Ordnungstyp eine wohlgeordneten Menge ergibt.[10]

Betrachtet man diese Ausblendung betrachteter Objekte zugunsten ihrer Identitätsbedingungen, so wird man an die Quinesche Forderung erinnert: „*No entity without identity!*", die man hier geradezu umgekehrt findet als: „*Identity without entity*".

Was das Wesen von Ordinalzahlen ausmacht, zeigt sich vielleicht am deutlichsten, wenn man nicht eine einzelne Definition betrachtet, die an die Erfordernisse eines bestimmten Theorierahmens angepaßt ist, sondern verschiedene Definitionen nebeneinander

---

[5] HAUSDORFF, *Grundzüge* [1914].
[6] HAUSDORFF, *Grundzüge* [1914], 73.
[7] HAUSDORFF, *Grundzüge* [1914], 101–102.
[8] FRAENKEL, *Abstract Set Theory* [1953], 138.
[9] FRAENKEL, *Abstract Set Theory* [1953], 175.
[10] FRAENKEL, *Abstract Set Theory* [1953], 187.

hält. Die folgende Übersicht gibt in vereinheitlichender Darstellung Definitionen, die von Mathematikern und Logikern tatsächlich gegeben wurden. Dabei werde durch ′ die Mengennachfolger-Operation bezeichnet, d. h. $x' := x \cup \{x\}$; eine Menge heißt *transitiv*, wenn jedes Element auch Teilmenge ist, d. h. wenn $\bigcup M \subseteq M$. Dann kann man definieren: M ist eine Ordnungszahl, falls:

- Zermelo (1915):[11]
  (i) $M = \emptyset$ oder $\emptyset \in M$.
  (ii) Für jedes $x \in M$ gilt: $x' = M$ oder $x' \in M$.
  (iii) Für jede Menge $N \subset M$ gilt: $\bigcup N = M$ oder $\bigcup N \in M$.
- von Neumann (1923):[12] M läßt sich so wohlordnen, daß jedes Element von M gleich seinem zugehörigen Abschnitt von M ist.
- Gödel (1937):
  (i) M ist transitiv.
  (ii) Jede nicht-leere Teilmenge von M ist fundiert.
  (iii) Jedes Element von M ist transitiv.
- Robinson (1937):[13]
  (i) M ist transitiv.
  (ii) Jede nicht-leere Teilmenge von M ist fundiert.
  (iii) Sind $x, y \in M$ und $x \neq y$, so ist $x \in y$ oder $y \in x$.
- Bernays (1941):[14]
  (i) M ist transitiv.
  (ii) Jede transitive echte Teilmenge von M ist Element von M.

Im Rahmen jeder gewöhnlichen Mengenlehre sind diese fünf Definitionen äquivalent.[15]

Mengentheoretisch werden Ordinalzahlen heute standardmäßig als durch $\in$ wohlgeordnete Mengen eingeführt.[16] Demgemäß ist eine Menge M eine Ordinalzahl, falls M transitiv ist und durch $\in$ wohlgeordnet wird. Dabei bedeutet die Wohlordnungsbedingung,

---

[11] Diese Definition geht auf Arbeiten Zermelos aus dem Jahr 1915 zurück; vgl. BACHMANN, *Transfinite Zahlen* [1955], 19. Nach HALLETT, *Cantorian Set Theory* [1984], 277ff., hat BERNAYS, *System* [1941] *diese* Definition als Zermelos ausgegeben, während Zermelos ursprüngliche Fassung die 0 nicht als natürliche Zahl vorgesehen und entsprechend die Klausel $M = \emptyset$ in (i) ausgelassen hatte. In dieser Form ist Zermelos Definition auch in Hilberts Vorlesung vom Sommersemester 1920 aufgenommen worden. Hilbert fügt dann $\emptyset$ zur Menge der Ordinalzahlen hinzu, damit diese Menge selbst die Definition der Ordinalzahlen erfüllt und so das Burali-Forti-Paradox hergeleitet werden kann.
[12] VON NEUMANN, *Zur Einführung* [1923].
[13] ROBINSON, *Theory of Classes* [1937].
[14] BERNAYS, *System* [1941].
[15] Zu diesen Definitionen siehe BACHMANN, *Transfinite Zahlen* [1955]; für den Äquivalenzbeweis S. 19–22.
[16] Arbeitet man in Mengenlehren, die das Fundierungsaxiom enthalten (demgemäß jede nichtleere Menge mindestens ein Element besitzt, mit dem sie kein Element gemeinsam hat), so führt man Ordinalzahlen meist als erblich transitive Mengen ein, d. h. x ist eine Ordinalzahl genau dann, wenn x und jedes Element von x transitiv ist.

15.1 Was Ordinalzahlen sind

daß ∈ eine irreflexive, transitive und totale Ordnungsrelation auf M ist, bezüglich derer jede nicht-leere Teilmenge von M ein kleinstes Element hat.[17] Diese Definition läßt sich problemlos im Rahmen einer axiomatischen Mengenlehre wie ZFC durchführen, deren Sprache nur das Relationszeichen ∈ enthält. Dies kann man sich wie folgt klarmachen. Zunächst betrachte man die $\mathcal{L}_\in \cup \{<\}$-Formel, die sagt, daß M von < partiell geordnet wird (Irreflexivität und Transitivität):

$$PO(M,<) :\equiv (\forall x \in M)(x \not< x) \wedge (\forall x,y,z \in M)(x < y \wedge y < z \rightarrow x < z).$$

Diese partielle Ordnung soll darüber hinaus noch linear sein, d. h.

$$LO(M,<) :\equiv PO(M,<) \wedge (\forall x,y,z \in M)(p < q \vee p = q \vee q < p).$$

x ist das kleinste Element einer Menge M bezüglich <:

$$KE(x,M,<) :\equiv x \in M \wedge (\forall y \in M)(x < y \vee x = y).$$

Schließlich soll es sich um eine Wohlordnung handeln, d. h. jede nicht-leere Teilmenge soll ein kleinstes Element beinhalten:

$$Wohl(M,<) :\equiv (\forall y)\bigl((\forall x)(x \in y \rightarrow x \in M) \wedge (\exists x)(x \in y) \rightarrow (\exists x)KE(x,y,<)\bigr).$$

< ist eine Wohlordnung auf M, wenn < auf M eine lineare Ordnung ist, die M wohlordnet:

$$WO(M,<) :\equiv LO(M,<) \wedge Wohl(M,<).$$

Ersetzt man nun die Abkürzungen für die verschiedenen Formeln in dieser letzten Formel, so erhält man eine Formel, die sagt, daß M bezüglich < eine Wohlordnung ist, und vollständig in der Sprache $\mathcal{L}_\in \cup \{<\}$ formuliert ist. Dann kann man Ordinalzahlen als diejenigen Mengen definieren, die durch die Relation ∈ wohlgeordnet werden, also:

$$On(M) :\equiv WO(M,\in).$$

Dies ist dann offensichtlich eine Formel, die rein in der Sprache $\mathcal{L}_\in$ formuliert ist und damit den Begriff der Ordinalzahl in den Sprachen der gängigen Axiomensysteme für die Mengenlehre definiert.[18]

Ähnlich geht BERNAYS, *Axiomatic Set Theory* [1958] vor. Er führt die drei Abkürzungen

$$Trans(d) :\equiv (\forall x)(\forall y)(x \in y \wedge y \in d \rightarrow x \in d)$$
$$Alt(d) :\equiv (\forall x)(\forall y)(x \in d \wedge y \in d \wedge x \neq y \rightarrow x \in y \vee y \in x)$$
$$Fund(d) :\equiv (\forall x)(x \subseteq d \wedge x \neq \emptyset \rightarrow (\exists y)(y \in x \wedge y \cap x = \emptyset))$$

---

[17] Vgl. JECH, *Set Theory* [1978], 14.
[18] Zum Vorstehenden vgl. JECH, *Set Theory* [1978], 12–14.

ein und definiert:
$$Od(d) :\equiv Trans(d) \wedge Alt(d) \wedge Fund(d).$$

Seine Bemerkung, daß man mit dieser Definition auf den Begriff der Ordnung überhaupt nicht Bezug nehme,[19] ist dabei wohl so zu verstehen, daß der allgemeine Begriff einer Ordnung nicht benötigt wird in einer Definition, die mit der speziellen Ordnungsrelation $\in$ operiert.

Ebenfalls ähnlich verfährt Paul Cohen in seiner 1965er Vorlesung zur Kontinuumshypothese. Er definiert eine Ordinalzahl als eine transitive Menge, die durch $\in$ wohlgeordnet ist. Und eine Wohlordnung faßt er als transitive, lineare Ordnung $<$ auf einer Menge x auf, die darüber hinaus die Eigenschaft $Wohl(x, <)$ hat:

$$Wohl(x, <) :\equiv (\forall y \subseteq x)\bigl(y \neq \emptyset \to \exists x (x \in y \wedge \forall z (z \in y \to \neg z < y))\bigr).^{20}$$

Eine „Abkürzung" dieses Definitionsweges geht beispielsweise DRAKE, *Set Theory* [1974]. Er betrachtet nur die Formeln für die Transitivität und die Konnektivität einer Menge M bezüglich $\in$:

$$Trans(M) :\equiv (\forall y)(\forall z)(y \in z \wedge z \in M \to y \in M)$$
$$Connex(M) :\equiv (\forall y)(\forall z)(y \in M \wedge z \in M \to y \in z \vee y = z \vee z \in y)$$

und definiert damit die Formel $On(M)$ für „M ist eine Ordinalzahl" durch:

$$On(M) :\equiv Trans(M) \wedge Connex(M).$$

Drake führt diese Definition explizit auf von Neumann zurück. Sie sei die einfachste für seine Zwecke.[21]

Gegenüber diesen Standardwegen der heutigen axiomatischen Mengenlehre, Ordinalzahlen einzuführen, gibt es allerdings auch Alternativen. So führt Moschovakis die Ordinalzahlen als Bilder einer *Von-Neumann-Surjektion* ein und orientiert sich dabei an der schon von Cantor entdeckten Eigenschaft der Ordinalzahlen, daß alle ihre Elemente dem durch sie gegebenen Abschnitt gleichen (s. u. und vgl. auch die von Neumannsche Definition von 1923 oben). Genauer: Ist U eine durch $<$ wohlgeordnete Menge, so sei $v_U^<$ diejenige eindeutig bestimmte Abbildung, die die Identität $v_U^<(y) = \{v_U^<(x) \mid x < y\}$ erfüllt. (Dabei ist $\{v_U^<(x) \mid x < y\}$ nichts Anderes als das Bild des von y bestimmten Segments unter v, also $v_U^<[seg(y)]$.) Die Ordinalzahl einer durch $<$ wohlgeordneten Menge U ist dann das Bild von U unter der zugehörigen Von-Neumann-Surjektion $v_U^<$.[22]

---

[19] BERNAYS, *Axiomatic Set Theory* [1958], 80.
[20] COHEN, *Set Theory* [1966], 57–60.
[21] DRAKE, *Set Theory* [1974], 24–25.
[22] Vgl. MOSCHOVAKIS, *Notes* [1994], 189–190.

15.1 Was Ordinalzahlen sind

Die natürlichen Zahlen erhält man dann in der folgenden, sogenannten „Von-Neumann-Darstellung":

$$0 = \emptyset, 1 = \{\emptyset\}, 2 = \{\emptyset, \{\emptyset\}\}, 3 = \{\emptyset, \{\emptyset\}, \{\emptyset, \{\emptyset\}\}\}, \ldots$$

Diese Darstellung hat den Vorteil, die von von Neumann in seiner Definition herausgestellte strukturelle Eigenschaft der Klasse der Ordinalzahlen widerzuspiegeln: Jede Ordinalzahl repräsentiert genau den Ordnungstyp der Menge aller ihr vorhergehenden Ordinalzahlen. Cantor schilderte diese Eigenschaft „seiner" Ordinalzahlen in einem Brief vom 28. Juli 1899 an Richard Dedekind: Die Folge Ω' aller Ordinalzahlen inklusive der Null hat die Eigenschaft

> daß *jede* in ihr vorkommende Zahl γ *Typus* der *Folge aller ihr vorangehenden Elemente* (mit Einschluß der 0) ist. CANTOR, *Gesammelte Abhandlungen* [1932], 445

Spezieller, nämlich nur für die Zahlen der „zweiten Zahlenklasse", d. h. der abzählbar unendlichen Ordinalzahlen, hat Cantor diesen Satz schon in den *Beiträgen* ausgesprochen:

> Ist α irgendeine Zahl der zweiten Zahlenklasse, so bildet die Gesamtheit $\{\alpha'\}$ aller Zahlen α' der ersten und zweiten Zahlenklasse, welche kleiner sind als α, in ihrer Größenordnung eine wohlgeordnete Menge vom Typus α. CANTOR, *Gesammelte Abhandlungen* [1932], 329[23]

Diese Eigenschaft der Ordinalzahlen kommt am besten zur Darstellung, wenn die Ordinalzahlen selbst als die Mengen ihrer Vorgänger aufgefaßt werden und damit durch die $\in$-Relation wohlgeordnet werden. Dies war in der früheren Zermeloschen Fassung der Ordinalzahlen als

$$0 = \emptyset, 1 = \{\emptyset\}, 2 = \{\{\emptyset\}\}, 3 = \{\{\{\emptyset\}\}\}, \ldots$$

nicht der Fall, denn die Wohlordnung wird dabei zwar durch $\in$ induziert, ist aber nicht mit $\in$ identisch. Zur Illustration: In der Von-Neumann-Darstellung gilt die Formel $2 \in 4$, in der Zermelo-Darstellung gilt sie nicht.

Die „Von-Neumann-Darstellung" scheint jedoch nicht von John von Neumann zu stammen. Man findet sie beispielsweise in der Vorlesung *Probleme der mathematischen Logik*, die Hilbert im Sommersemester 1920 in Göttingen hielt,[24] also zu einer Zeit, da von Neumann sicher noch nicht über diese Dinge gearbeitet hatte. Hilbert bringt die „Von-Neumann-Darstellung" in einem Abschnitt, den er ausgerechnet mit „Das Paradoxon von Burali-Forti in Zermeloscher Fassung" überschrieben hat.[25]

---

[23] Cantor konnte diesen Satz nicht für die Zahlen der „Ersten Zahlenklasse" aussprechen, da er die Null nicht mitgezählt hat. Vgl. hierzu auch die entsprechende Bemerkung im Brief an Dedekind, die dem o. a. Zitat folgt CANTOR, *Gesammelte Abhandlungen* [1932], 445.
[24] Siehe EWALD/SIEG, *Lectures* [2013], 296–324, die Einführung der Ordinalzahldarstellung auf S. 304.
[25] Vgl. auch KANAMORI, *Higher Infinite* [1997], 292; KANAMORI, *Zermelo* [2004], 522.

15.2 Wofür Ordinalzahlen in der Beweistheorie verwendet werden

Ordinal- und Kardinalzahlen werden erst im Unendlichen eigentlich zu einem interessanten Begriffspaar, denn erst dort fallen beide Begriffe auseinander und eröffnen so die reiche Struktur des quantitativen Unendlichen. Die transfiniten Zahlen Cantors sind *die* Objekte der Mengenlehre, aus der die beeindruckende Theorie großer Kardinalzahlen hervorgegangen ist. In einem mengentheoretischen Universum, wie es etwa durch die kumulative Hierarchie (V_α) gegeben ist, gibt es sie auf jeder Stufe. Insbesondere gibt es ja so viele von ihnen, daß ihre Zusammenfassung gleichmächtig zum gesamten Universum wäre und damit zu groß, um selbst als Objekt im Universum gelten zu können. Bildlich gesprochen gibt es Ordinal- und Kardinalzahlen also selbst auf den „höchsten" Ebenen eines mengentheoretischen Universums.

15.2.1 Repräsentierbarkeit in der Zahlentheorie

Wie kann es nun sein, daß diese sehr großen Objekte in der Beweistheorie eine Rolle spielen, wenn sich die Beweistheorie etwa mit der Zahlentheorie befaßt, die gegenüber einem mengentheoretischen Universum doch nur auf den untersten Ebenen angesiedelt ist? Auf den ersten Blick scheint es schon rätselhaft zu sein, wie *transfinite* Ordinalzahlen *innerhalb* der Zahlentheorie eine Rolle spielen können. Und es erscheint noch viel rätselhafter, wie sie in den Methoden der Beweistheorie eine Rolle spielen können, die sich doch auf Hilbert und sein Programm *finiter* Widerspruchsfreiheitsbeweise beruft. Diese Rätselhaftigkeit soll durch die folgenden Ausführungen etwas aufgelöst werden – allerdings nicht ganz.

In der Zahlentheorie „kommen" Ordinalzahlen in gewissem Sinne „vor". Ihre „Repräsentanten" sind definierbare Ordnungsrelationen auf der zugrundeliegenden Menge der natürlichen Zahlen. Man kann von deren „Ordnungstyp" natürlich nicht in der Zahlentheorie selbst, wohl aber auf der Metaebene reden. Dasselbe gilt für den Fall, daß man ihren Ordnungstyp eine Ordinalzahl nennt, falls es sich um eine Wohlordnung handelt.

So ist beispielsweise die Ordinalzahl $\omega \cdot 2$ der Ordnungstyp bestimmter Anordnungen der natürlichen Zahlen, nämlich z. B.

$$\underbrace{1, 3, 5, 7, \ldots,}_{\omega} \underbrace{2, 4, 6, 8, \ldots}_{\omega}$$

also einer Ordnungsrelation $\prec$, die alle ungeraden Zahlen in ihrer natürlichen Größenordnung *vor* allen geraden Zahlen ansiedelt. Dies ist eine Relation, die sich in der Sprache der

15.2 Wofür Ordinalzahlen in der Beweistheorie verwendet werden

Zahlentheorie definieren läßt:[26]

$$a \prec b :\equiv \Big(\overbrace{(\exists x < a)(a = 2x)}^{a\text{ gerade}} \to \overbrace{(\exists y < b)(b = 2y)}^{b\text{ gerade}} \wedge (a < b) \Big)$$
$$\wedge \Big(\underbrace{(\forall x < a)(\neg a = 2x)}_{a\text{ ungerade}} \to \underbrace{(\exists y < b)(b = 2y)}_{b\text{ gerade}} \vee (a < b) \Big).$$

In Form dieser definierbaren Ordnungsrelation gibt es daher einen Repräsentanten für die Ordinalzahl $\omega \cdot 2$ in der Zahlentheorie. In ähnlicher Weise lassen sich auch weitaus komplexere abzählbare Ordinalzahlen in der Zahlentheorie „ausdrücken".

Auch das Prinzip der Transfiniten Induktion bis zu einer Ordinalzahl α kann so in die Zahlentheorie eingebettet werden. Die Transfinite Induktion ist folgendes Beweisprinzip:

> Sei W eine wohlgeordnete Menge und sei $\mathfrak{P}(x)$ eine Bedingung (ein Prädikat, eine Eigenschaft), die für alle Elemente x von W definiert sei; wenn dann die Wahrheit von $\mathfrak{P}$ für die Elemente jedes Abschnitts von W die Wahrheit für das Element impliziert, das den Abschnitt bestimmt, dann ist $\mathfrak{P}$ wahr für alle Elemente von W.
>
> FRAENKEL, *Abstract Set Theory* [1953], 179, Eig. Übers.

Die *Transfinite Induktion bis zu einer bestimmten Ordinalzahl* bedeutet nun nichts Anderes, als dieses Prinzip auf wohlgeordnete Mengen einzuschränken, deren Ordnungstyp kleiner als diese Ordinalzahl ist. Auf der Ebene der zahlentheoretischen Sprache fordert es damit für jede in der Zahlentheorie definierbare Relation $\prec$ das Schema

$$\forall x \big((\forall y \prec x) \phi(y) \to \phi(x) \big) \to (\forall x \in \text{Feld}(\prec)) \phi(x),$$

wobei ϕ eine beliebige zahlentheoretische Formel ist und $\text{Feld}(\prec)$ für die Menge aller durch $\prec$ erreichbaren Elemente steht.[27]

15.2.2 Transfinite Induktion als finites Beweisprinzip

Metamathematisch spielten solche Wohlordnungen und zugehörige Induktionsprinzipien erstmals eine Rolle in Wilhelm Ackermanns Beweis von 1924.[28] Durch Gentzens erfolgreiche Beweise der Widerspruchsfreiheit der Zahlentheorie mit Hilfe explizit in Anspruch genommener transfiniter Induktionsprinzipien erhielten sie später das „Heimatrecht" in der Beweistheorie.[29] In beiden Ansätzen wird Wert darauf gelegt, daß im Widerspruchsfreiheitsbeweis nur finit-konstruktive Beweismittel verwendet wurden. Um die entsprechenden Rechtfertigungen soll es in den folgenden beiden Unterabschnitten gehen.

---

[26] Beachte, daß $<$ die natürliche Kleiner-als-Relation ist, die sich in der Zahlentheorie definieren läßt.

[27] Die Menge dieser Elemente ist in der Zahlentheorie natürlich selbst nicht verfügbar. Es mag daher instruktiver sein, „$\forall x \in \text{Feld}(\prec) \ldots$" als eine Abkürzung für „$\forall x (\exists y (x \prec y \vee y \prec x) \to \ldots)$" aufzufassen.

[28] ACKERMANN, *Begründung (Publ.)* [1925]; vgl. auch im zweiten Teil dieser Arbeit Kap. 10.

[29] GENTZEN, *Widerspruchsfreiheit* [1936a]; GENTZEN, *Neue Fassung* [1938b]; vgl. auch im zweiten Teil dieser Arbeit Kap. 12.

15.2.2.1 Ackermann

Im Rahmen von Ackermanns Widerspruchsfreiheitsbeweis war die Termination des Berechnungsverfahrens für Funktionale zu zeigen. Dazu war auf den Termen eine Ordnung mit unendlichem Ordnungstyp definiert worden, sodaß beim Ausrechnen eines Funktionals ein Ergebnis mit niedrigerem Index bzgl. dieser Ordnung herauskommt. Ein Satz, der stark dem Prinzip der Transfiniten Induktion ähnelt, besagte dann, daß man nach endlich vielen Abwärtsschritten in dieser Ordnung beim Anfangsglied ankommen muß, bzw. daß jede absteigende Folge von Indizes nach endlich vielen Schritten abbrechen muß. Ackermann sah die Ähnlichkeit des von ihm verwendeten Prinzips mit der Transfiniten Induktion, wollte aber trotzdem an der Überzeugung festhalten, daß er nur finite und keine transfiniten Beweismittel verwendet habe.

Interessant ist nun, wie Ackermann die finite Gültigkeit dieses Prinzips rechtfertigt. Er führt die Gültigkeit des Satzes über den endlichen Abstieg auf endlich viele Fälle seiner Gültigkeit bei niedrigeren Indizes zurück. Verringert der erste Schritt abwärts den höchsten Indexeintrag nicht (z. B. (3,2,5,1,0,1) ↝(3,2,4,1,0,1)), so kommt man mit dem Satz für die kleineren Indexstellen nach endlich vielen Schritten zum Index 0 (der Satz gibt (2,5,1,0,1) ↝…(endl.) ↝(0,0,0,0,0), also auch (3,2,5,1,0,1) ↝…(endl.) ↝(3,0,0,0,0,0)). Dann muß der höchste Indexeintrag verringert werden, bei den niedrigeren Indexeinträgen können aber beliebige Werte auftreten (z. B. (3,0,0,0,0,0) ↝(1,2,5,99,0,5)). Die erneute Anwendung des Satzes auf den zweiten Indexeintrag führt auch hier wieder zu 0 (d. h. zu (1,0,0,0,0,0)). Und so weiter. Nach höchstens so vielen Anwendungen des Satzes für den geringeren Index wie der Wert des ersten Indexeintrags ist man somit auch beim Gesamtindex 0 angekommen (d. h. bei (0,0,0,0,0,0)).

Im Bezug auf diese Rechtfertigung betont Ackermann:

> Der Unterschied unserer Schlußweise gegenüber dem Prinzip der vollständigen Induktion und der transfiniten Induktion besteht darin, daß nicht angenommen wird, daß für *alle* niedrigeren höchsten Rangkombinationen der Satz erfüllt ist, sondern man führt ihn auf *endlich* viele konkrete Fälle mit niedrigerer höchster Rangkombination zurück. So bleibt die Endlichkeit der Schlußweise durchaus gewahrt. ACKERMANN, *Begründung (Publ.)* [1925], 16

Dies scheint, wenn es überhaupt akzeptabel ist, ein sehr allgemeines Argument dafür zu sein, daß Schlußweisen wie die Transfinite Induktion mit dem finiten Standpunkt vereinbar sind, und das längst vor der Gentzenschen Arbeit von 1936. Das zeigt die Unhaltbarkeit von Spekulationen, Hilbert und seine Schule hätten erst nach Gödels Entdeckungen den finiten Standpunkt so erweitert, daß Gentzens induktive Methoden auch noch darunter fallen. Es kann keine Rede davon sein, daß durch schwierige Umdeutungen geradezu „gewaltsam" versucht worden wäre, den finiten Standpunkt „um jeden Preis" gegenüber den Gödelsätzen in scheinbarer Kontinuität mit dem ursprünglichen Programm zu halten. Schon in Ackermanns Arbeit wird ein transfinites Induktionsprinzip verwendet. Und wenn es dort finit akzeptabel ist, dann auch in der späteren Arbeit von Gentzen (wo es allerdings mit größeren Ordinalzahlen auftaucht).

Ackermanns Argumentation kann aber nur begrenzt überzeugen. Er beruft sich darauf, daß er die Gültigkeit des Satzes nicht für alle kleineren Indizes voraussetze, sondern nur für endlich viele. Sein Problem ist hier, daß er nicht weiß für *wieviele* und für *welche*. Sicher ist dies in jedem konkreten Fall eindeutig bestimmt. Aber *in* einem konkreten Fall bräuchte man keinen allgemeinen Beweis der Termination, sondern könnte auch gleich die Terme ausrechnen und „sehen", daß die Berechnungen terminieren. Wenn man sich jedoch fragt, wie man sich darüber so allgemein sicher sein kann, daß sie in jedem Fall terminieren werden, dann wird man sich schon auf einen allgemeinen Satz berufen müssen, nach dem die Berechnung *immer* terminiert. Und wie soll man auf so einen Satz schließen können, wenn nicht dadurch, daß man ein allgemeines Prinzip verwendet, nach dem alle absteigenden Folgen von Indizes nach endlich vielen Schritten bei 0 ankommen müssen?

15.2.2.2 Gentzen

Entscheidend für die Verwendung von Ordinalzahlen in der Beweistheorie war dann allerdings Gentzens Widerspruchsfreiheitsbeweis von 1936. Hier verwendete Gentzen eine Ordnungsrelation auf den *Beweisen* der Zahlentheorie, die die wesentliche Eigenschaft hat, daß sich bei bestimmten Beweistransformationen der Index eines Beweises verringert. Insbesondere spielt hierbei die Elimination von Induktionsschlüssen eine wichtige Rolle, denn sie macht es nötig, transfinite Ordinalzahlen zu betrachten. Das Prinzip der Transfiniten Induktion erlaubt es dann, ähnlich wie im ackermannschen Fall, darauf zu schließen, daß ein Transformationsprozeß von Beweisen nach endlich vielen Schritten zum Ende kommen muß.

Gentzen betrachtet zwar Ordinalzahlen als notationelle Erweiterungen der Zahlentheorie (man kann also *in* der Zahlentheorie über Ordinalzahlen sprechen), die Abbildbarkeit der entsprechenden Ordnungen auf Zahlprädikate gilt aber auch ihm als Argument dafür, daß die transfinite Induktion „eine sachlich der reinen Zahlentheorie zugehörige Schlußweise ist".[30] Gentzen sah das Prinzip der Transfiniten Induktion als konstruktiv gerechtfertigt an. Er legte in der 1936er Arbeit einen Beweis des Satzes über Transfinite Induktion vor, den er an anderer Stelle als „von der Mengenlehre gänzlich unabhängig" und „konstruktiv" bezeichnete.[31] Dieser Beweis operiert mit einem Begriff „erreichbar", der gewissermaßen als „Joker" für später einzusetzende konkrete Eigenschaften verwendet wird. Schreibt man dafür „E" und für Gentzens Indexmenge „I", dann ist seine Behauptung:

$$E(0,1) \land (\forall \beta \in I)\big((\forall \alpha \in I)(\alpha < \beta \to E(\alpha)) \to E(\beta)\big) \to \forall \alpha E(\alpha)$$

also genau die transfinite Induktion über die Indexmenge I, allerdings mit der redundanten, weil im zweiten Glied des Antezedens schon enthaltenen Anfangsbedingung.[32] Schreibt

---

[30] GENTZEN, *Beweisbarkeit* [1943], 160–161; ähnlich schon HILBERT/BERNAYS, *Grundlagen II* [1939], 361.
[31] GENTZEN, *Gegenwärtige Lage* [1938a], 9.
[32] Es liegt an der Darstellung der Ordinalzahlen als reelle Zahlen zwischen 0 und 1, daß tatsächlich die Zahl 0,1 der Induktionanfang ist (also der gewöhnlichen 1 entspricht).

man für das zweite Glied $(\forall \beta \in I) Prog(E,\beta)$, lassen sich die folgenden Beweisschritte leichter formulieren. Um nämlich $Prog(E,\beta)$ für beliebiges β zu beweisen, wird vollständige Induktion verwendet. Der Anfangsfall ist durch $E(0,1)$ schon erledigt und man hat noch $Prog(E,\beta) \to Prog(E,\beta+1)$ zu zeigen. Dies ist der „Trick", der zum Standard geworden ist, um aus der gewöhnlichen Induktion die transfinite Induktion zu bekommen: Die geschickte Anpassung der Induktionsformel, sodaß alle kleineren Fälle sozusagen verfügbar werden. Ohne nun noch weiter ins Detail zu gehen, sei nur noch darauf hingewiesen, daß dieser Übergang von β zu $\beta+1$ dem Durchlaufen der gesamten kleineren Zahlen und damit einer weiteren, in die äußere Induktion eingeschachtelten Induktion entspricht.[33]

Gentzen hat mehrfach angekündigt, die Konstruktivität und damit die Rechtfertigung der Transfiniten Induktion in einer eigenen Abhandlung noch näher zu erläutern; dazu ist es aber, wohl durch seinen frühen Tod, nicht mehr gekommen.[34]

Am Ende des 1938er Widerspruchsfreiheitsbeweises erwähnt er wenigstens *en passant* einige Gründe, für seine Überzeugung, daß die Transfinite Induktion trotz ihres „anrüchigen Namens" konstruktiv gerechtfertigt sei. So hätten gerade konstruktivistische Mathematiker Anfangsstücke der zweiten Zahlklasse etwa bis ω^ω aufgebaut und es sei nicht zu erkennen, daß es dann noch prinzipielle Gründe gegen die Weiterführung dieses Aufbaus bis viel weiter in die zweite Zahlenklasse hinein geben könnte. Gentzen unterstreicht diese Möglichkeit dadurch, daß er sie mit dem Übergang von einer kurzen Zahlenrechnung zu einer hundert Seiten langen Zahlenrechnung vergleicht: Prinzipiell komme nichts Neues hinzu, es handle sich nur um eine „erheblich umfangreichere Angelegenheit".[35] Kurt Gödel hingegen sah hier in seiner mittleren Phase[36] einen erheblichen Unterschied: Während die rekursive Erreichbarkeit von ω^2 noch konstruktiv einsichtig gemacht werden könne, sei dies für Zahlen wie ε_0 nicht mehr der Fall.[37]

15.2.3 Beweistheoretische Ordinalzahl eines Systems

Theoretisch wäre es nun möglich, daß die Transfinite Induktion nur eines unter vielen möglichen Beweismitteln ist, um die Widerspruchsfreiheit der Zahlentheorie zu beweisen, und daß man insofern nicht von einer besonderen Rolle dieses Prinzips in der Beweistheorie reden müßte. Gentzen zeigt jedoch, daß man die Transfinite Induktion nicht nur *verwenden* kann, um die Widerspruchsfreiheit der Zahlentheorie zu beweisen, sondern daß man dieses Prinzip auf eine bestimmte Ordinalzahl so beschränken kann, daß diese Ordinalzahl qua Beweisbarkeit des durch sie beschränkten Prinzips charakteristisch für die Theorie ist, deren Widerspruchsfreiheit man beweist.

---

[33] Eine präzisere Darstellung des Arguments geben HILBERT/BERNAYS, *Grundlagen II* [1939], 360–366.
[34] Vgl. GENTZEN, *Gegenwärtige Lage* [1938a], 9, Fn. 5; GENTZEN, *Neue Fassung* [1938b], 44.
[35] GENTZEN, *Neue Fassung* [1938b], 44.
[36] Siehe oben Abschn. 14.1.1.1.
[37] Vgl. GÖDEL, *Erweiterung* [1958], 242.

15.2 Wofür Ordinalzahlen in der Beweistheorie verwendet werden

Die Einschränkung besteht in der Beschränkung des Induktionsprinzips auf Wohlordnungen mit Typ kleiner als eine bestimmte Ordinalzahl. Das „Prinzip der Transfiniten Induktion bis ε_0" (TI_{ε_0}) ist somit das Prinzip der Transfiniten Induktion beschränkt auf Wohlordnungen, deren Ordnungstyp eine Ordinalzahl kleiner als die Ordinalzahl ε_0 ist. Gentzens Beweis von 1936 zeigt, daß sich mit diesem Prinzip plus Beweismitteln, die in *PA* formalisierbar sind, die Widerspruchsfreiheit von *PA* beweisen läßt. Aber es gilt auch weiter: Prinzipien (TI_α) für $\alpha < \varepsilon_0$ lassen sich in *PA* beweisen. Und das heißt nach den Gödelschen Sätzen, daß sich die Widerspruchsfreiheit von *PA* mit ihnen nicht beweisen läßt. Die Zahl ε_0 ist insofern *typisch* oder *charakteristisch* für *PA*. ε_0 ist die kleinste Zahl α, sodaß man mit (TI_α) die Widerspruchsfreiheit von *PA* beweisen kann. Dies ist die Definition des Begriffs der *beweistheoretischen Ordinalzahl* eines Systems.

Eigentlich ist es jedoch voreilig, hier von „der" beweistheoretischen Ordinalzahl zu sprechen, denn es gibt verschiedene mögliche Definitionen. Um nur vier wichtige Beispiele zu nennen, könnte *die beweistheoretische Ordinalzahl* $|T|$ *eines Systems T* sein:

(1) Die kleinste Zahl α, sodaß man mit (TI_α) die Widerspruchsfreiheit von *T* beweisen kann:
$$|T| = \min\{\alpha \mid PRA + (TI_\alpha) \vdash Kons_T\}^{38}$$

(2) Die kleinste Zahl α, sodaß TI(<,X), d.h. die Transfinite Induktion entlang einer primitiv-rekursiven Wohlordnung < vom Ordnungstyp α mit einer Prädikatvariablen *X* (sog. Pseudo-Π_1^1-Sätze), nicht in *T* beweisbar ist:
$$|T| = \min\{\alpha \mid \alpha = otyp(<) \wedge T \nvdash TI(<,X)\}^{39}$$

(3) Das Supremum der Wahrheitskomplexitäten gültiger bzw. beweisbarer Π_1^1-Sätze:
$$|T| = sup\{tc(F) + 1 \mid F \text{ ist ein (Pseudo-) } \Pi_1^1\text{-Satz} \wedge T \vDash_L F\}^{40}$$

(4) Die kleinste Zahl α, sodaß die Beweismittel von $PRA+(TI_\alpha)$ über diejenigen von *T* hinausgehen:
$$|T| = \min\{\alpha \mid T \subseteq PRA + (TI_\alpha)\}^{41}$$

Die Definitionen (2) und (3) sind äquivalent, die anderen Definitionen hingegen im Allgemeinen nicht.[42] Anders sieht es aus, wenn man die Betrachtung auf bestimmte „kanonische" Theorieklassen beschränkt. Dies kann jedoch hier nicht weiterverfolgt werden.

Die Frage nach dem Zusammenhang der verschiedenen Definitionen der beweistheoretischen Ordinalzahlen ist nur eine von vielen Fragen an eine Metatheorie der Ordinal-

---

[38] Es ist nicht vollkommen klar, welche „Basistheorie" man hier zugrundelegen soll. *PRA* scheint ein gewisser Standard zu sein, aber man könnte auch an *T* selbst denken. – Gegen diese Definition hat Kreisel Gegenbeispiele entwickelt, die zeigen, daß man stets mit einer (wenn auch recht künstlichen) Wohlordnung vom Ordnungstyp $\leq \omega$ auskommt, vgl. POHLERS, *The First Step* [2009], 127–128.

[39] Vgl. die duale Definition als das Supremum der Ordnungstypen aller primitiv rekursiven Relationen, für die in *T* die transfinite Induktion gilt, bei POHLERS, *The First Step* [2009], 100: $|T| = sup\{otyp(<) \mid < \text{ primitiv-rekursiv} \wedge T \vDash TI(<,X)\}$.

[40] Vgl. POHLERS, *The First Step* [2009], 100.

[41] Wolfram Pohlers hat den Vf. mündlich darauf hingewiesen, daß Toshiyasu Arai für diese Definition Gegenbeispiele gefunden hat.

[42] Vgl. NIEBERGALL, *Metamathematik nichtaxiomatisierbarer* [1996], 145–153; NIEBERGALL, *Stärkevergleich* [2000b].

zahlanalyse. Eine andere wichtige Anfrage ist diejenige nach der Deutung der beweistheoretischen Ordinalzahlen. Wie läßt sich die Erkenntnis charakterisieren, die man durch die Bestimmung einer beweistheoretischen Ordinalzahl gewonnen hat? – Ein Vorschlag, der früher häufiger anzutreffen war, bestand darin, in einer beweistheoretischen Ordinalzahl ein *Stärkemaß* für eine Theorie zu sehen. Gegen diese Sichtweise spricht, daß nicht klar ist, was *die* Stärke einer Theorie sein soll. In der Logik verbindet sich mit einem Begriff von Stärke wie selbstverständlich die Vorstellung, mehr Sätze beweisen zu können. Teilweise findet sich diese Vorstellung sogar als Definition des Stärkebegriffs.[43] Diese Deutung scheidet jedoch aus, da die Definitionen meist unempfindlich gegenüber dem Hinzufügen wahrer Σ_1-Sätze sind: Es ist also möglich, daß zwei Theorien sich in den von ihnen bewiesenen Σ_1-Sätzen unterscheiden (und damit in genannten Sinne unterschiedliche Beweisstärke haben), obwohl sie dieselbe beweistheoretische Ordinalzahl haben.[44] Zu den leitenden Intuitionen eines Begriffs von Beweisstärke gehört es vielmehr, daß eine Theorie *A* in einer Hinsicht stärker als *B*, in einer anderen aber zugleich schwächer als *B* sein kann. Man könnte davon sprechen, daß Stärke eine „lokale" Eigenschaft von Theorien ist.[45] Die Fähigkeit, mehr Sätze abzuleiten, wäre demgegenüber geradezu das Paradigma einer globalen Eigenschaft.[46] Beweistheoretiker sehen heute in der beweistheoretischen Ordinalzahl einer Theorie eher ein Maß des „transfiniten Gehalts" (*amout of transfiniteness*) der Theorie – ganz in Entsprechung zu Gentzens Resultat, daß die Induktion entlang beliebigen Anfangsstücken von ε_0 in der Zahlentheorie beweisbar ist.[47]

15.3 Zusammenfassung

Transfinite Ordinalzahlen lassen sich in der Zahlentheorie durch definierbare Wohlordnungen von natürlichen Zahlen repräsentieren, deren Ordnungstyp sie sind. Sie haben für die moderne Beweistheorie ursprünglich deshalb besondere Bedeutung erlangt, weil das ihnen entsprechende Beweisprinzip der Transfiniten Induktion als konstruktiv gerechtfertigt galt. Es trat als metamathematisches Beweisprinzip zuerst bei Ackermann auf und ist seit den Arbeiten Gentzens aus der Beweistheorie nicht mehr wegzudenken.

Die beweistheoretische Ordinalzahl eines formalen Systems gilt als eine interessante Information über dieses System. Eine Metatheorie der Ordinalzahlanalyse hat jedoch mit einer Reihe von Einzelproblemen zu kämpfen, etwa dem Problem der Äquivalenz verschiedener Definitionen „der" beweistheoretischen Ordinalzahl eines Systems oder dem Problem der Spannung zwischen einem intuitiven Stärkebegriff und der gelegentlich anzutreffenden Praxis, Ordinalzahlen als Stärkemaße zu betrachten.

---

[43] Z. B. WANG, *Survey* [1962], Kap. 13.
[44] Diese Kritik an den o. g. Definitionen der beweistheoretischen Ordinalzahl geht auf Georg Kreisel zurück. Für eine systematische Diskussion siehe RATHJEN, *The Realm* [1999].
[45] So NIEBERGALL, *Stärkevergleich* [2000b], 2–3.
[46] Vgl. NIEBERGALL, *Stärkevergleich* [2000b], 3.
[47] Vgl. POHLERS, *The First Step* [2009], 4.

Resümee

16

16.1 Hilberts Ziele und Strategien

Hilbert verfolgte mit seinem Programm grundsätzlich das Ziel, den Verdacht zu entkräften, in den die „gewöhnliche Mathematik" durch die Entdeckung der sog. „logisch-mengentheoretischen Antinomien" geraten war: Können Widersprüche nicht immer wieder auftreten? Was versichert die Mathematik davor? Diese Situation war für Hilbert „unerträglich", die Mathematik sollte ihren Nimbus als Musterwissenschaft unbezweifelbarer Theorien wiedergewinnen. Seine Idee bestand darin, *beweisen* zu wollen, daß die mathematischen Schlußprinzipien sicher sind, und das heißt konkret, daß aus ihnen keine Widersprüche ableitbar sind. Genauer ging es ihm darum, die Widerspruchsfreiheit mathematischer Theorien in einer Weise mathematisch zu beweisen, daß keine Zweifel an der Gültigkeit dieser Beweise, also keine Zweifel an der Widerspruchsfreiheit und damit an der Zuverlässigkeit der untersuchten mathematischen Theorien mehr bestehen könnten. Die spezielle Weise, in der die Widerspruchsfreiheit zu beweisen ist, muß so gewählt sein, daß ihre Resultate aus *anderen* Gründen als sicher gelten können, d. h. ohne selbst wieder einen ähnlichen Widerspruchsfreiheitsbeweis zu benötigen. Denn wäre ein solcher weiterer Widerspruchsfreiheitsbeweis nötig, so würden auch die dafür verwendeten Beweismittel wiederum einen solchen Beweis verlangen und das Ganze letztlich auf einen infiniten Regreß hinauslaufen.

Zumindest an irgendeiner Stelle einer Hierarchie von Theorien, in der die Widerspruchsfreiheit der einen auf die Widerspruchsfreiheit der anderen zurückgeführt wird, muß deshalb eine Metatheorie verwendet werden, die auch ohne Widerspruchsfreiheitsbeweis als sicher gelten kann. Dies ist der Kerngedanke des *Finitismus*. Hilbert orientierte sich bei dessen Entwicklung an denjenigen Kritikern der mathematischen Praxis, die aufgrund der aufgetretenen Inkonsistenzen eine starke Einschränkung der mathematisch als zulässig geltenden Schlußprinzipien forderten, wie etwa die Intuitionisten oder andere Konstruktivisten. Er wollte entgegen der Ansicht dieser Kritiker möglichst die gesamte, zu seiner Zeit übliche Mathematik in ihrem vollen Umfang vor solchen Verboten schützen.

Dazu machte er sich den Standpunkt der „Verbotsdiktatoren" selbst ein Stück weit zu eigen, ja radikalisierte ihn noch, um dann aber den entscheidenden methodischen Dreh zu vollziehen: die konstruktivistisch als sicher geltenden Methoden auf der metamathematischen Ebene zu benutzen, um mit ihrer Hilfe auf der Ebene der Objektmathematik über sie hinauszukommen. Dieselbe Sicherheit der beschränkten Methoden, die die Anderen dazu veranlaßte, die Mathematik auf diese Methoden zu beschränken, nahm Hilbert zum Anlaß, um in ihnen eine unbezweifelbare Basis zu sehen, von der aus man durch metamathematische Widerspruchsfreiheitsbeweise die weiteren, nicht-konstruktiven Methoden absichern können sollte.

In Hilberts Sicht war der Kern aller Antinomienprobleme die ungeschützte Verwendung des Unendlichen in der mathematischen Theoriebildung. Daher waren für ihn grundsätzlich die nicht auf das Unendliche rekurrierenden Schlußweisen die unzweifelhaften, und die das Unendliche (explizit oder implizit) verwendenden Schlußweisen hingegen die zweifelhaften, deren Widerspruchsfreiheit erst mit Hilfe der ersteren bewiesen werden mußte. So erklärt sich auch der Name des „Finitismus", dem zufolge nur Methoden wie die überblickbare Manipulation endlicher Objekte „finit zulässig" sind.

16.2 Aufklärung über das Unendliche

Hilbert war der Ansicht, daß seine Beweistheorie einen entscheidenden Beitrag dazu leisten würde, die Probleme mit dem Unendlichen in der Mathematik zu lösen, und zwar radikal. Am Ende sollte die Erkenntnis stehen, daß „das Unendliche im Sinne der unendlichen Gesamtheit, wo wir es jetzt noch in den Schlußweisen vorfinden" etwas „bloß Scheinbares" ist. Ähnlich wie der Grenzwertbegriff den Begriff des Unendlichkleinen ersetzt habe, „so müssen überhaupt die Schlußweisen mit dem Unendlichen durch endliche Prozesse ersetzt werden".[1]

Dies erinnert stark an das alte gaußsche Verdikt gegen jegliche Verwendung des aktual Unendlichen in der Mathematik. Gauß hatte die Rede vom Unendlichen als bloße *façon de parler* betrachtet und ihm keinen realen Platz in der Mathematik eingeräumt. In Bezug auf den damals in der Analysis verbreiteten Begriff des Potentiell-Unendlichen und seine Ersetzbarkeit durch die typische $\forall\text{-}\exists$-Quantorenschachtelung hatte er damit sicher recht. Aber wenn es um ein Aktual-Unendliches geht, kann man dann davon ausgehen, daß auch dieses sich in ähnlicher Weise eliminieren läßt?

Eine solche Position Hilberts würde in einer deutlichen Spannung stehen zu seiner emphatischen Beschreibung der Cantorschen Mengenlehre. Sie nannte er ja bekanntlich ein „Paradies" der Mathematik, und nicht eine paradiesische Illusion. Sie habe mitgeholfen, das Unendliche „auf den Thron" zu heben usw. Wie kann man von einer solchen Schilderung zu einer Eliminationsstrategie gelangen?

---

[1] HILBERT, *Über das Unendliche* [1926], 162.

16.2 Aufklärung über das Unendliche

Hilbert fügte der eben zitierten Forderung nach „Verendlichung" der Prozesse hinzu, daß diese Prozesse „gerade dasselbe leisten, d. h. dieselben Beweisgänge und dieselben Methoden der Gewinnung von Formeln und Sätzen ermöglichen" sollten, wie die Schlußweisen mit dem Unendlichen. Was für eine Verendlichung von Prozessen, was für eine Art von Elimination des Unendlichen ist hier gemeint, wenn doch dieselben Beweisgänge bzw. dieselben mathematischen Sätze herauskommen sollen?[2]

In diesem Buch wurden viele Stellen aus Hilberts Werken besprochen, die grundsätzlich dagegen sprechen, Hilberts Programm als ein Konservativitätsprogramm zu interpretieren. Die hier zitierten Passagen legen aber das Gegenteil nahe, zumindest in Bezug auf das Unendliche: Seine Verwendung in mathematischen Theorien soll keine Auswirkungen auf die beweisbaren Sätze über das Endliche haben. Cantor hat an eine derartige Konservativität der Theorie der transfiniten Ordinalzahlen über der Theorie der ganzen Zahlen nicht geglaubt und hielt es durchaus für möglich, „daß die endlichen reellen Zahlen selbst gewisse neue Bestimmungen mit Hilfe der bestimmt-unendlichen Zahlen erfahren können".[3] Wie steht es mit Hilbert?

Wenn Hilbert von der naturwissenschaftlichen Seite her feststellt, daß das Unendliche „in der Wirklichkeit [...] nirgends zu finden" ist,[4] und er am Ende einer langen Kette von Überlegungen zur Funktion des Unendlichen im mathematischen Denken zu dem Schluß kommt, daß sich im Bezug auf das Unendliche doch „eine bemerkenswerte Harmonie zwischen Sein und Denken" zeige,[5] dann kann man nur den Schluß ziehen, daß Hilbert tatsächlich von der Eliminierbarkeit des Unendlichen aus der Mathematik überzeugt war.

Diese Überzeugung war begründet durch einen bestimmten Aspekt seines Optimismus in Bezug auf die Erreichbarkeit der beweistheoretischen Ziele. Er glaubte, mit seiner Methode auf finiter Grundlage, und das heißt mit rein endlichen denkerischen Mitteln, eine stichhaltige Begründung für das formale Operieren mit dem Unendlichen gefunden zu haben, die dessen wirkliche Existenz nicht voraussetzt, weder, um mit Cantors Terminologie zu sprechen, im transienten noch im immanenten Sinne. Hilbert glaubte, das Operieren mit dem Unendlichen im Endlichen absichern zu können ohne irgendein Residuum, sei es ontologischer, erkenntnistheoretischer oder gar metaphysischer Art. Er glaubte, die moderne Mathematik könnte diesen Begriff bedenkenlos so stark beanspruchen, wie sie es tut. Sie sei darin gerechtfertigt wie bei der Verwendung einer kantischen Idee[6] und bräuchte dafür keine ontologischen Verpflichtungen auf eine Metaphysik des Unendlichen einzugehen, wie sie etwa für Cantor ganz selbstverständlich gewesen war.

Wenn dies wirklich Hilberts Position war, so treffen ihn natürlich die sachlich-systematischen Argumente, die in dieser Arbeit ganz allgemein gegen Konservativitätsprogramme ins Feld geführt wurden und gegen Interpretationen des Hilbertprogramms als Konser-

---

[2] Vgl. Hilbert, *Über das Unendliche* [1926], 162.
[3] Cantor, *Grundlagen* [1883], 166.
[4] Hilbert, *Über das Unendliche* [1926], 170.
[5] Hilbert, *Über das Unendliche* [1926], 190.
[6] Hilbert, *Über das Unendliche* [1926], 190.

vativitätsprogramm. Dies würde die Tür öffnen für Argumente, die mit dem ersten Unvollständigkeitssatz gegen das HP argumentieren wollen (vorausgesetzt, die Probleme mit der Relation des „Ausdrückens" ließen sich lösen); und es zerstörte die Analogie zwischen finiter Mathematik und Beobachtungssätzen in den Naturwissenschaften.

Viel vernichtender scheint mir eine solche Position aber durch die Schlußfolgerung getroffen zu werden, die sich aus Poincarés Induktionsproblem ergeben hatte. Denn Poincaré ist insoweit Recht zu geben, als es weder abstrakt zu sehen ist, noch durch konkrete Versuche nahegelegt wird, daß sich für die rein iterative Definition von natürlichen Zahlen und für metamathematische Begriffe eine Rechtfertigung geben ließe, die nicht selbst wieder die im Begriff der Iteration enthaltene Bindung an eine Art von Unendlichkeit beanspruchen würde. Und wenn man die Rede von „ontologischen Verpflichtungen" ernst nimmt, dann handelt es sich zumindest in diesem Sinne unabdingbar um ein *commitment* auf Aktual-Unendliches.[7]

Erfolg und „Überleben" der Beweistheorie wären sicher nicht möglich gewesen, wenn man eine zu enge Identifikation von „finit" und „endlich" nicht aufgegeben und dem Unendlichen zumindest eine gewisse Irreduzibilität zugebilligt hätte. Eine Schlüsselrolle spielte dabei schon Bernays' frühe Klarstellung, daß auch auf der metamathematischen Ebene ein Induktionsprinzip verwendet wird und werden muß, wenn auch eines, das von anderer Art ist als das objektmathematische und das konstruktiv gerechtfertigt werden kann. Diese konzeptionelle Erweiterung des Finitismusbegriffs und die erfolgreiche technische Verwendung transfiniter Ordinalzahlen in Gentzens Beweis haben dazu beigetragen, daß das Ziel der Elimination des Unendlichen fallengelassen wurde und sich eine neue Rolle des Unendlichen in der Beweistheorie entwickeln konnte. Sie *konnte* sicher erst entstehen zu einer Zeit, als sich die Problematisierung des Unendlichen beruhigt hatte.

Nachdem die Diskussion von Gentzens Beweis darauf hinausgelaufen war, den Ordinalzahlen in der Beweistheorie eine „Aufenthaltserlaubnis" zu erteilen, setzte in umgekehrter Richtung die Frage ein, welche Einsichten in die Struktur des Unendlichen man durch die Beweistheorie gewinnt. Hierzu sei nur noch angedeutet, daß Resultate über die Beweisbarkeit und Unbeweisbarkeit der Transfiniten Induktion dahingehend *gedeutet* werden können, wie groß sozusagen der „transfinite Gehalt" einer betrachteten Theorie ist. Die beweistheoretischen Ordinalzahlen von Theorien geben, trotz aller Schwierigkeiten mit dem Begriff eines „Stärkemaßes", eine gewisse Auskunft über Relationen zwischen Theorien. Und in neuerer Zeit machen Ordinalzahlbezeichnungssysteme, die sogar sog. „große Kardinalzahlen" heranziehen, neue Abschnitte der abzählbar-unendlichen Ordinalzahlen zugänglich und bilden Zusammenhänge zwischen den beweistheoretischen Arbeiten „weit unten" und mengentheoretischen Arbeiten „weit oben" im mengentheoretischen Universum.[8]

---

[7] Hier ließe sich ein Argument Cantors ins Spiel bringen, das er in bildlicher Form vorgebracht hat: Setzt die Möglichkeit, immer weiter voranzuschreiten (Potentialität), nicht die Aktualität des Weges voraus? – Vgl. CANTOR, *Gesammelte Abhandlungen* [1932], 392.

[8] Zu dem erwähnten Zusammenhang zwischen großen Kardinalzahlen und ihren ordinalzahlrekursiven Entsprechungen siehe auch RATHJEN, *Eine Ordinalzahlanalyse* [1992], bes. S. 8–9.

Wenn die Eliminierbarkeit des Unendlichen tatsächlich Hilberts Überzeugung war, dann wird man von Neumann doch ein Stück weit Recht geben müssen, wenn er feststellt, daß Hilberts Arbeiten durch eine Spannung zwischen Zielsetzungen und tatsächlich Erreichtem gekennzeichnet sind.[9] Was bleibt, ist, daß Hilbert in nie dagewesener Weise versucht hat, *die Grenzen des Endlichen* auszuloten. Es scheint, daß sie für das wissenschaftliche Denken zu eng sind.

16.3 Reduktionismus

Hilberts erste Widerspruchsfreiheitsbeweise bestanden in der Zurückführung der Widerspruchsfreiheit einer geometrischen Theorie auf die einer anderen, und in der weiteren Zurückführung von deren Widerspruchsfreiheit auf die der Arithmetik. Obwohl weit vor der Formulierung des HP entwickelt und ohne die für das HP typische syntaktische Perspektive, wurden auch diese Beweise in den vorangegangenen Teilen dieser Arbeit thematisiert und das Hilbertprogramm explizit von dem Problem her motiviert, ob die Kette dieser Zurückführungen fortsetzbar ist oder welche andere Art von Sicherung man für das letzte Kettenglied, die Arithmetik, finden kann. Dadurch wurde ein reduktionistischer Grundzug schon gewissermaßen an den Wurzeln des Hilbertprogramms sichtbar gemacht.

Ist das HP insgesamt ein reduktionistisches Projekt? – Während man diese Frage also in gewisser Hinsicht bejahen kann, wird man einige Präzisierungen und Einschränkungen anbringen müssen, die sich aus den Ergebnissen dieser Arbeit ergeben. Hilbert geht es in seinem ganzen Programm um die Absicherung der Mathematik, und nicht um eine *inhaltliche* Reduktion. Schon die Analyse von Hilberts Konsistenzbeweis für die Geometrie zeigt deutlich, daß es ihm keinesfalls um eine Reduktion im vollen semantisch-ontologischen Sinne geht. Aussagen über geometrische Objekte sollen durch die Übersetzung in kartesische Koordinaten nicht zu Aussagen über Zahlen „gemacht" werden. Es steht Hilbert völlig fern zu behaupten, Geometer redeten *eigentlich* nur von Zahlen, wenn sie von Geraden und Kreisen reden. Eine ontologische Reduktion im Sinne eines „...bezieht sich eigentlich nur auf..." steht überhaupt nicht zur Debatte.

So stellt auch Richard Zach fest, daß es beim Hilbertprogramm um eine Reduktion im „technisch-beweistheoretischen Sinne" und nicht im ontologischen Sinne geht. Der epistemologische Wert einer solchen Reduktion hängt in dieser Sicht dann seinerseits davon ab, inwieweit der Finitismus „epistemologisch privilegiert" ist.[10]

Diese Einschätzung wird bestätigt durch die Bedeutung, die der „methodische Vorbehalt" hat, unter dem alle Äußerungen Hilberts zu lesen sind, die eine formalistische Philosophie der Mathematik zu bestätigen scheinen. In diesem Sinne, so wurde heraus-

---

[9] „Es gibt manche programmatische Veröffentlichungen Hilberts, in denen das bewiesen-Sein oder beinahe-bewiesen-Sein von Dingen behauptet wird, für die das auch nicht approximativ der Fall ist (Kontinuum-Problem, u.s.w.)"; Brief von John von Neumann an Rudolf Carnap vom 7.6.1931, zitiert nach MANCOSU, *Between Vienna* [1999a], 39, Fn. 10.

[10] ZACH, *Hilbert's Finitism* [2001], 141; vgl. auch im ersten Teil das Kapitel zum Finitismus (Kap. 6).

gearbeitet, ist Hilbert kein Formalist. Formalistisch klingende Äußerungen beschreiben vielmehr eine methodische Haltung, die zur Arbeit *in* einem formalen System und zur metamathematischen Erkenntnisgewinnung *über* ein formales System eingenommen werden muß. Hilberts Standpunkt wird grob verfehlt, wenn man ihn beschreibt, als würde er generell das Reden über die eigentlichen mathematischen Gegenstände durch ein Reden über inhaltsleere Formeln ersetzen wollen. In diesem Sinne kann von einer Reduktion keine Rede sein.

Wenn Hilbert trotzdem davon spricht, daß seine Beweistheorie im Erfolgsfalle erlauben würde, so zu tun, als ob Auswahlfunktionen generell existieren würden, ohne zu behaupten, daß die Auswahlen wirklich getroffen werden können,[11] so geht es nicht um die Reduktion der Rede von Auswahlfunktionen auf etwas Anderes, sondern um die Rechtfertigung (*justification*) der reduzierten Theorien. Relative Widerspruchsfreiheitsbeweise zeigen, daß die reduzierte Theorie gemessen am Kriterium der Konsistenz mindestens genau so gut ist wie die Theorie, auf die sie reduziert wird. Und ein finit geführter Widerspruchsfreiheitsbeweis würde zeigen, daß die Widerspruchsfreiheit der betreffenden Theorie auf die Widerspruchsfreiheit der finiten Methoden zurückgeführt wäre, während diese wiederum aufgrund ihrer besonderen Zuverlässigkeit extern gerechtfertigt werden. Nicht mehr und nicht weniger. Wenn man dieses Ziel nicht für lohnenswert hält, hat man eine Vorentscheidung getroffen, die selbst begründungsbedürftig ist. Und selbst wenn man den Standpunkt vertritt, daß absolute Konsistenzbeweise unmöglich sind, bliebe immerhin noch der erkenntnistheoretische Gewinn der relativen Aussagen bestehen.

So hat auch Godehard Link auf die grundsätzliche erkenntnistheoretische Relevanz reduktionistischer Ergebnisse hingewiesen. Sei es, daß man wie Hilbert keine ontologische Reduktion verfolgt, sei es, daß man die Elimination ontologischen Reichtums generell nicht mehr für ein lohnenswertes Projekt hält. Jedenfalls haben die Ergebnisse, die bei der Verfolgung reduktionistischer Strategien gewonnen werden, nicht nur für fundamentistische Ansätze Bedeutung,[12] die einen Bereich basaleren, unmittelbareren Wissens von einem Bereich erweiterten, mittelbaren Wissens abtrennen. Ihr Wert besteht vielmehr darin, daß sie unser theoretisches Wissen methodologisch strukturieren.[13] Durch die Untersuchung formaler Systeme und ihrer Beziehungen zueinander gewinnen wir, nach Hilberts Ansicht,

> auch in das Wesen des wissenschaftlichen Denkens selbst immer tiefere Einblicke und werden uns der Einheit unseres Wissens immer mehr bewußt.
> HILBERT, *Axiomatisches Denken* [1918], 156

Das ist ganz unabhängig davon, ob mit den betreffenden Axiomensystemen unmittelbare ontologische Verpflichtungen eingegangen werden oder ihre Anbindung an die Wirklichkeit erst einmal offenbleibt. Mit Link wird man festhalten können, daß die „Kartierung"

---

[11] Vgl. HILBERT, *Wintersemester 22/23 (Kneser)* [1923*], 37.
[12] „Fundamentistisch" wird hier als Übersetzung von Englisch *„foundationalist"* vorgeschlagen, um es von „fundamentalistisch"/*„fundamentalist"* abzuheben.
[13] Vgl. LINK, *Reductionism* [2000], bes. S. 174.

des Raums logischer Möglichkeiten schon als solche zu einem tieferen Verständnis der behandelten Sache beiträgt und die begrifflichen und technischen Ressourcen ans Licht bringt, die in den Theorien sonst vielleicht nicht sichtbar werden.[14] *Jede* Argumentation geht von Voraussetzungen aus. Mit der axiomatischen Herangehensweise wird aus der Not verschleierter oder unbewußter Voraussetzungen die Tugend weitgehend explizierter Voraussetzungen gemacht.

Kein letztes Fundament zu finden, muß nicht heißen, das Fundamentierungen überhaupt sinnlos sind. Die klassische Erkenntnistheorie hatte sich auch damit abfinden müssen, daß ihr vermeintliches *fundamentum inconcussum* nicht mehr als eine Nadelspitze ist, die die Stabilität eines einzig auf ihr aufgebauten Gebäudes nicht sichern kann.

16.4 Ist Hilberts Programm denn nun gescheitert? – Versuch einer Antwort

Einfache Fragen verlangen oft recht komplexe und differenzierte Antworten. So auch die, ob das HP denn nun gescheitert ist. Zunächst kann man einen mehr historischen Sinn dieser Frage abspalten, der nach dem fragt, was sich aus einer Idee entwickelt hat und ob ein bestimmter Ansatz Früchte getragen hat. In diesem Sinne wird man die Frage nach dem Scheitern mit einem klaren Nein beantworten können. Aus der Idee, die ein einzelner Wissenschaftler zu einem bestimmten Zeitpunkt hatte, ist ein eigenes Forschungsgebiet geworden. Die Beweistheorie hat mittlerweile ihre eigene Geschichte von neuentwickelten Methoden und nicht mehr weiterverfolgten Ansätzen, von Problemlösungen und neuen Aufgaben. Sie ist eine bis heute aktiv betriebene mathematische Teildisziplin geworden.

Dies entspricht auch dem Selbstverständnis vieler Beweistheoretiker. So stellt Kurt Schütte die Beweistheorie ohne Einschränkung in die Traditionslinie des HP, wenn er den Inhalt seines ersten nach-hilbertschen Lehrbuchs der Beweistheorie kennzeichnet als:

> eine systematische Darstellung der wichtigsten Resultate, die bisher bei der Verfolgung von Hilberts Programm erreicht wurden. SCHÜTTE, *Proof Theory* [1977], 3, Eig. Übers.[15]

Ähnlich sieht es auch Wolfram Pohlers. Die historische Einleitung seines 1989 erschienenen Buches *Proof Theory, An Introduction*[16] zeigt deutlich, welch entscheidende Rolle auch für ihn das Hilbertprogramm in der Entstehungsgeschichte der Beweistheorie spielt. Er hält es allerdings gleichzeitig für erfolgsbestimmend und rätselhaft, daß die Beweistheoretiker

---

[14] Vgl. LINK, *Reductionism* [2000], 182–183.
[15] Das Zitat lautet im englischen Original: „*a systematic presentation of the most important results which have so far been achieved in the pursuit of Hilbert's programme.*" – Schüttes Buch war ursprünglich als Übersetzung und Überarbeitung seines früheren Lehrbuchs gedacht; vgl. SCHÜTTE, *Beweistheorie* [1960]. Die Anpassung an die mittlerweile avancierten Resultate der Beweistheorie machte daraus aber viel eher ein zweites nach-hilbertsches Lehrbuch.
[16] POHLERS, *Proof Theory* [1989].

in den 1930er Jahren am Hilbertprogramm (bzw. einem modifizierten Hilbertprogramm) festgehalten haben trotz der drastischen Konsequenzen, die die Gödelsätze seiner Meinung nach für das HP haben, denn er hält sie für einen „Todesstoß" („*lethal blow*").[17]

Bevor die Frage der Gödelsätze aufgenommen wird, wird man durch die Frage nach dem „Erfolgsrezept" der Beweistheorie und durch den Vergleich mit ihrer ursprünglichen Konzeption noch auf einen anderen Aspekt der Frage nach dem Scheitern des HP geführt. Es scheint, daß die Beweistheorie ihre ursprünglich philosophisch-grundlagentheoretischen Ziele schon in der ersten Generation der nach-hilbertschen Beweistheoretiker abgelegt und sich typisch mathematischen Fragestellungen zugewandt hat. Und dies ist wohl auch das „Geheimnis ihres Erfolgs". Insofern wird man das Nein, das eben in Bezug auf eine historische Fruchtlosigkeit von Hilberts Programm ausgesprochen wurde, zumindest insofern relativieren müssen, als es bei der heutigen und erfolgreich arbeitenden Beweistheorie eben auch um etwas Anderes geht. Gewissermaßen kann man sie „kausal" auf Hilberts Programm zurückführen, aber ihre eigene geschichtliche Entwicklung hat sie von dem, was Hilbert mit seinem Programm anzielte, entfernt.

Wie steht es dann um die eigentlichen Ziele des HP? Kann man in dieser Hinsicht von einem Scheitern des HP sprechen? Auch hier muß eine Antwort vielschichtiger ausfallen als ein bloßes Ja, das sich aus den vorstehenden Überlegungen zu ergeben scheint. Ja, Hilbert ist mit seinem wissenschaftsorganisatorischen Anspruch sicher gescheitert, wenn es ihm darum gegangen sein sollte, eine eigene Schule aufzubauen, die die Grundlagensicherung der Mathematik betreibt. Ja, und er ist auch, was das Erreichen der inhaltlichen Ziele angeht, bislang gescheitert, denn ein finiter Widerspruchsfreiheitsbeweis für die Arithmetik, der *alle* Zweifel beseitigt, liegt nicht vor und einer für die Analysis oder gar die Mengenlehre schon gar nicht, und ist auch nicht zu erwarten.

Aber zumindest partiell konnten seine Ziele schon erreicht werden: Gentzens Widerspruchsfreiheitsbeweis für die Zahlentheorie ist besonders deshalb so bedeutend, weil er die über das Finite hinausgehenden Beweismittel in der Anwendung genau eines genau umschriebenen Prinzips, der Transfiniten Induktion bis zur Ordinalzahl ε_0, zusammenfassen konnte und weil sein Beweis tiefere Einsichten in das „Wesen" der Induktion und den „transfiniten Gehalt" der Zahlentheorie ermöglicht.

Auch nach Gentzen konnte die Beweistheorie die formalen Systeme „in Richtung Analysis" erweitern, indem sie die Transfinite Induktion auf immer größere Ordinalzahlen ausdehnte. Wenn sie auch in dieser Arbeit nicht explizit behandelt worden sind, muß man wenigstens auf Techniken hinweisen, die viel weitere Bereiche abzählbarer Ordinalzahlen „zugänglich gemacht" haben, als dies durch die Standardoperationen auf den Ordinalzahlen der Fall war. Dies ist nur ein Beispiel für „Früchte", die beweistheoretische Arbeiten selbst für ganz andere Gebiete der Mathematik abwerfen.

Das Bild eines klaren und deutlichen „Jeins", das sich in den bisherigen Ausführungen als Antwort auf die Frage nach dem Scheitern des HP abzeichnet, setzt sich auch im Bezug auf die Gödelsätze fort. Entgegen einem ersten unpräzisen Zugriff stellt sich die

---

[17] Vgl. POHLERS, *Proof Theory* [1989], 4.

16.4 Ist Hilberts Programm denn nun gescheitert? – Versuch einer Antwort

Frage der Implikationen der Unvollständigkeitsresultate für das HP als ziemlich komplex heraus. Zunächst bietet sich die Position dar, die die frühen Beweistheoretiker häufig eingenommen haben. Gentzen, Bernays und der frühe Gödel hielten es für möglich, daß es Beweismittel gibt, die in einer gegebenen Theorie nicht formalisiert werden können, die aber trotzdem finit gerechtfertigt sind. Der Begriff der „finiten Rechtfertigung" bleibt dann jedoch notwendig informell und mit einer gewissen Vagheit behaftet. Gentzen argumentierte nichtsdestotrotz dafür, daß genau die von ihm behandelte Transfinite Induktion ein solches Beweismittel sei. Diese Position muß sich mit dem Problem auseinandersetzen, möglicherweise den ersten Schritt des Hilbertprogramms, die Formalisierbarkeit der Mathematik, preiszugeben, um den zweiten Schritt zu „retten". Weitere „Auswege" ergeben sich aus den Voraussetzungen der Gödelsätze, die nur für Theorien einer gewissen Mindeststärke gelten und nur für einen Theoriebegriff, in den die rekursive Aufzählbarkeit der Axiome eingebaut ist. Es wurde dafür argumentiert, daß beide Einschränkungen keine bloß technischen Spitzfindigkeiten sind, sondern die Substanz der Gödelsätze betreffen, wie es auch an ihrer Parallelität zum Rekursionssatz deutlich wird. Entscheidend ist, daß die Gödelsätze über schwache Theorien gar keine Aussage treffen und daß man sogar Beispiele für Nicht-Standard-Repräsentationen von Standardtheorien angeben kann, die tatsächlich „ihre eigene Konsistenz beweisen".

Die Anführungszeichen, in die soeben das „ihre eigene Konsistenz beweisen" gestellt wurden, sind deshalb nötig, weil sich hierin eine nicht unproblematische Interpretation der Gödelsätze ausdrückt. Die genaue Analyse eines Standardarguments, das von Gödel-2 auf die Undurchführbarkeit des HP schließen will, zeigt, daß man auf eine spezielle Relation des „Ausdrückens" rekurriert, um von der unbeweisbaren Formel $Kons_T$ für eine Theorie T sagen zu können, daß sie „die Konsistenz der Theorie ausdrückt" und mit ihrer Unbeweisbarkeit daher die Unbeweisbarkeit der eigenen Konsistenz etabliert ist. Diese spezielle Relation macht jedoch die Prämisse unplausibel, daß alle Formeln, die finite Wahrheiten „ausdrücken", auch in T beweisbar sein müßten. Damit ist zwar strenggenommen nur für das Standardargument ein Problem markiert und die Möglichkeit bleibt unbenommen, daß es noch andere, erfolgreiche Argumente geben könnte. Es wurde aber auch versucht, dafür zu argumentieren, daß nicht zu sehen ist, wie ein ähnliches Argument ohne diese Prämisse auskommen soll. Eine ähnliche Problemlage zeigte sich auch in Bezug auf ein Argument, das von Gödel-1 ausgeht.

Im Bezug auf die Gödelsätze wurde daher in dieser Arbeit die Auffassung vertreten, daß (1) bislang kein überzeugendes Argument vorliegt, das das Scheitern des HP aufgrund der Gödelsätze zeigt; daß (2) ein solches Argument zwar nicht unmöglich sein muß, die Diskussion der Standardargumente jedoch nahelegt, daß hier prinzipielle Probleme vorliegen; und daß (3) selbst wenn es eine überzeugende Argumentationsstrategie gäbe, noch die zuvor diskutierten Einwände (Formalisierbarkeitsfrage, Rekursive-Aufzählbarkeitsfrage, Mindeststärkefrage) bestehen blieben.

Schon die intensive Beschäftigung mit dem HP innerhalb der philosophischen Literatur zeugt von dem Problemüberhang, den diese Arbeit ein Stück weit widerzuspiegeln versucht hat.

Paul Bernays hatte es 1921 noch relativ unkritisch als großen Vorzug des Hilbertschen Ansatzes beschrieben,

> daß die Probleme und Schwierigkeiten, welche sich in der Grundlegung der Mathematik bieten, aus dem Bereich des Erkenntnistheoretisch-philosophischen in das Gebiet des eigentlich Mathematischen übergeführt werden. BERNAYS, *Über Hilberts Gedanken* [1922], 19

Es sollte deutlich geworden sein, daß Hilbert ganz gegen diese Absicht der Philosophie ein Aufgabenfeld hinterlassen hat, das dem mathematischen kaum nachsteht.

So läßt sich abschließend zur Frage nach dem Erfolg des HP Folgendes festhalten: Als Forschungsprogramm, das eigene interessante (meta-)mathematische Erkenntnisse hervorbringt, ist das HP sehr erfolgreich gewesen. In Bezug auf die ursprüngliche Zielsetzung, eine unanfechtbare finite Grundlagensicherung der Mathematik zu liefern, war es weniger erfolgreich. Ob die angezielten Widerspruchsfreiheitsbeweise mit den Gödelschen Sätzen als *prinzipiell* unmöglich nachgewiesen sind, läßt sich nicht ohne weiteres eindeutig beantworten. Wenn das Hilbertprogramm im ursprünglich intendierten Umfang kaum durchführbar ist, so zeigt dies vor allem, daß transfinite Methoden ein wesentlicher Bestandteil der Mathematik sind. Hermann Weyls Diktum, daß die Mathematik „die Wissenschaft vom Unendlichen" sei,[18] wird so noch einmal bestätigt.

Hilberts erklärtes Ziel war es jedenfalls auch, mit Gentzen gesprochen,

> das mathematische Grundlagenproblem der Philosophie zu entziehen und es soweit wie irgendmöglich mit den eigenen Hilfsmitteln der Mathematik zu behandeln.
> GENTZEN, *Gegenwärtige Lage* [1938a], 7–8

Er wollte, nach eigener Darstellung, durch seine Beweistheorie

> die Grundlagenfragen in der Mathematik als solche endgültig aus der Welt schaffen.
> HILBERT, *Grundlagen Mathematik* [1928], 1

Mit diesem Anspruch ist er grandios gescheitert.

---

[18] Vgl. WEYL, *Philosophie der Mathematik* [2000], 89.

Literatur

Ackermann, Hans Richard. 1983. Aus dem Briefwechsel Wilhelm Ackermanns. *History and Philosophy of Logic* 4: 181–202.

Ackermann, Wilhelm. 1924a. *Begründung des „tertium non datur" mittels der Hilbertschen Theorie der Widerspruchsfreiheit.* Diss. Univ. Göttingen, unveröffentlicht.

Ackermann, Wilhelm. 1924b. Die Widerspruchsfreiheit des Auswahlaxioms. Vorläufige Mitteilung. *Nachrichten von der Gesellschaft der Wissenschaften zu Göttingen*: 246–250.

Ackermann, Wilhelm. 1925. Begründung des „tertium non datur" mittels der Hilbertschen Theorie der Widerspruchsfreiheit. *Mathematische Annalen* 93: 1–36.

Ackermann, Wilhelm. 1928. Zum Hilbertschen Aufbau der reellen Zahlen. *Mathematische Annalen* 99: 118–133.

Ackermann, Wilhelm. 1934. Untersuchungen über das Eliminationsproblem der mathematischen Logik. *Mathematische Annalen* 110: 390–413.

Ackermann, Wilhelm. 1935. Zum Eliminationsproblem der mathematischen Logik. *Mathematische Annalen* 111: 61–63.

Ackermann, Wilhelm. 1937a. Die Widerspruchsfreiheit der allgemeinen Mengenlehre. *Mathematische Annalen* 114: 305–315. (Rez. A. Lindenbaum, in: Zentralblatt für Mathematik 16,5 (1937), 195.)

Ackermann, Wilhelm. 1937b. Mengentheoretische Begründung der Logik. *Mathematische Annalen* 115: 1–22.

Ackermann, Wilhelm. 1939. Bemerkungen zu den logisch-mathematischen Grundlagenproblemen. In *Philosophie mathématique*, Hrsg. F. Gonseth, 76–82. Paris: Hermann.

Ackermann, Wilhelm. 1940. Zur Widerspruchsfreiheit der Zahlentheorie. *Mathematische Annalen* 117: 162–194. (Rez. Gerhard Gentzen, in: Zentralblatt für Mathematik 22,7 (1940), 292–293. Rez. Rózsa Péter, in: Journal of Symbolic Logic 5,3 (1940), 125–127.)

Ackermann, Wilhelm. 1941. *Ein System der typenfreien Logik I.* Forschungen zur Logik und zur Grundlegung der exakten Wissenschaften, Bd. 7.

Ackermann, Wilhelm. 1950. Widerspruchsfreier Aufbau der Logik I (Typenfreies System ohne tertium non datur). *Journal of Symbolic Logic* 15: 33–57.

Ackermann, Wilhelm. 1951. Konstruktiver Aufbau eines Abschnitts der zweiten Cantorschen Zahlenklasse. *Mathematische Zeitschrift* 53: 403–413.

Ackermann, Wilhelm. 1952. Widerspruchsfreier Aufbau einer typenfreien Logik (Erweitertes System). *Mathematische Zeitschrift* 55: 364–384.

Ackermann, Wilhelm. 1956. Zur Axiomatik der Mengenlehre. *Mathematische Annalen* 131: 336–345.

Ackermann, Wilhelm. 1957. Philosophische Bemerkungen zur mathematischen Logik und zur mathematischen Grundlagenforschung. *Ratio* 1: 1–20.

Avigad, Jeremy, und Richard Zach. 2002. The Epsilon Calculus. In *The Stanford Encyclopedia of Philosophy*, Hrsg. Edward N. Zalta. http://plato.stanford.edu/entries/epsilon-calculus/, 19.10.2005.

Ádám, András. 1983. John von Neumann. In LEGENDI/SZENTIVANYI, *von Neumann* [1983], 11–35.

Ambos-Spies, Klaus. 1976. *Die Unvollständigkeitssätze von Gödel und Rosser für halbformale Systeme der Zahlentheorie*. Diplomarbeit, Fakultät für Mathematik, Ludwig-Maximilians-Universität München, München: unveröffentlicht.

Bachmann, Heinz. 1955. *Transfinite Zahlen*. Ergebnisse der Mathematik und ihrer Grenzgebiete, N. F. 1. Berlin: Springer.

Becker, Oskar. 1927. *Mathematische Existenz*. Untersuchungen zur Logik und Ontologie mathematischer Phänomene. Halle: Niemeyer.

Belna, Jean-Pierre. 1996. *La notation de nombre chez Dedekind, Cantor, Frege*. Paris: Vrin.

Benacerraf, Paul, und Hilary Putnam. 1964. *Philosophy of Mathematics. Selected Readings*. Englewood Cliffs: Prentice-Hall.

Bernays, Paul. 1918. *Beiträge zur axiomatischen Behandlung des Logik-Kalküls*. (Habil. Univ. Göttingen.) Ediert in EWALD/SIEG, *Lectures* [2013] (im Erscheinen).

Bernays, Paul. 1922. Über Hilberts Gedanken zur Grundlegung der Arithmetik. Vortrag, gehalten auf der Mathematikertagung in Jena, September 1921. *Jahresbericht der Deutschen Mathematiker-Vereinigung* 31: 10–19.

Bernays, Paul. 1923. Erwiderung auf eine Note von Herrn Aloys Müller: „Über Zahlen als Zeichen". *Mathematische Annalen* 90: 159–163.

Bernays, Paul. 1930. Die Philosophie der Mathematik und die Hilbertsche Beweistheorie. *Blätter für Deutsche Philosophie* 4: 326–367. Wiederabgedruckt als und zitiert nach BERNAYS, *Abhandlungen* [1976], 17–61.

Bernays, Paul. 1935. Hilberts Untersuchungen über die Grundlagen der Arithmetik. In HILBERT, *Gesammelte Abhandlungen* [1932], Bd. III, 196–216.

Bernays, Paul. 1941. A System of Axiomatic Set Theory II. *Journal of Symbolic Logic* 6(1): 1–17. (Rez. Wilhelm Ackermann, in: Zentralblatt für Mathematik 24 (1941), 205.)

Bernays, Paul. 1954. Zur Beurteilung der Situation in der beweistheoretischen Forschung. *Revue internationale de philosophie* 8: 9–13 + 15–21.

Bernays, Paul. 1958. *Axiomatic Set Theory*, 2. Aufl. Amsterdam: North-Holland.

Bernays, Paul. 1976. *Abhandlungen zur Philosophie der Mathematik*. Darmstadt: Wissenschaftliche Buchgesellschaft.

Bolzano, Bernard. 2012. *Paradoxien des Unendlichen*, Hrsg. Fr. Prihonsky. Leipzig: Reclam 1851. Mit einer Einleitung und Anmerkungen hrsg. v. Christian Tapp, Hamburg: Meiner.

Boolos, George S. 1975. On Kalmar's Consistency Proof and a Generalization of the Notion of ω-consistency. *Archiv für mathematische Logik und Grundlagenforschung* 17: 3–7.

Brouwer, L. E. J. 1912. Intuitionism and Formalism. In BENACERRAF/PUTNAM, *Philosophy of Mathematics* [1964], 66–84.

Brouwer, L. E. J. 1918. Begründung der Mengenlehre unabhängig vom logischen Satz vom ausgeschlossenen Dritten. Erster Teil, Allgemeine Mengenlehre. In BROUWER, *Collected Works* [1975], Bd. I, 150–225.

Brouwer, L. E. J. 1928. Intuitionistische Betrachtungen über den Formalismus. *Sitzungsberichte der Preußischen Akademie der Wissenschaften zu Berlin*, 48–52.

Brouwer, L. E. J. 1975. *Collected Works*, Hrsg. A. Heyting, H. Freudenthal. Amsterdam: North-Holland. 1. Bd. 1975, 2. Bd. 1976.

Burgess, John P. 2005. *Fixing Frege*. Princeton: Princeton University Press.

Cantor, Georg. 1883. Ueber unendliche, lineare Punktmannichfaltigkeiten 5. *Mathematische Annalen* 21: 545–591. Um ein Vorwort ergänzt wiederabgedruckt als: *Grundlagen einer allgemeinen Mannichfaltigkeitslehre, Ein mathematisch-philosophischer Versuch in der Lehre des Unendlichen*, Leipzig: Teubner 1883; ohne das Vorwort wiederabgedruckt in und zitiert nach: CANTOR, *Gesammelte Abhandlungen* [1932], 165–208.

Cantor, Georg. 1885. Rezension. Zu: Gottlob Frege, Die Grundlagen der Arithmetik. Eine logisch mathematische Untersuchung über den Begriff der Zahl. Breslau: Koebner 1884. *Deutsche Litteraturzeitung* 6(20): 728–729.

Cantor, Georg. 1886. Über die verschiedenen Standpunkte in Bezug auf das actuale Unendliche. *Zeitschrift für Philosophie und philosophische Kritik* 88: 224–233. Wiederabgedruckt in und zitiert nach: CANTOR, *Gesammelte Abhandlungen* [1932], 370–376.

Cantor, Georg. 1887a. Mitteilungen zur Lehre vom Transfiniten. *Zeitschrift für Philosophie und philosophische Kritik* 91: 81–125.

Cantor, Georg. 1887b. Mitteilungen zur Lehre vom Transfiniten. (1. Fortsetzung). *Zeitschrift für Philosophie und philosophische Kritik* 91: 252–270.

Cantor, Georg. 1888. Mitteilungen zur Lehre vom Transfiniten. (2. Fortsetzung). *Zeitschrift für Philosophie und philosophische Kritik* 92: 240–265.

Cantor, Georg. 1895. Beiträge zur Begründung der transfiniten Mengenlehre. (Erster Artikel). *Mathematische Annalen* 46: 481–512.

Cantor, Georg. 1897. Beiträge zur Begründung der transfiniten Mengenlehre. (Zweiter Artikel). *Mathematische Annalen* 49: 207–246.

Cantor, Georg. 1932. *Gesammelte Abhandlungen mathematischen und philosophischen Inhalts*, Hrsg. Ernst Zermelo. Berlin: Springer. Wiederabgedruckt Hildesheim: Georg Olms 1962.

Carnap, Rudolf. 1931. Die logizistische Grundlegung der Mathematik. *Erkenntnis* 2: 91–105.

Charpa, Ulrich. 1996. *Grundprobleme der Wissenschaftsphilosophie*. Paderborn: Schöningh.

Cohen, Hermann. 1883. *Das Prinzip der Infinitesimalmethode und seine Geschichte*. Berlin: Dümmler. Nachdruck Frankfurt: Suhrkamp 1968.

Cohen, Paul J. 1966. *Set Theory and the Continuum Hypothesis*. New York: Benjamin.

Corry, Leo. 2000. The Empiricist Roots of Hilbert's Axiomatic Approach. In HENDRICKS/PEDERSEN/JØRGENSEN, *Proof Theory* [2000], 35–54.

Crossley, John N. 1974. Reminiscences of Logicians. Reported by J N Crossley. In *Algebra and Logic. Papers from the 1974 Summer Research Institute of the Australian Mathematical Society, Monash University, Australia*. Lecture Notes in Mathematics, Bd. 450, Hrsg. John N. Crossley, 1–62. Berlin: Springer.

Dawson, John W., Jr. 1984. Kurt Gödel in Sharper Focus. *The Mathematical Intelligencer* 6(4): 9–17. wiederabgedruckt in und zitiert nach: SHANKER, *Gödel's Theorem* [1988], 1–16.

Dawson, John W., Jr. 1991. The Reception of Gödel's Incompleteness Theorems. In *Perspectives on the History of Mathematical Logic*, Hrsg. Thomas Drucker, 84–100. Boston: Birkhäuser.

Dedekind, Richard. 1872. *Stetigkeit und irrationale Zahlen*. Braunschweig: Vieweg. 5. Aufl. 1927. Wiederabgedruckt in: DEDEKIND, *Gesammelte Werke* [1932], Bd. III, 315–334.

Dedekind, Richard. 1888. *Was sind und was sollen die Zahlen?* Braunschweig: Vieweg. 6. Aufl. 1930. Wiederabgedruckt in: DEDEKIND, *Gesammelte Werke* [1932], Bd. III, 335–390.

Dedekind, Richard. 1890. Richard Dedekind: Brief an Keferstein/Letter to Keferstein. Kritisch herausgegeben und ediert von Christian Tapp. http://www.christian-tapp.de/publ/Keferstein.pdf, 22.3.2006.

Dedekind, Richard. 1932. *Gesammelte Mathematische Werke*. Braunschweig: Vieweg. 1. Bd. 1930, 2. Bd. 1931, 3. Bd. 1932.

Demopoulos, William, und Peter Clark. 2005. The Logicism of Frege, Dedekind, and Russell. In SHAPIRO, *Oxford Handbook* [2005], 129–165.

Detlefsen, Michael. 1986. *Hilbert's Program*. Dordrecht: Reidel.

Detlefsen, Michael. 1990. On an Alleged Refutation of Hilbert's Program Using Gödel's First Incompleteness Theorem. *Journal of Philosophical Logic* 19: 343–377.

Detlefsen, Michael. 2005. Formalism. In SHAPIRO, *Oxford Handbook* [2005], 236–317.

Drake, Frank R. 1974. *Set Theory. An Introduction to Large Cardinals*. Amsterdam: North-Holland.

Dubislav, Walter. 1928. Zur Lehre von den sog. schöpferischen Definitionen. *Philosophisches Jahrbuch der Görres-Gesellschaft* 41: 467–479.

Dugac, Pierre. 1976. *Richard Dedekind et les fondements des mathématiques*. Paris: Vrin.

Dummett, Michael. 1991. *Frege: Philosophy of Mathematics*. Cambridge: Harvard University Press.

Dyson, Freeman J. 1996. *Selected Papers. With commentary*. Providence: American Mathematical Society.

Ewald, William, und Wilfried Sieg. 2013. (Hrsg.) *David Hilbert: Lectures on the Foundations of Logic, Mathematics and the Natural Sciences. Bd. 3: Foundations of Logic and Arithmetic 1917–1933*. Berlin: Springer (im Erscheinen).

Feferman, Solomon. 1960. Arithmetization of metamathematics in a general setting. *Fundamenta mathematicae* 49: 35–92.

Feferman, Solomon. 1988. Hilbert's Program Relativized: Proof-theoretical and Foundational Reductions. *Journal of Symbolic Logic* 53(2): 364–384.

Feferman, Solomon. 1986. Introductory note to 1931c. In GÖDEL, *Collected Works* [1995], Bd. I, 208–213.

Feferman, Solomon. 1990. Introductory note to 1972a, Remark 1. In GÖDEL, *Collected Works* [1995], Bd. II, 282–287.

Feferman, Solomon. 2000. Highlights in Proof Theory. In HENDRICKS/PEDERSEN/JØRGENSEN, *Proof Theory* [2000], 11–31.

Ferreirós, Jose. 1999. *Labyrinth of Thought. A History of Set Theory and its Role in Modern Mathematics*. Basel: Birkhäuser.

Folkerts, Menso. 1989. *Euclid in Medieval Europe*. Quaestio de rerum naturae, Bd. 2. Winnipeg: The Benjamin Catalogue.

Folkerts, Menso. 1993. Arabische Mathematik im Abendland unter besonderer Berücksichtigung der Euklid-Tradition. In *Die Begegnung des Westens mit dem Osten. Kongreßakten des 4. Symposions des Mediävistenverbandes in Köln 1991 aus Anlaß des 1000. Todesjahres der Kaiserin Theophanu*, Hrsg. Odilo Engels, Peter Schreiner, 319–331. Sigmaringen: Thorbecke.

Fraenkel, Adolf Abraham. 1953. *Abstract Set Theory*. Amsterdam: North-Holland. 2. Aufl. 1961.

Frege, Gottlob. 1879. *Begriffsschrift. Eine der arithmetischen nachgebildete Formelsprache des reinen Denkens*. Halle: Nebert. Wiederabgedruckt in: *Gottlob Frege: Begriffsschrift und andere Aufsätze*, Hrsg. Ignacio Angelelli, 2. Auflage 1964 (5. Abdruck 1998), VII–88.

Frege, Gottlob. 1884. *Grundlagen der Arithmetik. Eine logisch-mathematische Untersuchung über den Begriff der Zahl*. Breslau: Koebner.

Frege, Gottlob. 1893. *Grundgesetze der Arithmetik*. Jena: Pohle.

Frege, Gottlob. 1976. *Briefwechsel*. Hrsg. G. Gabriel, H. Hermes, F. Kambartel, Ch. Thiel, und A. Veraart. Hamburg: Meiner.

Gentzen, Gerhard. 1934a. Untersuchungen über das logische Schließen I. *Mathematische Zeitschrift* 39: 176–210 (= Diss. Univ. Göttingen, 1. Teil).

Gentzen, Gerhard. 1934b. Untersuchungen über das logische Schließen II. *Mathematische Zeitschrift* 39: 405–431 (= Diss. Univ. Göttingen, 2. Teil).

Gentzen, Gerhard. 1936a. Die Widerspruchsfreiheit der reinen Zahlentheorie. *Mathematische Annalen* 112: 493–565. Wiederabgedruckt als und zitiert nach: Libelli, Bd. 185, Darmstadt: WBG 1967, 1–73.

Gentzen, Gerhard. 1936b. Der Unendlichkeitsbegriff in der Mathematik. Ein Vortrag, gehalten in Münster am 27. Juni 1936. In *Semester-Berichte*, Münster, 9. Semester, Winter 1936/37, 65–80.

Gentzen, Gerhard. 1938a. Die gegenwärtige Lage in der mathematischen Grundlagenforschung. In *Forschungen zur Logik und zur Grundlegung der exakten Wissenschaften, N. F.* Wiederabgedruckt in und zitiert nach: Libelli, Bd. 209, Darmstadt: WBG 1969, 5–18.

Gentzen, Gerhard. 1938b. Neue Fassung des Widerspruchsfreiheitsbeweises für die reine Zahlentheorie. In *Forschungen zur Logik und zur Grundlegung der exakten Wissenschaften, N. F.* Wiederabgedruckt in und zitiert nach: Libelli, Bd. 209, Darmstadt: WBG 1969, 19–44.

Gentzen, Gerhard. 1943. Beweisbarkeit und Unbeweisbarkeit von Anfangsfällen der transfiniten Induktion in der reinen Zahlentheorie. (= Habil. Univ. Göttingen). *Mathematische Annalen* 119: 140–161. (Rez. Paul Bernays, in: The Journal of Symbolic Logic 9 (1944), 70–72.)

Gentzen, Gerhard. 1969. *The collected papers of Gerhard Gentzen*, Hrsg. Manfred E. Szabo. Amsterdam: North-Holland.

Gentzen, Gerhard. 1974a. Der erste Widerspruchsfreiheitsbeweis für die klassische Zahlentheorie. *Archiv für mathematische Logik und Grundlagenforschung* 16: 97–118, Hrsg. Paul Bernays.

Gentzen, Gerhard. 1974b. Über das Verhältnis zwischen intuitionistischer und klassischer Arithmetik. *Archiv für mathematische Logik und Grundlagenforschung* 16: 119–132, Hrsg. Paul Bernays.

George, Alexander, und Daniel J. Velleman. 2002. *Philosophies of Mathematics*. Oxford: Blackwell.

Gillispie, Charles C. 1970. (Hrsg.) *Dictionary of scientific biography*. New York: Scribner.

Glivenko, Valery I. 1929. Sur quelques points de la logique de M. Brouwer. *Academie royale de Belgique, Bulletin de la Classe des Sciences* 5(15): 183–188.

Gödel, Kurt. 1929. Über die Vollständigkeit des Logikkalküls. In Gödel, *Collected Works* [1995], Bd. I, 60–101. Diss. Univ. Wien; mit englischer Übersetzung publiziert.

Gödel, Kurt. 1931. Über formal unentscheidbare Sätze der Principia Mathematica und verwandter Systeme I. *Monatshefte für Mathematik und Physik* 38: 173–198. Mit englischer Übersetzung wiederabgedruckt in und zitiert nach: Gödel, *Collected Works* [1995], Bd. I, 144–195.

Gödel, Kurt. 1932b. Über Vollständigkeit und Widerspruchsfreiheit. In *Ergebnisse eines mathematischen Kolloquiums*, Bd. 3, 12–13. Mit englischer Übersetzung wiederabgedruckt in und zitiert nach: Gödel, *Collected Works* [1995], Bd. I, 234–237.

Gödel, Kurt. 1933e. Zur intuitionistischen Arithmetik und Zahlentheorie. In *Ergebnisse eines mathematischen Kolloquiums*, Bd. 4, 34–38. Mit englischer Übersetzung wiederabgedruckt in und zitiert nach: Gödel, *Collected Works* [1995], Bd. I, 286–295.

Gödel, Kurt. 1933f. Eine Interpretation des intuitionistischen Aussagenkalküls. In *Ergebnisse eines mathematischen Kolloquiums*, Bd. 4, 39–40. Mit englischer Übersetzung wiederabgedruckt in und zitiert nach: Gödel, *Collected Works* [1995], Bd. I, 300–303.

Gödel, Kurt. 1958. Über eine bisher noch nicht benützte Erweiterung des finiten Standpunktes. *Dialectica* 12: 280–287.

Gödel, Kurt. 1967. On Completeness and Consistency. Vom Autor überarbeitete englische Übersetzung von Gödel, *Vollständigkeit und Widerspruchsfreiheit* [1932b]. In van Heijenoort, *From Frege* [1967], 616–617.

Gödel, Kurt. 1972a. Some Remarks on the Undecidability Results. In Gödel, *Collected Works* [1995], Bd. II, 305–306. (1972 entstanden, eigentlich für das Erscheinen in *Dialectica* vorgesehen, jedoch erst posthum veröffentlicht.)

Gödel, Kurt. 1986. Russells Mathematische Logik. In Whitehead/Russell, *Principia (Vorwort)* [1986], V–XXXIV.

Gödel, Kurt. 1995. *Collected Works*, Hrsg. Solomon Feferman et al. New York/Oxford: Oxford University Press. Bd. I: 1986, Bd. II: 1990, Bd. III: 1995.

Goldfarb, Warren. 1979. Logic in the Twenties. The Nature of the Quantifier. *Journal of Symbolic Logic* 44(3): 351–368.

Goldfarb, Warren. 1988. Poincaré against the Logicists. In *History and Philosophy of Modern Mathematics*, Hrsg. William Aspray, Philip Kitcher, 61–81. Minneapolis: Univ. of Minnesota.

Grattan-Guinness, Ivor. 1979. In Memoriam Kurt Gödel. His 1931 Correspondence with Zermelo on his Incompletability Theorem. *Historia Mathematica* 6: 294–304.

Grattan-Guinness, Ivor. 1981. On the Development of Logics between the two World Wars. *American Mathematical Monthly* 88: 495–505.

Grattan-Guinness, Ivor. 1994. Part 5: Logics, set theory and the foundations of mathematics. In *Companion Encyclopedia of the history and philosophy of the mathematical sciences*, 597–707. London: Routledge.

Grelling, Kurt, und Leonard Nelson. 1908. *Bemerkungen zu den Paradoxieen von Russell und Burali-Forti*. Abhandlungen der Fries'schen Schule, Bd. 2, 301–334. Göttingen: Vandenhoeck u. Ruprecht.

Hale, Bob, und Crispin Wright. 2005. Logicism in the Twenty-First Century. In Shapiro, *Oxford Handbook* [2005], 166–202.

Hallett, Michael. 1984. *Cantorian Set Theory and Limitation of Size*. Oxford: Clarendon Press.

Hallett, Michael. 1995. Hilbert and Logic. In *Québec studies in the philosophy of science I*, Hrsg. M. Marion, R. S. Cohen, 135–187. Dordrecht: Kluwer.

Hallett, Michael. 2004. (Hrsg.) *David Hilbert's lectures on the foundations of geometry 1891–1902*. Berlin: Springer. (= David Hilbert's lectures on the foundations of mathematics and physics, Hrsg. William Ewald, Bd. 1).

Hardy, Godfrey H. 1941. *A Mathematician's Apology*. Cambridge: Cambridge University Press.

Hausdorff, Felix. 1914. *Grundzüge der Mengenlehre*. Leipzig: Veit. Zitiert nach dem Wiederabdruck in: Gesammelte Werke, Bd. 2, Berlin: Springer 2002.

Heck, Richard. 1996. The Consistency of Predicative Fragments of Frege's Grundgesetze der Arithmetik. *History and Philosophy of Logic* 17: 209-220.

Heidegger, Martin. 1916. *Die Kategorien- und Bedeutungslehre des Duns Scotus*. Tübingen: Mohr.

Hendricks, Vincent F., Stig Andur Pedersen und Klaus Frovin Jørgensen. 2000. *Proof Theory. History and Philosophical Significance*. Dordrecht: Kluwer.

Herbrand, Jacques. 1931. Sur la non-contradiction de l'Arithmétique. *Journal für die reine und angewandte Mathematik* 166: 1-8. Englische Übersetzung in VAN HEIJENOORT, *From Frege* [1967], 618-628; wiederabgedruckt in und zitiert nach HERBRAND, *Logical Writings* [1971], 282-298.

Herbrand, Jacques. 1968. *Ecrits logiques*. Hrsg. Jean van Heijenoort. Paris: Presses Universitaires de France.

Herbrand, Jacques. 1971. *Logical Writings*. Dordrecht: Reidel. (Englische Übersetzung von HERBRAND, *Ecrits logiques* [1968] durch Warren D. Goldfarb.)

Hermes, Hans. 1962. Wilhelm Ackermann zum Gedächtnis. *Mathematisch-physikalische Semesterberichte, N. F.* 10: 11-13.

Hermes, Hans. 1967. In memoriam: Wilhelm Ackermann (1896-1962). *Notre Dame Journal of Formal Logic* 8: 1-8.

Hertz, Heinrich. 1894. *Die Prinzipien der Mechanik in neuem Zusammenhange dargestellt*. Leipzig: Geest & Portig. (Englische Übersetzung als *The Principles of Mechanics Presented in a New Form*. New York: Dover 1956.)

Hesseling, Dennis E. 2003. *Gnomes in the Fog. The Reception of Brouwer's Intuitionism in the 1920s*. Boston: Birkhäuser. Diss. Univ. Utrecht 1999. (Rez. VAN ATTEN, *Hesseling Rezension* [2004]; Leon Horsten, in: Philosophia Mathematica 13,1 (2005), 111-113.)

Heyting, Arend. 1930a. Die formalen Regeln der intuitionistischen Logik. *Sitzungsberichte der Preußischen Akademie der Wissenschaften, Physikalisch-mathematische Klasse*, 42-56.

Heyting, Arend. 1930b. Die formalen Regeln der intuitionistischen Mathematik. *Sitzungsberichte der Preußischen Akademie der Wissenschaften, Physikalisch-mathematische Klasse*, 57-71.

Heyting, Arend. 1931. Die intuitionistische Grundlegung der Mathematik. *Erkenntnis* 2: 106-115.

Hilbert, David. 1899. Grundlagen der Geometrie. In *Festschrift zur Feier der Enthüllung des Gauss-Weber-Denkmals in Göttingen*. Leipzig: Teubner. Zitiert nach: 12. Aufl., Stuttgart: Teubner 1977. Spätere Auflagen separat unter dem Titel *Grundlagen der Geometrie*. Zitiert wird auch: 7. Aufl., Leipzig: Teubner 1930, als HILBERT, *Grundlagen Geometrie* [1899], 7. Aufl. 1930.

Hilbert, David. 1900a. Mathematische Probleme. Vortrag, gehalten auf dem internationalen Mathematikerkongreß zu Paris 1900. *Nachrichten von der Gesellschaft der Wissenschaften zu Göttingen, Mathematisch-physikalische Klasse*, 253-297; wiederabgedruckt in: Archiv für Mathematik und Physik 1 (1901), 44-63 u. 213ff.; sowie in: HILBERT, *Gesammelte Abhandlungen* [1932], Bd. III, 290-329.

Hilbert, David. 1900b. Über den Zahlbegriff. *Jahresbericht der Deutschen Mathematiker-Vereinigung* 8: 180-184.

Hilbert, David. 1902. Ueber die Grundlagen der Geometrie. *Nachrichten von der Gesellschaft der Wissenschaften zu Göttingen, Mathematisch-physikalische Klasse*, 233-241; wiederabgedruckt in: Mathematische Annalen 56,3 (1903), 381-422.

Hilbert, David. 1903. Neue Begründung der Bolyai-Lobatschefskyschen Geometrie. *Mathematische Annalen* 57: 137–150.

Hilbert, David. 1905. Über die Grundlagen der Logik und der Arithmetik. In *Verhandlungen des III. Internationalen Mathematiker-Kongresses in Heidelberg 1904*, Hrsg. A. Krazer, 174–185. Leipzig: Teubner. Wiederabgedruckt in und zitiert nach: HILBERT, *Grundlagen Geometrie* [1899], 7. Aufl. 1930, 247–261.

Hilbert, David. 1915. Die Grundlagen der Physik. (Erste Mitteilung). *Nachrichten von der Gesellschaft der Wissenschaften zu Göttingen, Mathematisch-Physikalische Klasse*, 395–408.

Hilbert, David. 1917. Die Grundlagen der Physik. (Zweite Mitteilung). *Nachrichten von der Gesellschaft der Wissenschaften zu Göttingen, Mathematisch-Physikalische Klasse*, 53–76.

Hilbert, David. 1918*. *Vorlesung Prinzipien der Mathematik*. Wintersemester 1917/18. Vorlesungsausarbeitung von Paul Bernays. Ediert in EWALD/SIEG, *Lectures* [2013].

Hilbert, David. 1918. Axiomatisches Denken. *Mathematische Annalen* 78: 405–415. Wiederabgedruckt in und zitiert nach: HILBERT, *Gesammelte Abhandlungen* [1932], Bd. III, 146–156.

Hilbert, David. 1919*. *Vorlesung Natur und mathematisches Erkennen*. Herbst-Semester 1919. Vorlesungsausarbeitung von Paul Bernays. Ediert von J. Brüdern. Göttingen: Mathematisches Institut.

Hilbert, David. 1920*. *Vorlesung Logik-Kalkül*. Wintersemester 1920. Vorlesungsausarbeitung von Paul Bernays. Ediert in EWALD/SIEG, *Lectures* [2013].

Hilbert, David. 1920a*. *Vorlesung Probleme der mathematischen Logik*. Sommersemester 1920. Vorlesungsausarbeitung von Paul Bernays und Moses Schönfinkel. Ediert in EWALD/SIEG, *Lectures* [2013].

Hilbert, David. 1922*. *Vorlesung Grundlagen der Mathematik*. Wintersemester 1921/22. Mitschrift von Hellmuth Kneser. Unveröffentlicht.

Hilbert, David. 1922a*. *Vorlesung Grundlagen der Mathematik*. Wintersemester 1921/22. Vorlesungsausarbeitung von Paul Bernays. Ediert in EWALD/SIEG, *Lectures* [2013].

Hilbert, David. 1922. Neubegründung der Mathematik. In *Abhandlungen aus dem Mathematischen Seminar der Hamburgischen Universität*, Bd. 1, 157–177. Wiederabgedruckt in und zitiert nach: HILBERT, *Gesammelte Abhandlungen* [1932], Bd. III, 157–177.

Hilbert, David. 1923*. *Vorlesung Logische Grundlagen der Mathematik*. Wintersemester 1922/23. Mitschrift von Hellmuth Kneser. Unveröffentlicht.

Hilbert, David. 1923a*. *Vorlesung Logische Grundlagen der Mathematik*. Wintersemester 1922/23. Teilweise Ausarbeitung von Paul Bernays. Ediert in EWALD/SIEG, *Lectures* [2013].

Hilbert, David. 1923. Die logischen Grundlagen der Mathematik. *Mathematische Annalen* 88: 151–165. Wiederabgedruckt in und zitiert nach: HILBERT, *Gesammelte Abhandlungen* [1932], Bd. III, 178–191.

Hilbert, David. 1924. Die Grundlagen der Physik. *Mathematische Annalen* 92: 1–32.

Hilbert, David. 1926. Über das Unendliche. *Mathematische Annalen* 95: 161–190. Teilweise wiederabgedruckt in: *Jahresbericht der Deutschen Mathematiker-Vereinigung* 36 (1927), 201–215; sowie in: HILBERT, *Hilbertiana* [1964], 79–108; zitiert nach der Originalausgabe.

Hilbert, David. 1928. *Die Grundlagen der Mathematik. Mit Zusätzen von H. Weyl und P. Bernays*. Hamburger Mathematische Einzelschriften 5. Leipzig: Teubner. Gekürzt wiederabgedruckt als Anhang IX zu HILBERT, *Grundlagen Geometrie* [1899], 7. Aufl. 1930, 289–312; zitiert nach der Originalausgabe.

Hilbert, David. 1929. Probleme der Grundlegung der Mathematik. In *Atti del congresso internazionale dei Matematici, Bologna 3–10 Settembre 1928 (VI), Tomo I: Rendiconto del congresso, conferenze*, 135–141. Bologna: Zanichelli. Wiederabgedruckt in und zitiert nach: Mathematische Annalen 102 (1930), 1–10; wiederabgedruckt in: HILBERT, *Grundlagen Geometrie* [1899], 7. Aufl. 1930, 313–323.

Hilbert, David. 1931. Die Grundlegung der elementaren Zahlenlehre. *Mathematische Annalen* 104: 485–494. Auszugsweise (S. 489–494) wiederabgedruckt in: HILBERT, *Gesammelte Abhandlungen* [1932], Bd. III, 192–195.

Hilbert, David. 1931a. Beweis des Tertium non datur. *Nachrichten von der Gesellschaft der Wissenschaften zu Göttingen, Mathematisch-Physikalische Klasse*, 120–125.

Hilbert, David. 1932. *Gesammelte Abhandlungen*. 3 Bde., Berlin: Springer 1932–1935; wiederabgedruckt: New York: Chelsea 1965.

Hilbert, David. 1964. *Hilbertiana*. Darmstadt: Wissenschaftliche Buchgesellschaft.

Hilbert, David, und Wilhelm Ackermann. 1928. *Grundzüge der theoretischen Logik*. Berlin: Springer. Zitiert nach 2. Aufl. 1938. Ab der 3. Aufl., Berlin: Springer 1949, herausgegeben allein von Ackermann.

Hilbert, David, und Paul Bernays. 1934. *Grundlagen der Mathematik*. Bd. 1. Berlin: Springer.

Hilbert, David, und Paul Bernays. 1939. *Grundlagen der Mathematik*. Bd. 2. Berlin: Springer.

Hintikka, Jaakko 1995. *From Dedekind to Gödel. Essays in the Development of the Foundations of Mathematics*. Dordrecht: Kluwer.

Hintikka, Jaakko 1997. Hilbert Vindicated? *Synthese* 110: 15–46.

Ignjatovic, Aleksandar. 1994. Hilbert's Program and the Omega-Rule. *The Journal of Symbolic Logic* 59: 322–343.

Jech, Thomas J. 1978. *Set Theory*. New York: Academic Press. 2. Aufl. Berlin: Springer 1997.

Johannes Philoponus. 1897. *In Aristotelis De anima libros commentaria*, Hrsg. Michael Hayduck. Berlin: de Gruyter. (= Commentaria in Aristotelem Graeca, Bd. XV).

Kanamori, Akihiro. 1994. *The Higher Infinite. Large Cardinals in Set Theory from Their Beginnings*. Berlin: Springer.

Kanamori, Akihiro. 1997. The Mathematical Import of Zermelo's Well-Ordering Theorem. *The Bulletin of Symbolic Logic* 3(3): 281–311.

Kanamori, Akihiro. 2004. Zermelo and Set Theory. *The Bulletin of Symbolic Logic* 10(4): 487–553.

Kant, Immanuel. 1786. Metaphysische Anfangsgründe der Naturwissenschaft. Wiederabgedruckt in und zitiert nach: *Kleinere philosophische Schriften von Immanuel Kant*, Leipzig: Insel 1921, Bd. 4, 545–672.

Kaplansky, Irving. 1977. *Hilbert's Problems*. Lecture Notes in Mathematics. Chicago: University of Chicago.

Kitcher, Philip. 1976. Hilbert's Epistemology. *Philosophy of Science* 43(1): 99–115.

Kleene, Stephen C. 1986. Introductory note to 1930b, 1931 and 1932b. In GÖDEL, *Collected Works* [1995], Bd. I, 126–141.

Kolmogorov, Andrey Nikolayevich. 1925. [Russischer Titel] Über das Prinzip des ausgeschlossenen Dritten. *Matematicheskii sbornik* 32: 646–667. Zitiert nach der englischen Übersetzung in VAN HEIJENOORT, *From Frege* [1967], 414–437.

Kreisel, Georg. 1964. Hilbert's Programme. In BENACERRAF/PUTNAM, *Philosophy of Mathematics* [1964], 157–180.

Kreisel, Georg. 1965. Mathematical logic. In *Lectures on modern mathematics*, Bd. III, Hrsg. Thomas L. Saaty, 95–195. New York: Wiley.

Kreisel, Georg. 1976. Wie die Beweistheorie zu ihren Ordinalzahlen kam und kommt. *Jahresbericht der Deutschen Mathematiker-Vereinigung*, 177–223.

Kutschera, Franz von. 1971. Antinomie II. In *Historisches Wörterbuch der Philosophie*, Bd. 1, 396–405.

Legendi, Tamás, und Tibor Szentivanyi. 1983. *Leben und Werk von John von Neumann. Ein zusammenfassender Überblick*. Mannheim et al.: Bibliographisches Institut.

Link, Godehard. 2000. Reductionism as Resource-Conscious Reasoning. *Erkenntnis* 53: 173–193.

Luckhardt, Horst. 1975. Über Hilbert's reale und ideale Elemente. *Archiv für mathematische Logik und Grundlagenforschung* 17: 61–70.

Mancosu, Paolo. 1999a. Between Vienna and Berlin: The Immediate Reception of Gödel's Incompleteness Theorems. *History and Philosophy of Logic* 20: 33–45.

Mancosu, Paolo. 1999b. Between Russell and Hilbert: Behmann on the foundations of Mathematics. *The Bulletin of Symbolic Logic* 5(3): 303–330.

Mancosu, Paolo. 2003. The Russellian Influence on Hilbert an his School. *Synthese* 137: 59–101.

McCarty, David C. 1995. The mysteries of Richard Dedekind. In Hintikka, *From Dedekind* [1995], 53–96.

McCarty, David C. 2005. Problems and Riddles: Hilbert and the du Bois-Reymonds. *Synthese* 147: 63–79.

McCarty, David C. 2005a. Intuitionism in Mathematics. In Shapiro, *Oxford Handbook* [2005], 356–386.

Menzler-Trott, Eckart. 2001. *Gentzens Problem. Mathematische Logik im nationalsozialistischen Deutschland*. Basel: Birkhäuser.

Mints, Grigori. 2001. Russell's Anticipation of Intuitionistic Logic. Vortragsankündigung für das 2000/2001 ASL Winter Meeting. *The Bulletin of Symbolic Logic* 7(3): 402.

Moore, Gregory H. 1997. Hilbert and the emergence of modern mathematical logic. *Theoria (Segunda Época)* 12: 65–90.

Moschovakis, Yiannis N. 1994. *Notes on Set Theory*. Berlin: Springer.

Moser, Georg Christian. 2000. *The Epsilon Substitution Method*. Master's thesis, unveröffentlicht.

Mostowski, Andrzej. 1966. *Thirty Years of Foundational Studies*. Lectures on the Development of Mathematical Logic and the Study of the Foundations of Mathematics in 1930–1964 (= Acta Philosophica Fennica, Fasz. 17). New York: Barnes & Noble.

Müller, Aloys. 1923. Über Zahlen als Zeichen. *Mathematische Annalen* 90: 153–158.

Niebergall, Karl-Georg. 1996. *Zur Metamathematik nichtaxiomatisierbarer Theorien*. CIS-Bericht, 96-87. München: CIS.

Niebergall, Karl-Georg. 2000a. On the logic of reducibility: axioms and examples. *Erkenntnis* 53: 27–61.

Niebergall, Karl-Georg. 2000b. Stärkevergleich und beweistheoretische Ordinalzahlen. Typoskript, unveröffentlicht.

Niebergall, Karl-Georg. 2001. Extensions of the Finitist Point of View. *History and Philosophy of Logic* 22: 135–161.

Niebergall, Karl-Georg. 2002. Structuralism, Model Theory and Reduction. *Synthese* 130: 135–162.

Niebergall, Karl-Georg. 2002a. Hilbert's Programme and Gödel's Theorems. *Dialectica* 56(4): 347–370.

Niebergall, Karl-Georg, und Matthias Schirn. 1998. Hilbert's Finitism and the Notion of Infinity. In SCHIRN, *The philosophy* [1998], 271–305.

Parsons, Terence. 1987. On the Consistency of the First-Order Portion of Frege's Logical System. *Notre Dame Journal of Formal Logic* 28: 161–168.

Peckhaus, Volker. 1990. *Hilbertprogramm und Kritische Philosophie. Das Göttinger Modell interdisziplinärer Zusammenarbeit zwischen Mathematik und Philosophie.* (Diss. Univ. Erlangen-Nürnberg.) Göttingen: Vandenhoeck und Ruprecht.

Peckhaus, Volker. 1997. *Logik, Mathesis universalis und allgemeine Wissenschaft. Leibniz und die Wiederentdeckung der formalen Logik im 19. Jahrhundert.* (Habil. Univ. Erlangen-Nürnberg.) Berlin: Akademie-Verlag.

Peckhaus, Volker. 2005a. *Oskar Becker und die Philosophie der Mathematik.* München: Fink.

Peckhaus, Volker. 2005b. Impliziert Widerspruchsfreiheit Existenz? In PECKHAUS, *Oskar Becker* [2005a], 79–99; zitiert nach unveröffentlichtem Manuskript (23 S.).

Pohlers, Wolfram. 1989. *Proof Theory. An Introduction.* Lecture Notes in Mathematics, Bd. 1407. Berlin: Springer.

Pohlers, Wolfram. 1992. An Introduction to Mathematical Logic. Ausgearbeitet durch Th. Glaß, Münster: unveröffentlicht.

Pohlers, Wolfram. 2009. *Proof Theory. The First Step into Impredicativity.* Berlin: Springer.

Poincaré, Henri. 1906. Les mathématiques et la logique. *Revue de métaphysique et de morale* 13: 17–34. Deutsche Übersetzung einer überarbeiteten Fassung in POINCARÉ, *Wissenschaft und Methode* [1914], Kap. 3.

Poincaré, Henri. 1914. *Wissenschaft und Methode.* Leipzig: Teubner. Deutsche Ausgabe von F. und L. Lindemann.

Purkert, Walter. 1986. Georg Cantor und die Antinomien der Mengenlehre. *Bulletin de la Société Mathématique de Belgique* 38: 313–327.

Rathjen, Michael. 1992. Eine Ordinalzahlanalyse der Π_3-Reflexion. (Habil. Univ. Münster), unveröffentlicht.

Rathjen, Michael. 1999. The Realm of Ordinal Analysis. In *Sets and Proofs. Invited papers from Logic Colloquium '97, European Meeting of the Association for Symbolic Logic, Leeds, July 1997*, Hrsg. S. Barry Cooper, John K. Truss, 219–279. Cambridge: Cambridge University Press.

Rathjen, Michael. 2005. The Constructive Hilbert Program and the Limits of Martin-Löf Type Theory. *Synthese* 147: 81–120.

Ratzinger, Joseph (Papst Benedikt XVI.). 1968. *Einführung in das Christentum.* München: Kösel.

Rayo, Agustín. 2005. Logicism Reconsidered. In SHAPIRO, *Oxford Handbook* [2005], 203–235.

Reid, Constance. 1970. *Hilbert.* Berlin: Springer. Wiederabgedruckt New York: Copernicus 1996.

Rescher, Nicholas. 1985. *Die Grenzen der Wissenschaft.* Stuttgart: Reclam. Aus d. Engl. übers. von Kai Puntel. Einl. von Lorenz Bruno Puntel.

Resnik, Michael D. 1980. *Frege and the Philosophy of Mathematics.* Ithaca: Cornell University Press.

Rheinwald, Rosemarie. 1984. *Der Formalismus und seine Grenzen. Untersuchungen zur neueren Philosophie der Mathematik.* (Diss. Univ. Bielefeld.) Königstein: Hain.

Robinson, Raphael M. 1937. The Theory of Classes: a Modification of Von Neumann's System. *Journal of Symbolic Logic* 2(1): 29–36.

Russell, Bertrand. 1903. *The Principles of Mathematics*. London: Allen and Unwin.

Russell, Bertrand. 1906. Les Paradoxes de la Logique. *Revue de Metaphysique et de Morale* 14: 627–650.

Schirn, Matthias. 1998. (Hrsg.) *The philosophy of mathematics today*. Oxford: Clarendon.

Schirn, Matthias, und Karl-Georg Niebergall. 2001. Extensions of the Finitist Point of View. *History and Philosophy of Logic* 22: 135–161.

Schirn, Matthias, und Karl-Georg Niebergall. 2003. What Finitism Could not be. *Crítica* 35(103): 43–68.

Schlimm, Dirk. 2005. Against Against Intuitionism. *Synthese* 147: 171–188.

Schoenberger, Roger. 1974. Gentzen's second consistency proof and predicative analysis. (Diss. Univ. Basel), unveröffentlicht.

Schütte, Kurt. 1960. *Beweistheorie*. Grundlehren der mathematischen Wissenschaften, Bd. 103. Berlin: Springer.

Scholz, Heinrich. 1944. Was will die formalisierte Grundlagenforschung? *Deutsche Mathematik* 7: 206–248. (Rez. durch P. Bernays in: The Journal of Symbolic Logic 9 (1944), 70–72.)

Schütte, Kurt. 1964. Gentzen, Gerhard. In *Neue Deutsche Biographie*, Bd. 6, 194–195. Berlin: Duncker u. Humblot.

Schütte, Kurt. 1977. *Proof Theory*. Grundlehren der mathematischen Wissenschaften, Bd. 225. Berlin: Springer.

Shanker, Stuart G. 1988. (Hrsg.) *Gödel's Theorem in focus*. London: Croom Helm.

Shapiro, Stewart. 2005. (Hrsg.) *The Oxford Handbook of Philosophy of Mathematics and Logic*. New York: Oxford University Press.

Sieg, Wilfried. 1990. Relative Consistency and Accessible Domains. *Synthese* 84: 259–297.

Sieg, Wilfried. 1999. Hilbert's Programs: 1917–1922. *The Bulletin of Symbolic Logic* 5: 1–44.

Sieg, Wilfried. 2000. Toward finitist proof theory. In Hendricks/Pedersen/Jørgensen, *Proof Theory* [2000], 95–114.

Sieg, Wilfried. 2002. Beyond Hilbert's Reach? In *Reading Natural Philosophy. Essays in the History and Philosophy of Science and Mathematics*, Hrsg. David B. Malament, 363–405. Chicago: Open Court.

Sieg, Wilfried. 2006a. Introduction. In Ewald/Sieg, *Lectures* [2013] (im Erscheinen). (Zu Kapitel 3: „Lectures on Proof Theory" (WS 1921/22 und WS 1922/23).)

Sieg, Wilfried, und Mark Ravaglia. 2005. David Hilbert and Paul Bernays, Grundlagen der Mathematik, First Edition (1934, 1939). In *Landmark Writings in Western Mathematics, 1640–1940*, Hrsg. Ivor Grattan-Guinness, 981–999.

Sieg, Wilfried, und Dirk Schlimm. 2005. Dedekind's Analysis of Number: Systems and Axioms. *Synthese* 147: 121–170.

Sieg, Wilfried, und Christian Tapp. 2007. Introduction to Hilbert 1920. In Ewald/Sieg, *Lectures* [2013] (im Erscheinen).

Simpson, Stephen G. 1988. Partial Realizations of Hilbert's Program. *Journal of Symbolic Logic* 53(2): 349–363.

Simpson, Stephen G. 1999. *Subsystems of Second Order Arithmetic*. Berlin: Springer.

Sinaceur, Mohammed-A. 1974. L'infini et les nombres. Commentaires de R. Dedekind à „Zahlen". La correspondance avec Keferstein. *Revue d'Histoire des Sciences* 27(3): 251–278.

Smorynski, C. 1985. *Self-Reference and Modal Logic*. New York: Springer.

Smorynski, C. 1988. *Hilbert's Programme*. Dept. of Philosophy, University of Utrecht, Preprint Series Nr. 31.

Stadler, F. 1997. *Studien zum Wiener Kreis. Ursprung, Entwicklung und Wirkung des logischen Empirismus im Kontext*. Frankfurt: Suhrkamp.

Stegmüller, Wolfgang. 1959. *Unvollständigkeit und Unentscheidbarkeit. Die metamathematischen Resultate von Gödel, Church, Kleene, Rosser und ihre erkenntnistheoretische Bedeutung*. Wien: Springer. 3. Aufl. 1973.

Szabo, Manfred E. 1972. Gentzen, Gerhard. In *Dictionary of Scientific Biography*, Bd. 5, 350–351. New York: Scribner's Sons.

Tait, William. 1981. Finitism. *The Journal of Philosophy* 78: 524–546.

Tait, William. 2002. Remarks on Finitism. In *Reflections on the Foundations of Mathematics : Essays in honor of Solomon Feferman*. Lecture Notes in Logic, Bd. 15, Hrsg. Wilfried Sieg, Richard Sommer, Carolyn Talcott, 407–416. Urbana: Association for Symbolic Logic.

Tait, William. 2005. *Frege versus Cantor and Dedekind. On the Concept of Number*. Typoskript, http://home.uchicago.edu/wwtx/frege.cantor.dedekind.pdf, 14.02.2013.

Takeuti, Gaisi. 1955. On the fundamental conjecture of GLC I. *Journal of the Mathematical Society of Japan* 7: 249–275.

Tapp, Christian. 2005. *Kardinalität und Kardinäle. Wissenschaftshistorische Aufarbeitung der Korrespondenz zwischen Georg Cantor, dem Begründer der Mengenlehre, und katholischen Theologen seiner Zeit*. (Diss. Univ. München.) Stuttgart: Franz Steiner.

Tapp, Christian, und Uwe Lück. 2004a. Transfinite Schlussweisen in Hilbertschen Konsistenzbeweisen. In *Ausgewählte Beiträge zu den Sektionen der GAP.5, 5. Internationaler Kongress der Gesellschaft für Analytische Philosophie, Bielefeld, 22.–26. September 2003*, Hrsg. R. Bluhm, C. Nimtz. Paderborn: Mentis.

Tapp, Christian, und Uwe Lück. 2004b. Gesamtersetzungen in Ackermanns Dissertation. Arbeitspapier (unveröffentlicht).

Thiel, Christian. 1995. *Philosophie und Mathematik. Eine Einführung in ihre Wechselwirkungen und in die Philosophie der Mathematik*. Darmstadt: WBG.

Toepell, Michael. 1986. On the origins of David Hilbert's „Grundlagen der Geometrie". *Archive for History of Exact Science* 35(4): 329–344.

Tornehave, Hans. 1980. Hilberts problemer. *Nordisk Matematisk Tidsskrift* 28: 2–7.

Troelstra, Anne S. 1990. On the Early History of Intuitionistic Logic. In *Mathematical Logic*, Hrsg. P. P. Petkov, 3–17. New York: Plenum Press.

van Atten, Mark. 2004. Rezension. Zu: Dennis E. Hesseling: Gnomes in the Fog. The Reception of Brouwer's Intuitionism in the 1920s, Boston: Birkhäuser 2003. *The Bulletin of Symbolic Logic* 10(3): 423–427.

van Dalen, Dirk. 1999. *Mystic, Geometer, and Intuitionist. The Life of L. E. J. Brouwer*. Oxford: Clarendon.

van Heijenoort, Jean. 1967. *From Frege to Gödel*. A Source Book in Mathematical Logic, 1879–1931. Cambridge: Harvard University Press 1967; zitiert nach Wiederabdruck 2002.

Vinnikov, Victor. 1999. We shall know: Hilbert's apology. *Mathematical Intelligencer* 21(1): 42–46.

von Neumann, John. 1923. Zur Einführung der transfiniten Zahlen. *Acta litterarum ac scientiarum Regiae Universitatis Hungaricae Francisco-Josephinae, Sectio scientiarum mathematicarum* 1: 199–208.

von Neumann, John. 1927. Zur Hilbertschen Beweistheorie. *Mathematische Zeitschrift* 26: 1–46.

von Neumann, John. 1931. Die formalistische Grundlegung der Mathematik. *Erkenntnis* 2: 116–121.

Wang, Hao. 1962. *A Survey of Mathematical Logic*. Amsterdam: North-Holland.

Wehmeier, Kai F. 1999. Consistent Fragments of Grundgesetze and the Existence of Non-Logical Objects. *Synthese* 121: 309–328.

Weyl, Hermann. 1910. Über die Definitionen der mathematischen Grundbegriffe. *Mathematisch-naturwissenschaftliche Blätter* 7: 93–95 + 109–113. Wiederabgedruckt in und zitiert nach: WEYL, *Gesammelte Abhandlungen* [1968], Bd. I, 298–304. (Rez. Thoralf Skolem, in: Jahrbuch über die Fortschritte der Mathematik 41 (1910), 89–90.)

Weyl, Hermann. 1918. *Das Kontinuum. Kritische Untersuchungen über die Grundlagen der Analysis.* Leipzig: Veit & Co.

Weyl, Hermann. 1919. Der circulus vitiosus in der heutigen Begründung der Analysis. *Jahresberichte der Deutschen Mathematiker-Vereinigung* 28: 85–92.

Weyl, Hermann. 1921. Über die neue Grundlagenkrise der Mathematik. *Mathematische Zeitschrift* 10: 39–79.

Weyl, Hermann. 1928. Diskussionsbemerkung zu dem zweiten Hilbertschen Vortrag über die Grundlagen der Mathematik. *Hamburger mathematische Einzelschriften* 5: 22–24.

Weyl, Hermann. 2000. *Philosophie der Mathematik und der Naturwissenschaft*, 7. Aufl. München: Oldenbourg.

Weyl, Hermann. 1968. *Gesammelte Abhandlungen*, Hrsg. Komaravolu Chandrasekharan. Berlin: Springer. 4 Bde.

Whitehead, Alfred North, und Bertrand Russell. 1913. *Principia Mathematica*. Cambridge: Cambridge University Press. 1. Bd. 1910, 2. Bd. 1912, 3. Bd. 1913.

Whitehead, Alfred North, und Bertrand Russell. 1986. *Principia Mathematica. Vorwort und Einleitungen.* Frankfurt: Suhrkamp.

Yandell, Benjamin H. 2002. *The honors class: Hilbert's problems and their solvers*. Natick: Peters.

Zach, Richard. 2001. *Hilbert's Finitism: Historical, Philosophical and Metamathematical Perspectives.* (Diss. University of California Berkeley), unveröffentlicht.

Zach, Richard. 2003. Hilbert's Program. In *The Stanford Encyclopedia of Philosophy*, Ausgabe Herbst 2003, Hrsg. Edward N. Zalta, http://plato.stanford.edu/entries/hilbert-program/, 12.10.2005.

Zermelo, Ernst. 1908. Untersuchungen über die Grundlagen der Mengenlehre I. *Mathematische Annalen* 65: 261–281.

The manufacturer's authorised representative in the EU is Springer Nature Customer Service Centre GmbH, Europaplatz 3, 69115 Heidelberg, Germany. If you have any concerns regarding our products, please contact ProductSafety@springernature.com

Printed and bound by CPI Group (UK) Ltd, Croydon, CR0 4YY

25/03/2026

02078212-0009